FRANZÖSISCHE
ANNALEN

FÜR DIE ALLGEMEINE

NATURGESCHICHTE, PHYSIK, CHEMIE, PHYSIOLOGIE

UND IHRE

GEMEINNÜTZIGEN ANWENDUNGEN.

HERAUSGEGEBEN

VON

Dr. C. H. PFAFF IN KIEL

UND

Dr. FRIEDLÄNDER IN PARIS.

JAHRGANG 1803. ERSTER BAND

WELCHER ENTHÄLT

ERSTES BIS VIERTES STÜCK.

LEIPZIG

BEY GEORG JOACHIM GÖSCHEN.

DIE NEUESTEN ENTDECKUNGEN FRANZÖSISCHER GELEHRTEN IN DEN GEMEINNÜTZIGEN WISSENSCHAFTEN UND KÜNSTEN.

EIN JOURNAL
FÜR
ÄRZTE, PHYSIKER, TECHNOLOGEN
UND
ÖCONOMEN.

HERAUSGEGEBEN
VON
Dr. C. H. PFAFF IN KIEL
UND
Dr. FRIEDLÄNDER IN PARIS.

ERSTER BAND
WELCHER ENTHÄLT
ERSTES BIS VIERTES STÜCK. 1803.

LEIPZIG, BEY G. J. GÖSCHEN.

FRANZÖSISCHE
ANNALEN

FÜR DIE ALLGEMEINE

NATURGESCHICHTE, PHYSIK, CHEMIE, PHYSIOLOGIE

UND IHRE

GEMEINNÜTZIGEN ANWENDUNGEN.

HERAUSGEGEBEN

VON

Dr. C. H. PFAFF IN KIEL

UND

Dr. FRIEDLÄNDER IN PARIS.

JAHRGANG 1803. ERSTES STÜCK.

LEIPZIG

BEY GEORG JOACHIM GÖSCHEN.

DIE NEUESTEN
ENTDECKUNGEN
FRANZÖSISCHER GELEHRTEN
IN DEN GEMEINNÜTZIGEN WISSENSCHAFTEN UND KÜNSTEN.

EIN JOURNAL

FÜR

ÄRZTE, PHYSIKER, TECHNOLOGEN

UND

ÖCONOMEN.

HERAUSGEGEBEN

VON

Dr. C. H. PFAFF IN KIEL

UND

Dr. FRIEDLÄNDER IN PARIS.

JAHRGANG 1803. ERSTES STÜCK.

Mit einem Kupfer.

LEIPZIG, BEY G. J. GÖSCHEN.

Inhalts-Verzeichnifs des ersten Stücks.

A. Abhandlungen.

B. Literatur.

C. Correspondenz, literarische und technische Nachrichten und Neuigkeiten, gelehrte und andere Gesellschaften und Unterrichtsanstalten, biographische Nachrichten.

A. Abhandlungen.

I.

Nachtrag zu Cuviers Abhandlung

über die Würmer, die rothes Blut haben, im IVten Hefte der französischen Annalen S. 60. nebst einer Abbildung des innern Baus und insbesondere der Circulationswerkzeuge des Lumbricus marinus (Arenicola Lamarck.)

Im IVten Hefte der Annalen haben sich S. 63. unten und S. 64. und 65. einige kleine Unrichtigkeiten in der Beschreibung des Überganges des Blutes aus dem arteriellen System in das Venensystem eingeschlichen, die wir hier berichtigen wollen.

Die beiden Stämme nehmlich, welche die Lungenvenen aufnehmen, erfüllen, wie in den Fischen, die Verrichtungen der grofsen Pulsader, sie treiben das Blut in alle Theile des Körpers durch zahlreiche Gefäfse. Diese Gefäfse, nachdem sie auf der gelben Masse der Eingeweide ein Purpurgeflechte von bewunderungswürdiger Regelmäfsigkeit gebildet haben, (so weit ist die dortige Beschreibung richtig) öffnen sich in zwey Gefäfse, welche auf den Seiten des Darmkanales kriechen. Diese beiden Gefäfse verrichten den Dienst der Hohlader, sie steigen bis zum untern

Theile der Speiseröhre in die Höhe, und machen eine Beugung, um mit der grofsen Lungenpulsader zu communiciren, mit welcher man die Beschreibung angefangen hat. Am Orte dieser Communication siehet man zwey Anschwellungen, deren Zusammenziehungen und Erweiterungen sehr merklich sind, und welche für Herzen angesehen werden können, so dafs der Lumbricus marinus deren zwey hätte. Bey dieser Art der Circulation sieht man, dafs kein Tropfen Blutes in den Körper zurückkehren kann, der nicht mit dem umgebenden Elemente in Berührung gebracht worden wäre, und diefs nennt Cuvier eine vollkommene Respiration. Dieser Naturforscher hat zugleich bemerkt, dafs das venöse Blut von einer dunkleren Farbe sey, als dasjenige, welches von den Branchien zurückkehret, und das den Nahmen des Arterienblutes führen kann. Er sah auch die Arterien sich in auf einander folgenden Ringen zusammenziehen, die das Blut vor sich her treiben, indem diese Zusammenziehungen längs der Arterie sich fort erstrecken.

In dieser merkwürdigen Organisation der articulirten Würmer findet Cuvier einen sehr hervorstechenden Unterscheidungskarakter derselben von den Intestinal-Würmern.

Erklärung der Abbildung.

Tab. I. F. 1. Der Lumbricus marinus (Arenicole der Fischer) auf dem Rücken geöffnet. A. Der Oesophagus. B. Der Magen. C. Der Darmkanal. a. Die Branchial- oder Lungenarterie; b b b ihre Zweige, c c c Zweige der obern Branchialvene, c, c, c Zweige der untern — d d d obere Branchialvene (die zugleich den Dienst einer Arterie versieht); f f f ihre arteriellen Zweige; E E schwärzliche Beutel, deren Nutzen unbekannt ist, die aber mit der Zeugung in Beziehung zu stehen scheinen; K K zwey andere fleischerne Beutel, die am Oesophagus adhaeriren, und deren Nutzen ebenfalls unbekannt ist. L, L, L Bündel von Muskeln, welche an jedes der Pakete von Setis, welche statt des Fuſses dienen, befestigt sind.

F. 2. und 3. Besondere Vorstellung des Orts, wo die Venen des Körpers mit der Lungenpulsader sich zusammenmünden. F. 2. Von Seiten des Rückens. e e die Herzen; g die Lungenpulsader, wo sie sich vereinigen; h die obere Lungenvene, die zugleich als Arterie dienet. F. 3. Von Seiten des Bauches. a b die untere Lungenvene, die zugleich als Arterie dienet; c c ihre arteriellen Zweige; d d die Hohladern; e e die Herzen.

F. 4. Eine der Branchien unter der Loupe betrachtet.

II.

Ueber die Serpulae. Von Cuvier. *Mit Abbildungen.*

Der Theil des Thieres Serpula, welcher sich auſsen zeigt, bestehet aus zwey Branchien, wovon jede eine gewisse Anzahl von Strahlen enthält, die in Form eines Fächers angelagert sind, und deren Zahl nach Verschiedenheit der Gattungen verschieden ist; die Strahlen erscheinen unter dem Microscope als eben so viele Federn; jeder Fächer hat an seinem vordern Rande einen Anhang, diese beiden Anhänge gleichen sich aber nicht. Nur der eine hat die Form einer Trompete, der andere ist kurz und gleichsam abgestutzt, vielleicht ist er bestimmt, sich weiter zu entwickeln, wenn der trompetenförmige Anhang durch Zufall abgerissen worden ist; sicher ist es aber, daſs diese Trompete kein Rüssel ist.

Ihr Stiel ist nicht durchbohrt, und in mehreren Gattungen ist der ausgeschweifte Theil nicht einmal hohl, sondern bald wie eine Keule, bald wie eine Krone gebildet u. s. w. Der wahre eigentliche Mund hat seine Stelle zwischen den beiden Branchialfächern *(eventails)*; es ist eine kleine Spalte, die weder Zähne, noch Kinnbacken, noch aufgeworfene Lippen hat.

Erklärung der Figuren.

Tab. I. F. 5 und 6. Vorderer Theil des Körpers einer Serpula, von der untern Seite gesehen. Man sieht daselbst den Mund. Der Anhang in Form einer Trompete. Der abgestutzte Anhang. C. C. Die beiden Branchien. d., F. 5. Das erste Paar der seitlichen Pakete von Setis. dd F. 6. Die folgenden Paare von einer Seite.

F. 7. Ein Ende eines Strahles einer Branchia vergröſsert.

III.

Bericht der Bürger Hauy *und* Vauquelin *über eine Abhandlung des Bürgers* Leblanc *die Krystallisation der Salze betreffend.*

Burger Leblanc hat schon 1786, 87, 88, 92 der Akademie der Wissenschaften viele merkwürdige Versuche uber die Krystallisation der Salze mitgetheilt, und ihren Beyfall erhalten; seitdem hat er bemerkt, daſs alle krystallisirte Salze eine primitive Form haben, die beständig ist, und die nur durch eine zahllose Menge Ursachen, als: Temperatur, Dichtigkeit der Flüssigkeit, Gestalt des Gefäſses, Lage der Krystalle in Rücksicht der Fläche des Gefäfses, Verhältnifs der Elemente der Salze, Übersättigung, Ruhe und Bewegung u. s. w. sich abändern. Er lehrt die Methode, die primitive Form jeder Spezies nebst ihren verschiedenen Modificationen zu erhalten. Er hat nicht nur in vielen Fällen willkührlich die Veränderungen hervorgebracht, sondern sie auch rückgängig zur primitiven zurückgeführt. Das Werk ist ein Elementarwerk über die Kunst, die Salze zu krystallisiren; alles ist methodisch, einfach, und klar geordnet; er zeigt, wie man die Krystalle willkührlich ins Unendliche vergröfsern kann, wie man sie klar und vollkommen erhält, und wie man endlich sie lange aufzubewahren im Stande ist.

Im Anfange untersucht er, in welchem Zustande sich die Flüssigkeit befinden mufs, um einen vollständigen Krystall zu bilden. Da er bemerkte, dafs die Auflösungen zugleich scharf abgeschnittene Prismen, und wiederum andre mit pyramidalischen Zuspitzungen geben, so suchte er die Ursache davon, und fand, dafs sie in der verschiedenen Lage des Krystalls in der Flüssigkeit in Rücksicht des Gefäfses liege. Bey Wiederholung der Versuche erhielt er dieselben Resultate. —

Er bemerkte auch, dafs die Krystalle umgedreht werden konnten, so viel man will, ohne dafs eine Veränderung entstände, wofern man sie nur stets in derselben Lage, und auf homogenen Flächen ruhen läfst. Auch liefs sich eine falsche Lage, oder die Berührung mit dem Gefäfse leicht verbessern, so dafs auf diese Weise das Wachsthum des Krystalls keine Gränzen hatte. —

Schon 1781 bemerkte er, dafs man zuweilen durch die Veränderungen, die gewisse Theile des Krystalls annehmen, betrogen werden könnte, und dafs man die Winkel messen müsse, um die wahre Form zu finden. Er zeigte, was das Hineinbringen eines fremden Körpers auf die Form für Einflufs haben könne, und dafs

Formveränderungen häufiger statt finden, als man gewöhnlich glaube. Hierzu kömmt auch noch, daſs die Bestandtheile, und das Verhältniſs, das zwischen einem Salze und seinem Auflösungsmittel statt hat, Störungen in der Bildung des Krystalls hervorbringen. Der Verfasser hatte zur Absicht, die Beobachtungen über eine Menge Salze abzuändern, und Krystallsammlungen für das Naturalienkabinet von allen beobachteten Veränderungen zu liefern. Da dieses aus mehrern Gründen nicht statt finden konnte, so macht er das, was er entdeckt hat, hiermit bekannt. Vor Herrn Leblanc hatte niemand es versucht, die Phänomene, die diese natürlichen Operationen darbieten, einer Untersuchung zu unterwerfen.

Um vollkommene Krystalle zu erlangen, muſs man sie in gläsernen oder Porzellangefäſsen mit flachem Boden isoliren, und dieselben an ruhige Örter hinstellen. Die Auflösung muſs hinlänglich gesättigt seyn, um ihnen sogleich Nahrung geben zu können; man kann den Gehalt derselben zu dem Ende mit dem Aräometer untersuchen, widrigenfalls wird die Auflösung, statt dem Krystalle Theilchen abzugeben, ihm eher welche rauben, bis das Gleichgewicht zwischen dem Krystall und Wasser in Hinsicht der Salztheile wieder hergestellt ist. Der Krystall könnte erst nach der Abnahme eines Theils des Auflösungsmittels durch Verdünstung u. s. w. wiederum wachsen. Ist hingegen das Wasser durch Wärme übermäſsig mit Salz geschwängert, so werden eine zu groſse Menge Anziehungspunkte entstehen, es werden sich ein Haufen kleiner Krystalle bilden, die bey der Vereinigung eine verwirrte Masse geben. Wenn man, nachdem das Wasser das übrige Salz abgesetzt hat, einen vollständigen Embryon hineinlegt, so wird er zunehmen, und durchsichtige feste Krystalle, von welcher Gröſse man will, geben; damit die Zunahme auf allen Seiten gleich geschehe, muſs man die

Lage öfters ändern, und die Krystalle mit einem Spatel von einander zu entfernen suchen, ohne jedoch die Flüssigkeit viel zu bewegen. Es ist am besten, nur einen Krystall in jedes Gefäſs zu legen. Wenn die Verdünstung der Flüssigkeit nicht so schnell erfolgt, als der Niederschlag der Salztheilchen, so hört die Krystallisation auf. Wenn die Temperatur zunimmt, oder wenn die Luft einige Wassertheilchen in die Flüssigkeit absetzt, so erfolgt eine Art von Auflösung der Krystalle, besonders an den Ecken und Kanten. — Es giebt Salze, wo die Abnahme *(decroissement)* theilweise geschieht, so daſs gewissermaſsen die Lage der Molekülchen sichtbar wird. Man muſs demnach öfters nachsehen, ob die Kanten weich werden, und in diesem Falle den Krystall herausnehmen, um ihn, nachdem die Flüssigkeit etwas verdichtet ist, wieder hineinzuthun.

Bürger Leblanc bemerkte, daſs die Veränderung der Form, die von der Lage der Krystalle abhängig ist, auffallender in den Salzen, die verlängerte Prismen geben, statt finde als in andern. Liegt der Krystall auf einer Seite, so wächst er in der Ausdehnung dergestalt, daſs die Entfernung eines Endes von dem andern nie weniger ist, als die sich zwischen den Seiten findet. Liegt er auf einer Basis, so nimmt er besonders in der Richtung der Seiten zu, und scheint sodann zusammengedrückt. Die Beobachtung ist merkwürdig, weil sie zur Erklärung der beträchtlichen Ausdehnungen dient, die zuweilen einige Theile der Krystalle haben, die anzuzeigen scheinen möchten, daſs nicht hinlängliche Verwandtschaft zwischen den Salzmolekülchen und den verschiedenen Theilen der Krystalle statt gefunden hätte. Ein Krystall, der auf einer Seite in einer ruhigen Flüssigkeit liegt, wächst allenthalben, nur nicht da, wo er das Gefäſs berührt; es bildet sich eine Vertiefung auf dieser Stelle, denn diese Fläche wächst nur nach den Rändern, und nicht nach der Mitte. Das schwefelsaure Eisen giebt dieses Phänomen am auffallendsten. —

Bürger Leblanc wollte sich mit dem Einflusse des Verhältnisses der Elemente des Salzes auf die krystallinische Form beschäftigen; er bediente sich hierzu des Alauns, des schwefelsauren Zinks, und Kupfers. Er bemerkte am letztern, dafs wenn er ein Übermafs von Säure anwendete, so krystallisirt es sich in Prismen mit 8 Zuspitzungen, die von einer Fläche, die scharf abgeschnitten ist, begränzet werden; sättigt man hingegen diese Säure durch einen Zusatz der Basis, so giebt es Pyramiden, die durch viele Flächen durchschnitten sind, und durch ein 4seitiges Prisma von einander getrennt werden. Der schwefelsaure Zink giebt 6seitige Prismen, gesättigt giebt er Rhomben, die fast wie Würfel sind. — Er beweist auch, dafs der Alaun, der gewöhnlich Octaëders giebt, durch den Zusatz von Alaunsalz kubisch wird. — Der octaëdrische Alaunkrystall, den man in eine Auflösung, die Würfel giebt, legt, geht bald durch eine Abnahme von Reihen der Molekülchen an der Spitze der festen Winkel in eine kubische Gestalt über, dergestalt, dafs die Plättchen stets auf den 3eckigen Flächen abnehmen, bis der Krystall ein vollkommner Cubus ist. Das Gegentheil findet statt, wenn man einen Cubus des Alauns in eine Auflösung wirft, die Octaëders giebt. Der Verfasser bemerkte alsdann Abnahme an den Kanten, bis das Octaëder gebildet ist, oder das Dodecaëder mit rhomboidalischen Flächen.

Es scheint nicht stets ein ähnliches Gleichgewicht von Kraft zwischen den Krystallen und der Flüssigkeit für die Salzmolekülchen statt zu finden. Wenn man in einem Gefäfse von 2 Zoll Durchmesser und

2 Fuſs Höhe eine hinlänglich geschwängerte Alaunauflösung, um Krystalle zu nähren, gieſst, und die Krystalle in verschiedener Höhe bis zur Oberfläche aufhängt, so bemerkt man an denselben um so mehr Zunahme, als sie dem Boden des Gefäſses näher sind. Befindet sich die Flüssigkeit durch den Anwachs der Krystalle, durch Ruhe, oft auch durch die Veränderungen der Atmosphäre ohne Molekülchen, so nehmen die Krystalle nach derselben Gradation ab, als sie zugenommen hatten, so daſs nach einiger Zeit die der Oberfläche am nächsten liegenden Krystalle bereits Abnahme erleiden, indem die am Boden noch wachsen.

Verfolgte man die Versuche, die er in seinem kleinen Werke angegeben hat, so käme man durch Synthesis dahin, die Gesetze aufzufinden, nach welchen die Natur die verschiedenen Modificationen der Krystalle hervorbringt; es würden dadurch die so schönen Entdekkungen bestätigt, auf welche Bürger Hauy durch Analyse und Berechnung gekommen ist. — Dieses wäre um so wichtiger, da mehrere Salze sich nicht zergliedern lassen, daher man nur hypothetisch zur primitiven Form gelangen kann. Die Akademie der Wissenschaften hat bereits sehnlichst die Fortsetzung der Versuche gewünscht. Das Institut hegt ähnliche Gesinnungen. Die Berichtserstatter schlagen vor, daſs man den Minister des Innern bitte, dem Bürger Leblanc die Mittel zu verschaffen, seine Versuche fortzusetzen, und sein Werk drucken zu lassen. Dadurch würden mehrere Vortheile erreicht werden: die Theorie der Krystallisation des Bürgers Hauy würde bestätigt; die Sammlung so vollkommner Krystalle von der einfachsten bis zur zusammengesetztesten Gestalt diente für das Kabinet der Naturgeschichte, und zu Demonstrationen; und nächstdem könnten möglicher Weise die Ursachen aufgefunden werden, durch welche die Natur uns eine so groſse Mannigfaltigkeit der Form von ein und derselben Substanz darbietet. Endlich schenkte man dadurch einen in jeder Rücksicht schätzenswerthen Gelehrten seinen Lieblingsbeschäftigungen wieder, den die Unglücksfälle der Revolution in die Unmöglichkeit gesetzt haben, seine Familie zu ernähren. — Der Minister des Innern hat den Vorschlag des Instituts angenommen, und das Werk des Bürgers Leblanc wird auf Kosten des Gouvernements gedruckt.

Frdl.

IV.

Ueber die Arbeiten aus gebrannter Erde und insbesondere über die Töpferwaaren und die Hygiocerames, eine neue Gattung derselben. Vom Bürger Fourmy.

Der Bürger Fourmy hatte bereits bey der öffentlichen Ausstellung der Produkte der Französischen Industrie in den Complementartagen des Jahres IX. (18 - 22 September 1801.) eine neue Gattung von Töpferwaaren unter dem Namen Hygiocerames (vom griechischen ὑγιοκεραμον, Gesundheitsgeschirr) ausgestellet, und war damals mit einer Medaille belohnt worden. Ganz neulich ist ihm in der öffentlichen Sitzung des Nationalinstitutes vom 20sten Vendemiaire des Jahres XI. (12 October 1802.) der doppelte Preis, der im Jahre X. zum drittenmal auf die Frage gesetzt worden war: „Die erdigten Substanzen und die Verfahrungsarten anzuzeigen, die dazu geeignet sind, eine Töpferwaare zu fabriciren, welche den schnellen Abwechslungen von Hitze widerstehet, und welche wohlfeil genug für alle Bürgerklassen ist" zuerkannt worden. Im Jahre X.

(1802.) hat er eine kleine Schrift unter dem Titel: Memoire sur les ouvrages de terres cuites, et particulierement sur les poteries (Abhandlung über die Arbeiten aus gebrannter Erde und besonders über die Töpferwaaren) herausgegeben, die die Grundsätze, nach denen besonders der Käufer (*le consommateur*) die Güte und Brauchbarkeit der verschiedenen Arbeiten aus gebrannter Erde zu beurtheilen hat, so lichtvoll, bestimmt und faſslich aufstellet, daſs wir unsern Lesern einen wahren Dienst zu erweisen glauben, wenn wir ihnen hier einen gedrängten Auszug aus dieser Schrift mittheilen.

Avantpropos. Der Verfasser will den Gegenstand nicht sowohl aus dem Gesichtspunkte der Fabrication als vielmehr der Consommation behandeln, dem Käufer Regeln und Grundsätze, die ihn sicher leiten, an die Hand geben.

I. Theil. Aufstellung der Grundsätze.

Von den übertriebenen Forderungen der Käufer. Die Töpferwaaren können ihrer Natur nach nur gewisse Vorzüge in sich vereinigen, und nur diese kann man mit Recht von ihnen verlangen. Von der Solidität. Sie hängt von dem gehörigen Ausbacken (*Cuisson*) der Erde ab, das stets eine mehr oder weniger weit gediehene Verglasung ist. Die Solidität stehet im geraden Verhältnisse mit der Feinheit (*tenuité*) der Theilchen einer Erde, und dem Grade, bis zu welchem die Verglasung gediehen ist. Durch starke Verglasung erhalten die Erden die Eigenschaften des Kiesels, geben Feuer am Stahle, und durch Aneinanderreiben der Stücke einen phosphorischen Schein und hepatischen Geruch. Dann, hören sie auf Feuchtigkeit zu verschlucken, und widerstehen den schnellen Abwechslungen der Hitze und Kälte kaum besser als Glas. Von der Reinlichkeit. Wahre Reinlichkeit kann nur in denjenigen Geschirren von Erde statt finden, welche eine Glasur und dadurch vollkommen glatte Oberfläche haben. Von der Glasur *(vernis)*. Die Töpferwaaren bestehen aus 2 Theilen, der Basis oder der Masse *(pate, biscuit)*, und dem Überzuge oder der Glasur *(vernis, couverte)*; die Masse kann mehr oder weniger vom Verglasungszustande entfernet seyn, der Überzug ist immer ein mehr oder weniger vollkommenes Glas. Der Überzug erfüllt seinen Zweck, den Säuren und fetten Sachen das Eindringen in die Masse zu verwehren, die Oberfläche glatt zu machen, damit sich keine kleinen Theilchen anhängen und das Gefäſs beschmuzen können, und die Masse gegen die Reibung harter Körper zu schützen, um so besser, je dichter, fester, und verglaster er ist. Die Glasuren sind entweder erdigte, von Erden, die sich wechselseitig als Schmelzungsmittel dienen, mit unschädlichen Metalloxyden zur Färbung vermischet, oder salzigte, aus Salzen, mit verschiedenen Erden, besonders Kieselerde verbunden, oder metallische, Erden, mit Metalloxyden, besonders mit Bleykalken verbunden. Die bloſs erdigten Glasuren sind die besten, sie widerstehen am vollkommensten den Auflösungsmitteln, sie sind die härtesten. Eine natürliche Glasur ist diejenige, welche die Masse selbst durch Verglasung auf der Oberfläche bey heftigem Grade der Hitze annimmt. Diese Verglasung wird durch die Asche, des Brennmaterials begünstiget, in einigen Manufakturen wird sie durch Dämpfe des Kochsalzes, welche sich während des Backens im Ofen verbreiten, beschleuniget. Sie ist schlecht, nicht gleichförmig vertheilt, und bildet sich nur auf Stücken, die der Verglasung nahe kommen, und folglich die Abwechslungen der Hitze und Kälte nicht ertragen können. Von der Heilsamkeit für die Gesundheit. Die Glasur bestimmt dieselbe. Diejenige, die Bleykalk enthält, ist immer etwas verdächtig. Von der

Durchgänglichkeit (Leitungsfähigkeit) für die Wärme. Im allgemeinen kömmt sie den Geschirren von gebrannten Erden nur in sehr geringem Grade zu. Man suchet sie ihnen dadurch zu geben, daſs man in ihrer Textur gewisse Zwischenräume anbringet, durch welche, wie durch ein Sieb, der Wärmestoff durchdringet. — Ferner durch schwächeres Backen — endlich durch die geringere Dicke, so viel es ohne Schaden der Festigkeit geschehen kann. Doch nie kann alle Industrie die Töpferwaaren in dieser Hinsicht den Metallen nahe bringen. Von der Fähigkeit, plötzliche Übergänge von der Hitze zur Kälte auszuhalten. Aus demselben Grunde vielleicht, aus welchem die Erden schlechte Leiter der Wärme sind, vertragen sie auch nicht ungestraft die schnellen Abwechslungen von Hitze und Kälte. Man hilft diesem Mangel ab, indem man die Textur lockerer macht, die Waaren nicht so stark ausbackt, und ihnen so wenig Dicke als möglich giebt. Die Unvollkommenheit der Töpferwaaren in obiger Hinsicht hängt auch mit von der Fabrication ab. Nie können sie wegen des wohlfeilen Preises, den man verlangt, mit der Genauigkeit gearbeitet werden, wie z. B. metallene Gefäſse. Sie haben eine ungleiche Dicke, eine Seite ist der Flamme stärker ausgesetzt, wird stärker gebacken, auch können überhaupt nicht alle Theile gleich stark gebakken werden. — Die Dichtigkeit ist also nicht überall gleich, und folglich ist auch das Gefäſs nicht in allen Punkten gleich ausdehnbar, die Ausdehnung geschieht bey schneller Erhitzung unregelmäſsig, und muſs im Gewebe ein Zerren veranlassen, von welchem, wenn auch kein wirklicher Bruch, doch eine Schwächung des Zusammenhalts entstehet. Diese Schwierigkeiten sind noch viel gröſser bey der Abkühlung. Die Abkühlung geschiehet in der ganzen Masse verhältniſsmäſsig noch langsamer als die Erhitzung, und es ist Thatsache, daſs die Töpferwaaren weit mehr von dem schnellen Übergange von Hitze zur Kälte als umgekehrt leiden. Von der Beschädigung der Glasur. Die Masse widersteht, als mehr locker und porös, eher den schnellen Abwechslungen der Temperatur, und dehnt sich schneller aus und zieht sich auch schneller wieder zusammen, als die Glasur, die ein viel dichterer, beynahe glasähnlicher Körper ist. Dilatiret sich die Masse oder ziehet sie sich zusammen mit einer Schnelligkeit, mit welcher die Glasur nicht folgen kann, so muſs diese mehr oder weniger Risse bekommen, je nachdem die Operation mehr oder weniger schnell, und der Unterschied zwischen den respectiven Dichtigkeiten mehr oder weniger ansehnlich war. Daher die Sprünge, welche man in der Glasur aller Töpferwaaren, welche im Stande sind schnelle Abwechslungen von Hitze und Kälte auszuhalten, wahrnimmt, und welche unter dem Kunstnahmen *tressaillure* bekannt sind. Von den Rissen und Sprüngen in der Glasur. Rissig (*tressaillé*) nennt man Töpferwaaren, deren Glasur, ohngeachtet gesprungen und in einzelne von einander getrennte Blättchen verwandelt, darum der Masse nicht weniger adhäriret. Dieſs geschieht entweder durch Ausdehnung auf trocknem Wege, nehmlich durch Erhitzung, oder auf nassem Wege, durch Verschlucken von Feuchtigkeit, Wasserdämpfen. Diese letztere Ursache der Ausdehnung kann man gar nicht vermeiden, denn die Masse wird immer mehr oder weniger Feuchtigkeit aus der Atmosphäre einschlukken. Ein Stück, das hinlänglich locker und folglich auch einsaugend ist, um die schnellen Abwechslungen von Hitze und Kälte zu vertragen, ist kaum aus dem Ofen gekommen, so erfährt es schon die Wirkungen der Feuchtigkeit der Luft. Im Winter sind diese Wirkungen schneller als im Sommer — stärker an einem feuchten offenen, als an einem trockenen geschützten Orte — sie haben mehr Einfluſs auf eine lockere verschluckende Masse. Daher erhalten die gemeinen Töpferwaaren gemeiniglich schon Risse und Sprünge, ehe sie gedient haben; gewisse Fayencen erleiden dieſs nach kürzerem Dienste, und selbst gewisse Porzellanarten springen, wenn sie aus dem Ofen kommen. Ganz kann man diesem Zufalle nicht begegnen, weil man ein Gefäſs, das schnelle Abwechslungen von Hitze und Kälte auszuhalten bestimmt ist, einer gewissen Porosität nie ganz berauben kann. Etwas ganz ähnliches, wie bey der Glasur, beobachtet man bey Firnissen der Gemählde, bey lakkirten Sachen, bey der gemeinen Brodrinde. Vom Tone. Die Intensität des Tons bey Arbeiten aus gebrannter Erde ist der Dichtigkeit der gebrannten Masse proportional. Jedes Geschirr, das bestimmt ist, schnelle Abwechslungen der Temperatur zu erfahren, muſs mehr oder weniger schnell den Ton verliehren, 1. weil das Gewebe locker ist; 2. weil es verschluckend ist; 3. weil die Glasur Risse bekömmt. Die beyden, von der Eigenschaft, ans Feuer gebracht werden zu können, unzertrennlichen Fehler, Risse in der Glasur und Mangel an Ton, sind für den Kenner eine Art von Merkzeichen, die ihm diese Eigenschaft erkennen helfen. Sie sind aber nicht untrüglich, denn diese Fehler können von schlechter anderweitiger Fabrication abhängen. Wo sie aber fehlen, kann man den Schluſs machen, daſs das Gefäſs nur wenig im Stande seyn werde, schnelle Abwechslungen von Hitze und Kälte auszuhalten. Diese Fehler geben den falschen Schein von Sprüngen bey Gefäſsen, die noch ganz seyn können. Risse in der Glasur kann man indessen leicht von Sprüngen durch die Masse unterscheiden, sie haben gewöhnlich verschiedene Richtungen. Von den Beweggründen der Anwendung der gefärbten Glasuren

Gefärbte Glasuren sind den Rissen weniger unterworfen, man sicht sie auch weniger. Von der Leichtigkeit. Sie kann auch mit Festigkeit verbunden seyn, wenn das Gefäſs bey aller Dünnheit ein dichtes Gewebe hat. Von der Transparenz. Gewisse gebrannte Massen sind auch durchscheinend, diejenigen Gefäſse nehmlich, welche aus Substanzen, die von färbenden Oxyden frey sind, zusammengesetzt sind, und eine gewisse Art von Verglasung erfahren haben, wie die Porzellanmassen. Doch kann ein Porzellan vollkommen verglast, und doch nicht durchscheinend, und wenig verglast, aber durchscheinend seyn. Chinesisches Porzellan, wenn es nur ein wenig braun ist, ist undurchsichtig, wenn gleich vollkommen verglast. Von der Dicke. Dünnheit befördert die Durchgänglichkeit für die Wärme, und damit auch die Eigenschaft, ungestrafter schnelle Erhitzung und Erkältung zu ertragen. Je dünner, um so schneller ist das Stück durchdrungen, um so schneller ist die Temperatur im Gleichgewichte in allen Theilen. Wo die Dicke nicht nothwendig zur Solidität ist, ist sie also ein doppeltes Gebrechen. Von der Ausdehnung. Je kleiner ein Stück ist, um so schneller kann sich die Hitze in demselben verbreiten, und das Gleichgewicht ist im Augenblicke vorhanden. Derselbe Fall ist nicht bey groſser Ausdehnung des Stücks, wo der Theil, auf den die Hitze unmittelbar wirkt, eine hohe Temperatur haben kann, während die entfernten Theile noch ganz kalt sind. Derselbe Fall ist auch bey plötzlicher Abkühlung. Da die Ausdehnung und Zusammenziehung im Verhältnisse der Temperatur sind, so muſs, wenn sich der erhitzte Theil ausdehnt, oder der erkältete zusammenzieht, während die andern Theile ihre vorige Beschaffenheit beybehalten haben, nothwendig eine gewaltsame Anstrengung

gung im Ganzen und daraus ein Sprung entstehen. Von den Formen. Für den gewöhnlichen Gebrauch ist das erste Verdienst der Form, der Bestimmung des Geschirres angepafst zu seyn. Hier mufs die Schönheit dem Nutzen nachstehen. Den gewöhnlichen Töpferwaaren, die man bey niedriger Temperatur macht, kann man die leichtesten und auserlesensten Formen geben, während das Porcellan nur schwere und plumpe Formen zuläfst, weil die leichten Formen der starken Hitze nicht widerstehen würden. Die tauglichsten Formen für die Gefäfse, die ans Feuer gebracht werden sollen, sind 1. diejenigen, welche erlauben, dafs alle Theile des Gefäfses durch die enthaltenen Flüssigkeiten oder ihre Dämpfe befeuchtet seyen, weil die Erfahrung gelehrt hat, dafs jedes Geschirr dem Feuer besser widerstehet, wenn es angefüllet erhalten, als wenn es leer ist; 2. diejenigen, welche am wenigsten Ungleichheiten in der Dicke zulassen. Von der Präcision. Man mufs die Präcision der Dimensionen und der Formen unterscheiden. Die erstere Präcision beruhet auf der Berechnung der Reductionen, welche die Masse von ihrer ersten Zubereitung bis zum letzten Brennen erfährt. Die Einschrumpfung *(retraite)*, die der Teig erfährt, ist der Menge von verjagtem Wasser, womit er vorher, um ihn bearbeiten zu können, imprägnirt worden war, und dem Grade und der Art der Austrocknung und des Brennens proportionirt. Diese beruhen auf so vielen zufälligen Umständen, dafs man diese Präcision nur ohngefähr erhalten kann. Die Präcision der Formen hängt vorzüglich auch von dem Gleichgewichte ab, in welchem sich die Stücke in dem Ofen erhalten, so wie von der Art, wie die Masse die Wirkungen der Austrocknung und des Ausbackens erträgt. Die Schwierigkeit für die Präcision in den Dimensionen ist für alle dieselbe, aber in den

Formen ist sie um so gröſser, je gröſsere Hitze die Stücke beym Brennen auszuhalten haben. In etrurischen Gefäſsen sind daher die Formen immer correcter als in Porcellangefäſsen. Von den Farben. In den Farben der Glasur unterscheidet man vorzüglich die Farben des heftigen Feuers, die den heftigen Feuersgrad, in welchem der Teig gebrannt worden ist, ausgehalten haben, die ein Ganzes mit der Glasur ausmachen, und eben so solide wie diese sind; und die Farben der Muffel, die so genannt werden, weil sie erst nach dem vollendeten Brennen des Teiges unter einer Muffel bey gelinderem Feuer gebrannt worden sind, der Glasur fremd, und mehr oder weniger zerstöhrlich sind, je nachdem sie mehr oder weniger Übermaſs des Schmelzmittels enthalten. Von den Zierrathen. Eine zierliche Einfachheit ist wohl das erste und einzige Verdienst der Töpferwaaren. Vom Preise. Ihr geringer Preis ist ihr gröſster Vorzug. Recapitulation. Alle Vorzüge und gute Eigenschaften lassen sich nicht in gleichem Grade in derselben Töpferwaare vereinigen, und man muſs daher bey der Auswahl auf diejenigen Eigenschaften vorzüglich Rücksicht nehmen, die mit der Bestimmung des Gefäſses in der unmittelbarsten Beziehung stehen. Man muſs aber auch eine gewisse gute Eigenschaft nicht im Überflusse verlangen, weil dieses Übermaſs andern guten Eigenschaften im Wege stehen kann. Es würde unvernünftig seyn, von unserer gewöhnlichen Töpferwaare zu fordern, daſs sie die schnellsten Übergänge von der gröſsten Hitze zur Kälte ungestraft aushalte, weil dieſs wegen der hiezu erforderlichen groſsen Porosität und Lockerheit der Masse nur auf Unkosten der Reinlichkeit und Heilsamkeit für die Gesundheit erhalten werden könnte, und jene plötzlichen Übergänge im gewöhnlichen Hausgebrauche vermieden werden können. (Da indessen kein Geschirr von Erde alle guten Eigenschaften vereinigen kann, ergiebt sich die Nothwendigkeit verschiedener Gattungen, die, in wiefern eine jede verschiedene Vortheile darbietet, vereinigt, den mannigfaltigen Bedürfnissen entsprechen.

Im zweyten Theile macht nun der Verfasser die Anwendung dieser allgemeinen Grundsätze auf die Beurtheilung der verschiedenen Gattungen von Arbeiten von gebrannter Erde, und besonders auch der von ihm neu erfundenen Gattung der *Hygiocerames*, wovon wir den Auszug im nächsten Hefte geben werden.

Pf.

V.

Untersuchungen über die verschiedenen Gattungen der Ipecacuanha (Brechwurzel). Vom Burger Decandolle. *)

Die Nahmen Ipecacuanha, Ipecacuan, Picacuanha, Picacuan, Ipecaca, Ipeca, finden sich im ganzen südlichen America, und bedeuten nichts anders als eine Brechen machende Wurzel. Die Pflanzen, welche wir unter dem Nahmen Ipecacuanha mit einander verwechseln, sind aus verschiedenen Familien gezogen.

Die gebräuchlichste Ipecacuanha gehöret zur Familie der *Rubiaceae*. Diese Wurzel ist holzigt, ästig, mit mehr oder weniger hervorstehenden wulstartigen Runzeln umgeben; man erkennt sie allezeit daran, daſs ihre hölzerne Axe (oder die innere gelblichweiſse Holzfaser) dünner als die Rinde ist [1]). Der

*) Aus dem Bulletin des sciences N. 64. S. 124.

1) Man vergl. Hahnemanns Apothekerlexicon I. Bd. S. 447.

Bürger Decandolle hat Stengel dieser Pflanze in den Fässern der Kaufleute gefunden, er hat die einander gegenüberstehenden Zweige, und die Stipulas, welche die Familie der *Rubiaceae* karakterisiren, daran beobachtet. Es ist nicht so leicht die Gattung zu bestimmen, zu welcher diese Wurzel gehört. Mutis versichert, dafs man in Peru die Wurzel von der *Psychotria emetica* einsammle; Brotero hat so eben zu London eine Abhandlung herausgegeben, in welcher er versichert, dafs die Ipecacuanha von Brasilien ein neues Geschlecht der Familie der *Rubiaceae* ist, er nennt es *Callicocca.* Wahrscheinlich ist es allerdings, dafs die Ipecacuanha von Brasilien und die von Peru verschieden sind, die erste ist braun, die zweyte grau [2]).

Unter den Veilchen findet man mehrere Brechen erregende Gattungen: 1. Viola parviflora Lin. Suppl. 396. Diese Pflanze wächst in Brasilien und in Peru, ihre Wurzel ist holzigt, gerade, wenig ästig, grau oder bräunlich, bisweilen der Länge nach mit Spalten versehen, ihre hölzerne Axe ist stets dicker als die Rinde. Diese Wurzel findet sich im Handel mit der Ipecacuanha der Familie der *Rubiaceae* vermengt. 2. Viola Ipeçacuanha Lin. Mant. 484. Murr. Appar. Medicam. I. p. 798. Excl. syn. Desportes, Aublet und Barrere. Pombalia Ipecacuanha Vandelli. Fasc. p. 7. t. I. icon. Diese Pflanze wächst in Brasilien, ihre Wurzel ist weifs, beynahe cylindrisch, sehr wenig fasrigt, in die Länge gestreift, ihre hölzerne Axe ist dicker als die Rinde. Man findet sie nicht im Handel, in den Sammlungen wird sie aber unter dem Nahmen der weifsen Ipecacuanha aufbewahrt. 3. Viola calceolaria Linn. Sp. 1327.

2) Diese Verschiedenheit in der Farbe findet auch schon zwischen verschiedenen Theilen der Wurzel statt; s. Hahn. l. c. S. 448.

Viola itoubou Aubl. Guyan. 2. p. 808. t. 318. Diese Pflanze wächst in Guyana, und auf den Antillen; ihre Wurzel ist von einer weifsgrauen, inwendig etwas gelben Farbe, unregelmäfsig gespalten oder höckerigt, beynahe cylindrisch, wenig ästig; diese Wurzel hat die hölzerne Axe dicker als die Rinde, sie wird in den Sammlungen gleichfalls unter dem Nahmen der weifsen Ipecacuanha aufbewahrt. 4. Viola diandra Linn. ist zu wenig bekannt, als dafs man darüber etwas ausführliches sagen könnte.

Die Wurzeln von einigen aus der Familie der Apocineen (*Asclepiadeae*) sind ebenfalls mit Brechen erregenden Eigenschaften begabt. 1. Cynanchum vomitorium Lamark. Encycl. 2. p. 235; Cynanchum Ipecacuanha Wild. Pharm. 1795. p. 169. t. 2. Asclepias asthmatica Linn. (ex edit. Murray. S. 259). Diese Pflanze wächst auf Isle-de-France, Java und Ceylon. Die Vergleichung der von Burmann und Lamark beschriebenen Exemplare hat die Identität der *Asclepias asthmatica* Linn. mit dem *Cynanchum vomitorium* Lamarks bewiesen. Man bemerkt daran nicht die *Cornicula* der Asclepiasarten, welches beweist, dafs man diese Gattung unter dem Geschlechte *Cynanchum* lassen mufs. Ihre Wurzeln sind zahlreich, einfach, cylindrisch, hart, holzigt, weifs, von Ringen und Höckern entblöfst, und haben im Innern eine äufserst dünne Holzfaser. Diese Wurzel wird in Indien als Brechmittel, und ebenfalls als Purgier- und Auswurf beförderndes Mittel angewandt, man kennt sie unter dem Nahmen der weifsen Ipecacuanha von Isle-de-France. 2. Cynanchum tomentosum Lamark. Encycl. 2. p. 235. Diese Pflanze wächst auf Isle-de-France, und Ceylon, sie wird in den Hospitälern von Ceylon statt der Ipecacuanha angewandt. 3. Periploca emetica. Retz. obs. 2. p. 13. n. 34. Wild. Phyt. 1. p. 6. n. 21. t. 5. fig. 2. Ihre

Wurzel wird als Brechen erregend in Indien angewandt. 4. Asclepias currasavica Linn. Diese Pflanze wächst auf den Antillen, ihre Wurzel wird als Brechmittel zu Tabago angewandt, und sie wird sogar daselbst fälschlich Ipecacuanha genannt. Diese Wurzel ist ästig, braun, mit ziemlich merklichen Spalten bezeichnet, sie findet sich nicht mehr in unsern Apotheken, es scheint aber, daſs sie in ihnen ehemals mit der wahren Ipecacuanha vermischt war, denn Douglas (Phil. Trans. 1729.) unterscheidet sie unter dem Nahmen der falschen braunen Ipecacuanha.

Man hat einige Zeit geglaubt, daſs die Ipecacuanha von einer *Euphorbia* herkomme, welcher man daher den Nahmen *Euphorbia Ipecacuanha* gegeben hat; ihre Wurzel ist beynahe cylindrisch, dünn, wenig ästig, von einem etwas gelblichen Grau, das Holz ist viel dicker als die Rinde. Diese Wurzel wird als Brechmittel in Virginien und Carolina angewandt, aber nicht nach Europa gebracht.

Man hat bisweilen die Caapia von Brasilien für die Ipecacuanha genommen. Es giebt 2 Gattungen davon: die eine, Feldcaapia genannt, ist die *Dorstenia brasiliensis* Lam. Encycl. 2. 317.; die andere, Waldcaapia genannt, ist die *Dorstenia arifolia* l. c. Beyde werden in Brasilien als herzstärkende, fiebervertreibende Brechmittel geschätzt.

Die Gaben, in welchen diese verschiedenen Wurzeln Brechen erregen, sind sehr verschieden; das *Cynanchum vomitorium* wird zu 22 Granen, die *Psychotria emetica* zu 24, die *Viola calceolaria* zu 60-72 Gr., die *Viola ipecacuanha* von 1 bis zu 3 Quentchen angewandt. Diese Verschiedenheiten beweisen die Wichtigkeit der genauesten und sorgfältigsten Unterscheidung der verschiedenen Gattungen von Ipecacuanha.

VI.

Beobachtungen über die zoonische Säure. Vom Bürger Thenard [1].

Berthollet hat bekanntlich schon vor einigen Jahren angekündiget, daſs er durch Destillation thierischer Substanzen eine eigenthümliche Säure erhalten habe, welche er zoonische Säure nannte [2]. Auf Fourcroys Aufforderung unternahm Thenard eine neue sorgfältige Arbeit uber diese neue noch problematische Säure.

1. Versuch. Er destillirte in Retorten von Steinzeug zu verschiedenen Malen und mit vieler Sorgfalt 30 *Kilogrammen* (etwas über 61 Pfunde) von Muskelfleisch. Die Produkte der Destillation wurden in Ballons, die durch Vorstöſse mit den Retorten verbunden waren, aufgesammelt. Nach Absonderung des Oels lieſs man sie mit ätzendem Kalke kochen, es entwickelte sich eine groſse Menge von Ammoniak. Nachdem die Verbindungen der zoonischen und Kohlensäure mit dem Ammoniak zersetzet worden waren, filtrirte man und mischte der Flüſsigkeit Kohlensäure bey, um die freye Kalkerde niederzuschlagen. Die von neuem filtrirte Fluſsigkeit wurde bis zur Syrupsdicke abgedampft, und dann in eine Retorte von Glas mit Phosphorsäure gebracht. Nun wurde aus dem Sandbade destillirt; erst ging in die Vorlage eine schwachsäuerliche Flüssigkeit über, dieſs ist die zoonische Säure, sie schlug nur leicht das essigtsaure und salpetersaure Quecksilber, weniger merklich das salpetersaure Bley nieder, sie trübte nicht das essigtsaure Bley, durch das Feuer

1) Annales de Chimie. N. 128. S. 176-184.

2) Man s. Annales de Chimie Tom. XXVI. S 86. Auch Scherers Allg. Journal der Chemie B. I. S. 197. Crells Annalen 1800. B. I. S. 283.

concentrirt bildete sie sogleich in den Auflösungen dieser verschiedenen Salze flockigte Niederschläge, die ziemlich merklich in den zwey ersten, und am schwächsten in der 4ten waren — übrigens besafs sie die sonst von Berthollet angegebenen Eigenschaften.

2. Versuch. Vier *Liters* (etwas über 4 Pariser Pinten) dieser zoonischen Säure wurden mit der durch Alkohol gereinigten Pottasche verbunden, es bedurfte nur ohngefähr 7 Grammen des Laugensalzes (beynahe 2 Quentchen) zu ihrer Sättigung. Durch Abrauchen erhielt man ein blättriges Salz von sehr stechendem Geschmack, das schnell zerflofs, das durch die Mineralsäuren zersetzbar war, und das alle Eigenschaften der essigtsauren Pottasche (*Terra foliata tartari*) in sich vereinigte. Mit der Phosphorsäure behandelt, gab dieses Salz vermittelst der Wärme eine der essigten Säure analoge Flüssigkeit, von der nur die letzten Portionen das essigtsaure Quecksilber niederschlugen.

3. Versuch. In recht reinen zoonischsauren Kalk wurde ein Übermafs der salpetersauren und essigtsauren Auflösung des Bleys und Quecksilbers gegossen, es bildeten sich 4 zoonischsaure Metallsalze, zwey von Bley, und 2 von Quecksilber, alle 4 weifsgrau, beynahe geschmacklos und unauflöslich, (die filtrirten Flüssigkeiten hatten eine ziemlich dunkle braune Farbe.) Bey der Destillation dieser Metallsalze mit Phosphorsäure oder Schwefelsäure erhielt man nur eine Flüssigkeit, die die Lakmustinktur nicht merklich röthete, und zum Rückstande schwefelsaure oder phosphorsaure Metallsalze mit einer thierischen Materie.

Diese thierische Materie ist braun, auf glühenden Kohlen brennt sie mit Aufblähen, im Wasser ist sie nur wenig auflöslich. Die Säuren begünstigen ihre Auflösung, und so aufgelöst im Wasser oder in Säuren, wenn nur diese nicht im Übermafse vorhanden sind, schlägt sie die meisten metallischen Auflösungen nieder.

Die oxygenirte Kochsalzsäure verwandelt sie in ein dickes, festes und gelbliches Oel.

Aus diesen Versuchen scheint zu erhellen, dafs die zoonische Säure nichts anders ist als essigte Säure, welche eine thierische Materie aufgelöst enthält, die sich dem oeligten Zustande nähert, und dafs diese thierische Materie dieser Säure die Eigenschaft ertheilet, verschiedene metallische Salze und insbesondere die von Bley und Quecksilber niederzuschlagen.

Th. hatte in einer Kapsel von Porcellan zoonischsauren Kalk, welcher bis zur Syrupsdicke abgeraucht, und auf die oben angegebene Art zubereitet worden war, an der freyen Luft stehen lassen. Einige Zeit nachher wollte er ihn wieder auflösen, es blieben aber Flocken von thierischer Materie darin, die sich abgesondert hatten, und welche er bey Seite brachte. Er liefs diese Flocken mit Wasser kochen, sie lösten sich auf. Die Auflösung hatte eine schwach gelbliche Farbe, einen wenig bittern Geschmack, und röthete auf keine Weise die Lakmustinktur. Er überliefs die Flüssigkeit sich selbst während 4 bis 5 Tagen, sie röthete nach dieser Zeit eben so wenig die Lakmustinktur. Er liefs einen Theil davon in einer Capsel abrauchen. So wie die Abrauchung vor sich ging, wurde die Flüssigkeit aufserordentlich sauer. Die Säure war Salpetersäure. Die andere Hälfte dieser thierischen Materie, die noch übrig war, wurde mit der gröfsten Vorsicht eben so behandelt. Auch hier geschah diese merkwürdige Verwandlung einer vorher nicht sauren Materie während des Abrauchens innerhalb 5-6 Minuten in Salpetersäure. Wahrscheinlich zog die Materie den Sauerstoff der Atmosphäre an. Das Oel, welches er von dem Produkte der Destillation, aus dem er jenen merkwürdigen zoonischsauren Kalk erhalten, gesammelt hatte, gab, mit Wasser gewaschen, von neuem jene Materie, welche sich in Salpetersäure verwandelte. Bey nachfolgenden Destillationen des Muskelfleisches, die er in der Absicht anstellte, um sich diese sonderbare Materie zu verschaffen, erhielt er nichts dergleichen. Er glaubt, daſs alles hierbey auf den gehörigen Feuersgrad ankomme, er weiſs aber nicht zu bestimmen, ob er schwach oder stark seyn müsse. Er ladet die Chemiker zu Versuchen über die Veränderungen, welche die thierischen Materien von verschiedenen Wärmegraden erleiden, ein, und verspricht sich interessante Resultate davon.

Pf.

VII.

Note über die Aya-Pana, *eine im Rufe eines Universalheilmittels stehende Pflanze Südamericas, und ihre groſsen Heilkräfte bey Schlangenbissen und Verwundungen, der Classe der physischen und mathematischen Wissenschaften des National-Institutes vom Bürger* Ventenat *den 14 Fructidor des Jahres X. (1 September 1802.) vorgelesen.*

Mehrere Journalisten haben kürzlich von der Aya-Pana gesprochen, sie haben gemeldet, daſs diese Pflanze in Brasilien ursprünglich zu Hause sey, daſs sie zu Isle-de-France mit Erfolge kultivirt werde, daſs sie groſse Tugenden habe, und daſs man sie als eine allgemeine Panacee betrachten könne. Ich freue mich, der Classe über diese Pflanze genauere Nachrichten mittheilen zu können.

Vor ohngefähr 8 Monaten bat einer meiner Neffen, im Begriff Isle-de-France zu verlassen, den Bürger Michaux, ihm von den Pflanzen, welche im Garten der Regierung kultivirct werden, diejenigen anzuzeigen, die mir angenehm seyn könnten. M. hatte die Güte, die seltensten ihm zu präpariren, und vergaſs auch die berühmte Pflanze von Brasilien nicht. Folgendes sind die naheren Nachrichten, welche mein Neffe über dieselbe einsammelte.

Die Aya-Pana wächst im südlichen America auf dem rechten Ufer des Amazonenflusses. Die Einwohner dieser Gegend betrachten sie schon längst als ein vortreffliches schweiſstreibendes Mittel, so wie als ein mächtiges Alexipharmacum oder Gegengift gegen den Biſs der Schlangen und die Verwundungen von vergifteten Pfeilen. Ihre Tugenden sind gleichfalls in ganz Brasilien anerkannt, wo man sie mit Sorgfalt kultivirt, und wo man ihr den Nahmen der Wunder-Pflanze giebt.

Im Jahre VII. der franz. Republik (1799) hörte der Capitän Augustin Baudin, Bruder desjenigen, der den Naturforschern von einer so vortheilhaften Seite bekannt ist, und der in diesem Augenblicke die Inseln des Südmeers besucht, bey seinem Aufenthalte in Brasilien von der Aya-Pana sprechen. Er sah erst alles dasjenige, was man von den Tugenden dieser Pflanze sagte, fur fabelhaft oder wenigstens fur übertrieben an. Aber bald zerstreute die Erzählung mehrerer während seines Aufenthalts bewirkter Heilungen, die durch das Zeugniſs glaubwürdiger Personen, und besonders durch dasjenige eines Schulers von unserm Collegen Jussieu, des Doktors Camara, berühmten Botanikers und geschickten Arztes, bestätiget wurde, seine Zweifel vollkommen. Er gab sich nun alle Mühe, sich diese Pflanze für die französischen Kolonien zu verschaffen. Die ersten Stöcke davon, welche er auf sein Schiff hatte bringen lassen, wurden von Hühnern, die aus ihrem Behälter entwichen waren, aufgefressen. Den folgenden Morgen sollte das Schiff abgehen. Keine Versprechungen und Anerbietungen an die Einwohner konnten ihm dieselbe verschaffen. Er erinnerte sich, daſs ein Stock der Aya-Pana sich vor dem Fenster eines Privatmannes befinde, der sie ihm beständig versagt hatte; in der Nacht machte er eine Expedition mit einigen Matrosen nach diesem Hause, die durch lange Stangen den Topf mit der Pflanze herunterfallen machten, und bey Anbruch des Tags richtete der Capitän mit seiner Beute seinen Lauf nach Isle-de-France, wo er glücklich damit ankam. Da die Aya-Pana sich leicht durch Steckreiser fortpflanzen läſst, so hatte sie sich in der Kolonie bald vervielfältiget, und es giebt gegenwärtig fast keine Plantage daselbst, wo sie nicht kultivirt würde.

Die groſsen Tugenden der Aya-Pana haben sich auch zu Isle-de-France bewähret, und sie steht daselbst in einem eben so groſsen Rufe als in ihrem Mutterlande. Der Garten der Regierung wird beständig von Kranken, die um einige Blätter der Aya-Pana zu ihrer Heilung flehen, wie belagert. Die Zeitung der Kolonie weist täglich neue Proben ihrer Tugenden auf, und man wendet sie mit Erfolge nicht bloſs gegen den Schlangenbiſs, sondern auch zur Heilung der Wassersuchten, der eingewurzeltsten venerischen Krankheiten, und aller Arten von Wunden an. Aus den vielen bekannt gewordenen Beyspielen will ich nur 3 oder 4 anführen, aus welchen auch erhellet, in welchen verschiedenen Gaben nach Verschiedenheit der Krankheiten man diese Pflanze anwendet.

Ein Eigenthümer von Isle-de-France, der Bürger Cotte, wurde an der rechten Hand von einem Skorpion gestochen. Sogleich erfolgten eine lebhafte Entzündung und sehr heftige Schmerzen. Mehrere Blätter der Aya-Pana wurden gestoſsen, und auf die Wunde gelegt. Der Schmerz hörte im Augenblicke auf, nach zwey

Stunden war keine Entzündung mehr, und die Hand erhielt schnell wieder ihren natürlichen Zustand.

Der Artillerie-Officier Poncet brachte zum Capitän Baudin einen Neger, der beym Fischfange von einem dort zu Lande unter dem Nahmen *last* bekannten Fische gestochen worden war. Der Stich dieses Fisches ist so giftig, daſs man vor der Kenntniſs der Aya-Pana die Amputation der verwundeten Gliedmaſsen vornehmen muſste. Die Hand des Schwarzen war auſserordentlich angeschwollen. Der Capitän Baudin rieth, die gestoſsene Aya-Pana anzuwenden. Wegen der drey franz. Meilen weiten Entfernung des Gartens der Regierung entschloſs sich Baudin, von einem jungen Stocke, den er eben bey der Hand hatte, 7 bis 8 Blätter zu nehmen. Er lieſs sie stoſsen, und applicirte sie auf den verwundeten Theil. Den folgenden Morgen war die Hand des Schwarzen vollkommen geheilet.

Zu einem Chirurgus wurde ein Schwarzer mit einem sehr angeschwollenen Leibe, der Wassersucht anzeigte, gebracht. Der Chirurgus entschloſs sich den Bauchstich zu machen, er schob aber die Operation noch auf, weil er andere Kranke zu besuchen hatte. Da man ihn drang, inzwischen eine Behandlung für den schwarzen Kranken anzuordnen, sagte er halb im Scherze: Gebt ihm bis zu meiner Rückkunft einen Aufguſs der Aya-Pana. Dieser Befehl wurde zum Glücke des Kranken pünktlich befolgt, die Wassersucht machte keine weitern Fortschritte mehr, und nach wenigen Tagen konnte der Kranke seine Arbeiten wieder vornehmen.

Der Capitän Baudin that auf seinem Schiffe einen schlimmen Fall, und verwundete sich sehr stark an seinem linken Unterschenkel. Er lieſs die Wunden mit einer lauwarmen Abkochung der Aya-Pana waschen, und die Blätter, die zur Abkochung gedienet hatten, darauf legen. Das Glied wurde dann mit mehreren Touren einer mit der nehmlichen Flüssigkeit benetzten

Bandage von Leinwand umwickelt, und von 10 zu 10 Minuten von neuem befeuchtet. Zwey Stunden nach dem ersten Verbande hatte sich die Entzündung so gemindert, daſs der Kranke an einem Stocke zu gehen im Stande war. Nach 13 Tagen war er vollkommen geheilet. Auſser diesen Beyspielen könnte ich noch mehrere anführen, welche die groſsen Heilkräfte der Aya - Pana bestätigen, und nach allem läſst sich mit einiger Wahrscheinlichkeit hoffen, daſs die Aya - Pana eine Stelle unter den wirksamen Heilmitteln erhalten wird. Man darf erwarten, daſs diese Pflanze sich in den Gärten der Hauptstadt bald vermehren wird; bereits hat Michaux Körner davon dem Bürger Cels gesandt, und Madame Buonaparte hat dergl. vom Intendanten des Gartens der Regierung erhalten. Doch wäre es zu wünschen, daſs man einige frische Stöcke erhalten könnte.

Die Karaktere der Aya - Pana sind so deutlich daſs gar kein Zweifel über das Genus, zu welchem sie gehöret, obwalten kann. Das Studium von mehrern vollständigen Exemplaren hat mich überzeugt, daſs sie zur Familie der Corymbiferae, und zum Genus Eupatorium des Linné gehöre.

Der Stengel dieser Species, welche ich Eupatorium Aya - Pana nenne, ist gerade, sehr ästig, von dunkelbrauner Farbe, einen Meter hoch, und von der Dicke einer Schreibfeder. Ihre Blätter sind abwechselnd, beynahe ohne Stiel, lanzenförmig, und ungetheilt, ihre hellpurpurrothen Blumen stehen an der Spitze der Stengel und Äste in Büscheln (*corymbi.*)

Eupatorium Aya - Pana. Ch. specif. Foliis lanceolatis, integerrimis, inferioribus oppositis, superioribus alternis, calycibus subsimplicibus, multifloris.

Eine Abbildung und genauere Beschreibung der botanischen Karaktere der Aya - Pana wird man in der ersten Lieferung der Pflanzen des Gartens von Malmaison, die in einigen Monaten erscheinen wird, finden.

Ich habe von Madame Buonaparte eine Quantität von getrockneten Blättern der Aya - Pana erhalten, welche ich dem Bürger Alibert, Arzt des Hospitals St. Louis, Professor der Materia medica, übergeben habe, um durch die Erfahrung ihre Heilkräfte zu bestimmen. [1])

1) Die Herausgeber werden nächstens die Resultate der Versuche ihres Freundes Alibert mit den getrockneten Blättern dieser Pflanze in eingewurzelten venerischen u. a. Krankheiten in den Annalen dem Leser mittheilen.

D. Herausg.

B. Literatur.

I.

Annales du Museum national d'Histoire naturelle. Par les Professeurs de cet Etablissement. Premier Cahier. 4°. 1802.

Annalen des Nationalmuseums für Naturgeschichte etc. I. Heft. Mit VI. schönen Kupfertafeln.

Die berühmten Professoren des Nationalmuseums für Naturgeschichte, Hauy, Fourcroy, Brongniard, Des Fontaines, Jussieu, Geoffroy, Lacepede, Lamarck, Portal, Cuvier, Thouin, Faujas und Van-Spaendonck haben sich zur Herausgabe dieser Annalen vereiniget, um ihre Unterweisung noch über die Gränzen ihres Hörsaales auszudehnen. Sie sind in dieser Absicht mit einander übereingekommen, jede Woche sich einmal zu vereinigen, sich wechselseitig mitzutheilen, was jeder interessantes in dem Theile, der ihm anvertrauet ist, beobachtet hat, diese Beobachtungen dem Urtheile ihrer Mitbrüder zu unterwerfen, und sie in monatlichen Heften dem Publikum zu übergeben, wenn sie von der Gesellschaft gut geheifsen worden sind. Sie werden die Naturgeschichte in ihrem ganzen Umfange umfassen, und die Anatomie, Chemie und Cultur gehören eben sowohl in den Plan desselben, als die eigent-

eigentlich sogenannte Zoologie, Botanik und Mineralogie. Vorliegendes 1stes Heft erfüllet ganz die Erwartungen, welche solche Nahmen erwecken mufsten. Auch zeichnet es sich durch typographische Schönheit aus. Folgendes ist der Inhalt desselben.

1. *Historische Notiz über das Museum der Naturgeschichte* mit einer Kupfertafel, die den Garten nach seinem alten Plane abbildet. (Davon werden wir im nächsten Stücke einen Auszug liefern.)

2. *Abhandlung über den Trass und den vulcanischen Tuff der Gegend von Andernach.* Mit einer Kupfertafel. Von Faujas de St. Fond. Der Verfasser beschreibt hier die Trassbrüche bey Andernach nach eigener Ansicht, die indessen aus den Arbeiten des Herrn Nose in Deutschland hinlänglich bekannt sind. Merkwürdig ist es, dafs sich in den Bimsteinen dieser Trassbrüche eine schöne blaue Abänderung des Pleonaste von Hauy (*Traité de Mineralogie.* Tom. 3. S. 17.) findet, welchen man bekanntlich auch in den Höhlen von Steinen, die vom Vesuve ausgeworfen worden sind, gefunden hat.

3. *Beobachtungen über das arseniksaure Kupfer* vom Bürger Hauy. Mit einer Kupfertafel. Diefs ist die Abhandlung, von welcher wir im 4ten Hefte der Franz. Annalen S. 174 eine vorläufige Nachricht gegeben haben. Wir hoffen in der Folge noch für diese interessante Abhandlung in den Annalen einen Platz zu finden.

4. *Analyse der sogenannten reinen Thonerde aus Halle.* Von Fourcroy. S. weiter unten.

5. *Beschreibung des Geschlechts Tithonia* von Des Fontaines mit einer schönen Abbildung der Tithonia tagetiflora.

Ch. genericus. Calix cylindricus, gemino ordine multipartitus, laciniis ovato - oblongis, conniventibus, strictis, subaequalibus. Flores radiati, ligulis neutris. Corollulae hermaphroditae, tubulosae, supra basin inflatae, quinquedentatae. Semina elongata, paleis quatuor aut quinque coronata. Receptaculum paleaceum. Folia alterna.

Species. Tithonia tagetiflora. Foliis alternis, cordatis, triangularibus, in petiolum productis, inferis trilobis.

6. *Ueber eine Pflanze, die von den Botanisten Erica Daboecia genannt wird*, und über die Nothwendigkeit, sie unter ein anderes Geschlecht und unter eine andere natürliche Ordnung zu versetzen. Vom Bürger Jussieu. Da nehmlich die Capsel dieser Pflanze 4 einwärts gebogene Valven hat, (Valvae introflexae, loculum proprium constituentes,) so gehöret sie zum Geschlechte Menziezia des Smith, und zwar nennt sie der Verf. Menziezia polyfolia, foliis alternis, ovatis, revolutis, supra viridibus, glabris, passim pilosis, subtus tomentosis, incanis, floribus racemosis, terminalibus. Aufser der Menziezia ferruginea des Smith möchte die Azalea pilosa vielleicht auch zu diesem Geschlechte gehören.

7. *Naturgeschichte und anatomische Beschreibung eines neuen Fischgeschlechts des Nils, Polyptère (Polyptera) genannt.* Von E. Geoffroy. Eine sehr ausfuhrliche Beschreibung nebst Abbildung einer Gattung, die der Verf. Polyptera Bichir nennt. Das Mafs jedes Theils, so wie eine genaue Anatomie, ist hinzugefügt. Der Bichir ist so selten, dafs der Verf. nur 3 bis 4 im Jahre auf dem Markte in Cairo habhaft werden konnte, und niemals einen jungen Fisch. Er hält sich wahrscheinlich in den Tiefen des Nils auf, und lebt vom Grundschlamme. Der Verf. fand den Magen stets leer, sonst hat er den Bau eines Fleisch fressenden Fisches. Das Fleisch ist weifs und saftiger als der gewöhnlichen Nilfische. Man kocht ihn, um die harte Haut abziehen zu

können, welches im Ganzen geschieht. Diefs Geschlecht hat am meisten die Physiognomie der Hechte, und insbesondere des Caïman (*Esox osseus*) und des grünen Hechts, doch findet diese Ähnlichkeit mehr nur in den Hautdecken und in der Vertheilung und Gröfse seiner Schuppen statt, denn er unterscheidet sich in den wesentlichen Organen von den Hechten, so wie von allen bekannten Abdominalfischen. Die Schwimmflossen sitzen am Ende der Arme, und die an den Kiemen sitzenden Strahlen sind bey ihm allein durch ein knöchernes Schild ersetzt. Er ist auch der einzige, welcher eine Art mit Klappen versehener Luftlöcher hat, um die Öffnung von aufsen verschliefsen zu können. Auch ist er der einzige, bey dem der Rücken der ganzen Länge nach mit Flossen besetzt, und der erste Strahl dieser Flossen in einen Stachel mit zwey Spitzen verwandelt ist, der einzige, bey dem die Apophysen der Wirbelbeine ohne Zwischenmittel die knöchernen Strahlen der Rückenflossen tragen. Der Schwanz ist so kurz, dafs er kaum zum Schwimmen dienet. Der Verf. bestimmt das Geschlecht demnach folgendermafsen:

Radius unicus membranae branchiostegae. Duo spiracula. Pinnae dorsales plurimae.

8. *Abhandlung über das Thier der Lingula anatina des Lamarck.* Von G. Cuvier. Mit einer schönen Kupfertafel.

Von dieser interessanten Abhandlung werden wir im nächsten Hefte einen Auszug liefern.

Correspondenz. Notiz über die Kultur der Gewürzbäume, die in Cayenne eingeführt worden sind. Von J. Martin. S. unten. *Von einem fossilen Elephantenzahn aus dem Departement der untern Mosel.* Er befand sich 3 Fufs unter einem Thonboden. Die Kinnlade, worin er safs, ist zerstört. Der Zahn wog 1½ Pfund. Der Ort, wo er gefunden worden, heifst Hasselt, er ist nur 5 Stunden von Maestricht entfernet, wo man so viele Reste unbekannter Crocodile gefunden hat. *Liste seltener Saamen aus dem Französischen botanischen Garten bey Charlestown* im mittäglichen Carolina, welche dem botanischen Garten in Paris zugeschickt worden sind. Von F. A. Michaux dem Sohn.

II.

Bulletin de la Societé d' Encouragement pour l' Industrie nationale oder Bulletin der Gesellschaft zur Beförderung der Nationalindustrie. Ein Bogen in 4°. deren 15 im Jahre erscheinen sollen, die mit den nöthigen Kupfern begleitet sind.

Die Gesellschaft zur Aufmunterung der Nationalindustrie hat angefangen, eine Sammlung von Modellen, und eine Bibliothek von Werken, die auf ihre Gegenstände Beziehung haben, zu errichten; sie hat ferner Versuche und Erfahrungen über die Erfindungen, die die Aufmerksamkeit des Publikums verdienen, aufgegeben; sie hat auch jedem Mitgliede den Zutritt zu allen diesen Einrichtungen eröffnet. Die Administration glaubte aber, die entfernten Mitglieder in den Departementern gleichfalls die Früchte ihrer Aufopferungen geniefsen lassen zu müssen, sie hat daher eine Commission zur Redaction [1]) des gegenwärtigen Bulletin ernannt. Es soll von den Sitzungen des Administrationsrathes, so wie auch von den

1) Die Redaction besorgt Friedrich Cuvier, ein Bruder des berühmten Naturforschers G. Cuvier, ein durch seine mannigfaltigen Kenntnisse in Gewerben, und besonders in der technischen Chemie sehr ausgezeichneter Mann.

Maschinen, Modellen, und andern Arbeiten, die der Gesellschaft geschenkt werden, und den Hauptresultaten ihrer Correspondenz Rechenschaft geben; die Beschreibung neuer wenig bekannter Erfindungen, so wie die Liste der Erfindungspatente in Frankreich und England liefern, endlich auch noch die Programme der Gesellschaft und Auszüge der vorzüglichen technologischen Werke Frankreichs und des Auslandes enthalten. Die Mitglieder der Gesellschaft erhalten die Stücke, sobald sie heraus kommen, zugeschickt. Den Fremden wird das Bulletin nur nach einem Jahre verkauft.

Übrigens verweisen wir unsere Leser in Rucksicht auf die nahere Einrichtung und den Zweck dieser vielversprechenden Gesellschaft auf das IIIte Heft der Französischen Annalen S. 215.

Folgendes ist der Inhalt der beiden ersten Stücke des Bulletin.

Das erste Stück enthält:

1. *Auszug der Verhandlungen des Administrationsconseil:* Die Gesellschaft hat von allen Seiten her die schmeichelhaftesten Aufmunterungen erhalten. Die Präfecte haben ihre Existenz in allen Departementern bekannt gemacht. In Lyon allein verbanden sich 80 Mitglieder, die mit der Administration in Correspondenz sind; Amiens, Bordeaux, Besançon und Strafsburg sind eingeladen worden, ähnliche Directionen zu errichten. Viele Künstler haben allerley Anfragen dem Administrationsconseil zugeschickt, die man beantwortet hat; sie hat mehrern Künstlern Unterstützungen zukommen lassen. So hat sie zum Beyspiel zur Ausführung der Leiter bey Feuersbrünsten des Bürgers Regnier beygetragen, welcher den Preis des Instituts erhalten hat, so wie auch zur Errichtung des Ofens und Feuerregulators zum Seidehaspeln des Bürgers Bonnemain.

2. *Programm der von der Gesellschaft vorgeschlagenen Preise*, welche bereits in den Annalen mitgetheilt worden sind. (IIItes Heft. S. 227. fg.)

3. Mechanische Künste betreffend.

1. *Von einer Maschine Seide zu spinnen; aus einem Berichte des Bürgers* Molard.

Das Seidengehäuse, (der Cocon) in welchem der Seidenwurm sich einwickelt, kann als ein Knaul angesehen werden, den man aufzuwickeln hat. Der gesponnene seidne Faden besteht aus Fäden verschiedener Gehäuse, die vereinigt, und deren nach Maſsgabe der Dicke, die man dem Faden geben will, mehrere genommen werden. Die Gleichheit des verfertigten seidnen Fadens hängt besonders von der Aufmerksamkeit und der Geschicklichkeit der Spinnerin ab, doch beruht auch vieles auf dem Bau der angewendeten Werkzeuge. 3 Vorrichtungen sind in Frankreich gebräuchlich. Das gewöhnliche Rad, 2tens das Rad des Vaucanson, 3tens das Rad des Vaucanson mit den Zusätzen des Taburin.

Die Fehler des gewohnlichen Rades bestehen im Winden, im Gummiren und im Vitrage. Der nicht genug gedrehten Seide fehlt es an Stärke, sie bricht beym Abhaspeln, dieses wiederfährt besonders, wenn sie gummirt ist. Man sagt von der Seide, daſs sie geglast *(vitrée)* ist, wenn sie auf eine Art um das Rad gewunden ist, daſs die Fäden sich verwirren, es ist alsdann sehr schwer, den gerissenen Faden herauszufinden. Vaucanson brachte am Rade ein Va et vient an, der die übereinander gewundne Seide so sich kreuzen macht, daſs ein Theil des Fadens nicht eher unmittelbar über den andern, als nach der 165sten Umwickelung, wo das Verwickeln nicht mehr statt finden kann, zu liegen kömmt. Man kann mit der Vaucansonschen Einrichtung die Seide so viel kreuzen lassen, als man will: es hängt dieses aber von der Arbeiterin ab, sie kann das Durchkreuzen mehr oder minder oft geschehen lassen. Man ist über diese so wesentliche Operation nie vollkommen sicher. Taburin hat dieses Übel gehoben; das mehr oder mindre Kreuzen hängt nicht mehr von der Spinnerin ab, so dafs man von deren Nachlässigkeit nichts mehr zu fürchten hat.

Die alte Administration hat das Vaucansonsche Rad mit der Taburinschen Verbesserung mit grofsen Kosten zu verbreiten gesucht. Das Administrationsconseil der Gesellschaft zur Beförderung hält diesen Gegenstand ebenfalls von grofser Wichtigkeit für die Seidenmanufacturen, und beschäftigt sich jetzt mit demselben, und hat an die Präfecte der Departementer, worin Seide gesammelt wird, geschrieben, um die gehörigen Nachrichten zu haben, damit sie mit Methode zu Werke gehe.

2. *Verfahren um Strohhüte zu pressen und die Form zu geben.*

Man verfertigt diese Hüte in Italien und der Schweiz sehr wohlfeil, weil sie daselbst von den Frauen und Kindern gemacht werden, die zugleich das Vieh hüten. Flechten von 7 bis 9 Strohhalmen werden an ihren Rändern spiralförmig vereinigt, bis das Geflechte hinlänglich grofs zu einem Hute ist. Es wird das Stroh des Reises oder Rockens dazu angewendet. Zu den weifsen bedient man sich der frisch abgeschalten Rinde des Weidenbaums, der Pappel, oder der Linde. Man kaufte sie ehemals in Italien für 10 Sous, und die Engländer verkauften sie in Frankreich für 6 Franken. Seit 1784 werden sie in Paris verfertigt, wo sie besonders appretirt und gebleicht werden. Letzteres ist nur bey denen, die von Holz sind, anwendbar. Sie werden zu dem Ende in ein leichtes Seifenwasser, welches mit etwas Indigo gefärbt ist, getaucht, und nachher auf eine Wiese ausgebreitet, indem man sie einige Tage lang stets mit frischem Wasser besprengt. Die ubersaure Kochsalzsäure bleicht schneller, ist aber zu kostbar.

Die Appretur geschieht mit Reis und Stärkewasser. Nachher erhält der Hut seine Form durch runde oder achteckige Platten aus Platanen- und Lindenholz, die 4 Linien Dicke und 25 Zoll Durchmesser haben, und in deren Mitte eine runde Öffnung von 6½ Zoll befindlich ist. Der Rand des Hutes wird nie gepreſst, da er stets mit Band oder sonst was bedeckt wird. Für die Huhe des Huts hat man eine besondre Form. Der Verf., Herr Bardel, giebt eine weitläufige Beschreibung der ganzen Operation, die sonst in keinem Werke noch enthalten ist, und bemerkt, daſs die Arbeit von einsichtsvollen Handwerkern verfertigt werden muſs.

4. Chemische Künste betreffend.

Bericht des Bürgers Conté *uber einige Stuckchen Taffent und Haut, die mit einem Firniſs überzogen sind, dessen sich Herr Meullerstein verschiedentlich bedient.*

Im mineralischen und vegetabilischen Laugensalze und Ammoniak ward er angegriffen, aber sehr langsam, er verlor etwas von seiner Dicke und von seinem Glanze. Äther wirkte wenig auf ihn. Er widerstand dem Kalkwasser. Kohlensaure Alcalien und Seife konnten nur bey hoher Temperatur einigen Einfluſs haben. Die vegetabilischen und mineralischen Säuren griffen ihn nur im Zustande der stärksten Concentration an. Eben so schien er auch beym starken Feuer keine Veränderung zu erleiden. Der Sauerstoff und Wärmestoff werden ihn wahrscheinlich angreifen. Er wird wahrscheinlich brüchig werden. Allein hierüber kann uns nur die Zeit und der Gebrauch Belehrung verschaffen. Er widersteht aller Reibung, so daſs er sich vom Taffent und der Haut nicht abschält, wenn diese gleich gebogen und gefaltet werden. Auch klebt er nicht an den Fingern an, er ist undurchdringlich für das Wasser, und von geringem Geruch. Die Berichtserstatter glauben, daſs der Firniſs den Beyfall der Gesellschaft verdiene, da er mehrere Vortheile vor den bis jetzt bekannten gewährt. —

5. Ackerbau betreffend.

Ueber die spanische Schafzucht. Herr Lasteyrie ertheilt Nachricht von den Schafen des Grafen Magnis in Schlesien.

2. *Ueber die Feldmäuse.* Die Vendée, die Departementer de deux Sevres, Charente und la Gironde haben viel von ihnen gelitten, und einige sind noch von denselben nicht befreyet. Die Mittel, die auf Veranlassung des Instituts gegen sie angewendet worden sind, befinden sich in dem IX und X Heft der Annales de l'agriculture françoise angezeigt.

3. *Ueber die Arachis hypogea,* die seit kurzem besonders in Valentia in Spanien im Groſsen angebaut wird. Sie ist jetzt in den orientalischen Pyreneen, so wie im Herault- und Landesdepartement angebaut worden. In letzterm scheinet sie am besten zu gedeihen.

4. Anzeige eines Werkes über Wirthschaftsgebäude, welches Herr Lasteyrie aus dem Englischen übersetzt und mit Anmerkungen begleitet hat; und eines Programms, worin die Gesellschaft für Ackerbau und Künste im Dromedepartement einen Preis auf den

besten, für den Weinbau treibenden Landmann brauchbarsten Auszug des Chaptalschen Werkes über den Weinbau aussetzt.

6. Häusliche Öconomie betreffend.

1. *Neuer öconomischer tragbarer Ofen vom Bürger* Voyenne, Rue de la Harpe N. 155 in Paris. Der Ofen ist zirkelrund, die Wand besteht aus doppeltem Eisenblech, zwischen welchem gesiebte Asche liegt. Der Rauch muſs 2 Mal unter dem Kessel herumgehen, ehe er einen Ausgang findet. Am Rande des Kessels ist eine Fuge, in welche der Deckel paſst und denselben hermetisch verschlieſst. In der Mitte des doppelten Deckels ist eine Röhre, um nöthigen Falls den Dämpfen einen Ausgang zu verschaffen. Um den Aschenherd befindet sich ein Backofen. Dieser Ofen war besonders groſs, es konnten 200 Litres Wasser in $1\frac{1}{2}$ Stunden durch 18 Pfund gespaltnes Holz darin gekocht werden. Also machte 1 Pfund Holz 18 Pfund Wasser kochen. Unter dem mannigfaltigen Gebrauch, den man von demselben machen kann, wird auch der angeführt, daſs er, mit zwey Rädern versehen, den Armeen folgen könnte, und auf Schiffen nützlich wäre, da die geringe Quantität Holz, die man zum Kochen nöthig hat, die Menge süſsen Wassers, das man braucht, entbehrlich macht. —

Bürger Voyenne macht öconomische Kessel, die 50 bis 300 Litres Wasser enthalten. Sie kosten 200 bis 800 Franken.

Die Comité und das Administrationsconseil glaubten, daſs die Construction des Ofens vollkommener sey, als die man bis jetzt hatte, und den Beyfall der Gesellschaft verdiene.

2. *Notiz über eine Fontaine, um warmes Wasser lange Zeit warm zu erhalten.* Man erwärmt das

Wasser bis zum Siedepunkte in einem kupfernen Kessel. Man bedeckt ihn mit einem doppelten Faſs von Tannenholz, wie mit einem Hute. Der Raum zwischen den beiden Fässern, die in einander sind, beträgt etwa 4 Zoll, und ist mit Wolle angefullt. Zwey Henkel dienen, um das doppelte Faſs abzuheben, welches auſserdem inwendig mit Schaffell ausgefuttert ist. Ein Hahn, der unterwärts vom Kessel kommt, dient das Wasser abzuzapfen. Das Wasser war in diesem Apparat nach 24 Stunden 50 bis 60° warm, und 30 bis 40° nach 48 Stunden. Wie nützlich kann eine solche Anstalt nicht in Hospitälern werden, wo man stets warmes Wasser bedarf?

Der Graf Rumford meinte, daſs ein kleines Lämpchen unter dem Kessel das Wasser ins unendliche kochend erhalten könnte.

Folgende Geschenke hat die Gesellschaft für Nationalindustrie erhalten.

Eine Filtrirmaschine von Smith und Cuchet.
Eine Maschine zum Tuchscheren.
Undurchdringliches Wachstuch vom Bürger Desquinmarre.
Ein Gewebe des Seidenwurms vom Bürger Lasteyrie.
Durchsichtiges Papier zum Durchzeichnen von Buges und Langlée.
Einen catadioptrischen Photoperiphor.

Hierauf folgt ein Verzeichniſs einiger der Gesellschaft geschenkten Bucher, und ein Bericht über eine neue Construction der Schiffe vom Bürger Ducrest, welcher die Approbation der Gesellschaft erbat, welche ihm abgeschlagen worden ist, weil die bekanntgewordnen Erfahrungen über dieselbe nicht zum Vortheil zu entscheiden scheinen.

Eine Liste der Subscribenten beschliefst dieses erste Stück. M. Fdr.

III.

Bulletin der Gesellschaft zur Aufmunterung der Nationalindustrie. 2tes Stück.

1. *Auszug dessen, was in der allgemeinen Versammlung vom 9ten Messidor* (28. Junius 1802) *vorgefallen ist.* Chaptal hatte die Versammlung mit einer Rede eröffnet, und mit einer Aufzählung alles dessen, was die Societät an Zuwachs und Verbesserungen erhalten hat, wovon unsre Annalen bereits Nachricht ertheilet haben, wurden die Bureaux und verschiedenen Administrazionsconseils erneuert. Die meisten und vorzüglichsten Glieder derselben sind von neuem ernannt worden.

2. *Auszug der ubergebenen Rechnungen.* Die Zahl der Subscribenten beläuft sich auf 735, wovon 337 noch den Beytrag schuldig waren.

Die Casse hatte überhaupt 25032 Fr. erhalten, und hatte rückständig sicher ausstehen 11232 Fr.
folglich überhaupt 36264.

Die verschiedenen Ausgaben zur Unterstützung von Künstlern bey der Ausführung neuer nützlicher Maschinen, für die Redaction und Druck des Bulletin, zu Versuchen, für das Etablissement etc. betrug 19978 Fr. Es blieben also in Casse 16286 Fr.

Mechanische Kunste. Auszug aus der Beschreibung einer Rudermaschine von Braubach. Aus dem Journal für Fabrik etc.

Chemische Künste. Über die Reinigung des Oels, wie sie in England vermittelst eines sogenannten hydraulischen Hebers bewirket wird, vom Bürger Cadet. Neue Methode das Eisen zu vergolden. Aus dem Philos. Magazine Novemb. 1801. Anmerkung über den Rothstein zum Poliren oder das Englische Roth, (S. unten.)

Ackerbau. Bericht des Bürgers Molard über die Schaufeln - und Spaten - *Fabrike der Gebrüder Engelvin* Schaufeln müssen leicht und stark seyn, die Schneide von Stahl, damit sie die kleinern Wurzeln durchschneiden, und an den Steinen nicht leicht stumpf werden, vieles kömmt auch auf die Form an. Die Gebruder Engelwein ahmen diejenigen nach, welche die Commission des Ackerbaus und der Künste zum Modell verfertigen liefs. Sie sind bereits mit Nutzen gebraucht worden, und verdienen Empfehlung.

Bericht der Bürger Silvestre und Guyton - Morveau über eine Bitte um Geldunterstützung zum Torfgraben in der Gegend von Paris. Sie ist abgeschlagen worden, weil nur wenig Wahrscheinlichkeit ist, dafs man die Arbeit mit Nutzen unternehmen werde.

Statistik. Von den verschiedenen Fabricaten jedes Departements. Diefsmahl ein Entwurf der Industrie im Doubsdepartement.

Beobachtungen über die Nützlichkeit geheizter Zimmer vom Gr. Rumford aus der Bibliotheque britannique.

IV.

Annales de Chimie par Guyton, Monge, Berthollet etc. etc. N. 123 Ventose an X oder des 41sten Bandes 3tes Stück enthält.

1. *Chemische Analyse verschiedner Steinarten, die Soda und Salzsäure enthalten, von* Robert Ken-

nedy, ein Auszug von Guyton aus der im Nicholsonschen Journal enthaltenen Abhandlung.

2. *Abhandlung über ein natürliches phosphorsaures Eisen, welches mit Braunstein gemischt ist.* Vom Bürger Vauquelin. (S. Französische Annalen I. Heft. S. 60.)

3. *Beobachtungen über Essigsäure und essigte Säure.* Vom Bürger Darracq. (S. Annalen II. Heft. S. 188.)

4. *Auszug aus dem Werke über die bösartigen intermittirenden Fieber des J. L. Alibert verfertigt von* Cadet. Er enthält den physischen und pharmaceutischen Theil des Werkes. Um die Ausdünstungen, die der thierischen Oeconomie schädlich sind, zu untersuchen, schlägt der Verf. ein Instrument vor, welches er Hygro-eudiometer nennt. Es besteht aus einem umgekehrten hohlen Kegel von Krystall, der nur am weitesten Ende offen ist. Die Spitze befindet sich in einem andern Gefäſse von Krystall, worüber der Kegel aufgehängt ist. Diesen Kegel füllt man mit Eis, oder Schnee. Seine äuſsere kältere Fläche verdickt die Feuchtigkeit, die sich in der umgebenden Atmosphäre befindet, sie fällt ins untere Gefäſs, und kann von Chemikern analysirt werden. Er meint, daſs die Botaniker und Physiker auch untersuchen könnten, welche Krankheiten dieser Niederschlag einer Sumpf-Luft bey den Pflanzen bewirkt. Der Verf. beschreibt ferner die vier Chinaarten, die er nützlich gefunden hat. Nehmlich die Cinchona officinalis des Linné; Cinchona oblongifolia des Mutis; Cinchona pubescens des Vahl; und Cinchona ovalifolia des Vahl. Oder unter andern Benennungen: Die orangefarbne; die rothe; die gelbe; und die weiſse China.

5. *Bemerkungen über den Saft des Spargels und des Kohls*, vom Bürger Delaville. Wenn man einen Spargel in voller Vegetation einige Tage, nach-

dem er aus der Erde hervorkömmt, zerbricht, so fliefsen zwey verschiedne Flüssigkeiten heraus. Eine weifsliche an der Wurzel, die der Verf. aufsteigende Flüssigkeit nennt. Eine grünliche, die der Verf. die hinabsteigende nennt. Beyde machen das Silber wie Schwefelleber schwarz, greifen ohne merkliches Aufbrausen Eisen und Stahl an, und zeigen eine schöne grüne Farbe. Mit der Zeit verlieren sie diese Eigenschaft. Diese grüne Farbe bleibt beym Erhitzen im Rückstande und verfliegt nicht. — Bey der Auflösung des Eisens bemerkt man, dafs der Saft zuerst dunkelgrün wird, er wird dadurch, dafs er einen dunklern Niederschlag absetzt, heller, nach einigen Tagen wird er ambrafarben, und giebt einen schmutzig weifsen Niederschlag. Die obenaufschwimmende Flüssigkeit wird im Anfange weinartig, wenn man Alcohol, in welchem Galläpfel digerirt worden sind, darüber giefst. Nachher wird die Flüssigkeit durch das Hinzuthun des Alcohols schwarz, und durch blausaures Gewächsalcali schmutzig blaugrün. —

Einige Tropfen des Safts in eine Auflösung des schwefelsauren Kupfers gegossen, gaben den Krystallen beym Verdampfen eine schöne grüne Farbe von schwefelsaurem Eisen, die sich vier Jahre unverändert in freyer Luft erhielt.

In der Auflösung des essigsauren Bleys wurden die Krystalle durch den Saft braun gefärbt, an der Oberfläche morgenroth, aber diese Röthe verschwand mit der Zeit. Beyde Flüssigkeiten, die aufsteigende sowohl als die abwärtssteigende, setzten ein weifsliches Coagulum ab, welches beym Abdampfen kubische Krystalle gab. Der Verfasser hielt sie für salzigsaures Gewächsalcali. —

Die Vermischung des Safts mit Schwefel-, Salpeter-, Salzsäure, oder kohlensaurem Gewächsalcali schien keinen merklichen Geruch zu entwickeln. Die erste

Säure veranlaſste weiſsen flockigen Niederschlag, das letzte braunen.

Der absteigende Saft ist minder häufig, als der aufsteigende, er schimmelt schneller, und bildet in der Auflösung des salpetersauren Silbers einen weiſsen schmutzigen Niederschlag, der mit der Zeit violett wird Der aufsteigende Saft giebt im Niederschlag ein lilafarbnes Weiſs, welches schneller violett wird. — Der ausgepresste Saft wird durch die Wärme allein klar. Das Coagulum bekömmt nach wenigen Tagen einen Zwiebelgeruch. Der Verf. geht alsdann zum Safte des Kohles über.

Ein mäſsiger Kohlkopf giebt acht Unzen farbenlosen dicken Saft. Der Verf. hat nur absteigenden und keinen aufsteigenden Saft sammeln können. Dieser Saft giebt, wenn er verdunstet, eine groſse Menge salpetersaures Gewächsalcali, und viel schwefelsauren Kalk. Bey starkem Feuer getrocknet, wird der Saft braun, und bekömmt den Geruch eines verbrannten schleimigen Körpers. In einer Flasche mit geschliffenem Glasstöpsel erhält sich der Saft wohl vier Jahr. — Rübensaft gab ungefähr dieselben Resultate als Kohlsaft.

6. *Brief des Bürgers Descroizilles des ältern an die Herausgeber der Annalen.* Eine Flasche, in der ein Hectogramm Phosphor mit hinlänglichem Wasser bedeckt sich befand, sprang durch den Frost, das nachher schmelzende Wasser floſs aus, der Phosphor entzündete sich und der Verfasser kam dadurch in Gefahr zu verbrennen, und zu ersticken. Er rieth, die Bouteillen mit Phosphor in kupfernen Gehäusen, die inwendig mit Papier gefuttert sind, aufzubewahren. Ein Gehäuse von Eisenblech würde zu bald rosten.

7. *Auszug aus der Bibliotheque britannique vom Bürger* Berthollet. Herr Berthollet glaubt,

glaubt, dafs Herr Davy unrecht hat, wenn er behauptet, dafs 100 Theile Salpetersäure von 1, 5 specifischer Schwere, 8, 45 Theile Wasser und 91, 55 Säure enthalten, (welche letzte aus 61, 32 Salpetergas und 30, 23 Sauerstoff zusammengesetzt ist). Die Säure enthält offenbar mehr Wasser. —

8. *Auszug aus einem Briefe aus London.* Über das gerbende Princip des elastischen Harzes, welches man wohlfeiler als Eichenrinde aus Indien sich verschaffen kann. — Und über die Erfindung eines Deutschen in London, Zeichnungen von einem feinen Kalkstein abzudrucken, die auf demselben mit einer eignen Tinte gezeichnet sind. Die Tinte hat die Eigenschaft allein, die Druckerschwärze anzunehmen, indem der übrige unbezeichnete Theil des Steins zwar Wasser, aber nicht die Druckerschwärze verschluckt. Der Erfinder hat sich hierüber ein Patent geben lassen. —

9. *Einige Notizen über galvanische Versuche aus Gilberts Annalen der Physik vom Doctor* Friedländer.

10. *Abhandlung übers Gluten des Weitzens vom Bürger* Cadet. Der Verf. glaubt aus mehrern Versuchen die Folgerung ziehen zu können: Dafs das frische Gluten im Wasser unauflöslich ist; — Dafs es auflöslich wird, wenn es saure Gährung erlitten hat; Dafs ferner die Auflösung in Alcohol durch Wasser niedergeschlagen wird; Dafs die bis zur Dicke des Syrups abgedunstete Auflösung einen Firnifs giebt, den man in den Künsten anwenden kann; Dafs das gegohrne Gluthen, mit Alcohol verdünnt, ein Mittel wird, um Färbestoffe auf die glattesten Körper zu befestigen; — Dafs vegetabilische Färbestoffe sich besonders mit demselben verbinden; Dafs die Gemälde, die mit diesem Gluten gemacht werden, schnell trocknen, keinen Geruch geben und gewaschen werden können; und dafs man endlich aus der Mischung dieses Glutens mit

Kalk einen sehr festen Kitt machen kann, der lange hält. —

11. *Versuche über den Gerbestoff und übers Gerben von* Merat-Guillot, *Apotheker in Auxere.* Um sich reinen Gerbestoff zu verschaffen, empfiehlt der Verf. die Zersetzung des mit Gerbestoff verbundenen Kalks *(tannate de chaux)* in Salpetersäure, Auflösung des zurückbleibenden Gerbestoffs in Alcohol und Abrauchung desselben. Der Verf. schlägt vor, daſs man das Fell, nach dem Waschen und Abbeizen durch Kalkwasser, in Wasser, in welchem alte Rinde, die man schon gebraucht hat, befindlich war, anschwellen lassen solle. Wenn das Fell hierin auch minder schnell als in Schwefelsäure anschwillt, so wird doch das Biſschen Gerbestoff sich mit dem Kalke verbinden, und etwas davon beym Anschwellen die Haut schwängern, statt daſs ohnedieſs die Schwefelsäure, die angewendet wird, um sie anschwellen zu machen, sich bloſs mit dem Kalke verbindet. Wir verfolgen die Ideen des Verfassers nicht weiter, weil es nur Vermuthungen sind, die durch keine Erfahrung bestätigt sind.

12. *Gesellschaft ſur Pharmacie in Paris.* Die Gesellschaft, die mit Verfertigung eines pharmaceutischen Codex beschäftigt ist, wird monatlich das Bulletin ihrer Sitzungen in den Annalen bekannt machen. Mehrere Sitzungen waren den Discussionen uber den Plan gewidmet, nach welchem dieser neue Codex verfertigt werden soll. Die Gesellschaft folgt der alphabetischen Ordnung bey der Untersuchung der Formeln, und wird die Arbeit erst classificiren, wenn sie ganz beendigt ist. In der Sitzung im Monate Ventose (Januar bis Februar) statteten die Bürger Baumé Delunel und Bouillon-Lagrange einen Bericht über das Memoire des Bürgers Emilian Etienne ab, der die Lehre vom kaltmachenden Stoff des Bürgers Bres widerlegt. —

Bürger Planche las Bemerkungen über die Zersetzung des essigsauren Bleys durch den Zink; es erfolgt eine metallische Verbindung unter regelmäſsiger Gestalt. —

Bürger Cadet las eine Abhandlung über die vom Doctor Mutis angewendete Methode, das Bier durch Gähren der China und des Zuckers zu bereiten. Er hat mit Vortheil bey seinen Versuchen China statt Hopfen angewendet, und machte aus gewöhnlichem Biere einen Essig, der so stark war als der aus Orleans. Er hat auch Beobachtung über das wässerigte Chinaextract und über dasjenige, das man durch Alcohol erlangt, mitgetheilt. Eine Abhandlung Herrn Prousts über den Gerbestoff und seine verschiedenen Arten wurde mitgetheilet. (S. das folgende Heft der Annalen.)

Herr Proust theilte auch der Gesellschaft die Bemerkung mit, daſs er in Stachelbeeren, Weintrauben und Äpfeln Gyps gefunden habe. Er glaubt, daſs diese Substanz sehr häufig in Vegetabilien befindlich sey. Viele Mitglieder sprachen über die Verfälschung des Essigs. Die Versammlung bestimmte nachher die Zahl der Medicinalessige und ihre Bereitungsart.

IV.

Annales de Chimie Nro. 124. Germinal Jahr X. oder des 42sten Bandes erstes Stück.

1. *Versuche über den Galvanismus.* Von Simon aus Gilberts Annalen der Physik, unsern Lesern bereits bekannt.

2. *Bericht, welcher von dem Bürger* Guyton *der Classe der physischen und mathematischen Wissenschaften über ein zur Anzeige des Gehalts (titre) der Goldmünzen bestimmtes Werkzeug abgestattet worden ist.*

Das von Vincent angegebene Werkzeug ist eine Art von Areometer nach den Grundsätzen des Fahrenheitischen und Nicholsonschen, vermittelst dessen man den Gehalt der Legirung durch ihr specifisches Gewicht bestimmt. Es empfiehlt sich dadurch zum allgemeinen Gebrauche, dafs es auch bey denjenigen falschen Goldmünzen, die das volle Gewicht haben, und deren Verfälschung man folglich durch die gemeinen Goldwaagen nicht erkennen kann, die Verfälschung durch Abwägen im Wasser sehr genau anzugeben im Stande ist. Die Berichterstatter empfehlen es daher zum allgemeinen Gebrauche. Ohne Zeichnung, die fehlet, läfst sich die Einrichtung desselben nicht wohl deutlich machen. 3. *Auszug aus der Bibliotheque britannique*. Von Berthollet. 4. *Ueber die Verbindung des Wasserstoffschwefels mit der Pottasche* (hydrosulfure de potasse) von Vauquelin. Dieses Salz [1]) ist weifs, durchsichtig, vierseitig und rechtwinkligt prismatisch mit vierseitig pyramidalischer Endspitze, selten sechsseitig prismatisch mit sechsseitiger Endpyramide, hat einen erst alcalischen, dann äufserst bittern Geschmack, zerfliefst an der Luft, verbreitet zerflossen einen heftigen Gestank, färbet die Körper, die es berühret, besonders Papier, Haut, Holz etc., grün, doch nicht dauerhaft, erzeugt Kälte bey seiner Auflösung im Wasser und Alcohol, mit Säuren braust es heftig auf, ohne Schwefel fallen zu lassen. Von dem Soda-Wasserstoffschwefel unterscheidet man diesen hydrosulfure leicht dadurch, dafs er aus einer Auflösung von Alaunerde in Schwefelsäure sogleich Alaunkrystalle niederschlägt, was jener nicht thut. 5. *Beobachtungen und Erfahrungen über*

1) Bekanntlich wird es nach der deutschen Nomenclatur der Herren Trommsdorf, Scherer, der ich aber nicht durchgängig huldigen kann, aus Gründen, die ich anderswo aus einander setzen werde, *Hydrothionkali* oder *Hydrothkali*. Pf.

die Anwendung des Sauerstoffes in der Heilung des Starrkrampfes. Vom Chirurgus Sarasin zu Paris. Die zwey Krankheitsfälle sind nicht mit hinlänglicher Genauigkeit erzählet. In dem ersteren stellten sich nach völliger Heilung einer heftigen Quetschung an der Hand und Arme mit Verlust der letzten Phalange des Daumens die Vorboten des Tetanus ein, und nach fruchtlos angewandten krampfstillenden Mitteln erfolgte Kinnbackenkrampf, der Kranke konnte nicht mehr sprechen, aber noch, wiewohl mit Mühe, schlucken. In 10 Tagen, da der Kranke auf jede Pinte seines Getränkes eine halbe Quente sehr reine Salpetersäure erhielt, und ihm auch solche in Klystieren beygebracht wurde, war er vollkommen wieder hergestellt. Der andere Fall scheint mehr ein Fall eines Nervenfiebers gewesen zu seyn, wobey jedoch auch krampfhafte Verschliefsung der Kinnbacken statt fand, und der Beschreibung zufolge alle Zeichen des herannahenden Todes sich schon eingestellt hatten. Einreibungen mit stark oxigenirtem Fette, Klystiere von Salpetersäure, die nach langwieriger Verstopfung eine schwarze sehr stinkende Materie ausleerten, und oxigenirtes (mit blofsem Sauerstoffgase oder mit Säure, ist nicht näher angegeben) Wasser retteten die Kranke. 6. *Von den Auswitterungen von schwefelsaurer Bittererde in den Gypsgruben von Montmartre.* Von Socquet. Das Daseyn von ausgewittertem Bittersalze in den Gypsgruben von Montmartre ist eine schon länger bekannte Thatsache. Der Verf. sucht in dieser Abhandlung diese Erscheinung zu erklären. Zuerst zeigt er, dafs die von Fourcroy sowohl als von Guyton numerisch bestimmten Affinitätsgröfsen einer wechselseitigen Zersetzung des schwefelsauren Kalkes und der kohlensauren Magnesia günstig seyen. In den Gruben von Montmartre findet sich nun in den Spalten sowohl als in ganzen mit den Gypslagen abwechselnden Schichten wirklich eine Art von

Thonmergel, der reichlich Magnesia zu enthalten scheinet. Das Spiel der Affinitäten, um seinen vollen Erfolg zu haben, scheint aber noch die Mitwirkung des Eisens zu erfordern, wenigstens konnte der Verf. jene Auswitterungen von Bittersalz nirgends bemerken, als da, wo zugleich Eisenoxyd, von welchem der Gyps, da wo das Eisen sich durch Einwirkung der Luft und des Wassers allmählich stärker oxydiret hat, zum Theil ganz ziegelroth gefärbt ist, als Bestandtheil vorhanden ist. Dieses Eisenoxyd soll der Bittererde im Mergel seine Kohlensäure abtreten, und diese dann erst im Stande seyn, den Gyps zu zersetzen. Directe Versuche haben dem Verfasser auch bewiesen, daſs die Zersetzung des Gypses durch kohlensaure Bittererde durch den Zusatz von kohlensaurem Eisenoxyd begünstiget werde. Der Verf. ziehet daraus nützliche Folgerungen für die Bereitung des Bittersalzes im Groſsen, das man durch unmittelbares Rösten einer groſsen Menge von Eisenkiesen und talkartigen Steinen, die dann wiederholt ausgelaugt werden müſsten, reichlich erhalten könnte.

7. *Einwürfe gegen einen Satz Lavoisiers in Betreff der Ausdünstung der Flüssigkeiten.* Vom Doctor Carradori von Prato. Der Einwurf betrifft Lavoisiers Behauptung, daſs bey einem höheren Grade von Wärme, so wie bey aufgehobenem Drucke der Atmosphäre, alle Flüssigkeiten, die nun in tropfbar flüssigem Zustande erscheinen, in Dämpfe sich verwandeln würden. Der Verf. meint, daſs die Theilchen gewisser Flüssigkeiten keine solche Verwandtschaft zum Wärmestoffe haben, um sich in Dämpfe zu verwandeln, und daſs diese auch nicht zum Kochen gebracht werden können. Dahin gehören, meint er, die fetten Oele, deren Kochen eigentlich eine wahre Zersetzung derselben sey, und nicht in eine Klasse mit dem Kochen des Wassers gebracht werden könne.

Dieſs mag richtig seyn, aber darum wird doch niemand läugnen können, daſs auch das Oel dem allgemeinen Gesetze der Wärme unterworfen sey, nur daſs hier zugleich eine Verwandtschaft mitwirket, und das Resultat etwas verändert. Verflüchtigung in Dämpfen bleibt doch immer das allgemeine Resultat; nur ist diese Verflüchtigung bald ohne Mischungsveränderung, bald mit Mischungsveränderung. 8. *Ueber den Oisanite oder Anatase.* Von Vauquelin. (S. unten.) 9. *Beobachtungen über den mineralischen Kermes* von Cavèzzali, Oberapotheker des bürgerlichen Hospitales zu Lodi. Die Folgerungen, die der Verf. aus seinen Versuchen zieht, sind: 1. Der mineralische Kermes ist nichts anders als eine Verbindung des Spieſsglanzoxydes mit dem geschwefelten Wasserstoffe nebst ein wenig Schwefel. 2. Der Kermes ist in den alcalischen Schwefelwasserstoffverbindungen, aber nicht in den Laugensalzen selbst auflöslich. 3. Der Schwefel vereiniget sich nie mit den Laugensalzen ohne Zwischenkunft der Zersetzung des Wassers vermittelst der Wärme. 4. Nimmt man die Operation auf trockenem Wege vor, so schöpfet die alcalische Schwefelwasserstoffverbindung in der Atmosphäre das zu ihrer Bildung nöthige Wasser. 5. Sowohl auf trockenem als auf nassem Wege begünstiget das Wasser durch seine Zersetzung die Oxydirung des Spieſsglanzes, während sein Wasserstoff sich mit dem Schwefel und Laugensalze verbindet, um die alcalische Wasserstoffschwefelverbindung, das einzige Auflösungsmittel des Spieſsglanzoxydes, zu bilden. 6. Der Kermes wird in der Lauge durch den Überschuſs von Laugensalz aufgelöst gehalten, und er bleibt lange in diesem Zustande. Die mehr oder weniger schleunige Niederschlagung des Kermes hängt von der geringeren oder stärkeren Causticität der Laugensalze ab. 7. Die Ursachen, welche die Fällung bestimmen, sind der Überfluſs des Wassers in der Lauge, das durch Verdünnung des Laugensalzes seine Auflösungskraft für das Spieſsglanzoxyd vermindert, und die Einsaugung der Kohlensäure durch die Laugensalze. 8. Der verschiedene Grad von Oxydirung des Spieſsglanzes verursacht die Verschiedenheit der Farbe des Kermes. 9. Dieses Spieſsglanzoxyd ist so begierig nach Sauerstoff, daſs es denselben selbst aus der Atmosphäre schöpft, und sich sogleich entfärbt. 10. Diese Entfärbung wird durch die vereinigte Wirkung des Sauerstoffes und des Lichtes bewirkt. 11. Die Niederschlagung muſs an einem Orte geschehen, der weder einem starken Luftstrome noch einem lebhaften Lichte ausgesetzt seyn darf. 12. Das kalte Wasser schadet der Schönheit des Kermes, dasjenige, das man dabey anwendet, muſs etwas warm seyn. 13. Das Regenwasser ist das beste zu dieser Operation. 10. *Ueber ein mit Sauerstoff übersättigtes Bleyerz aus dem Journal des mines. N. 63.* 11. *Auszug aus einer Abhandlung Prousts über den Gerbestoff und seine Arten.* Der Verf. zeigt in demselben die Unzulänglichkeit des von ihm ehemals vorgeschlagenen Mittels, den Gerbestoff aus den Substanzen, die ihn enthalten, durch salzsaures Zinn abzuscheiden, und zwar 1. wegen der Eigenschaft, welche die frey werdende Salzsäure hat, einen Theil der Verbindung des Gerbestoffes mit dem Zinne aufgelöst zu erhalten. 2. Wegen der Eigenschaft, die dieses metallische Salz hat, den Gerbestoff zugleich niederzuschlagen. 3. Weil das Laugensalz, das sonst als Mittel gebraucht werden könnte, um den Gerbestoff aus der Salzsäure abzusondern, zugleich durch Zersetzung erdigter Salze, die sich häufig in den Pflanzensäften mit finden, andere Materien mit niederschlägt. Er hat das elastische Harz, das Drachenblut, den Sumach, das

Gelbholz, die Körner von Avignon und das Brasilienholz in Rücksicht auf ihren Gehalt an Gerbestoff untersucht, und in den vier ersteren besondere Modificationen des Gerbestoffes, und in den zwey letzten gar keinen Gerbestoff gefunden. Er glaubt, daſs der Gerbestoff, so wie der Zuckerstoff, der schleimigte Stoff, gleichfalls seine Varietäten habe. 12. *Literarische Anzeigen.*

Die Auszüge aus N. 125 - 130. die bereits in unsern Händen sind, können erst im nächsten Hefte aus Mangel an Raume in diesem gegeben werden.

Pf.

C.

Correspondenz, literarische und technische Nachrichten und Neuigkeiten, Gelehrte und andere Gesellschaften und Unterrichtsanstalten, biographische Nachrichten.

I.

Auszug aus einem Briefe des Doctor Friedländer *an Professor* Pfaff.

Paris den 20. September.

„Herr Hauy ist, wie Sie wissen, beschäftiget gewesen, ein Cabinet für Studierende im Jardin des Plantes nach seinem Systeme aufzustellen. So reich die Sammlung auch ist, so fehlen ihr doch mehrere Species, die er zum Theil aus seinem eigenen Cabinette hinzufügte. Herr Lucca, der Sohn und Adjunct des überaus gefälligen Aufsehers dieses Nahmens, hat nun eine methodische Tabelle der mineralogischen Species und Varietäten entworfen, und eine Beschreibung der Anordnung des Cabinets gegeben, die den Gebrauch desselben sehr erleichtert. Sonst ist eigentlich nichts wichtiges für Mineralogie geschehen. Ein Werk, wie das classische, das wir im vorigen Jahre in diesem Fache erhalten haben, lähmt, so zu sagen, für einige Zeit die Kräfte. Hauy wird im zweyten Hefte der Annales du Museum in einer Tabelle voraus bestimmen, welche Abänderungen der Krystallform des kohlensauren Kalkes sich wahrscheinlicher Weise der Analogie und Rechnung zufolge noch vorfinden möchten. Täglich erfährt er, wie einfach die Natur stets nach denselben Abnahmegesetzen verfährt, und dieſs hat sich bey einer neuen Varietät des Kalks besonders wieder bestätiget. — Der interessante Bericht über die Abhandlung des Herrn Le Blanc, (s. oben unter den Abhandlungen) dessen Werk nun auf Kosten der Regierung gedruckt wird, wird Ihnen zeigen, wie sehr wir Hoffnung haben, auf eine synthetische Methode die schönen Gesetze zu bestätigen, die Hauy auf eine analytische gefunden hat. Ich sah neulich Le Blancs Krystalle. Sie sind von groſser Vollkommenheit, aber auch sehr mühsam zu bereiten. Ein Cubus vom Alaune von etwa 1 ½ Zoll kostet an 6 Monate Arbeit; er kann ihn für jetzt nicht unter einem Louisdor verkaufen.

Werner aus Freyberg ist jetzt hier. Gestern wurde er bey der Ausstellung der Industrieproducte dem ersten Consul durch Chaptal vorgestellet. „Ihr Nahme ist mir sehr bekannt, sagte ihm Buonaparte statt anderer Complimente." Sie können überhaupt wohl denken, daſs Werner mit der gröſsten Auszeichnung aufgenommen wird, und daſs man hier seine groſsen Verdienste um die eigentliche Naturbeschreibung der Mineralien kennt und hochschätzet.

Für Geologie sind kürzlich zwey Werke erschienen, eines in zwey Bänden von dem bekannten Fortis über die Berge im Vicentinischen und in Italien überhaupt, und ein anderes Werk über Vulcane von einem gewissen Ordinaire, das aber keine Ansprüche auf Originalität macht.

Sie wissen wohl schon, daſs Mirbel eine Physiologie der Pflanzen herausgegeben hat. Der Bericht des

Instituts über seine Abhandlungen enthält grofsentheils alles, was sie wichtiges neues enthalten. (S. Annalen 4tes Heft. S. 19.) Herr Mirbel ist noch sehr jung, und was läfst sich nicht alles von solchen Bemühungen erwarten? Ich meldete Ihnen, wenn ich nicht irre, dafs der Lotus zum erstenmal im Jardin des Plantes geblühet hat. Die Annalen des Gartens werden uns nun vollständigere Verzeichnisse und Beobachtungen mittheilen, als ich sie Ihnen bis jetzt in diesem Fache zu geben im Stande gewesen bin. Was sonst in der Botanik aufser Fortsetzungen erschienen ist, bestehet in leichten Handbüchern für und von Oeconomen, so wie für und von Damen. Durch den Calendrier de Flore und ähnliche Bücher soll die Wissenschaft nichts gewinnen, wohl aber die Liebe zu derselben. Ja sie sind vielleicht schon der Mafsstab des zunehmenden Interesses. Die Verbindungen mit dem Capitän Baudin sind ziemlich häufig, und von St. Domingo hat Poiteau uns kürzlich manche wichtige botanische Nachrichten mitgetheilet. Millin hat eine neue Auflage seines Handbuches für Naturgeschichte mit vielen Verbesserungen und kleinen Kupferstichen herausgegeben. Von der Menagerie des Museums sind drey neue Hefte erschienen, und Herr Daudin hat die Reptilien zur Fortsetzung des Sonninischen Buffon geliefert. Diese Arbeit ist mit vieler Sachkenntnifs abgefafst, und freylich etwas Besseres als das Werk des Herrn Montfort über die Mollusken. Cuvier denkt nach und nach letztere vollständig in den Annales des National-Museums für Naturgeschichte zu beschreiben, und mit Anatomien zu begleiten. Er hat auf seiner letzten kurzen Reise nach Havre vieles dazu gesammelt und secirt, wurde aber zu den Arbeiten über den öffentlichen Unterricht zurückgerufen, die den würdigen Mann Tag und Nacht beschäftigen. Er kennt, wie Sie wissen, die deutschen Anstalten, und diese werden im Plane sehr benutzt werden. Doch hierüber ein andermal.

Das Cabinet der Wachspräparate des Herrn Poli von den Mollusken, das ehemals Herr Herrmann in Strafsburg besafs, ist seit einiger Zeit hier, und zu solchen Gegenständen ist die Methode in Wachs zu modelliren allerdings unvergleichlich. Herr Laumonier von Rouen hat vor einiger Zeit zwey Wachspräparate, eine untere Extremität, und einen Durchschnitt des Gehirns, dem Institute vorgelegt. Der unermüdete Cuvier war auch hier Berichterstatter. Er zeigte, wie schädlich die Verbreitung von Präparaten in Wachs von gewöhnlichen Gegenständen sey, da sie das Studium der Leichname entfernen, und den Schülern nur oberflächliche Kenntnisse verschaffen. Dem künftigen Chirurgen ist es nun vollends nothwendig, sich selbst im Seciren zu üben, um sich zu Operationen gewissermafsen vorzubereiten. Dagegen giebt es Gegenstände, bey denen es allerdings etwas erwünschtes wird, sie auf eine so gute Weise verewigen zu können. Hierzu gehören aufser den oben erwähnten Präparaten von weichen Würmern, die man selten lebendig zu sehen die Gelegenheit hat, noch Nervenpräparate, die man nur durch grofse Übung in einiger Vollkommenheit zu verfertigen erlernet, oder lymphatische Gefäfse, deren Injection selten allgemein gelingt, weil das Quecksilber vermöge seiner Schwere die kleinen Gefäfse zerreifst, oder auch Monstrositäten. Man darf in der That nur die trefflichen Arbeiten des Herrn Laumonier sehen, um sich von diesen Vortheilen völlig zu überzeugen. Ich läugne nicht, dafs mich die Wachspräparate, die ich im Jahre 1793 und 1794 in Wien und selbst in Florenz zu sehen Gelegenheit hatte, eher gegen diese Art von Arbeiten einnahmen. Sie waren von keinem eigentlichen Anatomiker, zum Theil nach Kupferstichen verfertiget, und in der That nur schwache Copien der Natur. Herr **Laumonier** ist dagegen ein Anatom, der die Wissenschaft selbst bereichert hat, und aus Liebe zur Kunst arbeitet. Die Anatomie hat ihn erst zum Künstler gemacht. Das Institut hat ihm auch seinen völligen Beyfall geschenkt.

Vor einiger Zeit zeigte Herr **Tenon** dem Professor **Rudolphi** und mir seine anatomische Sammlung, und seine trefflichen Zeichnungen vom Gebisse des Pferdes und anderer Thiere in verschiedenen Perioden des Alters; sie sind zum Theil schon gestochen, und in der That vollkommen ausgeführet. Herr **Tenon** widersetzte sich einst, als Mitglied der Academie der Wissenschaften, der Unterdrückung des Stuhls für Anatomie in derselben. Man behauptete nehmlich, es sey in der Anatomie nichts mehr zu entdecken. Dieſs veranlaſste seine Arbeiten über die Zähne, wodurch er das Gegentheil bewies und wirklich siegte. Bis dahin war er als ein besonders trefflicher Chirurgus bekannt. Seine schöne Instrumentensammlung zeugt von seinem ehemaligen Eifer für dieses Fach. Kurz vor der Revolution wurde er nach England geschickt, um die Hospitäler zu untersuchen, und einen Plan zur Verbesserung der hiesigen zu entwerfen. Sein Werk hierüber ist eines der besten, das ich kenne, und das in Deutschland nicht genug bekannt ist. Schade, daſs nur ein Band seiner Arbeiten heraus ist.

Daſs der erwartete Caiman aus St. Domingo auf seiner Überfahrt von Brest nach Havre, wo die Witterung sehr stürmisch war, umgekommen, sein Leichnam aber wohl behalten im Pflanzengarten angekommen und secirt worden, und daſs man den Elephanten, den das Museum in England kaufen wollte, vergiftet hat, wissen Sie wohl schon. Dagegen erwartet man für die Menagerie einen Känguruh. 1) Die Menagerie ist nun beynahe fertig, und die Anlage äufserst geschmackvoll. Molinos hat sie bekanntlich entworfen. Es ist wahrscheinlich, dafs dieselbe, so wie der Garten, durch den anstofsenden Holzmarkt vergröfsert werden wird.

Herr Ballitorio ein Italiäner behauptete neulich, dafs der Blitz gewöhnlich nur die südöstliche Seite der Gebäude treffe, bisweilen auch die südwestliche, aber nie die nördliche, daher er die Gewohnheit hatte, sich bey Donnerwettern in die nördlich gelegenen Zimmer zu begeben. Er will 30 Jahre lang auf diesen Umstand gemerkt haben, ohne ihn je durch die Erfahrung widersprochen zu finden.

II.

Ueber die Ausstellung der französischen Industriewaaren an den 5 Ergänzungstagen des Jahres X. und Auszug des Urtheils des vom Minister des Innern ernannten Jury über dieselben.

Aus einem Briefe des Doctor Friedländer an Professor Pfaff.

Die Ausstellung im Louvre ist wirklich in diesem Jahre viel glänzender gewesen, als im vorigen. Sie war nicht nur reichhaltiger, sondern auch gemacht, von der Industrie Frankreichs überhaupt einen Begriff zu geben, da fast alle Departementer, und dieses

1) Nach den neuesten Nachrichten im Moniteur N. 54. Jahr X. befinden sich 2 Kängurulis, die man in England für eine der Löwinnen der Menagerie eingetauscht hat, und zwar ein Männchen und Weibchen, bereits in der Menagerie.

Mal vorzüglich auch die Fabrike von Lyon zu dem Glanz derselben beygetragen haben. Daſs indessen Paris und was es umgiebt, welches die meisten Hülfsmittel zur Erlangung der Kenntnisse sowohl, als zur Consumtion und zum Geltendmachen seiner Arbeiten besitzt, am hervorstechendsten gewesen ist, werden Sie von selbst vermuthen. Die Buden befanden sich, wie gewöhnlich, in dem im Hofe des Louvre errichteten Säulengange; sie waren so angefüllt, daſs man bereits von allerley Vorschlägen spricht, um das Local zu erweitern. Der Jury bestand fast aus denselben Gliedern, die ihn auch im vorigen Jahre bildeten. Die Nahmen Alard, Bardel, Berthoud, Bosc, Conté, Costaz, Guyton, Morveau, Merimé, Molard, Montgolfier, Perrier und Scipion Perrier, Prony Raymond und Vincent befinden sich am Ende allenthalben, wo etwas über mechanische und chemische Kunst zu thun ist; in der That läſst sich auch kein thätigerer und einsichtsvollerer Jury zusammensetzen. Den Minister des Innern fand ich da, so oft ich hinging, und man muſs gestehen, daſs nie ein Minister mehr Eifer und wahre Liebe, und mehr Kenntnisse in den Fächern besaſs als Chaptal. Die vielen Nachrichten in den Zeitungen von den Besuchen der Werkstätte, so wie die öftern anfeuernden Briefe, werden Sie hiervon hinlänglich überzeugt haben. Ich zweifle nicht, daſs dieser Markt einst der merkwürdigste und gröſste der Welt werden wird. Der Geist der französischen Nation ist wirklich ohne Gränzen. In einer Gesellschaft, in der ich mich einst befand, wollten einige Fremde den Nutzen solcher Ausstellungen bezweifeln; sie meinten, es führe die Künstler nur dahin, sich auf die Ausführung in die Augen fallender Gegenstände zu legen, und das Wesentlichere Gemeinnützige zu vernachlässigen. Sie meinten, was man hier ausstelle,

be-

beweise nichts für die Güte der Fabriken überhaupt, und bestünde nur aus einzelnen Kunstwerken, die meistens in großer Menge nicht geliefert werden können. Alles dieses und andrer Tadel scheint mir höchst ungerecht. Der Nutzen, Künstler und Fabrikanten zu gewöhnen auf Verbesserungen zu denken, Nacheifer zu erregen, und endlich sie bekannt zu machen, um ihnen den Lohn ihrer Arbeit zu verschaffen, ist wohl einerseits eben so unverkennbar, als der, daſs das Publicum durch solche Ausstellung Geschmack und Lust für Gegenstände der Industrie, und am Ende auch Kenntnisse, um dieselben gehörig zu würdigen, bekömmt. Der Zeit- und Geldaufwand des ausstellenden Künstlers sowohl, als des Zuschauers und Käufers wird gewiſs durch mannigfaltige Vortheile sehr reichlich ersetzt. Ein jeder gewinnt dadurch an Aufklärung, an Geschmack, an Verbindungen. Das ächte Verdienst bekommt Mittel sich zu zeigen, und erhält das Interesse eines ganzen Publicums, und wenn die Eitelkeit und Selbstsucht auch Anfangs zu manchen falschen Speculationen und Unternehmungen verleitet werden möchte, so wird doch der Staat im Ganzen durch diese Versuche stets gewinnen. — Man tadle auch ferner nicht zu strenge, wenn zuweilen auf Kosten der kalten Wahrheit zu viel Aufhebens von gewissen Gegenständen gemacht wird. Es ist höchst wichtig, daſs diese Ausstellungen bey ihrem Entstehen mit Eifer unterstützt werden, damit sie Dauer und Festigkeit bekommen, und Peinlichkeit nicht die Popularität des Gegenstandes verderbe. Wenn es je erlaubt ist die Posaune zu brauchen, und selbst der Schwächen der Menschen sich zu bedienen, so ist es gewiſs zu solchen edlen Zwecken, die die Anlagen in steter Thätigkeit erhalten und vervollkommnen.

Zwey Rücksichten können bey der Ansicht des Berichts besonders Interesse erregen, einmal die Kenntnifs der Zahl der Gegenstände, der Örter, woher sie kommen, und der Nahmen derjenigen, die zur Ausstellung beytrugen, so wie die Herzählung der Mannigfaltigkeit der Producte, und zweytens die Kenntnifs der eigentlichen Fortschritte irgend einer mechanischen oder chemischen Kunst. Ersteres kann wohl das Interesse der Statistiker und Kaufleute rege machen, letzteres ist eigentlicher der Gegenstand unsrer Annalen, daher ich Ihnen nur gröfstentheils von denjenigen zu sprechen habe, denen auch die goldne Medaille zu Theil geworden ist, ob es gleich an silbernen und kupfernen nicht fehlte.

Den 2ten Vendemiaire begab sich der oben genannte Jury zum ersten Consul, um ihm die Künstler vorzustellen, die der Preise würdig gefunden worden sind. Costaz war der Redner; Sie werden aus den Zeitungen ersehen haben, dafs er in seinem Vortrage zuvörderst auf diejenigen Gegenstände aufmerksam machte, die besonders den Handel betreffen. Der erste Consul vertheilte hierauf die Medaillen, und bat die Künstler, wie gewöhnlich, zu Tische.

Der überreichte Bericht zeichnet folgende aus.

I. Für Wollenfabrikate.

Die Nahmen Decretot, Gebrüder Ternaux, wegen ihrer aufserordentlich feinen Shawls von Vigogne, die denen aus Caschemir fast gleich kommen. Letztere haben sich besonders in der Färbung derselben hervorgethan. Sie haben bereits im vorigen Jahre goldne Medaillen erhalten, dieses Jahr wurde ihrer nur ehrenvoll erwähnt. Mehrern andern Tuchfabrikanten wurden silberne Medaillen zu Theil. Die Wohlfeilheit wurde am meisten ausgezeichnet, so wie das, was einen Handelszweig begünstigt.

II. Unter den Seidenfabrikanten erhielten die Gebrüder Jubié von Sone im Iseredepartement eine goldene Medaille, weil sie die Seidespinnereyen auf der Vaucansonschen Maschine zur Vollkommenheit gebracht haben. Eine andre wurde dem Fabrikanten Camille Pernon zu Theil, der in Lyon die trefflichsten brochirten Waaren und Broderien verfertigen läfst, und auch die Scharlach- und weifsen Sammte und breiten Taffente in Vollkommenheit liefert.

III. Mehrere von Pferdehaar gewürkte Stoffe;

IV. Gespinnste zur Verfertigung der Linnen, Batiste und Linons zu Cambray;

V. Spitzen aus Alençon und so weiter, sind häufig ausgestellt, und theils durch silberne und Bronze-Medaillen, theils durch ehrenvolle Erwähnung vom Jury ausgezeichnet.

VI. Unter den Baumwollspinnern wurden die Bürger Delaitre, Noel et C. wiederum ehrenvoll erwähnt, die im vorigen Jahre goldne Medaillen erhalten hatten. Dieses Jahr erhielt der Bürger Louis E. Pouchet in Rouen eine derselben, der die Arkwrightsche Maschine ins kleinere verwandelt hat, so dafs sie wenig Platz einnimmt, und daher in Privathäusern aufgestellt, und neben den häuslichen Geschäften in Familien gebraucht werden kann. Eine solche kleine Maschine liefert 24 Mal mehr als ein gewöhnliches Rad, man erlernt das Spinnen auf derselben in 2 Mal 24 Stunden, statt dafs es 3 Monate erfordert, um ein gewöhnliches Rad gehörig brauchen zu lernen. Sie kann demnach in Zucht- und Arbeitshäusern angebracht werden, welches zum Theil auch schon geschehen ist. Mehrere unparteyische Kenner haben mir mit grofser Achtung von dieser Verbesserung gesprochen. Überhaupt haben in diesem Jahre die Spinnereyen in Frankreich zugenommen und sich verbessert.

VII. Von Baumwollenwaaren haben die Bürger Richard und Noir Dufresne in Paris so treffliche Muster geliefert, daſs ihnen der Jury ebenfalls goldne Medaillen zuerkannt hat.

VIII. Unter den Strumpfwürkern ist Payn fils aus Troyes mit einer goldnen Medaille beehrt worden.

IX. Unter den Papierfabrikanten Johannot zu Annonay im Ardeche-Departement.

X. Unter den mechanischen Kunstwerken zeichnete man aus:

a. Für Uhrmacherkunst. 1. Louis Berthoud wegen seines Zeitmessers, von welchem er den Mechanismus jetzt zum ersten Male dem Publico vor Augen legte. (Er befindet sich, wenn ich nicht irre, in seinem neuen Werke über die Uhrmacherkunst abgebildet.)

2. Breguet, welcher im Jahre VI. ein Echappement à force constante *(Hemmung von constanter Kraft)* erfunden hat. Dieses Mal hat er dasselbe an einer Uhr, die halbe Secunden anzeigt, angebracht; der Secundenweiser schlägt mit einem Male, als wenn das Echappement frey wäre. Er stellte auch einen Zeitmesser aus, so wie die Mittel, die er anwendet, um ihn in verticaler Richtung zu regliren.

3. Antide Janvier hat besonders eine Uhr mit beweglichen Sphären ausgestellt, die das Sonnensystem darstellt. Die Zusammensetzung ist eben so sehr durch die Richtigkeit der Berechnung als durch die Verbindung der mechanischen Mittel bemerkungswerth. Jeder von diesen dreyen hat eine goldne Medaille erhalten.

b. Für mathematische Instrumente wurde wiederum Lenoir angeführt. Er hat mehrere astronomische Instrumente ausgestellt, die sich durch genaue Eintheilungen auszeichnen. Ein gewisser Iecker errichtet eine Fabrik für mathematische und physische

Instrumente, die aber noch im Entstehen ist. Devrine stellte eine sehr genaue Wage aus, und Lerebours mehrere optische Instrumente. Wenn man auch nicht läugnen kann, daſs einzelne Werkzeuge so gut verfertigt werden als in England, so scheinen die guten Arbeiter im Ganzen doch nicht so häufig zu seyn.

c. Für Münzkunst wurde besonders Droz angeführt. Er hat, wie er mir sagt, die Münze bey Boulton in Birmingham eingerichtet. Die Maschine, die er ausstellte, ist, wie ich glaube, dieselbe, die für Spanien bestimmt ist. Der Jury erkannte, daſs nicht ein Theil seiner Kunst wäre, den er nicht verbessert hätte. Die Möglichkeit, falsche Münze zu verfertigen, wird fast gänzlich durch die Maschine zerstört, denn er schlägt jedes Stück auf die Flächen und Kanten zu gleicher Zeit. Er erhielt die goldene Medaille.

d. Für Maschinen, die auf Manufacturen anwendbar sind, ist besonders ein Mechanismus des Bürgers Aubert aus Lyon bemerkt; seine Strumpfmaschine auf Ketten hat in der Ausstellung vielleicht die gröſste Aufmerksamkeit erregt, 400 Faden werden durch die einfache Bewegung einer Kurbel mit der gröſsten Genauigkeit aufgemascht *(emmaillés.)* Seine Maschine war nur wenige Stunden zu sehen. Man sagt allgemein, daſs er sie sogleich für 60,000 Franken verkauft habe. Man erzählt auch, daſs man acht Paar Strümpfe in einem Tage auf derselben würken könne, obgleich die Maschine, im Gröſsen verfertigt, nicht über 100 Thlr. kosten wird. Alles dieses möchte wohl etwas übertrieben seyn. Als indessen ein Mitglied des Jury gefragt wurde, ob Bürger Aubert wohl die goldne Medaille erhalten würde, antwortete er: Allerdings, da wir keine Auszeichnung von Diamanten besitzen! — Er erhielt sie auch wirklich.

e. Unter den Maschinen, die auf andre Gegenstände anwendbar sind, ist endlich der hydraulische Heber des Bürgers Montgolfier mit einer goldnen Medaille beehrt worden. Die Maschine, über welche der Bericht des Instituts abgefafst ist, den ich Ihnen zugeschickt habe, (S. Annalen. 4tes Heft. S. 1.) ist seit der Zeit sehr verbessert. Der Erfinder hat Mittel gefunden, die Stöfse, die durchs Eröffnen und Schliefsen der Klappen hervorgebracht wurden, auf eine sehr einfache Weise zu verhindern. Das Hinaufbringen kleiner Ströme Wasser, fand der Jury, könne oft den Manufacturen und dem Ackerbau vom gröfsten Nutzen seyn. Keine Maschine, die bekannt ist, hat in dieser Rücksicht vor der Montgolfierschen den Vorzug. Ich befand mich neulich mit einer sehr interessanten Gesellschaft, wozu der Bergrath Werner, der Baron von Edelkranz, Gilet - Laumont, d'Aubuisson und andere gehörten, bey ihm, um die Versuche zu sehen; sie sind höchst überzeugend nützlich. Herr Montgolfier hat auch Bestellungen von allen Seiten, und verfertigt Maschinen für 50 Livres zu Demonstrationen, und welche für 50 und mehrere Louisdor zur Anwendung im Grofsen. Durch den Baron von Weiz erfuhr ich neulich, dafs dieser Heber auch schon in Deutschland bekannt sey; der Baron selbst wässert durch denselben eine kleine Wiese auf seinem Gute.

Boutet, der Gewehrfabrikant in Versailles, hat ebenfalls eine goldene Medaille erhalten.

Von den Übrigen spreche ich Ihnen nächstens, da ich ohnehin mancherley hinzuzufügen haben möchte. *Frdl.*

(Der Beschlufs im nächsten Hefte.)

III.

Galvanische Neuigkeiten aus Paris. Zusammenziehung der Blutfaser durch den galvanischen Reiz.

Die grofsen aus den Zeitungen bekannten Preise des ersten Consuls (s. auch unten Biots Bericht darüber) haben bereits die Galvanisten in Frankreich mit neuem Eifer entflammet, doch ohne dafs bis jetzt wichtige Entdeckungen derselben bekannt geworden wären. Schon Ritter hat mit Recht die Neuheit und Wichtigkeit der Entdeckungen Hachettes und Desormes, die beide schon in dieser Materie mit Erfolge gearbeitet haben, die Guyton-Morveau im Nationalinstitute ankündigte, in Anspruch genommen. Dafs die isolirte Voltaische Säule, so wie eine isolirte Nairnische Maschine, ein unversiegbarer Elektricitätsquell seyen, ist, die Sache richtig verstanden, längst anerkannt, und ich habe in meiner Darstellung der Voltaischen Theorie in Gilberts Annalen darauf aufmerksam gemacht. Dafs Säulen aus Metallen und Stärkmehl, oder Stärkmehl und Salzen im strengsten Verstande nicht wohl aus trockenen Substanzen bestehende Säulen, wegen der hygrometrischen Eigenschaft des Stärkmehls und der Salze, genannt werden können, hat Ritter mit Recht bemerkt, und er hat schon längst ähnliche Versuche in Deutschland gemacht.

Die galvanische Societät, die sich in Paris gebildet hat, ist wohl zu neu, um jetzt schon etwas wichtiges aufstellen zu können. In der zweyten Sitzung derselben trug ein Herr Gautherot, der vielerley galvanische Versuche gemacht hat, ohne jedoch diese Lehre mit wichtigen neuen Thatsachen zu bereichern, eine Theorie des Galvanismus vor, die wohl eben so wenig als eine Bereicherung derselben angesehen werden dürfte. In einem Artikel des Moniteurs N. 48. *Reflexions sur la theorie du Galvanisme*, von einem Paragraphenmacher dieser Zeitung, Nahmens Tourlet, wird diese Erklärung des Bürgers Gautherot dem Leser zu gute gegeben. Der Wärmestoff, ein Mixtum, soll durch seine Zersetzung die Glas- (*positive*) und Harz- (*negative*) Elektricität geben. Die Zersetzung des Lichts durch die brechenden Körper leite nach der Analogie zur Annahme einer ähnlichen Zersetzung der Wärme. So erklären sich nun die auffallendsten Erscheinungen der Elektricität, die Entzündung, das Verbrennen, die Verflüchtigung der Metalle durch die Bildung der Wärme, eine Folge der Vereinigung beider Elektricitäten. Die Elemente des Wärmestoffs, verbunden mit dem Wärmestoffe selbst in gehörigen Verhältnissen, sollen die beiden galvanischen Flüssigkeiten bilden, wovon die eine die positive Elektricität mit einem angemessenen Theile von Wärmestoff, die andere die negative Elektricität mit der Quantität von Wärmestoff, die ihrer Verwandtschaft zu diesem gemäſs sey. Diese Meinung scheint ihm um so gegründeter, da die galvanischen Apparate constant mehr Wärmestoff als die elektrischen entwickeln, und da sie im Verhältnisse ihrer Kleinheit viel erstaunenswürdigere Verbrennungen bewirken, was mit dem doppelten Quell von Wärmestoff, der hier statt findet, sehr vereinbar sey. Ihm ist der Galvanismus kein bloſs physischer Effekt, sondern eine zusammengesetzte Wirkung chemischer Ursachen, wobey die Feuchtigkeit ganz nothwendig sey. Durch die chemischen Processe, welche zwischen den Elementen der Säule statt finden, sollen auch die Capacitäten für Wärme und Elektricität geändert werden, und diese beiden Materien, die hierzu in der günstigsten Lage sich befinden, sich zu den galvanischen Flüssigkeiten mit einander vereinigen. Wir finden in allem diesem viel hypothetisches, nichts erwiesenes, und manches offenbaren Thatsachen widersprechendes. Wo bleibt dann die Menge von Wärmestoff, die sich bey der Entladung einer grofsen Batterie dieser Hypothese zufolge bilden müfste? Und wo findet sich dann die nach dem Verf. so nothwendige Feuchtigkeit bey der Elektricitätserzeugung, durch die Berührung von blofs zweyen Metallen, die Volta aufser allen Zweifel gesetzt hat. Hier bey diesem Phänomen mufs jede Theorie des Galvanismus anfangen, und es wird immer der wahre Probierstein für die Richtigkeit jeder bleiben.

Wichtiger ist folgendes Inserat in Nro. 51 des Moniteur. „Der Bürger Gabr. Fr. Circaud hat eben erkannt, dafs die Blutfaser (*la fibrine du sang*) fähig ist, sich unter dem Einflusse des Galvanismus zusammenzuziehen. Ich habe Gelegenheit gehabt, mich diesen Morgen mit ihm von dieser aufserordentlichen Eigenschaft durch eine Reihe merkwürdiger und entscheidender Versuche, die er nächstens bekannt machen wird, zu überzeugen." Unterzeichnet von Collet Meygret, Medecin, Mitglied der Societé de Medecine chimique.

Sollte diefs ein blofs physischer, oder ein chemischer, oder wirklich ein vitaler Effekt seyn? Wem fällt hierbey nicht Hunters Meinung von der Lebenskraft des Blutes, und besonders des Faserstoffes, und von der Analogie zwischen der Gerinnbarkeit des Blutes und der Reizbarkeit der Muskeln ein? Es wäre der Mühe werth zu untersuchen, welchen Einflufs das Durchströmen der Elektricität der Voltaischen Säule auf die Gerinnung des Blutes hat.

Von den Versuchen Aldinis, des Neffen des unsterblichen Galvani, von denen auch in den Zeitungen bereits die Rede gewesen ist, schreibt mir Doctor Friedländer folgendes: „Herr Aldini hat endlich seine angekündigten grofsen galvanischen Versuche dem Institute mitgetheilt. Wenn es wichtig ist, mit ganzen Ochsen und guillotinirten Menschen unmittelbar nach der Execution experimentirt zu haben, so mögen seine Versuche allerdings sehr bemerkenswerth seyn. So viel ich aber bis jetzt weifs, enthalten sie nichts als den Beweis für rein animalische Säulen, wie man schon Voltaische Säulen von blofsen vegetabilischen Körpern in England verfertigt hat. Dieses ist freylich nicht sehr neu. Die ersten Versuche Galvanis, und zumal diejenigen von Humboldts, hatten dieses schon gezeigt. Manche andere Versuche des Herrn Aldini sind den Creveschen sehr ähnlich. Der Verfasser scheint ursprünglich die Idee zu entkräften gesucht zu haben, dafs die galvanischen Phänomene blofs vom Metallreize herrühren, welches aber Volta nie unbedingt behauptet hat. Ich werde Ihnen, wenn es nöthig ist, einen Auszug aus der Abhandlung des Verfassers selbst, oder aus dem Berichte des Institutes, den Biot und Hallé verfertigen werden, zu seiner Zeit mittheilen."

Pfaff.

IV.

Leichte Methode, sich das englische Roth zum Poliren zu bereiten.

Im zweyten Stücke des Bulletin der Societé d' encouragement findet sich folgende Note hierüber:

Viele Künstler wissen noch nicht, dafs das englische Roth nichts als oxydirtes Eisen ist, und halten die Bereitung für ein Geheimnifs. Wenn man Eisenfeile in ein plattes Gefäfs legt, und mit wenigem Wasser begiefst, so geschiehet die Zersetzung bald.

Man mufs den feuchten Zustand erhalten. Das Eisen verwandelt sich dann in ein schwarzes Oxyd; erhitzt man dieses in einem verschlossenen Gefäfse, worin sich eine Quantität Luft befindet, so wird der Sauerstoff derselben angezogen, und das Eisen oxydirt sich noch stärker. Ist es violetroth, so ist es am geschicktesten, den Stahl zu polieren; je mehr Sauerstoff es aufnimmt, je fein zertheilter wird es, alsdann ist es nur zum Polieren weicherer Körper tauglich. Das Verfahren, das Oxyd zu bereiten, ist, wie man siehet, demjenigen ähnlich, welches Lemery zur Verfertigung seines Aethiops martialis anwendete.

Von Guyton ist in Nro. 129. der Annales de Chimie S. 331. folgendes über das Roth zum Poliren eingerückt. Das Eisenoxyd braucht nicht immer sehr rein, noch von einem sehr feinen und gleichförmigen Korne zu seyn. In diesem Falle kann man einige ocherhaltige Thonarten, welche man im Feuer roth brennt, oder noch besser die natürlichen rothen Ocherarten, welche von den oxydirten Schwefelkiesen herrühren, anwenden. Von letzterer Art ist z. B. die Erde von Almagra oder Almagné in Spanien, deren man sich sogar zur Politur der Spiegel bedienet, und die nach Proust eine merkliche Quantität von schwefeligter Säure enthält. Die gröfste Schwierigkeit, um dem Stahl und den harten Steinen die letzte Politur zu geben, bestehet darin, eine Materie von der feinsten Pulverisirung und gänzlich frey von jedem Korne zu erhalten. Um diese Bedingung zu erfüllen, unterwirft man das Colcothar oder rothe Eisenoxyd mehreren wiederhohlten Zerreibungen, was freylich eine mühsame Manipulation ist. Guyton hat eine einfache Methode, diesem abzuhelfen, gefunden. Der Hutfilz ist durch schwefelsaures Eisen schwarz gefärbt. Taucht man ihn einige Minuten in mit Wasser verdünnte Schwefelsäure, so wird das Eisen in den feinsten

Theilchen roth niedergeschlagen. Man hat alsdann weiter nichts nöthig, als es mit Wasser zu waschen, um es von der Säure zu befreyen. Man schwängert es mit Oel, und so ist es dann ganz fertig, wie man es zur letzten Politur des Crystallglases, der Spiegel, und anderer harter Körper nöthig hat.

Ich habe Guytons Verfahren befolget, die Schwefelsäure in mannigfaltigen Verhältnissen mit Wasser verdünnet und verschiedene Hutfilze angewandt, und zwar jedesmal eine starke Rothfärbung der Säure erhalten, die jedoch um so schwächer wurde, je mehr die Säure verdünnt ward, aber nie auch nach einer Ruhe von mehreren Tagen ein Atom eigentlichen Niederschlages erhalten. Vielleicht muſs der Versuch mit gröſseren Quantitäten, als ich anwendete, angestellt werden, um ein Präcipitat zu erhalten.

Pfaff.

V.

Briefpost durch Meeres-Ströhme.

Bernardin de St. Pierre der berühmte Verfasser von den Etudes de la nature, von Paul et Virginie u. a. hat in mehrere Journale eine merkwürdige Nachricht von einer neuen Art von See-Correspondenz einrücken lassen. In seinen Etudes de la nature, von denen im Jahre 1784 die erste Auflage erschien, hatte er die erste Idee einer Beförderung von Briefen durch die Ströhme des Meers aufgestellt. Er führet 4 merkwürdige Beyspiele an, wo der Erfolg die Richtigkeit dieser Idee bestätigte. Der erste Versuch, einen Brief den Fluthen anzuvertrauen, wurde aus Liebe eines Engländers zu seiner Schwester gemacht. Er hatte bey seiner Abfahrt aus Cadix nach Ostindien kein Schiff mehr gefunden, das einen Brief an dieselbe nach England mitnehmen könnte, beym Eingange der Bay von Biscaya warf er daher denselben, in einer Bouteille wohl verwahrt, ins Meer, nach 9 Monaten wurde die Bouteille zwey Meilen von der Küste von Normandie aufgefischet, und nach London an die Addresse befördert.

In einem andern Falle durchlief eine solche Bouteille mehr als 900 Französische Meilen in gerader Richtung. Sie wurde 200 Meilen nördlich von Isle de France von einem Französischen Capitän, der nach Ostindien ging, ins Meer geworfen. Sie landete am Vorgebürge der guten Hoffnung, und enthielt ein geöltes Billet, welches der Gouverneur vom Cap an den von Isle de France schickte, der es in den Archiven dieser Insel niederlegen liefs. Das neuste, durch die unverwerflichsten Zeugnisse beglaubigte Beyspiel ist von dem Capitän Le Bozec, Commandanten der Fregatte der Republik la Clorinde. Dieser warf den 22sten Nivose des Jahres X (12. Januar 1802) eine Bouteille nordöstlich von Guadeloupe in einer nördlichen Breite von 19° 21 Minuten, und westlichen Länge von Paris von 55° 30 Minuten ins Meer, und man fand sie den 29sten Ventose (20 März) am Ufer der Insel. Sie hat also in 67 Tagen 200 Französische Meilen von Nordost nach Südwest zurückgelegt.

VI.

Erfindung eines Ueberzugs (Enduit), welcher Linnen und Taffent undurchdringlich für Luft und Wasser macht. Erfunden vom B. Desquinemare, *mechanischem Ingenieur und Mitgliede der Gesellschaft der Erfindungen und Entdeckungen.*

Zehen Jahre beschäftigte sich der Verfasser mit Versuchen, um einen für Wasser undurchdringlichen Ueberzug zu erfinden. Er glaubte nun die glücklichen Resultate derselben dem Bürger Chaptal vorlegen zu dürfen. Der Minister ernannte die Bürger Montgolfier, Bardel, und Scip. Perrier zu Commissären, um die Sache zu untersuchen. Diese lieſsen Streifen dieser Wachsleinwand, die auf einer Seite roth, auf der andern schwarz gefärbet waren, so wie auch Streifen von citronengelbem Wachstaffent in einem Caffeekessel eine Stunde lang kochen, ohne daſs die Farben etwas von ihrem Glanze oder von ihren übrigen Eigenschaften verlohren hätten. Der Minister erkannte die mannigfaltigen Vortheile, und wieſs den Erfinder an den Marineminister. Bürger Desquinemare führt in einer kleinen Schrift nun mehrere Zeugnisse an, die die Nützlichkeit seines undurchdringlichen Wachstuches bestätigen. Das Conseil der Bergwerke, das Operntheater, das Palais der Regierung, mehrere Hospitäler, Spritzenmeister haben sich drey Jahre lang dieses Zeugs zu Wassereimern in Feuersbrünsten bedienet, und sie in aller Hinsicht besser als die ledernen gefunden. Sie ändern nicht so sehr durch Feuchtigkeit und Temperatur, und diese Wachsleinwand bricht auch nicht, und behält stets ihre Weichheit und Elasticität. Der Contreadmiral Latouche-Treville lieſs in Gegenwart des Ministers Forfait Schieſspulver in dieser Wachsleinwand fest eingewickelt 36 Stunden lang unter dem Wasser liegen; es brannte, als es herausgenommen wurde, so gut wie jedes andere. Ein anderer Versuch bestätigte den Nutzen eines Sacks von diesem Zeuge, um Geräthe zur Zeit des Schiffbruchs über dem Wasser zu halten. In Dieppe wurde sogar ein Schiffsmatrose durch einen solchen Sack auf dem Wasser erhalten. Seit dieser Zeit hat nun der Erfinder mit einer Gesellschaft eine Manufaktur von dieser Wachsleinwand angelegt, um ihre Nützlichkeit auf verschiedene Gegenstände anzuwenden. Es werden daraus Zelte, Regenschirme, Pferdedecken, Mantel für Reisende, Überzüge auf Kutschen, Felleisen, Säcke, Scheiden, Tischüberzüge, Badewannen zu Fufsbädern, Badehosen, Schläuche, Wassereimer u. s. w. verfertiget. Wie stark übrigens die Wachsleinwand ist, ersieht man daraus, dafs ein Streifen ohne Überzug von 46 Pfund zerrifs, statt dafs ein mit dem Überzuge versehener 460 Pfunde trug. Man kann diese Leinwand auch durch einen Leim gut auf Holz und andere Körper befestigen, und sich in den Zimmern dadurch für Feuchtigkeit schützen. Die Compagnie verkauft nach den Departementern nächst der Leinwand auch etwas von dem Überzuge, um die Näthe damit zu bestreichen, wenn die Wachsleinwand zu verschiedenen Zwecken genähet werden mufs. Dieses Wachstuch ist überdem dauerhaft und wohlfeil. Das stärkste von $\frac{3}{4}$ Breite kostet die Elle 5 Francs (etwa 1 Thlr. 6 ggr.) und so das andere im Verhältnisse.

Frdl.

VII.

Grofse Steinmasse, die in Frankreich aus der Luft auf die Erde gefallen ist.

Der englische Chemiker Howard hat bekanntlich einen sehr interessanten Aufsatz über die steinigten

Substanzen, die zu verschiedenen Zeiten aus der Luft auf die Erde gefallen sind, bekannt gemacht, aus welchem eine grofse Ähnlichkeit derselben in ihrer äufsern Beschaffenheit sowohl als chemischen Mischung erhellet, ohngeachtet sie zu verschiedenen Zeiten und an weit von einander entlegenen Orten, wie bey Benares in Ostindien, bey Siena im Florentinischen [1]), zu Yorkshire in England u. s. w. aus der Luft gefallen waren. Biot hat einen Bericht über Howards Aufsatz in der Societé philomatique abgestattet, der in das Bulletin des sciences N. 66. eingerückt ist, und verspricht für eine künftige Nummer die Entwickelung einer Hypothese, die die Herkunft dieser Steine und alle von denselben bekannt gewordenen Umstände befriedigend erklären soll, und die wahrscheinlich mit La Places Hypothese, die unsern Lesern aus den allg. geogr. Ephemeriden schon bekannt ist, dafs sie nehmlich vom Monde herkommen, übereinstimmend seyn wird. In der Note Biots ist nun aus Freret's Betrachtungen über die von den Alten angeführten Wunder noch folgende merkwürdige Thatsache citiret:

„Der berühmte Gassendi, dessen Genauigkeit „eben so bekannt als seine Gelehrsamkeit ist, erzählet, „dafs er den 16 November 1617. bey sehr helterm „Himmel gegen 10 Uhr des Morgens auf dem Berge „Vaisien zwischen den Städten Guillaume und Pesne „in der Provence einen entzündeten Stein herabfallen „sah, der 4 Schuhe im Durchmesser zu haben schien. „Er war mit einem leuchtenden Kreise von verschiedenen

1) Von diesen im Jahre 1794. unter Blitzen und heftigem Krachen bey Siena heruntergefallenen Steinen habe ich durch die Güte des Prof Santi in Pisa selbst einen erhalten, auf den die Howardische Beschreibung vollkommen pafst.

„denen Farben wie von einem Regenbogen umgeben. „Sein Fall war mit einem Geräusche, gleich demjenigen von mehreren Kanonen, die man auf einmal „abschiefsen würde, begleitet. Dieser Stein wog 59 „Pfunde, er war von einer dunklen metallischen Far„be, und aufserordentlichen Härte."

Diese letztere Beschreibung stimmt mit Howards Beschreibungen vollkommen überein.

Pf.

VIII.

Nationalinstitut.

1. Notiz von den Arbeiten der mathematischen und physischen Classe des Nationalinstitutes im dritten Vierteljahre des Jahres X. (22. März - 19. Junius 1802.)

I. *Mathematischer Theil vom Secretär* Lacroix.

Experimentalphysik. Coulombs Versuche über die Wirkung, welche Magnetstäbe auf verschiedene Metalle, welche durch die gewöhnlichen Verfahrungsarten gereinigt sind, ausüben. Unsern Lesern schon aus dem III. Hefte der Annalen S. 149. bekannt. Wir bemerken hierbey, dafs das Silber, von welchem daselbst S. 151. gesagt ist, dafs es durch Schmelzen aus Eisen erhalten worden sey, eigentlich Silber war, das mit gleichen Theilen Eisen vom Bürger Guyton geschmolzen worden war, und welches in der Operation sich von diesem vollkommen genau abzusondern geschienen hatte. Coulombs Versuche haben bewiesen, dafs es doch etwas Eisen aufgenommen hatte.

II. *Physischer Theil vom Secretär* La Cepède.

Chemie. Fourcroy las die zwey ersten Paragraphe eines grofsen Werkes über die Quecksilberoxyde und Quecksilbersalze vor. Die erste Stufe der Oxydation des Quecksilbers ist das schwarze Quecksilberoxyd. Es ist geschmacklos, unauflöslich im Wasser, löst sich ohne Aufbrausen in den Säuren auf, bildet wenig oxydirte Salze, läfst sich durch eine sehr starke Hitze reduciren, und bestehet aus 96 Theilen Quecksilber und 4 Theilen Sauerstoff. Auf dieses folgt unmittelbar das rothe Quecksilberoxyd, es enthält $\frac{8}{100}$ Sauerstoff, mit lebendigem Quecksilber zusammengerieben giebt es diesem einen Theil seines Sauerstoffes ab, und beyde gehen in schwarzes Quecksilberoxyd über. Es hat einen herben und unangenehmen Geschmack, ist unauflöslich im Wasser; es kann zu einem höheren Grade von Oxydirung durch die Wirkung der oxygenirten Kochsalzsäure gebracht werden: in diesem letzteren Zustande kann man es aber nicht isolirt erhalten, weil es alsdann mit einem Salze gemischt ist, welches kein bekanntes Mittel davon abtrennen kann. Ein zweyter Gegenstand der Arbeit des Bürgers Fourcroy sind die verschiedenen Zubereitungen von Knallquecksilber. Er unterscheidet deren verschiedene. Aufser denen von Howard und Berthollet angegebenen, die ein Produkt einer mehr oder weniger lange fortgesetzten Digestion des salpetersauren Quecksilbers mit dem Alcohol sind, hat F. noch eine neue entdeckt. Digerirt man nehmlich ununterbrochen, während 8 oder 10 Tagen, concentrirtes Ammoniak mit rothem Quecksilberoxyd, so wird das Oxyd nach und nach von einem schönen Weifs, es bedeckt sich mit sehr kleinen, glänzenden blättrigten Krystallen. Auf stark glühenden Kohlen verpufft es beynahe wie Knallgold, besonders wenn es sich in kleinen Massen befindet. Es zersetzet sich von selbst, und höret drey oder vier Tage nach seiner Zubereitung auf knallend zu seyn. Eine gelinde Wärme entbindet daraus das Ammoniak, und läfst das rothe Oxyd isolirt. Die Säuren zersetzen auf der Stelle dieses knallende Oxyd. Es gehört in eine Klasse mit dem Knallgolde und Knallsilber.

So wie Coulomb durch seine magnetischen Versuche gefunden hatte, dafs das durch Schmelzen vom Eisen sich scharf und genau absondernde Silber etwas Eisen enthielt, so hat Guyton durch genaue chemische Versuche gezeigt, dafs jenes Eisen ohngefähr $\frac{1}{80}$ Silber aufs innigste mit sich verbunden enthalte, und dafs diese Quantität hinreichend sey, um ihm sehr merkwürdige Eigenschaften, wie z. B. eine ausnehmende Härte, und einen krystallinischen Bruch zu ertheilen. Guyton schlofs aus diesen Versuchen über das Silber und Eisen, so wie aus andern Versuchen über das Eisen und Bley, dafs diese Metalle doch einigermafsen sich mit einander versetzen liefsen.

Seguin, Associé des Instituts, hat in einer Abhandlung über die ungarische Lederbereitung *(hongroyage)* gezeigt, dafs die bis jetzt angewandte Methode nur eine Zwischenlage von Fett und Salz in den Poren der Haut hervorbrächte, und dafs das auf ungarische Art bereitete *(hongroyé)* Leder daher sehr unter dem gegerbten stehe. Er hat ein Verfahren angezeigt, das diesem abhilft und weniger kostspielig ist.

Botanik. Der Bürger Broussonnet, Handlungscommissär zu Madera, hat eine Abhandlung über die Vortheile, welche Frankreich von der Anlegung eines botanischen Gartens auf dem Vorgebirge der guten Hoffnung ziehen würde, eingeschickt.

Zoologie und Anatomie. Geoffroy, Mitglied des Instituts zu Cairo, hat Untersuchungen über die den Griechen bekannten Thiere des Nils mitgetheilt. (S. unsere Annalen IV Heft S. 63.) Tenon hat eine ausführliche Abhandlung über den Mechanismus des Gebisses des Pferdes vorgelesen, dem er den Nahmen *equipages maxillo-dentaires* giebt. Wir werden in der Folge auf Tenons für vergleichende Anatomie und Physiologie so wichtige Untersuchungen zurückkommen.

2. Notiz von den Arbeiten der mathematischen und physischen Classe während des letzten Vierteljahres des Jahres X. (20. Junius bis 22. September 1802.)

Mathematischer Theil. Vom Secretär Lacroix.

Allgemeine Physik. *Ueber ein merkwürdiges Phänomen von Refraction auf der Erde.* Der Bürger Dangos hat die Wirkung einer solchen zu Malta im Jahre 1784. beobachtet. Den 20sten März um 1 Uhr Nachmittags benachrichtigte ihn ein lautes Geschrey auf den Strafsen, dafs eine Insel sich so eben im Canale von Malta erhoben habe. Nachdem er auf die Terrassen des Observatoriums gestiegen war, nahm er in der That ein weifses Land mitten im Wasser wahr, dessen Form ohngefähr die eines geraden unregelmäfsig abgestutzten Kegels war. Die Täuschung war so vollkommen, dafs bereits Seeleute abgegangen waren, um diese Insel zu recognosciren, und sie nöthigenfalls in Besitz zu nehmen. Dangos schlofs bald aus der Form, Farbe, und zumal aus der Richtung zwischen Malta und dem Aetna, dafs es nichts als die mit Schnee bedeckte Spitze dieses Berges sey, welche eine aufserordentliche Ursache beträchtlich näherte und zugleich in die Tiefe herabzog. Dieselbe Erscheinung zeigte sich 1785. um 6 Uhr Morgens am 17ten April. Dangos konnte sie nun bequemer beobachten. Die Insel erschien 15'

17″ unter dem Horizont, ohngefähr 18000 Meters entfernt. Sie schien hierauf sich zu entfernen und wieder zu erheben, dann trat ein Augenblick von Verwirrung ein, und der Aetna erschien wieder an seiner wahren Stelle; die Küsten von Sicilien, die bis dahin versteckt gewesen waren, zeigten sich vollkommen, und waren den ganzen übrigen Tag sichtbar. Dangos glaubt, daſs die Feuchtigkeit der Luft, wovon die Spuren an diesem Tage sehr merklich waren, groſsen Einfluſs auf die Hervorbringung dieser Erscheinung gehabt habe.

Pictet unterhielt die Classe von dem merkwürdigen Aufsatze Howards über die vom Himmel gefallenen Steine.

Physischer Theil.

Chemie. Guyton hat einen Aufsatz über die blausaure Schwererde und Kalkerde vorgelesen, wovon ein Auszug in der Anzeige der Annales de Chimie gegeben werden soll.

Fourcroy hat in dem zweyten Theile seiner Abhandlung über die Mercurialsalze von den schwefelsauren und salpetersauren Quecksilbersalzen gehandelt. Man verfertiget verschiedene schwefelsaure Quecksilbersalze nicht bloſs durch Erhitzung des Quecksilbers mit der Schwefelsäure mehr oder weniger stark und lange, sondern auch durch Vermischung dieser Säure oder eines auflöslichen schwefelsauren Salzes mit einer Auflösung des mehr oder weniger oxydirten Quecksilbers in Salpetersäure. Im letzteren Falle, wenn nehmlich das Quecksilber wenig oxydirt ist, erhält man einen weiſsen Niederschlag von wenig oxydirten schwefelsaurem Quecksilbersalze; ist dagegen die Auflösung des Quecksilbers in Salpetersäure sehr oxydirt, so erhält man einen Niederschlag von sehr oxydirten schwefelsaurem Quecksilbersalze. Von salpetersauren Quecksilbersalzen giebt es zwey Arten, das eine wenig oxydirt, das andere sehr oxydirt. Das erstere wird grau und beynahe schwarz durch die Laugensalze, weifs durch die schwefelsauren Salze niedergeschlagen, und bildet versüfstes Quecksilber mit der Salzsäure. Das sehr oxydirte salpetersaure Quecksilbersalz, das Resultat einer langen und starken Kochung, giebt keinen Niederschlag durch die Salzsäure, einen gelben mit den schwefelsauren Salzen, einen weifsen mit dem Ammoniak, und einen orangegelben mit den feuerbeständigen Laugensalzen. Besonders hat sich auch Fourcroy über die salpetrigtsauren Quecksilbersalze verbreitet. Man bereitet sie, indem man Salpetergas in die salpetersauren Auflösungen des Quecksilbers, die es begierig verschlucken, gehen läfst. Das im hohen Grade oxydirte Salz verschluckt viel mehr davon, als das wenig oxydirte Quecksilbersalz. Dieses letztere salpetrigtsaure Quecksilbersalz entwickelt viel röthliche Dämpfe bey der Zugiefsung der Schwefelsäure und Salpetersäure; es färbet die Haut dunkelpurpurfarben, während das sehr oxydirte salpetersaure Quecksilbersalz sie schwarz, und die wenig oxydirten salpetersauren und salpetrigtsauren Quecksilbersalze gar nicht die Farbe der thierischen Materien ändern.

Seguin hat Beobachtungen über ein dreyfaches Salz aus Schwefelsäure, Soda und Ammoniak mitgetheilt, das man in seiner ganzen Reinheit aus einem Gemische von schwefelsaurem Ammoniak und Kochsalz, oder von schwefelsaurer Soda und schwefelsaurem Ammoniak erhalten kann. Dieses Salz krystallisirt regelmäfsig, verwittert nicht an der Luft, hat einen erst stechenden, dann bitterlichen Geschmack, zerknistert im Feuer, blähet sich auf, und läfst erst Ammoniak, und dann schwefelsaures Ammoniak mit Überschufs von Säure fahren. Im Tiegel bleibet reine schwefelsaure Soda zurück.

Von Guyton rühren Bemerkungen über das englische Roth zum Polieren her. (S. oben die Annalen.)

Der Bürger Sage hat ein Uranerz analysiret, das in 100 Theilen 78 Theile Urankalk, 20 Theile Eisen, und 2 Theile Schwefel enthält.

Anatomie. Laumonier hat dem Institute drey vortreffliche anatomische Wachspräparate vorgelegt. (S. oben Frdl. Brief.)

Botanik. Über die Aya-Pana von Ventenat. (Man s. die 7te Abhandlung dieses Heftes.)

Arzneywissenschaft. Nicolas, associirtes Mitglied des Nationalinstituts, Professor der Chemie bey der Centralschule des Calvadosdepartements, und Gueudeville, Arzt, haben Beobachtungen über die Harnruhr oder die *Phthisurie sucrée* mitgetheilt. Ihre Abhandlung kann man als einen vollständigen Tractat von dieser Krankheit ansehen. Genaue Versuche haben ihnen das Daseyn des Schleimzuckerstoffes in dem Harne der an dieser Krankheit Leidenden bewiesen, sie haben Essigsäure und Alcohol daraus bereitet. Ihnen zufolge hat die Harnruhr, die man in den Ländern, wo man Cider und ähnliche Getränke trinkt, häufiger beobachtet, zur Hauptursache: eine krampfhafte unaufhörliche Abirrung der nicht animalisirten Nahrungssäfte auf das Harnabsonderungsorgan, die gleichfalls die gastrischen, pancreatischen Säfte, die Galle etc. von ihrer Natur abweichen macht. Sie scheint den muskulösen Temperamenten eigenthümlich zu seyn; ihr Sitz ist in dem Verdauungsapparate, und das Harnorgan ersetzt durch das Übermaſs seiner Ausleerungen die übrigen Absonderungen und Ausscheidungen, welche gleichsam gehemmt sind. Der Urin giebt ein Alcohol von einem unangenehmen Geruch, und einen krystallisirten Zucker, dessen Natur noch nicht hinlänglich bekannt ist, statt des Urinstoffes, der Urin- und Benzoësäure; die ammoniakalischen und phosphorsauren Salze zeigen sich nur in geringer Menge darin. Das Blut der Kranken ist in hohem Grade serös, und enthält beynahe keine ammoniakalischen und phosphorsauren Salze.

Diese Erscheinungen geben folgende Heilanzeigen:

1. Den krampfhaften Zustand aufhören zu machen. 2. Den Nahrungssäften die Grundstoffe der Animalisation wieder zu geben. Hierzu dienen vorzüglich die Nahrungsmittel, welche Stickstoff und die phosphorsauren Salze enthalten. Nicolas und Guedeuville verordneten daher ihren Kranken eine thierische Diät, aus fettem Fleische und milchigten Getränken zusammengesetzt, in welchen phosphorsaure Soda aufgelöst wurde, und als Arzneymittel verordneten sie Bissen aus dem wässerigten Extracte des Opiums und der Fieberrinde, bisweilen auch Moschus. Diese Behandlung hatte einen vollständigen Erfolg.

Geologie. *Beobachtungen auf der Spitze des Montperdu*, angestellt von Ramond, der sich der Untersuchung der Pyrenäen, und dieses Berges, der über alle nahe gelegenen Spitzen herrschet, besonders widmet. Die Spitze des Berges besteht aus schwarzem Marmor, der mit Knoten von Kieselerde durchzogen ist, hin und wieder enthält er Haufen von Conchylien, die man aber auf der obersten Spitze nicht findet. Die Bänke laufen gewöhnlich in der Richtung der Hauptgebirgsketten, leiden aber mitunter allerley Abweichungen. Sie sind fast vertical; ihre mittlere Neigung ist etwa 80 Grade gen Süden.

Der Schnee, der die Spitze bedeckt, ist nur zwey Meters tief. Die Steilheit der Abhänge gestattet nicht, daſs er sich sehr anhäufe. An andern Stellen liegt er wohl 13 bis 14 Meters hoch. Zwey Pflanzen befinden sich auf der Spitze: Aretia alpina, und Saxifraga retusa. Weiter nach unten fand er Cerastium alpinum, Saxifraga Groenlandica, und den Ranunculus Parnassifolius. Nicht die Höhe, sondern die Natur des Bodens verhindert die stärkere Vegetation. Denn wo etwas den Meteoren widerstand, gedieh es auch vollkommen.

Wirkte die Catastrophe, die die Berge zerriſs, und die ein- und ausspringenden Winkel bildete, in entgegengesetzter Richtung, so würde sich alles wieder zu einem Ganzen vereinigen können, so regelmäſsig liegt alles gegen einander. Der Montperdu befindet sich, in Hinsicht auf seine auszeichnenden und eigenthümlichen Karaktere, gleichsam wie eine Insel von 2 oder 3 Myriameters Umfang auf den Rücken der Pyrenäen hingeworfen.

IX.

Neueste Preisfragen des Nationalinstitutes im Fache der Physik.

1. Den 15. Germinal des Jahres VIII. (April 1800.) hatte die Classe der mathematischen und physischen Wissenschaften als Preisfrage aufgegeben:

„Durch genaue Versuche zu erforschen, welches der Einfluſs der atmosphärischen Luft, des Lichts, des Wassers, und der Erde in der Vegetation sey."

Die Preisbewerbung sollte den 1sten Nivose des Jahres X. (22. Dec. 1801.) geschlossen seyn. Die Classe hatte nur zwey Abhandlungen erhalten, die ihr des Preises nicht würdig zu seyn schienen. Sie urtheilte, daſs der Umfang der Frage die Männer habe abschrecken können, welche im Stande sind mit Erfolg über diese Gegenstände zu arbeiten; sie beschränkt dieselbe also nunmehr auf eines ihrer Elemente, und schlägt als Preisfrage vor:

„Durch Erfahrung die verschiedenen Quellen des Kohlenstoffes der Vegetabilien zu bestimmen.“

Der Preis wird doppelt seyn, und in dem Werth von 2 Kilogrammen Gold (ohngefähr 6,800 Francs) bestehen.

Die Abhandlungen müssen vor dem 1sten Vendemiaire des Jahres XIII. (23. September 1804.) an das Secretariat des Institutes abgeliefert seyn. Das Urtheil der Classe wird in der öffentlichen Sitzung vom Monat Nivose des Jahres XIII. (December-Januar von 1804-1805.) bekannt gemacht werden.

2. In der Sitzung vom 15. Germinal des Jahres VIII. (April 1800.) hatte das Nationalinstitut folgende Preisfrage aufgegeben:

„Durch anatomische und chemische Beobachtungen und Versuche zu bestimmen, welches die Erscheinungen des Winterschlafes (*engourdissement*), dem gewisse Thiere, wie die Murmelthiere, die Siebenschläfer u. s. w., unterworfen sind, in Hinsicht auf Kreislauf, Athmen und Reizbarkeit seyen, und die Ursachen dieses Schlafes, und warum er diesen Thieren eigenthümlich ist, aufzusuchen.“

In der öffentlichen Sitzung des ersten Trimesters des Jahres XI. am 20sten Vendemiaire (12. October 1802.) sollte der Preis ausgetheilt werden, die Classe hat aber geurtheilet, daſs die beiden an sie eingesandten Abhandlungen nicht genug Entwicklung des Gegenstandes enthalten, um den Preis zu verdienen, jedoch mehrerer interessanter Beobachtungen halber eine ehrenvolle Erwähnung verdienten. Sie hat also denselben Preis verdoppelt aufgegeben, er beträgt 2 Kilogrammen an Gold, (ohngefähr 6, 800 Francs) und wird in der öffentlichen Sitzung im Vendemiaire des Jahres XIII. (September-October 1804.) ausgetheilt werden. Die Abhandlungen müssen vor dem 15ten Messidor des Jahres XII. (4. Julius 1804.) an das Secretariat des Institutes eingeschickt werden.

Allgemeine Bedingungen für die Bewerber um die Preise des Nationalinstitutes.

Sie sind folgende: Man setzt seinen Nahmen nicht vor sein Manuscript, sondern blofs eine Sentenz oder Devise. Man kann ein versiegeltes Billet beyfügen, das aufser der Sentenz den Nahmen und die Addresse des Preisbewerbers enthält, und das nur, wenn die Abhandlung den Preis davon trägt, geöffnet werden wird. Die Abhandlungen können frankirt unter der Addresse des Ministers des Innern, oder auch an einen der Secretäre der Classe, welche die Preisfrage aufgegeben hat, franco eingeschickt werden. Das Institut giebt die Abhandlungen, Zeichnungen, Modelle, Maschinen, die zur Preisbewerbung eingeschickt worden sind, nicht zurück, doch können Copien von beiden ersteren genommen, und beide letztere ganz zurückgezogen werden, wenn gehörige Zeichnungen davon statt derselben eingereicht werden.

X.

Biots *Bericht im Nahmen einer Commission des Instituts über die vom ersten Consul auf eine wichtige Erweiterung der Theorie der Elektrizität, so wie auf eine wichtige Entdeckung in der Lehre vom Galvanismus gesetzten Preise von 60,000 Franken, und einen jährlichen von 5000 Franken.*

Biot stattete in der öffentlichen Sitzung vom 17ten Messidor des Jahres X. (6. Julius 1802.) den Bericht im Nahmen einer eigenen dazu niedergesetzten, aus den Bürgern La Place, Hallé, Coulomb, Hauy und Biot bestehenden Commission über die vom ersten Consul aufgegebenen Preise, die unsern Lesern aus den politischen Zeitungen bekannt sind, ab. Er entwirft eine kurze Schilderung des Ganges der Entdeckungen in der Lehre von der Elektrizität, die gleichsam zwey Hauptepochen aufstellet, wovon die eine alle Entdeckungen über die durch Reiben, die andre jene über die durch bloſse Berührung der Körper unter einander erregte Elektrizität begreift. Er macht darauf aufmerksam, was noch besonders in der Lehre von dieser letzteren oder vom sogenannten Galvanismus, besonders in Rücksicht auf die chemischen Wirkungen, und seine Herrschaft in dem organischen Reiche, besonders nach der Analogie der elektrischen Fische zu entdecken sey. Der groſse Preis des Consuls, hofft er, werde einen Wetteifer aller Naturforscher erzeugen, der zu wichtigen Resultaten führen könne. Um diesem Wetteifer alle die Feierlichkeit zu geben, welche die Wichtigkeit des Gegenstandes, die Natur des Preises, und der Karakter desjenigen erfordert, der ihn gegründet hat, macht die Commission folgenden vom Institute angenommenen Vorschlag:

„Die Classe der mathematischen und physischen Wissenschaften des Nationalinstitutes eröffnet den allgemeinen, vom ersten Consul verlangten Concurs. Alle Gelehrten Europas, selbst die Mitglieder und Associirten des Nationalinstitutes nicht ausgenommen, sind zu dieser Bewerbung zugelassen. Die Classe fordert nicht, dafs die Abhandlungen ihr unmittelbar zugeschickt werden. Sie wird jedes Jahr den Verfasser der besten Versuche, die zu ihrer Kenntnifs gelangt sind, und die die Wissenschaft vorwärts gebracht haben, krönen. Der grofse Preis wird demjenigen ertheilt werden, dessen Entdeckungen in der Geschichte der Elektrizität und des Galvanismus eine merkwürdige Epoche machen werden."

XI.

Medicinische Preisfrage der Academie von Dijon.

Die Academie des Sciences, Arts, et belles lettres zu Dijon hat folgenden Preis aufgegeben:

„Die catarrhalischen Fieber werden heutzutage häufiger, als sie sonst gewesen sind, die entzündlichen Fieber werden sehr selten, die Gallenfieber sind weniger gemein. Man soll die Ursachen bestimmen, welche zu diesen Revolutionen in unsern Climaten und Temperamenten haben Veranlassung geben können."

Der Preis ist von 500 Francs. Die Abhandlungen müssen lateinisch oder französisch frankirt vor dem ersten Messidor des Jahres XII. (20. Junius 1804.) an den Arzt Vallot, Secretär der Gesellschaft, addressirt werden.

XII.

Verbalprocesse von den Sitzungen des Nationalinstituts in kurzen Auszügen. [1])

Monate Vendemiaire, Brumaire und Frimaire (October bis December).

Seit dem letzten Vendemiaire ist Chaptal, der Minister des Innern, Präsident der ersten Classe des Instituts. —

Sitzung des 21ten Vendemiaire des Jahres XI. (13. Oct. 1802.)

Hallé sollte einen Bericht über eine dem Institute zugeeignete, in Leipzig gedruckte Schrift: Aphorismi physiologici et pathologici betittelt, abstatten. Er erklärte den Inhalt derselben für Metaphysik; sie wurde an die zweyte Classe verwiesen. —

Hallé und Biot gaben einen Bericht über die Abhandlung des Prof. Aldini (des Neffen Galvanis) den Galvanismus betreffend. Aldinis Versuche bestätigen, daſs eine ähnliche Electrizitätserregung bey der Vereinigung animalischer Substanzen statt finde, wie sie bey Metallen und andern Körpern wahrgenommen worden ist. Sie erinnern an die ersten Versuche des Galvani und Humboldt, welche Zuckungen des Frosches wahrgenommen haben, wenn sie die vordern und hintern Gliedmaſsen durch die Cruralnerven vereinigt lieſsen und einander näherten, oder auch den Cruralnerven mit dem Schenkel in Berührung brachten. Herr Aldini hat diese

1) Die Herausgeber hoffen die Fortsetzung dieses Bulletins künftig pünktlich und regelmäſsig jeden Monat liefern zu können, und auch ausführlicher und vollständiger.

Versuche mannigfaltig modificirt und mit vieler Geschicklichkeit dargestellt. —

Er hält z. E. mit einer Hand die Rückenwirbel eines Frosches und läſst mit der andern den Schenkel desselben den Lumbarnerven berühren, sogleich zeigen sich Zuckungen am andern freyhängenden Schenkel. Muskeln von Muskeln, und Nerven von Nerven berührt, bringen keine Zuckungen hervor. (Herr Aldini will hieraus eine besondere thierische, von Metallen unabhängige Electrizität folgern, die vom Nerven zum Muskel circulirt.)

Es ist nicht nothwendig, daſs die Kette bloſs aus einem Individuo bestehe. Mehrere, die sich mit befeuchteten Händen anfassen, bringen dieselben Zusammenziehungen hervor. Sie scheinen stärker zu seyn, wenn sich in der Kette ein noch rauchender Theil eines warmblütigen Thieres befindet, oder auch wenn man die Hände mit Salzwasser befeuchtet hat.

Herr Aldini schnitt einem Hunde den Kopf ab, und lieſs einen electrischen Strom einer starken Voltaischen Säule vom Ohre nach dem Rückenmark gehen. Die Convulsionen des Gesichts waren schrecklich, selbst wenn der Kopf mit dem Rumpfe auch nur durchs Blut zusammenhing, womit bey dem Versuche der Tisch benetzt war.

Auch die unwillkührlichen Muskeln werden durch den Galvanismus in ihren Bewegungen verstärkt, wie dieses Herr Dr. Grappengieſser an einem Bruchkranken schon längst beobachtet hat. Herr Aldini zeigt es an Hunden. Doch konnte man die Herzkammern nie zu Contractionen bringen, obgleich die Mitglieder der Academie zu Turin diese Zuckungen hervorgebracht haben [1]).

1) Man sehe die folgende Nachricht von den Versuchen des Herrn Dr. Nysten.

Herr Aldini hat seine Versuche an grofsen Thieren und selbst an guillotinirten Menschen verschiedentlich wiederholt, und stets dieselben Resultate erhalten. —

Er behauptete unter andern, dafs die Leidner Flasche den Sauerstoff der Atmosphäre, wie die Voltaische Säule, verschlucke, wie auch, dafs eine Säule von einem einzigen Metalle mit einer Salzauflösung, und selbst eine aus blofsen animalischen Theilen zusammengesetzte Säule dieses Verschlucken bewirke, allein die Berichterstatter sind hiervon nicht überzeugt worden. — Letztere bedienten sich bey dieser Gelegenheit des Condensators, um die Phänomene einer aus animalischen Stoffen zusammengesetzten Säule mit der gewöhnlichen metallischen des Volta zu vergleichen, allein sie haben ihre Versuche nicht gehörig verfolgen können, obgleich die Identität der beiden Electricitäten durch Versuche zu erweisen allerdings besondere Aufmerksamkeit verdient. —

In dem letzten Theile der Abhandlung nimmt sich Herr Aldini vor, den Galvanismus in Melancholien und andern Krankheiten anzuwenden, da er von demselben bereits in Italien gute Wirkungen zu beobachten Gelegenheit gehabt hat.

Die Berichterstatter glaubten, dafs Herr Aldini den Dank der Classe für die Mittheilung seiner Versuche verdiene, und dafs ihm glücklicher Erfolg in der medicinischen Anwendung des Galvanismus zu wünschen sey. — Dieses wurde dem zufolge auch votirt und angenommen. —

(Die Herausgeber der Annalen werden sich zum öftern genöthigt sehen, auch bekannte Gegenstände dem Publico mitzutheilen, um das Urtheil desselben über Dinge, wovon man viel in den Zeitungen liest, unparteyisch leiten zu können. Es ist allerdings ein besonderes Verdienst, Versuche, deren Ausführung stets

stets mit einigen Schwierigkeiten verknüpft schien, so unfehlbar ununterbrochen gelingen zu machen, wie es in den Händen des Herrn Aldini geschieht. — Das Mehrere muſs man in dem Werke erwarten, das er nach seinen zurückgelegten Reisen herausgeben will. Die Kupfer, die er in dieser Hinsicht zum voraus unter hiesigen Freunden, und unter andern auch den Herausgebern der Annalen mitzutheilen die Güte hatte, enthalten die obigen Versuche an guillotinirten Menschen, Ochsen und andern Thieren, mit mehr Anschaulichkeit dargestellt, als vielleicht der Gegenstand, der nichts in der eigentlichen Theorie der Sache ändert, verdienen möchte, daher wir uns auch nicht verpflichtet glauben, sie in einer Copie geben zu müssen. Herr Aldini hat seine Versuche in der Ecole de Medecine so wohl, als in der damals eben errichteten galvanischen Gesellschaft wiederholt, und letztere hat ihm zu Ehren ein groſses Mittagsmahl gegeben.) —

Tessier und Berthollet statteten einen Bericht über eine Abhandlung des Herrn Nectoux ab, die *Beobachtungen über die Geologie Aegyptens, und über die Ursachen der Fruchtbarkeit desselben* betitelt ist. Der Verf. bemerkt in denselben, daſs der Reis, die Baumwolle, die Färberröthe und das Zuckerrohr, so wie anderseits der Büffel und das Cameel, nicht zu den in Ägypten einheimischen Pflanzen und Thieren gehören, denn man findet sie nicht auf den ältesten Monumenten abgebildet, weder auf den Felsen von Helethias, noch auf denen hinter Theben, und in den Gegenden von Minié. Dennoch sind auf denselben vielfältig Scenen vorgestellt, wo gesäet, geärntet, gedroschen, Hanf geschlagen, Weinlese gehalten, gefischt und auch gejagt wird. Allenthalben findet man den Ochsen beym Acker.

Die Grenzen Ägyptens, die nach Herrn Nouets Bestimmung der Breite nach sich vom 35° 25′ 0″ bis zum 24° 8′ 6″ (oder von Rosette bis Syene) und der Länge nach vom 27° 35′ 0″ bis 29° 29′ 15″ (oder von Alexandrien bis Damiette) erstrecken, umfassen ein 3eckiges Thal, welches der Nil auf Kosten von Nubien und Abyssinien dem Meere abgewonnen hat. Auch überschwemmt er es noch zum öftern, bald mit Schlamm, und bald mit Sand. —

Ägypten war unstreitig einst ein Busen des mittelländischen Meeres. Die ähnlichen Ursachen, die das Erdreich bildeten, bildeten auch durch Ebbe und Fluth die Meerenge von Suez. Der Verf. glaubt, dafs die Schwärze des Erdreichs des vom Nil aufgeschwemmten Landes von verbrannten Wäldern in Oberägypten herrühre.

Man glaubt gewöhnlich, dafs die Enge von Gibraltar die Ebbe und Fluth im mittelländischen Meere verhindre. Herr Nectoux schreibt es dem zumal am Hellespont merklichen Strömen von Osten nach Westen zu; denn die Meerenge von Bab-el-Mandel ist enger, als die von Gibraltar, und doch steigt das Wasser bey Suez 3 Fufs hoch. —

Der Verf. vertheidigt Herodot gegen Bruce, dem er Unrichtigkeiten vorwirft. —

Herr Noel hat die Erdlagen in verschiedenen Theilen Ägyptens untersucht, er fand allenthalben dieselben Bestandtheile. —

Der Wärmegrad, der vom Boden abhängig zu seyn scheint, betrug im Schatten gen Norden $36\frac{1}{2}$ Grad Reaumur.

Im Nivose des Jahres VII. fiel das Thermometer zu Cairo bis zwey Grad unter 0. Der Verf. zieht hieraus den Schlufs, dafs der Caffe in solchem veränderlichen Clima nicht gedeihen würde. —

Das Erdreich Ägyptens ist so von Meersalz geschwängert, daſs ein Boden, der zum ersten Mal bepflanzt wird, nicht viel Früchte giebt. Bekanntlich findet man an den Ufern der Carau- und Gara-Seen, wenn sie sehr niedrig sind, viel krystallisirtes Salz.

Auf den Anhöhen Ägyptens findet man viel Muscheln und Puddingsteine, vorzüglich auf dem Berge Mokaltam, dieses beweist deutlich, daſs sie ehemals vom Meere bedeckt gewesen sind. —

Den Kanal St. Joseph hält der Verf. für eine verstopfte Mündung des Nils.

Unter den Anlagen, die zum Wässern des Bodens sich vorfinden, scheint die von Fayoum am vernünftigsten und angemessensten.

Die Abhandlung ist mit mehrern ganz vortrefflichen Zeichnungen begleitet. Die 5 ersten stellen die Basreliefs von Theben, Minié und Helethias dar, auf welchen die Arbeiten des Ackerbaus, der Fischerey und der Jagd abgebildet sind; sie ähneln demjenigen ungemein, was sich noch in jenen Ländern bis den heutigen Tag vorfindet.

Ein Blatt giebt eine genaue Karte von Fayoum, ein anderes enthält eine meteorologische Tafel. —

Dieses sind ungefähr die Hauptpuncte der aus dem Werke ausgezogenen Stellen. Die Berichterstatter waren der Meinung, daſs die Abhandlung des Herrn Nectoux viel zur genauern Kenntniſs Agyptens beytrage. —

In derselben Sitzung gaben die Bürger Desfontaines und Thouin einen sehr weitläufigen Bericht über eine Abhandlung des Herrn Leblond *Die Cultur des Pfefferbaums in Guyana betreffend.* — Coulomb und Monge einen andern über eine vom Bürger Daubert mitgetheilte Erfindung, *Menschen fürs Ertrinken zu bewahren.* Sie besteht in einem mit Luft angefüllten Hemde von besonderer, auf geheime Art zubereiteter Wachsleinwand, die erst durch die Dauer zu erproben ist. Es schien den Beyfall des Instituts nicht zu verdienen.

Sitzung des 28sten Vendemiaire (20. Oct. 1802.)

Bürger Guyton, Deyeux und Vauquelin erstatteten einen Bericht über die irdenen, das Wasser kaltmachenden Gefäſse des Bürgers Fourmy. — In den heiſsen Climaten, wo man sich mit Mühe Eis verschafft, hat man bekanntlich unter andern Mitteln poröser, das Wasser durchlassender und verdünstender Gefäſse sich bedient, um dem Getränke einen Theil des Wärmestoffs zu entziehen. Bürger Lasteyrie war der erste, der die unter dem Nahmen Alcarasas in Spanien bekannten Trinkgefäſse nach Frankreich brachte, und Herrn Fourmy dieselben nachzumachen veranlaſste. Die Aufgabe besteht darin, daſs die Gefäſse aus einer Materie verfertigt werden, die, ohne die Natur des Wassers zu verändern, dasselbe durchschwitzen, und doch nicht durchflieſsen lasse. Die Thonerde war hierzu am geschicktesten, doch frug sichs, ob man sie stark oder schwach zu brennen nöthig habe; im ersten Falle werden die Gefäſse wenig porös, im letztern leicht zerbrechlich. Der Verf. hat verschiedne Mischungen versucht, um diesen beiden Nachtheilen zu begegnen, und zwey verschiedne Sorten dieser Gefäſse verfertigt, wovon die eine mehr den Vortheil der Porosität, die andre mehr den der Dauer besitzt. Er hat einigen die schöne Form der Alcarasas, andern die der indischen Garguletten gegeben, (die in Ägypten gebräuchlichen Gefäſse dieser Art sind minder schön, wiewohl nach einer Anmerkung des Herrn Monge so wohlfeil, daſs man sie für wenige Pfennige kauft, und ihre Zerbrechlichkeit daher nicht fürchtet, wefshalb sie auch unter allen Ständen verbreitet sind.) In jenen Ländern hängt man sie gewöhnlich an die Wand; Herr Fourmy hat ihnen einen durchlöcherten Fufs gegeben, damit der Luftzug auch die Verdünstung am Boden des Gefäfses begünstige. Die Versuche zeigten, dafs das Wasser in dessen Gefäfsen etwa um 4 Grad Reaumur erkaltet wurde. Da man nun in unsern Gegenden leichtere Mittel hat, das Wasser zu niedrigern Graden erkalten zu machen, so dürften dieselben eben keine allgemeine Anwendung erfahren; doch meinten die Berichterstatter, dafs Herr Fourmy Dank verdiene, weil er sich zuerst mit diesem Gegenstande beschäftigt habe. —

Herr Coulomb las in derselben Sitzung eine Abhandlung *über die beste Art, einen Stab bis zum Sättigungspunct zu magnetisiren*, (von welcher wir leider, da er unmittelbar nachher in Gouvernementsgeschäften zur Errichtung der Lyceen verreist ist, in diesem Augenblicke keinen Auszug zu geben im Stande sind. Sie war mit der gewöhnlichen Gründlichkeit dieses trefflichen Experimentators abgefafst.)

Bürger Gautherot las einen Aufsatz *über eine aus verschiednen trocknen Substanzen errichtete Voltaische Säule*, der an die Commission für galvanische Entdeckungen verwiesen ist. (Er bediente sich, wenn ich nicht irre, verschiedener in Salzwasser getauchter, und dann getrockneter Papierscheiben, statt des in Salzwasser getauchten Tuchs, und erhielt keine Wirkung, welches mit der im Octoberheft der Literaturzeitung von Ritter mitgetheilten Nachricht übereinzustimmen scheint.)

Sitzung des 5ten Brumaire (27. Oct. 1802.)

Cuvier las eine Abhandlung über das Geschlecht Aplysia, die in den Annales du Musée d' Histoire naturelle abgedruckt wird. — Desfontaines und

Thouin einen Bericht über ein von Decandolle bestimmtes neues Pflanzengeschlecht, *Apocinea* genannt. Es ward beschlossen, dafs sein Aufsatz unter die Abhandlungen fremder Gelehrten aufgenommen werde.

Sitzung des 12ten Brumaire (3. Nov. 1802.)

Bürger Hapil-Lachênaie schickte einen Brief in Chiffern, wozu er den Schlüssel in einiger Zeit mittheilen wird, um sich die Priorität der Entdeckung einer Art, den Zucker in America zu bereiten, zu sichern.

Bürger Guyton überreichte einige *Platinatiegel*, die das Institut vom Bürger Janetti hat verfertigen lassen, und berichtete zugleich über das Verfahren desselben, die Platina zu bearbeiten. Huzard gab einen Auszug aus mehrern die Öconomie betreffenden portugiesischen Abhandlungen einer Gesellschaft zu Lissabon. (Sie haben mehrere Sitzungen hindurch einige Zeit weggenommen, und schienen höchstens die Bekanntschaft mit mehrern in den cultivirtern Theilen Europas bekannten Dingen zu verrathen.)

Sitzung des 19ten Brumaire (10. November.)

Herr Melanderhielm, Secretär der Academie zu Stockholm, gab von der mit den zugeschickten Instrumenten vorgenommenen Messung des Grades in Lappland Nachricht. Bürger Thenard las eine Abhandlung *über die Reinigung und den Magnetismus des Nickels.*

Sitzung des 26ten Brumaire (17. November.)

Mongez zeigte dem Institute antike Vasen von äufserst schöner Form, die mit Basreliefs verziert sind, und die man in der Gegend von Abbeville gefunden hat. Prony eine gründliche weitläufige Abhandlung des *Generals Andreossi über die Rhede von Brescon.*

Sitzung des 3ten Frimaire (24. Nov.)

Dr. Desessarz gab Berichte über ein Werkchen des Dr. Borel, *die Behandlung bösartiger Fieber, in denen das Gehirn angegriffen wird*, betreffend, und über eine Abhandlung des Dr. Antumonelli *vom Opium*. Die Schrift des letztern wurde mit Beyfall aufgenommen, scheint aber für Deutschland nicht viel Neues zu enthalten.

Sitzung des 10ten Frimaire (1. December.)

Herr Vauquelin las in derselben eine *Analyse der vom Himmel gefallenen Steine*, die mit der von Herrn Howard in England angestellten aufs genaueste übereinstimmt. Diese wird man nächstens unter den Auszügen der Annales de Chimie finden. (Die Discussionen, die äufserst interessant und lebhaft wurden, füllten den gröfsten Theil der Sitzung. Das Resultat des Laplace und Biot war, dafs das Fallen solcher Steine aus dem Monde auf unsern Erdkörper nach mechanischen Gesetzen nichts unmögliches in sich fasse.)

Sitzung des 17ten Frimaire (8. December.)

Herr Monge behauptete unter andern in derselben, dafs der Gebrauch hoher steiler Dächer in nördlich gelegenen Gegenden, die bekanntlich in ihrer Construction kostbarer sind als die flachen, im Wesentlichen nicht so nothwendig seyn möchte, als eine hergebrachte Gewohnheit sie zu machen scheint, da man in den nördlichen Städten Italiens, als in Mayland, mehr Regen, und eben so viel Schnee und Frost als in Paris hat, und dennoch deren Einführung noch nicht nöthig erachtet hat. Die Sache wurde der fernern Untersuchung empfohlen. —

Herr Hauy, Director des Blindeninstitutes, hat eine Methode erfunden, wodurch *Blinde schrei-*

ben, und andre das Geschriebne (durchs Gefühl) *lesen können*. (Wir werden bey Gelegenheit des Berichts des Instituts hierüber etwas näheres davon mittheilen. Der Versuch wurde mit Erfolg öffentlich angestellt.) —

Herr Forfait, ehemaliger Marineminister, las einen Bericht über eine bessere Art Schiffe auszubessern. (Man sehe den gedruckten Bericht im Moniteur vom 20sten Frimaire.)

Sitzung des 28sten Frimaire (19. December.)

Herr Prony gab einen vollständigen Bericht über *die Drozsche Münzmaschine*, der zum Druck bestimmt worden ist. —

Prof. Halle gab einen mündlichen Bericht über eine Dissertation des Dr. Nysten, deren Titel zum Theil den Inhalt enthält. Sie heifst: *Neue galvanische Versuche mit den muskulösen Organen des Menschen und der rothblütigen Thiere, in welchen man, indem man sie nach der Dauer ihrer galvanischen Irritabilität classificirt, erweist: dafs das Herz dasjenige ist, welches diese Eigenschaft am längsten behält.* Der Verf. hat seine Versuche an einem guillotinirten Menschen, an Säugthieren, an Vögeln und kaltblütigen Thieren angestellt. Er tödtete die letztern, indem er bald die Function des Gehirns, bald die der Lungen und bald die des Herzens aufhören machte, oder sie auch enthauptete. Nachdem nehmlich durch die gewöhnlichen Mittel keine Reizbarkeit mehr wahrzunehmen war, versuchte der Verfasser, wie lange die galvanische Wirkung sich in verschiedenen Organen, besonders im Herzen, wahrnehmen liefs, und fand, dafs die Todesart, in Rücksicht des letztern, eine wesentliche Verschiedenheit bewirkte. War nehmlich das Herz des getödteten Thieres blutleer, so behielt dieses Organ die Fähigkeit, galvanisch gereizt zu werden, gerade am längsten. War hingegen das Herz vom Blute strotzend, so war diese Fähigkeit sogleich verlohren. Der Verf. hat seiner interessanten Arbeit eine vergleichende Tabelle aller Organe angehängt, aus welcher sich, indem wir nur das Auffallendste ausheben, ergiebt: daſs der Sinus pulmonalis eines blutleeren menschlichen Herzens die Fähigkeit, sich beym Galvanisiren zusammenzuziehen, 4 Stunden 4 Minuten behielt; der blutleere Sinus eines enthaupteten Hundes 8 Stunden 33 Minuten; und der blutleere Sinus eines Froschherzens sogar 15 Stunden 50 Minuten. Dagegen behielten sie die willkührlichen Muskeln eines Menschen 4 Stunden 11 Minuten, und die des enthaupteten Frosches nur 11 Stunden 5 Minuten.

Frdl.

XIII.

Notice historique etc. Historische Notiz über das Leben und die Werke Dolomieu's, *gelesen in der öffentlichen Sitzung des Nationalinstituts den 17ten Messidor des Jahres X. vom Bürger* Lacepède.

Der beredte Verfasser entwirft gleich im Eingange ein Gemählde von den Eigenschaften seines seligen Freundes in folgenden schönen und treffenden Zügen. Er hatte, sagt er, bescheidene Tugend, die jedoch zum Heldenmuth sich zu erheben fähig war; einfache Sitten, alte Treue, zärtliches Wohlwollen, ausgebreitete Kenntnisse, und auſserordentliche Unglücksfälle; aber auch eine Festigkeit, die sich hoch über die Schicksale zu erheben vermag. —

Deodot-Guy-Silvain-Tancrède (Gratet) de Dolomieu wurde den 24 Juny 1750. gebohren. Er gehörte von seiner Geburt an zum Maltheserorden, und in seinem 18ten Jahre wurde er auf eine Galere dieses Ordens eingeschifft. Er hatte das Unglück, von einem seiner Mitbrüder gröblich beleidigt, und in ein Duell verwickelt zu werden, in welchem sein Gegner unterlag. Die Gesetze verdammten denjenigen, der während eines Ritterzuges seine Waffen gegen einen andern als einen Feind der Christenheit wendete, zum Tode; er wurde demnach verurtheilt, das Leben zu verlieren. Aber der Grofsmeister begnadigte ihn. Diese Begnadigung bedurfte der Bestätigung des Papstes, der sie aus alter Feindschaft gegen die Ritter des Ordens zu geben verweigerte. Mehrere Häupter Europens verwendeten sich für ihn, Clemens der XIIIte, der damals Papst war, blieb unerbittlich, und Dolomieu schmachtete bereits 9 Monathe in einem traurigen Gefängnisse, als ein Brief, den er dem ersten Minister zu Rom, dem Cardinal Torregiani schrieb, ihn endlich rettete. —

Die Einsamkeit des Gefängnisses hatte ihm unterdessen Liebe zum Nachdenken und zum Erweitern seiner Kenntnisse eingeflöfst. Die Lage von Malta war gemacht, einen zur Philosophie geneigten Geist zu erheben, er befand sich, so zu sagen, im Mittelpuncte des Menschengeschlechts, und sah von seinem Felsen die Pyramiden am Nil, die Gräber von Theben, die Ruinen von Palmyra, Troja, die umgeworfenen Säulen auf dem heiligen Boden Athens; die bewunderungswürdigen Reste Roms, die Tempel zu Cordova und die Wüsten, in welchen man die Überreste Carthagos sucht. Dieses mittelländische Meer, das so sehr die Einbildungskraft zu begeistern im Stande ist, und welches der Verfasser in einer Episode mit allem Zauber des Stils unter mannigfaltigen Ansichten beschreibt, flöfste Dolomieu den Entschlufs zu grofsen Arbeiten ein, sein Ehrgeiz wählte eine Zeit lang zwischen der Palme der Künste, und den Lorbeeren der Wissenschaft, er wufste nicht, ob er der Bahn des Homers und Virgils, oder der des Aristoteles und Plinius folgen sollte; das Studium der Natur trug indessen den Sieg davon, obgleich er sein ganzes Leben hindurch einen sehr lebhaften Geschmack für die schönen Künste behielt. —

Im 22ten Jahre folgte er einem Carabinierregiment nach Metz, in welchem er seit seinem 15ten Jahre Officier war. Es brach damals in einem sehr kalten Winter das Feuer in einem Militärspitale aus, welches vielen Kranken das Leben gekostet hätte, wenn Dolomieu sich nicht mit dem unerschrockensten Muthe durch den schrecklichsten Rauch mit einer Hacke aufs Dach gewagt hätte, um eine gefährliche Communication der Gebäude zu unterbrechen. Drey seiner Cameraden, die durch ihn angefeuert wurden, folgten ihm auf diese ehrenvolle und glückliche Expedition. —

In Metz studierte er unter dem kenntnifsreichen Pharmacevtiker Thirion die Chemie und Naturgeschichte, und übersetzte Bergmanns Werk über die vulkanischen Substanzen ins Italiänische. Er fügte Anmerkungen zu diesem Werke sowohl als zu der italiänischen Übersetzung der Mineralogie des Cronstedt hinzu. 1775 hatte Dolomieu, aufser den Untersuchungen über die Schwere der Körper in verschiedenen Entfernungen vom Mittelpuncte der Erde, auch verschiedne andre Arbeiten verfertigt, von welchen sein Freund, der edle La Rochefoucauld, die Academie der Wissenschaften unterhielt; diese schickte ihm das Patent eines Correspondenten derselben; die Auszeichnung erhöhte Dolomieus Eifer für die Wissenschaften so sehr, dafs er den militärischen Stand verliefs, um sich mineralogischen Reisen zu widmen. Er ging von Malta nach Sicilien, durchlief im 26ten Jahre die Gegend des Aetna, untersuchte die ursprünglichen Grundlagen, die aufgehäuften Laven, bestieg die Spitze und faſste auf dem Krater desselben den Entschluſs, das ganze mittelländische Meer zu umreisen. Er besuchte hierauf den Vesuv, die Apenninen, die Alpen, und die Liparischen Inseln, deren Beschreibung er im Jahre 1783. drucken lieſs.

Um diese Zeit ereignete sich das Erdbeben in Calabrien; Dolomieu eilte dahin, und machte 1784. seine Ideen über diese Catastrophe bekannt. Er zeigte, daſs der ganze Theil Calabriens, der die Erschütterung erfahren hatte, aus Kalkbergen bestand. — 1788. machte er ein Memoire über die Poncesinseln, so wie ein raisonnirendes Verzeichniſs der Produkte des Aetna, die er mit so viel Beharrlichkeit beobachtet hatte, bekannt. An dem merkwürdigen 14. July, wo nach dem Ausdruck des Verf. Aufklärung, Vernunft, das Gefühl von Menschenwürde und die Liebe edler Unabhängigkeit sich mit so viel Glanz zeigten, befand sich Dolomieu in Paris und ergriff, als würdiger Freund des Rochefoucauld, die Sache der Freyheit. In den ersten Jahren der französischen Revolution machte er mehrere Werke bekannt: eines über den Ursprung der Basalte; ein anderes über einen unbekannten kalkartigen Stein, den die Naturforscher ihm zu Ehren *Dolomit* nannten; 2 andere über die Felsen und gemengten Steine, und ein 5tes über das Petroleum und das im Quarz gefundene elastische Harz. Man bemerkt in diesen verschiedenen Arbeiten die Elemente der allgemeinen Ideen, deren Vereinigung eine ausgebreitete Theorie bilden sollte.

Die Revolution nahm hierauf eine andere Gestalt. Der Strom, der die alten Einrichtungen fortriſs, riſs die Mäſsigung und Behutsamkeit, die neue zu schaffen dachten, mit sich fort. Die Köpfe schwindelten, die überspannten Gesinnungen, die chimärischen Hoffnungen, übertriebne Furcht, Ehrgeiz und Geldsucht, waren an die Stelle der überlegten Gedanken gekommen; man erinnert sich, daſs in dieser allgemeinen Verwirrung die Tugend selbst verkannt ward, und daſs in diesem Sturm der ehrwürdige La Rochefoucauld selbst in Mörderhände fiel. Dolomieu, der ihn nicht verlassen hatte, empfing ihn sterbend in seine Arme und erhielt die letzten Wünsche für die Seinigen aus seinem Munde. Als Dolomieu nachher selbst proscribirt ward, schrieb er noch 2 Abhandlungen über die figurirten Steine aus Florenz, und über die physische Constitution Ägyptens; er hatte den Muth, in dieser letzten Schrift den Tod seines Freundes öffentlich zu bedauern, und bey der Nachkommenschaft die Mörder anzuklagen, die diese Schrekkenszeit verbreitet hatten.

Im 3ten Jahre der Republik wurde er, als es ruhiger geworden war, und die Bergwerksschule errichtet wurde, zum Professor der Geologie bey derselben ernannt. Er lieſs eine methodische Eintheilung aller vulcanischen Producte drucken. Er ward auch bey der Errichtung des Instituts sogleich Mitglied, und lieferte 17 Abhandlungen folgenden Inhalts. Über die Natur des Leucits; Über den Peridot (Olivin) in Vergleichung mit dem Chrysolith des Werner; Über den Anthracit, den er kennen lehrte; Über den vulcanischen Schörl, Pyroxene von Hauy genannt; Über die Geologie des Vogesischen Gebirgs; Über die Nothwendigkeit, chemische Kenntniſse mit mineralogischen zu verbinden; Über die Farbe der Mineralien, die unrechtmäſsig als Character derselben angesehen wird; Über die Hitze der Laven; Über die Grundsätze, welche die Eintheilung und Benennung der Gebirgsarten leiten müssen; Über die Bestimmung der Grenzen der Mineralogie, der chemischen Mineralogie, der Geologie, und der Bergwerkskunst.

Hierauf unternahm er eine neue Reise ins mittägliche Frankreich und in die höhern Alpen. Er durchlief zu Fuſs die Fluſsgebiethe des Allier, der Loire und Rhone, verfolgte die Alpenkette von Isere bis nach dem Veltlin, besuchte das Thal, welches Allée blanche genannt wird, dessen merkwürdige steile Felsen 3000 Metres betragen, er besuchte den Berg Mont-Rose, den Nebenbuhler des riesenhaften Montblanc, den er an Masse, an Gletschern, und an Mannigfaltigkeit von Substanzen noch übertrifft. Er sah den Lago maggiore, den St. Gotthard, das Wallis, die Reihe verticaler Bänke des Rhonethals wieder, und kam nach 6 Monathen mit einer groſsen Sammlung Gebirgsarten zurück. Noch schätzenswerther als diese war der Bericht, den er dem Institute über die Reise ablegte, und der allein den Ruf eines Naturhistorikers gegründet hätte. Er stellte in demselben seine Ideen über die Granitfläche von Auvergne auf, welches von so vielen vulcanischen Gebirgen durchzogen wird, er zeigte den wahren Mittelpunct der Vulcane, und die Stoffe, die noch unterm Granit die vulcanischen Phänomene bewirken. Er sprach von der zähen Flüssigkeit, deren Bewegung nach ihm die Erdbeben verbreitete, und beym Ausbruch die dichte Lava bildet, die nicht verglast ist. Er sprach von den Ursachen der regelmäſsigen Bildung einiger Laven, über die Construction der groſsen Höhen im Innern Frankreichs, die aus fast horizontallaufenden Lagern bestehen, und in ihren Umrissen rund erscheinen; nächstdem über die mit Spitzen versehenen Alpen, die durch die Vereinigung verticaler Lagen von einer Länge von 3000 Meters gebildet sind. Er sprach ferner von der Anwesenheit wahrer Schichten in allen Graniten; Über die groſsen Massen secondairen Kalks, die, von Norden und Osten hergeführt, von den Alpen aufgehalten worden sind, und sich an den nördlichen und östlichen Flächen ausbreiteten, die Abhänge sanfter machten, und sie wie ein Mantel 3400 Meter hoch bedeckten. Nachdem er über die Beobachtungen, die nunmehr die Geologie erfordert, gesprochen, endigte er mit den Worten: Gott weifs ob mein Leben zu allen den Nachforschungen, die ich im Sinne habe, hinreichen wird.

Dolomieu fing nachher ein grofses mineralogisches Werk an, welches einen Theil der Encyclopedie methodique ausmachen sollte, als die Expedition nach Ägypten vorging. Dolomieu wurde unter den Gelehrten, die mitgehen sollten, gewählt, ohne zu wissen, dafs die Expedition mit der Einnahme von Malta anfangen sollte. Als man vor Malta kam, verbarg er sich, tief betrübt hierüber, in dem Schiffe, das ihn führte, aber der Grofsmeister verlangte ihn zum Unterhändler, und er mufste Buonapartes Vorschläge nach Malta bringen. Dolomieu betrug sich bey der Übergabe mit Delicatesse und Grofsmuth gegen alle seine alten Feinde im Orden, so dafs er dem Bailli de Loras, der ihn verfolgt hatte, mit einer Offenheit, die beyden zur Ehre gereichte, das Geständnifs ablockte, dafs er es sich ewig zum Vorwurf machen werde, ungerecht gegen ihn gewesen zu seyn.

In Ägypten besuchte er Alexandrien, das Delta, Cairo, die Pyramiden, einen Theil der Berge, die das Nilthal einschliefsen. Er hatte zur Absicht, bis in die Libyschen Wüsten selbst vorzudringen, aber die Umstände, und seine Gesundheit verhinderten ihn daran, er mufste nach Europa zurück. Bald nach seiner Abfahrt von Alexandrien wurde der Wind heftig, und das Wasser drang mit Gewalt ins Schiff, man mufste alles, was nicht unumgänglich nothwendig war, über Bord werfen. Dolomieu gab bey dieser Gelegenheit ein neues Beyspiel seines Muthes, der die übrigen anfeuerte, bis eine völlige Erschöpfung der Kräfte erfolgte, und die Maste niedergehauen werden sollten, um sich dem Sturm zu überlassen. Ein alter Neapolitaner schlug sodann vor, um das Schiff zerbröckelten Zwieback und zerhacktes Stroh zu werfen; dieses anfangs lächerlich scheinende Mittel hatte guten Erfolg, die Löcher des Schiffs wurden durch die Strohhalmen, indem das Wasser eindringen wollte, verstopft; man wiederhohlte das Mittel öfters, und wurde gerettet. Nach 8 Tagen wurde man an die Küste von Tarent geworfen, und lief in dem Augenblick, da das Schiff scheitern wollte, im Hafen ein.

Den andern Tag starb ein Matrose an der Pest. Den übrigen Franzosen drohte aber etwas fürchterlicheres. Die Gegenrevolution hatte nehmlich seit einigen Tagen angefangen, man warf die Angekommenen ins Gefängnifs, Dolomieu, Cordier, General Dumas und General Manscour wurden mit 35. andern eingesperrt. Das Volk wollte sie mehrere Male ermorden, ein emigrirter Corse, Nahmens Buca Campo, rettete sie mit grofser Lebensgefahr. 18 Tage nachher war indessen eine neue siegende Legion angekommen; dieses machte, dafs man die Gefangenen in ein geräumigeres Haus brachte, wo sie besser behandelt wurden. Die Truppen wurden aus dem Neapolitanischen zurückberufen, die Gefangenen nach Sicilien gebracht, und Dolomieu, der eben mit seiner gewöhnlichen Seelenruhe mit Auszügen aus dem Plinius beschäftigt war, um sie zu einem Werke über die Steine der alten Monumente zu benutzen, erfuhr, dafs er angeklagt sey. Der Hafs der Maltheser Ritter, die durch die letzten Begebenheiten viel gelitten hatten, war gegen ihn von neuem angefacht, und Dolomieu wurde demnach von seinen Gefährten getrennt und besonders in ein Gefängnifs geworfen. Er hätte sich in einem Maltheserschiff retten können, er fürchtete aber, dafs er genöthigt seyn würde, die Schildwache zu tödten, wenn sie sich seiner Flucht wider-

widersetzte, und um diesen Preis wollte er seine Freyheit nicht erkaufen. Er schmachtete lieber in einem finstern Loche, in welchem ihn sein grausamer Wärter stets die abentheuerlichsten Unglücksfälle seines Vaterlandes erzählte, und ihm des Nachts nicht einmal die kleine Öffnung, durch welche er Luft erhielt, gestattete. Der junge Cordier, sein treuer Gefährte bis dahin, hatte unterdessen Briefe und Papiere von ihm nach Frankreich gebracht, und alles Interesse rege gemacht. Das Institut reclamirte ihn, die französische Regierung forderte ihn wieder, die Gesellschaft der Wissenschaften in London und ihr berühmter Präsident verwendeten sich für ihn. Einige Dänen schrieben an ihre Correspondenten und beorderten Geld zu seiner Disposition; ein Engländer, Nahmens Predbend, in Messina schenkte ihm seine Sorgfalt, Azara, der berühmte Kunstfreund, that ebenfalls das Seinige. Der König von Spanien schrieb zweymal seinethalben. Nichts von allen dem half. Er hatte nicht einmal die Befriedigung zu wissen, daſs die Seinigen seinen Zustand kannten.

Unterdessen starb Daubenton; seine Stelle im Museum für Naturgeschichte war zu ersetzen; die Wahl zwischen Hauy und Dolomieu wäre schwer gewesen, allein seine Gefangenschaft, und sein Unglück gaben ihm das Übergewicht. — Nach dem Siege von Marengo schenkte Buonaparte Neapel den Frieden, und Dolomieu ward befreyt. —

Bey seiner Rückkunft hielt er im Museum der Naturgeschichte eine Vorlesung über die Philosophie der Mineralogie, und verlieſs alsdann von neuem Paris, um zu seinen lieben Bergen zurückzukehren. Herr Neergaard, ein Däne, begleitete ihn auf dieser Reise und hat uns hierüber seinen Bericht mitgetheilt. Er besuchte den Simplonberg, wo eben eine Straſse angelegt wurde, den Bernhardsberg, die Gemmiberge, das Tessinothal, die Gebirgsschlünde von Dissentis, Urseren, und das Thal der Reuſs, so wie die Geisner Gletscher. — Dolomieu verlieſs das Urgebirge mit einem dunkeln Vorgefühl, als wenn ers nicht mehr sehen würde. Er kam durch Lucern, den Grindelwald und Genf nach Lyon zurück, ward allenthalben mit Rührung empfangen, und eilte nach Chateauneuf, wo ihn eine geliebte Schwester und sein würdiger Schwager, der selbst eine so treffliche Sammlung von Mineralien besitzt, empfingen. Er hatte die Absicht, noch nach Deutschland zu gehen, um sich mit Werner und andern berühmten Mineralogen zu besprechen. Er wollte auch noch nach Dänemark, Norwegen und Schweden, und würde alsdann sein Werk über die mineralogischen Species vollendet haben, wozu er den Plan im Gefängniſs zu Messina entworfen, und mit Ruſs und einem Knochen auf dem Rande eines Buches niedergeschrieben hatte [1]); aber eine unvorhergesehene Krankheit raubte ihn der Welt. Er starb den 7ten Frimaire des Jahres X. in den Armen seiner Schwester, seines Bruders Alphonse, seines Schwagers Drée, und des Gesetzgebers Delametherie, dessen als Mineralog berühmter Bruder (der Herausgeber des Journal de Physique) zu seinen vertrauten Freunden gehörte.

Das allgemeine Bedauern, das er erregte, spricht hinlänglich zu seinem Lobe. Wenn er zu kurz für die Wissenschaften lebte, so lebte er doch lange genug, um seinen Ruf zu begründen. Die Alpen und der Ätna werden, so zu sagen, sein Denkmal seyn, sie werden seinen schönen Eifer bezeugen. Kein aufgeklärter und empfindungsvoller Reisender wird ihre Spitze besteigen, ohne den Nahmen Dolomieu mit Rührung auszusprechen. *Frdl.*

1) Man vergleiche Französische Annalen. I. Stück.

fig

fig. 2.

fig. 4.

fig. 5.

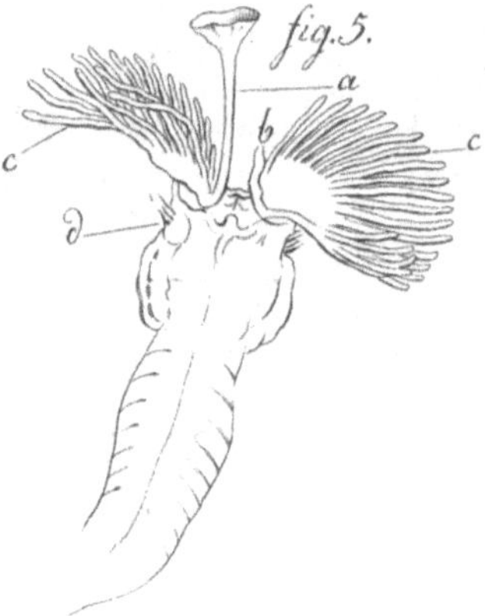

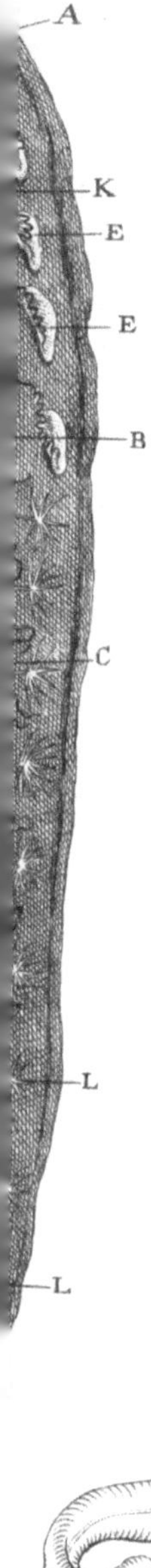

fig. 3.

fig. 7.

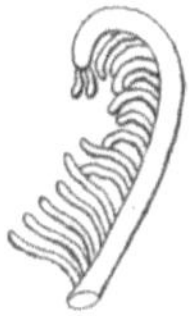

fig. 6.

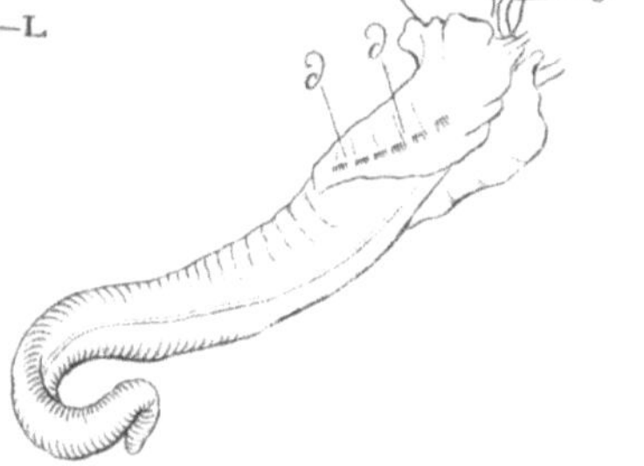

ENTDECKUNGEN

FRANZÖSISCHER GELEHRTEN

IN DEN

GEMEINNÜTZIGEN WISSENSCHAFTEN.

1803. II. STÜCK.

Inhalts-Verzeichniſs des zweyten Stücks.

A. Abhandlungen.

B. Literatur.

C. Correspondenz, literarische und technische Nachrichten und Neuigkeiten, gelehrte und andere Gesellschaften, und Unterrichtsanstalten, etc. etc.

Gelehrte Gesellschaften, öffentliche Unterrichtsanstalten etc.

I. Ecole de Medecine zu Paris.

II. Academie des sciences, arts et belles lettres von Dijon.

A. Abhandlungen.

I.

Ueber die Luftreinigung und Zerstöhrung der Ansteckung durch die Räucherungen mit Mineralsäuren nach Anleitung der zweyten Ausgabe von Guyton-Morveaus *Traité des moyens de desinfecter l'air etc. Paris. Jahr XI. XLVIII. und 429. S. gr. 8. mit dem Bildnisse des Verf. geziert.*

Guyton-Morveaus Schrift, Traité des moyens de desinfecter l'air, de prevenir la contagion et d'en arrêter les effets, wovon die erste Ausgabe im Jahre IX. (1801.) herauskam, verdiente wegen ihres wichtigen und gemeinnützigen Inhalts ganz die allgemeine Aufmerksamkeit, die ihr zu Theil geworden ist [1]). Die zur Bezwingung der bösartigsten, epidemisch wüthenden Krankheiten, zur Zerstöhrung des Contagiums derselben und zur Reinigung der Luft von schädlichen Miasmen so wirksame Methode der Räucherungen mit Mineralsäuren und insbesondere mit der Salpeter-

1) Noch in demselben Jahre, in welchem das Original herauskam, erschien auch meine unter den Augen des Verf. ausgearbeitete deutsche Übersetzung unter dem Titel: Abhandlung von den Mitteln die Luft zu reinigen, der Ansteckung zuvorzukommen, und die Fortschritte derselben zu hemmen, von Guyton-Morveau. Übersetzt von C. H. Pfaff. Kopenhagen bey Friedrich Brummer.

säure, der Salzsäure, und der oxygenirten Salzsäure, hat in den letzten Jahren die glücklichsten Früchte getragen, und ihren verdienstvollen Erfindern ist die Belohnung, deren sie werth waren, in vollem Mafse zu Theil worden. Dem Engländer Carmychael Smyth hat das Haus der Gemeinen eine Nationalbelohnung von 5000. Pfund Sterling bewilligt, und für Guyton-Morveau hat der Minister des Innern in einem eigenen, in das Officialblatt der Regierung [1]) eingerückten Berichte an die Consuln die Ehre der ersten Erfindung gleichsam im Nahmen der ganzen Nation reclamiret. Die erste Ausgabe der Schrift Guytons lag aufser dem Plane unserer Zeitschrift, die Zusätze und Verbesserungen, welche die Räucherungsmethode mit Mineralsäuren in dieser zweyten Ausgabe erhalten hat, verdienen aber um so sorgfältiger hier aufbewahrt zu werden.

I. Ein sehr wichtiger Zusatz in dieser zweyten Ausgabe sind die neuen Zeugnisse, welche der Verf. von den heilsamen Wirkungen der Räucherungen mit Mineralsäuren, sowohl mit Salpetersäure als mit Salzsäure, in Hemmung der weiteren Verbreitung pestilenzialischer, fauligter, bösartiger, ansteckender Fieber sowohl, als in wirklicher Heilung derselben, hier aufstellet. Am merkwürdigsten sind in dieser Hinsicht ohne Zweifel die officiellen Berichte von dem Aufhören der schrecklichen Epidemie in Andalusien, besonders zu Sevilla, durch die Wirkung der Räucherungen mit Mineralsäuren. Aus sämmtlichen hier beygebrachten, aus der spanischen Schrift: Observaciones sobre los gases acido-minerales que por orden de Don J. Queralto, Fisico de Camara etc. hizo el Dr. Miguel Cabanellas, Fisico Comisionado para la inspeccion y curacion de la peste occurrida en Sevilla, zu Sevilla bey Hidalgo 22. S. 8. entlehnten Zeugnissen mehrerer Gesundheits-

1) Moniteur. 29. Messidor Jahr X. N. 299.

beamten und eines Pfarrers erhellet, dafs der Fortgang der schrecklichen Epidemie zu Sevilla und auch an andern Orten in der Gegend durch die Räucherungen mit Salpetersäure nach Dr. Smyths Methode plötzlich gehemmt wurde, dafs, von dem Zeitpuncte ihrer Anwendung an, beynahe keiner von den Kranken in den Häusern oder Hospitälern, wo mit Säuren geräuchert wurde, mehr starb, und keiner von denen, welche die Kranken bedienten, weiter angesteckt wurde! Der Arzt Miguel Cabanellas machte das gefährliche Wagstück an sich selbst, dafs er auf dem Oberrocke, in welchen sein Vorgänger der Dr. Sarrais, der von der Epidemie angesteckt worden war, während seiner schrecklichen Krankheit sich eingehüllet, darin geschwitzt, gebrochen hatte, und zuletzt gestorben war, nachdem Cabanellas diesen Oberrock in einem kleinen Kabinette der Räucherung mit einer Unze brennenden Schwefels, und den folgenden Morgen einer zweyten Räucherung mit Salpetersäure ausgesetzt, dafs er, sage ich, auf diesem Oberrocke eine Nacht hindurch schlief, den folgenden Morgen damit ausging, sich in Schweifs lief, worauf er ihn dann einem Bettler, dem er zur Bettdecke diente, gab, ohne dafs einer von beyden irgend eine üble Folge davon verspühret hätte. Auch in Genua hatte man, wie Guyton seit der Erscheinung der ersten Ausgabe erfuhr, während der mörderischen Epidemie im Jahre 1800. die sauren Räucherungen mit dem glücklichsten Erfolge in mehreren Hospitälern angewandt.

Aufserdem erzählt nun noch der Verf. die Erfahrungen des Dr. Smyth, die er im Jahre 1780. zu Winchester gemacht hatte, so wie die neueren glücklichen Erfahrungen der Engländer, welche in Dr. Smyths Schrift: The effect of the nitrous Vapour etc. London 1799. und in John Rollos A short account of the Royal Artillery-Hospital at Woolwich etc. London 1801. enthalten sind, und welche ich in der Vorrede zu meiner Übersetzung bereits umständlich angeführt habe. In Frankreich selbst waren seitdem die sauren Räucherungen in den inficirten Gefängnissen von Mont-de-Marsan mit Erfolge angewandt worden.

II. Ein zweyter sehr wichtiger Zusatz, welchen die neue Ausgabe erhalten hat, ist die genauere Erörterung der Frage, welchen von beyden Säuren, ob der Salpetersäure oder Salzsäure, der Vorzug zur Anwendung als Räucherungsmittel eingeräumt werden müsse. Guyton nimmt hierbey vorzüglich auf die von dem Genfer Arzte Odier in seiner französischen Übersetzung der Schrift des Dr. C. Smyth: A description of the Jail-Distemper etc. und in der Bibliotheque britannique bekannt gemachten Thatsachen Rucksicht, die er durch eigene Versuche theils bestätiget, theils noch weiter erläutert. Die Resultate der Versuche, welche Jurine, der Sohn, und Berger unter Odiers Anleitung unternommen hatten, habe ich bereits in der Vorrede zu meiner Übersetzung angegeben. Guyton wiederholte diese Versuche und fand, daſs man allerdings, wie Odier richtig bemerkt, weiſsgraue Dämpfe von Salpetersäure ohne alle Beymischung von röthlichen salpetrigtsauren Dämpfen erhalte, „welche nicht die geringste Unannehmlichkeit den Beystehenden verursachen, wenn man den Salpeter und die concentrirte Schwefelsäure von gewöhnlicher Temperatur auf einander einwirken lasse. Dieses Verfahren Odiers sey also in Zukunft dem Verfahren des Dr. Smyth, der die vorgängige Erwärmung der Schwefelsäure anräth, vorzuziehen, weil in diesem letzteren Falle sich stets viele röthliche Dämpfe von salpetrigter Säure nach Guytons und Odiers hierin einstimmigen

Versuchen entwickeln, die den Kranken höchst lästig und unangenehm sind. Was nun die Expansibilität der auf die erstere Weise erhaltenen Dämpfe der Salpetersäure betrifft, so führt Guyton erstlich Odiers Versuche hierüber an, die das merkwürdige Resultat gaben, dafs jedesmal, wenn die freye Communication zwischen der umgebenden Luft und der Luft der Flasche, in welcher das Gemische von Schwefel und Salpetersäure sich befand, abgeschnitten war, keine Entwicklung von salpetersauren Dämpfen statt fand. Guyton spührt der Ursache dieser sonderbaren Erscheinung nach, und durch die Analogie ähnlicher Erscheinungen bey der Salzsäure, beym *Spiritus fumans Libavii*, beym rauchenden sogenannten Eisvitriolöl geleitet, stellt er die höchst wahrscheinliche Hypothese auf, dafs das in der Luft aufgelöste Wasser die bestimmende Ursache der Bildung und Erscheinung der Dämpfe in allen jenen Fällen sey, die aufhören oder sich wieder erneuern, je nachdem die Luft dieses wässerigten Princips schon beraubt ist, oder neu zugeführte Luft dasselbe wieder in Berührung mit der salzigten Substanz bringet, die eine grofse Anziehungskraft gegen dasselbe ausübet. Daher erhält man dann auch keine solchen salpetersauren Dämpfe, wenn man die Schwefelsäure vorher auch nur mit gleichen Theilen Wasser verdünnet hat, wie Jurine, der Sohn, und Berger in ihren Versuchen bereits gefunden hatten. Die Production der salpetersauren Dämpfe hängt also von dem Zustande der Trockenheit, in welchem sich die Salpetersäure in dem Augenblicke ihrer Trennung von ihrer Basis befindet, von ihrer Wirkung, welche sie auf das Wasser ausübet, das ihr von der Luft zugeführet wird, und von der Wärme, welche aus der Verbindung, die sie mit diesem Wasser bildet, entspringet, ab. Der hygrometrische Zustand der Luft wird also gewifs einen auffallenden Einfluſs auf die Menge dieser Dämpfe haben. Guyton erzählt nun seine neuen Versuche, die er über die Expansibilität der Salpeter- und Salzsäure, sowohl in verschlossenen Glocken, die mit Wasser gesperrt waren, als auch nach Odiers Vorschrift in offenen Gefäſsen bey freyer Luft angestellet hat, und auch diese Versuche sprechen ganz entscheidend für die gröſsere Expansibilität der Dämpfe der Salzsäure, doch gestehet er nunmehr der Salpetersäure eine gröſsere Expansibilität als in der ersten Ausgabe zu; indessen findet er die Angaben der Genfer Experimentatoren übertrieben. Nach allem dem bleibt er zwar nach wie vor der Vertheidiger der Räucherungen mit Salzsäure, besonders mit oxygenirter Salzsäure, doch räumt er den Räucherungen mit Salpetersäure mehr als in der ersten Ausgabe ein, und läugnet nicht, daſs sie selbst in einzelnen Fällen, besonders wegen eines wohlthätigeren Einflusses auf die Natur der Krankheit selbst, folglich als Heilmittel, Vorzüge vor den salzsauren Räucherungen haben könnten. Um die Vorwürfe zu widerlegen, welche man den salzsauren Räucherungen gemacht hat, daſs sie unangenehmer und beschwerlicher für die Kranken seyen, Husten verursachen u. s. w. beruft sich Guyton einerseits auf die eigenen gegentheiligen Erfahrungen C. Smyths selbst. Dieser hielt einen Vogel während einer Viertelstunde unter einem 881 Kubikzolle haltenden, mit salzsauren Dünsten angefüllten Recipienten. Als der Vogel herausgenommen wurde, war er eben so munter wie zuvor. Smyth schloſs sich selbst mit einem Gehülfen in ein Zimmer von 1040 Kubikfuſs Raumesinhalt ein, das mit den Dämpfen der Salzsäure so angefüllet war, daſs die Luft ganz trübe davon wurde, und erklärte sich über die Wirkung derselben auf ihren Körper dahin: daſs sie diese Dämpfe zwar stechender und reizender, als die der Salpetersäure, fanden, auch ein wenig davon husteten, übrigens nicht merklich davon incommodirt wurden, und auf keine Weise das Gefühl von Zusammenziehung und Erstickung hatten, welches die schwefeligte Säure erreget. Andererseits führet Guyton aus den Berichten der englischen Ärzte und Wundärzte in C. Smyths zweyter Schrift Stellen an, aus denen sich ergeben soll, daſs auch die Dämpfe der Salpetersäure den Kranken Husten verursachen sollen. Ich muſs jedoch bemerken, daſs diese Stellen diesen Vorwurf nur unvollkommen enthalten, und daſs bey weitem die meisten Zeugnisse die Räucherungen mit Salpetersäure von diesem nachtheiligen Einflusse, wie ich schon in der Vorrede zu meiner Übersetzung des Guytonischen Werkes (S. XVIII. XIX.) bemerket habe, frey sprechen, da hingegen die Unannehmlichkeit der Räucherungen mit Salzsäure von mehreren bezeuget wird. Die Räucherungen mit Salpetersäure möchten daher nach der Masse von günstigen Zeugnissen, die sie für sich haben, in denen von Kranken besetzten Krankensälen allerdings den Vorzug verdienen, da hingegen die Räucherungen mit Salzsäure und besonders mit oxygenirter Kochsalzsäure, die bey ihrer Anwendung in Krankenzimmern mit Kranken auf jeden Fall, wie mich eigene Versuche belehret haben, die gröſste Vorsicht erfordern, und bey Vernachlässigung dieser Vorsicht gefährlich werden können, was man bey den Räucherungen mit Salpetersäure wenig oder gar nicht zu befürchten hat, für groſse Säle etc. die leer stehen, und in denen eine zurückgebliebene verpestete Luftmasse verbessert, Betten, Kleider etc. desinficiret werden sollen, für die Räume zwischen den Verdecken der Schiffe, während sie von der Schiffsmannschaft verlassen sind, für Ställe bey Viehseuchen u. s. w. den Vorzug verdienen möchten.

III. Den dritten wichtigen Zusatz zu dieser neuen Ausgabe machen Verbesserungen in den Vorschriften zu den sauren Räucherungen selbst.

Im §. 178. ist eine genauere Vorschrift zu Räucherungen mit Salpetersäure in bewohnten Zimmern hinzugekommen, wobey Odiers Verfahren zum Grunde gelegt wird. Um ein kleineres Zimmer von bösem Geruche zu reinigen, ist eine Räucherung mit einer Dosis von einem oder zwey Kaffeelöffelchen voll concentrirter Schwefelsäure in einem Glasgefäſse oder Porzellantasse, in welche man eben so viel pulverisirten gereinigten Salpeter wirft und das Gemische öfters mit einem Stabe von Glas umrühret, hinreichend. Soll ein Ansteckungsstoff, der sich jeden Tag erneuert, (wenn nehmlich Kranke im Zimmer liegen) zerstöhret werden, so muſs die Räucherung täglich Morgens und Abends bis zur gänzlichen Zerstöhrung der Ansteckung wiederholt werden. Für ein Zimmer von 35. Kubikmeters oder 1000. Kubikschuhen oder von 10. Schuhen nach jeder Dimension würden 15. Grammen (ohngefähr eine halbe Unze) Schwefelsäure, und eben so viel Salpeter hinreichen. Würde das Zimmer gröſser seyn, so müſste man die Räucherungsapparate vervielfältigen, sich aber ja hüten in den einzelnen Gefäſsen gröſsere Quantitäten mit einander zusammenzubringen, weil sonst die Hitze, die sich bey der Einwirkung der Stoffe auf einander erzeuget, zu groſs werden, und zur Entwicklung von rothen Dämpfen Veranlassung geben könnte. Die Schwefelsäure muſs so concentriret seyn, daſs eine Quantität, welche ein Maſs von 10. Grammen Wasser füllet, wenigstens 17. Grammen wiegt (ihr specifisches Gewicht muſs also wenigstens 1,7 seyn).

Im §. 179. werden zu den Räucherungen mit Salzsäure für ein bewohntes Zimmer von demselben Raumesinhalte von 35. Kubikmeters, wie im vorigen Falle, folgende Gaben verordnet:

Schwefelsäure 15 Grammen, pulverisirtes gemeines Kochsalz 19 Grammen (ohngefähr 5 Quentchen). Diese Quantitäten können hier nach der Gröſse der Säle ohne Nachtheil verdoppelt, verdreyfacht etc. oder auch die Räucherungsapparate vervielfältiget werden. Man gieſst die Schwefelsäure in ein Gefäſs von Glas oder Steingut, wirft in dieselbe nach und nach das Salz, undwenn die Dämpfe anfangen sparsamer zu werden, so belebet man sie wieder durch Umrühren des Gemisches mit einem Stabe von Glas.

Im §. 184. giebt der Verf. für diejenigen, welche gegen seine aus der Hand bereitete oxygenirte Kochsalzsäure ein Vorurtheil haben möchten, die Bereitung des oxygenirt kochsalzsauren Kalkes nach Chenevix Methode an, welcher auch im trockenen Zustande einen sehr bestimmten, wenn gleich milden *(douce)* Geruch von oxygenirter Kochsalzsäure exhaliret, und den man ohne alle Gefahr in einem Fläschchen bey sich fuhren kann. Hat er diese letztere Eigenschaft verlohren, so kann man sie ihm wieder geben, indem man ein paar Tropfen flüssigen oxygenirt salzsauren Kalkes darauf gieſst.

Auch die Vorschrift zu Räucherungen mit oxygenirter Kochsalzsäure hat der Verf. im 185sten Paragraphe noch näher bestimmt. Die Dosen für einen Saal von etwa 10. Betten sind folgende:

	Decagrammen.	ohngefähr.	Unzen.	Quentchen.	Grane.
Kochsalz - -	10.	—	3.	2.	10.
Schwarzes Braunsteinoxyd	2.	—	—	5.	17.
Wasser - -	4.	—	1.	2.	33.
Schwefelsäure -	6.	—	1.	7.	50.

Man reibt das pulverisirte Braunsteinoxyd und Kochsalz wohl untereinander, bringet das Gemenge in eine Kapsel von Glas oder von Steingut, setzt das Wasser hinzu, und gieſst dann die Schwefelsäure entweder auf einmal, wenn die Operation an einem nicht bewohnten Orte geschiehet, oder auf zwey-, dreymal in Sälen, wo sich Kranke für den Augenblick befinden, hinzu. Die Quantitäten müssen übrigens im Verhältnisse der Gröſse der zu räuchernden Räume vermehret werden.

Die zweyte Ausgabe hat auch noch sonst bey einzelnen Paragraphen Zusätze und Verbesserungen erhalten, und verdiente in ihrer ganzen erweiterten Gestalt dem deutschen Publicum bekannt zu werden. Es wird von der Aufnahme meiner Übersetzung der ersten Ausgabe abhängen, ob ich gleichfalls, wie der Verfasser von der Originalausgabe, mich im Stande sehen werde, eine neue Ausgabe davon zu veranstalten. Vorläufig hoffe ich wenigstens den Lesern dieser Zeitschrift einen Dienst erwiesen zu haben, indem ich sie mit den wichtigsten Zusätzen der zweyten Ausgabe des Originals in einem gedrängten Auszuge bekannt machte.

Pf.

II.

Ueber einige chemische Fabriken in Paris vom Herrn Dr. Friedländer, *und Herrn* Osterroth *aus Danzig; nebst zwey Abbildungen.*

Aus einem Briefe des Hrn. Dr. Friedländer.

Herr Osterroth, ein fleiſsiger Pharmacevtiker aus Danzig, hatte einige Introductionsbriefe zu mehreren hiesigen Fabriken erhalten. Er hatte die Güte mich in einige mitzunehmen, und was wir gesehen, und Herr Osterroth zum Theil notirt hat, theile ich Ihnen hier mit.

Zuerst gingen wir nach dem Arsenal, um die Reinigung des Salpeters im Groſsen zu sehen. Sie erinnern sich, daſs man in den ersten Jahren der Revolution viel von der Bereitung des künstlichen Salpeters in dazu eingerichteten Kellern sprach. Es war in dem Augenblicke, wo man fast ganz Europa den Krieg angekündigt hatte, alle Communication gehemmt war, und das Arsenal keinen mehr enthielt. Bey den riesenhaften Ideen, die man damals hatte, war die Rede, 18,000,000 Pfunde in einem Jahre zu bereiten, und die Commission im Arsenale hatte es nie zu einer Million Pfunde im Jahre gebracht. Allein was schien damals nicht alles möglich, und was war es zum Theil auch nicht alles! Die guten Bürger, die sich die Gunst des öffentlichen Wohlfahrtsausschusses verschaffen wollten, lieſsen ihre Keller dazu einrichten, und brachten mit fünfmal höheren Kosten, als der Betrag werth war, solchen bereiteten Salpeter herbeygeschleppt. Allein lange konnte das nicht gehen, und viel ward damit nicht erreicht. Jetzt ist wieder die gewöhnliche Gewinnungsart des Salpeters im Gange. Ein Gesetz will, daſs die zu diesem Geschäfte bestimmten Leute alles dem Arsenale liefern; da dieses aber den Fabrikanten keine hinlängliche Menge gereinigt zu verschaffen im Stande ist, so wird dieses Gesetz öffentlich übertreten. Die Salpeterfabrikanten, welche den rohen Salpeter liefern, bekommen ihn nach seinem Gehalte an reinem Salpeter mit 22 Sous für das Pfund bezahlt. Die Art, wie man diesen Gehalt untersucht, ist bekanntlich eine sehr sinnreiche Methode des Herrn Riffault. Der rohe Salpeter wird nehmlich in einer vollkommen gesättigten Salpeterlauge gewaschen, die zwar andere Salze, aber nicht mehr den Salpeter aufzunehmen im Stande ist. Durch den Verlust, den nun der rohe Salpeter bey dieser Operation erleidet, urtheilt man von seiner Güte und seinem eigentlichen Gehalte an reinem Salpeter.

Durch verschiedene Mittel hatte man sich in der oben erwähnten Zeit den rohen Salpeter herbeygeschafft; nun kam es darauf an, ihn schnell in kleinen trockenen Krystallen zu erhalten, um ihn bald zu Pulver gebrauchen zu können. Man kam auf den Gedanken, die Krystallisation zu stöhren, und diese Methode, wodurch man der Mühe überhoben wird ihn zu pulvern, indem man ihn in einem Zustande der Feinheit erhält, wie er nöthig ist, ihn, mit Schwefel und Kohle vermenget, der Mühle zu überliefern, wird jetzt noch im Arsenale befolget. Hundert Theile roher Salpeter werden in 28 Theilen Wasser durch Kochen aufgelöst, worauf sich, nachdem die Lauge etwas erkaltet ist, das Kochsalz, welches im rohen Salpeter enthalten ist, zu Boden setzt, dessen Absonderung noch durch etwas kaltes Wasser, welches man hinzusetzt, befördert wird. Nachdem dieses durch Schaufeln herausgenommen ist, wird die Lauge in grofse bleyerne Gefäfse gebracht, wo sie unter beständigem Rühren und Hin- und Herbewegen in ganz feinen kleinen Krystallen anschiefst. Nachdem dieses bis zur gänzlichen Erkaltung der Flüssigkeit fortgesetzt ist, nimmt man den entstandenen Salpeter, welchen man schon vorher immer an den Wänden des Gefäfses aufhäuft, um ihn ablecken zu lassen, heraus, und bringt ihn in kleinere Gefäfse von Holz, welche nach unten schmaler werden, und einen doppelten Boden haben, wovon der oberste durchlöchert ist. In diesen wäscht man ihn so lange, bis das abfliefsende Wasser ganz mit Salpeter gesättiget ist, ein Beweis, dafs der Salpeter von allen zerfliefsbaren Salzen gereinigt ist, welches man durch Areometer und Thermometer erfährt. Das Auslaugewasser wird mit der Mutterlauge zusammengenommen, und abermals abgedampft, welches so lange getrieben wird, bis gröfstentheils aller Salpeter abgeschieden ist. Die übrigbleibende Lauge, welche die zerfliefsbaren salpetersauren und salzsauren Salze enthält, wird durch Pottasche in Salpeter verwandelt, doch mufs man sich hüten, nicht mehr Pottasche hinzuzusetzen, als zur Zersetzung der salpetersauren Salze nöthig ist, damit die salzsauren zerfliefsbaren Salze nicht ebenfalls zersetzt werden, und als salzsaure Pottasche den Salpeter verunreinigen.

Wer Interesse hat, das im Arsenale befolgte Verfahren sehr ausführlich kennen zu lernen, findet es in dem Manuel der Herren Riffault und Botté, die nebst dem Herrn Champy (der jetzt aus Ägypten zurückgekommen ist) die Direction des Pulvers und Salpeters ausmachen. Herr Champy wird das Verfahren in Agypten in der Sammlung von Abhandlungen, die jetzt die Regierung veranstaltet, so wie auch das der Gewinnung des Salmiaks bekannt machen.

Ein anderesmal ging ich mit Herrn Osterroth nach einer neuen Fabrike, wo man Salpetersäure bereitet. Man bedient sich hierzu des rohen Salpeters, der 25 Procent heterogene Theile enthält, und den die Fabrikanten unter der Hand für 24 Sous das Pfund kaufen. Von diesem mengt man einen Theil mit drey Theilen einer Art von Letten *(terre glaise)*, welches mehr ist als zur Zersetzung des Salpeters erfordert wird, wodurch man aber den Vortheil erreicht, einen lockern Rückstand zu erhalten, der sich nicht glasigt an die Retorten ansetzet und sie zu fernerem Dienste unbrauchbar macht. Die grofsen Retorten von Thon werden auf einem langen, zwischen zwey Wänden liegenden Roste gegen einander überstehend gereihet, und oben mit einem Kütte von Lehm und Kuhmist bedeckt. Das nicht sehr starke Feuer, das unter dem einen Ende des Rostes angezündet wird, streicht unter allen diesen Retorten zum Schornsteine am andern Ende heraus, und bewirkt so in 24 Stunden die Destillation in die Vorlagen, die zu den Seiten oberwärts liegen. Die gewonnene Säure hat eine Stärke von 40. Graden nach Baumés Areometer. Sie ist der durch Schwefelsäure aus dem Salpeter bereiteten vorzuziehen, indem sie von Schwefelsäure ganz frey, und auch weniger durch Salzsäure verunreiniget ist. Die Salzsäure, welche selbige enthält, rühret von den zerfliefsbaren salzsauren Salzen, welche sich beständig im rohen Salpeter befinden, her; die salzsaure Soda (das Kochsalz) aber, welche selbigen enthält, wird nach den Beobachtungen Vauquelins nicht durch die Thonerde zersetzet, und bleibet unverändert im Rückstande, wefswegen, wenn man gereinigten Salpeter zu dieser Destillation anwendet, man eine ganz reine Salpetersäure erhält. Der Rückstand in der Retorte bestehet aus der zur Zersetzung des Salpeters angewandten Erde und der Pottasche des Salpeters, welche letztere aber mit der Erde in wirklich chemischer Verbindung ist, indem man selbige nicht durch blofses Auslaugen von einander trennen kann. Dieser Rückstand gibt, vermengt mit Sand, ein gutes Cement, wozu man ihn auch anwendet. Man könnte Alaun aus demselben bereiten, wenn man durch einen Zusatz von Thonerde das gehörige Verhältnifs der Thonerde zur Pottasche heraus brächte; indessen käme es darauf an, ob man diesen Alaun der Schwefelsäure halber, welche man dazu anwenden müfste, zum selbigen Preise, als den auf die gewöhnliche Art bereiteten Alaun, liefern könnte. Das Vortheilhafteste aber wäre, wenn man mit wenigen Kosten ein Mittel fände, die Pottasche von der Thonerde abzusondern.

Ein drittesmal fuhr ich mit Herrn Osterroth nach Javelle, wo man Salmiak und Natrum (*Soda*) bereitet. Die thierischen Materien, Knochen, Horn, Haare, auch alte abgetragene mit Schweifs durchzogene Lumpen u. s. w. werden in einem besonders dazu eingerichteten Ofen der trockenen Destillation unterworfen. Dieser Ofen hat ohngefähr eine Tiefe von 10 Fuſs, und eine Länge von 15. Die in demselben befindlichen Retorten haben eine fast horizontale Lage, und gehen bis an die hintere Wand des Ofens. Diese hintere Wand desselben, und der hintere, sonst untere Theil der Retorte werden eröffnet, und mit den Materien gefullet, worauf dann die Wand wieder völlig zugemauert wird. Die Retorten liegen in zwey Reihen über einander, so daſs die untere stets zwischen zweyen oberen sich befindet. Ihre Hälse, die durch die vordere Mauer durchkommen, steigen senkrecht in einen gemeinschaftlichen Cylinder herunter, der horizontal liegt. Von diesem geht eine schmalere Röhre zuvörderst in ein Paar Behälter, die oben mit Stöpseln oder Deckeln versehen sind, um die Gefahr der Explosion, welche von den zu starken Dämpfen verursacht werden könnte, zu verhüten. Nachdem die Rohre etwa 8 Fuſs fortgelaufen ist, kehrt sie zurück, und läuft fast zwey Drittel der Länge nach durch einen andern Cylinder, der durch Röhren stets frisches kaltes Wasser erhält, das durch einen andern Canal wieder abläuft, und dadurch die Dämpfe in der innerhalb befindlichen Röhre stets abkuhlet und verdichtet. Sobald die Dämpfe in einem mit Wasser zum Theil gefüllten bedeckten Behälter angekommen sind, werden sie durch ein Rad, welches in diesem Behälter durch einen Arbeiter von auſsen stets in die Runde gedrehet wird, mit dem Wasser in mehrere Beruhrungspuncte gebracht, welches ihre Verbindung befördert. Aus diesem Behälter wird die Flussigkeit in Bottiche gethan, mit Schwefelsäure gesättiget und durch Kochsalz zersetzet, das empyrevmatische Öl so viel als möglich von der Flussigkeit abgezogen, und diese bis zum Krystallisatiosnpuncte abgedampfet, worauf sie dann in andern Bottichen zum Krystallisiren hingestellt wird, in welchen der Salmiak anschieſst, und so von dem in der Lauge zurückbleibenden schwefelsauren Natrum (Glaubersalz), welches durch die Zersetzung des Kochsalzes entstanden ist, getrennt wird. Diese Bottiche stehen auf Brettern, welche über eine Vertiefung des Fußbodens gelegt sind, um die Lauge, welche durch die Gefäße dringt, zu sammeln. Hierauf wird der erhaltene Salmiak in einem Galeerenofen, welcher der Gestalt der Gefäße halber breiter als die gewöhnlichen ist, einer Sublimation unterworfen.

Das schwefelsaure Natrum, welches man aus der Mutterlauge des Salmiaks erhält, wird mit Kreide und Kohlenstaub in dem Verhältnisse von 1000 schwefelsaurem Natrum, 500 Kreide und 250 Kohle vermenget, und der Glühehitze unterworfen. Der Ofen zu dieser Operation hat die besondere Einrichtung, daß die Flamme, die an einer Seite desselben angezündet wird, über die zu schmelzende Materie hinüberstreichen, um zum Schornsteine am andern Ende zu gelangen. Hierbey wird die Schwefelsäure des schwefelsauren Natrums durch die Kohle zersetzt, welche letztere sich in kohlensaures Gas verwandelt, während der gebildete Schwefel sich mit der Kalkerde, und das Natrum zum Theil mit Kohlensäure verbindet, welches man alsdann durch Auslaugen von dem Schwefelkalke, welcher im Wasser schwerauflöslich ist, trennet. Die Lauge, nachdem sie filtrirt ist, wird sodann abgedampft, und krystallisirt. Wenn die Salzsäure niedrig im Preise ist, so bedienet man sich zuweilen derselben statt der Schwefelsäure zur Sättigung des Ammoniaks, wobey man alsdann nichts als den entstandenen Salmiak zu reinigen hat.

Erklärung der Figuren.

Tab. I. Fig. 3. Ofen zur Destillation thierischer Stoffe.

a. Feuer-

a. Feuerheerd. bb. Ort, wo die Lumpen in die Retorte gethan und vermauert werden. cc. Schornstein. ll. hintere Mauer. d, d, d, d. die Retorten, die zur vordern Mauer m herauskommen, sie sind in e mit der allgemeinen Röhre in Verbindung, die in ff Behälter mit Stöpseln hat, und durch den Cylinder g geht, der durch die Röhre hh kaltes Wasser zum Abkühlen erhält, das in ii wieder abfliesst. k ist das Gefäfs, worin der Salmiak mit dem Wasser vermischt wird, indem durch n die Flüssigkeiten im Innern durch eine Art von Rad stets in Bewegung gesetzt und vermischt werden.

Taf. I. Fig. 4. Ofen zur Bereitung des Natrums.

a. Der Ort zur Feuerung. b. Aschenheerd. aa. ein Ort, um das Schwülen zu sehen. ccc. Schornstein.

III.

Beschlufs des Auszuges aus Fourmy's *Abhandlung über die Arbeiten aus gebrannter Erde, und insbesondere über die Töpferwaaren und die Hygioceramés, eine neue Gattung derselben.* (S. Entdeckungen u. s. w. Januar. 1803).

II. Theil. Anwendung der Grundsätze.

Von den Ziegeln. Sie dürfen nicht die Feuchtigkeit einsaugen, sonst drücken sie wegen ihres zunehmenden Gewichtes zu sehr auf das Gebälke, und werden durch den Frost leicht ruinirt. An einigen Orten glasirt man sie, aber die Glasur bekömmt leicht Risse, und erlaubt dann dem Wasser einzudringen. Eine dichtere Masse ohne Glasur erfüllt besser den

Zweck als eine lockere mit Glasur. Von den Backsteinen. Diejenigen, die zu äufsern Mauern dienen, oder an feuchte Orte kommen, können nicht dichte genug seyn. Für innere Werke, wie für Öfen, kleine Trockenöfen, Feuerheerde, dürfen sie locker seyn, sie verbinden sich leichter mit dem Mörtel, und vertragen besser die Veränderungen der Temperatur. Bey den chemischen Öfen, die man aus Thon verfertigt, ist die Eigenschaft, schnelle Abwechslungen der Temperatur zu vertragen, das erste Verdienst, und ihre Masse kann daher nicht locker genug seyn. Daher wählt man eine grobe Erde, oder entfernet ihre Theilchen künstlich von einander, und brennt sie so wenig als möglich. Bey den Stubenöfen kommen solche plötzliche Abwechslungen nicht vor, man wählt daher eine feinere Masse, die mehr Zierlichkeit und Festigkeit gestattet. Oft ist die Masse zu dicht, um ungestraft die unmittelbare und plötzliche Berührung des Feuers zu vertragen, und dann sichert man sie durch einen innern Überzug von Backsteinen, Eisenblech etc. Diejenigen, die aus einem Stücke bestehen, bleiben nicht lange ganz, und bey denen, die aus mehreren Stücken bestehen, bekommen die gröfseren Stücke leicht Risse.

Die eigentlichen Töpferwaaren lassen sich auf 6 Classen zurückbringen: gemeine Töpferwaaren, Steinzeug, Fayence, Porzellan, englisches Steingut, und die Hygioceramen.

Die gemeinen Töpferwaaren können zwar, wegen ihres gröberen Gewebes, Abwechslungen von Hitze und Kälte leichter ertragen, es fehlt ihnen aber an Reinlichkeit und Festigkeit. Die Glasur, womit man sie zum Theil überzieht, schützt sie zwar gegen Unreinlichkeit, da sie aber stets unvollkommen verglastes Bley enthält, so ist ihr Gebrauch sehr gefährlich.

Die etrurischen Töpferwaaren haben mit dem gemeinen Töpferzeuge die erste Materie und das geringe Brennen gemein. Sie sind daher sehr oft einsaugend, und von einer nur mäfsigen Festigkeit. Ihr Vorzug bestehet nur in ihrem äufseren Ansehen, der Eleganz und reinen Zeichnung ihrer Formen, und ihrer grofsen Leichtigkeit, welche sie blos dem Mechanismus der Ausführung und nicht ihrer Materie verdanken. Der Arbeiter benutzte bey ihrer Verfertigung mit grofser Geschicklichkeit die aufserordentliche Dehnbarkeit des Teiges, und die Abwesenheit alles Risicos beym Brennen. Die leicht hingeworfenen Zeichnungen des Künstlers von Talent erhöhten den Preis nur wenig, und gaben denselben doch einen wahren Kunstwerth.

Aus China bringt man eine nicht glasurte Töpferwaare von rother, mehr oder weniger ins Braune sich ziehender Farbe. Sie ist stärker gebrannt, als unsere gemeinen Töpferwaaren, und weniger, als unser Steinzeug, was sie zu Diensten, die keine gröfsere Hitze, als die des kochenden Wassers, erfordern, sehr tauglich macht. Die Chinesen machen daraus vorzüglich Theetöpfe, und finden in ihnen den Thee am besten. Indessen ist offenbar nur dasjenige Gefäfs von gebrannter Erde das beste, was weder Geruch noch Geschmack den Nahrungsmitteln oder Getränken mittheilet, und in dieser Hinsicht kann dieses chinesische Töpferzeug vor unserm Steinzeuge oder Porzellan keinen Vorzug haben.

Steinzeug *(Grès)* nennt man diejenige mehr oder weniger grobe Gattung von Töpferwaare, die gewöhnlich eine so grofse Dichtigkeit hat, um mit dem Stahle Feuer zu geben. Übrigens sind unter dieser Gattung, nach Verschiedenheit der Feinheit der Erde, der Hitze, in welcher sie gebrannt worden sind, mehrere Abänderungen begriffen. Das nicht glasurte

Steinzeug ist reinlicher, als die gemeinen Töpferwaaren, doch hat ihre glattere Oberfläche, als bey diesen, doch immer noch Rauhigkeiten, um Unreinlichkeit zu veranlassen. Die glasurten haben eine unschädliche Glasur. Ohngeachtet mancher Ähnlichkeiten des Steinzeugs mit dem Porzellan sind doch beyde verschieden.

Die Fayence karakterisiret sich auf den ersten Anblick durch ihre Glasur, die ein weifses Email ist. Faenza im Herzogthum Urbino erlangte im 16ten Jahrhunderte einen durch diese Art von Fabrication ausgezeichneten Nahmen, wozu vorzüglich der Pinsel von Raphael, Julio Romano etc. beytrug. Daher der Nahme dieser Töpferwaaren. Um das Jahr 1555. wurde die Stadt Saintes der Schauplatz der ersten Arbeiten in Fayence von Bernard Palissy, Arbeiter in Erde, und Erfinder der ländlichen Häfnerarbeiten *(rustiques figulines)*, wie er sich selbst nannte. Er war ein Mann von neuen und grofsen Ideen, und er behauptete unter andern und vertheidigte, vor den gelehrtesten der Stadt Paris, den damals kühnen Satz, dafs das Meer auf einem sehr grofsen Theile des Bodens von Frankreich seinen Aufenthalt gehabt habe. Der Verf. macht eine schöne Schilderung von der Art, wie er durch eigene Anstrengungen und mehrjährige Versuche zur wichtigen Erfindung kam, ein Email ohne Fehler auf einer gebrannten Erde zu fixiren. Nur erst späte kam man auf die Idee, auf der Fayence die Farben anzubringen, die in der Schmelzmahlerey längst gebräuchlich waren. Jos. Hanon aus Strasburg war der Erfinder davon vor einigen 30 Jahren. Diese gemahlte Fayence erhielt daher den Nahmen der Strafsburger, oder auch wegen einiger Ähnlichkeit in den Farben und Zeichnungen mit dem Porzellan von Japan, der Japaneser Fayence. Das Porzellan, das damals in Aufnahme kam, that dieser Fayence, deren Farben sonst einen sehr grofsen Glanz hatten, Eintrag. Übrigens gibt es sehr mannigfaltige Abänderungen der Fayence. Je mehr sie der Verglasung sich nähern, und je schwerflüssiger das Email ist, um so solider, reinlicher, unschädlicher, aber auch um so unfähiger sind sie, schnelle Abwechslungen von Hitze und Kälte zu ertragen. Übrigens mufs die Fayence dem Porzellan allmählich desto mehr weichen, je wohlfeiler dieses geliefert werden kann.

Die chinesischen Töpferwaaren haben bey aller grofsen Verschiedenheit in Feinheit und Dichtigkeit der Masse doch den gemeinschaftlichen Vorzug, dafs sie fest und der Gesundheit zuträglich sind, weil sie dichte und mit einer erdigten Glasur überzogen sind. Die feineren derselben dienten dem französischen Porzellan zum Muster. Von 1758. bis 1762. machten die Herren de Lauragais, Darcet und Le Gay eine Reihe von Versuchen, durch die sie auf die Entdeckung eines blofs erdigten und sehr feuerfesten Porzellans, dem aber die weifse Farbe, wie einem grofsen Theile des chinesischen Porzellans, fehlte, kamen. Zur nehmlichen Zeit vermochte Macquer, dem die Regierung chemische Untersuchungen, die auf die Vervollkommnung der Manufactur zu Sevres, die damals schon eine Art von Porzellan verfertigte, abzwecken sollten, aufgetragen hatte, das Ministerium, eine Belohnung für denjenigen auszusetzen, der ähnliche Substanzen, wie diejenigen, aus denen das sächsische und chinesische Porzellan verfertiget sind, entdecken würde. Villaris, Apotheker zu Bordeaux, fand eine solche ganz vorzügliche weifse Porzellanerde zu Saint-Yriex-la-Perche im Departement der Haute-Vienne. Der Versuch damit wurde unter Macquers Aufsicht in der Manufactur zu Sevres gemacht. Dieses neue blofs erdigte Porzellan würde wegen seiner grofsen Feuerfestigkeit, wegen welcher es nur sehr schwer zu brennen war, hartes Porzellan genannt, im Gegensatze gegen das bis dahin fabricirte, das wegen der Leichtigkeit, womit es sich brennen liefs, weiches *(tendre)* Porzellan hiefs. Frankreich zählt gegenwärtig ohngefähr dreyfsig Manufacturen von hartem Porzellan, kaum existiren zwey oder drey von weichem. Die grofse Feuerfestigkeit des harten Porzellans, vermöge deren es einen Feuersgrad von 60 und mehreren Graden des Wedgwoodischen Pyrometers aushält, und durch die es für den Chemiker einen grofsen Werth hat, ist für den häuslichen Gebrauch gleichgültig. Dafs das harte Porzellan die Abwechslungen von Hitze und Kälte besser aushalte als das weiche, ist nicht ohne Einschränkung wahr. Alles kömmt hierbey auf die Textur an, die in verschiedenen Abänderungen beyder Porzellangattungen sehr verschieden seyn kann. Im allgemeinen ist das weiche Porzellan weniger weifs als das harte, die Glasur vom ersteren ist aber gewöhnlich glätter und ein besserer Excipient der Farben. Diefs hängt von seiner gröfsern Schmelzbarkeit ab, aber eben darum ist es auch weniger hart, und nutzt sich viel schneller ab, als das harte Porzellan. Dieses verdient daher für den häuslichen Gebrauch in jeder Hinsicht den Vorzug, auch ist seine Fabrication ganz einfach und ohne alle Gefahr, da hingegen die des weichen Porzellans verwickelt und der Gesundheit nachtheilig ist.

Vergleicht man das französische Porzellan mit dem chinesischen, so hat jenes den Vorzug durch gröfsere Weifse, Transparenz, durch schönere Vergoldung und Farben, durch geschmackvollere Verzierung, das chinesische durch seine gröfsere Dünnheit, Leichtigkeit und Wohlfeilheit. Der Verf. eifert gegen die Verschwendung kostbarer und künstlicher Mahlereyen an das Porzellan, und drückt sich hierüber mit den Worten aus: Wer eine grofse Summe von Arbeit auf einer gebrannten Erde anhäufet, der baut einen Palast auf Sand.

Vom englischen Steingute, *Queens-Wares* in England genannt. Der beruhmte Wedgwood, dessen Nahme in der Kunst Epoche machen wird, ist der Erfinder davon. Wohlfeilheit, verbunden mit gutem Ansehen und mit Leichtigkeit, empfehlen dieses Steingut. Es hat aber wesentliche Fehler. Für seine wenige Dicke ist seine Dichtigkeit zu gering; es fehlt ihm daher an Solidität, auch hält es nur unvollkommen das Feuer aus. Seine Glasur enthält zu viel Bley, besonders wenn sie schön glatt ist, hat eine ziemlich unangenehme gelbliche *(olivatre)* Farbe, ist zu weich und zu leicht zersetzbar. Sie wird eben daher auch leicht von harten Körpern geritzt, und durch diese Ritzen dringen dann Feuchtigkeiten in die Masse ein, die allmählich Flecken machen, wie Fett in Tüchern. Auch ist der Bleygehalt der Glasur der Gesundheit schädlich. Der Glanz vergeht bald. Für den wohlfeilen Preis hat indessen der Schöpfer dieser Töpferwaare alles geleistet, was man nur fordern kann, wenn gleich dieselbe nicht in die Klasse der wirklich schätzbaren Productionen gesetzt werden kann, weil ihr wesentliche Eigenschaften fehlen. Durch schöne geschmackvolle, vorzüglich von den etrurischen Vasen entlehnte Formen hat Wedgwood seiner Waare vorzüglich auch Abgang verschafft. Bey der grofsen Dehnbarkeit des Teigs und bey dem schwachen Brennen konnte man auf Reinheit der Zeichnungen rechnen. Aber eben dieses zu schwache Brennen ist zugleich die Quelle der geringen Dauerhaftigkeit und der Unheilsamkeit dieser Töpferwaare. Früher oder später wird dieselbe dem Porzellan und ähnlichen stark gebrannten Töpferwaaren weichen müssen.

Von den Hygioceramen. Der Verf. hat durch längere Zeit fortgesetzte Proben die Erfindung von Töpferwaaren gemacht, die bey einer viel gröfseren

Wohlfeilheit die wesentlichen Vorzüge des Porzellans in sich vereinigen. Ihre Heilsamkeit unterscheidet sie vorzüglich von den Fayencen und allen Töpferwaaren, die schädliche Metalle enthalten. Diesen Vorzug sollte der von Hauy dem Verf. angegebene Nahme von Hygiocerames (Gesundheitsgefäfse) bezeichnen. Von dem Porzellan und Steinzeuge unterscheiden sie sich vorzüglich durch die Eigenschaft, schnelle Übergänge von der Hitze zur Kälte auszuhalten. Die constituirenden Grundstoffe dieser Hygioceramen sind dieselben, wie die vom Porzellan, aber Verschiedenheiten in der Ausführung machen jene dauerhafter gegen das Feuer. Was diese neue Töpferwaare demnach vorzüglich auszeichnet, ist, dafs sie mehrere gute Eigenschaften in sich vereiniget, die in den übrigen Töpferwaaren sonst nur einzeln vorkommen.

NS. In einem der nächsten Hefte werden wir unsern Lesern einen Preiscourant dieser neuen Töpferwaare, so wie noch einige sich auf dieselbe beziehende Nachrichten, mittheilen.

Pf.

IV.

Untersuchungen über die Ausdehnung der Gasarten und der Dämpfe durch die Wärme. Von Gay-Lussac, *Ingenieur der Brücken- und Chausséeschule. Mit Figuren. (Im Auszuge).* [1])

Erster Artikel.

Gegenstand dieser Abhandlung.

Berthollet munterte den Verf. zu dieser Arbeit auf. Eine Hauptursache des Irrthums, der sich in Versuche über diesen Gegenstand schleichen kann, und der wohl vorzüglich die Widersprüche in den Resultaten der bisherigen Experimentatoren erzeuget hat, liegt in der Gegenwart des Wassers, das man in den Apparaten gelassen hat, und das durch seine Verwandlung in Dämpfe eine Ausdehnung des Volumens der untersuchten Luft verursachet, die offenbar nicht allein von der Wärme herrühret. Einen gleichen Irrthum können alle Körper, flüssige scwohl als feste, veranlassen, die sich durch die Wärme in Dämpfe verwandeln lassen, und die mit der Luft zugleich eingeschlossen werden.

1) Ohngeachtet von diesem Aufsatze bereits eine Übersetzung in dem XIten Stücke von Gilberts Annalen der Physik vom Jahre 1802. sich befindet, so durften die Herausgeber denselben doch diesen Platz in ihrem Journale nicht versagen. Indessen hoffen sie durch diesen sehr gedrängten, nur das Wesentliche und Factische enthaltenden Auszug, der an Bogenzahl kaum ein Drittel des Gilbertschen Auszuges ausmachen wird, für andere wichtige Abhandlungen sich den Platz nicht zu sehr verenget zu haben.

Zweyter Artikel.

Historischer Abrifs von den bisherigen Untersuchungen über die Ausdehnung der Gasarten.

Amontons stellte zuerst genaue Versuche an. Da es damals an genauen Wärmemessern fehlte, so liefsen sich keine genauen Resultate über das Verhältnifs des Ganges der Ausdehnung zum Gange der Wärme erwarten. Seine Versuche gaben das merkwürdige Resultat, dafs, wie dicht auch immer ein Volumen von Luft ist, die Zunahme der Elasticität, welche diese Luft durch einen und denselben Grad von Wärme erhält, stets in demselben Verhältnisse mit der Elasticität ist, die sie vor dem Versuche hatte, und dafs demnach ein und derselbe Grad Wärme, wie klein er auch sey, die Federkraft der Luft immer mehr und mehr verstärken kann, wenn diese Luft mit einem immer gröfseren Gewichte beschwert ist. Nuguet, der auf Amontons folgte, verfiel in Irrthümer. Er hatte das Wasser nicht gehörig ausgeschlossen, und erhielt auf diese Art zu grofse Dilatationen. La Hire machte auf den von Nuguet begangenen Fehler aufmerksam, und Stancari zu Bologna machte zu gleicher Zeit die Beobachtung, dafs das Wasser bey erhöheter Temperatur das Volumen der Luft sehr beträchtlich vermehre. Delucs, des Obristen Roy, und Saussures Untersuchungen über die Ausdehnung der atmosphärischen Luft durch Zunahme der Temperatur sind bekannt. Der berühmte Priestley war der erste, der auch andere Gasarten einer solchen Untersuchung unterwarf, und merkliche Verschiedenheiten in der Expansion zwischen ihnen fand. Doch schenkt er selbst diesen Versuchen kein grofses Vertrauen.

Im Jahre 1786. bestimmten Monge, Berthollet und Vandermonde die Ausdehnung der atmosphärischen Luft für einen Grad des Thermometers auf $\frac{1}{184,83}$ und die des Wasserstoffgases auf $\frac{1}{181,02}$.

Die neuesten Versuche unternahm Guyton in Vereinigung mit Duvernois [1]). Der Verf. unterwirft die Methode, die diese Physiker befolget haben, einer genauen Prüfung, und zeiget, daſs sie nothwendig zu irrigen Resultaten habe führen müssen. Er vermuthet, daſs sich mit den Gasarten etwas Wasser in ihren Ballon müsse eingeschlichen haben, und leitet vorzüglich daher die so sehr zunehmende Progression in der Ausdehnung mit der zunehmenden Temperatur, wo sich das Wasser in Dämpfe verwandelte. Das auffallendste in den Versuchen dieser beyden Chemiker war die groſse Verschiedenheit in der Ausdehnung der verschiedenen Gasarten durch eine und dieselbe Temperaturerhöhung, indem sich einige wohl 10 mal stärker von der Temperatur des schmelzenden Eises bis zur Siedhitze des Wassers, als die anderen, expandirt hatten. Dieſs Resultat wird nun vorzüglich durch die neuen Versuche Gay-Lussacs bestritten.

Dritter Artikel.

Beschreibung der Apparate.

Ein Ballon B (Taf. I. F. 1.) ist mit einem Hahne von Eisen versehen, an welchen eine gekrümmte Röhre ID (F. 2.) angepaſst werden kann. Der Schlüssel des Hahns hat einen Hebel LL, der an seinen beyden Extremitäten durchbohrt ist, um zwey Stricke aufzunehmen, vermittelst deren man den Hahn unter dem Wasser öffnen oder schlieſsen kann. Um das

1) Die noch neueren sehr wichtigen Versuche des Professors Schmidt in Gieſsen in Grens neuem Journal der Physik Band 4. über die Dilatation der atmosphärischen Luft, so wie der übrigen Gasarten, sind dem Verf. unbekannt geblieben.

Gas in den Ballon zu bringen, bedienet sich der Verf. einer Glasglocke M (Fig. 1.), an welcher ein Hahn und eine gekrümmte Röhre T angebracht sind, und welche in ein Gefäfs QS untertaucht. Indem er nun Wasser in diefs Gefäfs giefst, und den Hahn öffnet, so entweichet die in der Glocke zusammengedrückte Luft durch die Röhre, und füllet den über der pnevmatischen Quecksilberwanne PO umgestürzten Ballon B. Ist dieser voll, so schliefst er den Hahn, pafst an denselben die Röhre ID (Fig. 2.) und befestiget ihn in ein cylindrisches Gehäuse von Eisendrath EFGH, das er dann in ein mit Wasser gefülltes kupfernes Gefäfs AD trägt. Damit keine Communication zwischen der äufsern und der in dem Ballon enthaltenen Luft bey der Öffnung des Hahns statt finde, läfst er das Ende der Röhre ID einen oder zwey Millimeters (ohngefähr eine halbe oder ganze Linie) tief in ein kleines Bad KX von Quecksilber tauchen. Hierauf erwärmt er das Wasserbad im kupfernen Gefäfse und von 10 zu 10 Graden öffnet er den Hahn, um ihn sogleich wieder zu schliefsen. Das durch die Wärme dilatirte Gas, indem es schnell aus dem Ballon austritt, hat die in der Röhre enthaltene atmosphärische Luft bald ausgetrieben, und vom 40sten Grade an könnte man mit Zuversicht den Hahn bis zum Ende der Operation offen lassen. Demungeachtet öffnet und schliefst der Verf., nach wie vor, abwechslungsweise den Hahn, weil das Gas alsdann leichter die Temperatur des Bades annimmt. Nach 15 oder 20 Minuten Aufkochen, welche Zeit hinreichet, damit alles dieselbe Temperatur annehme, nimmt er das Ende der Röhre ID aus dem Quecksilber hervor, um das Gleichgewicht des Druckes zwischen der äufsern Luft und dem Gase des Ballons wieder herzustellen, und verschliefst augenblicklich den Hahn. Nachdem er nun das Bad durch Wasser oder Eis erkaltet hat, nimmt er den Apparat heraus, nimmt die Röhre und selbst den Hebel LL hinweg, und taucht ihn in ein Bad von einer bestimmten Temperatur hinlängliche Zeit, dafs er dieselbe Temperatur annehme. Wird nun der Hahn geöffnet, so tritt in den Ballon ein Volumen von Wasser, das auf den Wasserniveau gebracht [1]), vollkommen gleich dem Volumen des durch die Wärme ausgetriebenen Gases ist. Nunmehr schliefst er den Hahn, nimmt den Ballon heraus, trocknet seine äufsere Oberfläche mit Sorgfalt, und wiegt ihn in diesem Zustande, wiegt ihn dann voll von Wasser, und leer, und merket sich die Resultate von beydem. Mit diesen Datis hat er die Capacität des Ballons, indem er das Gewicht des leeren Ballons von demjenigen des mit Wasser vollen Ballons abziehet, so wie auch das Volumen des Wassers, welches das Volumen der durch die Wärme ausgetriebenen Luft vorstellet, indem er nochmals das Gewicht des leeren Ballons von dem Gewichte des dieses Wasser enthaltenden Ballons abziehet [2]). Nun ist es leicht, das Verhältnifs des ur-

1) Der Verf. will nehmlich dadurch, dafs er das im Ballon enthaltene Wasser mit dem, aufserhalb im Bade befindlichen Wasser in einerley Horizontalebene bringet, das Gas auf seinen ersten ursprünglichen Druck und davon abhängige Dichtigkeit zurückbringen.

2) Ganz genau erhält der Verf. eigentlich das Gewicht des Wassers, wornach er das Volumen bestimmet, nicht, indem er von demselben auch das Gewicht desjenigen Volumens von Luft abziehet, an dessen Stelle das Wasser getreten ist, und das folglich nicht mehr mit wiegt. Er würde das Gewicht des Wassers nur dann ganz genau erhalten, wenn er das Gewicht des im strengsten Sinne (auch von Luft) leeren Ballons, plus dem Gewichte der Luft, die den vom Wasser nicht angefüllten Theil des Ballons einnimmt, von dem Gewichte des Ballons, den er mit dem in demselben in die Höhe gestiegenen Wasser abgewogen hat, abzöge. Doch wird dieser Unterschied auf

sprünglichen Volumens zum vergröſserten Volumen zu bestimmen. Diese Methode hat den Vortheil, eine groſse Präcision zu gewähren, da man hier die Räume durch die Gewichte bestimmet, wo der Irrthum nur sehr unbedeutend seyn kann, wenn man sich auch nur einer mäſsig empfindlichen Waage bedienet.

Der Verf. beschreibet einen noch einfacheren Apparat, mit dem er dieselben Versuche, wie mit dem ersteren, anstellte. In allen seinen Versuchen brachte er die Gasarten, deren Ausdehnung durch die Wärme er untersuchte, immer auf die Temperatur des schmelzenden Eises zurück, und in dieser Absicht hatte er ein Bad, in welchem er Eis unterhielt, in das er den Ballon untertauchte, und eine halbe Stunde darin erhielt, wobey er das Bad öfters umrührte. Die andere fixe Temperatur war die des kochenden Wassers. Über die Ausdehnung durch mittlere Grade von Temperatur hat er noch zu wenige Versuche gemacht, um die Resultate davon schon jetzt aufstellen zu können.

Vierter Artikel.

Versuche und Resultate.

Das Resultat von 6 Versuchen über die atmosphärische Luft gab als Mittel eine Ausdehnung von einem Volumen Luft, das durch 100 ausgedrückt wird, in einen Raum von 137,50 durch eine Erwärmung von der Temperatur des schmelzenden Eises bis zur Temperatur des kochenden Wassers. Dieſs würde für jeden Grad des Reaumurischen Thermometers von 80 Graden eine Ausdehnung von $\frac{1}{213{,}33}$ oder für jeden Grad des hunderttheiligen Thermometers von $\frac{1}{266{,}66}$.

keinen Fall bedeutend seyn, und höchstens nur eine Differenz des Volumens von einer oder ein paar Cubiklinien betragen.

Das aus dem Eisen durch verdünnte Schwefelsäure gewonnene Wasserstoffgas wurde zwey Versuchen unterworfen; die mittlere Ausdehnung von einem Volumen von 100 Theilen war 137,52; was von dem für die atmosphärische Luft erhaltenen Resultate nur wenig abweichet.

Das Mittel aus drey Versuchen mit dem aus der oxygenirt-salzsauren Pottasche gewonnenen Sauerstoffgase war eine Ausdehnung von einem Volumen von 100 Theilen in einen Raum von 137,48.

Das durch die Zersetzung des Ammoniaks vermittelst der oxygenirten Kochsalzsäure erhaltene Stickgas gab als Mittel aus 5 Versuchen eine Ausdehnung von 100 Theilen in einen Raum von 137,49.

Die Verschiedenheiten in der Ausdehnung zwischen diesen verschiedenen Gasarten betragen also höchstens nur $\frac{2}{10000}$ des ursprünglichen Volumens, und sind mehr unvermeidlichen kleinen Verschiedenheiten in den äufsern Umständen zuzuschreiben. Man kann also den Schlufs machen, dafs die 4 erwähnten Gasarten von der Temperatur des schmelzenden Eises bis zu der des kochenden Wassers sich gleich stark ausdehnen.

Um die Ausdehnung der im Wasser auflöslichen Gasarten zu messen, bediente er sich zweyer oben verschlossener Röhren, die beyde zugleich über derselben Quecksilberwanne mittelst eines sehr kleinen Mafses graduirt sind. So oft er diesen Apparat gebrauchte, wandte er jedesmal alle Vorsicht an, dafs die Quecksilbermenge genau wieder dieselbe war, bey der die Röhren graduirt wurden. Eine dieser Röhren füllte er bis zum 100sten Theilpunkte der Scale mit atmosphärischer Luft, die andere genau eben so weit mit der zu untersuchenden Gasart, und brachte nun beide in einen kleinen Trockenofen *(etuve)*, dessen Temperatur er nach Belieben erhöhte. Bey der sorgfältigsten Beobachtung konnte er in der Ausdehnung beider Luftarten nicht die mindeste Verschiedenheit wahrnehmen. Immer dehnte sich in beyden Röhren die Luft durch gleiche Theile der Scalen genau in gleichen Zeiten aus. Die Gasarten, welche er auf diese Art untersuchte, wurden jedesmal zuvor in einem Mittelgefäſse über einem austrocknenden Körper, z. B. über salzsaurer Kalkerde gesperrt und dann erst mittelst Quecksilbers, das er durch die Sicherungsröhre in die Mittelflasche goſs, in die graduirte Röhre getrieben. Versäumt man diese Vorsicht, so erhält man beynahe immer eine zu starke Ausdehnung wegen des nicht aufgelösten Wassers oder anderer verdampfbarer Stoffe, die mit hineingehen.

Er verglich auf diese Weise das kohlensaure Gas von 5° bis 90° nach dem hunderttheiligen Thermometer, das salzsaure Gas von 3° bis 86° und das schwefligtsaure Gas und Salpetergas mit der atmosphärischen Luft, und fand sie in ihrer Dilatation gleich. Das Ammoniakgas zeigte sich in Priestleys und Guytons Versuchen am ausdehnbarsten von allen Gasarten. Das aus Salmiak durch gewöhnlichen gebrannten Kalk entbundene Ammoniakgas eilte bey zunehmender Temperatur in des Verf. Versuchen der atmosphärischen Luft in der Dilatation gleichfalls sehr voraus. Nachdem aber die Temperatur erniedrigt worden war, zeigten sich auf dem Quecksilber und an den Wänden der Röhre, in welcher das Ammoniakgas eingeschlossen war, Spuren einer Flüssigkeit und einige krystallisirte Pünktchen, die nichts anderes als Salmiak oder kohlensaures Ammoniak seyn konnten. Beydes verschwand, als die Temperatur der Röhre wieder hinreichend erhöhet wurde. Der Verf. wiederhohlte nun den Versuch mit Ammoniakgas, das einige Zeit lang in einer Mittelflasche über ätzender Pottasche gesperrt gewesen war,

und

und nun verhielten sich dasselbe und die atmosphärische Luft bey einer Erwärmung von 0° bis 95° ganz gleich in Expansion, und bey der Erniedrigung der Temperatur bis auf 0 zeigte sich nicht die geringste Spur weder von Feuchtigkeit noch von einer Krystallisation. Dieser Versuch wurde mehrmals mit demselben Erfolge wiederholt. Man sieht hieraus, daſs nicht bloſs Flüssigkeiten, sondern auch feste Körper, die fähig sind, den Dampfzustand anzunehmen, diese Versuche irrig machen können, und daſs man daher ihre Gegenwart auf das sorgfältigste vermeiden muſs.

Aus allen diesen Versuchen folgert der Verf., daſs überhaupt alle Gasarten sich durch gleiche Grade von Wärme unter übrigens gleichen Umständen verhältniſsmäſsig ganz gleich ausdehnen.

Diese Untersuchungen führten den Verf. auf Versuche über die Ausdehnung der Dämpfe durch Wärme. Er wählte dazu den Dampf des Schwefeläthers. Nachdem er den letzten Apparat mit zwey Röhren einige Zeit lang in dem Trockenofen in einer Temperatur von etwa 60° erhalten hatte, lieſs er in eine der beiden Röhren etwas Ätherdampf, und in die andere genau eben so viel atmosphärische Luft steigen, und erhöhte darauf die Temperatur von 60 bis auf 100°. Sowohl beym Expandiren, als auch nachher beym Zusammenziehen im Erkalten hielt der Ätherdampf immer völlig gleichen Schritt mit der atmosphärischen Luft, und reichte mit ihr zu gleicher Zeit immer bis zu einerley Theilpunkt der Scalen. Nur condensirte sich in diesen mehrmals mit gleichem Erfolge wiederholten Versuchen der Ätherdampf, wenn seine Temperatur bis auf wenige Grade über den Siedpunkt des Äthers herabgekommen war, jedesmal etwas schneller als die atmosphärische Luft, was mit einer allgemeinen Erscheinung in dem Gange der Ausdehnung und Verdichtung bey tropfbarflüssigen

Körpern, die in den Zustand der Festigkeit übergehen, übereinstimmt. Dieser Versuch über die gleichförmige Ausdehnbarkeit des Ätherdampfs und der atmosphärischen Luft dient zugleich zum Beweise, daſs diese Ausdehnbarkeit nicht auf der besondern Natur der Gasarten und Dämpfe, sondern lediglich darauf beruhet, daſs sie sich im Zustande elastischer Flüssigkeiten befinden. Endlich bestätigten des Verfassers Versuche das schon von Saussure aufgestellte Resultat, daſs trockene Luft, und Luft, die mehr oder weniger Wasser aufgelöst enthält [1]), gleichmäſsig ausdehnbar seyen.

Aus allem Angeführten zieht der Verf. folgende Schluſsfolgen:

1. Alle Gasarten, welches auch ihre Dichtigkeit und die Menge von Wasser, welches sie aufgelöst enthalten, sey, und alle Dämpfe dehnen sich auf gleiche Weise durch die nehmlichen Grade von Wärme aus. 2. Für die permanenten Gasarten [2]) ist die Zunahme des Volumens, welche jedes derselben von der Temperatur des schmelzenden Eises bis zur Temperatur des kochenden Wassers erfährt, $= \frac{80}{213,33}$ des ursprünglichen Volumens nach dem in 80 Theile getheilten Thermometer, und $= \frac{100}{266,66}$ nach dem hunderttheiligen Thermometer. Annales de Chimie. N. 128. oder des 43sten Bandes 2tes Heft S. 137-175.

Pf.

1) Ein neuer Beweis für die Delucische Ausdünstungstheorie, da die gleichförmige Ausdehnbarkeit der Dämpfe und folglich auch der Wasserdämpfe und der Luft aus des Verf. Versuchen erhellet.

2) Eigentlich gehöret der Begriff von Permanenz der Elasticität in den Begriff des Gases.

Erklärung der Kupfertafel.

Fig. 1. stellt den Apparat zur Füllung des Ballons mit dem Gase vor.

B ist der Ballon, der uber die pnevmatische Quecksilberwanne OP umgestürzt und mit dem eisernen Hahn R versehen ist. T ist die umgebogene Rohre, durch welche dieser Ballon mit dem mit dem Hahne C versehenen Recipienten M communiciret. Aus diesem Recipienten wird das Gas in den Ballon durch den Druck des in das Gefaſs QS gegossenen Wassers bey Öffnung des Hahns C getrieben.

Fig. 2. stellt den Ballon in seinem eisernen Gestelle befestiget in dem Wasserbade vor, dessen Temperatur er annehmen soll.

AD ist das groſse kupferne Gefäſs, in welchem das Wasser zum Sieden gebracht werden kann. EFGH ist das eiserne Gestelle, in welchem der Ballon in dem Wasserbade fest gehalten wird. L L ist der Hebel, mit welchem der eiserne Hahn des Ballons vermittelst der Schnure auſserhalb dem kupfernen Gefäſse umgedrehet werden kann. I F D ist eine umgebogene Glasrohre, die in dem kleinen Gefäſse K X etwas unter Quecksilber versenkt ist.

V.

Chemische Analysen mehrerer Mineralkörper.

Da es im Plane unserer Zeitschrift liegt, alles, was in der Chemie der Mineralien Neues und Wichtiges von den französischen Scheidekunstlern geleistet wird, aufzubewahren, so wollen wir hier die Resultate der chemischen Analysen von Mineralkörpern, die seit denen im ersten Hefte der Annalen (S. 60 - 84.) und im zweyten Hefte (S. 75. fg.) derselben mitgetheilten von französischen Chemikern unternommen worden sind, aufstellen.

1) Zerlegung des Boracits (*Magnesie boratée* Hauys). [1])

Vauquelin untersuchte diese Substanz mit Smith von Philadelphia, und glaubte wahrzunehmen, daſs der Kalk kein wesentlicher Mischungstheil des Boracits sey, weil das Pulver des Boracits mit den Säuren aufbrauste, und die gefundene Menge Kalks diejenige, welche die Stärke des Aufbrausens anzeigte, nicht zu übertreffen schien. Er vermuthete, daſs dieser kohlensaure Kalk dem Boracit fremd, und mehr nur zufällig beygemengt seyn mochte, und die Undurchsichtigkeit der Krystalle hervorbrächte. Um diese Vermuthung zu bestätigen, unternahm er später die Analyse von vollkommen durchsichtigen Krystallen, die er von Herrn Stromeyer aus Göttingen erhalten hatte. Er löste dieselben in Salzsäure auf, rauchte die Auflösung bis zur Trockniſs ab, um die überschüssige Saure zu verjagen, und löste dann den Ruckstand in einer kleinen Menge kalten destillirten Wassers auf. So sonderte er den gröſsten Theil der Boraxsäure ab, die sich in sehr weiſsen glänzenden Blättchen zeigte. Er verdunnte die Auflosung mit Wasser, und setzte eine gewisse Menge kleesauren Ammoniaks, des empfindlichsten gegenwirkenden Mittels für den kleinsten Antheil von Kalkerde, hinzu. Es zeigte sich aber keine Spur von Kalkerde. Um sich zu überzeugen, daſs die zugleich mit der salzsauren Bittererde vom Wasser aufgelöste geringe Menge von Boraxsaure

1) Bekanntlich gab Westrumb die Bestandtheile des Boracits folgender Maſsen an:

11,00 Kalkerde, 3,00 Kieselerde, 1,00 Thonerde, 13,50 Talkerde, 0,70 Eisenkalk, 68,00 Boraxsäure. Beobacht. und Entdeckungen etc. III. 1. St. S. 13.

die Niederschlagung des Kalkes nicht hindere, machte er Gegenversuche, und fand, dafs, wenn er eine so geringe Menge salzsaurer Kalkerde, dafs sie nicht den 50sten Theil des aufgewandten Boracits betrug, hinzusetzte, sogleich eine Wolke in der ganzen Flüssigkeit sich bildete. Vauq. macht daraus den Schlufs, dafs der vollkommen durchsichtige reine Boracit keine Kalkerde enthalte, und dafs es kein dreyfaches Salz, kein Boràte magnesio - calcaire, sondern blofser Borate magnesien — boraxsaure Bittererde — sey.

Bulletin des Sciences N. 60.

2) Zerlegung des Muriacits von Salzburg *oder der Soude muriatée gypsifère* Hauys (dessen Mineralogie IIter Band S. 365.)

Auch Vauquelin fand, wie Klaproth, in dem Muriacit die Vereinigung von schwefelsaurer Kalkerde mit salzsaurer Soda, welche letztere der ersteren die Eigenschaft ertheilet, zum Würfel zu krystallisiren. Er fand aber zugleich, dafs 100 Grane dieser Substanz, in kleine Stücke verwandelt, dem heftigsten Feuer während einer halben Stunde ausgesetzt, nichts von ihrem Gewichte verloren, sondern blofs etwas undurchsichtiger wurden. Dieser Mangel an Krystallisationswasser in einem Salze, das aus zweyen anderen, die dasselbe gewöhnlich in grofser Menge enthalten, zusammengesetzt ist, ist ein bemerkenswerther Umstand. (Hiermit scheint auch die grofse Schwerauflöslichkeit dieses Salzes im Wasser, wovon es 4300 mal sein Gewicht fordert, im Zusammenhange zu stehen.)

Eod. loc. N. 56.

3) Zerlegung des Diaspore.

Nach Hauy (*Mineralogie. IV. Band. S. 358.*) kömmt dieses Fossil in Massen vor, die aus etwas gekrümmten Blättern von einer grauen Farbe, einem ziemlich lebhaften, dem Perlmutterglanze sich nähernden Glanze, und die sich leicht von einander trennen lassen, bestehen. Die spitzigen Bruchstücke ritzen das Glas. Das specifische Gewicht ist 3,4324. Es scheint in geschobenen vierseitigen Prismen krystallisiret, die sich nach der kleinern Diagonale der Grundflächen in dreyseitige Prismen theilen lassen. An der Flamme des Lichts zersplittert dieses Mineral nach einigen Sekunden in eine Menge von kleinen Theilchen, die durch ihren Perlmutterglanz eine Art von Funkensprühen in der Luft hervorbringen. Daher gab Hauy diesem Mineral den Nahmen Diaspore (was sich zerstreut). Auch beym Erhitzen im Tiegel verwandelt es sich unter einem ziemlich lebhaften Zerknistern in eine Menge von perlmutterglänzenden Blättchen, die man für Boraxsäure halten könnte. Vauquelin behandelte dieses Mineral, in der Absicht, seine Bestandtheile zu erforschen, mit kaustischer Pottasche, mit concentrirter Vitriolsäure, und mit Salzsäure und Salpetersäure. In allen Versuchen erhielt er bloſse Alaunerde, und ein wenig Eisenoxyd, und in dieser Hinsicht würde der Diaspore in seiner Mischung ganz mit der Telesie (dem orientalischen Rubine) übereinkommen. Der ganze Unterschied bestehet bloſs im Krystallisationswasser, wovon man in der Telesie keines gefunden hat, während es im Diaspore einen ansehnlichen Bestandtheil ausmacht. Dieſs ist ein neuer Beweis, welchen Einfluſs das Daseyn oder die Abwesenheit dieses Bestandtheils, den man gewöhnlich so gering anschlägt, auf Form, Härte, specifisches Gewicht u. s. w. hat.

Aus der Analyse ergeben sich in 100 Theilen des Diaspore 80 Theile Alaunerde, 17 bis 18 Theile Wasser, 3 Theile Eisen.

Annales de Chimie N. 125. *S*. 113 - 120.

4) Zerlegung des Oisanits oder Anatase (Hauys Mineral. III. Band. S. 129.)

Anfänglich hatte Vauquelin im Anatase ein neues Metall zu entdecken geglaubt, neue Versuche hatten ihm aber mehrere Karaktere gezeigt, die dem Titan zukommen. Er unternahm in dieser Hinsicht eine vergleichende Untersuchung. Mit Borax geschmolzen, giebt bekanntlich der Titan ein durchsichtiges Glas von einer rothen, ins Violette sich ziehenden Farbe, das beym Erkalten undurchsichtig und strohgelb wird, wenn die Quantität Borax nicht groſs genug ist. Der Oisanit verhält sich auf eine ähnliche Weise, nur mit dem Unterschiede, daſs, wenn man das erhaltene Glas leicht erwärmt, es durch das Erkalten undurchsichtig wird, und bald eine grüne Tinte annimmt, und in Nadeln krystallisiret. Vauquelin fand aber, daſs das gelbe Glas des Titans, der gelinden Wärme der äuſsern Flamme des Löthrohrs ausgesetzet, sich eben so verhielt. Beide, sowohl der Titan, (er wandte den rothen Schörl an) als der Oisanit, waren unauflöslich in den Laugensalzen, mit dem dreyfachen oder vierfachen Gewichte derselben geschmolzen, wurden sie so aufgeschlossen, daſs sie nun in den Säuren aufgelöst werden konnten; beider Auflösungen in Säuren waren nicht zur Sättigung zu bringen, wurden durch das Abrauchen trübe, und durch den Zusatz von Wasser milchigt, lieſsen sich nur schwer krystallisiren — beide zeigten beym Concentriren durch die Wärme dieselbe schwefelgelbe Farbe, welche auch die Oxyden, wenn sie erhitzt wurden, annahmen. Beide gaben mit dem Galläpfelaufguſs einen blutrothen, und mit der blausauren Pottasche einen grünlichgelben Niederschlag. Aus diesen und noch vielen andern nicht näher angegebenen Versuchen folgert der Verf., daſs der Anatase und Titan (d. h. der Titanschörl) eine und dieselbe Substanz sind, und daſs sie in dieser Hinsicht zu einer und derselben Species gehören. Nach Hauy sollen sich die secondären Formen von beiden nicht auf einen und denselben ursprünglichen Typus zurück bringen lassen. Vauq. vermuthet daher, daſs in der Analyse der einen oder andern beider Substanzen noch etwas übersehen worden sey.

Annales de Chimie. N. 124. S. 72 - 76.

5) Analyse der sogenannten reinen Thonerde [1]) von Halle in Sachsen. Von Fourcroy.

In einem silbernen Tiegel während einiger Minuten rothglühend erhalten, verlor sie beynahe die Hälfte ihres Gewichts, ohne härter zu werden. Sie löste sich ohne Aufbrausen sehr leicht mit Hülfe einiger Wärme in der Schwefel-, Salpeter- und Salzsäure auf, und hinterlieſs einen sehr geringen Rückstand, der Kieselerde zu seyn schien. Die Auflösung in Schwefelsäure gab beym Abrauchen für sich allein keine Alaunkrystalle, die Erde von Halle enthielt also keine Pottasche. Mit ihrem 120fachen Gewichte von destillirtem Wasser während einer halben Stunde gekocht, löste sich ein Theil davon auf, der sich als Gyps zeigte. Durch wiederholtes Kochen wurde auf diese Art ohngefähr der vierte Theil der angewandten Hallischen Thonerde an Gyps ausgelaugt. Die so ausgelaugte Thonerde war ungemein zertheilet und sehr leicht, löste sich nunmehr mit Aufbrausen in verdünnter Salpetersäure auf, und ein reichlicher Niederschlag durch die Kleesäure bewies, daſs dieses Aufbrausen von der Kalkerde herrührte,

1) Schreber im Naturforscher XV. St. S. 231. gab als Bestandtheile Thonerde mit Kohlensäure, ein wenig Kiesel- und Kalkerde.

welche wahrscheinlich während des wiederholten Kochens der Thonerde mit destillirtem Wasser mehr frey geworden war, und Kohlensäure aus der Atmosphäre eingesogen hatte. Der dieser Prüfung unterworfene Antheil von Erde war zu klein, um das quantitative Verhältniſs der Bestandtheile mit Genauigkeit angeben zu können; übrigens erhellet daraus, daſs die Hallische Thonerde weit entfernt ist, reine Thonerde zu seyn, sondern einen beträchtlichen Theil schwefelsaurer Kalkerde, ferner etwas reine Kalkerde, und ziemlich viel Krystallisationswasser enthält. Fourcroy glaubte auch eine Spur von einem salzsauren Salze bemerket zu haben.

Annales du Museum national d'histoire naturelle. I. Cahier. Jahr XI. S. 43-49.

VI.

Resultate des Feldzuges der Franzosen in Aegypten für die Arzneywissenschaft.

Aus Des Genettes Histoire medicale de l'armée d'Orient.

Des Genettes medicinische Geschichte der Armee des Orients ist ein höchst wichtiger Beytrag zur Kriegsarzneywissenschaft, und überhaupt eine höchst wichtige und interessante Erscheinung in Rücksicht auf die Data, die sie zur Geschichte des Feldzuges der Franzosen in Ägypten, und zur physischen und medicinischen Kunde von Ägypten enthält. Des Genettes war Oberarzt der Armee, und verwaltete diesen wichtigen und gefahrvollen Posten mit einer beyspiellosen Thätigkeit und Aufopferung. Seine Schrift ist ein lebendiges Gemählde seiner mannigfaltigen Erfahrungen, die er in einem Zeitraum von 3 Jahren bey der Armee des Orients theils selbst einzusammeln reichliche Gelegenheit hatte, theils von den übrigen Ärzten und Wundärzten der Armee mitgetheilet erhielt. Wir begnügen uns, die Hauptresultate mit den eigenen Worten des Verf. unsern Lesern hier mitzutheilen, und müssen in Rücksicht auf die Details auf die Schrift selbst verweisen, deren Lekture keinen unbelohnt lassen wird.

„Die erste Frage, welche sich einem darbietet, ist die nach der Angewöhnung an das Klima — sie geschah ohngefähr in zwey Jahren. Die Engländer, welche wir im Kriege zu Gefangenen machten, erfuhren den Einfluſs des Klimas wie wir; er war durch Hautausschläge, Augenentzündungen, Durchfälle und Ruhren bezeichnet. Inzwischen ergab sich die Heilsamkeit des Klimas von Ägypten und besonders von Oberägypten durch die vergleichungsweise geringere Anzahl von Kranken bey der Armee des Orients, als bey irgend einer andern der Armeen der Republik, als unbezweifeltes Resultat. — Die Pest ist endemisch in Unterägypten und längs der Küsten von Syrien, weil sie daselbst seit Jahrhunderten herrschet, und hundertmal an hundert Ortern beobachtet wurde, welche keine Art von Communication unter einander hatten. Die Südwinde, die warme und feuchte Luft begünstigen zum wenigsten die Entwicklung derselben, wenn sie dieselbe nicht gar allein hervorbringen. Die Pest ist unbezweifelt ansteckend, aber die Bedingungen ihrer Übertragung sind eben so wenig bekannt als ihre specifische Natur. Die Leichname haben sie nicht mitzutheilen geschienen, der thierische Körper schien sie in der Fieberwärme und noch mehr in der Fieberausdünstung leichter mitzutheilen. Man sah die Ansteckung beym Übergange von einem Ufer des Nils zum andern aufhören, man sah einen bloſsen Graben, der vor einem Lager gemacht war, den Verheerungen derselben eine Gränze setzen, und auf dergleichen Beobachtungen gründet sich vorzüglich die so vortheilhafte Absonderung der Europäer während der Herrschaft der Pest, deren Praxis von den Reisenden hinlänglich beschrieben worden ist. Die Pest befiel vorzüglich diejenigen, die vermöge ihres Gewerbes mehr als andere ausgesetzt waren, von einer heissen Atmosphäre schnell in eine kalte überzugehen und umgekehrt, wie die Becker, die Schmide, die Köche. Die einem übermässigen Gebrauche der geistigen Getränke und der Weiber ergebenen Männer wurden selten von der Pest wieder hergestellet. Diese Krankheit hat verschiedene Grade von Heftigkeit; diese Grade machen mehr oder weniger mörderische Epidemien aus; doch befällt in keiner Epidemie die Krankheit alle mit gleicher Stärke. Sie ist gutartig, wenn weder Adynamie noch Ataxie [1]) statt findet. Existiret nur eine von beyden, oder beyde in geringem Masse, so ist noch Hoffnung der Heilung, und diese Gattung betrachte ich als die mittlere in Rücksicht auf die Gefahr. Sind Adynamie und Ataxie auf einem hohen Grade, so ist fast keine Hoffnung der Heilung. Diess ist die dritte und tödtlichste Gattung. Ich habe in dem Werke die Mittel ausführlich angegeben, welche ich in Syrien versucht habe; man kann daselbst nachsehen, was ich über die Brechmittel, die tonischen, die fäulnisswidrigen Mittel, so wie über die besondere und schleunige Anwendung der spanischen Flie-

1) Diese Benennungen beziehen sich auf **Pinels** Nosographie philosophique. *Adynamie* bezeichnet das, was in der neuen Nomenclatur der deutschen medicinischen Schriftsteller *Asthenie* genannt wird, Schwäche, Herabstimmung der Erregung, nach der alten Vorstellungsart Mangel an Lebenskraft. *Ataxie* beziehet sich mehr auf die Ordnung und Regelmässigkeit der Symptome, und bedeutet denjenigen Zustand, in welchem die Symptome weder unter sich noch mit den offenbaren Ursachen im gehörigen Verhältnisse stehen, den von einigen so genannten *nervösen* Zustand.

genpflaster gesagt habe. Trotz der Heftigkeit von derjenigen Gattung, die ich die dritte nenne, hat man doch Heilungen gesehen, und zwar selbst solche, die ganz allein durch die Natur bewirkt wurden, und ich kann zwey Beyspiele davon nicht mit Stillschweigen übergehen, ohngeachtet es hier eigentlich nicht mein Zweck ist, besondere Thatsachen anzuführen.

Ein Sapeur, der während der Expedition nach Syrien von der Pest befallen wurde, entwischte nackt in einer heftigen Raserey aus dem Fort von Cathieh, und irrte beynahe drey Wochen in der Wuste umher; zwey Pestbeulen, die er hatte, gingen in Eiterung über und vernarbten sich von selbst; er erhielt sich, so oft ihn das Bedurfnifs antrieb, mit jener kleinen Art von Oxalis, wovon ich anderswo gesprochen habe. Der zweyte Fall ist der eines Artilleristen, der zwey Pestbeulen (*Bubonen*) und einen Carbunkel hatte. In einem heftigen Delirium entwischte er, an dem Tage seiner Aufnahme, aus den Barraken des Lazareths von Boulak, und stürzte sich in den Nil, er wurde nach einer halben Stunde unterhalb Embabéh von den Einwohnern dieses Dorfes wieder herausgezogen, und genas vollkommen [2]).“

Wir werden auf diese interessante medicinische Geschichte in einem folgenden Hefte noch einmal zurückkommen.

Pfaff.

2) Diese Thatsachen, verbunden mit so vielen andern, die von genauen Beobachtern der Pest angeführet werden, beweisen offenbar, dafs das Pestcontagium, wie die meisten Krankheitscontagien, im Anfange als ein heftiger Reiz wirke, und einen heftigen hypersthenischen Zustand hervorbringe, in welchem die schwächende Heilmethode in ihrem ganzen Umfange (Kälte, Enthaltung von allen Nahrungsmitteln, wie in beyden angeführten Fällen, selbst Blutlassen etc) die erspriefslichsten Dienste leistet.

B. Literatur.

I.

Annales de Chimie etc. N. 125. oder des 42sten Bandes 2tes Stück. S. 113-224.

1. *Zerlegung des Diaspore* (Hauy Mineralogie. 4. Th. S. 358.) von Vauquelin (s. oben.) 2. *Versuche über die Kohle von den Bürgern* Clement *und* Desormes. Die Verf. suchen in dieser Abhandlung folgende Fragen zu beantworten: Findet sich Wasserstoff in der wohl verfertigten Kohle? Und verdanken die verschiedenen Arten von Kohle ihre Verschiedenheiten den Quantitäten von Sauerstoff, welche sie enthalten? Das sichtliche Wasser, das die Kohlen beym Verbrennen geben, existirte vorher in ihnen als solches, und wurde von den Kohlen aus der Atmosphäre verschluckt. Die hygrometrische Eigenschaft der Kohlen ist längst bekannt, und die Verf. erweisen sie durch neue Versuche. Die Verf. suchten nun ferner die Feuchtigkeit auszumitteln, die in Dunstgestalt in den Gasarten enthalten seyn könnte, und wendeten dazu den trockenen salzsauren Kalk an. Gleiche Volumina von sehr verschiedenen Gasarten, wie atmosphärische Luft, Sauerstoffgas, Wasserstoffgas, Stickgas, kohlensaures Gas, setzten ohngefähr gleiche Quantitäten Feuchtigkeit ab. Weitere Versuche belehrten die Verf., daſs das kohlensaure Gas, welches durch das Verbrennen von wohl ausgeglüheter Kohle im hinlänglich getrockneten Sauerstoffgase sich erzeuge, nicht mehr Wasser enthalte als

das Sauerstoffgas vorher enthalten habe, d. h. kein oder wenigstens unmerklich wenig Wasser an den salzsauren Kalk absetze. Daraus schliefsen sie, dafs die Kohle keinen oder unmerklich wenig Wasserstoff enthalte. (Konnte aber nicht das gebildete Wasser chemisch mit der Kohlensäure vereiniget, und daher der salzsaure Kalk unvermögend seyn dasselbe davon abzutrennen?) Ihre Versuche belehrten die Verf. ferner, dafs die wohl ausgeglüheten Kohlen vom Zucker, vom Wachs, von den thierischen Materien eben so wenig Wasser beym Verbrennen geben, und folglich eben so wenig Wasserstoff enthalten als die Holzkohlen, und dafs alle diese, so wie auch die verkohlten Steinkohlen *(Coak)*, das Reifsbley, und die Kohlenblende, beym Verbrennen ohngefähr gleiche Quantitäten Sauerstoffgas, nehmlich auf 28 Theile Kohle 72 Theile Sauerstoff, wie schon Lavoisier angegeben hatte, erfordern. Das Maximum des Sauerstoffs wurde zur Verbrennung der thierischen Kohle, nehmlich 73, 1, das Minimum zur Verbrennung der Kohle des Zuckers, nehmlich 70, 7, erfordert. Ausführlich handeln nun noch die Verf. von der Einwirkung des Schwefels auf die Kohle, und von dem gekohlten Schwefel *(soufre carburé)*, wovon wir das wichtigste unsern Lesern noch mittheilen werden. 3. *Auszug aus dem Journal britannique* von Berthollet. 4. *Neue Versuche über die Gegengifte des Arseniks.* Auszug aus einer der Ecole de medecine überreichten und vor ihr vertheidigten Dissertation des Bürgers Renault, von Deyeux. Versuche an Hunden bewiesen dem Verf., dafs die von Navier so sehr gerühmte alkalische, kalkerdigte, und Eisenschwefelleber die tödlichen Wirkungen des Arseniks gar nicht aufheben, und sich überhaupt ganz unwirksam beweisen. Dagegen bewies sich eine Auflösung des geschwefelten Wasserstoffes gegen den in Auflösung genommenen Arsenik ungemein heilsam, half aber nichts oder wenig, wenn der Arsenik in trockener Gestalt gegeben wurde. Den *Mifspickel* fand der Verf. unschädlich, dagegen das schwarze Oxyd, in welches sich der metallische Arsenik an der bloſsen Luft verwandelt, so wie den Scherbenkobold (der im Grunde nichts anders als gediegener, aber durch die Einwirkung der Luft auf seiner Oberfläche oxydirter Arsenik ist) in hohem Grade giftig. Natürliches Rauschgelb, auch in groſsen Dosen zu mehreren Quentchen, war ohne alle schädliche Wirkung, dagegen tödteten schon wenige Grane des künstlich bereiteten Rauschgelbs. Diese verschiedene Wirkungsart beyder Arten von Rauschgelb kannte schon Hoffmann. Der Grund dieser auffallenden Verschiedenheit mag wohl darin liegen, daſs, wie Proust bemerket, im künstlich bereiteten Rauschgelbe der Arsenik sich oxydirt, im natürlichen hingegen in metallischer Gestalt befindet. Bey durch Arsenik vergifteten Personen widerräth der Verf. das Öl, wodurch die Wirkung des Giftes vielmehr verstärkt werde, dagegen empfiehlt er häufiges schleimigtes Getränke, vorzüglich auch um den Kranken zum Brechen zu bringen, zur Nachkur vorzüglich schleimigte Nahrungsmittel. 5. *Auszug aus einer Notiz über die verschiedenen Verfahrungsarten, die Fehler gewisser Guſseisen, Schmiedeeisen und Stahle zu verbessern,* von Levasseur. Der Verf. nimmt das warmbrüchige Eisen in Schutz, das man gewöhnlich als das unbrauchbarste wegwirft. Es besitze die gröſste Zähigkeit und Festigkeit, und man müsse es bis nahe zum Schmelzen erhitzen und in diesem Zustande, so wie wenn es wieder kalt geworden sey, schmieden. Der Aufwand an Feuerung dürfe in Fällen, wo jene Eigenschaften die gröſsten Vortheile gewähren, nicht in Betracht kommen. Das kaltbrüchige Eisen machte er durch Cementiren mit

Kalk geschmeidig. 6. *Beschreibung des Destillationsapparates des Herrn* Burkitt. Ein Auszug aus Nicholsons Journal von Guyton. 7. *Erfahrungen über die Durchleitung der Wärme durch Quecksilber und Oel von* Murray, ein Auszug aus eben diesem Journal von Guyton. Sie sind gegen Rumfords Behauptung gerichtet, daſs die Flüssigkeiten Nichtleiter der Wärme seyen. Wir werden auf diesen Gegenstand zurückkommen. 8. *Notiz über die Propolis.* Von Vauquelin. Diesen Nahmen führt die braune, bey niedriger Temperatur feste, bey höherer weiche und zähe Materie, welche man in den Bienenkörben findet, und womit die Bienen theils die Ritzen ihrer Körbe verstopfen, theils die Insekten und Würmer, die sich in ihre Körbe wagen, damit einwickeln und so tödten. Die Analyse derselben gab Vauq. ein eigenthümliches Harz von einem angenehmen aromatischen Geruch, nebst etwas Wachs und Überresten von Pflanzen und Insekten. 9. *Notiz über die verschiedenen Verbindungen des Kobalts mit dem Sauerstoffe, nebst einigen Beobachtungen über mehrere ammoniakalisch-metallische Salze.* Von Thenard. Der Verf. zeigt durch einfache Versuche, daſs das blaue, olivengrüne, braune, und schwarze Kobaltoxyd nichts als verschiedene Stufen der Oxydirung des Kobalts seyen, und zwar in Rücksicht auf die Menge des Sauerstoffs in der angeführten Ordnung, die mit dem am schwächsten oxydirten anhebt, auf einander folgen. Das schwarze Oxyd kann man in das blaue durch eine Calcination von einer halben Stunde bey dunkler Rothglühhitze verwandeln. Es wird hierbey ein Theil des Sauerstoffs verjagt. An der Existenz eines lilafarbenen Kobaltoxyds zweifelt der Verf. noch. Die Auflösung des Kobalts könne wohl eine solche Farbe haben, ohne daſs man aber ein solches Oxyd absondern könne.

könne. In den meisten Fällen möchten wohl solche purpurfarbene Niederschläge eine Verbindung des Kobaltoxyds mit der Arseniksäure seyn. Die Salpetersäure und das Ammoniak bilden mit dem Kobaltoxyde ein dreyfaches Salz von cubischer Form, einer Rosenfarbe, und einem stechenden urinösen Geschmacke. Auch der Nickel bildet ein solches dreyfaches Salz. Zink- und Bleyoxyd bilden mit der Salzsäure und dem Ammoniak dreyfache Salze. Das Zinn bildet mit dem Ammoniak und der Salpetersäure ein solches dreyfaches Salz. Preise des Nationalinstitutes (s. das IVte Heft der Annalen.) Literarische Anzeigen.

Pf.

II.

Annales de Chimie. Nro. 126. oder des 42sten Bandes drittes Stück. S. 225-332.

1. Prousts *Bemerkungen über* Fourcroys *System der chemischen Kenntnisse mit einigen Noten mitgetheilet von* Fourcroy. Diese Bemerkungen enthalten mehrere nicht unwesentliche Zusätze und Berichtigungen in Betreff derjenigen Artikel des grofsen Werks von Fourcroy, die von den Verbindungen der Essigsäure mit den salzfähigen Grundlagen und von den Athers handeln. Sie sind aus einem spanischen Journal (*Memorial litterario*) hier ins Französische übersetzet, und mit Noten von Fourcroy versehen. 2. *Auszug aus N.* 152. *der Bibliotheque britannique.* Von Berthollet. 3. *Note über die Abhandlung der Bürger* Clement und Desormes (Versuche uber die Kohle) in N. 125. der Annales de Chimie. Von Berthollet. Der philosophische Berthollet weist hier die voreiligen Behauptungen der beiden jungen Chemiker zurück.

Er urgirt von neuem das Argument, das er schon in seiner Abhandlung über die Kohle, das gasförmige Kohlenstoffoxyd u. s. w. (s. franz. Annalen Heft II. S. 69.) gebraucht hat, daſs es gegen alle Analogie sey, daſs das sogenannte gasförmige Kohlenstoffoxyd aus Sauerstoff und Kohle bestehe, da es specifisch leichter als der leichteste von diesen seinen vorgeblichen Bestandtheilen sey, wovon man an keinem andern Gase ein gleiches Beyspiel aufweisen könne. Man müsse folglich zum Wasserstoffe hier seine Zuflucht nehmen. Noch bemerkt er, daſs die Verf. nicht genug auf das gebundene Wasser des kohlensauren Gases Rücksicht genommen haben, das keine hygrometrische Substanz demselben entziehen könne. 4. *Bemerkungen uber den Runkelrübenzucker von* Parmentier. Der Verf. erklärt sich gegen die Zuckerfabrication aus Runkelrüben. Sie könne nie in Concurrenz mit der Zuckerfabrication aus dem Zuckerrohre kommen. Die Wurzeln seyen derjenige Theil der Pflanze, in welchem die Natur den Zucker am wenigsten rein ausarbeite, und wo er immer so sehr mit schleimigten und Extractivtheilen umhullt sey, daſs man die gröſste Schwierigkeit habe, ihn zum Krystallisiren zu bringen. Der süſse Zuckergeschmack sey lange noch kein Beweis von einem Gehalte an reinem, in trockener krystallinischer Gestalt darzustellenden Zucker. Dieſs beweise am besten die Manna. Der Verf. streuet interessante Bemerkungen über den Einfluſs, den mannigfaltige äuſsere Umstände auf die Entwicklung und Ausarbeitung des Zuckerstoffes in verschiedenen Zuckerpflanzen, nahmentlich auch im Zuckerrohre haben, ein. Die Vegetabilien, von welchen der Zucker einen Bestandtheil ausmacht, sollen um so mehr davon geben, je mehr sie eine gute Aussetzung gegen die Sonne haben, und in einem fetten und sandigten Boden gebauet werden. Die Runkelrüben gedeihen in einem nicht gedüngten und ungewässerten Boden besser, und erhalten weit mehr Zukkerstoff, wie in einem gut gedungten und gewässerten Boden, wie Deyeux durch Versuche gefunden habe. Selbst die Benutzung der Runkelruben zu Brantwein soll nach den Versuchen von Richard d'Aubigny nicht mit Vortheil verbunden seyn. Der Verf. schliefst damit, dafs man die Runkelruben, nach wie vor, dem Viehe überlasse, für das sie eine schmackhafte Nahrung seyen. 5. *Neuer Eudiometer von* Davy. Im Auszuge aus dem XVten Bande des Repertory for Arts etc. von Guyton. 6. *Beschreibung eines neuen Electrometers.* Von Bennet. Es ist das in Deutschland längst bekannte Goldblattelectrometer Bennets. 7. *Beobachtungen über ein Wasserinsect.* Von Bened. Prevost. Dieses von Prevost neu entdeckte Wasserinsect, das er Chirocephale nennt, kömmt in kurzer Zeit im Wasser, das sich in silbernen Löffeln und andern dergl. Geschirren befindet, oder das mit Silber etwas längere Zeit in Beruhrung gewesen war, um. Bley, Gold, Zinn sind ihm dagegen ganz unschädlich. Der Verf. empfiehlt mit solchem mit Silber geschwängerten Wasser Versuche am Menschen zu machen, ob es nicht vielleicht eine wurmtreibende Kraft äufsern würde. *Literarische Notizen, und Anzeigen.*

Pf.

III.

Annales de Chimie. Nro. 127. oder des 43sten Bandes 1stes Stück S. 1-112.

1. *Abhandlung, welche eine physische und chemische Untersuchung der Zähne enthält.* Vom Bür-

ger Josse von Rennes. Diese Abhandlung bezieht sich mehr auf den Schmelz der Zähne als auf ihre ganze Substanz. Mit Wasser gekocht, liefs sich kaum eine Spur von Gallerte aus dem Schmelz ausziehen — im Papinianischen Digestor behielt der Schmelz seine Härte und Form, während der übrige knöcherne Theil des Zahns sich erweichte und zerreiblich wurde. Am Feuer wird der Schmelz nur wenig braun und zerknistert. Die Salpetersäure löste den Schmelz sehr bald gänzlich auf, während der knöcherne Theil nur langsam und in einem Übermafse von Säure verschwand. Die Schwefelsäure löste nur den knöchernen Theil auf, und liefs den Schmelz unangegriffen. So verschaffte sich der Verf. denselben isoliret in einer ziemlich beträchtlichen Menge, um ihn genauer untersuchen zu konnen. Vergleichende Versuche zeigten ihm aber, dafs diese Methode nicht die sicherste sey, sich ganz reinen Schmelz zu verschaffen. Die Untersuchung ist vom Verf. nicht weit genug getrieben worden, um befriedigende Resultate zu geben. Er glaubte kleesauren Kalk im Schmelz der Zähne entdeckt zu haben; doch machten andere Versuche ihn in seiner Meinung wieder wankend. So viel ergiebt sich indessen, dafs der Kalk im Schmelz der Zähne mit einer Säure verbunden ist, die sich durchs Feuer zerstöhren läfst. 2. *Allgemeine Betrachtungen uber die Pflanzenextracte* von Parmentier. Sie betreffen die jedem wohlunterrichteten Pharmacevtiker bekannten Regeln, welche bey Bereitung der Extracte zu beobachten sind. Der Verf. zählt zugleich die verschiedenen näheren Bestandtheile der Pflanzen auf, welche in die Zusammensetzung der Extracte eingehen. Er läfst sich zum Theil auch in das Detail der Regeln fur die Bereitung einzelner Pflanzenextracte, wie z. B. des Extracts des Opiums etc. ein. Überall erkennt man den mit den neuern verbesserten Grundsätzen der Pharmacie wohlvertrauten Chemiker. 3. *Bemerkungen über einige Erscheinungen, welche die Proben von Versetzung des Eisens mit dem Silber und Bley darbieten.* Von Guyton. Guyton hatte aus seinen ältern Versuchen geschlossen, daſs Silber und Eisen, Bley und Eisen keine Verbindung mit einander eingehen. Coulombs feine magnetische Versuche (s. Annalen 1802. IIItes Heft. S. 149.) hatten ihn aber überzeugt, daſs das Silber allerdings einen Theil des Eisens in sich aufgenommen hatte. Er untersuchte nun auch das Eisen sorgfältiger in Rücksicht auf seinen Silbergehalt und fand denselben noch beträchtlicher, als den Gehalt des Eisens im Silber, nehmlich ein volles Achtzigtheil; auch zeigte das Eisen eine auſserordentliche Härte. Diese beyden Metalle verschmähen also nicht alle Vereinigung mit einander, vielmehr gehen sie, wenn sie vollkommen geschmolzen sind, eine genaue chemische Verbindung mit einander ein, während des Erkaltens trennt sich aber das schmelzbarste und specifisch schwerste Metall gröſstentheils, doch hält jedes der beyden Metalle einen Theil von dem andern in genauer chemischer Verbindung zurück. 4. *Erfahrungen und Beobachtungen über gewisse steinigte und metallische Substanzen, welche zu verschiedenen Zeiten auf die Erde gefallen seyn sollen, nebst Bemerkungen über verschiedene Arten von gediegenem Eisen*, von Edward Howard. Übersetzt aus den Philosoph. Transactions für das Jahr 1802. Diese Abhandlung ist aus dem Englischen entlehnt, und gehört also zunächst nicht in den Plan unsers Journals. Sie ist durch ihren Inhalt höchst merkwürdig. Sie enthält nehmlich eine genaue mineralogische Beschreibung und chemische Analyse mehrerer Steine, die zu verschiedenen Zeiten im Florentinischen in der Nähe von Siena, in England in Yorkshire, und in Ostindien bey Benares aus der Luft gefallen sind.

Es erhellet aus der Beschreibung sowohl als der chemischen Zerlegung eine sehr grofse Übereinstimmung dieser verschiedenen Steine, sowohl in ihren äufseren Kennzeichen als in ihrem Mischungsverhältnisse, und besonders ist gediegenes, mit Nickel verbundenes Eisen ein merkwürdiger allen diesen Steinen gemeinschaftlicher Bestandtheil. In einem der folgenden Stücke unserer Zeitschrift werden wir unsern Lesern La Places merkwürdige Berechnungen über die Herkunft dieser Steine vom Monde mittheilen. 5. *Erfahrungen über die Entfärbung der vegetabilischen Flüssigkeiten durch Kohlenpulver.* Vom Apotheker Duburgua. Während der Entfärbung der Flüssigkeiten durch die Kohle beobachtete der Verf. Entbindung von Kohlensäure. Die 7 Hauptfarben wurden nach der Ordnung ihrer Brechbarkeit entfärbet, so dafs die am wenigsten brechbare, nehmlich die rothe Farbe, in der kürzesten Zeit zerstöhret wurde. Die zu starke Färbung der Weine kann man verhindern, wenn man den Most über Kohlenpulver gähren läfst, und er leidet keine sonstige Veränderung dadurch. 6. *Verfahren des Bürgers* Cavezzali, *den sogenannten Eisenmohr (Aethiops martialis) zu bereiten.* Es bestehet darin, dafs man sehr reine Eisenfeile mit einer hinlänglichen Menge reinen, am besten destillirten Wassers zu einem Teige macht *(empâte)*, das Gemenge in einem grofsen Gefäfse der Luft aussetzet, während der ersten 15 Tage das Wasser sorgfältig erneuert, alsdann die Masse mehrmals auswäscht, um das feinste Eisenoxyd davon abzusondern, und diefs noch einigemal wiederholt. Man erhält auf diese Art ein Viertheil mehr an Eisenoxyd, als die angewandte Eisenfeile an Gewicht betrug. Das Wasser darf nie über dem Eisen stehen und dasselbe bedecken, weil sonst die Oxydation nur an der Oberfläche geschiehet. 7. *Auszug aus der Bibliotheque britannique.* Von Berthollet. 8. *Nach-*

trag zu meinem Versuche über den Aether (siehe den 34sten Band der Annales de Chimie) *enthaltend einige Untersuchungen über einen neuen Zustand der Schwefelsäure und einige ihrer Verbindungen.* Von Dabit. Diese besondere Modification der Schwefelsäure, die in Rucksicht auf ihren Sauerstoffgehalt zwischen der Schwefelsäure und schwefeligten Säure mitten inne stehen soll, soll sich im Rückstande von der Destillation des Vitrioläthers finden. Der Verf. beschreibet zwar einige ihrer salzigten Verbindungen, die einiges eigenthümliche haben, doch erlauben seine Versuche noch nicht die Annahme einer solchen eigenthümlichen Modification, deren Daseyn erst durch neue Thatsachen erwiesen werden muſs.

Pf.

IV.

Annales de Chimie. Nro. 128. oder des 43sten Bandes 2tes Stück. S. 113-224.

1. *Beobachtungen über das sogenannte gasförmige Kohlenstoffoxyd.* Von der Gesellschaft der holländischen Chemiker. 2. *Untersuchungen über die Ausdehnung der Gasarten und der Dämpfe durch die Wärme*, von Gay-Lussac (s. oben). 3. *Beobachtungen über die zoonische Säure.* Von Thenard (s. das erste Stück dieses Jahrgangs). 4. *Beobachtungen über die wahre Natur der in den sauren Auflösungen des Baryts durch die blausauren Salze gebildeten Niederschläge, und die Verwandschaften der Berlinerblausäure.* Von Guyton. Der Verf. beweiset, was schon andere vor ihm gezeiget haben, daſs die Niederschlagung des Baryts aus seinen Auflösungen in Säuren durch die blausaure Pottasche eine Folge einer

doppelten Wahlverwandschaft sey, und daſs sich der Baryt in dieser Hinsicht von andern nicht metallischen Basen wesentlich nicht unterscheide, indem auch der blausaure Kalk durch die kohlensaure Pottasche, die kohlensaure Soda, die salpetersaure Strontianerde, das schwefelsaure Ammoniak, die schwefelsaure Bittererde auf ähnliche Art, vermittelst einer doppelten Wahlverwandschaft, zersetzet werde. Der Baryt nimmt in der Reihe der Verwandschaften zur Berlinerblausäure unter den erdigten und alcalischen Basen den ersten Rang ein. 5. *Erfahrungen und Beobachtungen uber die Vegetation der Pflanzen, welche beweisen sollen, daſs die Vegetation am Sonnenlichte die Luft nicht, wie man gewöhnlich glaubt, verbessere.* Von Woodhouse. Aus dem Englischen ubersetzt von Adet. Der Verf. beweiset durch zahlreiche Versuche, daſs das Sauerstoffgas, welches die frischen Blätter der Pflanzen im Sonnenscheine geben, von einer Zersetzung der Kohlensäure, die entweder im Wasser, oder in der atmosphärischen Luft enthalten ist, herruhre, und daher bey dem geringen Antheil der Kohlensäure in der atmospharischen Luft nur sehr gering anzuschlagen sey. Das nähere Detail dieses Aufsatzes eines Engländers gehört übrigens nicht in den Plan unserer Zeitschrift. 6. *Auszug aus der Bibliotheque britannique.* Von Berthollet. Neuigkeiten und literarische Anzeigen.

V.

Annales de Chimie. N. 129. oder des 43sten Bandes 3tes Stück. S. 225-332.

1. *Fortsetzung und Beschlufs des Aufsatzes von* Howard *über die vom Himmel gefallenen Steine.* Von Howard (s. N. 127.) 2. *Chemische Untersuchung des Saftes der Carica papaya.* Von Vauquelin (s. das nächste Heft unserer Zeitschrift). 3. *Auszug aus einer Abhandlung des Herrn* Ekeberg *über einige Eigenschaften der Yttriaerde und über zwey Substanzen, in welchen er ein neues Metall fand.* Aus dem Schwedischen übersetzt von Swedenstierna. Das neue Metall, von welchem hier die Rede ist, ist das von dem Entdecker sogenannte *Tantalum.* Diese Abhandlung ist in Deutschland bereits durch Scherers allgemeines Journal der Chemie (IXter Band 54stes Heft S. 597. fg.) hinlänglich bekannt. 4. *Versuche über das in den Gasarten enthaltene Wasser, und über einige schwererdigte Salze.* Von Clement und Desormes. Die Verf. erhielten durch Schmelzen sowohl des natürlichen als künstlich bereiteten kohlensauren Baryts mit einem Flusse von Kieselerde und calcinirtem Borax, oder von gestofsenem Glase, wobey alle Feuchtigkeit sorgfältig ausgeschlossen war, die Kohlensäure eben so gut, als wenn sie Wasserdämpfe nach Priestleys Vorschrift darüber leiteten. Sie schliefsen daraus, dafs man das kohlensaure Gas ganz trocken, ohne alle Beymischung, weder von adhärirendem, (durch das Hygrometer abzuscheidendem,) noch von chemisch verbundenem Wasser erhalten könne. Auch zeigte sich dieses trockene kohlensaure Gas in ihren Versuchen nur wenig begierig nach Wasser. Ein ferneres Resultat aus ihren Versuchen war, dafs der na-

türliche sowohl, als künstlich bereitete kohlensaure Baryt aus 78 Theilen Baryt und 22 Theilen Kohlensäure in 100 Theilen zusammengesetzt sey. Dieses Resultat legen die Verf. bey ihren ferneren Untersuchungen uber das Mischungsverhältnifs anderer schwerdigten Salze zum Grunde, und finden so den schwefelsauren Baryt zusammengesetzt aus 67,82 Baryt und 32,18 Schwefelsäure, und in 100 Theilen salpetersauren Baryts 60 Theile reinen Baryt. Sie fanden, dafs der schwefelsaure Baryt (der gemeine Schwerspath) in der Siedhitze, vermittelst der Wasserdämpfe, in geringer Quantität sich verflüchtigen läfst. Die concentrirte Schwefelsäure löst, wie schon Sage bemerkt hatte, den schwefelsauren Baryt auf, und man kann sie daher zur Auflösung und Zersetzung des kohlensauren Baryts sehr gut gebrauchen. Doch ist die Salzsäure das beste Auflösungsmittel desselben. Zuletzt vertheidigen die Verf. ihre Annahme eines gasformigen Kohlenstoffoxyds durch einige allgemeine Betrachtungen. 5. *Auszug aus* Henrys *Abhandlung über die Zersetzung der Salzsäure.* Von Facquez. Unsern Lesern aus deutschen Journalen hinlänglich bekannt. 6. *Auszug aus der Bibliotheque britannique.* Von Berthollet. 7. *Ueber das Polierroth.* Von Guyton (s. das vorige Heft unserer Zeitschrift).

Pf.

VI.

Journal de Physique, de Chimie et d'histoire naturelle. Germinal. Jahr X. oder des LIVsten Bandes 4tes Heft. S. 253 - 332.

1. *Reflexionen über die Kometen* von G. A. Deluc. Sie betreffen die Widerlegung eines gewissen Ber-

trand, der durch die Kometen das feste Land des Erdballs periodisch wieder erneuern lafst, das, man weifs nicht wie, in der Reihe der Jahrhunderte sich zerstören soll. 2. *Beobachtungen über die Winde in der Gegend des schwarzen Gebirges in Languedoc angestellet.* Von J. A. Clos. Diese Beobachtungen sind zu particulär, und zu wenig zu allgemeinen Folgerungen benutzt, um mehr als blofs erwähnet zu werden. 3. *Nachricht von einigen neuen Krystallisationen der Granite des schwarzen Berges.* Von dem im Tarn-Departement angestellten Brucken- und Chaussée-Ingenieur. Die genaueren Beschreibungen der verschiedenen Krystallformen, in denen der Glimmer und Feldspath in den dortigen Graniten vorkommen, die durch eine Abbildung erläutert sind, verdienen in der Abhandlung selbst nachgelesen zu werden. Auch dann, wenn der Glimmer durch allmähliche Zersetzung sich schon in einen wahren Speckstein verwandelt hat, behält er noch seine Krystallform bey. Man findet in den dortigen Graniten auch Turmaline von der Dicke eines Haars bis zu der einer Federspuhle, theils von bouteillengrüner und gelblichgrüner Farbe, und selbst von der Farbe des Topases. Auch den wie mit Schriftzeichen bezeichneten Granit (*Gr. graphique*) findet man daselbst. Der Verf. entdeckte in dem dortigen Granite gleichfalls Spuren von Topas und Beryll. Auch Adularia-Feldspath findet sich daselbst. 4. *Brief über einige Versuche mit dem electrischen Säulenapparate.* Von Carradori. Enthält keine neuen Thatsachen. Das einzige, was etwa ausgehoben zu werden verdienet, ist die Beobachtung, dafs das Terpentinöl, als Zwischenkörper zwischen beiden Metalldräthen gebraucht, die Wirkung nicht gänzlich aufhebet, sondern dafs sich auch in ihm Luftbläschen vom Silberdrathe erheben, und dafs der Drath von der Zinkseite, wiewohl nur sehr unmerklich, oxydiret wird. 5. *Abhandlung über die vegetabilische Anatomie.* Von Mirbel. Den Hauptinhalt dieser Abhandlung kennen unsere Leser bereits aus dem IIIten und dem IVten Hefte des ersten Jahrganges der französischen Annalen. 6. *Beschreibung des arseniksauren Kupfers und Eisens* von dem Gr. v. Bournon. Aus den philosoph. Transactionen. Der Verf. beschreibt hier vier verschiedene Arten von arseniksaurem Kupfer, die sich eben so sehr durch ihre äufseren, besonders ihre geometrischen Karaktere, als nach Chenevix Analyse durch das Verhältnifs ihrer Bestandtheile unterscheiden sollen. Bekanntlich hat seitdem Hauy diese Abtheilung in vier Species in einem Aufsatze im ersten Stücke der Annales du Museum d'histoire naturelle in Anspruch genommen, und dieselben auf eine einzige Species zurückzuführen gesucht (s. das Iste Heft von diesem Jahrgange). Noch beschreibet Bournon hier arseniksaures Eisen, und arseniksaures Eisen mit etwas Kupfer verbunden. Wenn der Raum dieser Blätter es erlaubt, werden wir aus Gelegenheit des Aufsatzes von Hauy auf Bournons Abhandlung zurückkommen. 7. *Auszug aus einer Beobachtung* von Sage *über die Veränderung, welche das rothe Rauschgelb (realgar) durch das Licht erfährt.* Es verwandelt sich in oraniengelbes Opperment, das durch Schmelzen wieder in purpurrothes Rauschgelb verwandelt werden kann. 8. *Meteorologische Beobachtungen auf dem Nationalobservatorium zu Paris angestellt.* Von Bouvard. Sie betreffen den Monat Ventose. Der höchste Barometerstand war 28. 4, 75, der niedrigste 27. 7,00. Der gröfste Wärmegrad + 11, 8. der geringste — 1, 8. die mittlere Wärme + 5, 0. 9. *Brief des Bürgers* Clos an Delametherie. Clos kennt eine Frau, die die Elektrizität fortleitet, ohne selbst etwas davon zu empfinden, selbst nicht von der Entladung starker Batterien. 10. *Auszug aus einer Abhandlung uber das naturliche Silberamalgam.* Von Cordier. Es bestehet aus 72, 5 Quecksilber, und 27, 5 Silber. Es kömmt in fester krystallinischer Gestalt vor, und seine secondären Formen sind Modificationen des rhomboidalischen Dodecaëders. 11. *Note über den Boracit.* Von Vauquelin. 12. *Note uber einen neuen Cometen.* 13. *Auszug aus einem Briefe.* 14. *Methode das graue Kochsalz augenblicklich und ohne Anwendung des Feuers weifs zu machen.* Von Pajot Des Charmes. Sie besteht darin, dafs man das Salz, nur eben befeuchtet, in einer Serviette hin und her schuttelt. 15. *Notiz uber das Columbium.* Von Hatchet. 16. *Auszug aus einem Briefe* Prousts an Delametherie. In den Chrysolithen von Spanien, die Vauquelin fur eine Abänderung des Apatits (phosphorsauren Kalks) erklärte, fand Proust auch Flufssäure. 17. *Literarische Anzeigen.*

Pf.

VII.

Journal de Physique, de Chimie et d'histoire naturelle. Floreal. Jahr X. oder des LIVsten Bandes 5tes Heft. S. 333-404.

1. *Brief von* J. F. Daubuisson an J. C. Delametherie *uber einige Punkte der Mineralogie.* Dieser Brief enthält mehrere sehr treffende Bemerkungen über die eigentliche Tendenz der Wernerischen Behandlung der Oryktognosie, vorzüglich in Beziehung auf Hauys Abweichungen von Werner, die der Verf. aus dem verschiedenen Plane beider Mineralogen erklärt, wovon der eine ein möglichst vollkom-

menes, consequentes und mit der strengsten Präcision ausgeführtes Mineralsystem für den wissenschaftlichen Mineralogen aufstellen, der andere dagegen die Kenntnifs und Unterscheidung der mancherley Mineralien, wie sie in der Natur vorkommen, so viel möglich, und zwar vorzüglich zum Behufe des Bergbaus für praktische Mineralogen und Bergleute erleichtern wollte. 2. *Abhandlung über einige neue Geschlechter von Mollusken und von steinfressenden Würmern, und von der Eigenschaft, welche diese Thiere haben, die Felsen zu durchbohren, im Nationalinstitute vorgelesen.* Von Fleuriau-Bellevue. Der Verf. beschreibt mehrere neue Gattungen von Mollusken, welche in die Felsen bohren, und die er bey Rochelle zu beobachten Gelegenheit gehabt hatte, und glaubt sich berechtiget, dieselben unter mehrere neue Geschlechter, nehmlich Rupellaire *(Rupellaria)*, Rupicole *(Rupicola)* und Saxicave *(Saxicava)* zu bringen. Er giebt die Geschlechts- und Gattungskaraktere an. Übrigens bezieht sich die Beschreibung nur auf die Schaalen, da die Thiere dem Verf. noch zur Zeit unbekannt sind. Der Aufsatz enthält noch einige Vermuthungen über das Mittel, dessen sich diese, so wie andere Schaalthiere, z. B. die Pholaden, bedienen, um harte Steine zu durchbohren. Der Verf. macht es sehr wahrscheinlich, dafs es ein chemisches Mittel sey, und meint, dafs dieses wirksame Auflösungsmittel phosphorigte Säure seyn könnte, woraus sich das Leuchten der Pholaden, und der Meerdatteln *(Mytilus lithophagus Linn.)* erklären lasse. 3. *Auszug aus Beobachtungen des Bürgers* Sage. Auch Sage will im höchst gereinigten Kobalt und Nickel die Eigenschaft, Magnetismus anzunehmen, gefunden haben. Gegen seine Reinigungsmethode liefse sich indessen einiges einwenden, und unsern Lesern sind Chenevix gegentheilige Beobachtungen bekannt. 4. *Prüfung einiger elektrischer Erscheinungen, welche sich mit der Theorie zweyer elektrischer Flüssigkeiten nicht zu vertragen scheinen.* Von Tremery, Bergwerks-Ingenieur. Hiervon wollen wir an einem andern Orte unsern Lesern Rechenschaft geben. 5. Coulombs *Versuche, welche beweisen, dafs alle Körper der magnetischen Einwirkung gehorchen.* (Unsern Lesern schon aus dem IIIten Hefte der Annalen S. 146. bekannt.) 6. *Von den Gattungen (Especes) in der Naturgeschichte und insbesondere in der Mineralogie.* Von J. C. Delametherie. Der Verf. trägt hier die bekannten Schwierigkeiten, die der Bestimmung dessen, was man unter Species oder Gattung in der Mineralogie zu verstehen habe, im Wege stehen, vor. Ihm zufolge sollte man eine mineralogische Species eine bis in ihre kleinsten Theile gleichartige mineralische Substanz, welche eine gewisse Anzahl constanter Eigenschaften hat, wovon einige nur ihr angehören, nennen. Nur allein die Chemie könne Kenntnifs von diesen Eigenschaften geben, und folglich diese Species bestimmen. Ist aber dieselbe erst einmal durch die Chemie bestimmet, so wird man dieselbe durch die äufseren Kennzeichen stets erkennen können. Der Verf. erläutert diese Grundsätze durch das Beyspiel des kohlensauren Kalks. 7. *Auszug aus einem Briefe des Professors* Pfaff *in Kiel.* Betrifft Versuche an Taubstummen. 8. *Meteorologische Beobachtungen auf dem Nationalobservatorium zu Paris angestellt.* Von Bouvard. Im Monate Germinal (22 März - 20 April) war die mittlere Barometerhöhe 28. 0,96″, die mittlere Temperatur + 7,7. 9. *Auszug aus dem Berichte über die Versuche, welche auf dem Gange, der den Smaragd* (die unter dem Nahmen Beryll bekannte Abänderung desselben) *enthält, angestellt wurden.* Von Alluaud, dem älteren. Der Gesellschaft des Ackerbaus und der Künste des Departements der Haute-Vienne vorgelegt. Der von Lelievre zuerst entdeckte französische Beryll findet sich, wie aus diesem Berichte erhellet, in einer Ader von Quarz in einem Granitberge im Departement der Haute-Vienne, nahe an der groſsen Landstraſse von Paris nach Limoges, bey dem Flüſschen Barat. Der Verf. fand den Beryll theils krystallinisch, und darunter Prismen von 8 Zollen im Durchmesser, theils derb, grünlich und blaugrünlich durchscheinend, dem sibirischen Beryll in einzelnen Stücken sehr ähnlich, milchweiſs, und selbst rauchgrau (*enfumé*). An demselben Orte fand der Verf. auch das phosphorsaure Brauneisen. (S. franz. Annalen. I. Heft. S. 60.) 10. *Reflexionen über die Verwandtschaft, welche die mineralischen Substanzen bey ihrer Bildung zu einander haben.* Von Alluaud dem älteren. Beziehet sich noch auf die vorhergehende Abhandlung. 11. *Theorie der Anziehung der kleinsten Theilchen (Attraction moleculaire), oder der chemischen Verwandtschaft, auf das Gesetz der allgemeinen Schwere (Gravitation) zuruckgefuhret.* Von Libes, Professor der Physik an den Centralschulen zu Paris. Diese Abhandlung erlaubt keinen Auszug. Das Nationalinstitut glaubte dieser auf dem Calcul beruhenden Theorie, weil sie einigen mathematischen Wahrheiten zu widersprechen scheint, ihren Beyfall versagen zu müssen. *Literarische Neuigkeiten.*

Pf.

VIII.

Journal de Physique, de Chimie, et d'histoire naturelle. Prairial Jahr X. oder des LIVsten Bandes 6tes Heft. S. 405 - 480.

1. *Prüfung einiger Beobachtungen des* H. Courrejolles von G. A. Deluc. Sie betrifft die geologischen Bemerkungen des H. Courrejolles, die in das Pluviose-Heft des Journal de Physique eingerückt sind. (S. Annalen IVtes Heft.) 2. *Fortsetzung der Untersuchungen uber den Einfluſs des Mondes auf die Veränderungen der Atmosphäre uberhaupt und des Mondes insbesondere.* Von L. Cotte. 3. *Fortsetzung des Briefes des* J. F. Daubuisson an J. C. Delametherie. Enthält einen Auszug aus Werners Vorlesungen und zwar über den Diamant, um an einem Beyspiele zu erläutern, was der Verf. in seinem Briefe uber Werners System und die Tendenz seiner Methode gesagt hatte. 3. *Bericht über die Conferven der philomatischen Gesellschaft abgestattet.* Vom Bürger Decandolle. Dieser gehaltvolle Bericht enthält einen gedrängten und wohlgeordneten Auszug aus den Untersuchungen Adansons, Priestleys, Ingenhousz, Senebiers, Roths und den neueren von Girod-Chantran und Vaucher über die Conferven und verwandte Vegetabilien. Wir werden dieselben nebst einigen andern wichtigen Abhandlungen, die keinen Auszug erlauben, in einem Supplementbande liefern. 4. *Notiz von einem Skelette eines groſsen Thieres, welches in der Gegend von Rom gefunden worden.* Vom Grafen Morozzo. Diese Knochen wurden in einem Weinberge auſserhalb der Porta del Popolo gefunden. Wahrscheinlich sind sie von einer Elephantengattung,

doch übertreffen sie die Knochen der jetzt noch lebenden Elephantengattungen um sehr vieles an Gröfse. 5. *Theorie der Anziehung der kleinsten Theilchen oder der chemischen Verwandtschaft.* Von Libes. Zweyte Abhandlung. 6. *Beobachtungen über die Veränderungen, welche das kohlensaure Gas durch den elektrischen Funken erleidet.* Vom Bürger Theodore de Saussure. Der Verf. beweiset, dafs die Bildung eines brennbaren Gases und die Volumens-Vermehrung in Folge des Elektrisirens des kohlensauren Gases keineswegs von einer Zersetzung des im kohlensauren Gase aufgelösten Wassers nach der Erklärung von Monge, der diesen Versuch mit Sorgfalt angestellt hatte, sondern von einer wirklichen Zersetzung des kohlensauren Gases selbst, das einen Theil seines Sauerstoffes an das zur Sperrung dienende Quecksilber abgebe, herrühre, und dafs das brennbare Gas nichts anders, als das kürzlich erst entdeckte (s. die Annalen. I. Heft. S. 31.) kohligtsaure Gas oder gasförmige Kohlenstoffoxyd sey. Eine Vermischung von Wasserstoffgase und von kohlensaurem Gase, durch Funken elektrisiret, nahm in wenigen Augenblicken an Volumen ab, es bildeten sich Wassertropfen, und das kohlensaure Gas verwandelte sich gröfstentheils in Kohlenstoffoxydgas. In diesem Versuche wurden das Quecksilber, das zum Sperren gedienet hatte, und die Excitatoren von Eisen nur wenig angegriffen. 7. *Untersuchungen über die Wirkung, welche Magnetstäbe auf alle Körper ausüben.* Von Coulomb. Im Wesentlichen unsern Lesern aus dem dritten Hefte unserer Annalen S. 149. schon bekannt. 8. *Auszug aus der 15ten und 16ten Lieferung der Histoire des Plantes grasses. Von* Decandolle. *Mit colorirten Zeichnungen* von Redouté. 9. *Meteorologische Beobachtungen auf dem Nationalobservatorium im Monat Floreal (21. April - 20. Mai) angestellt.* Von Bouvard. Die mittlere Barometerhöhe war 27′ 11, 76″; die mittlere Temperatur + 10, 7. 10. *Brief von* Demolliens an Delametherie *über die Elektricität.* 11. *Abhandlung über den neuen Planeten des Piazzi.* Vorgelesen in der öffentlichen Versammlung des Institutes, von Jerome Lalande. *Literarische Neuigkeiten.*

Pf.

IX.

Memoire sur la gelatine des os et son application à l'economie alimentaire privée et publique, et principalement à l'economie de l'homme indigent, par Antoine Alexis Cadet de-Vaux, *Administrateur de l'hopital militaire de Paris etc. etc.* Gedruckt und vertheilt auf Befehl des Ministers des Innern. Paris. 1802. 8. 98 Seiten.

Seit Papin, der durch seinen Digestor die Gallerte aus den Knochen ziehen lehrte, haben mehrere Gelehrte in Frankreich und im Auslande, unter andern Darcet, Pelletier, Proust u. s. w., versucht, die Gallerte der Knochen durch einfachere Mittel zu erhalten, aber ihre Arbeiten sind in den wissenschaftlichen Sammlungen begraben geblieben, und die Ernährungsökonomie hat sich dieser glücklichen Resultate nicht bemächtiget. Cadet de-Vaux, ein eifriger Freund der Haus- und Landwirthschaft, [1]) hat

1) Es ist von ihm ein paarmal schon in den Annalen die Rede gewesen. Die Mahlerey mit Milch (s. Annalen 2tes Heft. S. 88.) und eine das Feuerungsmaterial ersparende Einrichtung bey der Zubereitung der Nahrungsmittel (s. Annalen 3tes Heft. S. 200.) rühren von ihm her.

seinen philanthropischen Eifer auch auf diesen Gegenstand gerichtet. Das einzige Mittel, aus den Knochen die Nahrungssubstanz leicht zu ziehen, ist, sie zu pulverisiren.[1]) Dem Hunde, sagt C. d. V., verdanke ich diese Idee der Pulverisation; er hat, beides auf einmal, meine Meinung über die im hohen Grade statt findende Nahrsamkeit der Knochen geleitet, und mir die Methode gezeigt, die Gallerte daraus zu ziehen. In dem ersten Kapitel handelt der Verf. von der nährenden Eigenschaft der Knochen. Laſst uns, lauten hier die nachdrücklichen Ermahnungen des Verf., die Knochen ihrer wahren Bestimmung — zu nähren — wieder geben. Ein Messerhandgriff, ein Dutzend knöcherner Knöpfe, sind eben so viele der Armuth geraubte Bouillons. Laſst uns zur Ernährungsökonomie sagen: Ein Knochen ist ein Suppentäfelchen, das die Natur gebildet hat. Ein Pfund Knochen giebt eben so viel Bouillon als eben so viel Fleisch, und eben so viele Gallerte als 12 Pfund Fleisch,[2]) auch ist die Knochenbrühe aus dem diaetetischen Gesichtspunkte der Fleischbrühe vorzuziehen. Alle Zweige der Ökonomie, alle Stände, die öffentliche Verwaltung, die Wohlthätigkeit, die Politik müssen sich für dieses Nahrungsmittel interessiren. In der Privatökonomie kostet die Knochenbouillon nichts, selbst nicht einmal die Auslage für das Brennmaterial, weil diese durch das Fett, das man aus

1) In der Schweiz, und zwar in dem gebirgigten Oberlande von Bern, sollen schon längere Zeit Mühlen im Gange seyn, auf welchen die Knochen zu feinem Pulver gemahlen und an den Landmann verkauft werden, der sich wohlschmeckende Suppen davon bereitet. *Pf.*

2) Van Marum erhielt durch den papinianischen Topf aus einem Pfunde Knochen 4 Pfund Gallerte. Er empfahl dieselbe zur Bereitung der Rumfordischen ökonomischen Suppen. (S. Journal de Chimie von Van Mons. N. 1. S. 43.) *Pf.*

den Knochen ziehet, aufgewogen wird. Die Brühe von Knochen erhält sich länger als die von Fleisch. Kurz die Anwendung der Knochen bietet kostbare Hülfsquellen den kleinen Haushaltungen in der Stadt an. Um seine Knochensuppe in Umlauf zu bringen, kündiget der Verf. noch an, dafs der Bürger Regnault, Eigenthümer eines grofsen Schmelzungsetablissements, sich anheischig gemacht habe, für 9 Franken den Mörser und Stöfser zur Pulverisation der Knochen zu liefern. Die freye Aufmunterungsgesellschaft hat ihren Ausschufs für Mechanik beauftragt, sich mit den Mitteln zu beschäftigen, die Knochen im Grofsen zu pulverisiren. Man sieht aus dieser kurzen Anzeige, dafs C. d. V. auch hier wieder etwas zu viel Lärm mit einer Sache macht, die unsern Köchinnen längst bekannt ist, da sie die Knochen wohlweislich mit dem Fleische in den Topf thun; doch ist nicht zu zweifeln, dafs das Pulverisiren der Knochen ihre Benutzung noch vergröfsern wird. Wir verweisen in Rücksicht auf die wirkliche Ausführung der Vorschläge von C. d. V. auf die kürzeren Nachrichten. *Pf.*

X.

Memoires sur les causes de la hydrophobie vulgairement connue sous le nom de rage et sur les moyens d'aneantir cette maladie par E. Fr. M. Bosquillon.

Der Verf. stellt die sonderbare Idee auf, dafs die Hundswuth sich von Hunden an Menschen durch den Bifs von jenen nicht mittheile, dafs es kein durch Ansteckung an Menschen mittheilbares Wuthgift gebe.

Er führet eine alte ehrwürdige Autorität, die des Aristoteles, an, der in seiner Geschichte der Thiere im XXIIsten Kapitel des VIIIten Buches ausdrücklich behauptet, daſs jedes Thier, den Menschen ausgenommen, durch den Biſs eines tollen Hundes die Wasserscheu erhalte. Was man dem sogenannten Wuthgifte zugeschrieben habe, sey eine bloſse Folge moralischer Ursachen des Schreckens, der Furcht u. s. w. gewesen, da ja bekanntlich exaltirte Leidenschaften, der Schrecken, der Zorn, Manie und andere ähnliche Krankheiten erzeugen, welche die gröſste Übereinstimmung in ihren Symptomen mit der Wasserscheu zeigen. Man kenne kein Beyspiel von Kindern, die, vor dem Alter der Vernunft gebissen, von der Wasserscheu befallen worden seyen. Der Verf. führt noch als Grund für seine Meinung an, daſs, wenn die Wasserscheu sich vom Hunde an den Menschen mittheilte, sie sich vom Menschen wieder den Hunden inoculiren lassen müſste, was doch nicht der Fall sey, indem der Bürger Giraud, Chirurgus des groſsen Hospice d'humanité in Paris, mit Speichel, der von Menschen genommen wurde, die mit den heftigsten hydrophobischen Convulsionen afficirt waren, eine ziemlich groſse Anzahl von Hunden ohne allen Erfolg inoculirte. Endlich sey es auſser allem Zweifel, daſs man ungestraft Milch, Butter, und Fleisch von Thieren, die von der Wasserscheu befallen waren, gegessen, daſs sogar Leute eben so ungestraft die Wunden der von einem tollen Hunde gebissenen Personen aussaugen, und daſs sie sogar dieselben von der Ansteckung des Giftes zu befreyen vorgeben u. s. w. Wir haben diese Schrift vorzüglich wegen der Paradoxie ihres Inhaltes hier angeführet. Unsern deutschen Lesern haben wir wohl nicht nöthig, die Gegengründe gegen diese Meinung in Erinnerung zu bringen. Es giebt so viele unbezweifelte Erfahrungen von Fällen ausgebrochener Hundswuth nach dem Bisse von tollen Hunden, wo auch nicht der geringste Verdacht auf Mitwirkung von Leidenschaften, Furcht u. s. w. statt fand, daſs das obige Räsonnement des Verf. dadurch ganz über den Haufen fällt. Daſs auch Kinder von der Wasserscheu nach dem Bisse von tollen Hunden befallen worden, dafür zeugen unläugbare Erfahrungen. Borellus Cent. I. Obs. 75. Fernelius de abd. rerum causis L. II. cap. 14. und Lanzoni in Mangeti Biblioth. med. pr. führen Fälle an, daſs durch das Fleisch wüthender Thiere die Wuth mitgetheilt worden sey, und so möchte nach Timaeus L. VII. cas. 33. die Milch der wüthenden Kühe gleichfalls nicht ganz unschädlich seyn. Von symptomatischer Wasserscheu und Wuth in hitzigen Krankheiten, nahmentlich in hitzigen Gallenfiebern, existiren allerdings mehrere Erfahrungen; diese darf aber auf keine Weise mit der idiopathischen, auf einem durch den Biſs, beschmuzte Werkzeuge, durch Speichel, durch das Lecken, vielleicht selbst durch Ausdünstung mitgetheilten Ansteckungsstoffe beruhenden Wasserscheue verwechselt werden.

Pfaff.

C.

Correspondenz, literarische und technische Nachrichten und Neuigkeiten, gelehrte und andere Gesellschaften, und Unterrichtsanstalten etc. etc.

I.

Beschlufs des Berichts über die Industrieausstellung

(s. das Januarheft.)

Einer der grofsen Vortheile, welchen die Engländer besitzen, bestehet offenbar in der trefflichen Bearbeitung des Eisens, dennoch lassen sie das meiste aus Schweden kommen. In Frankreich sollte das schwedische Eisen verboten werden, einige in Rücksicht des Bedarfs kleine Proben, die man vorzeigte, und die in der That sehr gut waren, hatten im vorigen Jahre, vielleicht zu schnell, eine solche Mafsregel vorschlagen gemacht. Wohl unterrichtete Leute versichern mich, dafs es ein grofses Unglück für Frankreich wäre, wenn solches Verbot, vorläufig wenigstens, wirklich zu Stande käme. — Colin de Cancey und Sarcilly, Stahlfabrikanten zu Soupes im Seine- und Marnedepartement, haben die dortige Anstalt zu einer der beträchtlichsten in Frankreich gemacht. Ihre Arbeiten sind in den Werkstätten zu Chaillot untersucht worden. Man hat aus ihrem Stahle Springfedern zu einer Pendeluhr verfertiget; sie haben auch Cylinder und Platten verfertiget, denen es an keiner Vollkommenheit gebricht. Der Jury hat ihnen eine goldene Medaille zuerkannt. Viele andere haben silberne und Bronze-Medaillen erhalten. Von andern geschah ehrenvolle Erwähnung.

Chemische Künste.

Contés Bleystifte, die im vorigen Jahre mit einer goldenen Medaille beehrt wurden, finden täglich mehr Beyfall. Die Fabrik kömmt sehr in Flor. Die Gebrüder Descroisilles in Rouen haben in ihrer Bertholletschen Bleiche ein Verfahren eingeführt, wodurch sie das salzsaure Zinn um den achten Theil wohlfeiler liefern, als es gewesen ist. Das Salz wird täglich zu feinen Kattunen und in Färbereyen gebraucht. Die Bleiche, die eine der vollkommensten in Frankreich ist, hat sich in diesem Jahre sehr verbessert, und der Jury ertheilte den Gebrüdern Descroisilles eine goldene Medaille.

Die Herren Anfry und Darcet haben dem Jury 20 Kilogrammen (beynahe 41 Pfund) kohlensauren Strontian und kohlensauren Baryt zur Untersuchung mitgetheilt, und werden das Kilogramm für einen Franken (6 ggr.) liefern. Der Jury meynte, daſs diese Entdeckung, die eines der kräftigsten Agentien in die Hände der Künstler bringet, von groſsem Einflusse in vielen Künsten, unter andern in Glashütten, Seifenfabriken und in Färbereyen seyn könne, und erkannte ihnen eine goldene Medaille zu. (Man s. franz. Annalen IV. Heft. S. 171.)

Töpferarbeit.

Dieses Jahr erhielt Patter zu Monterau im Seine- und Marnedepartement für seine vortreffliche Töpferwaare die goldene Medaille, nächst ihm Fourmy, der viele

Erfindungen in diesem Fache gemacht hat. (S. dieses und das vorige Heft.)

Lederfabriken.

Die Herren Fauler, Kempff und Münzer, Maroquinfabricanten zu Choisy an der Seine, die im vorigen Jahre eine goldene Medaille erhalten haben, haben das blaue und gelbe Maroquin so vollkommen gemacht, daſs fast keine fremde Concurrenz mehr statt findet, und daſs ihre Waare unter dem Nahmen Maroquin von Choisy ausgezeichnet wird.

Decharme und Debaux haben in jeder Ausstellung sich durch ihre vortrefflich lakirten Blechwaaren ausgezeichnet. Dieses Jahr zogen ihre Arbeiten durch ihre schönen Formen die Augen aller Zuschauer auf sich.

In den schönen Künsten

zeichneten sich die Silberarbeiter Auguste und Odiot in Paris vor allen andern aus; ersterer wegen seiner vollkommenen, geschmackvollen und geendigten Verzierungen, letzterer wegen seiner trefflichen eleganten Formen, die mit der gröſsten Genauigkeit und dem reinsten Geschmacke ausgeführt sind. Beyde haben goldene Medaillen erhalten. Masquelier, Kupferstecher, der die 23 ersten Lieferungen der Gallerie zu Florenz ausgestellt hat, hat gleichfalls eine goldene Medaille erhalten. Die Meublefabricanten Lignereux und Jacob, die Buchdrucker Firmin Didot und Pierre Didot, so wie die Nationalmanufacturen und Arbeiten der Zucht- und Armenhäuser sind, nächst vielen andern, auch dieſsmal mit Achtung erwähnt.

Frdl.

II.

Knochenbouillon und Knochengelée, ein Geschenk für die häusliche Oekonomie.

Eine Brodsuppe mit Knochenbouillon, nach Cadet de-Vaux Methode bereitet, wurde bey einem der Gastmahle *(banquets agricoles)*, welche die Ackerbaugesellschaft des Departements der Seine vierteljährig giebt, und wobey die Mitglieder neue Nahrungsmittel oder Zubereitungen, die sie ersonnen haben, vorzeigen, einstimmig als wenigstens eben so gut als eine Fleischbrühsuppe gefunden. Man stellte hernach kleine Tassen mit Knochengelée auf; die nichts davon wufsten, hielten sie für eine treffliche Fleischgelée. Ein Pfund Knochen gab 4 Pfunde solcher Gelée (s. oben), während ein Pfund Fleisch kaum 5 Unzen liefern würde. C. d. Vaux nennt diefs ein freywilliges Geschenk von der Wissenschaft der Haushaltung gemacht, weil bereits ausgekochte Knochen zu der Zubereitung dieser Knochenbrühe und Knochengelée genommen wurden.

III.

Neue Erfahrungen im Grofsen von der Schutzkraft der Kuhpocken in Paris gemacht.

Der Centralausschufs für die Kuhpockenimpfung hat einen neuen merkwürdigen Bericht abgestattet, der in Nro. 66. vom Moniteur für das Jahr XI. eingerückt ist, und von welchem wir hier nur die Hauptresultate mittheilen wollen. In den zwey letzten Monaten des Jahres X. und in den zwey ersten des Jahres XI. (Julius bis November 1802.) verbreitete sich eine Blatternepidemie in Paris, die sehr mörderisch war. In den 4 Monaten starben im Ganzen 5463, davon 1417 an den Blattern. In 6 Arrondissements war die Zahl der an den Blattern Gestorbenen beynahe die Hälfte der überhaupt Gestorbenen. Von den 10000, welche in Paris überhaupt vacciniret worden waren, ist kein Einziger von den Blattern angesteckt worden. In zwey Waisenhäuser, *(Hospices de la pitié)*, in denen man am meisten vaccinirt hatte, sind die Blattern gar nicht gedrungen, ohngeachtet sie in zwey Quartieren lagen, wo die Blattern sich am häufigsten zeigten. Welche Aussicht gewähren nicht solche Erfahrungen für die Zustandebringung einer gänzlichen Ausrottung der verheerenden Menschenblattern!

Pf.

Gelehrte Gesellschaften, öffentliche Unterrichtsanstalten etc.

1. *Ecole de Medecine zu Paris.*

Oeffentliche Sitzung der Arzneyschule zu Paris am dritten Brumaire des Jahres XI. (25 October 1802.) Aus dem jährlich gedruckten Berichte 43 S. in 4.

Fourcroy präsidirte dieses Mal an der Stelle des Ministers Chaptal, und Hallé eröffnete als Präsident die Sitzung mit folgender Rede, die uns der Raum leider nur in einem gedrängten Auszuge zu geben erlaubt. Sie enthält gewissermafsen die Geschichte der Medicin in Frankreich. —

Karl der Grofse stiftete bekanntlich schon die Universitäten. Allein der Unterricht in der Medicin bestand damals nur in Subtilitäten der Araber. Es war in jenen barbarischen Zeiten gewissermaſsen ein geringer Saame im Winter, der seinen Frühling erwartete. Als das Studium der Griechischen Literatur endlich erwachte, sah man auch in der Facultät zu Paris einen Fernel, Duret, Hollier, Baillou und Charles Lepoix. Diese hatten das Verdienst den Hippocrates studiert zu haben, und in ihre Werke denselben Geist zu verpflanzen.

Im folgenden Jahrhundert sah man schon den Anatom Riolan, Dodart (der den von Sanctorius eröffneten Weg der Versuche verfolgte), Perrault (den Literator und Künstler, der die Colonnade des Louvre erbaute, und zugleich die Academie der Wissenschaften auf Thieranatomie leitete), Fayon (der den Jardin des Plantes errichtete), den geistreichen Botaniker und Reisebeschreiber Tournefort, so wie Duverney, den Nacheiferer des Perrault in der Anatomie.

Seit jener Zeit ist kein Theil der physischen Wissenschaft unbearbeitet geblieben. Winslow, Ferrein, Herissant, Bertin, Petit und Vicq-d'Azyr sind Nahmen, an die sich stets das Andenken einer wichtigen Entdeckung der Anatomie knüpft. Die Familie Jussieu bereicherte die Botanik; und Etienne-François Geoffroy war es, der zuerst 1718. die chemischen Phänomene in einer Verwandtschaftstafel zusammenknüpfte. Er war zu gleicher Zeit ein groſser Insectolog und ein Dichter. An ihn reihten sich nachher du Baron, Roux, Darcet, und der durch Enthusiasmus zu früh entriſsne Bucquet. —

Indem der Verf. von der pneumatischen Chemie spricht, glaubt er die 3 Männer nicht noch nennen zu dürfen, von welchen der eine durch die Strenge seines Urtheils, und die Tiefe und Unabhängigkeit seiner Ansichten; der andre durch die Vollkommenheit seiner Analysen; der dritte durch den Geist, das Ganze zu umfassen, und durch jene leichte Beredsamkeit, die die Wissenschaft verbreiten und lieben macht, sich auszeichnet. Sie haben die Analyse thierischer Stoffe vervollkommt, und über die Medicin all das Licht verbreitet, das sie von den physischen Wissenschaften erlangen kann. (Auch in Deutschland wird man bey dieser Schilderung die Nahmen Berthollet, Vauquelin und Fourcroy leicht errathen). Paris, meint der Verf., sey stets die Klippe für falsche Theorien, und zu enthusiastisch angepriesne Methoden gewesen. Aber auch Montpellier hat grofse Männer aufzuweisen: einen Astruc, der durch Gelehrsamkeit und Methode glänzt; einen Bordeu, der auf die organischen Gesetze in der thierischen Ökonomie aufmerksam machte; einen Le Roy, der die Hygrometrie schuf, und einen Mauduyt, der den eigentlichen Nutzen der zu sehr angepriesnen und doch auch vernachlässigten Elektricität in verschiednen Krankheiten zu bestimmen suchte. —

Hier kam der Verf. auf seinen Lehrer Lorry, und verfiel in einen wahrhaft rührenden Ausbruch der Empfindung. „Wer, sagte er, kannte dich wohl „besser als ich? — Du mahltest uns so wahr die „Qualen der Melancholie. Du entwickeltest mit so „vieler Kunst das Chaos unserer Kenntnisse von den „Ausschlägen. Du schildertest so treffend die ver„änderten Gestalten, die die Krankheiten annehmen. „Und wer wufste besser als du den Ernst der Kunst „mit Grazie zu umgeben? Dein edles Herz verband „mit der Würde des unabhängigen Mannes die dem „Leidenden so süfsen Gefälligkeitstugenden. Dein zu „frühes Grab wird lange von Leidenden aller Stände „geehrt, und mit Thränen der Freundschaft, des Be„dauerns und der Erkenntlichkeit benetzt werden.“ —

Das ist 3 Jahrhunderte hindurch das Gemählde der Facultät der Medicin.

Die Facultät der Chirurgie hatte in Lapeyronie einen Mann, der sich durch wahres Verdienst erhob, und erhaben über allen Gildestolz bloſs das Wohl der Menschheit beabsichtete. Sein Eifer erweckte einen Marechal, einen La Martiniere. Er erbaute die Ecole de Chirurgie, und was wichtiger ist, er errichtete die Academie de Chirurgie, und befreyte den Unterricht dieser wichtigen Kunst von allem Demüthigenden, das ihm anklebte; obgleich schon die unsterblichen Nahmen eines Paré, Cabrole, Pineau, Pigrai, Guillemau, Habicot, und weiterhin ein Felix Marechal, Mery, Dionis, Mauriceau, auch ehemals Ärzte, wie Gui de Chauliac, Laurent-Joubert, und sonst Mitglieder der Facultät ihr früher die Achtung hätten verschaffen müssen. —

Die ersten Mitglieder dieser Academie waren Quesnay, Morand, Jean L. Petit, Le Dran, Garengeot, Puzos, Lecat, und auswärts Cheselden. — Petit der Sohn, Lafay, Foubert, Daviel, Moreau, Levret, David und andre haben nachher die Wissenschaft bereichert. Louis verdankt die Academie einen groſsen Theil ihrer prächtigen Sammlung. Er war, wie der Verf. schön sagt, gelehrt mit Auswahl, genau mit Eleganz, und sinnreich in seinen Anwendungen. Er machte die Erfindungen anderer so fruchtbar, daſs er selbst zu dem Range der Erfinder sich erhob. Der bescheidene Chappart zeichnete sich durch richtiges Urtheil, und der unermüdete Dessault durch einen Muth aus, der so schnell faſst als entscheidet, so wie durch eine Festigkeit, die den Erfolg sichert. —

Chirac hatte schon die Idee, eine ähnliche Academie, wie die für Chirurgie, für andre Fächer zu errichten, aber die Schwierigkeiten schienen unüberwindlich. In allen gesellschaftlichen Verbindungen, bemerkt der Verf. sehr richtig, entstehen oft zwey sehr entgegengesetzte Eigenheiten: ein Gildegeist, oder ein Geist der Neuerung. Erster ist argwöhnisch, ausschliefsend, gehässig und verfolgend. Mit dem ehrwürdigen Äufsern des Alterthums, und mit der Maske des allgemeinen Interesses schleicht er sich um so leichter auch in den edelsten Gemüthern ein, als er am wenigsten anscheinend dem Egoismus gleicht. — Die Neuerungssucht hingegen wirft wiederum alles um, und befindet sich am Ende, wenn die kühnen Projecte verschwunden sind, nur von Ruinen umgeben! — Eine gute Regierung benutzt diesen verschiedenen Geist beyder zu seinem Vortheil. Der Verf. will jenen verdienten Academien keinen Vorwurf machen, wiewohl er bemerken mufs, dafs der Esprit de Corps erst ein halbes Jahrhundert nachher einem Turgot und Malesherbes, in Verbindung mit Lassonne und Vicq-d'Azyr, erlaubte, die königliche Medicinische Gesellschaft zu stiften. Lorry, Geoffroy, Le Roy, Poissonnier, Bucquet und viele andre vereinigten sich zu dem Ende, und die ungeheuere Thätigkeit des Vicq-d'Azyr belebte alles. Als unermüdeter Secretair, als genauer Correspondent, als geschickter Professor, als beredter Lobredner, als fruchtbarer Schriftsteller, als Mann, der anatomische Untersuchungen leitete, grofse Pläne entwarf und ausführte, als Schriftsteller, der die Palme errungen hatte, und reif, auch den Ruf eines grofsen Arztes zu verdienen, strebte Vicq-d'Azyr nach allem, weil er sich zu allem fähig fühlte. Diese Societät hat dem Lande viel gutes gestiftet. Die Dysenterie im Jahre 1779, das Schweifsfieber *(Suette)* von Languedoc 1782, und die catarrhalische Epidemie von 1785 hat zu sehr nützlichen Consulta-

tionen

tionen die Veranlassung gegeben. Auch erweckte sie durch die Arbeiten, die sie veranlaſste, Nacheiferung in den entlegensten Gegenden, und verschaffte sich dadurch originelle Beobachtungen, die ganz das Gepräge der Einfachheit und Treue hatten.

Mehrere Beschreibungen von Epidemien, Epizootien, Getreide - Krankheiten, Untersuchungen mineralischer Wässer und Medicamente, meteorologische Beobachtungen, und medicinische Topographien, sind wahre Meisterstücke. — Der Charlatanismus hat übrigens durch nichts einen gröſsern Stoſs erlitten, als durch diese trefflichen Arbeiten in dem so kurzen Zeitraume von 15 Jahren.

Aus diesen beiden so verdienten Gesellschaften und Mustern sind nach einer Schreckenszeit die jetzige medicinische Schule und andre Einrichtungen entstanden, die in der Vergangenheit nicht ihres gleichen finden. Die Künste, die in ihren Grundsätzen unzertrennbar sind, sind vereinigt. Es sind Lehrstühle für alle Theile, die der jetzige Zustand der Wissenschaft erfordert, errichtet. Die Hospitäler sind clinische Schulen geworden; und der mündliche Unterricht ist mit praktischer Anwendung begleitet. Die Rede des Directors Thouret im Jahre VIII, und die des Staatsraths Fourcroy und Prof. Leclerc im Jahre IX und X haben das Nähere hierüber bekannt gemacht. —

Die Ecole de Medecine kann sich rühmen, 3 ihrer Mitglieder in diesem Jahre vom Staate ausgezeichnet zu sehen. Corvisart ist Arzt des Gouvernements geworden; Percy hat die Oberaufsicht über die Militärhospitäler erhalten, und der Staatsrath Fourcroy die Direction des öffentlichen Unterrichts. —

Der Eifer in der clinischen Schule der Bürger Corvisart und Le Roux hat sich wie in den vorigen Jahren erhalten. 4 Eleven sind mit zwey Mitgliedern der Schule nach dem Loiret - Departement geschickt worden, wo eine Epidemie herrschte. —

Die Bibliothek und das Instrumentencabinet war, wie gewöhnlich, offen. In letzterem haben Aldini und Biot die Galvanischen und Voltaschen Versuche wiederholt. —

Die Bürger Ribes, Fleury, Joffrion, Hamel, als Prosectoren, haben mit ihren Gehülfen mehr als 40 neue Präparate der Schule geliefert. 14 organische Krankheiten hat Bürger Pinson in Wachs modelirt, und 3 neue Wachspräparate verdankt man dem Bürger Laumonier. (Man sehe das vorige Stück.) Bürger Lemonnier hat 22 Zeichnungen und 3 Gemälde verschiedner Krankheiten geliefert, z. E. eine Abbildung einer ungeheuern Geschwulst am Halse, einer schwammigten Geschwulst der Beinhaut an der Articulation des Schulterblatts, und die omphalo - mesenterischen Gefäſse des Foetus. — Bürger Clarion, Gehülfe des chemischen Laboratoriums, hat 500 ausländische Gewächse in einem Herbario, und 200 Saamen, die man in Europa nicht cultivirt, der Schule geschenkt. —

Der Verf. hielt hier dem Bichat eine Lobrede. Sandifort sagte von ihm, als er noch beym Leben war, daſs er in 6 Jahren einen Boerhave hätte übertreffen mögen. Bekanntlich wird ihm und Dessault ein Monument im Hotel - Dieu errichtet.

Folgende Schriften sind von der medicinischen Schule und von der medicinischen Gesellschaft herausgegeben worden.

Desgenettes medicinische Geschichte der orientalischen Armee. Cabanis Wechselwirkung des Physischen und Moralischen im Menschen. Huzard

Theorie der Stutereyen. Chaussier Tabelle zur Erleichterung des Studiums der Anatomie. Sue Geschichte des Galvanismus. Pinel Die medicinische Klinik bestimmter gemacht durch die Anwendung der Analyse. (Die Beobachtungen sind alle in der Salpetriere gemacht worden.) Pinel hatte auch 750-800 Verrückte zu behandeln Gelegenheit, die er in 5 Classen abtheilte. Die erste enthält die Tollen, die mit andern zufälligen Krankheiten behaftet sind. Die 2te die sogenannten Unheilbaren, bey denen Versuche fruchtlos angestellt sind. Die 3te die Tollen im Delirio. Die 4te, die helle Zwischenräume haben, oder geringere Anfälle haben. Letztere haben mit Bäumen bepflanzte Spatziergänge, in deren Mitte sich eine Fontaine befindet. Die 5te Division gehört endlich den Reconvalescenten. Vom 17ten Germinal An X bis zum 17ten Vendemiaire dieses Jahres sind von 182 behandelten Frauen 92 geheilt, oder doch vermuthlich geheilt, und in der Besserung. Bey 59 glaubt man fortfahren zu müssen, Mittel zu versuchen. —

Dubois hat in seinem clinischen Institute unter andern 2 merkwürdige Operationen gemacht. Die eine besteht in einem wiederholten Voneinanderschneiden zweyer Enden einer Tibia, die nach einem Bruche sich in 15 Monaten nicht vereinigt hatten. Der Kranke geht schon merklich besser. — Die zweyte Kur betrifft die Behandlung zweyer Anevrismen. Sie besteht in einer methodischen Compression bey dem Fortgange der Arterie oberhalb der Geschwulst. Eins der Anevrismen befindet sich an der Arteria poplitea, das andre an der Arteria cruralis. Es ist die Absicht, dasjenige nach und nach zu erreichen, was man sonst plötzlich durch die Unterbindung erlangt. Die ersten Resultate lassen einen glücklichen Ausgang des Versuchs erwarten. —

Seit einigen Monaten sind viele Lacrimalfisteln und Staphylomata und sonst Blindheiten vorgekommen, die die grassirenden Pocken veranlaſst haben. Die mit Kuhpocken eingeimpften Kinder sind allenthalben verschont worden. — Bürger Collinet hat die Beobachtung eines Fungus periostei ossis ilei mitgetheilt. Eine ähnliche Geschwulst hat man auch im Hospital St. Louis am humero beobachtet. Sie befindet sich im Cabinet der medicinischen Schule. Bürger Lassus hat zwey Abhandlungen über diesen Gegenstand gegeben. Er theilt die Geschwülste in blutige und weiſse, die man uneigentlich lymphatische nennt. Erstere sitzen entweder im Zellgewebe unter der Haut oder an der Beinhaut. In dem ersten Falle nennt man sie varicose Balggeschwülste. Das Blut flieſst aus ihnen, wenn man sie öffnet, wie aus einem Schwamm. Das Gewebe, das sie einschlieſst, gleichet dem einer aufgeblasenen Milz. Sie können so groſs werden, daſs die Haut platzt, und Brand, ja der Tod erfolgt. — Dieses verhütet man, wenn man sie früh operirt. Die blutigen Geschwülste der Beinhaut sind wahre Ausartungen dieser Membran, die sich in ein schwammigtes mit Blut angefülltes Gewebe verändert. Sie entstehen oft von einer leichten Contusion, und haben, wenn sie vernachlässigt worden, Knochenfraſs zur Folge. —

Von den weiſsen Geschwülsten wird Herr Lassus nächstens handeln. — Man hat im Hospice de Perfectionnement einen Menschen gesehen, dessen Unterkinnbacke, untere Mundhöhle und Hals von einer Geschwulst eingenommen sind, die ungeheuer groſs, weich und schwammigt ist. In der Mitte befindet sich der Knochen besonders miſsgestaltet. Man hat sie genau abgebildet. —

Bürger Percy hat der Schule ein Gerippe mit einer allgemeinen Anchylose geschenkt. (S. d. Annalen 1802. IVtes Heft.) Bürger Nysten die Geburtstheile eines 15 jährigen Mädchens, das alle Zeichen der Jungferschaft hatte, und dessen ovarium Fragmente eines Foetus enthielt. Baudelocque hat einen Foetus extrauterinus geschenkt, welcher 4 Kilogrammen (ohngefähr 8 und ein Fünftel Pfund wog.

Eine lange Enthaltsamkeit eines Melancholischen, der im Val de Grace gestorben ist, ist vom Bürger Ballin unter Herrn Desgenettes beobachtet worden. Andrerseits eine fast unglaubliche Polyphagie vom Bürger Percy, (s. die Annalen 1802. IVtes Heft.) u. s. w.

Folgende Versuche hat man zur Auflösung wichtiger Fragen der Physiologie und Medicin an Thieren angestellt.

Chaussier hat gefunden, dafs Einathmen des geschwefelten Wasserstoffgases Thiere schnell tödtet, und dafs es eben so tödtend ist, wenn es durch die Haut, ersten Wege, oder das Zellengewebe in Körper gebracht wird. — Immer war der Tod mit vollkommner Zerstöhrung der Lebenskraft begleitet. — Dupuytren hat verschiedentlich die Milz und Nieren exstirpirt, um ihren Nutzen aufzufinden. Eben so untersuchte er die Veränderung, die die Speisen bey der Nutrition erleiden. Alles dieses wird er bekannt machen. —

Bürger Chaussier hat im anatomischen Theater Präparate verfertigt, die die wahre Lage der omphalo-mesenterischen Gefäfse im menschlichen Foetus bestimmen. Bis jetzt kannte man sie nur in 4füfsigen Thieren und in Vögeln genau. Sie finden sich nur in der Zeit der anfangenden Ausbildung des Foetus, und verschwinden im 3ten Monath der Schwangerschaft. Eine Arterie und Vene des Mesenteriums laufen einzeln zwischen den Gedärmen bis nach dem Nabel, verlängern sich und gehen wirklich in den Nabelstrang. Sie verlieren sich endlich in Ästen auf einem membranösen Bläschen, welches von undurchsichtiger, ungefärbter, wenig schleimigter Flüssigkeit voll ist. Bürger Chaussier hat sie schon im Jahr 1782. bekannt gemacht. — Bürger Dupuytren hat nun bestimmt eine fibröse Membran entdeckt, die die Milz bekleidet und sich in festen Fäden, oder in Scheiden, die die sich verästelnden Gefäſse umgeben, im Innern derselben verlängert. Man findet noch in Hunden besondere weiſse Körperchen von gelatinösem Ansehen.

Bürger Dupuytren hat in den täglich eröffneten anatomischen Theatern genaue Liste von den vorkommenden Veränderungen der Structur, und von den vorkommenden Verletzungen gehalten. Diese Listen über ungefähr 1000 Cadaver haben 7 Abtheilungen. In der ersten stehen die Verletzungen nach der Natur des Gewebes der (Appareils) Construction und des Organs geordnet, so daſs sich übersehen läſst, wie vielmal jedes Organ u. s. w. verletzt worden ist. In der zweyten ist die verschiedene Natur der Verletzungen angezeigt, die in den besondern Organen u. s. w. vorkommen. In der 3ten ist angegeben, welche Verletzungen sich gewöhnlich gleichzeitig antreffen lassen. In der 4ten Abtheilung wird angegeben, mit welchen Krankheiten die Verletzungen jedesmal in Verbindung stehen. In der 5ten die Verletzungen, die unmittelbare Ursachen des Todes waren. In der 6ten sieht man, in welcher Jahreszeit eine Verletzung am häufigsten vorkam. In der 7ten, in welchem Verhältniſs sie mit dem Alter, Geschlecht u. s. w. stehen. Die Resultate werden künftig bekannt gemacht werden. — Bürger Bayle und Beauchaine haben Herrn Dupuytren rühmlichst Hülfe in seinen Arbeiten geleistet. —

Einige Verschiedenheiten der Structur sind in Dissertationen mitgetheilt. Als z. E. eine besondere Lage der Nieren. Eine Unterbrechung des Intestinalcanals im Foetus, und des Meconiums in demselben, welches mit den Gallenwegen in keiner Verbindung stand. (Letzte Beobachtung kömmt von Bürger Pied und ist vom Bürger Morin gezeichnet.) Ferner ein Mann ohne Sternum, bey welchem man das Schlagen der Aorta und des Herzens so sieht, als lägen sie bloſs. — Man verdankt diese letzte Beobachtung dem Bürger Rouilly in Pontorson, der im vorigen Jahre die Frau mit dem Loche im Magen übersandte. Am merkwürdigsten ist der Fall einer Arterie, die sich im untern lobo der Lunge, wie die Arteria pulmonalis, vertheilte, und nachher mit derselben anastomosirte; sie nahm ihren Ursprung von der Abdominalaorta. — Letzte Beobachtung hat Bürger Maugras im Jadelotschen Amphitheater gemacht. —

In dem chemischen Laboratorio sind unter Deyeux vom Bürger Robert Clarion und Barruel mehrere animalische Substanzen, mineralische Wasser (besonders die von Loeben), mehrere Medicamente, als die französische Rhabarberwurzel, (die einst der chinesischen gleich kommen möchte,) u. s. w., untersucht worden. —

Da man sich gegen eine Firniſsfabrik beklagt hatte, die durch ihre Dämpfe der Gesundheit schädlich würde, so hat Bürger Deyeux einen Apparat angezeigt, wie dieselben, ohne ferner die Nachbarn zu belästigen, durch Dämpfe geleitet werden können. Bürger Deyeux hat auch mehrere, die medicinische Polizey betreffende Anfragen des Gouvernements beantworten müssen. — Man hat ferner mehrere Schwämme und die Pflanzen untersucht, die Opiat enthälten. — Bürger Jadelot hat einen Grind mit einer Pomade von Braunsteinoxyd glücklich behandelt. — Decandolle hat die verschiedenen Ipecacuanha-Arten beschrieben, worunter er alle begreift, die aufser der Psychotria emetica Brechen erregen [1].

Das Gouvernement hat die Bürger Bourdier, Chaussier, Desgenettes, Tessier im Verlaufe dieses Jahres nach St. Denis geschickt, wo eine Epidemie herrschte. — Desgenettes und Dumeril reisten in ähnlicher Absicht in das Loiret-Departement. An beyden Örtern scheinen die Krankheiten von Sümpfen und stehenden Wässern entstanden zu seyn, die bey der diefsjährigen Trocknifs von sonstigen Bächen nicht weggespült wurden. Es waren tägliche remittirende Fieber, von welchen einige den Charakter der Faulfieber, andre der bösartigen annahmen. Einige gleichen denen von Torti beschriebenen, andre arteten in Ruhren aus. —

Die Bürger Mestivier, Tonnelier, Ganard, und Horeau, Gehülfen des Bürgers Corvisart, so wie die Bürger Varcillaud und Barruel, Gehülfen beym chemischen Laboratorio, sind rühmlichst genannt. Dupuytren, Roux und Tartra, wovon der zweyte Gehülfe des Bichat gewesen, der dritte schon einen Preis davon getragen hat, haben um die Stelle des zweyten Chirurgus am Hospice de l'Humanité concurrirt. Die Schule mufste bey diesem Wettstreit bedauern, dafs sie nicht 3 Stellen zu vergeben hatte. (Bekanntlich hat sie Dupuytren erhalten).

Folgende Dissertationen der Doctoranden sind noch ausgezeichnet:

Blatin Abhandlung vom Catarrh der Mutter.
Villermey von der Hypochondrie.

1) S. das Januarheft unsers Journals von diesem Jahre.

Buisson Versuch der natürlichsten Eintheilung der physiologischen Phänomene.

Cattet und Gardet Versuch über die Ansteckung.

Tartra Versuche von Experimenten über Vergiftung mit Salpetersäure.

Drouart Versuche über Vergiftung mit Kupferoxyd.

Assolant Untersuchung über die Milz.

Bayle Betrachtungen uber die Nosologien und über brandige Pusteln.

Royer Beobachtungen über die Amenorrhagie.

Le Gallois Dissertation über das Blut.

Treyeran Beschreibung eines von Guerin zum Steinschnitt erfundenen Instruments.

Am Ende der Sitzung wurden die Studierenden, welchen die dieſsjährigen Preise zuerkannt waren, proclamirt.

Von 64 Schülerinnen im Accouchement des Bürgers Baudelocque sind 13 zum Examen gekommen, und mehrere ausgezeichnet worden. —

II. *Academie des sciences, arts et belles lettres von Dijon.*

Oeffentliche Sitzung derselben den 19 Fructidor des Jahres X.

Diese Academie hat die Stelle derjenigen Gesellschaft der Wissenschaften von Dijon eingenommen, die sich vor der Revolution durch die Arbeiten mehrerer ihrer Mitglieder so beruhmt gemacht hat. In dieser öffentlichen Sitzung stattete Leschevin einen Bericht über die Entdeckung der Erscheinung des Funkengebens durch den

Stofs des verkohlten Holzes ab. Dem Bürger Lemaitre verdanket man diese wichtige Entdeckung. Sie wurde durch drey innerhalb 4 Monathen troz aller genommenen Vorsichtsmafsregeln auf einander folgende Explosionen in der Pulvermühle veranlafst. Der Generalinspector Lemaitre wurde von der Pulver- und Salpeteradministration dahin geschickt, um an Ort und Stelle Untersuchungen anzustellen. Das Resultat seiner zahlreichen und mannigfaltigen Versuche war die wichtige Entdeckung, dafs verkohltes Holz durch den Schlag mit anderm dergleichen Holze Funken gebe. Er hat auf die grofse Gefahr, bey der Pulverfabrication die Kohlen in Stücken, und auf die Nothwendigkeit, dieselben vielmehr pulverisiret anzuwenden, hingedeutet. Leschevin macht aus Lemaitres Erfahrungen den Schlufs, dafs nur ein sehr geringer Grad von Wärme nöthig sey, um die Verbindung des Sauerstoffs mit der Kohle und die Verbrennung dieser letzten zu bewirken.

Leschevin hat in der Gegend von Pontailler einen beträchtlichen Torfmoor gefunden.

Von Potel rührt eine Abhandlung über das Bleichen her, worinn er vorzüglich von den neueren Bleichmethoden und ihren grofsen Vorzügen handelt.

Bey dieser Gelegenheit hat Potel die Academie auch von seinen Versuchen mit der oxygenirten Kochsalzsäure als Wiederbelebungsmittel unterhalten, aus welchen sich (sie waren zum Theil an ihm selbst angestellet) ergiebt, dafs diese Substanz in allen Fällen von Asphyxie mit dem gröfsten Nutzen angewandt werden könne.

De Gouvenain hat das Resultat einer sehr grofsen Menge von Versuchen über die Essiggährung mitgetheilet. Er verfertiget einen sehr guten starken Weinessig zu einem sehr geringen Preise.

Durande hat eine Abhandlung über die Nachtheile, die Anzahl der Kranken in den Krankensälen der Gefängnisse zu vermehren, vorgelesen. Von da aus verbreite sich der Zunder bösartiger Ansteckung.

Dubois hat der Gesellschaft das Modell einer Maschine zur Verfertigung von Feilen, und den Plan zu einer grofsen Werkstätte zur Bereitung des Stahls und des Handwerkzeuges der Tischler vorgelegt.

Von eben dieser Academie rühret die Preisaufgabe her, welche am Ende des 1ten Stücks des 2ten Jahrgangs der Annalen angezeiget ist.

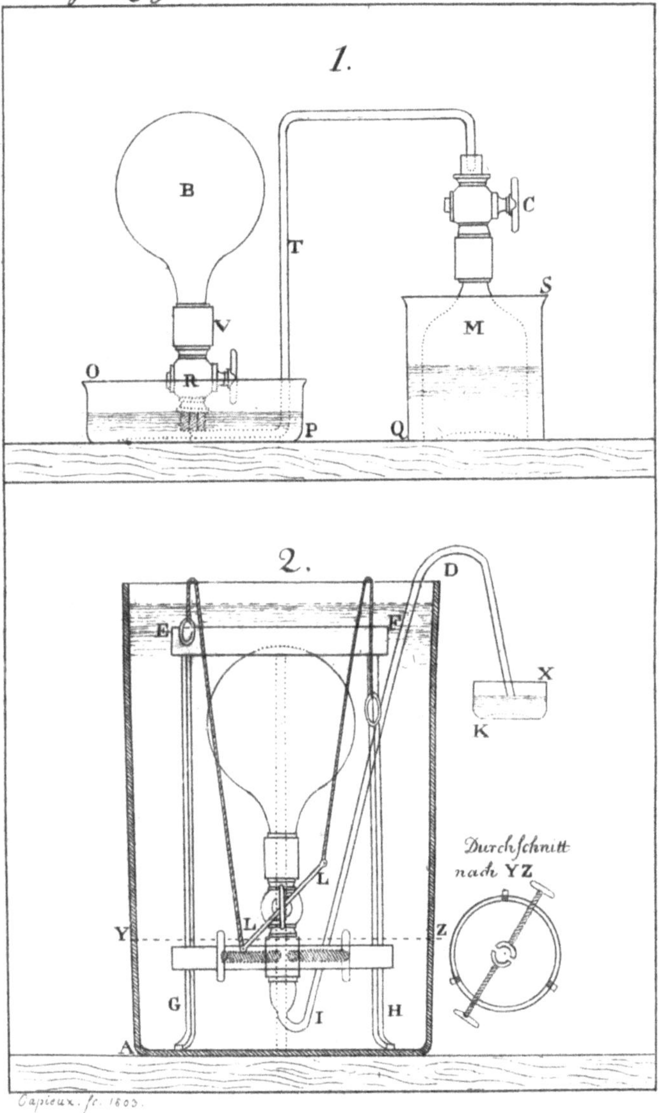

Capieux. fc. 1803.

3.

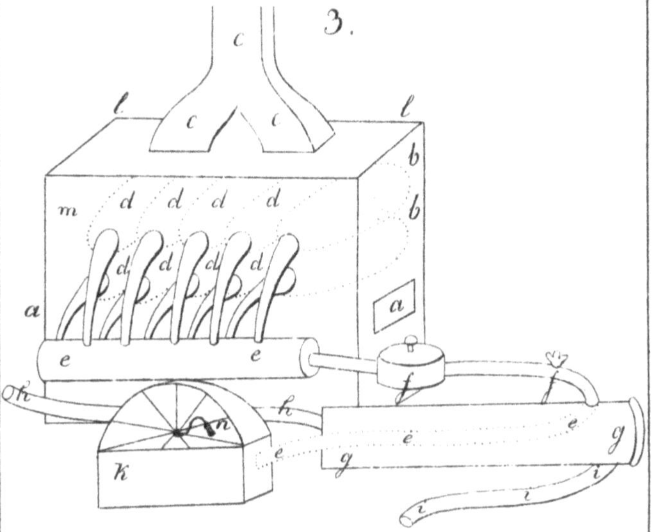

4.

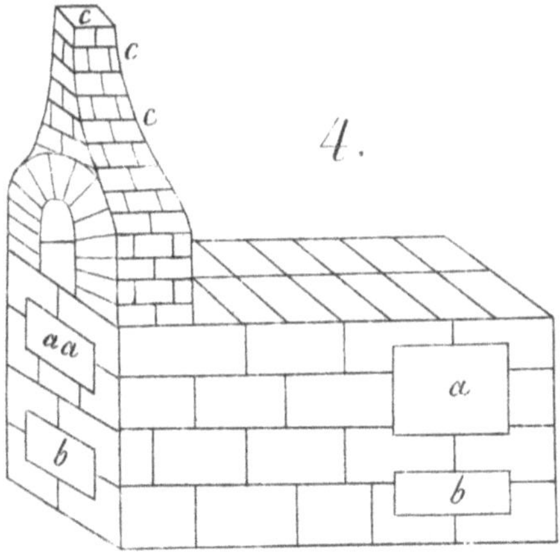

ENTDECKUNGEN

FRANZÖSISCHER GELEHRTEN

IN DEN

GEMEINNÜTZIGEN WISSENSCHAFTEN.

1803. III. u. IV. STÜCK.

Inhalts-Verzeichniſs des dritten und vierten Stücks.

A. Abhandlungen.

B. Literatur.

C. Correspondenz, literarische und technische Nachrichten und Neuigkeiten, gelehrte und andere Gesellschaften, und Unterrichtsanstalten, etc. etc.

Nachträge.

A. Abhandlungen.

I.

Abhandlung über die Zahl, die Natur, und die unterscheidenden Karaktere der verschiedenen Materialien, welche die Steine, die Bezoarde und die verschiedenen Concremente der Thiere bilden. Von

A. F. Fourcroy [1]).

Scheele machte uns zuerst mit der Zusammensetzung der Blasensteine im Jahre 1776 näher bekannt, indem er darin eine eigene Säure, die jetzt sogenannte Urinsäure, entdeckte. Er beging bloſs den Irrthum, daſs er glaubte, die Urinsäure sey der einzige Bestandtheil der menschlichen Blasensteine, die bloſs aus ihr gebildet seyen. Die folgenden Chemiker fanden als einen zweyten Bestandtheil die phosphorsaure Kalkerde. Meine und Vauquelins genaue und vielfache Untersuchungen und Zergliederungen, die sich bereits über mehr als 600 Blasensteine, und eine beträchtliche Anzahl von Bezoardsteinen, so wie von verschiedenen Concrementen aus allen Gegenden erstrecken [2]), haben uns gelehret, daſs man auſser der

1) Annales du Museum. II. Cahier. S. 95—113. mit einer colorirten Kupfertafel.

2) Diese Untersuchungen sind aus den französischen Annales de Chimie, so wie aus Scherers allgemeinem Journale der Chemie hinlänglich bekannt. Fourcroy hat in sei-

Urinsäure und der phosphorsauren Kalkerde in diesen verschiedenen Concrementen noch urinsaures Ammoniak, urinsaure Soda, ein dreyfaches Salz aus Phosphorsäure, Ammoniak und Talkerde, säuerliche phosphorsaure Kalkerde, kleesaure Kalkerde, kohlensaure Kalkerde, bisweilen selbst Kieselerde, endlich ein besonderes Fett, das ich Fettwachs *(adipocire)* genannt habe, und eine harzigte Materie finde. Hierzu kömmt noch eine gallertartige thierische Substanz, welche alle angezeigten Salze begleitet, und zum Bindungsmittel ihrer Theilchen dienet. Jede dieser Substanzen existiret nur in bestimmten Organen, und bisweilen nur bey gewissen Thieren. Da in der Anordnung dieser Concretionen bis jetzt noch so wenige Bestimmtheit und Klarheit herrschet, so halte ich es für verdienstlich, einen Versuch zur Klassification derselben zu machen, wozu die bestimmten Karaktere der angegebenen 12 Materialien, deren Zahl wohl nicht sehr vergrößert werden möchte, da mehr als 600 menschliche Blasensteine, mehr als 50 Gallensteine des Menschen und mehrerer Säugthiere, wenigstens 25 Concremente aus verschiedenen Gegenden des thierischen Körpers, und 30 Abänderungen von Bezoardsteinen der Säugthiere, die wir zerlegt haben, uns nur diese 12 dargeboten haben, vorzüglich den Weg bahnen können. Ich werde zu diesem Behufe die physischen und chemischen Karaktere, die jedem dieser Materialien zugehören, mit Genauigkeit beschreiben, und dadurch das Mittel an die Hand geben, jede Substanz mit Leichtigkeit und Sicherheit zu erkennen.

nem Systeme des connoissances chimiques X. Bd. S. 204-265. diese ganze Materie mit grofser Ausführlichkeit behandelt. Indessen ist der Gesichtspunkt, aus welchem er dieselbe Sache hier betrachtet, neu, und die zum Behufe einer naturhistorischen Klassifikation aufgestellte Karakteristik wichtig und, wie wir hoffen, nicht ohne Interesse für unsere Leser.

§. I. *Von der Urinsäure.*

Physische Karaktere. Sie, einer der häufigsten Bestandtheile der Blasensteine des Menschen, findet sich in dichten und feinen Schichten, von einer falbgelben oder Holzfarbe, deren Nuance von der Strohfarbe bis zum marmorirten Roth der Rhabarber oder Chinarinde variirt. Sie nimmt an und zeigt bisweilen auch natürlich äufserlich einen sanften Glanz, wie der des Marmors oder Serpentins. Sie ist sehr brüchig, von dem geringsten Stofse zersplittert sie, und sie zerbricht in viele Stücke, wenn sie auf die Erde fällt. Sie läfst sich leicht in ein blafsgelbes oder ins Orangegelbe sich ziehendes Pulver verwandeln. Sie hat weder merklichen Geruch noch Geschmack. In den Nieren und der Blase findet sie sich von der mannigfaltigsten Gröfse, vom Griese an, der Hirsenkörnern gleicht, bis zum Umfange einer kleinen Melone, von sphärischer, sphäroidischer, abgeplatteter, herzförmiger, cylindrischer in der Mitte verengter, nierenförmiger, ästiger, tetraedrischer oder cubischer Gestalt. Diese letztere ist eine Folge der Reibung, und findet sich nur, wo mehrere Steine in der Blase beysammen sind. Chemische Karaktere. Die Urinsäure wird auf glühenden Kohlen schwarz, ohne zu schmelzen. Sie verbreitet den Geruch von verbrannten Knochen; bey der Destillation giebt sie kohlensaures und blausaures Ammoniak. Im kalten Wasser ist sie beynahe unauflöslich; in der Siedhitze löset dasselbe einige Tausendtheile seines Gewichtes davon auf, läfst es aber beym Erkalten beynahe gänzlich wieder in Gestalt von kleinen nadelförmigen Krystallen von blässerer Farbe als vor der Auflösung niederfallen. Die concentrirte Salpetersäure loset sie vermittelst der Wärme auf, verwandelt sie in Blausäure und Kleesäure, und nimmt eine glänzende nelkenrothe Farbe an. Die flüssigen und concentrirten ätzenden feuerbeständigen Laugensalze erweichen sie zu einer Art von Seife, und lösen sie mit Hülfe von ein wenig mehr Wasser auf. Die Laugen von Soda und Pottasche sind daher die einzigen und wahren Auflösungsmittel dieser Blasensteine. Man hat diese Säure bis jetzt rein nur im Urine des Menschen gefunden. Sie existiret beynahe in jedem menschlichen Urine, und bildet die kleinen rothen Krystalle, die sich auf dem Boden der Gefäſse, in welche man den Urin läſst, absetzen. Am Ende fieberhafter Krankheiten, in den sogenannten kritischen Urinen, schlägt sie sich häufig pfirsichbluthfarben in Pulver oder Flocken nieder.

§. II. *Urinsaures Ammoniak.*

Physische Karaktere. Es bildet ziemlich oft ganz allein die Blasensteine, bisweilen gleichet sein Gewebe demjenigen der Urinsäure, und alsdann sind seine Schichten, die eine falbgelbe Farbe, oder eine Farbe wie Kaffee mit Milch haben, fein und weniger deutlich gestreift oder fasrigt, wie die der reinen Urinsäure. Am häufigsten ist dieses Salz von einer grauweiſsen oder perlgrauen Farbe, von einem ziemlich dichten Gewebe, glatt und glänzend in einigen seiner Schichten nach der Durchsägung, zelligt oder porös in der gröſseren Anzahl derselben. Es hat weder merklichen Geruch noch Geschmack. Chemische Karaktere. Vor dem Löthrohre entbindet sich das Ammoniak, und dann verhält es sich ganz wie reine Urinsäure. Im Wasser wird es nur durch ein Übermaſs von Ammoniak auflöslich. Auch die schwächsten Säuren entziehen ihm sein Ammoniak, und die ätzenden fixen Laugensalze entbinden dasselbe, das sich dann gleich durch seinen Geruch verräth.

Hieran und an der vollkommenen Auflöslichkeit in der Ätzlauge unterscheidet man es hinlänglich.

§. III. *Urinsaure Soda.*

Tennant hat dieselbe zuerst in den Gichtknoten gefunden. Nur zweymal konnte ich dieselbe bey 10jährigen Nachsuchungen und zwar gleichfalls aus den gichtischen Ablagerungen in den Gelenken, wo man sie allein bis jetzt gefunden hat, erhalten. Physische Karaktere. Sie erscheinet unter der Gestalt von unregelmäſsigen Bruchstücken, die ohne irgend eine krystallinische Anordnung an einander geleimt sind, ihre Farbe ist mattweiſs, und ihr Korn ist grob, wie wenn sie sich durch einen schnellen Absatz gebildet hätte. Sie hat wenig Cohärenz, ein beynahe vegetabilisches Gewebe, etwa wie Schwämme, und läſst sich auch zusammendrücken. Im Durchschnitte zeiget sie eine glänzende, sanft anzufühlende Oberfläche, wenigstens da, wo sie am dichtesten ist. Sie hat keinen merklichen Geruch, und einen schwachen faden Geschmack. Chemische Karaktere. Ohne auf glühenden Kohlen oder vor dem Löthrohre schmelzbar zu seyn, wird die urinsaure Soda schnell schwarz und verkohlet sich, sie giebt einen dicken und stinkenden Rauch von sich. Ihre Kohle ist dunkelschwarz, und wenig voluminös. Dem Wasser, womit sie gekocht wird, gibt sie ein seifenartiges Ansehen und bildet einen dicken Schaum an der Oberfläche, mit einem faden Geruch, wie gekochte Sehnen. Man zieht aus derselben auf diese Art eine gallertartige Substanz, die einen groſsen Theil davon auszumachen scheinet. Durch das ätzende Laugensalz wird sie im Wasser auflöslich.

§. IV. *Phosphorsaure Kalkerde.*

Physische Karaktere. Sie erscheint unter dreyerley Gestalten in den Concrementen, deren Grundlage sie ausmachet. Bald stellet sie ein hartes, knochenförmiges Gewebe vor, das aus vielen kleinen Körnchen zusammengesetzt ist, von einer grauen oder gelblichen Farbe, die sehr stark an einander adhäriren, und eine wahre Politur annehmen. Von der Art sind die Steine der Zirbeldrüse, der Thränendrüsen, der Speicheldrüsen, der Bronchialdrusen u. s. w. Bald bildet sie dünne, concentrische, mattweiſse, leicht trennbare und zerreibliche Schichten, wie in den menschlichen Urinsteinen, oder Portionen derselben, die daraus bestehen. Endlich hat der phosphorsaure Kalk bisweilen die Dichtigkeit, Härte und beynahe das organische Gewebe des Elfenbeins, er verbreitet dessen Geruch beym Sägen, und nimmt seine schöne Politur an. Man findet ihn so in einigen Verknöcherungen der weichen Theile, und in einigen Varietäten von Bezoardsteinen. Chemische Karaktere. Vor dem Löthrohre wird der phosphorsaure Kalk schwarz, und verbreitet einen schwachen thierischen Geruch, nachmals wird er weiſs und zerreiblich — er widerstehet den Laugensalzen, ist unauflöslich in der Schwefelsäure, aber wohl auflöslich in der Salpeter- und Salzsäure. Wie man den Kalk und die Phosphorsäure in diesen Auflösungen erkennet, und daraus darstellet, ist aus den chemischen Handbüchern hinlänglich bekannt.

§. V. *Säuerlicher phosphorsaurer Kalk.*

Physische Karaktere. In denjenigen Bezoarden, deren Hauptgewebe er ausmachet, hat er die Form von glatten Schichten, welche auf ihrem Bruche gestreift, leicht trennbar, und schwach an einander anhängend sind; diese Schichten von verschiedener

Dicke und sehr zerbrechlich, sind bisweilen mit sehr deutlichen grünlichen oder gräulichen Nuancen bezeichnet. Er hat einen etwas herben und sauren Geschmack, der geringste Stofs reicht hin, die Schichten zu zerbrechen, und sie von einander zu trennen, auf ihrem Bruche sieht man nadelförmig krystallisirte, glänzende Streifen. Chemische Karaktere. Vor dem Löthrohre ist er für sich allein schmelzbar, indem er austrocknet, verbreitet er einen schwach aromatischen Geruch, er bildet ein weifses undurchsichtiges Glaskügelchen, welches eine phosphorische Flamme verbreitet, wenn es stark rothglühend ist. Er ist auflöslich im kalten, noch mehr im warmen Wasser, durch Abkühlung trennt er sich von demselben in kleinen glänzenden Blättchen, er röthet die Lakmustinktur. Gegen die Säuren verhält er sich wie der phosphorsaure Kalk. Die Laugensalze verwandeln ihn in denselben durch Entziehung seiner überschüssigen Säure. Ich habe ihn bis jetzt nur in einigen Blasenbezoarden der Säugthiere gefunden.

§. VI. *Phosphorsaure Ammoniaktalkerde.*

Physische Karaktere. Diefs Salz erscheinet unter zweyerley Gestalt, bisweilen findet man es in wahren prismatischen, weifsen halbdurchsichtigen Krystallen oder in Arten von Tafeln, deren Ränder sehr hervorspringend sind, und rund umher die Oberfläche der thierischen Concremente, wie in einigen menschlichen Blasensteinen, und in den Gedärmbezoarden des Pferdes, des Elephanten, rauh und gleichsam stachligt machen. Anderemale erscheinet es in spathartigen, blättrigen, halbdurchsichtigen, mehr oder weniger dicken Schichten, welche einen andern ursprünglichen Stein von Urinsäure oder einer andern Materie überdecken, und so viel Ähnlichkeit in ihrem Ansehen mit dem Kalkspathe haben, dafs Daubenton und Vicq-d'Azyr, die sie zuerst unterschieden und beschrieben, sie beynahe damit verwechselten. Diefs Salz ist sanft anzufühlen, und läfst sich leicht in ein weifses, lockres, voluminöses Pulver, beynahe wie Talkerde oder Mehl, verwandeln. Es hat einen süfslichen faden Geschmack. Chemische Karaktere. Auf Kohlen und vor dem Löthrohre wird es schwarz, und verbreitet einen schwachen thierischen und nachmals ammoniakalischen Geruch, in einer grofsen Hitze schmelzt es. Es ist auflöslich im warmen Wasser, und krystallisiret sich durch Abkühlung. Die feuerbeständigen Laugensalze zerlegen es und trennen das Ammoniak und die Talkerde von der Phosphorsäure. Die Säuren lösen es auf; wirft man es in etwas gröfseren Stücken in schwache Salzsäure, so löset es sich innerhalb einiger Stunden auf, und es bleiben häutige, leichte, weiche, durchsichtige Flocken zurück, die noch sehr die Gestalt der steinigten Bruchstücke an sich tragen. Oft bildet es die äufsern Schichten der menschlichen Blasensteine, es macht den gröfsten Theil der Masse der Gedärmbezoarde des Pferdes, des Elephanten, der grofsen Säugthiere aus, nie findet man es in den Blasenbezoarden dieser Thiere. In dem faulenden Urine setzet sich, so wie sich das Ammoniak in demselben bildet, dieses dreyfache Salz in sechsseitigen Prismen an den Wänden der Gläser und unter der Haut, welche sich oft auf dem aufbewahrten Urine bildet, ab.

§. VII. *Kleesaurer (zuckersaurer) Kalk.*

Physische Karaktere. Dieses merkwürdige Produkt, das lange unserer Nachforschung entging, haben wir, da wir einmal auf sein Daseyn aufmerksam geworden waren, constant in der Art von menschlichen Blasensteinen gefunden, welche die Steinschneider schon lange Maulbeersteine wegen ihrer bräunlichen Farbe, und ihrer äufseren, höckerigten, ungleichen Gestalt, die mit derjenigen der Maulbeere Ähnlichkeit hat, nennen. Von aufsen ist dieser thierische kleesauro Kalk gelbbraun, oder braun, ungleich, höckerigt, rauh, bisweilen sogar wie stachligt, innerlich hart wie Elfenbein, schwer zu sägen, durch den Druck der Säge sich erhitzend und den faden Geruch der stark geriebenen Knochen verbreitend, von einem schönen und lebhaften Glanz auf seinen gestreiften Oberflächen, einer perlgrauen Farbe, und von concentrischen Schichten, die wie abgerundete Schuppen oder Arten von Kappen (*calottes*) einander bedecken, und neben einander sich befinden, wovon die auf der äufsern Oberfläche hervorspringenden Höcker herrühren, so dafs der Stein Arten von Strahlen darstellet, welche vom Mittelpunkte ausgehen, und sich im Umkreise von einander entfernen. Chemische Karaktere. Vor dem Löthrohre brennt der kleesaure Kalk mit einem starken Geruch nach verbranntem Leder, er raucht sehr und wird schwarz, er äschert sich leicht ein, er hinterläfst einen weifsen Rückstand, der alle Eigenschaften des lebendigen Kalkes zeiget. Durch diesen Versuch sind wir der wahren Natur dieses Salzes auf die Spur gekommen. Er ist unauflöslich im Wasser, das ihm jedoch, damit gekocht, eine bedeutende Menge thierischer Gallerte entziehet. Die schwachen Säuren greifen ihn nicht an, die etwas starke Salpetersäure löst ihn auf. Die kohlensauren feuerbeständigen Laugensalze zersetzen ihn. Bis jetzt haben wir diese Zusammensetzung nur in den menschlichen Blasensteinen entdeckt.

§. VIII. *Kohlensaure Kalkerde.*

Physische Karaktere. Bis jetzt haben wir den kohlensauren Kalk nur unter der Gestalt von unregelmäfsigen Concrementen gefunden, die unter sonderbaren, jedoch bisweilen abgerundeten oder länglichen Gestalten nichts als eine Anhäufung von körnigten Theilen, die durch einen thierischen Leim mit einander verbunden sind, darstellen. Am häufigsten ist er weiſs oder grau, bisweilen gelb oder braungelb, selten braun oder röthlich und mit gold- oder silberglänzender Oberfläche. Chemische Karaktere. Durch Kochen im Wasser läſst sich die bindende Gallerte ausziehen, und dann verliehrt er seine Consistenz. Durch Brennen verwandelt er sich in lebendigen Kalk, und in der Salpeter- und Salzsäure löst er sich vollkommen unter Aufbrausen auf. Bis jetzt ist der kohlensaure Kalk nie in den menschlichen Concrementen, sondern nur in den Blasen- und Nierensteinen der Säugthiere, besonders des Pferdes, des Ochsen und des Schweines gefunden worden.

§. IX. *Kieselerde.*

Bis jetzt habe ich sie unter 600 menschlichen Blasensteinen nur in zweyen gefunden, wovon der eine überdieſs nur eine ganz unbedeutende Quantität enthielt. Sie fand sich nur in dem letzten Rückstande der Zerlegung, und war in beyden Fällen mit mehrern andern der angeführten Substanzen verbunden.

§. X. *Fettwachs (adipocire).*

So habe ich seit mehreren Jahren eine besondere, öligte, concrete Materie genannt, welche ich in mehreren thierischen Zusammensetzungen gefunden habe, und welche in Rücksicht auf ihre Eigenschaften zwischen dem Fette und Wachse in der Mitte stehet. Sie ist dem Wallrath analog, wovon sie sich jedoch durch geringere Trockenheit und durch Schmelzbarkeit unterscheidet. Alle weichen thierischen Theile haben eine besondere Geneigtheit, durch ihre Fäulniſs in diesen Zustand überzugehen. Nach der Verschiedenheit des Orts, wo sich diese Materie findet, und der Umstände, unter denen sie sich gebildet hat, hat sie verschiedene Karaktere. Hier soll nur von derjenigen die Rede seyn, welche einen Bestandtheil der menschlichen Gallensteine ausmacht.

Physische Karaktere. Oft erscheinet sie in denselben unter der Gestalt von glänzenden, talkartigen, weiſsen, reinen, oder mit einer braunen färbenden Materie bedeckten Blättchen. Bisweilen findet man sie darin nur in kleinen Schüppchen, welche durch diese Concremente durchsetzen, den Mittelpunkt davon einnehmen, oder die sich aus dem Alkohol, womit man sie behandelt hat, in dem Maſse niederschlagen, als dieses abkühlet. Reibet und erhitzet man diese Substanz, so verbreitet sie einen faden Geruch, wie Seife oder Wallrath. Sie schwimmt auf dem Wasser. Chemische Karaktere. Sie ist sehr schmelzbar, nimmt geschmolzen das Ansehen eines gelblichen Öles an, und erhebt sich in Dünsten, wie das Wachs, bey einer höheren Temperatur, als die zu ihrer Schmelzung erforderlich ist. Durch die trockene Destillation gibt sie Wasser, Essig und Fettsäure, und gekohltes Wasserstoffgas. Die Säuren greifen sie wenig an. Die Laugensalze bilden damit eine Art von Seife. Im Wasser ist sie nicht auflöslich, aber wohl im Alkohol, besonders durch die Wärme, aus welchem sie sich auch in der Kälte in glänzenden Krystallen niederschlägt. Sie löset sich in den fetten und flüchtigen Ölen auf. Bis jetzt hat man sie nur in den menschlichen Gallensteinen gefunden, und ist bisweilen in denen, welche weiſs und krystallinisch sind, rein und isoliret.

§. XI. *Thierisches Harz der Bezoarde.*

Es giebt thierische zum Theil oder ganz harzigte Concremente, denen man groſse medicinische Kräfte in älteren Zeiten zuschrieb. Von der Art sind die wahrscheinlicherweise in den Gedärmen oder der Gallenblase der Thiere gebildeten Steine, welche man ehmals orientalische Bezoarde nannte, und die auch jetzt noch diesen Nahmen führen. Man muſs sie ja nicht mit den occidentalischen harten Bezoarden von erdigtem Ansehen verwechseln, welche aus kohlensaurem Kalke, säuerlichem phosphorsaurem Kalke, und phosphorsaurer Ammoniaktalkerde bestehen. Folgendes sind die Karaktere jenes Bezoardharzes. Physische Karaktere. Die äuſsere Schicht ist glänzend, dunkel- oder hellgrün, bisweilen braun, öfters geadert oder marmoriret. Durch Reiben verbreitet sie oft einen lebhaften scharfen oder aromatischen Geruch. Sie zerbricht leicht und trennet sich in sehr zerreibliche Schichten, von einer helleren Farbe, als die äuſsere Oberfläche. Diese concentrischen eyförmigen Schichten haben eine beynahe allezeit gleiche Dicke, und gehen so bis zum Mittelpunkt oder Kerne fort, der bisweilen durch eine Frucht gebildet ist, woraus ihre Erzeugung im Darmkanale erhellet. Zerrieben giebt diese Substanz ein fettes und öligtes Pulver. Chemische Karaktere. In der Wärme erweicht sich die Materie dieser Bezoarde und schmelzt, mit einer rothglühenden Nadel kann man sie leicht durchbohren, bald verbreitet sie einen starken, aromatischen, moschusartigen Geruch, sie entzündet sich und brennt mit einem dicken Rauche. Sie färbet das Wasser, womit man sie kocht, ohne sich aufzulösen. Im Alkohol löset sie sich beynahe gänzlich auf und färbet ihn, zugesetztes Wasser schlägt sie daraus nieder. Die kaustischen Laugensalze lösen sie auf, wodurch sie sich von den Pflanzenharzen unterscheidet.

Man findet auch eine ähnliche, doch weniger feine, weniger verdichtete Materie in einigen galligten Concrementen des Menschen, und in denen, welche die

Gallenblase des Ochsen öfters enthält; dieser letzteren bedienet man sich in der Mahlerey. Eine analoge fand sich auch in dem kürzlich im Museum gestorbenen Elephanten.

§. XII. *Gallerte.*

Sie findet sich in den meisten thierischen Concrementen, nie bildet sie dieselben allein, weil sie nicht die nöthige Festigkeit annehmen kann, doch gibt sie den übrigen Materialien die nöthige Consistenz und den erforderlichen Zusammenhang. Ihre Gegenwart kündiget sich durch den Gestank, welchen diese Concremente verbreiten, durch ihre Eigenschaft, sich zu verkohlen, und durch das Kochen mit Wasser an, welches davon einen thierischen Geruch und die Eigenschaft, mit dem Gerbestoffe einen Niederschlag zu geben, erhält. Diese Gegenwart beweiset am meisten den thierischen Ursprung eines Concrementes, und wird dadurch zu einem der sichersten Karaktere für dieselben.

In einer zweyten Abhandlung werde ich von der methodischen Vertheilung dieser Concremente, es seyen nun Steine, Bezoarde, oder Concremente im engeren Sinne, nach Verschiedenheit der Thiere, in denen sie sich finden, und der Stellen, welche sie im Körper einnehmen, handeln.

Pf.

Erklärung der Kupfertafel.

Taf. I. Fig. 1. a. b. c. Urinsäure, wie sie in den aus ihr gebildeten Blasensteinen erscheinet.

Fig. 2. a. b. Urinsaures Ammoniak, als Blasenstein.

Fig. 3. a. b. Phosphorsaure Kalkerde als Blasenstein.

Fig. 4. a. b. Phosphorsaure Ammoniaktalkerde.

Fig. 5. a. b. c. Kleesaure Kalkerde, wie sie in den von ihr gebildeten Blasensteinen, den sogenannten Maulbeersteinen erscheinet.

II.

Fourmys *Abhandlung* [1], *welche den vom National-Institute auf die Beantwortung der Frage: „die erdigten Substanzen und die Verfahrungsarten anzuzeigen, welche zur Verfertigung einer Töpferwaare, die den schnellen Uebergängen von der Wärme zur Kälte Widerstand leiste, und wohlfeil genug für alle Bürger sey, tauglich sind,“ zum drittenmal ausgesetzten Preis davon getragen hat.*

Die Leser unsers Journals kennen den Verf. dieser Preisabhandlung bereits aus dem ersten und zweyten Stücke dieses Jahrganges. Ein Auszug aus dieser Abhandlung wird als eine Art von Nachtrag zu der bereits im Auszuge mitgetheilten Abhandlung desselben Verfassers über die Töpferwaaren überhaupt um so interessanter seyn, da diese Preisabhandlung mehrere wichtige Resultate enthält, die auch in andern Ländern mit Nutzen werden in Anwendung gebracht werden können. Der Verfasser hat seine Materie in folgenden Rubriken abgehandelt, aus denen wir jedesmal das Wesentliche ausheben werden. Gegenstand der Frage. Die Preisfrage fordert von der Töpferwaare, deren leichtere Fabrication sie beabsichtiget,

1) Memoire qui a rapporté le prix proposé par l'Institut national etc. etc. par le C. Fourmy, Fabricant d'Hygiocérames. à Paris chez l'Auteur VIII. und 37 S. Paris 1802.

Widerstand gegen die plötzlichen Übergänge von der Wärme zur Kälte, Wohlfeilheit und Unschädlichkeit als Folge der Abwesenheit schädlicher Metallkalke. Die meisten gewöhnlichen Töpferwaaren erfüllen die beyden ersten Bedingungen, sie sind aber mit schädlichen Metallkalken überzogen. Man fabriciret in mehreren Departementern Steinzeug *(grès)*, dessen Glasur keine schädliche Metallkalke enthält, und das wohlfeil genug ist, aber die plötzlichen Abwechslungen von Hitze und Kälte nicht aushält. Bis jetzt wird in Frankreich keine Töpferwaare fabricirt, die alle Bedingungen erfüllte. Vom Widerſtande gegen die plötzlichen Übergänge von der Wärme zur Kälte. Dieser Gegenstand, so wie der von der Unschädlichkeit, und von der Glasur *(vernis)*, ist von dem Verf. schon in seiner ersten Abhandlung (s. Januar-Stück) gut aus einander gesetzet worden. Der Verf. verwirft schlechterdings die Bleyglasur. Auch die natürliche Glasur, welche von der anfangenden Verglasung auf der äuſsern Oberfläche, die durch die beym starken Ziehen des Ofens verbreitete Asche, so wie durch das Kochsalz, das am Ende des Brennens in den Ofen geworfen wird, befördert wird, herrühret, erklärt er, wenn sie gleich unschädlich ist, für unvollkommen, weil dieselbe, nicht gleichförmig verbreitet, unvollkommen verglaset ist, indem man das Brennen zu frühe einstellen muſs, damit nicht die ganze Masse in Fluſs zu gerathen anfange, wobey die Stücke sich nicht in ihrer Form erhalten würden, und sich dieselbe wohl nur auf Gefäſsen bilden kann, die unfähig sind, schnelle Abwechslungen von Hitze und Kälte zu vertragen, indem sich diese äuſserliche Glasur von sich selbst nicht wohl bilden kann, ohne daſs das Innere zugleich einen Grad von Verglasung erlitten habe, der es hindert, sich so leicht zu dilatiren und wieder zusammenzuziehen, als es die schnellen Temperaturänderungen erfordern. Der Verf. gibt zu künstlichen unschädlichen und wohlfeilen Glasuren den erdigten Zusammensetzungen den Vorzug, nicht allein weil sie wenig kostspielig, sondern auch hart genug sind, um der Reibung der Körper zu widerstehen. So ist es hinlänglich bekannt, dafs die blofs erdigte Glasur der wahrhaft harten Porzellanarten weit mehr der Reibung und überhaupt dem Eindringen harter Körper widerstehet, als die Glasur der gewöhnlichen Töpferwaaren, in deren Zusammensetzung sich Salze und Bleykalke befinden. Für Frankreich haben die erdigten Glasuren noch besonders den Vorzug vor den salinisch-metallischen, dafs die Materialien zu diesen gröfstentheils aus dem Auslande eingeführet werden müssen, was bey jenen nicht der Fall ist. Über die Mischung dieser erdigten Glasuren läfst sich nichts im allgemeinen angeben, da sich dieselbe nach der Beschaffenheit der Masse, auf welche die Glasur, und der Temperatur, in welcher dieselbe aufgetragen werden soll, mannigfaltig abändern mufs. Von der Wohlfeilheit. Der Verf. glaubt der Preisfrage Genüge geleistet zu haben, wenn die nach seinen Vorschriften erhaltene Töpferwaare von denen, welche die Pariser Manufacturen für den täglichen Gebrauch liefern, im Preise nicht merklich abweiche. Von der Zusammensetzung der gemeinen Töpferwaaren. In dem Thone, welcher zu den gewöhnlichen Töpferwaaren gebraucht wird, sind die Kieselerde und Alaunerde die Fundamentalbestandtheile, von deren Verhältnifs vorzüglich die Beschaffenheit der daraus fabricirten Stücke abhängt. Im allgemeinen läfst sich über die nöthigen Eigenschaften des Materials zu einer Töpferwaare, die die schnellen Abwechslungen von Hitze und Kälte vertragen soll, folgendes aufstellen: 1. Es mufs thonhaltig und folglich dehn-

dehnbar genug seyn, um mit wenigen Kosten bearbeitet werden zu können. 2. Es muſs kieselhaltig und folglich locker genug seyn, um der Wärme einen freyen Durchgang zu verschaffen. 3. Schmelzbar genug, um bey einem mäſsigen Grade von Feuer die nöthige Festigkeit zu erhalten. 4. Feuerfest genug, um den zur Schmelzung der Glasur nöthigen Feuersgrad ohne Veränderung zu vertragen. Wenn die Thonerde zu sehr das Übergewicht hätte, so würde es ein zu dichtes Gewebe erhalten, und die Glasur nicht so leicht annehmen. Das Übergewicht von Kieselerde würde der nöthigen Solidität Eintrag thun. Zu schmelzbar wurde es bey der Temperatur, bey der die Glasur schmelzen soll, seine Gestalt verändern. Endlich würde bey zu groſser Feuerfestheit der Aufwand von Feurung, den das Brennen erfordert, den Preis zu sehr erhöhen. V o n d e r Z u s a m m e n s e t z u n g d e s g e m e i n e n S t e i n z e u g e s. Das Steinzeug unterscheidet sich von der gemeinen Töpferwaare durch sein dichteres Gewebe, was sowohl von der gröſseren Feinheit des Thones, als von dem stärkeren Brennen herruhret. In jener obigen Eigenschaft zeiget übrigens das Steinzeug mannigfaltige Abänderungen von der Härte an, wobey es am Stahle Feuer giebt, und einen glatten, beynahe glasigten Bruch, wie das Porzellan, hat, bis zur lockern Beschaffenheit des gewöhnlichen Töpferzeuges. Das eigentliche dichte, harte Steinzeug verträgt nicht gut die schnellen Temperaturänderungen. Das Steinzeug ist bald mit einer Glasur versehen, bald nicht, und jene ist theils eine natürliche, durch Kochsalzdämpfe beförderte, theils eine künstliche aus Erden. V o n d e r V e r f e r t i g u n g e i n e r T ö p f e r w a a r e, w e l c h e d i e d r e y E i g e n s c h a f t e n, d i e d e n G e g e n s t a n d d e r P r e i s f r a g e a u s m a c h e n, v e r e i n i g e t. Dazu ist eine Vervollkommnung der bekannten Zusammensetzungen hinreichend. So ist es hinreichend bey den wohlfeilen Töpferwaaren, die die Abwechslung von Hitze und Kälte wohl vertragen, aber eine schädliche Bleyglasur haben, diese mit einer erdigten zu vertauschen, und bey denjenigen wohlfeilen Töpferwaaren mit unschädlicher Glasur, die aber nicht ungestraft ans Feuer gebracht werden können, die Textur zu verändern. Zur Erläuterung dieser Vorschriften wählt der Verf. zwey bekannte Arten von Töpferwaaren, die jede einen eigenen Fehler haben. Von den gemeinen Töpferwaaren von Paris. In der Gegend von Paris finden sich mehrere Thonarten, welche zur Verfertigung von groben Töpferwaaren sehr brauchbar sind: 1. Ein Thon von graulich bläulicher Farbe, der sehr fein und sehr dehnbar und mit sehr vielem Schwefelkiese verunreiniget ist. Er findet sich in einer Tiefe von einigen Meters (7 bis 8 Schuhen) unter der Oberfläche des Bodens; um zu ihm zu gelangen, muſs man eine Schicht von Kalktuff durchgraben. Man grabt ihn zu Arcueil, Gentilly, la Glacière, Vaugirard, Vanvres und Yssy. Von den Kiesen, die nach der Verschiedenheit in dem Fortgange der Verwitterung ihn an verschiedenen Stellen verschieden modificiren, gereiniget, taugt er nicht bloſs zur Verfertigung der gemeinen Töpferwaaren, sondern auch von Steinzeug von einer trefflichen Qualität. Eine Probe von diesem Thone von Vanvres gab 32¼ Alaunerde, 63½ Kieselerde, ¼ Kalkerde, 3¾ Eisen (ohne Zweifel Eisenkalk), ¼ Verlust. 2. Ein grünlicher Thon, weniger fein und weniger dehnbar als der vorhergehende Beynahe alle Höhen in der Nachbarschaft von Paris, wie von Montmartre, Ménil - Montant, sind davon umhüllet. Eine Probe davon von Monmartre gab 19 Alaunerde, 66¼ Kieselerde, 7½ Kalkerde, 6¾ Eisen, ½ Verlust. 3. Ein Mergel von gelblichweiſser Farbe, die sich bisweilen ins graulich Blaue zieht, und der beynahe Steinhärte erreichet. Er zeiget sich in Bänken von geringer Dicke oberhalb den Bänken von Gyps, und unterhalb dem grünen Thone, von welchem unter Nro. 2. die Rede war. Eine Probe davon von Menil-Montant enthielt $8\frac{1}{4}$ Alaunerde, $17\frac{1}{2}$ Kieselerde, 66 Kalkerde, $\frac{1}{2}$ Eisen, $7\frac{1}{2}$ Wasser, $\frac{1}{4}$ Verlust. 4. Eine Art von feinem und etwas erdigtem Sande von schwefelgelber Farbe, gemeiniglich Ofenerde genannt. Man gräbt ihn bey Picpus, bey la Pologne. Eine Probe von daher genommen enthielt $1\frac{1}{2}$ Alaunerde, $72\frac{1}{2}$ Kieselerde, $24\frac{1}{2}$ Kalkerde, $\frac{3}{4}$ Eisen, $\frac{3}{4}$ Verlust. 5. Ein Sand von ockergelber Farbe, Sand von Belleville genannt, weil er sich dort vorzüglich häufig findet. Man findet ihn zu Tage. Eine Probe davon gab in hundert Theilen (was sich gleichfalls von den obigen Analysen verstehet) 2 Alaunerde, 97 Kieselerde, $\frac{1}{4}$ Kalk, $\frac{3}{4}$ Eisen.

Von diesen 5 Substanzen werden gewöhnlich nur Nro. 1. und 5. zur Verfertigung der gemeinen Töpferwaaren angewandt. Gewöhnlich nehmen die Töpfer einen oder 2 Theile von dem Thone Nro. 1., wozu sie einen Theil von dem Sande Nro. 5. setzen. Sie erhalten dadurch sehr lockere Gefäſse, die die Abwechslungen von Hitze und Kälte sehr gut vertragen, aber oft so porös sind, daſs sie Fett und Flüssigkeiten einsaugen und durchschwitzen lassen. Sie theilen den Speisen einen unangenehmen Geruch und Geschmack mit, und sind mit schädlichen Glasuren überzogen. Alle diese Fehler kommen von dem zu schwachen Brennen her, denn das erdigte Material erhält nun nicht genug Festigkeit, die gährungsfähigen Substanzen, die es enthält, sind nicht hinlänglich zerstöhret, und üben demnach noch eine Wirkung auf das in den Gefäſsen enthaltene aus, was davon verschlechtert wird, endlich wird die salzigte oder metallische Mischung, welche die Glasur ausmachet, nicht vollkommen verglaset, und die Säuren und das Fett lösen sie mehr oder weniger leicht auf. Allem diesem beugt das Brennen in einem höheren Feuersgrade vor. Von dem Steinzeuge der Gegenden von Beauvais. Die Erden, aus welchen dieses Steinzeug fabricirt wird, werden in einer grofsen Strecke umher gegraben, und sind unter dem Nahmen der Erden von Forges bekannt, weil der Canton von Forges-les-Eaux am meisten davon liefert. 6. Eine Probe davon aus dieser Gegend gab 16 Alaunerde, 63 Kieselerde, 1 Kalkerde, 8 Eisen, 10 Wasser, 2 Verlust [1]). Die Gegend hat einen Überflufs von Sand, der mit dem Thone in verschiedenen Verhältnissen vermischt werden kann, woher mehr oder weniger lockere Gemische rühren. 7. Eine Probe eines solchen Sandes, aus der Gegend von Saint-Samson, gab 1 Alaunerde, 96 Kieselerde, $1\frac{1}{2}$ Kalkerde, $\frac{3}{4}$ Eisen, $\frac{3}{4}$ Verlust. Mit diesem Sande und der Erde Nro. 6. wurden die unten anzuführenden Proben Nro. 2-4. gemacht. Von den Veränderungen, welche die zwey angeführten Arten von Töpferwaaren erfordern. Den ersten, nähmlich denen von Paris, fehlet eine unschädliche Glasur, denen von Savigny aus der Gegend von Beauvais eine etwas lockerere Textur. Es kam darauf an, diese Fehler zu verbessern, ohne den Preis zu erhöhen. In dieser Absicht brachte ich 4 Teige *(biscuits)* zu Stande, die jeder auf eine verschiedene Art, nach Mafsgabe ihrer verschiedenen Textur, jene Absicht erfüllen. Der erste bestehet aus drey Theilen Thon von Vanvres (Nro. 1.) und aus einem Theile Sand von Belleville (Nro. 5.), der zweyte aus einem Theile Thon von Forges (Nro. 6.) und

1) Die Zerlegung dieser Erde wurde von Vauquelin gemacht, die der übrigen von Gazeran in Fourmy's Laboratorium.

einem Theile sehr groben Sandes von Saint - Samson (Nro. 7.), der dritte aus 2 Theilen Thon (Nro. 6.) und 3 Theilen mittelfeinen Sandes (Nro. 7.), endlich der 4te aus einem Theile Thon (Nro. 6.) und einem Theile sehr feinen Sandes (Nro. 7.). Diese Zusammensetzungen enthalten nichts absolutes, sondern beziehen sich auf die angewandte Temperatur, mit der sie sich ändern müssen. Von den erdigten Glasuren, die für die gemeinen Töpferwaaren tauglich sind. Die Chinesen wenden, wie ich mich durch Untersuchungen davon überzeuget habe, sehr mannigfaltige erdigte Glasuren bey ihren Töpferwaaren an. Die Töpfer von Martin Camp glasuren ihr Steinzeug mit einer Erde, welche Alaunerde, Kieselerde, Kalk und Eisen enthält. Die von St. Fargeau bedienen sich zur Glasur ihres Steinzeuges einer Eisenschlacke, die im Grunde nichts anders ist als eine Verglasung, die gleichfalls Alaunerde, Kieselerde, Kalkerde und Eisen enthält. Beyde Substanzen erfordern eine sehr hohe Temperatur. Meine Versuche gingen dahin, eine weniger feuerfeste Mischung zu einer solchen erdigten Glasur zu finden. Ich habe nichts so tauglich zu diesem Zwecke gefunden, als die vulkanischen Produkte. Unter diesen schienen mir die Bimssteine wegen ihrer grofsen Schmelzbarkeit den Vorzug zu verdienen, doch kommen ihnen gewisse Laven sehr nahe. Bey mannigfaltiger Verschiedenheit im Mischungsverhältnisse habe ich diese vulkanischen Produkte im allgemeinen gleich tauglich gefunden, eine wohlfeile und der Gesundheit zuträgliche Glasur für die Töpferwaaren abzugeben. Von allen erdigten Zusammensetzungen, die ich probierte, gab mir keine eine so vollkommene Schmelzung bey einer so niedrigen Temperatur. Von dem Einflusse, welchen die vorgeschlagenen Veränderungen auf die Preise haben müssen. Nach der neuen von mir vorgeschlagenen Methode wird das stärkere Brennen der Masse einen gröſseren Aufwand von Feuerungsmaterial erfordern, dieser gröſsere Aufwand wird aber durch die gröſsere Wohlfeilheit der Glasur mehr als vergütet. Die Töpfer von Paris wenden als Schmelzmittel die Mennige an, womit sie den Sand von Belleville und den Thon von Vanvres versetzen, es resultiret daraus eine Glasur, wovon das Kilogramm (2 Pfunde) auf etwa 60 Centimen (12 Sous) steiget. Der mittlere Preis des Kilogramms von dem Bimssteine, der in zu kleinen Stücken für die gewöhnlichen Policroperationen ist, und daher im Handel weniger geschätzt wird, ist 40 Centimen (8 Sous).. Hiezu kömmt noch die Leichtigkeit, den Bimsstein zu zermalmen, und der groſse Vortheil, daſs man beynahe die Hälfte weniger davon als von der gewöhnlichen Glasur braucht, weil er viel leichter ist. Alles zusammengerechnet würde diese Bimssteinglasur nicht ein Drittheil von dem kosten, was die gewöhnliche Glasur ausmacht. Diese Ersparniſs überwiegt den gröſsern Aufwand wegen der stärkern Feurung, und die Töpferwaare von Paris müſste wohlfeiler werden. Bey den Töpferwaaren von der Gegend von Beauvais wird die Anwendung der Bimssteinglasur wenigstens die Ersparung der geringern Feurung verschaffen, wenn auch die Glasur an sich selbst nicht wohlfeiler als die gewöhnlich gebräuchliche seyn sollte. Der Verf. bemerket noch am Ende, daſs das Nationalinstitut bey den demselben vorgelegten Proben gehörig darauf Rücksicht nehmen müsse, daſs sie nicht das Resultat einer regelmäſsigen Fabrication, bey der alles vorausgesehen und verbessert worden ist, sind, daſs nicht die Art ihrer Ausführung, sondern die Richtigkeit und der Umfang der Grundsätze, welche ihre Verfertigung geleitet haben, ihr Verdienst ausmachet, daſs seine erhaltenen Resultate auf alle, mit denen von Paris und

Beauvais analogen Substanzen, von denen der Boden der Republik einen Überflufs enthält, ihre Anwendung leiden, dafs aber sein Vorschlag wegen einer unschädlichen Glasur, nach Beschaffenheit der Örtlichkeit u. s. w., Abänderungen erleiden könne, indem nur der allgemeine Grundsatz befolgt werden müsse.

Am Ende stellet der Verf. die Resultate seiner Untersuchung noch in folgenden 3 Sätzen zusammengedrängt auf:

1. Verbindet man nach den angezeigten Grundsätzen die zu Paris und in der Gegend von Beauvais angewandten oder sonst analogen erdigten Substanzen, so wird man Teige zu Töpferwaaren erhalten, welche den plötzlichen Abwechslungen von Hitze und Kälte widerstehen.

2. Die vulkanischen Produkte, und insbesondere die Bimssteine werden für diese Teige *(biscuits)* eine wohlfeile, sehr feste, und vollkommen unschädliche Glasur liefern.

3. Da die Schmelzung dieser Glasur leichter als die der andern erdigten Glasuren ist, so wird das Brennen weniger Kosten machen, und doch wird die dazu erforderliche Temperatur hinreichen, um dem Teige die nöthige Solidität zu geben, und ihn von den Substanzen zu reinigen, von welchen der üble Geruch und Geschmack der gewöhnlichen Töpferwaaren abhänget.

Meine deutschen Leser brauche ich nicht zu erinnern, dafs auch bey uns vor einigen Jahren sehr verdienstliche Arbeiten in Rücksicht auf die Verfertigung einer unschädlichen Glasur unternommen und bekannt gemacht worden sind, (man vergl. vorzüglich Westrumbs Versuche im IIten Bande s. chem. Abhandlungen).

Pf.

III.

Bericht des bey der Anstalt der künstlichen Mineralwasser der Bürger Nicolas Paul, Triayre *et Compagnie angestellten Regierungsinspectors* Lafisse *an den Minister des Innern* [1].

Die vortreffliche, in ihrer Art einzige Anstalt der künstlichen Mineralwasser des Bürgers Paul von Genf ist unsern Lesern ohne Zweifel aus deutschen Journalen (s. z. B. Gilberts Annalen 1802. St. 9. S. 740.) [2]) schon längst bekannt. Sowohl eine Commission des Nationalinstituts, als auch die Gesellschaft der Arzneywissenschaft haben vor einigen Jahren einen interessanten Bericht darüber abgestattet, der im Druck erschienen ist, und wovon wir unsern Lesern das wichtigste wieder in Erinnerung bringen wollen. Diese Anstalt ist gleichsam eine Fabrik der verschiedensten Mineralwasser im Grofsen, und die Unternehmer haben so sinnreiche Einrichtungen, besonders zur Schwängerung des Wassers mit den verschiedenen Gasarten gemacht, dafs sie der Natur nicht blofs gleichkommen, sondern sie sogar übertreffen. Kein natürliches Mineralwasser ist so reich an Koh-

1) Rapport de l'Inspecteur du Gouvernement près l'etablissement des Eaux minérales factices des Citoyens Nicolas Paul, Triayre et Compagnie au Ministre de l'Interieur. 20 S. 4.

2) Herr Gilbert hat blofs den Bericht Fourcroys, der im Nahmen einer Commission des Nationalinstitutes abgestattet war, im Auszuge geliefert. Ich habe daher hier noch einiges Interessante, besonders über die Zusammensetzung mehrerer französischer Mineralwasser aus dem Berichte der Societé de Medecine in der vorangehenden Einleitung nachgetragen.

Pf

lensäure, als die von ihnen bereiteten, da sie durch eine glückliche Vereinigung mechanischer Hülfsmittel, besonders durch Compressionsmaschienen, starkes Schütteln etc., es dahin zu bringen wissen, dafs das Wasser sein 5faches Volumen von kohlensaurem Gase aufzunehmen im Stande ist. Durch eben diese Kunstgriffe haben sie Gasarten, wie z. B. das Sauerstoffgas, Wasserstoffgas, gekohlte Wasserstoffgas, gegen welche das Wasser keine merkliche Verwandschaft hat, in dasselbe gleichsam zu zwingen und zu bannen gewufst, und auf diese Art ganz neue Mineralwasser erhalten, die in der Natur gar nicht vorkommen, und die nach dem Zeugnisse der Erfahrung geschickter Ärzte heilsam und hülfreich in manchen hartnäckigen Krankheiten sind. Die Liste der in dem Berichte der Societé de Medecine angegebenen von Paul und seiner Gesellschaft bereiteten Mineralwasser beläuft sich auf 18, nähmlich starkes Seltzerwasser, dessen kohlensaures Gas vermittelst der Schwefelsäure aus der Kreide entwickelt ist, und dem Wasser, ohne Zweifel wegen der mit in die Höhe genommenen Schwefelsäure, einen herben und stärker säuerlichten Geschmack mittheilet; mildes Seltzerwasser, dessen Kohlensäure aus der Kreide durch das Feuer entbunden ist, woher das Wasser einen mildern Geschmack hat, und weniger reizend ist; gewöhnliches Spawasser, und starkes Spawasser, das doppelt so viel kohlensaures Eisen, als das erstere, enthält; Sedlitzerwasser (alle diese sämmtlich nach der Vorschrift der bekannten Analysen dieser Mineralwasser verfertiget, nur viel reichlicher mit kohlensaurem Gase als in der Natur geschwängert); Wasser von Vichy, enthaltend in jeder Bouteille von 6,11 Hectogrammen oder 20 Unzen, (welches Mafs auch von den folgenden Wassern gilt), 2mal sein Volumen an kohlensaurem Gase, 2 Gran kohlensaure Kalkerde,

$\frac{1}{2}$ Gr. kohlensaure Talkerde, $\frac{1}{10}$ Gr. kohlensaures Eisen, 24 Gr. kohlensaure Soda, 6 Gr. schwefelsaure Soda, 4 Gr. salzsaure Soda; Wasser von Bussang, enthaltend sein dreyfaches Volumen an kohlensaurem Gase, 6 Gr. kohlensaure Soda, $\frac{1}{2}$ Gr. kohlensaures Eisen; Wasser von Vals, enthaltend sein dreyfaches Volumen an kohlensaurem Gase, 13 Gr. salzsaure Soda, $\frac{1}{2}$ Gr. schwefelsaures Eisen, $\frac{1}{8}$ Gr. schwefelsaure Alaunerde, $\frac{3}{4}$ Gr. kohlensaures Eisen; Wasser von Contrexeville, enthaltend $\frac{1}{12}$ seines Volumens an kohlensaurem Gase, 6 Gr. Gyps, 4 Gr. kohlensaure Kalkerde (was dieses Wasser nützen soll, läfst sich nicht wohl absehen); Wasser von Balaruc, enthaltend sein 2faches Volumen an kohlensaurem Gase, 4 Gr. Kalkerde, 12 Gr. salzsaure Soda, 4 Gr. kohlensaure Pottasche; Wasser von Plombières, enthaltend $\frac{1}{20}$ seines Volumens an kohlensaurem Gase, 3 Gr. Gyps, 2 Gr. kohlensaure Kalkerde, und 1 Gr. schwefelsaure Talkerde; Wasser von Barège, enthaltend in jeder Bouteille 10 oder 12 Tropfen von folgender Mischung: Gemeines Wasser 8 Unzen, Sodaschwefel $\frac{1}{2}$ Quentchen, kohlensaure Soda 2 Unzen, salzsaure Soda 2 Quentchen, Bergöl *(Petrole)* 12 Tropfen; gashaltiges alkalisches Wasser, enthaltend sein 6faches Volumen an Kohlensäure, 144 Gr. kohlensaure Pottasche; wasserstoffhaltiges Wasser, enthaltend $\frac{1}{3}$ seines Volumens an Wasserstoffgas; kohlenstoff-wasserstoffhaltiges, $\frac{2}{3}$ seines Volumens an gekohltem Wasserstoffgase; schwaches hepatisches Wasser, sein halbes Volumen an Wasserstoffgas, und $\frac{1}{32}$ seines Volumens an geschwefeltem Wasserstoffgase; starkes hepatisches Wasser, sein halbes Volumen an Wasserstoffgas, und $\frac{1}{4}$ seines Volumens an geschwefeltem Wasserstoffgase; sauerstoffgashaltiges Wasser, sein halbes Volumen an Sauerstoffgase.

Um ihrer Anstalt eine gröfsere Gemeinnützigkeit und Umfang zu geben, haben die Unternehmer ein grofses Gebäude in der Strafse Lazare zu Paris so eingerichtet, dafs man daselbst sowohl einfache als mineralische Bäder aller Art, auch Sturzbäder, Douchen, Dampfbäder u. s. w. gebrauchen kann, und dafs sogar Kranke, die eine Bad- oder Brunnenkur gebrauchen wollen, daselbst wohnen und in anstofsenden Gärten die angenehmsten Spatziergänge finden können. Es ist an diesem Orte eine friedliche Vereinigung der verschiedenartigsten Gesundbrunnen und Mineralwasser durch die Kunst gestiftet, welche die Natur nie zu Stande bringen könnte. Die Regierung hat die Anstalt ihrer Aufmerksamkeit gewürdiget, und einen eigenen Aufseher, den Arzt Lafisse dabey angestellt, der nun kürzlich einen Bericht an den Minister des Innern über den Fortgang dieser Anstalt, und über die Heilungen, die durch diese künstlichen Mineralwasser bewirkt worden sind, abgestattet hat, der in 20 S. in 4. gedruckt worden ist, und von welchem wir das wichtigste unsern Lesern mittheilen wollen.

Die Unternehmer fahren fort, ihre Mineralwasser getreu den oben gegebenen Formeln gemäfs mit der gröfsten Sorgfalt und Genauigkeit zu verfertigen. Bey einigen sind dem Verlangen der Ärzte gemäfs kleine Modificationen eingetreten, wie z. B. bey dem Wasser von Vichy, das nun weniger Kohlensäure enthält. Zu ihren schon vorher präparirten Mineralwassern haben sie noch 4 hinzugefüget, die sich nicht in Frankreich finden, nähmlich die Schwefelwasser von Neapel, von Gurgitelli, von Pisciarelli und von Louëche. Die drey ersten finden sich im Gebiete von Neapel, wo sie mit dem gröfsten Nutzen gebraucht werden. Sie werden nach den sehr genauen Zerlegungen des Herrn Attumonelli, Arztes und Professors zu Neapel, von den Unternehmern verfertiget. Das Schwefelwasser von Neapel enthält $\frac{1}{4}$ seines Volumens an geschwefeltem Wasserstoffgase, und 2mal sein Volumen kohlensaures Gas. Man wendet es mit Nutzen in den Krankheiten der Haut, in eingewurzelten Bauchflüssen, Leberaffectionen, venerischen Krankheiten u. s. w. an. Das Wasser von Gurgitelli enthält in 20 Unzen Wasser 50 Gr. kohlensaure Soda, 10 Gr. salzsaure Soda, 40 Gr. kohlensauren Kalk, 20 Gr. Talkerde, und 2mal sein Volumen kohlensaures Gas. In Bädern, Douchen, Lotionen und Einspritzungen ist dieses Wasser vorzüglich nützlich, in chronischen Rheumatismen, Lähmungen, veralteten Geschwüren, verschiedenen Arten von Vorfällen (*Prolapsus*) u. s. w. Das Wasser von Pisciarelli enthält in 20 Unzen 10 Gr. schwefelsaure Alaunerde, 21 Gr. schwefelsaures Eisen, 14 Gr. Gyps, 10 Gr. Schwefelsäure, und 5mal sein Volumen an kohlensaurem Gase. (Es ist hier nähmlich von dem künstlich bereiteten Wasser die Rede). Zu Neapel wird dieses Wasser gegen veraltete Gonorrhöen angewandt, es soll auch im weifsen Flusse, der Harnruhr und der Lungenschwindsucht sich nützlich beweisen, und in mehreren Fiebern die peruvianische Rinde ersetzen können. Übrigens mufs man dieses Wasser mit Behutsamkeit geben. Eine Unze bis auf 6 Unzen mit Molken verdünnt auf ein oder zweymal ist die Gabe für einen Tag. Das Wasser von Louëche hat dieselbe Mischung, wie das von Barège, nur mit der kleinen Verschiedenheit, dafs es $\frac{1}{3}$ mehr geschwefeltes Wasserstoffgas enthält, wovon seine gröfsere Wirksamkeit abhänget. Die Unternehmer haben die Zahl der Kabinette zu Douchebädern vermehret, eine Anstalt zum schnellen Untertauchen in einem Lehnstuhle gemacht, ihr Dampfbad nach orientalischer Weise vervollkommnet, Einrichtungen zum Einathmen von

Gasarten gemacht. Seit dem ersten Germinal des Jahres IX. (22 März 1801) bis zum ersten Germinal des Jahres X. (22 März 1802) haben eine Menge von Kranken diese Anstalt benutzt, wovon die meisten vollkommen geheilet worden sind. Der Verf. zählet nun die merkwurdigsten Heilungen auf. Gegen Flechten zeigten sich die Bäder und der innerliche Gebrauch der hepatischen Wasser, wie derer von Louëche, Barège, Neapel, und der bloſs mit Schwefel-Wasserstoff geschwängerten Wasser wirksam. Durch die Bäder und den innerlichen Gebrauch des in Rücksicht auf seinen Gehalt bis aufs doppelte verstärkten Wassers von Barège wurde eine zurückgetretene Krätze wieder nach der Haut getrieben, geheilet, und der Kranke von seinen Beschwerden befreyt. Das Wasser von Plombières, innerlich so wie in Bädern und in Douchen genommen, heilte vollkommen ein sehr hartnäckiges, heftiges Hüftweh in einem Falle, und erleichterte es in einem zweyten. Ein sehr schmerzhafter chronischer herumziehender Rhevmatismus, mit Unvermögen sich zu bewegen verbunden, wurde durch Dampfbäder und Douchen von bloſsem Wasser vollkommen geheilet. Eben so zeigten sich die Bäder und Douchen des Wassers von Barège gegen hartnäckigen Rhevmatismus der Gliedmaſsen sehr wirksam. Ein junger Bürger, der bey der Armee ein heftiges Hüftweh mit einer beträchtlichen Kniegeschwulst, wodurch sein Unterschenkel gebogen, und er auf Krücken zu gehen gezwungen war, sich zugezogen hatte, wurde durch ohngefähr 40 Bäder und Douchen vom Wasser von Plombières vollkommen geheilet. In Lähmungen bewiesen sich die Bäder und Douchen des Wassers von Barège sehr hülfreich. Eben so zeigten sie sich bey Beschwerlichkeit im Gehen und Schmerzen in der Articulation des rechten Schenkels in Folge eines Falles wirksam.

In einer Abmagerung der rechten unteren Extremität mit Geschwulst und Steifigkeit des Knies und beynahe gänzlicher Unfähigkeit, dieses Bein zu gebrauchen, hatte der Gebrauch der Bäder und Douchen des Wassers von Barège gleichfalls den besten Erfolg. Eine Kranke wollte sogar gegen heftige Kopfschmerzen mehr Erleichterung von dem kunstlichen Wasser von Barège, als von dem naturlichen, das sie sonst jedes Jahr besuchte, erhalten haben. Gegen ein Halsgeschwur und Caries der Nasenbeine bewies sich das Wasser von Gurgitelli, zum Gurgeln und Einspritzen angewandt, hulfreich — gegen heftige, periodisch und oft wiederkehrende Halsschmerzen, in Folge einer wiederholten antivenerischen Behandlung, das Wasser von Barège, in Bädern und innerlich genommen — in Leberkoliken mit Gelbsucht, schlechter Verdauung und Trübsinn das Wasser von Vichy innerlich, und das Wasser von Plombières in Bädern und Douchen — gegen weiſsen Fluſs die Bäder und Einspritzungen des Wassers von Barège — gegen sehr geschwollene Unterkinnbacken und Halsdrüsen das schwefel-wasserstoffhaltige Wasser zum Getränke, und das Wasser von Barège in Bädern und Douchen.

Von den Mineralwassern, welche getrunken werden, insbesondere von denen von Spa, Seltz, Sedlitz und Vichy, waren im Laufe des Jahres 30000 Bouteillen verkauft worden.

Der Verf. schlieſst mit einigen Bemerkungen uber die nöthige Vorsicht bey dem Gebrauche gewisser Mineralwasser, und empfiehlt die Anstalt der Burger Paul und Triayre der Unterstutzung der Regierung.

Angehängt ist ein Brief des Ministers Chaptal, in welchem er den Unternehmern seinen Beyfall zu erkennen gibt, und sie auffordert, den Bericht von Lafisse drucken zu lassen, damit ihre Anstalt noch bekannter werde.

Pf.

IV.

Medicinische Geschichte der französischen Armee in St. Domingo im Jahre X. oder Abhandlung über das gelbe Fieber, nebst einer kurzen Skitze der medicinischen Ortsbeschreibung dieser Insel, von C. N. P. Gilbert, *Medecin en Chef dieser Armee und Arzt des Militärspitals in Paris, Mitglied verschiedener Gesellschaften. Paris* 1803.

Als im Vendemiaire des Jahres X. (Sept. - Octob. 1801.) die Expedition nach St. Domingo beschlossen ward, war die Begierde, zu derselben zu gehören, fast allgemein. Man sah die Expedition als eine Spatzierfahrt an. Seitdem sie verunglückt ist, hat man andrerseits die üblen Gerüchte sehr übertrieben. — Der Verf. sucht in dieser Schrift zu zeigen, daſs das gelbe Fieber nicht mehr Furcht einflöſsen sollte, als jedes andere, welches sich in belagerten Festungen, Militärhospitälern und Gefängnissen äuſsert, und daſs man deshalb eben so wenig St. Domingo zu verlassen genöthigt sey, als die vereinigten Staaten ihre Seestädte aufgeben. — Den 23ten Frimaire (14 Dec.) reiste General Le Clerc von Brest ab. Den 14ten Pluviose (3 Febr. 1802) landete die Armee am Cap. Man suchte sogleich Hospitäler einzurichten, allein die zerstöhrte, geplunderte und verbrannte Capstadt bot nur wenige Mittel dar. Die Hospitalgeräthschaften waren nächstdem auf verschiedene Schiffe zerstreut, die an verschiedenen Plätzen ankern mufsten, und von den 2 Hospitälern, die die Capstadt besafs, war eins, ¼ Meile von der Stadt, nicht sicher genug, und das andre, innerhalb der Stadt, sehr ungesund gelegen. Bald nach der Ankunft suchte sich der Verf. alle mögliche Auskunft über das Land und die in demselben herrschenden Krankheiten zu verschaffen, und liefs eine Instruction drucken, die allen in verschiedenen Winkeln zerstreuten Ärzten und Chirurgen ausgetheilt ward. Folgendes ist ein gedrängter Auszug ihres Inhalts. — In warmen Climaten überhaupt werden die festen Theile schlapp. Das Muskelsystem schwach. Die Verdauung ist weniger gut. Die Flüssigkeiten werden weniger animalisirt, und haben mehr den Character der Verkohlung. Die Constitution wird nervös. Das Temperament galligt. Das Gemüth heftig, die Einbildungskraft exaltirt. —

St. Domingo, welches zwischen dem 17ten und 20ten Grad der nördlichen Breite, und dem 71ten und 77ten Grad der Länge zur westlichen Seite des Pariser Meridians liegt, ist 160 Lieues (80 Meilen) lang, und ungefähr 30 Lieues (15 Meilen) im Durchschnitt breit. Eine Gebirgskette schneidet die Insel in zwey Hälften. Diese hat sehr steile Stellen, und giebt zur Seite kleinere runde Berge *(mornes)* und Thäler ab, die an Vegetation die reichsten der Welt sind. Zu beyden Seiten stürzen Flüsse und Bäche herunter, und bilden zur Regenzeit Sümpfe, und überschwemmte, mit dem Meere in gleicher Höhe liegende Flächen *(esters)*, die zu anderer Zeit von einer ungeheuren Menge Insecten wimmeln und deren Ausdünstungen die Quelle aller Übel sind; denn fast die Hälfte der Insel besteht aus solchen Flächen. — Man weifs, wie die regelmäfsigen Land- und Seewinde sich abwechseln, und wie nächstdem die Regen die Luft abkühlen. Die Gewitter zur Zeit der Herbst-Tag- und Nachtgleiche sind, zumal südlich und

und westlich, schrecklich. Vom October an gibt es keine überschwemmende Regengüsse mehr, die Regen werden den französischen feinen Regen ähnlich. Aber nicht alle Gegenden werden zu allen Zeiten von letztern begünstigt. — Man weiſs noch nicht recht, was man auf der Insel Winter nennt. Westlich und südlich von Inganno nennt man die Gewitterzeit zwischen April bis November Winter. (Frühling und Herbst kennt man nicht.) Im nördlichen Departement und zu Samana fängt der Winter im December an und endigt im April; es weht alsdann der Nordwind und die Zeit ist 4 Tage hinter einander 3 bis 4 mal im Monath regnigt und nebeligt. Die Morgen und Abende sind alsdann kalt. — Aber im März erwacht die Natur und die Luft ist wie mit einem male mit Blüthen und Wohlgeruch angefüllt. Der August bringt die erstickende Hitze, Trockenheit und die drückenden Südwinde, dieſs dauert bis October, wo Herbst und Gewitter wieder einkehren. — Das Thermometer steigt von 25-35 Grad. Den 22ten Prairial (11 Jun.) stand es auf 37° R. — Das Barometer steigt von 28', $2\frac{1}{3}$'' bis 28', $3\frac{1}{2}$''. Die Verschiedenheit der Temperatur in den Tageszeiten, und in den Höhen und Thälern, disponirt zu catarrhalischen Krankheiten. —

Das Erdreich ist verschiedentlich kalk-, thon-, mergel-, schiefer-, und sandartig; die meisten hohen Berge lassen sich bis an die Spitze cultiviren, und bestehen aus Madreporen und Höhlen, worin die lästige Blatta americana oft nistet. Das vegetabilische Erdreich, das alles bedeckt, ist überaus dünne, ob es gleich die stärksten Bäume trägt, die Wurzeln gehen selten tiefer als 2 Fuſs. Dagegen erstreckt sich die Wurzel der wilden Feige wohl 24 Meters weit, und die Palme, die kurze Wurzeln hat, hat deren in unendlicher Menge. Man findet alle Fossilien in St. Domingo, schöne Flüsse, die, aufser am Meeresufer, klar und frisch sind, und unter den vielen Mineralwassern zeichnen sich Boyne aus, welches den Wassern zu Barèges gleicht. Dr. Dazelle hat es untersucht. Die andre schwefeligte Quelle im Quartier Mirabelais ist von Desportes untersucht worden.

Der allgemeine Character der Atmosphäre ist grofse feuchte Hitze, sie ist, wie mans gewöhnlich nennt, faul. Auch fault das Fleisch, und rostet jedes Metall schnell in ihr, und sie wimmelt von Insecten. Jede Krankheit ist mit Hinfälligkeit begleitet, die Reizbarkeit und Empfindlichkeit leicht angegriffen, und die Säfte des Körpers leicht zur Fäulnifs geneigt. — Die Krankheiten durchlaufen schnell ihre Periode, und sind unregelmäfsig, die Crisen unvollkommen; die mindeste ärztliche Vernachlässigung kostet zuweilen das Leben. Die chronischen Krankheiten sind nicht minder hartnäckig; und alle sind in den Städten gewöhnlich gefährlicher als in trockenen Thälern, und auf den Anhöhen *(mornes)* besser als in den Thälern. — In den warmen Monaten sind intermittirende Fieber, Tertianfieber, Gallen- und gefährliche Faulfieber, Gallenruhr, galligte Koliken, Ruhren, Stuhlzwang, und gelbes Fieber, bey den Armeen zu befürchten. Im Winter Husten, Augenkrankheiten, hitzige und chronische Rheumatismen. — Was die Fieber gefährlich macht, ist die anscheinende Geringfügigkeit derselben im Anfange. Der Kranke steht auf und befindet sich wohl unter Freunden, indefs bereits eine gelinde Entzündung im Innern nagt, der der Brand folgt. — Der Arzt erkennt diese gefährliche Lage blofs an unmerklichen Veränderungen im Gesichte und Auge, und an der unverhältnifsmäfsigen Hinfälligkeit und Schwäche. — Brechmittel, starke Purgiermittel reizen zu heftig; leichte sehr verdünnte Abführungsmittel *(purgatifs en grand lavage)*, Limonade, Anodyna, sind besser angezeigt, kleine halbe Klystiere, halbe und ganze Bäder, erweichende Umschläge und Einreibungen gehören zu den mehr specifischen Mitteln in den Fiebern zu St. Domingo. Man suche übrigens jeden Bubo zu zertheilen und nicht zu eröffnen. So lange Trockenheit und brennende Hitze da ist, muſs man sich der China enthalten, und gleichfalls so lange die Intermissionen nicht genau bezeichnet sind. Alle excitirende Mittel bedürfen die gröſste Behutsamkeit bey ihrer Anwendung. Der Verf. verweilt auf diesem Umstand um so mehr, da man entgegengesetzte Meinungen geäuſsert hat. — Gröſstentheils scheinen in Fiebern die ersten Wege und das Gallensystem angegriffen. Der Magen ist bey den Ankommenden am ersten in Unordnung. — Die veränderte reichliche Nahrung, und die häufigen Schweiſse sind hieran schuld. Daher auch die Ausschläge so häufig sind, die man schädlicher Weise im Lande mit zurucktreibenden Mitteln behandelt. —

Von einheimischen Pflanzen, die man wegen der Schwierigkeit, fremde, zumal in Kriegeszeiten, zu erlangen, besonders kennen lernen muſs, empfiehlt der Verf. zu gemeinen Tisanen: Stängel und Blätter des Abrus precatorius und die Wurzel der Zea Mays. Zu erfrischenden Gemüſsen: Lactuca canadensis, Amaranthus oleraceus, *(Laman)* eine Art solanum. Oxalis acetosella, hibiscus sabdariffa. — Limonade mit etwas bitteren Pomeranzen ist am wohlthätigsten in Gallenfiebern, allenfalls thue man einige Tropfen Wein hinzu. — St. Domingo bietet viele Malvaceas zu Brustmitteln dar. Der Verf. citirt hibiscus esculentus, Althaea, Sida. — Zu apozemata: Lepidium iberis etc. — Zu Laxiermitteln: Cassia, und Tamarinden; zu Purganzen: Convolvulus scammonia, Iatropha carcas. Palma Christi (ohne Zweifel *Ricinus communis*). Das Öl des letztern ist so schnell ranzig, daſs man es zuweilen mit Behutsamkeit anwenden muſs, obgleich es sonst zu den gelinden Mitteln gehört. — Zu erweichenden Cataplasmen empfiehlt der Verf. Verbena jamaicensis, Iatropha manihoc, Parthenium hysterophorus, Ambrosia artemisifolia. — Letztere beyde geben auch nützliche bittere Infusionen zum innern Gebrauch. — Zu den maturirenden Cataplasmen: Zwiebel, Pancratium caribaeum, Cactus opuntia, Cactus cochellinifera. — Frische Wunden behandle man mit dem Safte von Bromelia karatas. — Bäder von Zuckerbranntwein haben in rheumatischen Lähmungen Wunder gethan! — Fumigationen von Gossypium herbaceum arboreum erweichen weiſse harte Geschwülste. — Blätter der Musa paradisiaca und Cissus Sicyoides sind zum Verbinden der Wunden der Vesicatorien vortrefflich. — Ein Bolus von Eisenfeil,, Citronenschale und Syrup, ist als Tonicum, Poinciana pulcherrima, China etc. als febrifugum vorzüglich. Achras sapata, sesamum orientale, piper peltatum, zu harntreibenden Mitteln. Dolichos pruriens als Wurmmittel. Blätter des Ricinus palma Christi in Weinessig getaucht in Kopfschmerzen als kühlendes Mittel äuſserlich anzuwenden. Das Kraut des Saccharum vulnerarium, capraria biflora, Lantana camara wird als Wundmittel empfohlen. — Endlich lassen sich in der Noth die Tillandsia des Linné wohl geschlagen, die man Cavagate spanischen Bart nennt, gut zu Matten brauchen, um den Kranken weiches Lager zu verschaffen.

So weit reicht die Instruction. Das Folgende betrifft die der Armee zugestoſsenen Krankheiten insbesondere. Bey der Ankunft im Cap wurde die Armee von doppelten Tertianfiebern, galligten Durchfällen und Ruhren befallen. Die Unmäſsigkeit, mit der die Soldaten über alle auch unreife Fruchte herfielen, war nächst der Hitze die Ursache hiervon. — Den 28ten

Pluviose (17 Febr. 1802) versammelte man sich, um die Neger anzugreifen. Man weifs, dafs Toussaint und Christophe, während Leclerc den Dessalines verfolgte, die Capstadt angriffen und alles raubten oder verbrannten; sie kamen bis in die Nähe der Hospitäler, und jedermann, bis auf die Kranken, die durch die blutige, mit unermefslichen Schwierigkeiten verknüpfte Campagne, sich angehäuft hatten, mufsten die Waffen ergreifen und patroulliren. Sie schwebten zugleich, besonders eine Nacht, in der doppelten Furcht, dafs ihre Aufwärter, die revolutionirte Neger gewesen waren, sich nicht mit den Feinden vereinigen möchten. — Diese Angst vermehrte die Fieber, verwandelte die dreytägigen in tägliche, Durchfälle in Ruhren, und gab allen den Character der Hinfälligkeit und Bösartigkeit. Am Ende des Germinal (Mitte Aprils) kam endlich die ganze Armee siegreich zurück, und das gelbe Fieber fing an sich zu zeigen. Der Verfasser gesellte sich 3 der erfahrensten Ärzte des Landes, von welchen der älteste und vorzüglichste aus Gram über erlittene Verluste starb. Der Verf. erzählt hier 13 Krankengeschichten von mehrern Adjutanten, Generalen u. s. w., von welchen der gröfsere Theil unterlag. Die Krankheit hatte so überhand genommen, dafs man 2 in ein Bett legen mufste, und mehrere Chirurgen, die Hälfte der Apotheker, unter diesen der Oberapotheker, waren geblieben. Der Verf. bewog den Ober-General nach der Insel la Tortue zu gehen, um sich von einer Ruhr zu erholen; Niemand vermochte aber seine Frau zu bewegen nach Frankreich zurückzukehren. Vergebens hatte man in den Hospitälern alle Mittel versucht und einen Arzt aus Philadelphia zu Rathe gezogen. Nichts half. In dieser sehr traurigen Lage wünschte der Ober-General, dafs eine allgemeine Versammlung der Ärzte zur Consultation zusammen berufen würde, und der Verf. setzte eine Reihe von Fragen auf, deren Beantwortung folgende Resultate lieferten.

Geschichte und Gang der Krankheit.

Die Krankheit kündigt sich durch keine vorhergehende Symptome an; wenigstens sind sie selten, und nur in Subjecten, die Furcht haben, wahrzunehmen. Sie fängt mit heftigem Kopfschmerz uber den Augenhöhlen und einem umschriebenen Punct auf der Scheitel an. — Ein mehr oder minder starkes Frösteln geht voraus, begleitet oder folgt diesem; bald darauf folgt Müdigkeit, Schwindel, Eingenommenheit, oft Ekel; dann sehr brennende Hitze. Das Fieber vermehret sich, Kopf- und Nierenschmerzen werden unerträglich. Der Puls ist hart, schnell und lebhaft; die Haut trocken, oder auch fein vom Schweiſse wie vom Thau befeuchtet. Die Zunge weiſs mit zähem Schleim bedeckt. Das Gesicht dunkelroth; das Auge brennend, trocken, auch wohl feucht; Beklemmung; Angst in der Magengegend. Der Urin weiſs und trübe, selten. Der erste Paroxysmus dauert 12. 24. 30. 48 Stunden, und je kürzer er dauert, je unglücklicher ist er. Das Fieber nimmt ab; der Puls wird regelmäſsiger, zum öftern fast natürlich, doch auch unterdrückt, ungleich, klein, gespannt. Mehr oder weniger hartnäckiges Erbrechen einer galligten, schwarzen, caffeebraunen Materie. Nach dem Trinken (zumal excitirender Dinge) erneuert sich das Erbrechen. Die Kräfte sinken schnell; der Kranke kennt seine Gefahr nicht, und ist bey freyem Gebrauch seiner Geisteskräfte; antwortet, wenn man ihn frägt; nimmt was man ihm anbietet; und verfällt sogleich in die vorhergegangene Mattigkeit zurück. Hierauf Schluckauf, Ohnmacht, Unterdrückung des Urins, Bluten aus der Nase, dem After, oder der Aderlaſswunde.

— Die Zufälle sind entweder vereinigt oder einzeln. Der Stuhlgang schwarz; das vorhin dunkelrothe Gesicht mehr oder weniger dunkelgelb; die icterische Gallenergiefsung verbreitet sich über den ganzen Körper. Der Kranke riecht leichenhaft und stirbt den 1ten oder 3ten, 5ten, 7ten Tag. — Dauert die Krankheit länger, so gibt diefs einige Hoffnung, sie wird regelmäfsig remittirend, statt dafs sie in ihrem Verlauf doppelte Anfälle und Remissionen darbot; wenn die Genesung statt hat, so ist sie schwer, ungewifs; die Rückfälle häufig und fast stets tödtlich.

Die allgemeine Ursache der Krankheit liegt in der Hitze und Feuchtigkeit der Atmosphäre. Das Blut wird ordentlich aufbrausend, es kocht so zu sagen in den Adern für grofser Hitze. Kopfschmerzen sind des Tages häufig. Dieser Sonnenreiz veranlafst Turgescenz des ganzen Körpers, Schweifse, Jucken, Ausschläge (*Sudamina*), die quälend bey ihrer Gegenwart sind und ängstigend, wenn sie verschwinden. Jeder ankommende Europäer fühlt die Wirkung dieser Ursachen, welche an allen Orten dieselben sind, wenn sie sich auch glücklicher Weise nicht weiter entwickeln.

Die besonderen Ursachen geben Modificationen. Die Krankheit ist z. E. durch die Menge der von derselben Befallenen fast epidemisch geworden. Immer ist sie bey trockenen Jahren stärker. Im Jahre VI. (1798) verlohren die Engländer zu St. Nicolas $\frac{7}{8}$ von 25,000 Menschen. Es starben 1200 an einem Tage. —

Die Local-Ursachen lagen diesesmal in dem unglücklichen Kriege, die Leichenhöfe waren zu nahe, die Leichen zu gehäuft, nicht tief genug unter der Erde eingescharrt. Thiere liefs man ganz unbegraben. —

Die Krankheit ist von jeher gekannt; hiefs Faulfieber; bösartiges Fieber; Mal de Siam; gelbes Fieber, (wenn icterische Affectionen sie begleiteten). Ferner Tritaeophia von America (Sauvage); remittirendes Gallenfieber (Lind), Typhus icteroïdes et petechialis (Cullen), u. s. w.

3 *Grade sind an der Krankheit bemerkbar.* Entweder ein einfaches (*adynamisches*) fauligtes Fieber, oder ein complicirtes, oder ein (*adynamisch-ataxisches*) fauligt nervöses Fieber mit (*adeno-nervösem*) [1]) pestartigem Character verbunden. Viele Kranke starben zuweilen schon nach 15, 20, 30, 36, 48 Stunden.

Diejenigen, die corpulent sind und das 45ste Jahr erreicht haben, werden gewöhnlich auch von Schlafsucht (*Soporosität*) angegriffen. (So starb, nach anstrengender Arbeit im Cabinett, der Prafect Benezech). — Am häufigsten ist schon die Krankheit am 3ten Tage tödtlich, und in diesem Falle ist alle Art medicinischer Hulfe vergebens. —

Im Anfange gleicht das Fieber dem hitzigen. Der Puls ist hart, Gesicht und Auge brennend, der Kopfschmerz heftig u. s. w., die Röthe rosenartig. Allein im Verfolg bemerkt man die icterischen Zufälle. — Dr. Warren hat es beliebt, das gelbe Fieber mit der Pest zu vergleichen; allein die Pest ist endemisch, das gelbe Fieber befällt gröfstentheils nur Fremde. Die Pest greift vorzüglich das Drüsensystem, das gelbe Fieber das Gallensystem an. Nur zufällig wird das gelbe Fieber epidemisch, wie das in America und auch in Europa der Fall war. — Auch vom Hospitalfieber, mit welchem das gelbe Fieber am meisten Ahnlichkeit hat, unterscheidet es sich durch Erbrechen schwarzer Galle u. s. w. Es

1) Man sehe Pinels Nosographie.

ist eine medicinische Aufgabe, ob das gelbe Fieber nicht ein blofses Gallenfieber sey? Der Verf. hält es dafür. Denn das doppelte Tertianfieber greift um dieselbe Zeit die Einwohner an, wenn die Fremden vom gelben Fieber angegriffen werden. Auch arten die remittirenden Gallenfieber leicht in dasselbe aus, und die Fremden, die sich ans Clima gewöhnt haben, haben stets an Gallenkrankheiten gelitten. Die Kurmethode scheint übrigens in beyden gleichfalls übereinzustimmen.

Zu den hervorstechenden prognostischen Zeichen gehören:

Dafs die mindeste Unbesonnenheit nach überstandenem gelben Fieber Rückfälle veranlafst. Die beste Crisis ist leichter galligter Durchfall; dicker Urin; Gelbsucht nach dem 7ten Tage; Hautausschläge; Abscesse, die lange eitern. — Nasenbluten ist im Anfange ein gutes, am Ende ein tödtliches Zeichen. — Man mufs behutsam die Abwesenheit des Fiebers vom bereits eingetretenen Brande unterscheiden. Die Berührung des Magens und Unterleibes ist fast nie schmerzhaft, der Leib nie gespannt u. s. w. (Brown, sagt der Verf., entwickelt diesen Zustand deutlich). — Die Krankheit ist gröfstentheils tödtlich. — (Es sollen von 32000. 28000 in St. Domingo gestorben seyn.)

Man *vermeidet die Krankheit* durch den Aufenthalt auf den Anhöhen *(mornes)*. Man mufs sich vom Meere entfernt halten, zumal von der Mündung der Flüsse. — Vollblutige müssen bey der Ankunft 1 oder 2 mal zur Ader lassen, und die ersten 2 Monate gelinde Mannaabführungen nehmen, auch ein warmes Bad, jedesmal $\frac{1}{4}$ Stunde lang, oder Fufsbäder. — Mäfsigkeit ist das beste Bewahrungsmittel. — Vegetabilische Speisen mit Fleisch vermischt; reife Früchte; Vermeidung des Ausgehens zwischen 7 Uhr bis 11 Uhr Vormittags und der Spatziergänge am Meere bey kühler Luft, u. s. w. werden besonders angerathen. — Spatziergänge des Morgens bekommen gut. Das ist auch die beste Zeit für die Arbeit. — Bey Übelbefinden bittere Limonade mit Wein; Bäder; gelinde Abführung; gelinde Bewegung; zumal Muth!! —

Wenn die Krankheit eingetreten ist: leichtes Getränk mit Salpeter; dünne Hühnerbrühe; ganze und halbe Bäder. Bey Entkräftung, Fuſsbäder alle 6 Stunden; Klystiere. — Weiterhin China in Emulsionen, oder mit Laxiermitteln. — Die *(Adoucissans)* besänftigenden Mittel müssen nicht schwächen, die stärkenden nicht reizen. — Beym Brechen Potio Riverii; die China in Lavement. — Beym Schluckauf Campher bis zu 6 Gran alle 6 Stunden; der Campher mit Salpeter ist gewöhnlich in der Krankheit angewendet worden. Bey den Bädern muſs der Arzt stets sehen, wie lange sie dem Kranken bekommen. Beym Coma u. s. w., Epispastica am Genick und an den Beinen. Bey Schmerzen der Extremitäten Fomentationen, erweichende Cataplasmata. — Der Körper muſs stets bedeckt seyn, die Diät nach Umständen — weinigtes Getränk, analeptica, Reisbouillon, Kräutersuppe, Sago, Fleisch mit Citronen, wenig auf einmal und öfter gegessen bekamen gut. — Der Verf. tadelt den anfänglichen Gebrauch der Spieſsglasmittel der englischen Ärzte. — Er glaubt auch, daſs die von Rush angewandten Purgiermittel zu heftig sind. — Die Curmethode im Lande besteht in Aderlassen und Abführen, Emollientia, und Bäder im Anfange; im 2. Stadio Campher; und China nur im Stadium der Wiedergenesung. Aber die Methode ist nur dem Anfange der Krankheit angemessen. — Übrigens ist die Sorgfalt der Creolinnen für die Kranken auſserordentlich gewesen. — Im Lande läſst man fast monatlich 6 - 8 Unzen Blut bey dem mindesten Übelbefinden. — Nur in jungen starken Personen kann es im Anfange der Krankheit nützlich seyn; corpulenten, galligten Constitutionen bekommt es nicht. — Brechmittel sind nach der Meinung aller Ärzte fast ganz zu vermeiden. — Nur schwache Purgiermittel von Tamarinden und Cassia sind nützlich. — Die Fieberrinde ist sehr indicirt, aber leider gewöhnlich nur in Lavement anwendbar. — Spanische Fliegenpflaster nur in soporösem Zustande. —

Das gelbe Fieber ist nicht nach St. Domingo gebracht, sondern in allen heifsen feuchten Gegenden einheimisch. Es ist nicht ansteckend (dieses behaupten alle Ärzte), sondern nur, wie bereits angemerkt ist, epidemisch für alle Neuankommende. Indessen sind doch viele Ärzte und Chirurgen, die stets die Kranken umgaben, im Floreal und Prairial (May und Junius) gestorben!! — und der Verf. glaubt, dafs das Quarantainehalten im mittäglichen Frankreich, wo ebenfalls warme feuchte Luft herrscht, bey unsrer jetzigen unsichern Kenntnifs des Ansteckungsgrades, eine nothwendige Mafsregel sey. In nördlichen Gegenden bedarf man dessen nicht. —

Man beobachtete die Krankheit in St. Domingo im Jahre 1733-1734. Die Hälfte der Ankommenden starben damals, man nannte sie Mal de Siam. — 1735, 1736, 1737, 1738, wo die Temperatur mäfsig war, war auch die Krankheit sporadisch und sehr mäfsig. — 1739, 1740, 1741 war es heifs, und die Krankheit häufig und tödtlich. 1742 mäfsige Temperatur, wenig Todte. — 1743 sehr heifs; das Fieber sehr bösartig. — Am gelindesten ist es, wenn es häufige Gewitter gibt. — Die Krankheit soll nach einer Periode von 10-12 Jahren stets am heftigsten mit heifser Jahreszeit sich einfinden. — 1764 war das gelbe Fieber in Catalonien (s. Masdevals Beschreibung). 1800 in Cadix (s. Blins Beschreibung).

1793 in Philadelphia (m. s. Makittrik und Moultrins vollständige Beschreibung). 1794 war es zu Baltimore, 1796 - 1797 zu New-York und Norfolk. Stets war heiſse Jahreszeit und feuchte schlechte Ausdünstung die Veranlassung. — Groſse Reinlichkeit, Vertheilung der Truppen auf Anhöhen, und verschiedene angeführte Localeinrichtungen am Cap, so wie andere leicht zu errathende Vorbeugungsmittel, sind im Stande der Wuth der Krankheit Einhalt zu thun. —

Den ersten Messidor (20 Jun.) war Toussaint Louverture überwältigt und gefangen. Den 5ten Messidor (24. Jun.) verlieſs der Verf. das Cap, um nach Europa zurückzukehren.

(Was weiter vorgefallen ist, haben die Leser aus dem Moniteur gesehen. — Die Krankheit endigt nie vor der Regenzeit. — Bey der Krankheitsbeschreibung des Ober-Generals Leclerc befindet sich auch die Leichenöffnung, die hier in diesem sonst wohlgerathenen Werke fehlt. Auch müssen wir bedauern, daſs die beyläufig erwähnten Räucherungen und andere Vorbeugungsmittel nicht mit gehöriger Sorgfalt angewendet worden sind, welches sich bloſs durch den wahrhaft, alle Kräfte lähmenden und alle Besinnung benehmenden höchst unglücklichen und bedauernswürdigen Zustand der Armee erklären läſst. Die Sache ist im Institute durch den thätigen, und, wenns Wissenschaften und Menschenwohl betrifft, stets gerade durchgreifenden Fourcroy zur Sprache gekommen, man hat eine Commission ernannt, um eine faſsliche Instruction zur Anwendung der Guytonschen Räucherungen vertheilen zu lassen. In den Beweisen, daſs die Krankheit nichts eigenthümliches pestartiges habe, bemerkt man etwas von dem Einflusse der Macht, die nach ehemaliger spanischer Art die Colonisationen wieder herzustellen sucht, denn bekanntlich sind von neuem 20,000 Mann nach St. Domingo beordert.)

V.

Chaussiers *Versuche über die Einwirkung des geschwefelten Wasserstoffgases auf Thiere.*

Bürger Chaussier hat eine Reihe interessanter Versuche über den Einfluſs des geschwefelten Wasserstoffgases auf Thiere angestellet:

1. Mehrere Thiere, die man in dasselbe tauchte, starben nach einigen Secunden. Frösche hielten einige Minuten aus, aber kein Thier konnte durch irgend ein Mittel wieder ins Leben zurückgerufen werden. Bey der Section fand man die Nasenhöhle und Bronchien mit dickem Schleime bedecket. Das Blut war dick und schwarz, und zwar in allen Theilen, wo sich viele Blutgefäſse finden, wie in der Milz, Leber u. s. w. Auch die Muskeln waren schwarz, und hatten das Vermögen sich zusammenzuziehen verlohren. Alle weichen Theile waren leicht zerreiſsbar und faulten sehr schnell. Brachte man Silber oder Bleykalk in das Zellgewebe eines Thieres, das das Gas geathmet hatte, so ward es gleich schwarz.

2. Man machte in den Vorderbeinen eines Kaninchens einen Einschnitt in der Haut von etwa 5 Millimeters (einige Linien), und lieſs aus einer mit einem Hahne versehenen Blase das geschwefelte Wasserstoffgas in denselben, so daſs sich eine Art von Emphysem bildete. Nach 30 Secunden erreichte das Gas den Thorax, und das Thier starb plötzlich unter einem Schrey. Ammoniak und andere Reizmittel konnten es nicht mehr retten. Mit Fröschen erfolgte

dasselbe, und die Zergliederung gab die obigen Resultate. Man spritzte Thieren derselben Art atmosphärische Luft, Wasserstoffgas und Sauerstoffgas ein, die Thiere schienen zwar einige Augenblicke Beschwerde zu erleiden, die Einsaugung erfolgte aber bald und sie wurden munter und wohl.

3. Eine Einspritzung des Gases in den After tödtete das Thier unter Aufschreyen in einigen Sekunden. Nur die Eingeweide der Bauchhöhle zeigten obige Veränderung des Blutes, die Brusthöhle war in ihrem natürlichen Zustande. Ein Pferd, an dem man denselben Versuch machte, bekam Tetanus, und starb in einer Minute. Es zeigte bey der Zergliederung die nähmlichen Erscheinungen. Andern Kaninchen injicirte man das mit geschwefeltem Wasserstoffgase geschwängerte Wasser in After, und hielt die Öffnung zu. Sie starben nach wenigen Minuten.

4. Man machte einen Einschnitt im Halse eines Kaninchens, und brachte durch eine Röhre 10 Centilitern des Gases in die Speiseröhre, das Thier starb plötzlich, ohne dafs man anderswo als im Magen Veränderung wahrnahm. Ein Pferd fiel bey einem ähnlichen Versuche in Beängstigungen und Convulsionen, die so heftig waren, dafs man es lieber nach 5 Minuten tödtete. Die Zergliederung zeigte die nähmlichen Erscheinungen.

5. Man steckte ein Kaninchen bis an Hals in eine Blase, und liefs den Kopf frey. Man hatte von den Haaren etwas am Halse abgeschoren, damit die Blase fest anschlofs, und von den oberen Haaren bedeckt wurde, so dafs das Athmen der atmosphärischen Luft nicht unterbrochen ward. Nachdem man die Blase so viel als möglich geleert hatte, füllte man sie mit geschwefeltem Wasserstoffgase. Das Thier athmete bald schneller und schwerer, das Auge ward matt, die Ohren kalt und hängend, nach 8 Minuten

erfolgten Convulsionen und nach 10 Minuten der Tod. Kein Reizmittel konnte das Thier wieder ins Leben zurückrufen. Wiederholte Versuche gaben denselben Erfolg. Ein Kaninchen, das man bey den ersten Zuckungen schnell herauszog, und in freyer Luft rieb, erholte sich wieder. — Die Section zeigte braunes dickes Blut in den Gefäſsen unter der Haut, und das Zellgewebe war weich und leicht zerreiſsbar. In den übrigen Theilen des Körpers und selbst schon in den Muskeln war das Blut wie gewöhnlich roth und alles unverändert. Enten und andere Vögel, mit denen man ähnliche Versuche machte, gaben ein ähnliches Resultat.

6. Man badete nur die Schenkel in einer Blase, die mit dem Gase angefüllt, und wohl um dieselbe befestiget war. Nach 20 Minuten bemerkte man eine Veränderung in der Respiration, und bald nachher Convulsionen. Nach 30 Minuten erfolgte der Tod. Die Section zeigte ein braunes Serum unter der Haut. Die Haut selbst war sehr zerreiſsbar, die innern Theile gesund.

7. Einer Ente öffnete man die Luftröhre äuſserlich so, daſs sie atmosphärische Luft athmen konnte, und tauchte den Kopf ins Gas. Nach 12 Secunden starb sie. Die Nasenhöhle und das Zellengewebe der Knochen zeigten sich bey der Section mit einem braunen Schleime angefüllet. Die übrigen Theile waren natürlich. Diese Versuche lehren demnach, daſs das geschwefelte Wasserstoffgas eines der stärksten Gifte in der Natur sey, das durch die bloſse äuſsere Einsaugung den Tod verursachen kann.

Frdl.

B. Literatur.

I.

Annales des Museums für Naturgeschichte. Zweytes Heft; enthält:

1. *Abhandlung über die Anzahl, Natur, Unterscheidungszeichen der verschiedenen Stoffe, die die Blasensteine, Bezoarde, und andre thierische Concremente bilden.* Von A. F. Fourcroy. (S. die Übersetzung oben.)

2. *Abhandlung über eine neue Varietät des kohlensauren Kalks, nebst Bemerkungen über die Irrthümer, in welche man verfällt, wenn man sich blofs auf den Gebrauch des Goniometers beschränkt, um die Krystalle zu beschreiben.* Von Hauy.

Wenn eine Theorie einmal eine Menge wirklich existirender Phänomene zu erklären im Stande ist, so darf sie nach denselben Grundsätzen auch das Reich der noch möglichen voraus zu bestimmen wagen. Der Verf. suchte seit mehreren Jahren nach der Theorie der Gesetze, von welchen die Structur der Krystalle abhängt, alle diejenigen zu bestimmen, die von der Rhomboide ihren Ursprung nehmen, wenn die Abnahme an den Kanten sowohl als an den Winkeln stets nur von einer, zwey und drey Reihen geschieht. Indem er so eins zu eins, 2 zu 2, 3 zu 3 berechnete, so fand sichs, dafs sich die Zahl der möglichen Combinationen auf 8,334,604 beläuft. Man sieht, wie unge-

ungeheuer diese Zahl ist!! — Doch hat der kohlensaure Kalk, der von allen Mineralien, die die Rhomboide zum Kern haben, am meisten Verschiedenheiten darbietet, nur 11 Gröfsen gegeben, die in die erwähnte Berechnung verschiedener Combinationen nach den einfachsten Gesetzen hineinpafsten. — Der Verf. fand nachher noch 10 andre Krystalle, die unter die Gesetze pafsten, wo die Zahl der Abnahme sich auf 4 Reihen beläuft, oder die zu den intermediären und vermischten Abnahmen gehören. — Viele Jahre hindurch fand er zu diesen 21 Gröfsen nichts hinzuzufügen. Alle übrigen Fälle waren nur Varietäten derselben Gesetze. Auch bey den zusammengesetztesten Verbindungen, die die Krystallisation darbot, hatte er nur mit 6 Gröfsen zu thun. Nimmt man nun an, dafs nur die Abnahmen von einer zu einer, 2 zu 2 Reihen, bis 6 zu 6 möglich sind, so beläuft sich die Zahl der möglichen Verbindungen auf 54, 26, in welche alle vorzufindenden Verschiedenheiten passen werden, bis uns neue Erfahrungen die Reihen erweitern. — De Lisle beschrieb 1783. 26 dieser Formen. Der Verf. hat ihre Zahl in seinem Werke auf 47 gebracht. Er hat seit der Bekanntmachung desselben noch 13 andre gefunden. Diese zeigten ihm die Nothwendigkeit der jedesmaligen Berechnung der Krystalle. (Wir übergehen das Detail, welches sehr genaue Kenntnifs seiner Theorie voraussetzt, und führen nur die Nahmen der 13 hier beschriebenen und abgebildeten 13 Varietäten an. 1. Chaux carbonatée unimixte, 2. binosénaire (vom Simplon), 3. moyenne, 4. unibinaire (aus England), 5. coordonnée (von Port Seguin im Vienne-Departement), 6. souquadruple (von St. Marie), 7. additive (von Derbyshire), 8. tridodécaèdre (von Derbyshire), 9. annulaire, 10. quadrirhomboidale, 11. quadridodécaèdre, 12. quadruplante, 13. quintiforme. — N. 12. kommt vom Harz.)

3. *Seltene Pflanzen, die im Jahre X. im Garten oder im Treibhause des Jardin des Plantes gebluht haben*, von Desfontaines.

Methonica superba. Lin. Sp. 437. Lamark Dict. IV. — p. 133. — Gärtn. Fruct. I. p. 69. t. 18. f. 1. Mendoni II. Malab. VII. p. 107. t. 37. — Lilium zeulanicum superbum. Comm. Hort. I. p. 69. t. 35; Radix male expressa. — Die Wurzel soll giftig seyn.

Cheiranthus farsetia siliquis ovalibus, compressis; foliis lineari-lanceolatis; caule fruticoso, erecto. Linn. Mant. 94. — Desfont. Fl. Atl. II. p. 89. t. 160. — Farsetia Aegyptia. Turra Farset. I. t. 1. Lunaria scabra Forsk. Fl. 117. t. 16. Im Gewächshause. —

Polygala oppositifolia floribus cristatis, caule fruticoso; foliis oppositis, ovatis, acutis. Linn. Mant. 259. Vom Cap.

Andropogon annulatum spicis digitatis plurimis; flosculis obtusis cristatis, pedicellis muticis. Vahl Symbol. II. p. 102. — A. spicis ad apicem culmi confertis, alternis; floribus geminatis, aristato sessili hermaphrodito; pedicello mutico inani. Forsk. Flor. 173.

Malpighia coccigera foliis subovatis, dentato-spinosis. Lin. Sp. 611. Jacq. col. II. p. 311. — Ic. rar. tab. 470. Cavan Dissert. n. 561. t. 235. f. 2. — Plum. Burm. t. 168. f. 2. Aus den Antillen von Capitain Baudin geschickt —

Conyza candida foliis ovatis, tomentosis; floribus confertis; pedunculis lateralibus terminalibusque. Lin. sp. 1208. C. cretica fruticosa, folio molli candidissimo tomentoso. Tourn. Cor. 33. — Buxb. cent. 2. t. 17. — Barrel. t. 217. — Bocc. sic. t. 31. f. 2. —

(Wir können leider aus Mangel an Platz nicht die genauere Beschreibung der Specierum liefern.)

4. *Beschreibung einer neuen Species Scorzonera von* Desfontaines.

Scorzonera aspera. Foliis asperis, lanceolatis; dentato-pinnatifidis; stylo incurvo; pappo sessili, superne plumoso. Mit einer Abbildung begleitet. Kommt aus der Levante. Olivier brachte sie mit.

5. *Abhandlung über eine Fruchtbaumschule des Botanischen Gartens zu Paris von* André Thouin.

Ein Morgen *(arpent)* und 56 Ruthen *(perches)* sind in Felder von 3 Fuſs ins Gevierte getheilt, und enthalten nur jedes einen Baum, die der Groſse zufolge 3 bis 9 Fuſs von einander entfernt sind. — Dieses gibt 740 Plätze, von welchen 600 bereits besetzt worden; die ubrigen werden für die neu hinzukommenden aufbewahrt, und sind unterdessen mit gleichartigen Wildlingen *(Sauvageons congénères)* bepflanzt, die gepfropft werden sollen. Fast alle sind Zwergbäume. — Man hat zu der Beschreibung der Geschlechter das Tournefortsche System gewählt, weil es die Gärtner in Frankreich am meisten kennen. Die Nomenclatur ist von Duhamel entlehnt, nicht weil sie durchaus gut, sondern weil sie die bekannteste ist. Jede Pflanze hat ihre Etiquette, worauf Nahme u. s. w. geschrieben ist. — Da übrigens viele Pflanzen aus den Baumschulen des Gartens des Chartreux und von Vitry gezogen sind, die dem Duhamel die Nahmen hergaben, so werden die Varietäten und die Synonymen hiernach genauer bestimmt werden können. Hierauf soll eine festere Nomenclatur begrundet werden. — Nicht nur Bäume aus dem mittäglichen Frankreich, sondern auch von andern Welttheilen finden hier ihren Platz. Von diesem Mittelpuncte aus werden sie nachher in der ganzen Republik verbreitet. — Eine andre Anstalt für Futterkräuter wird nächstens beschrieben. — Folgendes ist eine Tabelle der Ordnung, in welcher die Fruchtbäume aufgestellt sind.

	Classen -	Sectionen.	Geschlechter.	Zahl der Species und Varietäten
Früchte.	Beeren (*En Baies*)	Kernfrucht (*Pepins*)	Morus	5
			Rubus	9
			Rosa	2
			Arbutus	2
			Vaccinium	3
			Capparis	1
			Ribes	19
			Vitis	30
			Berberis	6
		Steinfrucht (*à noyau*)	Olea	2
			Ziziphus	1
			Cornus	3
			Cerasus	50
			Prunus	60
			Armeniaca	16
			Persica	50
		(*à osselets*)	Anona	1
			Diospyros	3
			Mespilus	4
			Crataegus	7
	Äpfel (*En Pommes*)	(*à Pepins*)	Crataegus	4
			Sorbus	2
			Malus	81
			Pyrus	185
			Cydonia	3
		mit einem saftigen Fleische (*Juteux*)	Aurantium	11
			Citrus	6
			Punica	4
			Psidium	1
			Ficus	8
	In einer Schale oder Kapsel (*En Coques ou à Capsules*)	mit grüner Schale (*Brou*)	Amygdalus	16
			Pistacia	2
			Juglans	8
		In einer 2ten Hülle eingeschlossen	Fagus	2
			Castanea	9
			Pinus	3
		nakt	Corylus	7
			Quercus	2

8. *Auszug eines Briefes des Herrn* Peales, *Directors des Museums für Naturgeschichte in Philadelphia, an B.* Geoffroy, *vom 13ten July* 1802. Er meldet die Errichtung des Museums durchs Gouvernement, und die Abreise seiner Söhne nach London mit dem Mammouthskelett. Er schickt mehrere geformte fossile Knochen fürs Museum der Naturgeschichte in Paris. Er schickt auch einen 7 Junge im Sack tragenden weiblichen Didelphis, fürchtet aber, daſs er, wie gewöhnlich, in der Gefangenschaft die Jungen zerstöhren möchte; doch wird ein Männchen bald nachfolgen, so daſs man auch die Begattung wird beobachten können. — Alles ist angekommen. Ein paar Klapperschlangen starben und wurden von Cuvier anatomirt. Der weibliche Didelphis hatte wirklich keine Jungen mehr, scheint aber eine besondere Varietät des Didelphis virginiana zu seyn und wird nächstens in einer Monographie der Beutelthiere von Geoffroy beschrieben werden. —

9. *Auszug eines Briefes des B.* Ruffo *zu Arie im Departement der niedern Alpen an B.* Thouin, *vom 5ten Vend. An. XI.* Die Verbena triphylla des L'Heritier aus Peru scheint sich in unsere Gegenden gut verpflanzen zu lassen. Der Verf. bedient sich der Blätter wie der Citronen zum Punsch, trinkt sie wie Thee, und würzt allerley Creme damit. Herr Thouin glaubt ebenfalls, daſs die Pflanze sich im mittlern Frankreich aclimatisiren wird.

10. *Der botanische Garten erhält vom B.* Ceré, *Director des botanischen Gartens zu Isle de France,* 121 *Gattungen Samen aus Bengalen.* 10 Unzen Nagpourkorn aus Indostan, welches nach 40 Tagen geerntet wird und treffliches Brod gibt. 8 männliche Brodbaumblüthen aus dem Südmeer. — Nelken von Isle de France. Andropogon schoenanthus Lin., womit man

in Indien die Mousseline parfümirt. — Ein Pack der Blätter der Aya-Pana. Man erwartet bald den Capitain Baudin in Isle de France zurück. —

II.

Annalen des Museums für Naturgeschichte, 3tes Heft, enthält:

1. *Beschreibung der unterirdischen vulkanischen Gänge von Niedermennich.* Drey Lieues von Andernach, woher man poröse Laven zieht, die zu trefflichen Mühlensteinen dienen, von Faujas de St. Fond, mit Abbildungen der Höhlen sowohl als der Art, wie man die Steine hinaufzieht.

2. *Notiz über den vermeintlichen Strahlzeolith aus Zweybrücken*, vom B. Hauy. Der Verf. hat sich überzeugt, daſs es ein Prehnit ist; nur die specifische Schwere desselben ist etwas gröſser, welches von etwas Eisengehalt herrühren mag. Der Verf. nennt die Varietät flabelliforme. Er hat an einigen abgebrochenen Stückchen auch deutliche Electricität wahrgenommen. —

3. *Beschreibung einer neuen Species Dianthus, die Bruguiere und Olivier aus Persien gebracht haben*, von Desfontaines, mit einer Abbildung. — Dianthus spinosus fruticosus, procumbens; foliis rigidis subulatis, spinescentibus; floribus capitatis, bracteatis.

4. *Seltene Pflanzen, die bereits im Jahre X. (1801 und 1802) im Garten oder in den Treibhäusern des Museums geblüht haben*, von Desfontaines. Euphorbia meloformis; vom Cap d. g. H., mit einer Abbildung. Inermis, subrotunda, multangularis; calyce decemfido; laciniis exterioribus scrobiculatis; filamentis villosis. Die weibliche Pflanze ist bis jetzt

ungekannt. — E. subglobosa, inermis, multangularis. Hort. Kew. 2. p. 135. Wild. Sp. 2. p. 886. Das Individuum hatte nur männliche Blüthe. — Euphorbia Aleppica umbella quinquefida, dichotoma; involucellis ovato-lanceolatis, mucronatis; foliis inferioribus setaceis (calyce octofido, laciniis quatuor exterioribus bicornibus). Lin. sp. 657. — Lamark Dict. 2. p. 433. Aus Syrien. Blühete zum ersten Mal. — Clitoria heterophylla; foliis pinnatis; foliolis quinis; aliis rotundioribus, aliis lanceolatis, aliis linearibus. Lamark Dict. 2. p. 51. — Aus Isle de France, blühete zum ersten Mal.

Stipa tortilis; panicula spicata, basi involuta, calyce interiore villoso; aristis contortis; inferne villosis. Desf. Flor. Atl. 1. p. 99. t. 31. f. 1. — Gramen avenaceum supinum minus, spica densissima cum longis aristis lanuginosis tortilibus. Tourn. Inst. 524. —

Sonchus resedifolius glaber; foliis inferioribus dentato-pinnatifidis; ramis virgatis, pedunculis unifloris. Desfont. Flor. Atl. 2. p. 226. — Chondrilla sicula tragopogonoïdes maritima Bocc. sic. 13. t. 7. f. A. — Leontodon mucronatum Forsk. Fl. 144. — Scorzonera resedifolia. Lin. sp. 1113. Scorzonera foliis linearibus, dentato-pinnatifidis, glabris; calycibus apice albido-cartilagineis; caule erecto. Vahl symb. 2. p. 87. — Wächst in Ägypten, Sicilien, Malta und der Barbarey. Blühte zum ersten Mal.

Bunias spinosa ramis spinescentibus. Lin. Mant. 90. — Brassica spinosa Alpin. Ägypt. p. 200. Ic. — Zilla myagroïdes Forsk. Fl. 121. No. 74. 75. t. 18. f. A. — Aus Ägypten. Die Araber essen nach Alpin die Blätter gekocht. Blühte zum ersten Mal. —

Cordia macrophylla foliis ovatis, villosis, sesquipedalibus, Lin. spec. 275. — Redouté Pict. Mus. par. — Prunus racemosa, foliis oblongis, hirsutis, maximis Sloan. Jam. 2. p. 130. t. 221. f. 1. — Roi

Dendr. 43. — Collococcus platiphyllos major, racemis umbellatis. Brown Jam. 168. Aus Portorico von Riedlé gebracht, der mit Baudin reiste. — Sehr selten.

5. *Notiz über das Leben und die Werke* Gärtner's von Deleuze. Für Deutschland nicht neu.

6. *Bericht der Professoren des Museums über die Sammlungen für Naturgeschichte, die aus Aegypten von* E. Geoffroy *mitgebracht worden sind.* Die Commission bestand aus Lamark, Cuvier und Lacepede, und letzter war der Berichtserstatter. Geoffroy war 4 Jahre in Ägypten. Er hat unter andern Mumien vom Crocodile, Apis, Ibis, Ichneumon, u. s. w. mitgebracht, die er in Gräbern fand; sie dienen zum Beweise, daſs diese Thiergattungen in einem Zeitraum von 3000 Jahren keine Veränderung erlitten haben. Die Beschreibung der Alten vom Skelett des Ibis ist die wahre; die Neuern haben sich in der Bestimmung der Species offenbar geirrt. G. hat einem Ibis unter andern alle Windeln so glücklich abgelöst, daſs auch nicht eine Feder an demselben fehlt. Die jungen Menschenmumien zeigen, daſs die gewöhnlich vorgefundenen abgestumpften Zähnen dem Alter zuzuschreiben sind. — Bürger G. hat ferner eine neue Hasenspecies, eine Species des Fuchs, eine des Igels, 4 Rattenspecies, und 11 neue Fledermäuse entdeckt. (Daubenton, dessen Lehrer, fand deren 5.) Er fand auch 2 mit Stacheln versehene Ratten, wie sie Martin in Cayenne und Azzara in Paraguay gefunden haben. Sie scheinen demnach dem heiſsen Clima zuzuschreiben zu seyn. — Das Museum ist durch ihn ferner mit dem gestiefelten Luchs des Bruce und dem berühmten Ichneumon der Alten, so wie mit einer Zibethkatze bereichert worden. Von Vögeln fand er in Ägypten wenig neues. — Er sammelte fast alle Schlangen. Die Coluber haie, die wie die Naja den Hals erweitern kann. Sie ist das Bild

der Vorsicht bey den Ägyptern, weil sie sich aufrichtet, um sich zu vertheidigen, und dadurch das Ansehen bekömmt, als bewachte sie das Feld. — Die Viper. — Die Tupinambis, die man mit einer verwandten Species verwechselte. Am reichsten ist die Sammlung von Fischen. Er hat bereits ein neues Geschlecht, den Bichir, beschrieben, der viele Flossen abgesondert auf dem Rücken hat, und eigne Ärme für die Brustflossen. Die Kiemen öffnen sich auf eine eigne Weise aufserhalb, und seine Schuppen sind knöchern. Andre, die er in Suez in dem rothen Meere fischte, so wie auch welche, die er bey Alexandrien und Rosette im mittelländischen Meere fand, sind ebenfalls neu und unbekannt. —

Da die meisten Sachen in Spiritus aufbewahrt sind, so können sie auch für die Anatomie benutzt werden. In der anatomischen Gallerie befindet sich bereits ein Silurus-Skelett von besonderer Gröfse. Eine Haieschlange. Ein Dipus meridianus. Das Skelett einer geheiligten Katze u. s. w. Letzteres, welches man nur mit der äufsersten Geduld praepariren konnte, weil es durch die Zeit fast verwest ist, verdankt man der Geschicklichkeit des Gehülfen für die Anatomie, des Bürgers Rousseau. — Alles dieses hat Herr Geoffroy dem Museo geschenkt, und seit Dombay's Rückkunft hat das Museum keine gröfseren Geschenke erhalten. —

7. *Abhandlung über die Clio borealis*, von Cuvier. Sie ist so häufig in einigen Stellen des Meeres, dafs der Wallfisch nicht das Maul eröffnet, ohne gleich viele tausende zu verschlucken. Bruguiere hat zuerst das Geschlecht etwas näher bestimmt. Der Verf. erhielt ein Exemplar durch Prof. Vahl, und anatomirte es. Es hatte 3 Centimeters Länge und 12 Millimeters Breite. Troz dem beschreibt der Verf. alle Theile mit grofser Genauigkeit, so vollständig als

es möglich war. Die Clio hat kein Herz, keinen Sack, keine Augen und Füfse. — Der Verf. glaubt sie zu den Gasteropoden rechnen zu müssen. Doch wird er künftig, da der Fuſs fehlt, den Nahmen der Ordnung ändern. Hierbey eine treffliche Abbildung.

8. *Beobachtungen über die Vögel vom Geschlechte Tangara nebst Beschreibung einer neuen Species aus Africa*, von Daudin, mit einer Abbildung.

Tanagra malimbica. T. nigra; crista, genis, gutture, collo antice, et pectore coccineis (masc.)

T. nigra capite non cristato; vertice, nucha et collo supra coccineis (foemina).

9. *Vom bärtigen Achir, einer Species Pleuronectes, welche von* Gronov *angezeigt ist*, von E. Geoffroy.

Man erinnert sich, daſs die Schollen die Augen auf einer Seite des Körpers haben, und daſs Herr Lacepède sie in 2 Familien theilt, von welchen er eine Achire nennt; zu diesen gehört diese Species. Der Verf. characterisirt sie: *Achirus corpore oblongo et omnino radiato*. Er hat sie im rothen Meere gefischt. Er beschreibt sie hier sehr genau. Eine Abbildung davon ist beygefügt.

10. *Abhandlung über die Bulla aperta Lin. Bullaea des* Lamark, von G. Cuvier. Ein gemeiner Conchyliologist würde sie vielleicht nicht zu den Mollusken gezählt haben, denn man sieht ihre Muschel äuſserlich nicht. Die hier beschriebene Species findet sich häufig im Canal de la Manche, und auch im mittelländischen Meere. Die Abhandlung ist, wie alle dieses Schriftstellers, mit einer eben so meisterhaften Beschreibung als Abbildung begleitet.

11. *Correspondenz.* Ein Brief von Riedlé aus Timor vom 6ten Vendemiaire Jahr X., der bereits aus der Decade philosophique gröſstentheils bekannt ist.

Sie hatten nur wenig in Neuholland gelandet, aber doch ziemlich viel gesammelt. —

12. *Anmerkung über zwey lebendige Känguruhs, die in England gekauft sind*, vom Bürger Geoffroy. Man hat eine Löwin dafür gegeben. Sie sind bereits von der Gröſse eines Hammels, ob sie gleich noch nicht ausgewachsen sind. Ihr Schwanz dient ihnen gewissermaſsen zum 5ten Fuſs. Sie sind sehr sanft. In England bringen sie jährlich Junge zur Welt. Man nährt sie mit Gras, Brod und Milch. —

III.

Annalen des Nationalmuseums für Naturgeschichte, 4tes Heft, enthält:

1. *Über den Indicolith des Herrn* Dandrada, von Hauy. Man weiſs bereits, daſs der Avendalith des Herrn D. nichts als der Epidote (grüne Schörl der Dauphiné) ist. Der Aphrisit ist nichts als ein Turmalin. Der Verf. beweist nun, daſs der Indicolith ebenfalls nichts anders als eine Varietät des Turmalins sey. —

2. *Abhandlung über den Caoutchouc oder das elastische Harz aus Derbyshire*, von Faujas de St. Fond. Gröſstentheils ein Auszug aus Mawe Mineralogy of Derbyshire, Whitehurst und Ferber. Man weiſs, daſs die Chemie die Ähnlichkeit der beyden genannten Substanzen längst erwiesen hat. Da das Gummi elasticum nun bloſs aus exotischen Bäumen in der heiſsern Zone flieſst, so ist es ein merkwürdiges geologisches Phänomen, es unter der Erde in Derbyshire zu finden! —

3. *Beschreibung einer neuen Species Carica*, von Desfontaines, mit Abbildungen.

Carica monoica. C. racemis erectis, petiolo brevioribus; foliorum lobis integris et divisis; petiolis canaliculatis; floribus monoicis. — Kömmt aus Peru und blühte zum ersten Mal im Treibhause. Sie ist von der C. papaya und der C. posoposa des Linné, denen sie ähnelt, sehr verschieden.

4. *Seltene Pflanzen, die in den Treibhäusern des botanischen Gartens geblüht haben*, von Desfontaines.

Centaurea pumila. Aus Ägypten, blühte zum ersten Mal.

Asclepias linaria, die Cavanilles, man weiſs nicht woher, geschickt hat; sie ist in seinem Werke abgebildet. Mit Abbildung.

Asclepias mexicana, ebenfalls von Cavanilles. Das Exemplar variirte etwas in Farbe der Blüthe und in der Gröſse der Pedunculorum von dem des Cavanilles.

Ehretia bourreria aus den Antillen.

5. *Anmerkung über den Sciurus capistratus aus Carolina* von L. Bosc. Sciurus cinereus, capite nigro, naso auriculisque albis. Der Verf. glaubt, daſs das schwarze Eichhörnchen, das Brown abgebildet hat, eine Varietät von diesem ist. Ein graues, das er im Hause hielt, verändette die Farbe nicht. Es befindet sich in der Nähe von Charlestown und ist ein sehr wohlschmeckendes Wild, das man mit Hunden jagt, nnd schwer schieſst.

6. *Ueber den Geyer aus Pondichery*, von F. M. Daudin. Dieser Geyer unterscheidet sich vom Oricou, den Le Vaillant beschrieben hat, darin, 1. daſs die kleinen Drüsen unterm Ohre sitzen; 2. daſs das Gesicht mit steifen Haaren bedeckt ist, die das Tympanum umgeben, die Backen bedecken, und nach Verhältniſs des Halses länger sind; 3. durch den Kropf, der mit aschfarbnen kurzen Pflaumfedern

bedeckt ist; 4. durch das weiſse Band zu beyden Seiten des Halses, und endlich durch die ziemlich kurzen Federn am untern Theile des Körpers. Die Sonneratsche Beschreibung ist genau, aber die Abbildung so schlecht, daſs hier eine neue gegeben worden ist.

7. *Beobachtungen über einige Wespen*, von P. A. Latreille, mit Abbildungen. Der Verfasser unterscheidet: 1. Vespa vulgaris, nigra; linea utrinque ad humeros, maculis quatuor aut sex scutellaribus, luteis; abdomine luteo, basi punctisque liberis, nigris; deren Sitten hinlänglich bekannt sind. 2. Vespa holsatica Fabr. nigra, linea utrinque ad humeros, maculisque scutellaribus, luteis; abdomine luteo, segmentis basi transversis, punctisque contiguis nigris. — Die ein ovalförmiges Nest bildet, dessen Ende abgestumpft ist. Der Verf. beschreibt es sehr genau. Es hat 3 Hüllen, und der Kuchen enthält etwa 30 Zellen. Es ähnelt dem im Johnstôn Pl. 2. in der letzten Figur abgebildeten Subjecte. Siehe auch Swammerdams Pl. 21. Fig. 13. — Die Beschreibung des Verf. ist mit einer Abbildung begleitet. 3. Vespa frontalis, nigra; fronte lutea, linea nigra, maculis duabus scutelli, segmentorum margine postico, luteis; ultimorum margine sinuato. 4. Vespa Gallica, nigra; capite supra labium superius, linea utrinque infra oculos, punctis duobus in summo thoracis, lineolis sex scutellaribus, maculis duabus primi secundique abdominis segmenti, margine postico sinuatoque segmentorum omnium, luteis. 5. Vespa diadema, atra; lineis duabus transversis infra antennas, lineolis sex scutellaribus, punctis duobus primi secundique abdominis segmenti, margine postico segmentorum omnium luteis. — Der Verf. denkt nähmlich das Geschlecht der Wespen, wie das der Bienen, in ver-

schiedene Sectionen zu theilen, von welchen er vorläufig die Titel anzeigt, nähmlich:

Guêpiaires solitaires à bec, Einsiedler Wespennester mit Schnabel.

Guêpiaires solitaires maçonnes, Einsiedler Wespennester der Arbeitenden.

Guêpiaires à ruche et sociales, Wespennester in Stöcken.

8. *Beschreibung der Larve einer unbekannten Species Cassida*, von Latreille. Ein in St. Domingo leider verstorbener Naturhistoriker, Nahmens Hogard, hat an 3000 Insecten daselbst gesammelt, und etwa 300 Species, von welchen mehrere unbekannt sind. Unter andern sieht man eine Larve, von der der Verf. vermuthet, dafs sie einer Cassida quatuordecim-maculata sanguineo-rubra elytris gibbosis, punctisque valde impressis, singulo maculis septem nigris, gehört. Man weifs, dafs sich die Larven der Cassida mit ihren Excrementen bedecken; diese bestehen hier aus so regelmäfsigen concentrischen Faden, dafs man sich leicht irren könnte, es nicht für Excremente zu halten.

9. *Abhandlung über die Fossilien der Gegenden von Paris, und Bestimmung der Species, die den Thieren ohne Wirbelbeine zugehören, und in der Sammlung von Zeichnungen auf Pergament in der Bibliothek des Museums abgebildet sind*, von Lamark. Der Verf. glaubt, dafs die organischen Wesen mit der Zeit durch Localumstände sich verändern. Man findet Flächen von 30 Lieues mit Fossilien angefullt, die wahrscheinlich einst gelebt haben, und nicht mehr existiren. Es ist ihm wahrscheinlich, dafs auch die jetzt bewohnte Erde einst vom Meere bedeckt werden wird, und dafs sich die Climate mit dem Übrigen nach und nach verändern werden. Solche Veränderungen sind schon vorgefallen. Der Nautilus pompilius z. E.

der heifsen Climate befindet sich versteinert zu Courtagnon und auch zu Grignon. Im Oise-Departement hat man häufig versteinerte Palmen angetroffen. Man hat Bernstein in Soissons, und exotische Pflanzen in Abdrücken an vielen andern Örtern entdeckt, u. s. w. Die meisten Fossilien sind indessen, wenn man die in dem Werke des Brander über die in Hampshire sich vorfindenden ausnimmt, noch nicht gehörig bestimmt. Zu Grignon, das 7 Lieues von Paris auf der Seite von Versailles liegt, hat der eifrige Naturforscher Defrance 500 fossile Conchylienspecies gesammelt, von welchen ¾ noch in keinem Werke beschrieben sind. Sie werden jetzt alle durch Herrn Marechal und Oudinot fürs Museum gezeichnet, und sind fast alle bis auf die Farbe wohl erhalten. Alle sind in Kreide verwandelt. Kein einziges ist kieselartig versteinert. Nahe bey dem Schlosse zu Grignon, wo diese Conchylienbank am meisten entblöfst ist, finden sich, aufser Conchylien, noch Wurmröhren, Siliquaria, Meerzähne, Seeigel, und andre Polypengehäuse.

Zu Courtagnon bey Reims ist der Boden schon mehr mit Kiesel vermischt. Indessen ist das, was man daselbst findet, den Versteinerungen von Grignon und Hampshire so ähnlich, dafs man es für eine Bank halten mufs, die von Osten nach Westen läuft und durch den Canal de la Manche getrennt ist. — Der Verf. ist gesonnen, alle Versteinerungen zu beschreiben, die sich etwa 30 Lieues rund um Paris vorfinden, und folgt der Ordnung seines herausgegebenen Handbuchs. Folgende Beschreibungen sind in diesem ersten Aufsatze enthalten.

Genus I. *Chiton.* Oscabrion. Charact. Gen. Testa plurivalvis oblongo - elliptica convexa: valvis transversis, seriatim imbricatis, partim obtectis, dorso animalis incumbentibus.

Species.

Species. Ch. Grinionensis octovalvis? valvis subpunctatis: postica crenata. (Die Schalen 1½ Linie groſs.) nova.

Genus II. . *Patella.* Patelle. Ch. G. Testa univalvis, non spiralis, clypeata vel subconica, imperforata, fissura marginali destituta, cavitate simplici (ehemals Lepas genannt).

Species. P. (elongata), integra, oblongo-elliptica, planulata, laevis, obsolete radiata, verticis mucrone submarginali. n.

P. (dulcis), integra, ovata, subconica, laevis, vertice inflexo. n. (fluviatilis?)

P. (scutatella), integra, ovata, pellucida, substriata, verticis mucrone mediano. n.

P. (dilatata), integra, oblique conica, depressiuscula, rugosa basi suborbiculata, vertice nutante. n.

P. (spirirostris), integra, oblique conica, basi dilatata, antiquata longitudinaliter striata; vertice inflexo spirali sublaterali. n.

P. (cornucopiae), integra, oblique conica, subrugosa, basi ovata; vertice adunco. n.

P. (retortella), integra, ovata, laevigata; vertice laterali spirali obliquato. n.

P. (pennata), elliptica, depresso-conica; striis postice squamosis undulatis subimbricatis; vertice cernuo spirato.

P. (squamaeformis), elliptica, complanata, laevis; vertice minimo depresso submarginali. n.

Genus III. *Fissurella.* Ch. G. Testa univalvis, clypeiformis, absque spira, vertice perforata, foramine ovato vel oblongo. —

F. (labiata), ovata, conico-depressa; striis decussatis subquamosis; foramine obliquo, intus labiato. n.

Eadem reticulata; striis obsolete squamosis.

10. *Correspondenz. Ueber eine Abhandlung des B.* Leblond *die Cultur des Pfefferbaums in dem französischen Guiana betreffend*, von Desfontaines. Die Nelken gedeihen in Guiana schon so gut, daſs Frankreich keine mehr in Indien zu kaufen braucht. Der Muskatenbaum gedeiht weniger; der Zimmtbaum hat keine reichliche Ernte gegeben. Auf die Cultur des Pfeffers, dessen Gebrauch allgemein ist, ist am meisten die Aufmerksamkeit zu richten. Man findet hier einen Auszug aus einer portugiesischen Schrift von Villoso über diesen Gegenstand, die viel Detail enthält, und ihn zu erschöpfen scheint.

11. *Beschreibung des Ohrs eines Pflugs, welcher den möglichst wenigsten Widerstand leistet, und dessen Ausführung so leicht als gewiſs ist, vom Herrn* Jefferson, *Präsidenten der vereinigten Staaten von America, mit Abbildungen.* (Das Modell ist in der Gallerie der Geräthschaften für den Ackerbau niedergelegt, und wird in den Vorlesungen, die Herr Thouin jährlich über die Landwirthschaft hält, zu verfertigen gelehrt werden. M. s. die fr. Annal.)

12. *Tabelle der vertheilten Bäume und Samen.* Der Garten hat im Jahre IX. 14,976 Pflanzen, und 69,701 Packete mit Samen verschiedentlich vertheilt. Im Jahr X. (1801-1802.) sind 11,381 Packete Samen, und 475 Bäume und Sträucher mehr vertheilt worden. Dieses rührt von den neuen, wie man hinzufügt, glücklichen Verbindungen mit England, Deutschland, Ruſsland und den Colonien her. (Man

kann die liberale Art, mit der bey der Austheilung zu Werke gegangen wird, nicht anders als mit großer Hochachtung erwähnen.)

Frdl.

Seit dem Vendemiaire des Jahres XI. (Sept. 1802.) hat das *Recueil periodique de la Societé de Medecine de Paris* seinen Nahmen verändert. Es heißt *Journal general de Medecine, de Chirurgie et de Pharmacie.* — Sedillot der jüngere ist noch immer der Redacteur, und folgende Signaturen geben die Mitarbeiter an: Alibert; Bouillon-la-Grange; Brasdor; Chaussier; Desschamps; Desessartz; Duval; Gilbert; Grünwald; Lafisse; Morelot; Pelletier; Petit-Radel; Rousselle Chamseru; Sue ainé; Sedillot jeune. —

Die Gesellschaft hat über 100 ordentliche Mitglieder, und viele inländische Associés. Unter den auswärtigen Mitgliedern befinden sich die Doctoren Bojanus, Gruner, Loder und Powelle in Jena. — Dieses ist übrigens der 7te Jahrgang des Journals, welches die Gesellschaft redigiren läßt.

IV.

Das Vendemiairestück enthält:

1. *Versuche mit dem geschwefelten Wasserstoffgase an Thieren*, von Chaussier. (Man sehe die Annalen.)

2. *Ueber eine Verletzung der Leber*, von Desfontaines. (Die Leber enthielt bey der Section nach dem Tode einen lebendigen Wurm, der 4 Zoll lang war. Die Krankheit glich einem Gallenfieber

mit Symptomen von Würmern oder Gallensteinen. Indessen war dieser Wurm, wie Herr Double in einem Anhange bemerkt, in einem Scirrho befindlich, so daſs sichs nicht entscheiden läſst, ob er die eigentliche Ursache der Krankheit war, auch ist er nicht genau genug beschrieben.)

3. *Bericht über die Krankheit, die in St. Denis herrschte.* (Es war ein intermittirendes Fieber, das bekanntlich von Sümpfen herruhrte.)

4. *Meteorologische Beobachtungen und Bücherrecensionen, so wie auch ein Bericht des* Sabatier *über eine Zange, die sich nicht kreuzt, und die Herr* Thenance *dem Institute mittheilte.* (Wird gelobt.)

V.

Das Brumairestück enthält:

1. *Auszug aus* Cabanis *Werke: Verhältniſs des Physischen und Moralischen im Menschen gegen einander.* 2. *Beobachtung über den Zoster* (rosenartige, mit Blasen begleitete Geschwulst des Gesichts u. s. w.), von B. Carron. 3. *Bemerkungen über die Gährung*, von Morelot. 4. *Meteorologische Beobachtungen*, von Bouvard. 5. *Bemerkungen über die Krankheitsconstitution*, von Champseru. 6. *Bücheranzeige und Recensionen.*

VI.

Das Frimairestück enthält:

1. *Fortsetzung des Auszugs aus dem Werke des* Cabanis. 2. *Bericht der Kuhpocken-Commission der Societé de Medecine*, (welcher eben vertheilt wird).

3. *Meteorologische Beobachtungen*, von Bouvard.
4. *Bücherrecensionen.* (Von Nro. 2. werden wir nächstens einen umständlichern Auszug liefern.)

VII.

Journal general de Medecine, Chirurgie, etc. Nivose. Jahr XI. (Jan. 1803. N. LXXVI.)

Auf dem Umschlage finden wir zwey Anzeigen, die für die Lokalkenntniſs von einigem Interesse sind. Einige Mineralwasserhändler kündigen nähmlich ein Verzeichniſs der Wasser an, die sie vorräthig haben. Es kann auf diejenigen aufmerksam machen, die noch begehrt werden. Folgendes sind ihre Nahmen: Balaruc, Cransac, Merlange, Vals, Lamothe, Bonne, Barège, Cauteretz, du Mont d'or, Plombières, Enghien, Vichy, Pougues, Chatel-Guyon, St. Mions, Bussang, Bourbonne-les-Bains, Contrexevilles, Chatel-Don, Forges, St. Raine, Anicennes, Eaux de Passy. — Wir behalten uns vor, bey anderer Gelegenheit etwas über die gebräuchlichsten und wirksamsten zu sagen. —

Eine andre Ankundigung betrifft eine Fleischgelée für Kranke. Die ehemaligen Nonnen aux Annonciades verfertigen sie, und vermischen sie zum Theil mit Caffee, Pomeranzenblüthe, Vanille, u. s. w. —

Das Heft enthält:

1. 3te Fortsetzung eines Auszugs des Werkes von Cabanis: Wechselwirkung des Physischen und Moralischen im Menschen. —
2. Beobachtungen über Kopfwunden, von B. Paullet. (Nichts neues.)
3. Bericht des B. Heurteloup über eine Beobachtung eines Leistenbruchs vom B. Fardeau.

(Eine außerordentliche Ausdehnung der vasor. spermaticor.)

4. Abhandlung über den Ölbaum, von Luce, Chemist zu Grasse. (Eine ziemlich vollständige Naturgeschichte desselben.)

5. Meteorologische Beobachtungen, Monat Frimaire, von Bouvard.

6. Französische medicinische Literatur.

a. Über das Leben, von Lorentz. (Unter andern gegen Reil. — Wird gelobt.)

b. Medicinische Geschichte der orientalischen Armée in einem Auszuge, von Dumas, Prof. zu Montpellier. (Sehr schmeichelhaft für den Verf. Man erinnert sich, daß er sich einst mit dem Eiter eines Bubo die Leiste wund machte, um den Soldaten die Furcht vor der Pest zu benehmen. Man sagte von ihm, Desgenettes habe nach Art seiner Profession Sturm gelaufen. Desgenettes est monté à la brêche de sa Profession. Die Armee hat trotz der wüthenden Pest nur 4157 Mann durch Krankheit verlohren. Das Werk ist unter andern mit vieler Eleganz des Styls abgefaßt).

c. Geschichte des Galvanismus, von Sue.

d. Anatomische, physiologische, optische Geschichte des Auges, von Lefebure. Leipzig.

e. Physicalische und medicinische Constitution von Avignon, von Paucard, Generalchirurgus. (Unvollständig.)

f. Mittel gegen die Gefahr der natürlichen Pocken zu schützen, von Desessartz. (Anwendung des Mercurius dulcis).

g. Über die Musik als Heilmittel, von ebendemselben. (In Nervenkrankheiten.)

h. Von der Analogie des Scorbuts mit dem adynamischen Fieber, von Jourdanet. (Auch uber die Verschiedenheit des Faulfiebers vom Scorbut. Der Scorbut, meint der Verf., ist der chronische Zustand der Adynamien; die Adynamien der acute Zustand des Scorbuts.) — Eine Inaug. Dissertation.

i. Über die Inflammation des serösen Systems, von La Halle. Eine Dissert.

k. Über die Glandula Parotis, anatomisch betrachtet von Murat.

l. Psychologisch-physiologische Beobachtungen über die Lehre des Dr. Gall, von Piestre. (Rec. meint, es sey der Mühe nicht werth die Gall-schen Ideen zu widerlegen.)

m. Über die Bergkette von Auvergne, von Brieude.

n. Lexicon der Wunder der Natur, von S. de la Fond.

o. Genauer Bericht der Hauptphänomene des Galvanismus, von Cassius, Larcher-Daubancourt und Desaintot, Mitgliedern der Galvanischen Gesellschaft.

p. Anzeige der Manuscripte, die der Gesellschaft zugeschickt worden sind. (Ihre Anzahl beläuft sich schon auf 750.)

VIII.

Das Journal de Medecine, von Leroux *und* Corvisart, *Monat Nivose, enthält:*

1. Bemerkungen über einen Blasenstein, den der Kranke wohl 20 Jahre getragen hat, ohne ihn zu fühlen. Er wog 1 Unze, 46 Gran. — 2. Beobachtungen von Tarras in Genf, der sich des Unguentum mercuriale innerlich bedient. $\frac{1}{2}$ Unze wird mit Brodkrumen zu 144 Pillen bereitet, von welchen der Kranke 2-12 den Tag nimmt. — 3. Vieusseux

in Genf macht die Bemerkung, daſs er 19 Mal in 20 den Bandwurm abtrieb, wenn er nach dem Nufferschen Mittel nicht drastische Purganzen, sondern 3 Unzen des Ol. Ricini gab, und zwar in 4 Dosen, alle halbe Stunden, mit warmer Fleischbruhe. — 4. Meteorologische Beobachtungen. — 5. Bücherrecensionen.

IX.

Bulletin der Gesellschaft zur Beförderung der Nationalindustrie, No. III. Brum. J. XI., enthält:

1. *Öffentliche Ausstellung der Producte französischer Industrie, vom Jahr X.* Ein Abdruck der Rede, die der Jury bey dem ersten Consul gehalten hat, nebst den Nahmen der Personen, die die goldne Preismedaille erhielten. —

2. *Ueber eine Manufactur der Uhrgeräthschaften* (Ebauches du Mouvement de Montres). Genf und Vallangin versorgten fast allein das Ausland mit Uhren. B. Jappy hat seit 1786 mit Hülfe seines Schwagers Dandillet diesen Zweig der Industrie nach Beaucourt verpflanzt, und bewirkt durch Maschienen, was sonst dem Ackerbau Hände entzog. Der Jury hat ihm eine Medaille von Bronze zuerkannt. — B. Sandoz zu Besançon, dessen Fabrike vollkommner ist, erhielt eine silberne Medaille. Doch bemerkt man, daſs alle in diesen Fabriken befindlichen Werkzeuge noch groſser Vereinfachung fähig sind. Man macht z. E. noch die Schrauben aus freyer Hand.

3. *Ueber ein Instrument, das Gewicht der Goldmunzen zu bestimmen, welches B.* Vincent *verfertigt hat; aus einem Berichte des B.* Guyton. Es bestimmt auf eine sehr bequeme Weise das specifi-

sche Gewicht der verschiednen, in den Münzen befindlichen Metallverbindungen, und dient zu einer sehr sichern Probierwaage. Der Bericht ist sehr günstig ausgefallen. —

4. *Bericht über die neuen Lampen des B.* Joly, von Guyton, Bardel und Merimé. Der innere Gang der Argandschen Lampe, der gewöhnlich cylindrisch ist, ist hier etwas kegelförmig, wodurch der Zug und Zuflufs des Oxygens verstärkt wird. Rund um den Docht, aufserhalb, befinden sich 5, ebenfalls conisch zulaufende, kleine Schornsteine, die die Flamme noch heller machen. Man hat im Athenée de Paris mit dieser und andern Lampen, zumal der Carcelschen (die durch ein Uhrwerk das Öl stets in die Höhe treibt, um das Verkohlen des Dochts zu verhindern, so wie auch den Schatten des Ölgefäfses vermeidet, welches hier unten im Fufse der Lampe befindlich ist) vergleichende Versuche angestellt [1]. Herr Joly trug den Preis davon. Das Ölgefäfs bringt Herr Joly oberhalb, nicht zur Seite der Flamme an, aus welchem das Öl dann durch zwey zu beyden Seiten herunter laufende Röhrchen zum Dochte fliefst. Dadurch wird der Schatten grofstentheils wenigstens vermieden. Die Berichtserstatter meinten, dafs die Verbesserungen Beyfall verdienen.

5. *Anmerkung über die Feilen des B.* Raoul. Frankreich zog alle Feilen aus Deutschland und England, und zieht sie zum Theil noch daher. Herr Raoul hat in seiner Fabrike zu Paris zwar alle Schwierigkeiten, die das gleichmäfsige Härten des Stahls, als auch das gleichmäfsige Einschneiden der Zähne veranlassen, glücklich überwunden, dennoch besteht ununterbrochen ein Vorurtheil gegen diese

1) Nach der Methode des Grafen Rumford, indem man nähmlich die Entfernung gleich starker Schatten von dem Lichte mafs.

einheimischen Fabrikate. Das Lycée des Arts hat öffentlich unter dem Vorsitz der B. Frochot und Gillet-Laumont die allergenauesten vergleichenden Versuche mit diesen Feilen der Raoulschen Fabrike, und der besten englischen anstellen lassen. Erstere hielten nicht nur. die Probe aus, sondern übertrafen sie zum Theil. —

6. *Anmerkung über einen Gypsciment, den man zu Boulogne-sur-Mer gefunden hat.* — Man findet ihn am Meeresufer. Man hofft im Innern des Landes die unterirdischen Lager zu entdecken, woher er kommt. Die Hitze, die zum Calciniren des Kalks erforderlich ist, ist hinlänglich ihn zu verkalken; gepulvert und mit Wasser eingerührt, entwickelt sich alsdann merkliche Hitze, und es bildet sich bald nachher eine harte Paste, die weder durch Wasser noch durch Luft verändert wird, und selbst eine Politur annimmt. — Man hat Steine mit diesem Cimente zusammen gekittet, und Gefäſse aus demselben verfertigt. Man hat auch feuchte Mauern mit demselben beschmiert. Er haftete so fest, daſs die Steine kaum mehr zu trennen waren. Die aus demselben verfertigten Gefäſse lieſsen keinen Tropfen Wasser durch, und die feuchten Mauern wurden durch denselben völlig trocken. So weit gingen die Versuche, die der Militär-Ingenieur Lesage damit angestellt hat. B. Guyton hat ihn nun näher bestimmt. Seine specifische Schwere ist 2,04, auch 2,19; sein Äuſseres durch Eisenocker etwas geröthet. Der Bruch zeigt kleine Krystalle kohlensauren Kalks, oder Conchylien. Fast alle Stücke geben Thongeruch und brausen mit Salpetersäure. Aus der sehr genau verfolgten und beschriebnen Analyse ergibt sichs, daſs 100 Theile dieses Boulogner Gypsciments 40,3 Kalk; 33 Kohlensäure; 9,9 Kieselerde; 4,4 Thonerde; und 11,3 Eisenoxyd enthalten; 1,1 ist Verlust.

B. Guyton zeigte aus diesem Ciment verfertigte Röhren vor, die fest und leicht waren. Daher er zu Geschirren sehr anwendbar ist, und den Vortheil gewährt, daſs er bloſs geformt und nicht gebacken werden darf. —

7. *Der Minister des Innern hat, auf Veranlassung der Gesellschaft für National-Industrie, der Spaten- und Schaufelfabrike der Gebrüder* Engelvin *seine Approbation gegeben.* —

X.

Annalen der französischen Agricultur, von Tessier.

XIIIter Band. Das Vendemiaireheft enthält:

1. *Brief des Lord* Sommerville *an* François de Neufchateau *über den Pflug.* 2. *Brief des verstorbenen Lord* Bedford *über denselben Gegenstand.* 3. *Brief des Herrn* Arthur Young *über diesen Gegenstand* 4. *Bericht der Ackerbaugesellschaft zu Bath über Versuche, die man mit Pflugen und verschiedenen Gespannen gemacht hat.* 5. *Auszug aus einer Abhandlung über das Zahnen des Pferdes, vom B.* Tenon. 6. *Beobachtungen über die Schafe mit feiner Wolle im Haute-Garonne-Departement.* 7. *Versuche uber das einzelne Pflanzen des Korns, von* Larochefoucauld. 8. *Bemerkungen über die Redaction eines Ruralcodex, vom Conseil-General d'Agriculture.* 9. *Notiz der Vertheilung der Preismedaille der Ackerbaugesellschaft des Seine-Departements.* 10. *Aufgegebne Preise der Ackerbaugesellschaft des Indre-Departements.* 11. *Verordnung des Polizeypräfekten wegen des Nachlesehaltens in den Weinbergen.* 12. *Auszug aus dem Werke über die modernen Colonien in der heiſsen Zone des Barre St-*

Venant, *von* Tessier. 13. *Preiscourant mehrerer Artikel auf dem Markte zu Paris während des Monats Fructidor.* 14. *Mittlerer Preis des Waitzenbrots in Frankreich überhaupt.* — (Die Briefe enthalten Danksagungen für die zugeschickte Schrift über den Pflug. N. 4. ist aus dem Englischen übersetzt. N. 5. bereits in den Annalen angezeigt. N. 7. ebenfalls. — Die Preisaufgaben N. 9. betreffen den Dünger; die Vermehrung der Schweinezucht; die in der Gegend von Paris angepflanzten Bäume; und die Verbesserung des Pfluges. Der Minister des Innern hat den Preis für letztern Gegenstand auf 6000 L. erhöht. Der Verf. der Schrift N. 12. glaubte, dafs man die Plantagen zu St. Domingo mit 40,000,000 wieder herstellen könne. Er schrieb zur Zeit, da die Brester Flotte unter Weges war!! — Der mittlere Preis von 20 Pf. 6 Unzen 62 Gran Waitzen im Fructidor betrug im Departement Mont-Tonnere 2 Fr. 14 C.; und im Departement hautes Alpes 45 Fr. 43 C. In Paris 3 Fr. 61 C.)

XI.

Das Brumaireheft enthält:

1. *Abhandlung über die Erziehung der Hausvögel*, *von* Parmentier. 2. *Von den Schafen zu Nismes*, *von* Vincent. 3. *Fragment der Statistik des Departements des deux Nethes*, *von* Herbouville. 4. *Notiz über die Ackerbaugesellschaft in Sussex*, *von* Huzard. 5. *Ueber die gute Wirkung eines Circulars des Präfecten des Haute-Saone-Departements, die Bewahrung des Waitzens vor Fäulnifs betreffend.* 6. *Brief über das Pflanzen des Getreides.* 7. *Ueber die Anwendung der wilden Cichorie zum Caffee.*

8. *Verschiedene Preisaufgaben der Departementer.* 9. *Dimensionen eines in England im Jahre 1797. geschlachteten Hammels.* 10. *Ueber den Anbau des Maïs in Isle de France.* 11. *Verschiedene Thierraçen in Rambouillet.* 12. *Aufgefangenes ungesundes Fleisch auf dem Markte zu Paris.* 14. *Abhandlungen für Agricultur der Gesellschaft der Wissenschaften zu Lissabon, in einem Auszuge, von* Huzard. 15. *Auszug aus einem Werke von* Ogier *über Verbesserung der Schafe.* 16. *Preiscourant zu Paris und in den Departementern.* (N. 1. ist die Einleitung zu einem herauskommenden Werke. — N. 5. bestand in der Empfehlung, 8 Pf. lebendigen Kalk in 40 Pf. Wasser zu löschen, und ein Quart Waitzensamen darin zu weichen. Nachdem er herausgenommen und getrocknet ist, säet man ihn den folgenden Tag. — Der Hammel N. 9. wog lebendig 212 Pf. — N. 12 In 3 Monaten vom Germinal bis Ende des Prairial hat man 5731½ Pf. Fleisch auf dem Markte weggenommen und nach der Menagerie des Museums geschickt.)

XII.

Das Frimaireheft enthält:

1. *Abhandlung über die Cultur der Gegend von Duretal und La Fleche, vom B. C.* 2. *Ueber den Erfolg der 2reihigen nackten Gerste im Eure - Departement.* 3. *Verschiedene, in den Departementern aufgegebene, Preise.* 4. *Ueber den Vortheil, den Wein lange im Fasse zu halten, ehe man ihn versendet, von* Parnajow. 5. *Oeconomische Abhandlungen der Gesellschaft der Wissenschaften in Lissabon im Auszuge, von* Huzard. 6. *Ankündigung von Werken, die die Landwirthschaft betreffen.* 7. *Preiscourant der*

Märkte in Frankreich. 8. *Abhandlung über die Befruchtung der Dünen*, von Decandolle. 10. *Register.* — (Wir glauben unsern Lesern nichts auffallend merkwürdiges aus diesem Hefte auszeichnen zu können.)

XIII.

***Bibliotheque physico-economique**, in monatlichen Heften, von einer Gesellschaft von Künstlern, Gelehrten, Landwirthen, redigirt von* C. S. Sonnini. *Das Abonnement für die 12 Hefte im Jahre ist 12 Franken. Den ersten jedes Monats erscheinet ein Heft in 12. von 72 Seiten.*

Diese Bibliothek soll alle neuen und nützlichen Erfindungen, Verfahrungsarten, Vorschriften, Werkzeuge u. s. w. für Landwirthschaft, Hauswirthschaft, Fabriken u. s. w., auch Arzneymittel, äuſserliche und innerliche Behandlungsarten in Krankheiten der Menschen und Thiere bekannt machen. Das erste Heft ist am 1sten Brumaire des Jahres XI. erschienen und enthält mancherley unter einander über Viehkrankheiten, Krätze und Bandwurm, Strohhüte, die neuen Bratpfannen Rumfords etc. etc. und das Ganze scheint demnach, diesem Anfange zufolge, ein nützliches Allerley werden zu wollen.

Andere Werke.

XIV.

Traité elementaire de Mineralogie suivant les Principes du Professeur Werner etc., *par* A. J. M. Brochant, *Professeur de Mineralogie à l'Ecole pratique des mines. Tome second.* 674 *S. gr.* 8. *à Paris chez* Villier, *libraire. Jahr XI.* (1802 - 1803.)

Dieser zweyte Band des bekannten Werkes von Brochant, wovon der erste Band schon vor einigen Jahren erschien, und in welchem die Mineralogie nach der Wernerischen Methode abgehandelt ist, enthält die Klasse der Salze, der brennlichen Körper und der Metalle, ferner in einem Anhange einen Nachtrag der wichtigsten, seit Erscheinung des ersten Bandes, so wie während des Abdruckes des zweyten Bandes gemachten Entdeckungen, Verbesserungen und Berichtigungen in der Oryktognosie. Darauf folget die Abhandlung der Gebirgsarten. Ein Register erhöhet die Brauchbarkeit des Werkes. Für Deutschland ist dieses Werk von geringerem Interesse, dagegen für Frankreich ungemein schätzbar, weil die Franzosen durch dasselbe mit der Wernerischen Methode in Klassifikation und Beschreibung der Mineralien genauer bekannt werden, und die Arbeiten der Deutschen in der Mineralogie mit grofser Sorgfalt benutzet sind. Der Zuschnitt ist ganz wie in Wiedemanns und Emmerlings Mineralogie. Karstens Tabellen sind überall benutzet. Das Tellurium heifst hier Menak, der Titanschörl oder Nadelstein Ruthil, das Telluriumgeschlecht Silvangeschlecht von Transilvanien (Siebenbürgen), das Gelberz Weifs-Silvanerz, das Blättererz Nagyagerz; im

Anhang sind allein 35, theils neue Gattungen, theils Arten zur Klasse der Erd- und Steinarten hinzugekommen; ausführlich ist auch in demselben vom Columbium, und unter den Verbesserungen und Zusätzen am Ende auch vom Tantalum die Rede.

XV.

Notice sur la pierre appellée Cornéenne ou Roche de Corne par M. de Montlosier. *Paris. Jahr X.* 1802. 32 *S.* 8.

Der Verfasser, der bekannte Herausgeber des Courier de Londres, mag ein guter Zeitungsschreiber seyn, aber unter die Mineralogen und Geognosten scheint er nach dieser Probe nicht zu gehören. Abenteuerlichere Sätze, als der Verf. über seine *Roche de Corne* hier vorträgt, kann man sich wohl nicht denken. Hornstein können wir diese Roche de Corne wohl nicht nennen, sie ist alles und nichts. Was nicht Granit und Kalk ist, ist dem Verf. Roche de Corne, oder eine Abänderung derselben. Trapp, Porphyr, Schiefer, Gneis, Glimmerschiefer, Jade, Jaspis, Serpentin, Speckstein, Rindenstein etc. gehören dahin. Ein gar sonderbares Ding ist dieser Rindenstein (*pierre à ecorce*). Auf seiner Oberfläche soll beständig Eisen ausschwitzen, und daselbst eine Rinde bilden, die, wenn sie zufällig zerbricht, beynahe unter den Augen sich wieder erzeuget. Solches Ausschwitzen und Durchschwitzen der Bestandtheile der Steine, wie durch eine immer lebendige Chemie, anzunehmen, kostet der regen Einbildungskraft des Verf. keine Muhe. Die Roche de corne soll auch die Hauptrolle in der vulkanischen Welt spielen, der Mittelpunkt der vulkanischen Wirkung seyn. Der

Verfasser streuet überall Blumen seiner Beredsamkeit ein: „Die Roche de Corne aus dem Wasser hervorgetreten, und der Wirkung der Sonne und Atmosphäre ausgesetzt, wird mit ihren ungeduldigen und heftigen Elementen ein ganz neues Schauspiel dargeboten haben. Man möchte beynahe behaupten, daſs in einer und derselben Epoche die Animalität und die groſsen Feuersbrünste auf der Erde sich eingestellet haben. Die jetzt brennenden Vulcane sind kaum ein Funken neben dem damaligen Feuer, das überall so viel Spuren hinterlassen hat, und das mit dem ersten Lebensfeuer gleichzeitig gewesen zu seyn scheinet."

Von den Microscopen und Öfen fürchtet der Verfasser, sie möchten Werkzeuge der Unwissenheit werden.

In einer Nachschrift tadelt der Verfasser die tiefe Gründlichkeit des Werkes von Hauy, und fürchtet, es möchte dadurch dem Studium der Mineralogie mehr schaden als nützen. Witzig sagt er: Hauy sey in das Gemach der Wissenschaft eingegangen, und habe den Schlüssel innen hineingesteckt. Für unsern Verfasser ist freylich, wie aus allem erhellet, dieses Gemach verschlossen geblieben.

Pf.

XVI.

Memoires sur l'Egypte. Tome 4; à Paris de l'imprimerie de P. Didot *l'ainé.* 8. *an XI.* (1802.)

Dieſs ist der letzte Band der Sammlung, welche unter dem Nahmen der Decade Egyptienne zu Cairo herauskam, und unter der Aufsicht des Bürgers Desgenettes mit vielen Zusätzen wieder aufgelegt wurde.

Dieser 4te Band beginnt mit einer Notiz von den Arbeiten des Instituts von Ägypten, vom 2ten Vendemiaire des Jahres IX. bis zum folgenden ersten Germinal, an welchem Tage die letzte Sitzung dieser gelehrten Gesellschaft statt fand. Aufser einigen historischen und statistischen Abhandlungen, enthält dieser Band eine Abhandlung des Burgers Trank über den Handel mit Negern nach Cairo, und die Krankheiten, denen sie bey ihrer Ankunft daselbst unterworfen sind, eine Abhandlung des B. Satira über die Pest, meteorologische Beobachtungen vom Burger Nouet, während der 6 ersten Monate des Jahres IX. (1800-1801) zu Cairo angestellet, necrologische Tafeln von Cairo mit Einschlufs von Altcairo und Boulak, wahrend der Jahre 7, 8 und 9 (1799-1801) vom Burger Desgenettes, endlich eine physische und medicinische Topographie von Malta, vom Bürger Robert, nebst einer Darstellung der Krankheiten der Französischen Truppen in den Jahren VI, VII, und VIII.

XVII.

De l'Electricité medicale par le Cit. Sigaud Lafond, *Professeur de physique et de chimie à l'ecole centrale du Cher etc.* 600 *S. in* 8. *An XI.* (1802) *Preis* 6 *Franken.*

Der Verfasser, der eigentlich kein Arzt ist, beschreibet seine eigenen Erfahrungen uber die Anwendung und den Nutzen der Electrizität in Krankheiten, mit genauer Angabe der Umstände, und Unpartheylichkeit. Er unterscheidet 7 Arten den Kranken zu electrisiren:

1) Das electrische Bad, wo der isolirte Kranke mit dem electrisirten Conductor der Maschine in Verbindung stehet. 2. Die Electrisirung durch Funken. 3. Durch Erschütterungen. 4. Die Electrisirung durch Besprengung *(irroration)*, wo aus einer, am Ende eines biegsamen oder im Winkel gebogenen Conductors befindlichen Kugel häufige electrische Pinsel auf den Theil des nicht isolirten Kranken auströhmen, den man gleichsam mit Electrizität besprengen *(arroser)* will. 5. Die Electrisirung durch Reibung, wo man schnell ganz nahe und über den Theil des Körpers, den man reiben will, und den man mit Flanell bedeckt hat, eine nicht isolirte metallische Kugel hin und her führet, wobey der Kranke im electrischen Bade sich befinden mufs. 6. Die Electrisirung durch Einblasung *(insuflation)*, welche vermittelst eines Kupferdraths geschieht, der sich an dem einen Ende in eine Spitze, und an dem andern Ende mit einem Ringe endiget, um ihn mit dem Conductor der Electrisirmaschine in Verbindung zu setzen, der Drath befindet sich an einer isolirenden Handhabe von Glas, und die Spitze, von welcher aus ein frischer Wind bläst, wird gegen den kranken Theil gerichtet. 7. Endlich die Electrisirung durch Entziehung *(exhaustion)*, wo der Kranke sich im electrischen Bade befindet, und die Electrizität durch eine ähnliche metallische Spitze, wie in N. 6., die aber mit dem Erdboden in leitender Verbindung ist, ausgezogen wird.

Der Verfasser erzählt mehrere glücklich von ihm selbst behandelte Fälle von Hüftweh, gichtischem Rhevmatismus, partiellen Lähmungen, wo er die Electrizität theils als Bad, theils als Funken, auch wohl als Erschütterungen, und auf die N. 7. angezeigte Art anwandte. Eben so heilte er damit ein beträchtliches Oedema der Unterschenkel bey einem Subjecte von 55 Jahren. Die Frostbeulen an Händen und Füfsen weichen sehr leicht der Wirkung der Electrizität, wenn sie nur mit Geschwulst und Spannung begleitet sind; wollen sie in Eiterung ubergehen, so befordert die Electrizität dieselbe, und endiget in kurzer Zeit die locale Affection. Merkwurdig ist noch der Fall einer zurückgetretenen Flechte, welche der Verf. bey einem 45jährigen Subjecte glucklich durch die N. 7. angeführte Electrisirungsmethode auf die Haut zuruckbrachte, und dann durch Electrizität und zweckmäfsige Arzneymittel vollends heilte. Eben so sind Fälle von ganz bestimmtem schwarzen Staare, von Taubheit, von Sprachlosigkeit bey einem Mädchen von 22 Jahren, welche den Gebrauch der Sprache in Folge einer Lähmung der Zungenmuskeln und Gaumenmuskeln verlohren hatte, endlich drey Beyspiele von Unfruchtbarkeit bey drey jungen Frauen angefuhret, welche durch die Electrizität, und zwar in letzterem Falle unter Hervorrufung der monatlichen Reinigung gehoben wurden. Diese Fälle wurden theils vom Verf. selbst beobachtet, theils rühren sie von glaubwurdigen erfahrenen Männern, wie von Mauduit, Pilatre du Rosier etc. her. Die Schrift verdienet in jeder Hinsicht alle Aufmerksamkeit.

XVIII.

Paris chez Deterville. *Nouveau Dictionnaire d'histoire naturelle appliquée aux Arts, principalement à l'Agriculture et à l'Economie rurale et domestique. Par une Societé de Naturalistes et d'Agriculteurs.*

Tome I. LXIV. *S. Discours preliminaire und 512 S. Text. A—APA*

Tome II. 567. *S. APA—BAR*

Tome III. 581 *S. BAR—BYT.*

Diefs ist die erste Lieferung des einen von den beyden Worterbuchern fur Naturgeschichte, welche vor einem Jahre von zwey Gesellschaften französischer Naturforscher angekündiget worden sind. Die Mitarbeiter an diesem sind Sonnini und Virey für den Menschen, die 4fufsigen Thiere, Vögel, Cetaceen; Parmentier, Huzard und Sonnini für Thierarzneykunde und häusliche Öconomie; Bosc für Fische, Reptilien, Mollusken und Wurmer; Olivier und Latreille für Insekten; Chaptal, Parmentier, Cels, Thouin, Du Tour und Bosc für Botanik, Agricultur, Gartènbau; Chaptal und Patrin fur Mineralogie, Geologie, Meteorologie und Physik. Aufserdem haben noch Desmarets Artikel uber die 4fufsigen Thiere, Vieillot, Fortsetzer der Geschichte der Vögel Audeberts, viele ornithologische Artikel, und Libes, Professor der Physik an einer der Centralschulen von Paris, eigentlich physikalische und meteorologische Artikel redigiret. Der Hauptzweck ist, die Gegenstände der Naturgeschichte aus dem Gesichtspunkte ihres Nutzens, ihrer Anwendung auf Künste, Handel, Agricultur zu betrachten. Der weitläufige Discours preliminaire enthält in einem sehr pomphaften Style, im ersten Theile, allgemeine Betrachtungen über die Natur, die Naturreiche u. s. w. „Ein grofser Lebensgürtel umgibt die Erdkugel um den Aequator, und zwey Trauerschleyer umhüllen die Pole." Auch eine *Organogonie* wird hier zum Besten gegeben. Madreporen, Corallen, Algae sollen die ersten Ebauchen des Lebens gewesen seyn. Sie bezeichnen gleichsam das noch unsichere Wirken, die ersten Versuche der Natur zur Organisation. Der zweyte Theil dieser Einleitungsrede stellt eine historische Skizze von der Naturkunde, ihren Hauptepochen, und den Männern, die sich berühmt gemacht haben, auf. Man vermifst in der ganzen Rede eine gründliche, philosophische Darstellung und Entwicklung. Der Verf. ist Virey.

Die Artikel selbst sind, wie sich zum voraus erwarten läfst, ungleich abgefafst. Was von der Feder eines Parmentier, Thouin, La Treille, Bosc herrühret, ist, wie sich zum voraus erwarten liefs, vortrefflich. Besonders lehrreich und interessant waren uns von dem ersteren die Artikel: *Artichaut* (Artischocke), *Asperge* (Spargel), *Avoine* (Haber), *Batates* (Pataten), *Bette rave* (Runkelrübe); von dem zweyten, der äufserst ausführliche, 132 S. einnehmende, und alles, was sich auf eigentliche Naturgeschichte, Anatomie, Physiologie und Cultur der Bäume bezieht, umfassende Artikel: *Arbre.* Das Impfen *(greffe)* und Schneiden *(taille)* der Bäume ist mit grofsem Detail abgehandelt, und jedes durch eine eigene Kupfertafel erläutert, auf welcher die verschiedenen Methoden sehr deutlich vorgestellt sind. Von La Treille sind die Artikel *Abeille* und *Araignée* am ausführlichsten. Die Artikel von Sonnini über 4füſsige Thiere und Vögel sind im Ganzen gut abgefaſst und unterhaltend geschrieben, doch für den wissenschaftlichen Naturforscher weniger befriedigend. Alles, was sich auf Anatomie und Physiologie der Thiere beziehet, ist auffallend vernachlässiget. Virey, der die physiologischen Artikel übernommen hat, gibt mehr Worte als Sachen. Hier vermissen wir am meisten die Meisterhand eines Cuvier. Die zoologischen Artikel von Bosc sind seines Ruhmes in diesem Fache wurdig; weniger befriedigten uns die botanischen Artikel von demselben. Auffallend war es uns, daſs bey sehr vielen Pflanzengattungen nicht einmal die lateinischen systematischen Nahmen beygefuget sind, und daſs die Terminologie in allen Geschlechts- und Gattungskarakteren, sowohl bey Thieren als Pflanzen stets nur französisch ist. Eine Beyfugung der Karakterbestimmung in lateinischer Sprache würde den Werth des Werks erhohet haben. Alle mineralogischen und geologischen Artikel in diesen 3 Bänden sind von Patrin. In diesen vermissen wir uberall die systematische Grundlichkeit eines Hauy und Werner, und die geologischen Meynungen und Hypothesen des Verf. mochten vielen Widerspruch finden. Der Artikel *Basalte* und *Augite ou schorl des Volcans* (Hauys *Pyroxene*) haben dem Verf. vorzuglich Veranlassung zu diesen letzteren gegeben. Den ägyptischen oder antiken Basalt wirft er mit Unrecht mit dem neueren zusammen. Wer die Bildsäulen, die von ersterem verfertigt sind, z. B. die Sphinxe auf dem Capitol zu Rom, genauer untersucht hat, wird sich uberzeugt haben, daſs derselbe offenbar zu den uranfänglichen Gebirgsarten gehoret, da sogar Adern von einer Art von feinkörnigem Granit durch denselben durchsetzen. Die Behauptung des Verf., daſs der Trapp zu einer ganz andern Formation als der Basalt gehore, daſs nähmlich jener eine primitive, mit dem Granite gleichzeitige Gebirgsart, dieser hingegen eine secondäre Gebirgsart ausmache, stehet mit den bekanntesten Thatsachen im Widerspruche. Übrigens hält er den Basalt für ein Produkt vulcanischer Eruptionen, die unter dem Meere statt gefunden haben, und den Augit für ein Produkt einer auf trockenem Wege in der Lave selbst erst entstandenen Krystallisation, was er sehr ausführlich zu beweißen suchet. Die Schriften der Deutschen in der Mineralogie scheinen dem Verf. gröſstentheils unbekannt geblieben zu seyn. Wenigstens tragen die Artikel *Antimoine*, *Argent*, *Baryte* die deutlichen Spuren davon an sich. Billig hätten bey den verschiedenen Gattungen der Mineralien die Wernerischen Synonymen angeführt werden sollen.

Dem ganzen Zuschnitte nach ist dieses Wörterbuch überhaupt mehr für den Liebhaber, als für den eigentlich wissenschaftlichen Naturforscher bestimmt, und seine vorzüglichste Seite ist die Bearbeitung mehrerer Artikel zum Behufe der Haus- und Landwirthschaft. Das andere naturhistórische Wörterbuch, welches Cuvier, Jussieu, Des Fontaines, Dumeril etc. besorgen, wird mehr für eigentliche Naturhistoriker bestimmt seyn, und das eigentlich Wissenschaftliche zum Augenmerke haben. Die Artikel desselben sind, wie Herr Friedländer, der mehrere davon im Manuscripte gelesen hat, in einem Briefe an mich darüber urtheilet, mit einer gedrängten, gesunden Kritik, und mit originellem Beobachtungsgeiste abgefaſst.

Beyde Wörterbücher werden daher, da sie eine verschiedene Tendenz haben, und für ein verschiedenes Publicum geschrieben sind, wohl neben einander bestehen können.

Die zweyte Lieferung von drey Theilen, die bloſs den Buchstaben C einnehmen, soll dieser ersten Lieferung in einigen Wochen nachfolgen. Das ganze Werk wird etwa 24 Bände ausmachen. Nach Verhältniſs ist es von sehr geringem Preise.

Pf.

C.

Correspondenz, literarische und technische Nachrichten und Neuigkeiten, gelehrte und andere Gesellschaften, und Unterrichtsanstalten etc. etc.

I.

Fortsetzung der galvanischen Neuigkeiten aus Paris.

Der Moniteur enthält in Nro. 87. Jahr XI. wieder einen neuen Bericht von den Arbeiten der galvanischen Societät in Paris. Es ist billig, dafs dieses officielle Blatt sich mit einem Gegenstande beschäftige, den der erste Consul durch seine Preisfrage gleichsam officiell gemacht hat. Herr Gautherot spielt in diesen officiellen Artikeln die Hauptrolle, so wie er auch die Seele der neuen galvanischen Societät zu seyn scheinet. Seine Hypothese über den Galvanismus haben wir bereits im ersten Stücke dieses Jahrgangs kennen gelernt. Er hat die galvanische Societät mit neuen Thatsachen unterhalten, welche für diese Hypothese beweisend seyn sollen. Schon im Jahre IX. hatte er dem Institute die Beobachtung mitgetheilet, dafs der galvanische Geschmack für die Zunge nicht merkbar ist, wenn man die Wirkung des Galvanismus (d. h. den Strohm der Voltaischen Säule) durch die Lichtflamme fortzuleiten suchet. Dieser Versuch wurde in voller Sitzung der galvanischen Societät mit demselben Erfolge mehrmals wiederholt. Und doch konnte man den Condensator mit Electrizität aus der Voltaischen Säule laden, da man sich der Lichtflamme zum Leiter bediente. Dieses weiſs nun unser Herr Gautherot gar fein für seine Hypothese zu benutzen. Die Voltaische Säule soll nähmlich neben dem eigentlichen wahren galvanischen Fluidum auch gewöhnliche Electrizität erzeugen, diese soll durch die Flamme fortgeleitet werden können, während jenes, das eigentlich den eigenthümlichen galvanischen Geschmack erzeuget, von der Flamme nicht fortgeleitet werde. (Die Flamme ist lange kein so guter Leiter, als man gewöhnlich glaubt, sie leitet also nicht schnell genug die Electrizität durch, und so erklärt sich die geringe Wirkung auf die Zunge; daſs der Condensator sich laden laſst, ist nicht zu verwundern, da es hier nicht auf den Augenblick und die Menge von Electrizität, die dieser Augenblick mittheilet, wie bey der Zunge, ankömmt. Nach allem, was die gröſseren Physiker über die Voltaische Säule gelehret haben, muſs ein eigenes galvanisches Fluidum als Hirngespinnst erscheinen. Solche Zungen-Versuche werden es wenigstens nicht zu Credit bringen.) Gautherot hat in der galvanischen Gesellschaft einen andern Versuch wieder aufgewärmet, womit er schon vor anderthalb Jahren, wie mit einer mächtigen Waffe, Voltas Theorie bekämpfen zu können glaubte. Er will nähmlich durch einen Versuch beweisen, daſs die galvanische Wirkung von dem gewöhnlichen Apparate, in welchem sie von selbst sich erzeuget, nach einem anderen fortgepflanzt werden kann, der unfähig ist, für sich allein dieselbe hervorzubringen. Zu diesem Behufe taucht er in eine Flasche voll gesalzenen Wassers zwey Enden von Platinadräthen, welche durch einen Korkstöpsel, welcher diese Flasche verschlieſst, von einander getrennt sind, so daſs die beyden Enden sich nicht im

Wasser berühren, während die äuſsern Enden mit den zwey Extremitäten der Voltaischen Säule in Verbindung stehen. Nach einigen Sekunden bringen diese äuſseren Enden, wenn man sie, nachdem sie auſser Verbindung mit der Säule gebracht worden, in den Mund bringt, einen sehr deutlichen Geschmack, und eine leichte Erschütterung hervor. Dieser erste Effekt erschöpfet sich nicht sobald, denn ohne daſs man nöthig hätte, die äuſseren Enden der Dräthe wieder mit der Säule in Communication zu bringen, behält die oben erwähnte Flasche den empfangenen galvanischen Effekt in einer Stärke, die hinreichend ist, das Wasser zu zersetzen. Ja wenn auch die äuſseren Enden der Platinadräthe die Batterie nur ein einzigesmal berühret haben, reichen sie hin, um sehr vielemal nach einander (Gautherot hat bis auf 250mal gezählet) den Geschmack ohne merkliche Abnahme hervorzubringen. Die Mitglieder der Gesellschaft haben sich durch eigene Probe an sich selbst von der Richtigkeit dieser Behauptung überzeuget. Auch Frösche zuckten, wenn man sie mit diesen, gleichsam durch Mittheilung galvanisch gewordenen Dräthen berührte. Wurde der nähmliche galvanische Flaschenapparat mit den zwey Platinadräthen durch wiederholte Entladungen einer Leidner Flasche electrisiret, so konnte man nur einmal eine schwache Zuckung in dem Froschschenkel hervorbringen, und der Condensator zeigte keine Spur von Electrizität. Auch diesen Versuch sieht G. daher als einen Beweis der Verschiedenheit des galvanischen und electrischen Fluidums an, und in seiner Theorie findet er den Schlussel zur Erklärung. Gautherot findet endlich in folgender Erscheinung eine ganz scharfe Gränzlinie zwischen Electrizität und Galvanismus. Im galvanischen Apparate wird die Feuchtigkeit stets durch das Fluidum, das sich vermittelst des Apparats bildet, zersetzet (natürlich, weil man bis jetzt noch keinen galvanischen Apparat ohne Feuchtigkeit hat construiren können); die Electrisirmaschine zersetzet hingegen die Feuchtigkeit nur durch einen eigenthumlichen hiezu erfundenen Apparat (d. h. weil der Electrizitätserregung durch die Electrisirmaschine die Feuchtigkeit nicht zuträglich ist, so muſs man das Wasser, das man durch die so erregte Electrizität zersetzen will, absondern und einschlieſsen; besondere Apparate sind aber hiezu weiter nicht nöthig, und bekanntlich kann man in dieselbe Glasröhre, in welche die Dräthe der Voltaischen Säule gesteckt werden, auch den Drath vom Conductor einer sehr wirksamen Electrisirmaschine stecken, und durch den electrischen Strohm derselben das Wasser zersetzen); und in diesem letzteren Falle liegt noch eine wesentliche Verschiedenheit darin, daſs die durch den electrischen Apparat erhaltenen Gasarten gerade in demjenigen Verhältnisse mit einander gemenget sind, um ohne Rückstand abgebrannt werden zu können, während bey der Zersetzung des Wassers durch den galvanischen Apparat die Gasarten in einem solchen Verhältnisse sich bilden, daſs beym Abbrennen ein Rückstand übrig bleibet (diese Behauptung muſs erst durch genauer angestellte Untersuchungen erhärtet werden). Einige Mitglieder der Gesellschaft wollten die oben angefuhrte Flasche mit den Platinadräthen gleichsam als ein Analogon einer Leidner Flasche betrachten. Herr Gautherot bemerkte aber, daſs hier die doppelte Belegung einer Leidner Flasche ganz fehle. Man electrisirte diese Flasche durch den gewöhnlichen electrischen Apparat, man substituirte derselben die Leidner Flasche; in beyden Fällen zeigte sich aber nur eine einmalige Wirkung auf das Electrometer, so wie auf den Frosch. Aus allem ergebe sich demnach folgende Verschiedenheit, daſs die Wirkung der gewöhnlichen Electrizität sich schnell erschöpfe, während die galvanische Electrizität viel länger Zeichen ihrer Gegenwart und Wirksamkeit gebe. (Ich glaube, daſs hier noch eine Täuschung zum Grunde liegt, und daſs der Flasche mit den Platinadräthen nicht eigentlich die Electrizität von der Voltaischen Säule mitgetheilet wird, sondern daſs sie selbst als ein beständiger Electrizitätsquell, als eine Art von Voltaischem Apparate, wirket. Die Resultate der Versuche hierüber, mit denen ich in diesem Augenblicke beschäftiget bin, werde ich anderswo bekannt machen).

Robertson (der jeden Abend die Schaulustigen mit Phantasmagerien (Geistererscheinungen) der Femme invisible, dem Bauchredner etc. unterhält) zeigte in derselben galvanischen Gesellschaft einen Condensator vor, der so sorgfältig gearbeitet war, daſs die Muskeln eines präparirten Frosches, welche mit diesem Instrumente in Berührung gebracht wurden, dasselbe hinlänglich mit Electrizität luden, um auf das Electrometer merklich zu wirken.

In der Sitzung vom 16 Frimaire machte der Präsident Nauche galvanische Versuche an einem Gelähmten, wobey sich die in Deutschland längst bekannten Erscheinungen über die Bedingungen, unter welchen die Blitze, der saure Geschmack u. s. w. erscheinen, bestätigten. Besonders bemerkte auch Nauche, daſs der Nacken des Halses eine Gränzlinie zeiget, unterhalb welcher bey der Berührung mit dem einen Drathe, während der andere Drath mit der Hand oder dem Fuſse in Verbindung stehet, keine Blitze mehr erscheinen, die sich einstellen, sobald irgend eine Stelle des Halses oder des Kopfes oberhalb dieser Gränzlinie berühret wird. (Dieſs ist wohl in verschiedenen Subjecten sehr verschieden, da es ja sogar einige gibt, die gar keine Blitze wahrnehmen.) Übrigens besserte sich dieser Paralytische von Tage zu Tage durch die Anwendung des Galvanismus, der sich gleichfalls in der Urinverhaltung, als Folge von einer Lähmung der Blase, sehr wirksam bewies.

Pf.

II.

Neues Mittel gegen den Bandwurm.

Wir holen etwas spät ein Mittel gegen den Bandwurm nach, das schon in Nro. 61 des Bulletin des Sciences beschrieben ist. Bourdier, Professor an der Arzneyschule zu Paris, rieth einer vom Bandwurme geplagten Frau, die er in der ersten Zeit seiner Praxis zu behandeln hatte, das Nufferische Mittel an. Da es dreymal nach einander ohne Erfolg angewandt wurde, so wählte er eine andere Methode. Um den Wurm erst zu betäuben, verschrieb er eine schwache Gabe von Opium 4 Tage hindurch, und am 5ten Tage verordnete er ein gelindes Purgiermittel. Doch diefs Mittel hatte eben so wenig Erfolg. In derselben Absicht, den Wurm erst zu betäuben, verordnete er nun des Morgens nüchtern ein Quentchen Schwefeläther in einem Glase einer starken Abkochung der männlichen Farrenkrautwurzel (*Rad. fil. mar.*). Eine Stunde nachher läfst er zwey Unzen Ricinusöl mit irgend einem Syrup zu einem Looch gemacht nehmen. Im Durchschnitte läfst er den Gebrauch desselben Mittels den folgenden und bisweilen auch noch den dritten Tag wiederholen. Der Bandwurm geht gewöhnlich halb desorganisirt ab. Man erkennet die Trümmer desselben nur bey genauer Untersuchung der ausgeleerten Materien. Dieses Mittel ist mit keiner Ungelegenheit verbunden. Der Kranke hat keine besonderen Zufälle davon, und bedarf gar keiner Vorbereitung. Befindet sich der Wurm im Magen, so ist der Erfolg unfehlbar. Von 14 Personen, die am Bandwurme litten, wurden 5, die ihn im Magen hatten, innerhalb 3 Tagen geheilet. Von den 9 andern, die den Wurm im Darmkanale hatten, wurden zwey gleichfalls in 3 Tagen geheilet, 4, nachdem sie zweymal, in wenig von einander entfernten Zeiträumen, derselben Behandlung unterworfen worden waren, die drey übrigen wurden nicht geheilet, jedoch wurde bey ihnen das Mittel nicht wiederholet. Kann man annehmen, daſs der Wurm im Darmkanale existire, so fügt Bourdier zu den obigen Mitteln noch ein Klystier von einer starken Abkochung der Farrenkrautwurzel, welcher er zwey Quentchen Vitrioläther beymischet, hinzu, das er einen Augenblick, nachdem der Trank mit Vitrioläther genommen worden ist, beybringen läſst. So wird der Feind zugleich von oben und unten angegriffen.

III.

Blutigel, von französischen Soldaten in Aegypten verschluckt.

Der Bürger Larrey hat diese sonderbare Beobachtung bekannt gemacht. Sie betrifft eine eigenthümliche Art von Blutigeln, die in Ägypten zu Hause sind. Diese Würmer leben in einigen Sümpfen von süſsem schlammigten Wasser in der Mitte der Wüsten, welche Agypten von Syrien trennen, und welche Libyen begränzen; sie haben die Form eines Fadens, die Dicke eines Pferdehaars, und sind nur einige Linien lang; sind sie aber mit Blute angefüllt, so erreichen sie den Umfang eines gewöhnlichen Blutigels; ihre Farbe ist schwärzlich. Da die Französische Armee in diese Gegenden kam, warfen sich die von Durst lechzenden Soldaten

auf

auf ihren platten Bauch und tranken mit Gierde dieses fauligte Wasser. Mehrere von ihnen empfanden sehr bald hernach den Stich der Blutigel, welche sie verschluckt hatten, und welche sich in den verschiedenen Theilen des Schlundes ansaugten. Die Zufälle bestanden in einem schmerzhaften Stechen im Schlunde, in einem häufigen, mit schleimigem, von Blute leicht gefärbtem Auswurfe begleiteten Husten, Neigung zum Brechen, Beschwerde im Schlingen, im Athemholen, und lebhaften Schmerzen in der ganzen Brust; die Personen verlohren Appetit und Schlaf, sie wurden mager, unruhig, und wurden, wenn man nicht bald Hülfe schaffte, ein Opfer der Krankheit. Das erste Individuum, bey welchem sich diese Affection offenbarte, war ein Soldat, der aufser den erwähnten Zufällen noch einen heftigen Blutfluſs erfahren hatte; er wurde ins Hospital von Salahié gebracht, und der Bürger Larrey erkannte, da er die Zunge mit einem Löffel niederdrückte, den Blutigel, der von der Dicke eines kleinen Fingers war; er wollte ihn mit einer gewöhnlichen Verbandzange ergreifen, beym ersten Berühren zog sich aber der Blutigel zusammen und verbarg sich hinter das Gaumenseegel; da er wieder in seine erste Lage zurückgefallen war, riſs man ihn mit leichter Mühe mit einer Polypenzange heraus. Der darauf folgende Blutfluſs hielt bald inne, und der Soldat ward in wenigen Tagen geheilet. Ohngefähr 20 Soldaten wurden von dem nähmlichen Zufalle beym Marsche der Armee von Syrien nach Belbeis betroffen. Gurgelwasser von Essig und Salzwasser reichten hin, um die Blutigel abzulösen, die sich im hintern Theile des Mundes festgesetzt hatten. Bey andern waren die Polypenzangen und Räucherungen mit Tabak und Meerzwiebel nöthig. Dumeril, welcher diese Beobachtung Larreys im Bulletin des Sciences bekannt gemacht hat, räth den Reisenden, die in den Wüsten in den Fall kommen könnten, von solchem Wasser zu trinken, in welchem sie die Gegenwart von dergleichen Blutigeln vermuthen könnten, das Wasser durch einen dichten Stoff gehen zu lassen, und von irgend einer Säure etwas hinzuzumischen.

IV.

Merkwürdiger Fall vom Niederschlucken einer grofsen Menge von Nadeln.

Genoveva Pulc, gebohren zu Grenoble im Jahre 1763, von einem schwachen und reizbaren Temperamente, war von Profession eine Naherin. Im dreyzehnten Jahre erhielt sie plötzlich die falsche Nachricht, dafs ihr Vater von den Trümmern eines eingestürzten Hauses begraben worden sey. Dieses Unglück afficirte sie lebhaft, doch war keine auffallende Unordnung in ihrem Befinden zu bemerken. Den nähmlichen Tag um Mittag stellt sich ihr Vater gesund und wohl wieder ein. Ihre Freude war so lebhaft, dafs sie im Augenblicke in Ohnmacht fällt; zugleich wird sie von einer allgemeinen Gelbsucht befallen, und bleibet in einem Zustande von Geistesschwäche. Jetzt nahm man wahr, dafs sie die sonderbare Narrheit hatte, Näh- und Stecknadeln zu verschlucken. Sie griff nach allen, welche die sie umgebenden Personen an sich haben mochten. Einige Zeit nachher wurden ihre unteren Gliedmafsen paralytisch. Immer noch an ihrer Geistesschwäche leidend, blieb sie während zwey Jahre in diesem Zustande von Lähmung, alsdann stellte sich einige Besserung ein, die aber nicht lange dauerte, denn die Lähmung kehrte mit einer Art von Catalepsis zurück, die regelmäfsig um 6 Uhr des Abends anfing, und erst um 11 Uhr des folgenden Morgens sich endigte. Während dieses Anfalls behielt sie genug Stärke, Erinnerung und Gesichtskraft, um die Näh- oder Stecknadeln, die sie erreichen konnte, zu ergreifen. Die von ihr hinuntergeschluckten Nadeln machten eine Geschwulst am Arme und Vorderarme; man war gezwungen so viele Einschnitte daran zu machen, daſs die Haut mit Narben bedeckt war. Man bemerkte gleichfalls, daſs die Nadeln nach den untern Gegenden sich begeben hatten, und in der Scheide, an den Schenkeln und Unterschenkeln eine Geschwulst bildeten. Zu diesen äuſseren Leiden gesellte sich ein krampfhafter Husten, und ein eiterigter Auswurf, wodurch diese Frau in eine Abzehrung verfiel. Endlich starb sie, nachdem sie während 24 Jahre an den heftigsten Schmerzen gelitten hatte, im Laufe des Floreals des Jahres VIII. (May 1800) im 37sten Jahre. Sie war damals wie ganz ausgetrocknet, die Schenkel waren gegen den Leib, die Unterschenkel gegen die Hinterbacken gezogen. Am obern innern Theile des Schenkels gerade über dem Triceps fand man ein beträchtliches Paket von unter einander verwickelten Näh- und Stecknadeln; sie waren von nichts als der Haut bedeckt. In der rechten Brusthöhle war eine eiterigte Ergieſsung; die Lunge auf dieser Seite war in Eiterung, die auf der rechten Seite sehr geschwunden. Man fand zwey Nadeln in dem Zellgewebe, welches das Pericardium mit dem Diaphragma verbindet. Die Speiserohre und die übrigen in der Brusthöhle enthaltenen Theile zeigten keine Narbe, man konnte selbst keine in dem ganzen Darmkanale erkennen. Die Blase war im Zustande der Schwärung, man fand darin 6 Stecknadeln mit phosphorsaurer Kalkerde incrustiret. Der Hals der Gebährmutter war durch ein Geschwür angefressen, und die Scheide von mehreren Nadeln durchbohrt, die noch in derselben steckten, und mit Narben bedeckt. (Sollte diese Person nicht auch die Manie gehabt haben, die Nadeln in die Vulva zu stecken? Nur so erklärt sich wenigstens, warum die Scheide, die Gebährmutter und die Blase so besonders der Sammelplatz dieser Nadeln waren.) Der Burger Alibert legte der philomatischen Gesellschaft eine grofse Menge von Nadeln vor, welche diese Frau verschluckt hatte, und die krankhaft afficirten Theile des Schenkels und der Mutterscheide mit den Näh- und Stecknadeln, die noch daran hingen.

Bulletin des Sciences. N. 66.

V.

Merkwürdiger Fall von Wiederherstellung der Sprache durch die Moxa.

Ein Frauenzimmer von 24 Jahren wurde nach dem Hospital der Arzneyschule von Paris gebracht. Sie hatte vor mehr als 5 Jahren die Sprache gänzlich verlohren, sie konnte zwar laut schreyen und lachen, aber keinen Ton articuliren. So viel man von ihr schriftlich und von ihren Anverwandten erfuhr, so hatte sie im Sommer sich im Augenblicke, wo sie im Schweifs war, in kaltes Wasser getaucht, war kurz darauf von einer heftigen Krankheit befallen worden, und stumm geblieben. Dubois, der Oberarzt des Hospitals, untersuchte genau die Sprachwerkzeuge, konnte aber keine fehlerhafte Conformation entdecken. Er applicirte daher nach einander den 11 Nivose (1 Januar 1803) 3 Moxas auf die Schultern; die Kranke stiefs ein fürchterliches Geschrey während dieser Zeit aus, doch ohne eine Sylbe zu articuliren, nur gegen das Ende unterschied man von Ferne *la la*. Den folgenden Morgen theilte Dubois der Kranken seinen Entschluſs mit die Moxa zu wiederholen, oder ein Blasenpflaster vorn auf den Hals zu legen, und verlangte von ihr schriftlich, was sie empfunden habe. Sie schrieb: „daſs sie glaube, daſs nur die gewaltsa„men Anstrengungen, welche sie bey der Application „der Moxa machen würde, sie wieder zum Sprechen „bringen könnten, daſs sie sich nie so nahe beym „Sprechen gefühlt hätte, als während der Schmerzen, „die ihr die ersten Moxas verursacht hätten, daſs sie „aber von dem Blasenpflaster keine Hülfe erwartete.“

Den 18 Nivose (8 Januar) machte Dubois wieder Anstalt zur Application der Moxa. Die Kranke weinte und schrie viel; so wie sie aber den Eindruck der Hitze verspürte, so verdoppelte sie ihr Geschrey, und bald hörte man sie deutlich und unterbrochen: *pa pa pa, papa, mon pa pa, mon papa, mon dieu, pa pa, papa, mon dieu, ma ma, maman, ma chere maman* aussprechen, und bald sprach sie diese und viele andere Worte ohne Unterbrechung aus. Die Moxa wurde weggenommen, ehe sie ganz verzehret war. Die Kranke antwortete allmählich auf alle Fragen, die man an sie that.

Vor 4 Jahren hatte der Professor Dubois daselbe Mittel mit dem nähmlichen Erfolge bey einer jungen Person angewandt, die in Folge von unterdrückter monatlicher Reinigung stumm geworden war, und die dadurch ihre Sprache vollkommen wieder erhielt.

Moniteur N. 116. *Jahr XI.*

VI.

Räucherungen mit Mineralsäuren.

In N. 118 des Moniteur vom Jahre XI. findet sich ein Brief des Dr. Mojon, Professors der Chemie zu Genua, an Guyton-Morveau, über die Anwendung der Räucherungen mit Mineralsäuren in der fürchterlichen Epidemie zu Genua im Jahre 1800, eingerückt, in welchem 2 Fälle von der nützlichen Anwendung der Räucherungen mit Salzsäure in verpesteten Kirchen ausdrücklich angegeben sind. Um die Luft in bewohnten und engeren Plätzen zu reinigen, zog der Dr. Mojon die Räucherungen mit Salpetersäure vor, die den Kranken nicht die geringste Beschwerlichkeit machten. Kein einziger wurde von denjenigen Kranken angesteckt, bey welchen die Räucherungen regelmäſsig geschahen. (Man vergl. damit unsern Auszug aus Guytons Werke im 2ten Stücke dieses Jahrgangs.)

VII.

Neues Mittel, um eine Zirkelbewegung in einer gegebenen Fläche in eine hin- und hergehende (Va-et-Vient) zu verwandeln.

B. White hat eine solche Bewegung in einer gegebenen Fläche auf eine sehr einfache Weise hervorzubringen gelehrt. — Ein gezahntes leeres Rad, dessen Zähne von dem Umkreise zum Mittelpuncte gerichtet sind, sitzt fest, und hat in der Mitte ein halb so groſses Rad, welches auch halb so viel Zähne hat. Das kleinere, welches excentrisch ist, greift in das gröſsere. Sein Mittelpunct ist nähmlich an einer gekröpelten Axe befestiget, deren anderes Ende durch den Mittelpunct des grofsen Rades geht, und eine Kurbel trägt. Man sieht ein, dafs, wenn man der Kurbel eine Zirkelbewegung gibt, die Axe das kleine Rad mit bewegen wird, welches in zwey Umwälzungen den ganzen innern Umkreis des grofsen Rades durchläuft, in welchen es greift; und da es zur Hälfte kleiner ist, so wird nothwendig jeder Punct seines Umkreises eine gerade Linie beschreiben, und in zwey Umdrehungen alle Durchmesser des grofsen Rades durchlaufen haben. Dieses kleinere bewegliche Rad, welches die innere Peripherie des gröfseren feststehenden durchläuft, bildet einen Hebel der zweyten Art. Sein Ruhe- oder vielmehr sein Unterstützungspunct liegt an dem einen Theile seiner Peripherie, welcher in den Zahn des grofsen Rades jedesmal eingreift, die Kraft wirkt am entgegengesetzten Puncte des Umkreises, wo die Handhabe befestiget ist, der Widerstand wirkt im Mittelpuncte. Es verhält sich also Kraft und Widerstand wie 1 : 2 oder wie der Halbmesser des kleinen Rades zu dem des grofsen. Die Höhe des Zuges oder Hubes, oder die Weite der hin- und hergehenden Bewegung an der Handhabe des kleinern umlaufenden Rades ist, wie kaum der Erinnerung nöthig, dem Durchmesser des grofsen Rades gleich, und mufs dem jedesmaligen Gebrauch, den man von der Maschine machen will, angepafst werden. Man sieht leicht ein, dafs man mit diesem Mechanismus Pfeiler einrammen, poliren, stofsen u. s. w. kann.

VIII.

Ueber zwey neue Strumpfwirkermaschinen und ihre Einrichtung.

Die Strumpfwirkermaschine des B. Aubert, die in der Industrieausstellung des Jahres X. ausgestellet wurde, hat bekanntlich grofses Aufsehen erregt, und dem Erfinder eine goldene Medaille verschafft. Durch eine blofse Kurbel bringt sie die zusammengesetztesten Bewegungen mit der gröfsten Genauigkeit hervor, und ein Kind kann sie regieren, statt dafs eine Maschine nach alter Art einen starken Menschen erfordert.

Die Maschine des Bürgers Jeannot, obgleich ein wenig mehr complicirt in ihrer Manipulation, gewähret dennoch durch die Leichtigkeit der Bewegungen fast gleiche Vortheile mit jener, und ist daher nicht minder interessant. Schade, dafs beyde Erfindungen Eigenthum von Privatpersonen geworden sind, deren Interesse es erfordert, die gemeinnutzige Bekanntwerdung derselben zu erschweren. Nur also um eine Vorstellung im Allgemeinen davon zu geben, kann nachfolgende Beschreibung dienen.

Das Stricken bestehet, wie man weifs, blofs darin, dafs ein Faden in Schlingen gebogen, und eine Schlinge durch die andere hindurch gezogen wird, wodurch sich alle gegenseitig halten. Hierzu ist der Mechanismus auf gewöhnlichen Stühlen dieser: Auf eine in horizontaler Linie fortlaufende Reihe hakenförmig umgebogener Nadeln wird ein Faden hingezogen, der durch Stahlblättchen (die zwischen den Nadeln beweglich und mit einer Schweifung versehen sind) eingekrümmt, und zwischen den Schnabel *(bec)* jeder Nadel gebracht wird. Mittelst eines Druckes presset der Arbeiter diesen zurückgebogenen, langen und sehr dünnen Theil der Nadel oder den Schnabel zusammen, der sich dann in eine kleine Fuge des stärkeren Theils der Nadel legt. Eine neue Bewegung zieht die Nadeln zurück, diese nehmen den eingehakten Faden mit sich, und streifen zugleich die vorher durch gleichen Mechanismus gebildeten Schlingen (welche bisher im hintern Theile der Nadeln zuruckgehalten wurden, und die jetzt über die niedergedrückten Haken ohne Hindernifs weggleiten können) von sich ab. So entsteht die erste Reihe Maschen, indem die Schlingen des aufgelegten Fadens durch die vorher gegangenen hindurch gezogen werden. Der durchgezogene Faden wird jedesmal im hintern Theile der Nadeln durch die vorerwähnten Stahlblättchen mittelst angebrachter Einschnitte oder Kehlen *(gorges)* zurückgehalten, während die Nadeln mit geöffneten Schnäbeln wieder vorrücken, um einen neu aufgelegten Faden einzunehmen, der eine gleiche Behandlung erfährt; und so entsteht ein gestricktes Gewebe durch den fortgesetzten Wechsel der beschriebenen Bewegungen auf dem gewöhnlichen Strumpfstuhle. B. Jeannot macht mit seiner Maschine dieselben Operationen, aber mittelst eines verschiedenen Mechanismus. Erstens nähmlich bedient er sich statt der mehr berührten Stahlblättchen zwey gezähnter Röllchen, die gerade über den Nadeln so angebracht sind, dafs ihre sehr dünnen (mehr schaufelförmigen) Zähnchen genau in die Zwischenräume jeder Nadel passen. Diese Röllchen sind beweglich an ihren Axen, können mittelst einer Nute über die ganze Reihe der Nadeln hin- und zurückgeführt, und endlich mittelst eines Gelenks beyde zusammen umgedreht werden, so dafs das Eine den Weg hin-, das Andere den Weg zurückmacht. Man sieht leicht ein, wie sie bey dieser Bewegung den über die Nadeln gezogenen Faden in ihre Zwischenräume einbiegen, und in die Haken drängen. Diese Haken presset dann zweytens Jeannot, nicht, wie bey den gewöhnlichen Maschinen, durch die sogenannte Presse, (welche überhaupt einen sehr schwierigen Theil jener Maschinen ausmacht, und ihre eigene Bewegung für sich erfordert,) sondern durch eine Art messingenen Lineals, das sehr tief, ohngefähr wie ein Kamm, ausgezähnt ist, und mit seinen Zähnen in die Zwischenräume der Nadeln greift *(Rosettes)*. Seine Bewegung ist rück- und vorwärts parallel mit den Nadeln und dient zugleich, die Blättchen in Bewegung zu setzen, welche die vorhergegangenen Schlingen über die nachfolgenden abziehen, diese hingegen an den hintern Theil der Nadel fest halten, wodurch dann auch drittens die schwere Daumenwelle der gewöhnlichen Maschinen erspart wird. Überdem hat Jeannot seine Nadeln hinten mit einem Charnier versehen; man kann sie daher vor- und zurückschlagen, folglich mehr und weniger Maschen machen, je nachdem die Form des Gestrickes z. B. in den Gelenken es erfordert.

Alle Bewegungen auf dieser Maschine sind, wie schon im Eingange erinnert worden, äuſserst leicht, der Mechanismus selbst ist äuſserst einfach, und der Umfang des ganzen Stuhls nach allen Dimensionen sehr gering, so daſs er bequem auf einen kleinen Tisch gestellt, und auch von schwachen Händen regiert werden kann. Dieſs sowohl, als auch weil J. in mehreren Theilen das Eisenwerk zweckmäſsig durch Holz ersetzt hat, macht endlich diese Maschine auch ungleich wohlfeiler, als die gewöhnlichen Strumpfwirkerstühle sind.

IX.

Einige Recepte für die Haushaltung, aus Sonnis *physikalisch-ökonomischer Bibliothek.*

1) Vegetabilischer Liquor, um die Blüthe der Winterzwiebel in den Zimmern zu befördern, von Cassan.

Drey Unzen Salpeter, eine Unze salzsaure Soda, eine Unze Pottasche, $\frac{1}{2}$ Unze Zucker, ein Pfund Regenwasser werden bey gelindem Feuer gekocht, filtriret, und zu 10 Tropfen in das Blumenglas gethan, worin die Zwiebel im Wasser sich befindet. Das Glas muſs stets voll seyn, und das Wasser mit den Tropfen alle 10-12 Tage erneuert werden.

2) Ausziehen der Gallerte aus den Knochen nach Cadet de Vaux Methode (man vergl. das II. Stück).

Fünf Pfund Knochen werden klein geschlagen und in einem eisernen Stöpsel fein gerieben. Man befeuchtet sie hierbey mit zwey Unzen Wasser, um die Hitze beym Reiben zu vermeiden. Man kocht dieses Pulver 4 mal im Wasser, jedesmal 4 Stunden lang. (Möchte nicht in diesem Falle die Feurung mehr kosten, als die Speise werth ist? *Pf.*) Alle 4 Abkochungen geben Gallerte; man vereinigt sie und läſst sie bey gelindem Feuer abdampfen, wodurch man zwanzig Pfunde erhalt, welche sich in Tabletten formen lassen. Zwölf Pfunde Gelée geben 24 Suppen.

3) Johannistrauben-Essig zu verfertigen.

Man nimmt dazu 60 Pfunde weiſse Johannisbeeren, 5 Pfunde weiſsen Zucker, ein halb Pfund

Weinsteinrahm, und 5 Pinten (die Pinte zu 18 Unzen) Wasser.

4) Unverlöschliche Tinte.

1 Unze Fernambukholz, 12 Unzen Wasser, $\frac{1}{2}$ Unze Alaun, werden bis zu 8 Unzen eingekocht. Man thut 1 Unze Braunsteinkalk, und $\frac{1}{2}$ Unze Gummi arabicum hinzu und rührt es stark um.

X.

Ueber den Fortgang der neuen Anpflanzungen von Gewürzbäumen im französischen Guiana.

Die Einführung der schätzbarsten Gewürzpflanzen, nahmentlich des Gewürznelkenbaumes, des Muscatnuſsbaumes, des Zimmtbaumes, der Pfefferpflanze in Guiana in den Jahren 87 und 88, ist aus öffentlichen Nachrichten längst bekannt, und eine nähere Auskunft darüber geben zwey Abhandlungen, welche sich im zweyten Bande der Memoires de l'Institut, partie des sciences mathematiques et physiques, befinden, nähmlich: Abhandlung über die Einführung verschiedener nützlicher Pflanzen in die französischen Colonien von Guiana von Richard, S. 75, und: Bericht über eine Abhandlung von Joseph Martin, die sich auf die Cultur der Gewürzbäume in Guiana beziehet, von A. L. Jussieu und Desfontaines. Mehrere Briefe von eben diesem Botaniker Martin, welcher die Direction der Gärten und Baumschulen im französischen Guiana hat, und welche in das 1te Heft der Annales du Museum d'histoire naturelle S. 81 - 89 eingerückt sind, geben Nachricht von dem Fortgange dieser für Frankreich so wichtigen Cultur. Im Jahre VII. (1799) waren während seines Aufenthalts in Frankreich viele alte Gewürznelkenbäume ausgegangen, weil man nicht alle Gewürznelken gesammelt hatte, wodurch die Bäume mit Beeren überladen, ihre Vegetation davon erschöpft wurde, ihre Blätter abfielen und dann durch die brennende Hitze vollends zu Grunde gerichtet wurden. Im Jahre VIII. (1800) war die Gewürznelkenbaumplantage wieder in gutem Stande, die Ärnte der Gewürznelken betrug 26000 Pfunde. Martin hatte in diesem Jahre zu Gabrielle, wo die grofse National-Anpflanzung von Gewürzbäumen ist, 1000 Gewürzbäume, 1500 Pfefferbäume, 1800 Zimmtbäume und einige Muskatennufsbäume gepflanzt. In den Baumschulen war noch grofser Vorrath von Gewürznelken-, Pfeffer- und Zimmtbäumen. Auch eine Pflanzung von Vanille war in diesem Jahre von Martin angefangen worden. Die Cultur des Pfefferbaums (*Piper nigrum*) gedeihet aufserordentlich. Von einer einzigen Pflanze ärntete ein Eigenthümer auf der Insel Cayenne 29 Pfunde, und dieser Pfeffer übertraf sogar durch seinen scharfen, aromatischen Geschmack den ostindischen Pfeffer. Überhaupt macht die Vegetation ganz aufserordentliche Fortschritte daselbst; der Caoutchou und Duroia, welche zwey Fufs hatten, da sie Martin verpflanzte, hatten nach 18 Monaten über 18 Schuh Höhe. Der Muscatnufsbaum gedeihet trotz aller Sorgfalt nicht, weil die Sommer zu trocken sind. Seine Früchte fallen unreif ab, und selbst durch tägliches sorgfältiges Begiefsen konnten sie nicht alle zur Reife gebracht werden. Doch keimen die Früchte desselben sehr gut, nur nicht in der grofsen Menge, als der Anschein versprach. Unter denen, welche aufgehen, befinden sich viel mehr männliche als weibliche Individuen, was ein grofses Hindernifs für die Fortpflanzung dieses Gewürzbaumes ist. Martin hat nun angefangen vom weiblichen Muscatnufsbaum Ableger zu machen, (*marcotter*) und verspricht sich davon einen guten Erfolg. Am meisten Fortschritte macht die Cultur der Pfefferbäume. Ein einziger Neger kann 800 bis 1000 Pfefferpflanzen nach geschehener Anpflanzung besorgen, und er reicht auch vollkommen zur Einsammlung des Pfeffers von denselben hin. Der gewonnene Pfeffer übertrifft den indischen bey weitem an Güte. Merkwürdig ist es, daſs die Ameisen, die sonst so fürchterliche Verheerungen anrichten, und den Fleiſs des Colonisten so oft seines Lohnes berauben, die Blätter des Pfefferbaumes nicht abnagen, wenigstens wurden einzelne zerstreute Pfefferpflanzen von ihnen verschonet. Martin hat auch eine eigene Probepflanzung angelegt, um zu erfahren, welche die besten Bäume zum Schutze (*tuteurs*) 1) der Pfefferpflanze seyen. Sie bestehet aus 1440 Individuen von Crescentia cujete (*calebassiers*) und Erythrina corallodendron (*immortels*), an welchen eben so viele Pfefferbäume in die Höhe kriechen werden. Die Crescentia scheinet in dieser Hinsicht vor allen andern Bäumen den Vorzug zu verdienen. Die Spondias monbin, die Martin gleichfalls in dieser Absicht versuchte, bewiesen sich untauglich hiezu, indem zwar die Pfefferbäume auf ihnen blühen, aber nur wenige Früchte tragen. Dieſs rühret wahrscheinlich von dem mit ihrer Natur heterogenen Safte dieser Bäume her, den sie durch ihre Würzelchen einsaugen. Eben so wenig gedeihen sie unter dem Schutze der Zimmtbäume und anderer Bäume. Im Jahre 1801 versprach man sich die reichlichste Gewürzärnte, besonders auch von Gewürznelken.

Übrigens verdient über diesen Gegenstand noch die Abhandlung über den Pfefferbaum von Cayenne,

1) Die Pfefferbäume greifen mit kleinen Würzelchen, die man daselbst wegen ihrer Gestalt Klauen nennt, in die Rinde dieser Bäume ein, und saugen so ihren Saft auf.

von J. B. Leblond, Einwohner von Cayenne, die in der Sitzung vom 14ten Vendemiaire des Jahres XI. im National - Institute vorgelesen wurde, verglichen zu werden. Ein Auszug davon findet sich in Nro. 42 des Moniteur vom Jahre XI.

XI.

Kuhpocken in Frankreich.

Die Societé de Medecine hat einen zweyten Bericht über die Fortschritte der Kuhpocken in Frankreich bekannt gemacht. Eine Einleitung enthält die Übersicht der Verbreitung der Einimpfung der wirklichen Pocken, von 1673 an, wo sie eine alte Thessalerin zuerst nach Constantinopel als ein Mittel, das die heilige Jungfrau sie gelehrt hatte, brachte, bis zum Jahre 1754, wo sie zuerst in Frankreich eingeführt ward. —

Dieser folgt die Geschichte der Kuhpocken, die bekanntlich seit etwa 1768 von Sutor und Fowsler, Chirurgen zu Tornburg, zuerst beobachtet wurden, und von welchen man in den 1769 zu Göttingen herausgekommenen allgemeinen Unterhaltungen Nachricht findet. Die erste von London nach Paris im Jahre 1799 geschickte Materie faſste nicht. Unterdessen fing Dr. Odier zu Genf schon an, dieselbe im südlichen Frankreich zu verbreiten. Man erinnert sich, daſs Dr. Woodwille im August 1800 selbst nach Paris kam, und daſs Dr. Colon am 8ten dieses Monats zuerst seinem 11monatlichen Kinde die Kuhpocken einimpfte. Im December dieses Jahres kam der Verfasser dieses Auszugs nach Paris, und fand die Kuhpocken noch wenig verbreitet, doch hatte Laroche, Foucault, Leancourt bereits eine

Collecte zur Errichtung einer Vaccinationsanstalt gemacht und Aubert, der aus London kam, eben seine Schrift herausgegeben. Wer seit jener Zeit um die Verbreitung der Kuhpocken in Europa [1]) und den übrigen Welttheilen Verdienste hat, ist hier mit grosser Genauigkeit aufgeführt. Wir zweifeln nicht, dass man in dem fleissigen Deutschland diese Verzeichnisse wo möglich noch vollständiger haben wird, daher wir nur einiges von dem anführen, was uns im grossen Berichte, der alle Departementer nach einander durchgeht, am interessantesten geschienen hat.

Dr. Colon empfahl die Inoculation mit allen seinen Kräften in Paris, wo die berühmte Comité de la Vaccine errichtet wurde, die in einem eignen Local theils Kinder der Armen aufnahm, um Beobachtungen anzustellen, und theils die Materie austheilte. — Ihr folgte eine Gesellschaft zu Amiens, eine zu Tours, eine zu Besançon, eine zu Bourdeaux, zu Brüssel, zu Rochefort, zu Metz. — Viele einzelne Ärzte hatten nicht minderes Verdienst um die Verbreitung, als: Tarbes zu Toulouse; Valentin zu Nancy; Voisin, Desoteux, Texier zu Versailles; Blanche zu Rouen; Dubosque de la Roberdiere zu Vire. — Alle diese haben ihre Beobachtungen in besondern Abhandlungen bekannt gemacht. Dr. Henry in Givet hatte besonders gegen das Vorurtheil zu kämpfen; er hat einen Catechismus der Kuhpockenimpfung herausgegeben. In Strasburg hat eine gefährliche Pockenepidemie die Vaccine begünstiget, da durch dieselbe der Sterblichkeit Einhalt gethan ward. Ein 90jähriger ehrwürdiger Arzt, Peffault zu de la Tour de la Fleche, erklärte sich, nachdem er 48 Jahre die

1) Merkwürdig ist in diesem Verzeichniss der Umstand: dass Dr. Salva zu Barcellona im Anfange des Jahres 1801 bereits 7000 vaccinirt hatte. —

die wirklichen Pocken inoculirt hatte, nun für die neue Methode!! — In Toulon fand sie ehemals Widersacher. — Todiré und Andre zu Nice haben eine Instruction zu Gunsten verfertigt, die der Präfect offentlich anschlagen liefs. — Rouger zu Vigan, und Pleindoux zu Beaucaire haben ebenfalls Abhandlungen uber Kuhpocken geliefert. — In den Departementern Herault, Du Gard, Isere und Haute Loire scheint die Impfung minder verbreitet zu seyn. Anhelm verbreitete sie durch einen Rapport eines Conseil d'Humanité im Drome-Departement, und so Andre mehr. — In Paris gibt es kaum einen Arzt, der nicht vaccinirte. Die Kuhpocken haben nicht viele Widersacher gefunden, wohl aber viele Gleichgültige, und dieses war die Ursache, dafs die letzte Pockenepidemie viel Unheil anstiftete, wiewohl kein vaccinirtes Kind von derselben angegriffen ward. Die Societé de Medecine hat eine Aufforderung zur Verbreitung der Kuhpocken an alle Departementer, und den Druck des Berichts zu 1000 Exemplaren decretirt.

XII.

National-Institut.

Den 21ten Nivose (11 Januar) war öffentliche Sitzung des Instituts. Die Notiz der Arbeiten der ersten Classe war von Lacroix. Man wird bereits aus den Zeitungen ersehen haben, dafs dem Institute einige Veränderungen bevorstehen. Die Abtheilung in 4 Academien wird wieder hergestellt. Eine nähmlich für die Wissenschaften; die andere fur Philosophie und Sprache; die dritte für Antiquitäten und schöne Wissenschaften; und die vierte für die Künste. Jede wird ihre eigne Einrichtung haben, und die erste, welche der Gegenstand unsers Unternehmens ist, wird, wie es scheint, nur wenige Veränderungen in ihrer innern Organisation erleiden. Jedoch werden Cuvier und Delambre zu beständigen Secretaren mit besonderm Gehalt, und Pinel, Corvisart, Biot und Baumé zu ordentlichen Mitgliedern ernannt werden. Von den ubrigen Einrichtungen bey einer andern Gelegenheit.

Physik.

Wir übergehen die Beobachtungen über den Durchgang des Mercurs durch die Sonnenscheibe vom 9ten November 1802. — Die Nachricht: *Ueber die beste Art, bis zur Sättigung zu magnetisiren*, *vom B.* Coulomb, ist leider wegen seiner Abwesenheit, um Lyceen einzurichten, zu kurz gerathen. Es ist wichtig zu wissen, mit welcher Kraft die Magnetnadel, wenn sie einmal aus ihrer Richtung gebracht ist, wieder in dieselbe zurück zu kehren sucht. C. bestimmt dieses, nach einem Vorschlage des Borda, vermöge einer an einen sehr feinen Faden aufgehangten Nadel, indem er die Oscillationen derselben in einer gegebenen Zeit zählt. — Er verglich ferner die Methoden des Duhamel, Knight und Aepinus, um der Nadel die gröfstmöglichste magnetische Kraft zu verleihen, und gibt der Methode des letztern vor den übrigen den Vorzug. Er erkannte ferner, dafs es vortheilhaft sey, lange und breite Nadeln, die jedoch nicht sehr dick sind, verfertigen zu lassen. B. Jeckel hat zu dem Ende eine Fabrik solcher Nadeln zum Vortheil der Marine eingerichtet. —

Von den vermeintlich *vom Himmel gefallenen Steinen* ist seit kurzem sehr viel gesprochen worden. Die Proben, die B. Vauquelin untersuchte, kamen aus Benares in Ostindien; aus der Grafschaft York in England; aus Siena in Italien; von Barbotan bey

Roquetan; und von Creon in dem Kirchsprengel Juliac in Frankreich. Vorletztere waren im Jahre 1789, und letztere im Jahre 1790 gefallen. Sie gleichen sich so sehr, dafs man sie nicht unterscheiden kann, und enthalten alle Kieselerde, Talkerde, Eisen und Nickel in dem Verhältnisse, wie Howard es angegeben hat. — Bis jetzt hat man keine ähnlichen Steine im Innern der Erde angetroffen, also kommen sie von aufsen her. Die Chemisten würden in Verlegenheit seyn, die Bestandtheile in der Atmosphäre zu entdecken, und dieses hat Herrn Laplace veranlafst, eine Erklärung aufzustellen, die, wenn sie auch nicht die einzig mogliche und gewisse ist, doch wenigstens unser Urtheil, ob diese Steine von oben kommen oder nicht, bis zu näherer Entscheidung aufzuhalten im Stande seyn wird. — Eine sehr einfache Berechnung zeigt nähmlich, dafs ein vom Monde geworfener Körper ungefähr 5 mal die Geschwindigkeit der Kugel eines 24pfünders, welcher mit der Hälfte des Gewichts geladen ist, bedarf, um zu der Ferne zu gelangen, wo die Anziehung dieses Trabanten dieselbe Intensität hat, die die Erde ausubt. Übersteigt der Körper nun diese Grenze, so befindet er sich in dem Wirkungskreise unserer Erde, und fällt auf die Oberfläche derselben. Die beträchtlichen Vulcane, die man auf der Mondsfläche wahrgenommen hat, machen eine solche Projection nicht unwahrscheinlich. Doch wird sie nicht häufig geschehen, weil die Richtung des Wurfs nicht stets so ist, wie die vereinigte Bewegung der Erde und des Mondes es erfordert, damit ein geschleuderter Körper auf die erstere falle. — Die oft in Zweifel gezogene Mondsatmosphäre ist ferner wenigstens so dünne und von so geringer Ausdehnung, dafs sie den Korpern, die sich in derselben bewegen, sehr schwachen Widerstand leistet. Mit der Erdatmosphäre verhält es sich anders; sie verringert die gröfste Ferne, die ein Kanonenschufs erreichen sollte, bis auf den 10ten Theil, und leistet der schnellen Bewegung solchen Widerstand, daſs ein vom Vesuv in die Höhe geworfener Körper eine unendlich stärkere Projection bedürfte, um nach Frankreich geschleudert zu werden, als ein Mondskörper nöthig hat, um nach dem Wirkungskreise unserer Erde zu gelangen. Daher es schwierig ist anzunehmen, daſs die Steine von irdischen Vulcanen kommen, da diese Producte nächstdem den vulcanischen gar nicht ähnlich sind.

Herr Lamark hat das Institut *von den Variationen in dem Zustande der Atmosphäre in mittlerer Breite zwischen dem Aequator und den Polen, und von den wesentlichen Umständen, die sie begleiten*, unterhalten. Die Veränderungen schreibt er gröſstentheils dem Sonnenlichte und den Winden zu. In der mäſsigen Zone, glaubt er, sey der Einfluſs der Winde gröſser als der des Sonnenlichts, und in den Umwälzungen der dichtern und wärmern Lagen der Luft, die, wie natürlich, in den höhern Regionen dünner und kälter sind, sucht er die Ursache der Bildung der Wolken. Ein Wind bringt oft verschiedene Wirkungen hervor, allein man muſs die Höhe des Windes in dem Dunstkreise jedesmal in Anschlag bringen. Nach unzähligen Beobachtungen setzt der Verf. folgendes als bestätiget fest.

Wenn in zwey verschiedenen Schichten der Atmosphäre ein Nordwest-, und ein Südostwind weht, und letzter sich unterwärts befindet, so kann man erwarten, daſs das Wetter sich aufklären wird. Findet das Gegentheil statt, so ist der Erfolg auch entgegengesetzt.

(Die Abhandlung des Herrn Lamark hat, als er sie vorlas, zu manchen leicht zu errathenden Discussionen die Veranlassung gegeben. Man meinte sogar, die Classe des Instituts für exacte Wissenschaften müsse sich, wie die ehemalige Academie, mit etwas so Ungewissem, als bis jetzt die Meteorologie ist, gar nicht beschäftigen. Ohne hierüber eine Entscheidung wagen zu wollen, glauben wir dennoch Gründe zu haben, von einer in verschiedenen Climaten, nach gleichen Grundsätzen, mit gleich guten Instrumenten angestellten Beobachtung etwas erwarten zu dürfen. Auch ist die Meteorologie eine Rubrik der vom Minister des Innern den Präfecten jedes Departements aufgetragenen statistischen Arbeiten. Herrn Lamark ist die Redaction der Materialien aufgetragen. Jedoch kann man nicht läugnen, dafs dieser berühmte Botaniker mehrere vorgefafste Meinungen über diesen Punct haben mag. Die Aufsätze in den so nützlichen statistischen Annalen von Bellois, und zumal die Ausfälle gegen den so achtungswerthen 33jährigen Beobachter Herrn Cotte im J. de Physique, geben hiervon vielfältige Beweise.)

Landwirthschaft.

Man sieht es gewöhnlich als ein Fundamentalgesetz des Handels an, dafs das Bedürfnifs zu verkaufen, und das zu kaufen, wenn man sonst kein Hindernifs in den Weg legt, das eigentliche Gleichgewicht im Preise der Waare auf den Märkten festsetzt. Dieses gilt jedoch, strenge genommen, von den ersten Lebensbedürfnissen, als z. E. vom Korne, nicht. Der blofse wahre oder übertriebene Anschein einer schlechten Ernte macht schon einen solchen übeln Eindruck auf die Gemüther, dafs der Verkäufer, der auf die Furcht der Verzehrer rechnet, den Preis verhältnifsmäfsig hoch halten kann. — Wenn man durch eine Reihe wohlbestätigter Resultate wissen lassen könnte, wie gering der Unterschied sey, den eine schlechte

Jahreszeit in den jährlichen Ernten der Gegenstände, die unmittelbar zum Lebensunterhalt nöthig sind, verursacht, so würde man sicherlich Bewegungsgründe finden, die Besorgnifs wegen einer glücklichen Ernte sehr zu mäfsigen. B. Tessier hat über die Waizenernte zu Rambouillet in den Jahren IX. und X. Vergleichungen angestellt. Nachdem er alle Eigenschaften einer vollkommen guten Ernte angezeigt hat, die sich nur äufserst selten ereignet, fand es sich, dafs bey dem Mangel einiger dieser Eigenschaften andre wiederum zum Ersatz dienten. — 100 Garben gaben in einem Jahre 424 Liter Korn; in einem andern nur 338, also ⅕ weniger. 3 Hectoliters des erstern wogen 246 Kilogrammen (ohngefähr 500 Pfunde), und 3 Hectoliters des letztern 232 (gegen 470 Pfunde), also 14 Kilogrammen weniger. — Indessen hat das letztere Korn mehr Mehl gegeben als das erstere; und das Jahr X. hat in dieser Hinsicht sowohl, als in Rücksicht der Güte des aus dem Mehle bereiteten Brods vor dem Jahre IX. Vorzüge gehabt.

Die Wolle bey der Verkaufung zu Perpignan belief sich auf 230 Myriagrammen. Sie ist in Loosen zu 20 Fellen *(Toisons)* zugeschlagen worden. Der mittlere Preis, wenn man 5 Centimen auf den Franc auf Verkaufungskosten und Schäferlohn rechnet, war 2 Fr. 30 C. für 5 Hectogrammen (oder 1 Pfund) fetter Wolle. Zu Rambouillet belief er sich auf 2 Fr. 88 C. Die Nachbarschaft von Spanien, woher die Kaufleute leicht die aufserordentlich feine Wolle ziehen können, hat der Verkaufung zu Perpignan etwas geschadet. Das Meiste der Wolle hat das Haus Peyre et Comp. zu Marvejols im Lozère-Departement gekauft, welches die Tücher, die es aus derselben verfertigte, zur Ausstellung gab und eine Medaille erhielt. Neulich hat Herr Huzard allerley aus dieser Wolle stricken lassen. —

B. Nicolas, Associé des National-Instituts und Professor der Centralschule zu Calvados, hat Untersuchungen uber das Rosten des Hanfs angestellt. Um die Faden von der umgebenden Rinde abzusondern, legen ihn einige vor dem Rösten in freye Luft, andere in stehende Wasser und Flüsse. Diese verschiedene Manipulation zeigt, daſs die Theorie des Verfahrens noch nicht genug begründet ist. Er glaubt, daſs die dem Rosten vorangehenden Operationen die Fermentation und Fäulniſs befördern. Beym Weichen im Wasser entwickelt sich ammoniakalisches Gas, gekohltes Wasserstoffgas, geschwefeltes Wasserstoffgas, und diese veranlassen mehr oder weniger gefährliche Fieber. Das Wasser wird Menschen und Thieren schadlich, und der Hanf selbst leidet, wenn er zu lange eingetaucht ist. — Gewöhnlich wird er, wie mit Gluten bedeckt, aus dem Wasser gezogen, und von den Hedekämmern von demselben befreyet. Dieses Gluten greift aber, gedorrt und in Staub verwandelt, gar sehr die Brust der armen Arbeiter an. Daher das bloſse Lüften vorzuziehen ist. Der Thau, meint B. N., zersetzt sich und gibt sein Oxygen dem Gluten ab, welches dadurch seine Zähigkeit verliert. Er glaubt, daſs selbst die Kohlensäure im Thau durch seine Zersetzung zum Faulen beyträgt. Er räth, daſs in der Arbeitsstätte der Hanfkämmer stets frisches Wasser zum Ausdunsten sich befinde, und daſs sie das Gesicht mit einem Musseln bedecken, um dem Staube auszuweichen. Er räth ferner, den Hanf wie Linnen, die man bleichen will, in einer Lauge von 4 Unzen gewöhnlichen Öls, 2 Pfund Pottasche und 50 Pinten Wasser zu weichen. Diese Quantität kann mehrmalen erhitzt zu 100 Pfund Hanf dienen. —

(So weit reicht die Notiz. Als man diesen Aufsatz vor mehrern Monaten im Institute vorlas, schien mehrern der erfahrensten Mitglieder der Gegenstand noch lange nicht aufs reine gebracht, ob er gleich für Frankreich von Wichtigkeit ist. Man glaubte demnach die Untersuchungen hierüber anfeuern zu mussen. —)

Mechanische Künste.

Die vierteljährige Notiz des Instituts enthält einen Auszug aus dem Berichte der Bürger Desmarets, Perrier, Charles, Berthoud und Prony über die Munzmaschine des Herrn Droz, auf welchen wir ein andermal zurückzukommen gedenken.

Frdl.

XIII.

Von den Bergwerksschulen in Frankreich.

Auf den Bericht des Ministers des Innern haben die Consuls durch ein Arreté vom 23 Pluviose Jahr X. (12 Febr. 1802.) die Errichtung zweyer practischen Schulen für die Gewinnung und weitere Verarbeitung mineralischer Substanzen (Bergwerksschulen) befohlen. Die eine ist bereits zu Pezay im Departement Montblanc (im ehemaligen Savoyen) errichtet, Die Lage ist besonders günstig. Es befindet sich daselbst ein reiches Bleybergwerk; in der Nähe befinden sich die Silbergrube zu Allemont, die Bergwerke von spätigem Eisensteine des Isère- und Montblanc-Departements, die grofsen Hammerwerke, in welchen man diese Eisenerze zu Stahl verarbeitet, endlich die Salinen von Conflans und Moutiers. Angestellt bey dieser practischen Bergwerksschule sind: Schreiber, als Generaldirector, Hassenfratz und Baillet, jener als Professor der Metallurgie, dieser als Professor des Grubenbaus, Brochant (der im Jahre IX. einen Traité de Mineralogie nach Wernerischen Grundsätzen herausgegeben hat) als Professor der Geologie und Mineralogie. Die Schule stehet unter dem Conseil des Mines zu Paris, das dem Minister des Innern beygegeben ist.

Eine zweyte ähnliche Schule soll bey den Eisenhämmern von Geislautern bey Saarbrück im Departement der Saar errichtet werden, und zu ihrem besonderen Gegenstande die Behandlung des Eisens, und einige salinische Zubereitungen, so wie die Bearbeitung der zu Glas, Töpferwaaren, und zu den Schmelzgläsern tauglichen Metalloxyde und Erden haben. Besonders günstig für diese Schule sind die grofsen Eisenöfen, Eisenhämmer und Eisenblechfabriken von Geislautern, die Anstalten, in denen Stahl fabricirt wird, zu Goffontaine, die reichlichen Steinkohlengruben in der Nähe von Saarbrück, zu Eschweiller, und besonders die grofsen Steinkohlengruben in dem ehemaligen Belgien, die Galmeygruben im ehemaligen Herzogthum Limburg, die Messingfabriken zu Stolberg, die schönen Salinen zu Kreutznach, und die Quecksilber-, Bley- und Kupfergruben im Departement des Donnersberges, wohin man die Zöglinge dieser Schule ohne grofse Kosten zu eigener practischer Übung in diesen verschiedenen Zweigen des Grubenbaus und der Metallurgie wird schicken können.

Aufser diesem ist, um den Bergbau und die sich darauf beziehenden Fabricationen mehr in Aufnahme zu bringen, vom Minister Chaptal die zweckmäfsige Einrichtung getroffen worden, dafs 60 Departementer, die sich hierzu durch ihren mineralischen Reichthum am meisten qualifiziren, von Bergwerks-Ingenieurs nach und nach bereist, und in mineralogischer und Bergwerks-Rucksicht näher untersucht werden, welche von allen ihren Nachforschungen und Entdeckungen Bericht an das Bergwerks-Conseil zu Paris abstatten, so wie auch ihre Vorschläge, um den Bergbau und alle sich darauf beziehende Anstalten mehr in Aufnahme zu bringen, demselben einschicken. Besonders mussen sie auch dem Bergwerks-Conseil alles mittheilen, was zur Bildung der mineralogischen Karte Frankreichs, so wie zur Vervollstandigung der Sammlung seiner Mineralien beytragen kann.

Pf.

XIV.

Societé pour les Savans et les Hommes de lettres.

Der Zweck dieser Gesellschaft für Gelehrte und Wissenschaftsmänner ist:

1. Aufmunterungen und Belohnungen den Männern von Genie, den Gelehrten, den Schriftstellern, den Erfindern und jungen Leuten, die Talente ankündigen, zu ertheilen.

2. Die Aufmunterungen werden nach Maſsgabe des respectiven Verdienstes der Individuen, der Nützlichkeit ihrer Arbeiten, der Wichtigkeit ihrer Erfindungen, und des mehr oder weniger dringenden Bedürfnisses, in welchem sie sich befinden, ertheilet.

3. Die Schriftsteller, welche ihre Federn durch Schriften befleckt haben, welche dahin zielen, die öffentliche oder Privat-Moral zu verderben, können an denen, von der Gesellschaft angebotenen Vortheilen nicht Theil nehmen, den Fall ausgenommen, daſs sie ihre Irrthümer durch andere Werke, welche

gesunde Maximen oder nützliche Wahrheiten enthalten, wieder gut gemacht hätten.

4. Die Personen, welche durch schlechte Aufführung in Armuth versunken sind, haben keine Rechte auf dergleichen Hülfsleistungen, ausgenommen in dem Falle, wo sie nachmals Beweise einer bessern Aufführung gegeben haben.

5. Erhalten die Fonds der Gesellschaft eine hinlängliche Vermehrung, um ihr zu gestatten, ihre gemeinnützigen Absichten mehr auszudehnen, so wird sie zur Verfertigung von Werken, die für die Fortschritte der Wissenschaften erspriefslich sind, zur Übersetzung von guten Schriften, zu Untersuchungen, Experimentalforschungen, Erfindungen, Reisen u. s. w., die die Vervollkommnung der menschlichen Kenntnisse zum Zweck haben, auffordern.

Diese Gesellschaft hilft einem grofsen Bedürfnisse in Frankreich ab. Wie viele Anstalten aller Art, welche dem aufkeimenden Talente Aufmunterung und Hülfsquellen verschafften, dem Manne von Verdienst, der seine Laufbahn durchlief, oder der an dem Ziele derselben anlangte, eine sichere und von Sorgen freye Existenz gewährten, hat die Revolution nicht zerstöhret. Diese Gesellschaft, wenn sie einen glücklichen Fortgang hat, wird einen Theil dieser Lücke ausfüllen. Für diesen Fortgang bürgen die Nahmen derer, die zu ihrer Bildung aufgefordert haben, die Nahmen eines Lacepède, Lasteyrie, Gregoire, Frochot, François de Neufchateau, Lecouteulx-Canteleu und Amalric. Der Gemeingeist der Mitglieder der ehrwürdigen Gelehrtenrepublik in Frankreich wird sie mächtig befördern.

Pf.

XV.

Auszug aus der historischen Notiz des Bürgers Cuvier *über* Jean Darcet, *Mitglied des Erhaltungssenates, und des National-Instituts, Professor am College de France, gebohren zu Douazit im Departement des Landes am 7ten Septbr. 1725, gestorben zu Paris den 24 Pluviose im Jahre IX. (13 Februar 1801).*

Wenn freundschaftliche Verhältnisse einen Mitbruder nur von Einzelnen beweinen machen, so erregen dem Allgemeinen geleistete Dienste dagegen das Bedauern eines ganzen Publicums. Man macht den academischen Lobreden den Vorwurf, daſs sie nicht die Unparteylichkeit der Geschichtschreiber haben; allein hat nicht auch das sorgfältige Aufsuchen des Lobenswerthen eines Mannes seinen groſsen Vortheil? Eine gewisse Classe von Moralisten sucht stets die geheimsten Schwächen der menschlichen Natur zu entfalten, und beweist durch ihre Allgemeinheit doch auch nur ihre Verzeihlichkeit. Die Tribune der Academiker ist von anderer Natur, sie zeiget, daſs selbst die Fehler der Leute von Genie ihren Ursprung in edlen Neigungen und tugendhaften Gesinnungen haben können. Sie leistet das, was die Zeit gewöhnlich thut, sie bedeckt die Fehler, und schafft der Erkenntlichkeit auf Kosten der Eifersucht der Mitgenossen freyen Platz.

Das Lob, was diesem Mitbruder zu ertheilen ist, ist mit der Wirklichkeit in keinem Widerspruche; es bedarf daher keiner Rednergabe, um ihn zu schildern. Alles war gut an ihm! Er war jenes Einfachgute ohne Schmuck und Ziererey, was der ganzen Welt gefällt, und das Talent vereinigte sich trefflich mit der Sanftmuth und wahren Ehrlichkeit des Gemüthes. — Ein Theil der Jugend verging in Unglück. Der Vater, eine Magistratsperson, widersetzte sich der Neigung des Sohnes für physikalische Wissenschaften, und wollte, dafs er die Rechte studiere. Dieses erregte so viele Uneinigkeit, dafs der junge Darcet nach Bourdeaux entlief, und dadurch aller väterlichen Unterstützung verlustig ward. Glücklicherweise fand er da einen Universitätsfreund und Kamerad an einem nachmaligen Professor der Medicin, Nahmens Roux, der den berühmten Montesquieu gut kannte. Dieser bewirkte es, dafs Montesquieu ihn im Jahre 1742 nach Paris nahm, um die Erziehung seiner Kinder zu leiten. Darcet erlangte durch den Eifer, durch die Sorgfalt und Einsicht, womit er sich dieses Geschäftes entledigte, bald die Achtung und Freundschaft seines Beschützers. Er sammelte und ordnete für ihn die ungeheuern Materialien zum Geist der Gesetze, und half gewissermafsen dieses unsterbliche Werk schaffen; daher auch Niemand den tiefen Sinn einiger Stellen besser verstand, und treffender citirte als gerade Er. Auch dauerte das wechselseitige Vertrauen dieser Männer bis zum Tode, und Montesquieu verschied auf den Arm Darcets gestützt. In der Todesstunde wollte man dem grofsen Montesquieu mehrere Meynungen aufbürden, und andere zurücknehmen machen, die der damals herrschenden Meynung entgegen waren; die Verwandten waren gewissermafsen in dieser Absicht gewonnen und bestochen, allein Darcet waren die Schlüssel zum Cabinet des Präsidenten anvertraut worden, und dieser widersetzte sich mit Gewalt, dafs sie ihm nicht entrissen wurden [1]). Es waren Scenen, von denen

1) In einer gedruckten Biographie Darcets von J. J. Dizé (Precis historique de la vie et des travaux de Jean Darcet. Paris. An X.) sind die Details dieses, das Ver-

Darcet oft und mit Rührung zu erzählen pflegte; er schilderte bey dieser Gelegenheit alle Maschinen der Intrike, allein das Andenken derselben ist erloschen, und diese Zeiten kommen hoffentlich niemals wieder.

Das Erziehungsgeschäft veranlaſste Darcet die schönen Wissenschaften zu treiben; man findet den trefflichen Erfolg davon in den Anmerkungen, womit er die natürlichen Fragen von Seneca bereicherte, welches Werk ein merkwürdiges Denkmal der Unwissenheit des Alterthums über physicalische Gegenstände darstellt. (Cuvier bedauert bey dieser Veranlassung, daſs die jetzige Jugend, die sich den Wis-

fahren des damaligen Clerus so ganz karakterisirenden Vorfalls angegeben. Sobald die Gefahr, in der Montesquieus Leben schwebte, bekannt wurde, langten zwey Jesuiten, Routh und Castel, bey ihm an, und ohngeachtet der Präsident sie ersuchen lieſs, sich zu entfernen, so nahmen sie doch in einem benachbarten Zimmer ihren Aufenthalt, wo sie, ohne von der Stelle zu weichen, mehrere Tage und Nächte blieben. Sie hatten damit angefangen, in Montesquieu zu dringen, daſs er ihnen Correctionen zu den *Lettres Persennes* einhändigen möchte; dieser hatte ihnen aber geantwortet, daſs er bereit sey, alles der Vernunft aufzuopfern, und selbst der Religion Opfer zu bringen, aber keines ihrer Gesellschaft. Als der Tod herannahte, so rückten sie herbey, und wollten, durch die Anverwandten unterstützt, Darcet nöthigen, die Schlüssel zum Cabinet auszuliefern, die Kleidung des Präsidenten, worin sich die Schlüssel befanden, wurde mehrmals mit Gewalt genommen, und wieder genommen, endlich blieb der Sieg für Darcet, und seine Festigkeit nöthigte sie endlich, sich unverrichteter Sache zurückzuziehen. Auch der Pfarrer von St. Sulpice, in dessen Sprengel Montesquieu wohnte, erschien und erfüllte sein Amt, aber mit Anstand und ohne dem Kranken Zwang anthun zu wollen. Der Anfang seiner Ermahnung hat sich wegen der Antwort Montesquieus noch in gutem Andenken erhalten: „Sie wissen, mein Herr Präsident, wie groſs Gott ist!" Montesquieu antwortete: „Ja mein Herr, und wie klein die Menschen sind."

senschaften widmet, nicht genug Humaniora treibet. Die Geschichte grofser Männer, sagt er, lehrt uns, dafs die Beschäftigung mit den delicateren Gegenständen der Moral und des Geschmacks den Takt verfeinert, der zu grofsen Entdeckungen führet, und bey einem richtigen Ausdruck auch die Lebhaftigkeit der Darstellung gibt, die aufs Gemüth wirket.) Darcet studierte dabey stets die Medicin, und die Chemie zog ihn am meisten an. Er ward ein geliebter Schüler des enthusiastischen Rouelle, (der, beyläufig gesagt, sich selbst vom Bauernstande zum Professor der Chemie heraufgeschwungen hatte,) und lernte bey diesem den jungen Grafen Lauraguais kennen, der Privatvorlesungen nahm, und sich durch mehrere edle Neigungen auszeichnete. Der junge Graf wurde von den Einsichten und dem regen Eifer des jungen Darcet und seines Freundes Roux ganz betroffen. „Letzterer," sagt er selbst in einigen Anmerkungen, die er zu dieser Lebensbeschreibung mitgetheilt hat, „hatte einen Geist, der viel versprach, „er war aber hypochondrisch. Darcet hingegen „war gutmüthig, einfach und froh. Ich bat Roux „um seine Freundschaft, und schenkte die meinige „Darcet. Seit der Zeit sind wir von einander un„zertrennlich gewesen." Der Zufall wollte, dafs Darcet seinem neuen Freunde ins Feld folgen mufste, er war bey ihm in der Schlacht von Hastenbeck im Jahre 1756. Eine Kanonenkugel, die an der Erde abprallte, bedeckte das Pferd Darcet's mit Staub und machte es so scheu, dafs es mit ihm mitten in das Getümmel der Schlacht lief. Die Officiere wollten ihn bewegen sich zurückzuziehen. „Nein, antwortete Darcet, ich wäre nicht aus freyem Willen hierher gekommen; da ich aber einmal hier bin, so will ich die Leute in der Nähe sehen, die es zu ihrem Gewerbe machen, sich einander zu tödten."

Darcet besafs demnach jede Art von Muth, die einen Gelehrten zu zieren vermag. Im Jahre 1757 benutzten Lauraguais und Darcet die Besetzung von Hannover, um den Harz zu sehen. Sie blieben da einige Tage unter der Erde, und erkundigten sich nur von Zeit zu Zeit, was oben vorging. Sie hörten gar bald von der Niederlage des Prinzen von Soubise bey Rosbach, eilten zur Armee zurück, und waren bey der Schlacht von Crevelt. Das Regiment des Grafen Lauraguais war ganz aufgerieben, und diefs veranlafste die Rückkehr nach Paris und zur geliebten Chemie.

Sie beschäftigten sich nun vorzüglich mit Untersuchungen über Verfertigung des Porzellans. (Der Verf. erzählt hier die Schicksale des armen Böttger, des Erfinders desselben, der in Berlin der Zauberey und Goldmacherkunst beschuldigt nach Sachsen verjagt wurde, wo ihn der Churfürst hängen zu lassen drohte, wenn er ihm nicht Gold machen würde. Er wurde eingesperrt, und durch seine Arbeiten auf die Erfindung des merkwürdigen sächsischen Porzellans geleitet, welches nachher eine grofse Quelle des Reichthums ward. Er erzählt ferner gewissermafsen die Geschichte der Fabrik zu Sevre. Reaumur hatte nähmlich aus China die Bestandtheile kommen lassen, woraus man daselbst Porzellan verfertiget, er lernte dadurch blofs ein dunkles Glas hervorbringen, das zwar weifs, aber eben so zerbrechlich war. Die Fabrik zu Sevre hatte ebenfalls eine Masse von Sand, Pottasche und Thon bereitet, welche man leicht ritzte, und die bey mittelmäfsigem Feuer schwärzlich wurde.) Lauraguais und Darcet machten zuerst in Frankreich ein hartes unschmelzbares Porzellan. Sie waren nicht durch Zufall, sondern durch eine Reihe von Versuchen und Schlüssen darauf gekommen.

Darcet

Darcet schrieb im Jahre 1766 und 1768 Abhandlungen über die Wirkung eines gleichen, heftigen, und mehrere Tage lang unterhaltenen Feuers auf mehrere Erden, Steine und metallische Kalke. Pott hatte damals in Berlin dieselbe Materie behandelt; da Darcet aber stärkeres Feuer angewendet hatte, so waren die Resultate verschieden. Die Mineralogie gewann durch diese Versuche an methodischer Anordnung der Steine und Erden, nach dem Grade ihrer Schmelzbarkeit, die Emailmahlerey an Farben, und die Glasmacher- und Töpferkunst überhaupt eine feste Grundlage. Dieses starke Feuer gab auch die Veranlassung, die Versuche Kaisers Franz des Isten über die Verflüchtigung der Diamanten zu variren, und in den Untersuchungen über die Edelsteine, welche Macquer 1770 der Academie der Wissenschaften übergab, bewies er durch Versuche, daſs der Diamant unter einer Muffel beym Zutritte der Luft durch einen Grad der Hitze, die selbst geringer als die Hitze, bey welcher das Gold schmilzt, ist, zerstörlich sey. Nach Macquers Tode nahm er dessen Stelle in der Academie der Wissenschaften und bey der Porzellanfabrike zu Sèvres ein. Das harte Porzellan, dessen Schöpfer er war, erhielt unter seiner Leitung neue Vervollkommnung. Durch die Verbesserung der Masse und des Backens brachte er es dahin, daſs nunmehr groſse Vasen aus einem Stücke gebrannt werden konnten, die man vor ihm nicht anders als in 4 bis 5 Stücken, die zusammenpaſsten, hatte brennen können. Unter ihm wurde eine Vase von 8 Schuhen, aus einem einzigen Stücke, mit allem Ebenmaſse in ihrer Form gebrannt. Im Jahre 1782 machte er eine Abhandlung über die Calcination der Kalkerde bekannt, in welcher er die Eigenschaft derselben, andere Erden mit in Verglasung zu ziehen, aus ihrer Alcalescenz herleitete. Im Jahre 1785 entdeckte er die Bittererde in den Vegetabilien. Dem Tillet, dem er bereits adjungiret war, folgte er in dem wichtigen Amte der Oberaufsicht uber die Munzproben. Seine strenge Ehrlichkeit allein war im Stande, die vielen Intrikanten zu verscheuchen, die der schlechte Zustand der Finanzen und die Schwäche der Regierung herbeygefuhrt hatten. Als Aufseher über die Färbereylaboratorien der Gobelinsmanufactur vervollkommnete er die verschiedenen Processe, und bestätigte die Identität der von der wilden Cochenille von St. Domingo und von der Cochenille von Mexico erhaltenen Scharlachfarbe.

Darcet erfand auch die bekannte Mischung von 8 Theilen Wismuth, 5 Theilen Bley und drey Theilen Zinn. Diese wurde anfänglich nur zu einigen groben anatomischen Einspritzungen angewandt, in neuern Zeiten bediente man sich derselben besonders in Verfertigung der Stereotypen, jene gluckliche Erfindung, die, wie der Verfasser schön sagt, die weisesten Resultate der menschlichen Gedanken auch bis zum Strohdache bringen wird. Man verdanket ihm ferner die Bestimmung der aufserordentlichen Quantität des nährenden Stoffes, der in den Knochen enthalten ist. Auch verkündigte er schon lange in seinen Vorlesungen, dafs man aus denselben eine talgartige Materie ziehen könne, und beyde Entdeckungen können noch künftig dazu dienen, uns die täglichen Bedürfnisse in gröfserem Überflusse zu verschaffen.

Achtzehen Jahre [1]) war Darcet Professor am College de France, und bildete viele der jetzigen

1) Nach Dizé war er 27 Jahre Professor der Experimentalchemie am College de France, deren Lehrstuhl im Jahre 1774 errichtet, und durch eine interessante Rede über die zusammensetzenden und zerstörenden Kräfte der Natur im Grofsen, wozu ihm eine Reise nach den Pyrenäen den Stoff

Lehrer. Er verwendete bey mäſsigem Gehalt wohl $\frac{2}{3}$ seines Honorars auf Kosten der Versuche, und führte die Chemie in die Werkstätte der Künste ein.

In der Academie der Wissenschaften und im National-Institute unterschied er sich in seinen Berichten stets durch seltene Einsicht und strenge Gerechtigkeit. Als die neue Chemie mit ihrer neuen Nomenclatur und ihren Formeln den alten Körper der Academie der Wissenschaften angriff, wurde er zu einem der Richter gewählt. Es war zwischen einer Theorie, die er seit vielen Jahren gelehrt, und einer Entdeckung zu entscheiden, an der er keinen Antheil hatte. Er gab hierbey den vollkommensten Beweis einer edlen Unparteylichkeit. Er widersetzte sich nicht, und trug die neue Chemie in seine Werke und Vorlesungen ein, nach Maſsgabe als er ihre Grundsätze erprobet und bestätiget hatte.

Es wurden ihm auch die Berichte über den Punct des in der Asche befindlichen Goldes, über die Auflösung desselben in Salpetersäure, über die Reinigung des Glockenmetalls aufgetragen, und er hatte einen wesentlichen Theil an den Berichten über die Hospitäler, welcher von dem berühmten Bailly redigirt worden war, über den Mesmerianismus, über die verschiedenen Mittel, die Soda mit Vortheil aus dem Kochsalze auszuziehen, über die Fabrication der Seifen etc. Seine Arbeiten, schlieſst der Verf. endlich, waren bescheiden, wie er selbst. Er suchte das Bewuſstseyn, nützlich zu seyn, mehr als den Ruhm selbst, und fürchtete den Irrthum mehr, als er den Lohn der Arbeit liebte, daher seine Bedenklichkeit und Langsamkeit etwas bekannt zu machen. Er hatte nie die Stärke

gab, von ihm als erstem Lehrer eingeweiht wurde. Bekanntlich ist Vauquelin sein würdiger Nachfolger in diesem Lehramte.

oder, wenn man will, die Thorheit, den Genuſs der Freundschaft der Hoffnung des Ruhms aufzuopfern, daher schwang er sich bey allen seinen Mitteln nicht höher unter den Chemikern seines Jahrhunderts.

Sein Character flieſst endlich deutlich aus seiner Lebensgeschichte. Von einer traurigen Lage wurde er nach und nach zu den ersten Stellen des Staats erhoben, stets durch andere, und ohne eigene Anstrengung, wiewohl auch ohne Widerstand. Mit seiner Lage zufrieden, verbreitete er auch Zufriedenheit über alles, was ihn umgab. Das Selbstgefuhl hielt ihn frey von jeder Eifersucht, und seine Laune blieb stets gleich, sanft und fröhlich und gefällig. Man hätte ihn unter den Seinigen nicht fur das Haupt der Familie halten sollen, wenn die zärtliche Ehrfurcht derer, die ihn umgaben, nicht daran erinnert hätte.

Man könnte die Frage aufwerfen, warum man ihn am Ende einer Revolution plötzlich zur ersten Magistratswürde erhob, da er doch nie unmittelbar Theil an derselben genommen, und da weder der Glanz seines Nahmens, noch sein Einfluſs, noch die geleisteten Dienste ihn dahin zu rufen schienen.

Wer aber im Taumel der Parteyen stets von Allen geachtet ward; wer nie den Unterdruckten um seine Meinung frug, um ihm eine Zuflucht zu gewahren, wer bey den Reizen, die dem Ehrgeize sich darboten, nie sich seinen stillen Arbeiten entzog, und stets dem öffentlichen Wohle sich widmend keine andere Belohnung suchte, als die das Innere gibt, war solch ein Mann nicht auch als Muster den Burgern aufzustellen in einem Zeitraume, wo man zur Grundlage eines gesellschaftlichen Gebäudes die Mäſsigung in den Begierden, und alle Tugenden des Friedens aufzustellen hatte. (So endigt die schöne Lobrede des würdigen Cuvier. Wir haben bey der Arbeit zum öftern die Anregung gefuhlt, dem Leser die wörtliche Übersetzung derselben mitzutheilen, wenn wir die Feinheit des Styls zu erreichen die Hoffnung gehabt hätten).

Frdl.

Nachträge.

I.

Abhandlung über die Weingährung, vom B. Thenard; *vorgelesen im National-Institute den 9ten Ventose des Jahres XI. (28ten Febr. 1803.)*

(Aus einem vom Verf. gefälligst mitgetheilten Auszuge.) 1)

Die Abhandlung hat die Auflösung zweyer Fragen zur Absicht, aus welchen die Erklärung oder die Theorie aller Phänomene sich ergibt, die die Wein- und Brandweingährung uns darbietet. Sie sind:

1. Gibt es ein oder mehrere Gährungsmittel?
2. Welches ist die Wirkung des Gährungsmittels überhaupt auf den Zucker, und wie bewirkt es die Umwandlung in Alcohol und Kohlensäure? —

B. Thenard fing an sich zu überzeugen, daſs weder das Extract noch das Gummi, die Stärke, das Gluten, der Faserstoff, die Gelatina, der Eyweiſsstoff,

1) Die Herausgeber eilen, diesen vorläufigen Auszug aus einer, für die Theorie der Gährung höchst wichtigen Abhandlung des unermüdeten Chemikers Thenard mitzutheilen, der wenigstens den Hauptinhalt derselben darstellet, und behalten sich noch einige Nachträge für ein künftiges Heft vor.

noch der Weinstein, so wie überhaupt keiner der unmittelbar aus dem Zuckerrohre zu gewinnenden Stoffe, wenn sie noch so rein sind, den Zucker gähren machen können; daher glaubte er, daſs die Ursache der Gährung in einem oder vielen neuen Körpern ihren Sitz habe. Um dieses zu beweisen, lieſs er den Saft vielerley Früchte gähren, als z. E. den der Trauben, Kirschen, Pfirschen, Äpfel, Birnen und den der Johannisbeeren, so wie das Decoct der Gerste und des Korns; alle entwickelten eine groſse Menge Kohlensäure; und indem sie brandweinartig wurden, wurden sie trübe, und setzten alle eine Materie ohne Geschmack ab, die klebrig war, an der Luft braun wurde, trocknete, selbst leicht sauer wurde, auf Kohlen mit dem Geruche thierischer Stoffe brannte, in einer Retorte viel kohlensaures Ammoniak gab, und dem Bierhefen sehr analog war. Honig mit Wasser verdünnt, und der zuckerartige Urin eines Harnruhrkranken, gaben auch Hefen. — Diese Erscheinung ist am Ende allgemein und gehört allen gährenden Säften, die sämmtlich einen mehr oder minder guten Hefen geben.

Nach dieser Erfahrung stand der Verf. nicht einen Augenblick an zu behaupten: daſs der Hefen in den Vegetabilien befindlich und ein unmittelbares Princip aller Früchte sey, so wie folglich der einzige gährende Stoff, und der Keim der Gährung überhaupt. Man muſste aber zeigen, warum er in dem Augenblicke der Gährung sich mehr oder weniger niederschlage. Diese Frage entschied der Verf. vollkommen, indem er bewies: daſs der Hefen im Zucker auflöslich sey, und daſs dieser mehr davon auflösen könne, als er zu seiner Zusammensetzung bedarf; alles, was er mehr enthält, schlägt sich nieder. Um die Auflösung der Hefen im Zucker zu bewirken, muſs man in einem Mörser die Hefen in Form eines Teigs *(en pate)* mit

Zucker abreiben, und sie zwey Stunden lang in Berührung lassen, (wenn man die Hefen in flüssigem Zustande mit Zucker verbände, so würde die Auflösung nicht vor sich gehen) nachher erst gieſst man Wasser hinzu, und filtrirt es. — Diese Flüssigkeit hat die Temperatur von 15 bis 20 Grad, gährt und setzt Hefen ab. Hieraus sieht man leicht, daſs ein Saft in Gährung nicht gerade Hefen absetzen müsse, und daſs dieses von der Menge abhängt, die er davon enthält. Aus derselben Ursache kann es auch geschehen, daſs ein Hefen ganz in dem Zucker bleibt. Die Natur gibt diese Fälle nur selten, aber die Kunst kann sie willkührlich hervorbringen, indem sie der Flüssigkeit in dem Augenblicke, in welchem sie in Gährung geräth, eine groſse Menge Zucker hinzufügt. —

Nachdem durch dieses und andere Mittel der Hefen als unmittelbares Princip der Vegetabilien entdeckt worden ist, untersucht der Verfasser die Eigenschaft des neuen Körpers, den er ferment, Gährungsstoff, genannt hat. Er hat keinen Geschmack, er röthet nicht den Veilchensaft, und färbt ihn auch nicht grün. Sich selber überlassen, und in Berührung mit der Luft erfährt er eine fauligte Zersetzung, die ganz der der thierischen Stoffe gleicht. Durchs Trocknen bey gelinder Wärme verliert er $\frac{3}{4}$ seines Gewichts, welches offenbar vom Verluste des verflüchtigten Wassers herrührt. So getrocknet ist er stets geeignet die Gährung hervorzubringen. Im Feuer, in einer gläsernen Retorte destillirt, gibt er gekohltes Wasserstoffgas, Kohlensäure, kohlensaures Ammoniak, Wasser und Öl, nebst viel Kohle im Rückstande. Der nicht getrocknete Gährungsstoff in Berührung mit der Luft absorbirt das Oxygen, bildet Kohlensäure, und das Azote wird frey. Wenn man statt atmosphärischer Luft sich des Sauerstoffgases bedient, so ist die Wirkung noch schneller, und $\frac{9}{10}$ des Gases verschwindet.

Es bleibet nur Kohlensäure zurück, deren Volumen etwas weniger beträgt als das des Sauerstoffgases, welches man angewendet hat. — Kaltes Wasser löst ihn nicht auf, kochendes Wasser zersetzt ihn, und benimmt ihm die Eigenschaft Gährung hervorzubringen. Es entwickelt sich etwas mehr Kohlensäure, und er verändert sich in Faserstoff (*fibrine*). Es ist wahrscheinlich, daſs bey dieser Operation das Wasser zersetzt werde, der Sauerstoff mit der Kohle, und der Wasserstoff mit den andern Bestandtheilen sich verbinde. Schwache Salpetersäure entwickelt den Stickstoff und die Kohlensäure, und verwandelt ihn in Fett. Auch mit Pottasche verwandelt er sich in Fett, und man erhält Ammoniak.

Die wichtigsten Eigenschaften des Gährungsstoffes sind diejenigen, die er darbietet, wenn man ihn mit dem Zucker in Beruhrung bringt; 60 Grammen (ohngefähr zwey Unzen) Gährungsstoff, der nicht getrocknet oder in Teiggestalt war, (man erinnert sich, daſs $\frac{3}{4}$ des Gewichts Wasser ist,) wurden mit 300 Grammen (ohngefähr 10 Unzen) Zucker der Gährung ausgesetzt, die Temperatur betrug 15°. Es entwickelten sich 95 Grammen (etwas uber 3 Unzen) Kohlensäure; 171,5 Grammen (etwas über $5\frac{1}{2}$ Unzen) Alcohol von 39°, und die Abrauchung der alcoholartigen Flüssigkeit gab 12 Grammen (3 Quentchen) Extractivstoff. Das Residuum des Gährungsstoffes wog 40 Grammen (1 Unze 2 Quentchen und 33 Grane), welches noch 25 Grammen (6 Quentchen 38 Grane) Gährungsstoff enthielt. Also waren nur 35 Theile auf die Zersetzung des Zuckers verwendet, und diese 35 reducirten sich auf 15 einer unauflöslichen weiſsen Substanz, die nicht mehr Ammoniak gab [1]), und eine Kohle hinterlieſs, die fast ohne

1) 35 Grammen Gährungsstoff mit einem Übermaſse von Zucker und Wasser zusammengemischt, geben 15 bis 16

Rückstand brannte, und endlich einige Charactere darstellte, die sie der Stärke sehr nahe bringet, dagegen wiederum andre Eigenschaften besitzt, die sie von derselben unterscheiden. Bey dieser Operation fragt sichs, was aus dem Stickstoff wird; er befindet sich weder in der Kohlensäure, welche gänzlich vom Kali absorbirt wird, noch in dem Extractivstoff, der durch Abrauchen der alcoholartigen Flüssigkeit erlangt wird, noch endlich im Rückstande des Gährungsstoffs; denn beyde letztere geben bey der Destillation kein Ammoniak, das der Gährungsstoff doch sonst lieferte. — Man muſs glauben, daſs sich welcher im Alcohol befinde, doch hat ihn der Verf. bis jetzt vergebens darin gesucht, und zwar nicht nur in dieser Flüssigkeit, sondern auch im Äther, und in der Essigsäure, indem er diese durch rothglühende Röhren gehen lieſs, und die Gasarten vermittelst des Sauerstoffs in dem Voltaischen Eudiometer verbrannte. Kaum erhielt er in diesem Falle ein Dreyssigtheil als Rückstand; doch hat er noch andere Versuche gemacht, die er nicht anführt, weil er sie nicht hinlänglich wiederholt hat, und die es erwiesen, daſs eine Materie Stickstoff enthalten könne, ohne durch Destillation darum Ammoniak zu geben, und daſs er demnach wohl ein Princip der Vegetabilien ausmachen könne. Diese Resultate geben, wie dem auch seyn möge, hinlängliche Aufklärung, um durchzusehen, was bey der Gährung vorgeht. Der Verf. ist nicht der Meinung des Lavoisier, der glaubte, daſs alle gebildete Kohlensäure aus dem Zucker entstehe, denn wie wäre die Wirkung des Gährungsstoffs auf diese Körper in diesem Falle erklärlich! Er glaubt vielmehr, daſs die ersten Theile der Kohlensäure einem Theile der Kohle des Gährungsstoffes,

Grammen einer Materie, die zur Gährung nicht mehr tauglich ist, und destillirt kein Ammoniak mehr gibt.

und des Sauerstoffes des Zuckers zuzuschreiben sind. Indem auf letzteren gewirkt wird, bringt der Gährungsstoff die Gährung hervor. Um dieses noch deutlicher zu machen, setze man, daſs ein Molekülchen Zucker aus 8 Theilen Sauerstoff, 4 Theilen Kohlenstoff und einem Theile Wasserstoff bestehe, (welches von der Wirklichkeit nicht sehr fern ist,) so wird eins dieser 8 Theile Sauerstoffs sich mit einem Viertel der Kohle des Gährungsstoffs verbinden, und da hiedurch das Gleichgewicht zwischen den Principien des Zuckers gestört ist, so werden die Zuckertheilchen auf solche Weise wirken, daſs sie Alcohol und Kohlensäure bilden. Der Gährungsstoff hat viel Anziehungskraft fürs Oxygen, und sucht, wenn man ihn in Berührung mit demselben bringt, Kohlensäure zu bilden. Der Verf. glaubt ferner, daſs ein Theil des Wasserstoffs des Gährungsstoffs zur Desoxygenation des Zuckers verwendet werde. Denn obgleich der Gährungsstoff viel Kohle enthält, so ist doch die Menge, die er abgibt, zu geringe, als daſs sie der Keim der Gährung wäre. Er vermuthet, daſs der Stickstoff in der Composition des Alcohols befindlich ist. Was die andern Principien des Gährungsstoffs betrifft, so bilden sie etwas weniges Essigsäure und eine Materie, die, wie angemerkt ward, mit der Stärke einige Analogie hat, die aber dennoch von ihr sich unterscheidet. Der Extractivstoff kömmt zum Theil vom Gährungsstoff und Zucker, und ist ihnen als etwas fremdes beygemischt. — Wenn diese Theorie dem Verf. auch nicht ganz ausgemacht vorkommt, so scheint sie ihm doch bey Vergleichung der Thatsachen sehr wahrscheinlich.

II.

Beschreibung des Verfahrens aus der schwefelsauren Soda (dem sogenannten Glaubersalze) die Soda im Groſsen auszuziehen.

Eine neue Auflage, womit kürzlich das Salz in England beschwert worden ist, hat die Manufacturisten auf ein neues Mittel gebracht, sich die ihnen nöthige Soda zu verschaffen: nähmlich durch die Zersetzung der schwefelsauren Soda durch die Pottasche. Diese schwefelsaure Soda kauft man wohlfeil in den Bleichmanufacturen, wo man sie als Rückstand der Zersetzung des Kochsalzes durch Schwefelsäure mit Braunstein erhält. Folgendes ist ein gutes Recept zu dieser Ausscheidung der Soda. Man bringt 500 Pf. schwefelsaure Soda in eine eiserne Pfanne, die im Stande ist, eine hinlängliche Menge von Fluſswasser zu enthalten. Man loset gleichfalls 560 Pfunde americanischer Pottasche in so wenig Wasser als möglich, in einer eisernen Pfanne, die sich ganz dicht an der erstern befindet, auf. Man probiert vorher die Pottasche, und wenn sie nur mittelmäſsig ist, so nimmt man noch 10 Pfund mehr. Die Auflosung jener ganzen Quantität Alkali bewerkstelliget man mit ohngefähr 30 Eimern [1]) Wasser. Man bringet die beyden Auflösungen zum Sieden, und so wie das Sieden eintritt, wird die Auflösung der Pottasche mit groſsen Löffeln in den Kessel, welcher die schwefelsaure Soda enthält, getragen. Man rühret die Auflösung während dieses Eingieſsens um, und trägt Sorge, daſs das Feuer so lebhaft als möglich brenne. Hierauf gieſst man das Gemische, so lange es kocht, löf-

1) Was hier unter Eimer (*scau*) verstanden wird, ist nicht näher angegeben. Gewöhnlich rechnet man auf einen solchen Eimer 12 Pinten.

felweise in eine Rinne von Holz, durch welche es in einen hölzernen Bottich fliefst, der inwendig mit einer, einen halben Zoll dicken, Bleyplatte ausgeschlagen, und an einem kühlen Orte gelegen ist. Quer durch den Bottich bringet man dann Stäbe, an welchen 2 bis 3 Zoll breite Stücke von einer Bleyplatte aufgehängt sind, welche vier Zoll von einander entfernt in die Flüssigkeit hängen. Ist alles erkaltet, was im Winter innerhalb drey Tagen der Fall ist, so nimmt man einen Pflock aus dem Boden des Bottichs, um die Flüssigkeit abfliefsen zu lassen, und nimmt dann das krystallisirte Salz von den herunterhängenden Bleyplatten weg. Auf dem Grunde findet sich eine grofse Salzmasse, welche man mit Hammer und Meifsel herausarbeitet. Eben deswegen mufs man dem Bleyüberzuge des Bottichs eine solche Dicke geben, um ihn dadurch gegen den Meifsel mehr zu sichern. Die Temperatur, bey welcher man die Soda sich krystallisiren läfst, darf nicht 55° nach Fahrenheit (10° Reaum.) übersteigen. Noch ist aber die Arbeit nicht zu Ende, sondern man wäscht nunmehr alles Salz mit kaltem Wasser in dem nähmlichen Bottich, und reiniget es so von allen Unreinigkeiten, hierauf bringet man es in die Pfanne zurück, löst es von neuem in klarem Wasser auf, und raucht die Auflösung durch die Wärme ab. So wie sich ein starkes Häutchen gebildet hat, so läfst man die Flüssigkeit so weit erkalten, dafs man die Hand, ohne sich zu verbrennen, hineinstecken kann, und bey diesem Grade wird die Wärme erhalten, so lange sich Salzhäutchen bilden. Siehet man keine solche Häutchen mehr, so nimmt man das Feuer weg, und bringet die Flüssigkeit zum Krystallisiren in den Bottich. Die schwefelsaure Pottasche, die sich abgesetzt hat, wird aus der Pfanne herausgenommen und besonders aufbewahrt. Läfst man die Flüssigkeit langsam erkalten, ehe man sie in den Bottich abfliefsen läfst, so findet man nur wenige schwefelsaure Pottasche in der Soda; im Allgemeinen aber enthalten die Massen von Soda, welche in den Handel kommen, eine beträchtliche Menge davon. Durch dieses Verfahren gewinnt man 136 bis 139 Pfunde Soda aus 100 Pfunden schwefelsaurer Soda, wenn die Soda in großen Krystallen sich krystallisirt hat, weniger hingegen, wenn die Krystalle klein sind.

Einige englische Manufacturisten reiben 500 Theile Glaubersalz, so wie man es von den Bleichern erhält, und 100 Theile Kohle zusammen. Sie behandeln dieses Gemenge in einem Reverberirofen, der einem gewöhnlichen Backofen gleichet, bis es eine Art von Teig durch Hulfe einer Eisenstange, mit der man es hin und herrühret, bildet. Man zieht alsdann die Masse heraus, um sie in Gefäſse mit doppeltem Boden zu bringen. Man gieſst dann Wasser darauf bis einen Zoll hoch über die Materie, und läſst es 24 Stunden darüber stehen. Hierauf öffnet man den Hahn, und die Auflösung läuft dann durch den durchbohrten Boden, auf welchen man zum voraus eine Lage Stroh gelegt hat; von da wird sie nach dem Kessel gebracht, um abzurauchen und zu krystallisiren. Es ist etwas sonderbares, daſs man durchaus Eisenplatten nöthig hat, um die Oberfläche auszumachen, auf welcher diese Artikel der Wärme ausgesetzt werden. Die Backsteine thun eine sehr schlechte Wirkung. Dieses letzte Verfahren, Soda zu bereiten, ist sehr unsicher. Wird die Wärme nicht gradweise erhöht, oder die Mischung nicht genug oder zu stark geschmolzen, so gelinget das Verfahren nicht. Die Menge von Soda, die man so erhält, soll so viel betragen, als die durch irgend ein anderes Verfahren erhaltene. Die Methode, die Soda durch Zersetzung des Kochsalzes vermittelst der Bleykalke zu erhalten, hat sich nicht vortheilhaft bewiesen. Das salzsaure Bley, das sich hierbey bildet, kann nicht, wie man geglaubt hat, als weißses Farbematerial gebraucht werden.

Annales des Arts et Manufactures
N. 32. S. 147-153.

III.

Ueber wasserdichte und dem Frost widerstehende Mörtel.

In den Annales des Arts et Manufactures, N. 31. S. 66-78. findet sich eine Vorschrift zu einem Mörtel, der undurchdringlich für das Wasser, und vom Froste unangreifbar ist, von Casimir Puymaurin, die wir der Aufmerksamkeit unserer Leser werth halten, und daher mit den Worten des Verf. hier mittheilen wollen.

Die Mörtel, welche aus porösen Körpern zusammengesetzt sind, können die Eigenschaft der Undurchdringlichkeit für das Wasser nicht haben, und sind also für regnigte, starken Winterfrösten ausgesetzte Climate nicht tauglich. Wenn sie auch im Sommer hart sind, und eine grofse Festigkeit zeigen, so werden sie, während der Herbstregen, allmählich von Feuchtigkeit durchdrungen, ein starker Frost dringt in ihr Inneres, und verwandelt die kurz zuvor noch so harte Masse in Pulver. Schon von den Alten wurde in dieser Hinsicht die Anwendung und Zwischenkunft eines fetten Körpers empfohlen, aber das Öl, das von Plinius und Vitruvius empfohlen wurde, bildet mit dem Kalke einen seifenartigen, im Wasser auflöslichen Körper.

Um den Boden von Schiffen zu erhalten, und sie für das Wasser undurchdringlich zu machen, wendet man harzigte Körper, und besonders Theer an. Diefs brachte mich auf den Gedanken, meinen Mörtel mit flussigem, kochendem Theere zu überziehen, der in die Poren des Mörtels eindringet, und ihn für das Wasser undurchdringlich macht.

Die pechartige Eigenschaft des Theers und sein Weichwerden in der Hitze des Sommers, machte einen nachtheiligen Umstand in dem Gebrauche des Theers — ich half demselben dadurch ab, dafs ich auf diesen Theer gepulverten gebrannten Kalk warf; dieser Kalk verbindet sich mit dem Theer, und bildet auf dem Mörtel eine äufsere Schicht von neuem Mörtel, welcher dem unter dem Nahmen *Malta* so berühmten Mörtel der Römer gleichet.

Ich will hier kurz mein näheres Verfahren in Verfertigung dieses Mörtels anzeigen, das aber nach Beschaffenheit der angewandten Materialien, die an verschiedenen Orten verschieden sind, in Rücksicht auf die Dosen, Abänderungen erlaubt und erfordert. Bey allen Mörteln, die nicht von einem harzigten Körper überzogen werden, müssen die angewandten Materialien, wie die Puzzolane, gestofsene Ziegel, Ofenschlacken, in ein feines Pulver verwandelt, und durch ein Haarsieb gebeutelt worden seyn. Ihre Oberfläche wird dadurch gleichförmiger und dichter, und die Feuchtigkeit durchdringet sie weniger. Dieser Vortheil wird aber durch den Nachtheil der Spalten und Ritzen, welche der Mörtel durch das Austrocknen erleidet, weit überwogen. Bey meiner Methode, den Mörtel zu verfertigen, hat man diesen Nachtheil nicht zu befürchten, weil ich alle harten Materien nur grob gestofsen und von der Gröfse von Getraidekörnern und selbst von Erbsen anwende. Diese so zerstofsenen Stucke bieten eine grofse Menge von Höhlen und Winkeln dar, in welche die kalkerdigte Materie dringet, was eine Art von ununterbrochener Kette bildet, wodurch das Einschrumpfen, und die den Mörteln so nachtheiligen Risse und Spalten verhindert werden. Der Kalk, den ich angewandt habe, wird aus einem harten und weiſsen Kalksteine aus der Nähe von Cazères im Departement der Haute-Garonne fabriciret; dieser Kalk löset sich mit Kochen und unter Entwicklung einer sehr groſsen Wärme auf, und stellt nach seiner Auflösung einen weiſsen Teig, ohne irgend eine Beymischung von grandigten Theilen dar, er ist im Stande, viel Sand und andere harte Materien, wie die Maurerleute sagen, zu verschlucken, an der Luft ist er aber weniger solide als der magere Kalk, der aus einem mergelartigen Gesteine verfertiget, in seiner Zusammensetzung viele gebrannte und verglaste Thontheile enthält, die ihm bey seiner Anwendung in der Luft und unter dem Wasser die gröſste Solidität ertheilen. Dieser Kalk erfordert auch nur wenig Sand, weil die mit ihm vermischten verkalkten und verglasten erdigten Theile die Stelle dieses Sandes gröſstentheils vertreten und mit dem Kalke eine Art von Kitt bilden, weswegen auch dieser Kalk im Wasser aufgelöst, und sich selbst überlassen, in kurzer Zeit die Härte eines Steins erhält.

Von obigem reinem Kalke war ein Fünftheil hinreichend, um dem Mörtel ein hinlängliches Bindungsmittel zu geben, um alle kieseligten Theile mit einer Kalkschicht zu umhüllen, und folglich einen Überzug von der gröſsten Solidität zu bilden.

Folgendes ist das nähere Detail des Verfahrens, welches ich anwendete, um auf einem seit 200 Jahren erbauten Fuſsboden, dessen Balken sehr weit von einander entfernt sind, eine Terrasse von 40 Quadrattoisen zu bilden, welche 4 strengen Wintern und eben so vielen brennenden Sommern widerstanden hat. Eine Vorsicht habe ich vernachlässiget, deren Versäumung mir nachher viele Ungelegenheit machte, nähmlich den

Kalk

Kalk vor seiner Anwendung zu zerstofsen. Zwar lösen sich die Kalksteine im Wasser auf, da aber der Fall eintritt, dafs gewisse Kalksteine weniger calcinirt sind als andere, so löset sich der Kern von den weniger calcinirten nicht im Wasser auf, sondern wird nur von Feuchtigkeit durchdrungen. Bey der Anwendung vermengt sich dieser Kern mit dem Sande und andern kieseligten Materien, welche zum Mörtel angewandt werden, nach einigen Tagen spaltet sich der Mörtel in kleinen Splittern ab, und man trifft das Stück Kalk, das nicht gelöscht war, im Zustande von an der Luft zerfallenem Kalke.

Man nimmt zwey Mafs wohl gewaschene Flufskiesel, oder Fragmente von Backsteinen, von der Gröfse einer Haselnufs, zwey Mafs grob gestofsene Dachziegel und Hammerschlag, ein Mafs gut gewaschenen Flufssand, und ein Mafs Kalk von Cazerès frisch aus dem Ofen und gestofsen. Man macht einen Kreis mit dem Sande, wirft in denselben den Kalk, den man ablöscht, indem man ihn sorgfältig mit der sacke zerreibt; ist der Kalk wohl in dem Wasser zertheilet, so läfst man ihn drey Stunden ruhig, damit sich aller Kalk auflösen könne, dann mischet man nach und nach die Flufskiesel, den Hammerschlag, die Dachziegel und den Sand hinzu, diesen Mörtel arbeitet man dann wohl mit den Armen durch, damit nicht ein einziger kieseligter Stein oder Bruchstück von Dachziegeln existire, was nicht gehörig einverleibt wäre. Diesen Mörtel kann man nun auf zweyerley Art anwenden, entweder oberhalb oder unterhalb dem Backsteinpflaster; die erstere scheint im ersten Jahre solider zu seyn, während die zweyte das Regenwasser anfangs durchseihen läfst, in der Folge aber gleichfalls die gröfste Solidität annimmt.

Will man eine Terrasse auf einem hölzernen Fufsboden anlegen, so mufs man ihn erstlich ganz grob mit viereckigten Platten mit einem Mörtel von Erde und Sand pflastern, weil der Kalk das Holz zerstohren würde; ist dieser Überzug *(carellement)* trocken, so macht man darüber ein neues Pflaster von Backsteinen mit einem Mörtel von Kalk und ziemlich fettem Sande; es ist nicht nöthig, dafs die Backsteine ganz regelmäfsig zugehauen seyen, die obere Fläche derselben mufs höckerigt oder mit dem Meifsel gehauen seyn; diesem Pflaster gibt man eine hinreichende Neigung zum Abfliefsen des Wassers.

Sind diese beyden Pflaster gehörig trocken, so applicirt man den oben beschriebenen Mörtel (Kitt, Ciment) in Streifen von der Breite von zwey Fufs, von einer Dicke von $2\frac{1}{2}$ bis 3 Zoll; man befeuchtet die Backsteine, auf welchen man ihn applicirt, mit Kalkmilch, drückt ihn dicht mit der Kelle daran an, und trägt Sorge ihn mit der Schärfe der Kelle zu schlagen, dann ebnet man ihn wieder mit der Kelle, deren Rücken man schwach befeuchtet, comprimirt von neuem die Oberfläche, um die gröbsten Theile wohl unterzubringen, und macht sie gleichförmig; ist der erste Streifen fertig, so geht man zum zweyten über, und vereiniget sie aufs sorgfältigste, um das Zurückweichen von einander zu verhindern. Der Kitt trocknet bald, und nach einer Stunde kann er einen starken Druck aushalten. Inzwischen wartet man doch 7 bis 8 Stunden ab, worauf man die Oberfläche schwach befeuchtet, und ihn mit platten Kieseln sorgfältig zusammendrückt und prefst, wie wenn man ihn poliren wollte, wovon seine Solidität grofsentheils abhängt. Damit dieser Kitt am besten gelinge, mufs man ihn in der Sommerhitze des Julius machen, damit er Zeit habe das überflüssige Wasser auszuschwitzen, und vor dem Herbste vollkommen trocken sey.

Am Ende Augusts läfst man flüssigen Theer kochen, so wie man ihn anwendet, um Schiffe zu betheeren, und man breitet ihn über den Kitt mit Wischlappen, die sich am Ende langer Stäbe befinden, aus. Hierauf nimmt man an der Luft zerfallenen und in feines Pulver verwandelten Kalk, wirft ihn auf den Theer, und nimmt mit einem Besen allen denjenigen weg, der nicht am Theere anhängt; der übrige Kalk vereiniget sich aufs innigste mit dem Theere, und bildet mit ihm eine sehr dünne Schicht von Kitt, gleich dem Malta der Römer. Im Anfange Octobers bringet man darüber eine neue Schicht von Theer und Kalk. Die zweyte Art, diesen Kitt anzuwenden, bestehet darin, ihn unmittelbar über das Pflaster von Backsteinen und Mörtel von Erde anzubringen, und ihn alsdann mit einer Schicht von Backsteinen mit Mörtel von Kalk und Sand zu bedecken. Die auf diese Weise gemachten Terrassen lassen das Wasser einige Zeit hindurch in geringer Menge filtriren, dieses mit kalkigten Theilen beladene Wasser verstopfet aber allmählich die Poren, es findet dann keine weitere Filtration mehr statt, und diese Terrassen sind dann von der gröfsten Dauerhaftigkeit. Man kann diesen Kitt gleichfalls bey den aus gehauenen Backsteinen verfertigten Fufsböden in den Zimmern anwenden.

Bey dieser Gelegenheit wollen wir den Kitt in Erinnerung bringen, von welchem im vorigen Hefte, bey Gelegenheit der Anzeige von Nro. III. des Bulletin de la Societé d'encouragement die Rede gewesen ist. Dieser Kitt ist gleichsam ein dem Artefacte des Burgers Puy Maurin analoges Naturproduct. Unter den Geschieben *(galets)* an der Küste der Gegend von Boulogne finden sich nähmlich solche, die, wenn sie, wie der Gyps, calciniret und pulverisiret werden, durch ihre Vermischung mit dem Wasser einen sehr harten Stein bilden. Diese Materie wird daher daselbst Gypskitt *(platre - ciment)* genannt, und zum Wasserbau mit dem gröfsten Nutzen angewandt. Bey der chemischen

Analyse dieser Geschiebe, welche eine specifische Schwere von 2,04 bis 2,19 hatten, erhielt Guyton aus 10 Grammen:

Kalk	403	Centigrammen
Kohlensäure	330	— —
Thon (*Argille*)	187	— —
Eisenoxyd	70	— —
Alaunerde	5	— —
	995	

Die 187 Centigrammen Thon bestanden selbst wieder aus:

Kieselerde	99
Alaunerde	39
Eisenoxyd	43
	181

Folglich sind diese Geschiebe zusammengesetzt aus:

Kalkerde	403	Centigrammen
Kohlensäure	330	— —
Eisenoxyd	113	— —
Kieselerde	99	— —
Alaunerde	44	— —
Verlust	11	— —
	1000	Centigrammen.

Guyton zeigte der Gesellschaft zur Aufmunterung der Nationalindustrie ein Gefäſs vor, das aus dieser Materie verfertiget, für das Wasser ganz undurchdringlich und sehr solide war,

IV.

Abhandlung über die Theorie der Electrizitätserregung (electrisation) und über eine neue, durch die metallische Electrizität erzeugte Erscheinung von J. L. Tremery, Bergwerks-Ingenieur. Vorgelesen im National-Institute den 6. Pluviose des Jahres XI. (26. Jan. 1803.)

(Ein Auszug vom Verf. selbst im Manuscripte den Herausgebern mitgetheilet.)

I. Betrachtungen über die Electrizitätserregung. Die Erfahrung beweiset, daſs das electrische Fluidum auf verschiedene Arten erregt werden kann. Die Reibung, die Wärme, die Berührung, sind eben so viele Mittel, deren man sich bedienet, um dieses Fluidum in den Körpern in Bewegung zu setzen. Da man aber nach dem einfachen und einförmigen Gange, welchen die Natur gewöhnlich in ihren Operationen befolgt, vermuthen darf, daſs alle diese Mittel einer einzigen Ursache untergeordnet sind, so hat der B. Tremery gesucht, die Electrisation der Körper auf ein einziges Princip zurückzuführen, das durch sich selbst allgemein genug wäre, um auf die verschiedenen Arten zu electrisiren angewandt werden zu können.

II. Auseinandersetzung des Princips, von welchem sich die Electrisirung der Körper ableiten läſst. Der Verf. ist der Meinung, daſs, um einen Körper zu electrisiren, „es hinreichend ist, den kleinsten Theilchen dieses Körpers gewisse kleine Schwingungsbewegungen mitzutheilen.“ Nichts stehet der

Annahme im Wege; dafs, wenn die Theilchen des Körpers auf diese Weise in Schwingung versetzt worden sind, die Bewegung, welche sich nothwendiger Weise dem in dem Körper enthaltenen electrischen Fluidum mittheilet, die Zersetzung dieses Fluidums in seine, dasselbe zusammensetzende, zwey Fluida bestimmet [1]. Alsdann tritt der Fall ein, dafs, kraft der Vibrationen, die einerseits den Theilchen des Körpers, andererseits denen des positiven und negativen Fluidums [2] eigenthümlich sind, der Körper sich in zwey verschiedenen Zuständen in Beziehung auf das electrische Fluidum findet: 1. in einem Zustande von Erhaltung, in Betreff des einen der beyden Fluidorum, welche das electrische zusammensetzen; 2. in einem Zustande von Verlust *(deperdition)* in Ansehung des andern Fluidums, das zur Zusammensetzung des electrischen beyträgt [3].

1) Der Verfasser bemerket, dafs das Princip, von welchem er die Electrisirung der Körper abhängen läfst, sich eben so leicht auf die Hypothese von einem Fluidum als von zwey Fluidis anwenden läfst.

2) Diese Ausdrücke werden hier in dem Sinne, in welchem sie in den deutschen Schriften gelten, als Bezeichnungen zweyer verschiedener Materien genommen. Die Franzosen bezeichnen im Grunde sprachrichtiger durch positive und negative Electrizität den Überflufs und Mangel von Electrizität nach der Franklinischen Hypothese, und um zwey verschiedene Materien zu bezeichnen, bedienen sie sich der alten Ausdrücke Du Fays: Glas-Electrizität (*E. vitrée*) und Harz-Electrizität (*E. resineuse*).

3) Durch die Worte Erhaltung (*conservation*) und Verlust will der Verf. in dem Falle, von welchem hier die Rede ist, das Vermögen verstanden wissen, welches ein Körper vermöge gewisser Dispositionen habituell hat, eines von den beyden Fluidis, welches es sey, in sich zu behalten, oder aus sich auszustofsen.

Pf.

Wenn die erregten Vibrationen von der Art sind, daſs Erhaltung oder Verlust der beyden Fluidorum zumal statt findet, so wird der Körper in diesem Falle gar kein Zeichen von Electrizität von sich geben.

Anmerkung. Man weiſs aus den Versuchen Coulombs, daſs das Positive und Negative (Glas- und Harz-Electrizität) keine Anziehung oder Verwandschaft für die Körper haben, und daſs sie sich in denselben bloſs vermöge der Repulsivkraft ihrer Theilchen verbreiten. Es ist leicht einzusehen, wie der Bürger Tremery bemerkt, daſs die Theorie, von der hier die Rede ist, den Vortheil hat, diese Arten von Actionen auszuschlieſsen. Man würde im Irrthume seyn, wenn man den Zustand von Erhaltung oder Verlust des Körpers, den man electrisirt, einer Anziehung oder Abstoſsung dieses Körpers, es sey nun des positiven oder negativen Fluidums, zuschreiben wollte. Diese beyden Zustände hängen von bloſs mechanischen Actionen ab. So wie Newton in den Vibrationen der Theilchen eines Lichtstrahles und in denjenigen der Theilchen des Körpers, durch welchen der Strahl durchzugehen sucht, eine Ursache gefunden hat, von welcher man die Zufälle von leichter Reflexion, und von leichter Durchlassung ableiten kann, so könnte man auch auf eine analoge Ursache die beyden Zustände zurückführen, in denen sich die beyden Körper im Augenblicke des Electrisirens befinden.

Bemerkungen über die Anwendungen der Theorie. Ehe der Bürger Tremery den Übergang zur Anwendung der Theorie auf die Erklärung der Methode, durch bloſse Berührung der Körper zu electrisiren, machet, schickt er einige Bemerkungen über die Anwendungen dieser Theorie auf die Methode, durch Reibung oder durch Wärme zu electrisiren, voran. Hier erklärt er, wie die Wärme, indem sie gewisse

Schwingungsbewegungen in den Theilen eines Turmalins erreget, die Extremitäten dieses Minerals in verschiedene electrische Zustände versetzen, und sogar jede seiner Extremitäten disponiren kann, bald der Sitz der positiven, bald der Sitz der negativen Electrizität zu seyn, der Ordnung von Schwingung gemäſs, welche seinen Theilchen imprimiret wird.

Anwendung der Theorie auf die Methode, durch bloſse Berührung zu electrisiren. Man weiſs, daſs die kleinsten Theilchen der Körper, selbst derjenigen, die am dichtesten sind, zwischen sich Räume lassen, die in Beziehung auf ihre kleinen Durchmesser sehr beträchtlich sind. Diese Theilchen, die solchergestalt in einer gewissen Entfernung von einander sich befinden, bleiben in Ruhe, bis eine fremde Gewalt das Gleichgewicht stöhret, das zwischen den Kräften statt findet, die ihre respectiven Lagen bestimmen. Wollte man diese Lagen auf eine Art variren machen, daſs auffallende Veränderungen in den Eigenschaften der Körper dabey einträten, so müſste man nach Beschaffenheit der Natur der Körper, auf welche man wirken würde, mehr oder minder beträchtliche Gewalt anwenden. Wenn es aber bloſs darauf ankäme, diese Lagen um unendlich kleine Quantitäten verändern zu machen, so leuchtet es ein, daſs die geringste Gewalt hinreichen würde, weil man in diesem Falle das Gleichgewicht, das zwischen den Kräften existiret, die, wie gesagt, den Platz, welchen jedes kleinste Theilchen einnimmt, bestimmen, nur um unendlich wenig zu stöhren nöthig hätte.

Es folget hieraus, daſs, wenn man zwey Körper mit einander in Berührung bringet, die Action, welche sie auf einander ausüben werden, so gering sie auch immer seyn mag, doch immer hinreichen wird, um ihre kleinsten Theilchen zu bestimmen, aus den Lagen, welche sie vor der Berührung einnahmen, in unendlich nahe Lagen überzugehen, und da diese Theilchen in den neuen Lagen, welche sie einnehmen, nicht eher ruhig seyn werden, als nachdem sie einige Zeit hindurch in Vibration gewesen sind, so wird das electrische Fluidum alsdann zersetzet werden, und diese Zersetzung wird, wenn die Umstände günstig sind, die Körper disponiren können, Zeichen von Electrizität zu geben. Wenn man, nachdem die kleinsten Theilchen der Körper zur Ruhe gekommen sind, die Körper wieder außser Berührung bringt, so werden ihre Theilchen sich von neuem in Vibration versetzen, was eine neue Zersetzung des electrischen Fluidums bewirken wird, wenn auch nicht bis dahin, daſs diese Theilchen wieder ihre ursprünglichen Lagen eingenommen haben, doch wenigstens eine gewisse Zeit hindurch.

Nunmehr ist es leicht zu begreifen, warum eine Scheibe Zink, und eine Scheibe Kupfer, mit einander in Beruhrung gebracht, Zeichen von Electrizität geben. In diesem Falle zeigt der Versuch:

1. Daſs die Zinkscheibe, kraft der seinen Theilchen eigenthümlichen Art von Vibration, sich *a.* in einem Zustande von Erhaltung in Beziehung des negativen Fluidums, *b.* in einem Zustande von Verlust (Abgeben) in Ansehung des positiven Fluidums findet.

2. Daſs die Kupferscheibe gleichfalls, kraft der Art von Vibration, die seinen Theilchen eigenthümlich ist, sich *a.* in einem Zustande von Erhaltung in Ansehung des positiven Fluidums, *b.* in einem Zustande von Verlust in Ansehung des negativen Fluidums findet [1]).

1) Es wird folglich die Zinkscheibe Zeichen von positiver, und die Kupferscheibe Zeichen von negativer Electrizität geben.

Anmerkung. Es scheinet, daſs die Disposition, welche das Kupfer in dem Falle, von welchem hier die Rede ist, hat, das negative Fluidum zu verliehren, schwächer ist als diejenige, welche der Zink hat, unter den nähmlichen Umständen das positive Fluidum zu verliehren. Bereits haben mehrere Physiker die Bemerkung gemacht, daſs in dem Falle, wo die Berührungen mit einer Scheibe von Kupfer geschehen, die hervorgebrachten Wirkungen im allgemeinen, unter übrigens gleichen Umständen, weniger betrachtlich sind, als diejenigen, die Statt haben (unbeschadet der Verschiedenheit der Electrizität), wenn man sich einer Zinkscheibe bedienet. Die aufgestellte Theorie der Electrizitätserregung läſst sogar die Möglichkeit voraussehen, zwey Körper anzutreffen, welche von der Art wären, daſs durch ihre wechselseitige Beruhrung der eine sich electrisirte, während der andere kein Zeichen von Electrizität von sich gäbe.

Darlegung einer neuen durch die metallische Electrizität hervorgebrachten Erscheinung. Da die Vibrationen, welche bey der Berührung zweyer Körper erfolgen, und die Zersetzung des electrischen Fluidums bewirken, Statt haben mussen, die Körper mögen von verschiedener oder von einerley Beschaffenheit seyn, so wird man dadurch auf folgende Erscheinung geleitet: daſs nähmlich, wenn man zwey Körper von der nähmlichen Beschaffenheit, und die einander vollkommen gleich sind, mit einander in Berührung bringet, sie sich beyde in einen electrischen Zustand constituiren, und da in einem solchen Falle die Vibrationen ihrer Theilchen von beyden Seiten von derselben Ordnung und Beschaffenheit seyn werden, sie alle beyde Zeichen von der nähmlichen Art von Electrizität geben werden [1].

[1]) Die Kraft, welche man Electrizitätsbewegende (*electromotrice*) Kraft genannt hat, darf also nicht so betrachtet

Der B. Tremery hat diese Thatsache, auf welche er durch die Theorie der Electrisirung geleitet worden ist, zu bewahrheiten gesucht, indem er zwey Körper von der nahmlichen Beschaffenheit, und die sich einander vollkommen gleich sind, mit einander in Beruhrung brachte, und die Erfahrung hat ihm constant bewiesen: „dafs zwey Scheiben von Zink, die sich in den nahmlichen Umständen befinden, disponiret seyen, durch ihre wechselseitige Beruhrung Zeichen von der nähmlichen Art von Electrizität zu geben.“

Der Verf. hat mehreremale diesen Versuch wiederholet, und stets hat er die beyden Scheiben in dem nähmlichen electrischen Zustande angetroffen. Er hat alle nöthigen Vorsichtsmafsregeln ergriffen, um versichert zu seyn, dafs alle erhaltene Electrizität einzig und allein der Application der beyden Zinkscheiben an einander zuzuschreiben sey [1]).

Das constante Resultat aller von dem Bürger Tremery angestellten Versuche ist, dafs der Zink durch seine Application an sich selbst eine Kraft abzugeben (*force de deperdition*) erlangt, die unter ubrigens gleichen Umständen weniger beträchtlich ist, die er nach

werden, als wenn sie sich blofs bey der wechselseitigen Berührung heterogener Substanzen äufserte. Es ist möglich, dafs es unter allen Naturkörpern mehrere gibt, die geneigt sind, durch ihre wechselseitige Berührung mehr oder weniger merkliche Zeichen von Electrizität zu geben.

1) Man begreifet nach dem Obengesagten leicht, wie es möglich ist, dafs nicht alle Körper gleichmäfsig dieselben Dispositionen in Beziehung auf das electrische Fluidum darbieten. Es ist einleuchtend, dafs keine Electrizität durch Berührung von Körpern von derselben Art, oder allgemeiner durch die Berührung von Körpern von verschiedener Art erzeugt werden kann, wenn die erregten Vibrationen solchen Ordnungen angehören, dafs Erhaltung oder Abgeben beyder Fluidorum zumal statt findet.

V.

Prüfung einiger electrischen Erscheinungen, welche sich mit der Theorie von zwey electrischen Flüssigkeiten nicht zu vertragen scheinen. In der philomatischen Gesellschaft den 3. Floreal des Jahres X. (23. April 1802) vorgelesen. Von Tremery. [1]

Bey Gelegenheit des vorigen Aufsatzes müssen wir unsern Lesern noch einen Auszug aus einem früheren Aufsatze desselben Verfassers nachholen, in welchem er eine sehr sinnreiche Erklärung einiger electrischen Erscheinungen gibt, die durch diese Erklärung mit der Hypothese von zwey Fluidis in Vereinigung gebracht werden, gegen welche sie gewöhnlich als Hauptargumente gebraucht werden. Die wichtigste Erscheinung, über welche sich der Verf. in diesem Aufsatze vorzüglich verbreitet, ist diese: Wenn man gegen die beyden Enden eines Kartenblattes die zwey Conductoren des allgemeinen Ausladers mit dem Kartenblatte in Berührung bringet, und zwar den einen mit der oberen, den andern mit der unteren Fläche, und vermittelst dieser Conductoren die Ladung einer Leidner Flasche über das Kartenblatt leitet, so beobachtet man, daſs der electrische Funken allezeit über diejenige Oberfläche des Kartenblattes hingleitet, die mit dem positiv (glasigt) electrisirten Conductor in Verbindung stehet, auf diesem Wege einen leuchtenden Streifen *(traînée lumineuse)* bildet, und daſs das Kartenblatt an demjenigen Orte durchbohret wird, wo der negative Leiter mit demselben in Verbindung stehet, dergestalt daſs man auf Seiten derjenigen Oberfläche, wo der negative Conductor aufruhet, im Augenblicke der Entladung einen leuchtenden Punkt an der Extremi-

1) Journal de Physique, Floreal Jahr X. S. 357—367.

tät dieses negativen Leiters wahrnimmt. Diese Erscheinung erkläret sich sehr gut nach der Franklinischen Theorie eines Fluidums, scheinet aber dem ersten Anblick nach mit der Theorie von zwey Fluidis im Widerspruche zu stehen, weil nach dieser die beyden Electrizitäten, nähmlich die glasigte und harzigte, die sich einander wechselseitig anziehen, auf jeder Oberfläche des Kartenblattes einen leuchtenden Streifen bilden, und das Kartenblatt an einem Puncte durchbohren sollten, der von den beyden Enden der Conductoren, die mit dem Kartenblatte in Beruhrung sind, gleich weit entfernt wäre. Diesen scheinbaren Widerspruch hebt nun der Verf. auf folgende Weise. Nimmt man an, daſs die Materie, von welcher die electrischen Erscheinungen abhängen, aus zwey eigenthumlichen Fluidis zusammengesetzet ist, so kann man sich sehr wohl vorstellen, daſs die Körper, in Beziehung auf diese Fluida betrachtet, keinesweges ganz gleiche Eigenschaften besitzen. Es ist möglich, daſs diese beyden Fluida von solcher Beschaffenheit sind, daſs einerseits gewisse anelectrische Körper oder Leiter in Beziehung auf dieselben eine verschiedene Leitungskraft haben, so wie andererseits die Hemmungs- oder Widerstandskraft (*force coërcitive*) der idioelectrischen Körper oder Nichtleiter variren kann, je nachdem diese Körper sich der Bewegung der, der positiven Electrizität, oder der Bewegung der, der negativen Electrizität eigenthumlichen Theilchen widersetzen. Wenn z. B. die atmosphärische Luft, in deren Mitte die electrischen Erscheinungen gewöhnlich statt finden, gegen die Harz-Electrizitat eine ohne Vergleich viel gröſsere Widerstandskraft besäſse, als gegen die Glas-Electrizität, so würde der oben angefuhrte Versuch, so wie einige andere, die demselben analog sind, (z. B. der Versuch mit den Feuerpinseln und leuchtenden Puncten der Spitzen) sehr leicht zu erklären seyn.

Unter diesen Umständen könnte nähmlich die Harz-Electrizität wegen des beynahe unendlichen Widerstandes, welchen die Luft der Bewegung seiner Theilchen entgegensetzen würde, als inhaerirend der Oberfläche der Körper betrachtet werden, woraus folget, daſs die Sachen nothwendigerweise eben so vor sich gehen müſsten, als wenn die harzigt electrisirten Körper die Eigenschaft hätten, durch sich selbst eine anziehende Kraft gegen die glasigte oder positive Electrizität auszuüben, eine Eigenschaft, welche die Franklinische Theorie den Körpern im negativen Zustande zuschreibet. Wenn nunmehr durch irgend eine Ursache die Widerstandskraft, welche der Luft in Beziehung auf die harzigte Electrizität hypothetisch zugeschrieben worden ist, dergestalt abnehmen könnte, daſs sie der Widerstandskraft, welche die Luft gegen die Glas-Electrizität hat, gleich würde, so würde die Folge seyn, daſs die Zeichen, welche die Glas-Electrizität als positiv (Überfluſs) und die Harz-Electrizität als negativ (Mangel) ansehen lassen, verschwinden würden, dergestalt, daſs nun alle Erscheinungen gleichmäſsig von der Action zweyer Flüssigkeiten, die denselben Gesetzen unterworfen wären, abhängig erscheinen würden. Unter diesen Umständen würde man nunmehr gleichfalls einen leuchtenden Feuerpinsel an dem Ende einer Spitze, die mit einem harzigt oder negativ electrisirten Körper in Verbindung stände, wahrnehmen, und da, wo eine electrische Entladung statt hätte, würden die Harz- und Glas-Electrizität sich gegen einander zu bewegen scheinen. Ja wenn die Widerstandskraft der Luft gegen die Glas-Electrizität so zunähme, daſs sie ohne Vergleich viel gröſser wäre als die Widerstandskraft gegen die Harz-Electrizität, so würde sich alles umkehren, und wir würden nun aus ähnlichen Zeichen, wie im ersten Fall, aber auf eine umgekehrte Weise schlieſsen müssen, daſs die Harz-Electrizität die positive (Überfluſs) und die Glas-Electrizität die negative (Mangel) sey. Man würde nunmehr an dem Ende der Spitze, die einen glasigt oder positiv electrisirten Körper endiget, einen bloſsen leuchtenden Punct wahrnehmen, und bey der Entladung wurde alle electrische Materie von der harzigt oder negativ electrisirten Seite auszugehen scheinen, um sich nach der glasigt oder positiv electrisirten Seite zu begeben. Man nehme nunmehr an, daſs fur eine gegebene Dichtigkeit A die Widerstandskraft der atmosphärischen Luft für die Glas-Electrizitat, und B die Widerstandskraft derselben Luft für die Harz-Electrizität ausdrücke, so leuchtet es ein, daſs, wenn die Dichtigkeit der Luft sich verandern würde, die Kräfte A, B nothwendigerweise mehr oder weniger beträchtliche Zunahmen oder Abnahmen erfahren würden, weil überhaupt diese Kräfte nur in so weit constant bleiben können, als die idioelectrische Substanz, in deren Mitte man die electrische Materie wirken läſst, ihren Zustand beybehält. Da aber die Zunahmen oder Abnahmen von Kraft, die unter diesen Umständen in der einen und in der andern Hinsicht statt finden wurden, betrachtet werden können, als wenn sie Gesetzen unterworfen wären, die für jede Art von Electrizität eigenthümlich sind, so hielt der Verf. es für möglich, eine solche Dichtigkeit zu finden, daſs zwischen beyden Kräften Gleichheit sey. Um zu diesem Zwecke zu gelangen, brachte er den oben beschriebenen Apparat mit dem Kartenblatte unter den Recipienten einer Luftpumpe, und verdünnte, bis daſs die Barometerprobe nur noch 14 Centimeters (etwas über 5 Zolle) oberhalb dem Niveau zeigte. Jetzt brachte er den einen Conductor mit einem glasigt electrisirten Körper, und zu gleicher Zeit den andern Conductor mit einem harzigt electrisirten Körper in Verbindung. Die Entladung, die erfolgte, brachte einen von denjenigen, die sich bey der Entladung unter dem

dem gewöhnlichen Druck der Atmosphäre einstellet, sehr verschiedene Erscheinung hervor. Da bey diesem Grade von Luftverdunnung die Kräfte A und B allem Anscheine nach merklich gleich geworden waren, so wurde das Kartenblatt in einem Punkte durchbohret, der ohngefahr gleich weit von den Enden der beyden Conductoren entfernt war, und auf jeder Fläche der Karte offenbarte sich ein leuchtender Streifen. Hierauf liefs der Verf. auf verschiedene Male die Luft unter den Recipienten der Maschine treten, und es zeigte sich nun, dafs die electrischen Entladungen, die mehrmalen erregt wurden, für jede besondere Dichtigkeit der Luft ein besonderes Loch im Kartenblatte machten, dergestalt, dafs der zwischen den Conductoren innegelegene Theil nach und nach in einer Reihe von wenig von einander abstehenden Puncten durchbohret wurde. Aus diesen Versuchen ergibt sich:

1. Dafs die atmosphärische Luft in Beziehung auf die electrischen Erscheinungen so betrachtet werden mufs, als wenn sie die Eigenschaft hätte, auf einmal zwey Widerstandskräfte A und B auszuüben, welche wesentlich verschieden sind, und wovon jede einer der beyden Arten von Electrizität, von welchen man annimmt, dafs sie in die Zusammensetzung des electrischen Fluidums eingehen, eigenthumlich ist. 2. Dafs unter dem gewöhnlichen Druck der Atmosphäre die Kraft B (die Widerstandskraft der Luft gegen die Harz-Electrizität) ohne Vergleich gröfser ist als die Kraft A (die Widerstandskraft der Luft gegen die Glas-Electrizität). 3. Dafs die Kräfte A und B, wenn die Dichtigkeit der Luft sich ändert, nach Gesetzen, die fur jede dieser Kräfte eigenthumlich sind, zu- und abnehmen, und zwar nach solchen, dafs für eine gewisse Dichtigkeit Gleichheit zwischen diesen Kräften statt findet. 4. Dafs von der Verschiedenheit, welche gewöhnlich zwischen den Kräften A und B statt findet, alle die Zeichen abhängen,

welche die Glas-Electrizität für positive, die Harz-Electrizitat fur negative Electrizität haben ansehen lassen.

Aus dem bisher gesagten leuchtet ein, dafs, wenn man solche verschiedene Widerstandskräfte der Luft annimmt, man mit Leichtigkeit nach der Hypothese von 2 Fluidis alle die Erscheinungen, welche man dieser Hypothese widersprechend ansah, erklären kann, eine Hypothese, welche den Vortheil hat, in Beziehung auf die beyden Arten von Electrizitäten eine vollkommene Gleichheit zwischen den Actionen aufzustellen, welche Erscheinungen hervorbringen, die uns die Beobachtung unter so ähnlichen Zugen darstellet, und alles auf Erklärungen zuruckzufuhren, wovon die eine gleichsam nichts als die Gegenprobe der andern ist.

Übrigens verdienet der Grundsatz von Verschiedenheit der Widerstandskrafte eines und desselben idioelectrischen Körpers fur die Theilchen der beyden electrischen Flussigkeiten fernere Prufung und weitere Anwendung. *Pf.*

VI.

Nachtrag zum Ersten Stück der N. Entd.

Die ganze Stelle auf S. 8. von Z. 9 an: Er bemerkte — — bis Z. 21 wird; mufs so verändert werden.

Mehrere der vitriolischen Salze befinden sich allezeit in einem säuerlichen Zustande, und alle scheinen fähig, sich mit einer neuen Quantität von derselben Basis bis zur Sättigung zu verbinden. Das schwefelsaure Kupfer, in dem Zustande, in welchem es sich gewohnlich befindet, krystallisiret in Form eines schiefen Prisma mit 8 Seitenflachen, die mit schiefen Flächen, die nach der Schiefheit des Prisma rein abgeschnitten sind, sich endigen. Setzt man eine neue Quantität seiner Basis hinzu, so stellen die Krystalle Pyramiden, die durch mehrere Flächen abgeschnitten, und durch ein vierseitiges Prisma von einander getrennt sind, vor. Der säuerliche schwefelsaure Zink gibt 6seitige Prismen, die oft sehr regelmäſsig sind. Ein Zusatz seiner Basis veranlaſst eine groſse Veränderung, weil alsdann alle Krystalle Rhomboiden sind, die sich von Würfeln wenig unterscheiden. Der gemeine (säuerliche) Alaun gibt das regelmäſsige Octaëder. Der Alaun, dessen Bestandtheile in einem Mittelverhältnisse zwischen denen des säuerlichen und denen des vollkommen gesättigten Alauns sind, und den man durch Zusatz von etwas weniger Alaunerde erhalten kann, gibt den Würfel

---

VII.

Erklärung der Kupfertafel.

Die erste illuminirte Tafel.

Fig. 1. 2. 3. Urinsäure, wie sie in den aus ihr gebildeten Blasensteinen erscheinet.

Fig. 4. 5. Urinsaures Ammoniak, als Blasenstein.

Fig. 6. 7. Phosphorsaure Kalkerde, als Blasenstein.

Fig. 8. 9. Phosphorsaure Ammoniaktalkerde.

Fig. 10. 11. 12. Kleesaure Kalkerde, wie sie in den von ihr gebildeten Blasensteinen, den so genannten Maulbeersteinen erscheint.

Zweyte Tafel.

Diese Tafel gehört zu dem vierten Hefte der Französischen Annalen, und stellt die verschiedenen Organe der Pflanzen vor, wie sie dort in der S. 29—45. abgedruckten Analyse des B. Mirbel uber die Pflanzenanatomie beschrieben sind. S. 45. 46. befindet sich daselbst die Erklärung der Kupfertafel.

Druckfehler im ersten Stücke.

S. 39. Z. 14 lese man: zur Beförderung der Nationalindustrie st. zur Beförderung

S. 40. Z. 7 von unten lese man: ward der Firniſs st. ward er

S. 43. Z. 3 von unten: Ducrest st. Duerest

S. 52. Z. 1 von unten: Hydrothkali genannt st. Hydrothkali

S. 56. Z. 7 von unten: Extractivstoff st. Gerbestoff

S. 67. Z. 21 Pouchet st. Peuchet.

Druckfehler im zweyten Stücke.

S. 14. Z. 10 lese man selbiger st. selbigen

S. 17. Z. 9 das Ammoniak st. der Salmiak

S. 19. Z. 5 v. u. Dichtigkeit und Härte st. Dichtigkeit

S. 72. Z. 7 v. u. Guerin de Sercilly st. Sarcilly

S. 74. Z. 11 Dubaux st. Debaux

S. 77. Z. 7 Lepois st. Lepoix

15 Fagon st. Fayon

7 v. u. die st. dn

S. 79. Z. 6 v. u. Choppart st. Chappart

S. 87. Z. 5 v. u. durch Wasser geleitet und so verdichtet werden können st. durch Dämpfe geleitet werden können.

Capieux fc 1803.

Entd. franz. G. 1803. 3. St. Franz. Annalen IV. Heft S. 29.

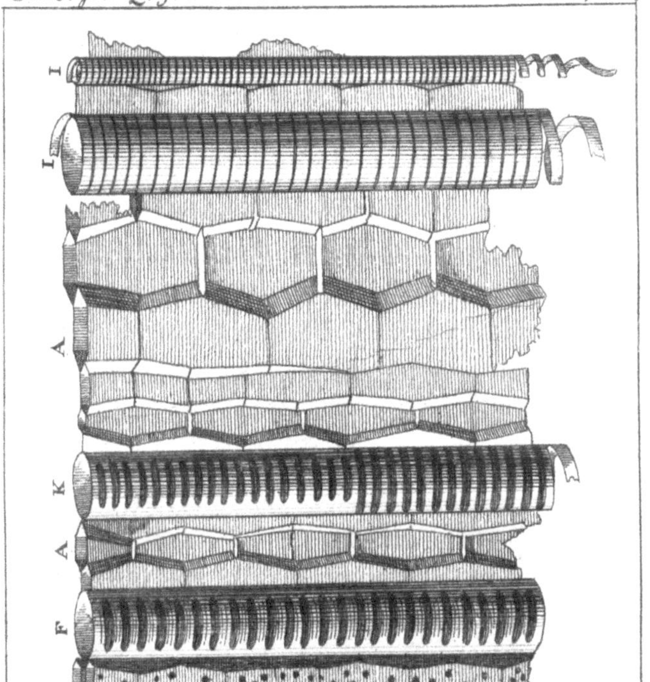

Capieux fc. 1803.

FRANZÖSISCHE
ANNALEN

FÜR DIE ALLGEMEINE

NATURGESCHICHTE, PHYSIK, CHEMIE, PHYSIOLOGIE

UND IHRE

GEMEINNÜTZIGEN ANWENDUNGEN.

HERAUSGEGEBEN

VON

Dr. C. H. PFAFF IN KIEL

UND

Dr. FRIEDLÄNDER IN PARIS.

JAHRGANG 1803. ZWEYTER BAND

WELCHER ENTHÄLT

FÜNFTES BIS ACHTES STÜCK.

LEIPZIG

BEY GEORG JOACHIM GÖSCHEN.

DIE NEUESTEN
ENTDECKUNGEN
FRANZÖSISCHER GELEHRTEN
IN DEN GEMEINNÜTZIGEN
WISSENSCHAFTEN UND KÜNSTEN.

EIN JOURNAL

FÜR

ÄRZTE, PHYSIKER, TECHNOLOGEN

UND

ÖCONOMEN.

HERAUSGEGEBEN

VON

Dr. C. H. PFAFF IN KIEL

UND

Dr. FRIEDLÄNDER IN PARIS.

ZWEYTER BAND

WELCHER ENTHÄLT

FÜNFTES BIS ACHTES STÜCK. 1803.

LEIPZIG, BEY G. J. GÖSCHEN.

ENTDECKUNGEN

FRANZÖSISCHER GELEHRTEN

IN DEN

GEMEINNÜTZIGEN WISSENSCHAFTEN.

1803. V. STÜCK.

Inhalts-Verzeichniſs des fünften Stücks.

A. Abhandlungen.

B. Literatur.

A. Abhandlungen.

I.

Beyträge zur Lehre vom Galvanismus, aus den neuesten Arbeiten französischer Naturforscher gesammelt.

Schon in dem ersten Stücke der Neuesten Entdeckungen (S. 71-74. S. 94. und S. 104.) haben wir eine kurze Nachricht von einigen Bemühungen französischer Ärzte und Naturforscher zur Erweiterung der Lehre vom Galvanismus gegeben. Wir glauben unsern Lesern einen Dienst zu erweisen, wenn wir über einige damals nur leicht berührte Arbeiten hier in ein gröſseres Detail eingehen.

Die kurz erwähnte Schrift von Nysten (S. 104.) Nouvelles Experiences Galvaniques, faites sur les organes musculaires de l'homme et des animaux à sang rouge par P. H. Nysten Medecin (144. S. 8. mit einer angehängten Tabelle) à Paris chez Levrault frères. Brumaire An XI. (October-November 1802.) enthält einige nicht unwichtige Thatsachen für die Physiologie der thierischen Natur, die wir hier in gedrängter Kürze aus der Schrift ausheben wollen.

Im ersten Theile beschreibet der Verf. die Versuche, welche er an dem Herzen und den übrigen muskulösen Organen eines guillotinirten Menschen angestellt hat (S. 1-48). Um 2 Uhr 4 Minuten wär dieser Mensch enthauptet worden, um $2\frac{3}{4}$ öffnete N. seine Brusthöhle.

Die Brust- und Bauchmuskeln zogen sich auf die Reitzung durch das Scalpell stark zusammen — das linke Herzohr (der Lungenvenensinus) und die linke Herzkammer gehorchten der mechanischen Reitzung nicht mehr, dagegen zogen sich das rechte Herzohr (der Hohlvenensinus) und die rechte Herzkammer, auf dieselbe Art gereitzt, noch deutlich zusammen. Um 2 Uhr 53 Minuten armirte er die Herzplexus, und brachte die Armatur mit dem einen Ende einer verticalen Voltaischen Säule von 38 Zinkplatten von einem Durchmesser von 33 Millimeters, (1 Zoll und drittehalb Linien ohngefähr), von eben so vielen halben französischen Thalern, und mit Salmiakauflösung getränkten Tuchscheiben, (womit er auch alle übrigen noch anzuführenden Versuche anstellte) und die Spitze des Herzens mit dem andern Ende derselben in Berührung. Das rechte Herzohr und die rechte Herzkammer zogen sich augenblicklich und zwar stärker als auf mechanische Reitze zusammen — die linke Hälfte des Herzens blieb unbewegt, eben so die Aorta, da er sie in den galvanischen Kreis brachte, die er aber aus Mangel von Gelegenheit dazu nicht zuvor mit Wasser von der Temperatur, welche das Blut im lebenden Zustande hat, eingespritzt hatte, eine Bedingung, welche Vassalli-Eandi, Giulio und Rossi zu Turin in ihren Versuchen, in denen sie Contractionen der Aorta erhielten, erfüllt hatten. Die Gedärme vom Oesophagus an, und die Blase konnten, um 3 Uhr dem Versuche unterworfen, weder durch Galvanismus noch durch mechanische Reitze zur Zusammenziehung gebracht werden, ohngeachtet sie noch viele Wärme hatten. Um 3¼ Uhr schien das rechte Atrium (der Hohlvenensinus) unempfänglich für galvanische und mechanische Reitze, um 3 Uhr und 50 Minuten wurden aber seine Zusammenziehungen wieder sehr merklich, das linke Atrium (der Lungenvenensinus), bisher ganz unbeweglich, zeigte nunmehr auch deutliche Zusammenziehungen auf die Einwirkungen des galvanischen Reitzes. Beyde, so wie die rechte Herzkammer, zogen sich auch auf mechanische Reitze, doch viel schwächer zusammen — um 4 Uhr zwey Minuten konnten keine Zusammenziehungen mehr in der Herzkammer erregt werden, der biceps und brachialis anterior zogen sich noch, jedoch schwach, auf mechanische Reitze, viel stärker durch den galvanischen Reitz erregt zusammen, das Zwerchfell zeigte sich unempfänglich für alle Reitze, um 5 Uhr zogen sich die Muskeln des Vorderarms, die nunmehr bloſs gelegt wurden, auf den galvanischen Reitz sehr merklich, nicht aber auf mechanische Reitze zusammen, während die Muskeln des Oberarmes für alle Reitze bereits unempfänglich waren. So zeigten auch noch andere Muskeln an dem Schenkel u. s. w. Zusammenziehungen auf den galvanischen Reitz, die aber sehr bald aufhörten. Um $6\frac{1}{2}$ Uhr war das Herz noch das einzige Organ, das sich für diesen Reitz empfänglich zeigte, und da die rechte Herzkammer bereits unbeweglich war, zogen sich noch die beyden Herzsinus zusammen, bis um $6\frac{3}{4}$ Uhr ihre Zusammenziehungen gleichfalls gänzlich unmerklich wurden. Bey der Oeffnung des Herzens zeigte sich kein Tropfen Blut in der linken Herzkammer und in dem Lungenvenensinus, und nur einige Tropfen in Klümpchen zwischen den muskulösen Säulen in der rechten Herzkammer und in dem Hohlvenensinus. Unter andern war Dupuytren, Chef der anatomischen Arbeiten der Arzneyschule, gegenwärtig bey diesen Versuchen, der die Richtigkeit der Thatsachen bezeugt. Verglichen mit den Hunden, erlöscht die Reitzempfänglichkeit für den galvanischen Reitz im Oesophagus des Menschen viel eher, da sie in jenen noch fortdauert, wenn auch alle willkührlichen Muskeln schon unbeweglich durch den galvanischen Reitz geworden sind.

Diesen Versuchen zufolge ist also das Herz das ultimum moriens im Körper, wie schon Haller nach seinen Versuchen mit mechanischen Reitzen behauptet hatte; ein ferneres Resultat derselben, was auch mit den Versuchen anderer, nahmentlich denen Humboldts und den meinigen übereinstimmet, ist, daſs der galvanische Reitz die Erregbarkeit des Herzens unterhält, und sie, wenn sie im Erlöschen begriffen ist, wieder neu belebt; in welcher Rücksicht besonders der Umstand in den Versuchen des Verf. merkwürdig ist, daſs der Lungenvenensack, der anfangs für den galvanischen Reitz ganz unempfänglich war, durch wiederholtes Reitzen des Herzens durch den Einfluſs der Voltaischen Säule, gleichfalls diesem Reitze gehorsam wurde. In mehreren Versuchen des Verf. zeigte sich das Herz, besonders wenn es erst einige Zeit nach dem Tode ruhig gelassen wurde, anfangs ganz unbeweglich bey der Einwirkung des galvanischen Reitzes, und erst wenn es wiederholt dieser Einwirkung unterworfen wurde, fingen schwache Zusammenziehungen desselben an sich zu zeigen, die dann allmählig energischer wurden. Dieser Umstand mag die Veranlassung gewesen seyn, daſs einige Physiker dem Herzen alle Empfänglichkeit für den galvanischen Reitz absprachen, indem sie nähmlich nach dem ersten Nichtgelingen urtheilten. Es ergibt sich ferner aus diesen Versuchen, daſs das Herz noch Reitzempfänglichkeit für den galvanischen Reitz hat, wenn auch seine Lebenswärme längst erloschen ist, was bey den willkührlichen Muskeln, wenigstens beym Menschen, nicht der Fall ist. Endlich verlieren die verschiedenen Theile des Herzens in der nähmlichen Ordnung ihre Empfänglicheit für den galvanischen Reitz, in welcher sie die Empfänglichkeit für die mechanischen Reitze verlieren, nähmlich zuerst die linke Herzkammer, dann die rechte Herzkammer, hierauf der Lungenvenensack, der der rechten Herzkammer wenig nachgibt, am spätesten der Hohlvenensinus und zwar insbesondere das rechte Herzohr. Merkwürdig ist es, daſs die linke Herzkammer (der *Ventriculus aorticus*) vergleichungsweise mit den ubrigen Theilen ihre Reitzempfänglichkeit sehr fruhe, sowohl fur mechanische Reitze, und beynahe zu gleicher Zeit auch für den galvanischen Reitz verlieret. Der Verf. erklärt sich dieſs aus dem Zustande von Zusammenziehung, in welcher diese Herzkammer sich nach dem Tode befindet, deren Wandungen oft einander ganz dichte berühren, so daſs sich kein Tropfen Blut in ihrer Höhle findet.

Der 2te Theil (S. 49-132) handelt von den an warm- und rothblütigen Thieren angestellten Versuchen, und zwar im ersten Abschnitte von den Versuchen an Säugthieren. Der Verf. wandte verschiedene Todesarten an, und nach ihrer Verschiedenheit fielen die Resultate auch sehr verschieden aus.

I. Versuche an Hunden und Meerschweinchen, die durch Aufhören der Verrichtungen des Gehirns, indem nähmlich ein Messer in das Rückenmark zwischen dem Hinterhauptsbeine und dem ersten Wirbelbeine gestochen wurde, getodtet wurden. (S. 49-74.)

Bey einem Hunde hörte die linke Herzkammer 45 Minuten nach dem Tode auf, sich auf den galvanischen Reitz zusammenzuziehen, die rechte Herzkammer erst 2 Stunden 45 Minuten, der Lungenvenensinus 5 Stunden 10 Minuten, endlich wurde der Hohlvenensinus erst 8 Stunden 33 Minuten nach dem Tode für den galvanischen Reitz unempfindlich. Bey einem andern jungen Hunde wurden andere Eingeweide mit dem Herzen in Rucksicht auf die Dauer ihrer Empfänglichkeit fur den galvanischen Reitz verglichen. Die dicken Gedärme waren in weniger als einer Stunde nach dem Tode unerregbar durch diesen Reitz, die dünnen Gedärme nach einer Stunde und einigen Minuten, die linke Herzkammer nach $1\frac{1}{4}$ Stunde, alle willkührlichen Muskeln nach einer Stunde und 21 Minuten, die rechte Herzkammer nach einer Stunde 55 Minuten, der Lungenvenensinus nach 3 Stunden, die Speiseröhre nach 4 Stunden 5 Minuten, endlich der Hohlvenensinus nach 5 Stunden 50 Minuten. Ein anderer Versuch an einem erwachsenen Hunde gab ohngefähr dasselbe Resultat, nur daſs hier die rechte Herzkammer und der Lungenvenensinus am frühesten ihre Erregbarkeit durch den galvanischen Reitz verloren, und der Magen auſser dem Oesophagus und Hohlvenensinus, der während $6\frac{1}{2}$ Stunde dem galvanischen Reitze gehorchte, die übrigen muskulösen Organe übertraf. Bey einem weiblichen trächtigen Meerschweinchen, das am Ende des Tragens sich befand, zeigte die Gebährmutter weder auf mechanische Reitze noch auf den galvanischen Reitz irgend eine Spur von Zusammenziehung, wohl aber wurden durch den letzteren, ob er gleich unmittelbar bloſs auf die äuſsere Wandung der Gebährmutter wirkte, Bewegungen im Foetus veranlaſst. Die verschiedenen Organe hörten in folgender Ordnung auf dem galvanischen Reitze zu entsprechen: die dicken Gedärme eine halbe Stunde nach dem Tode, die dünnen Gedärme nach 37 Minuten, der Magen nach Dreyviertel Stunden, die Urinblase nach 55 Minuten, die willkührlichen Muskeln nach einer Stunde 2 Minuten, die rechte Herzkammer nach einer Stunde 20 Minuten, und der Hohlvenensinus nach einer Stunde 29 Minuten. Bey einem anderen gleichfalls trächtigen Meerschweinchen zeigte die Gebährmutter eben so wenig Spuren von Zusammenziehung.

II. *Versuche an Hunden, deren Tod durch das Aufhören der Verrichtungen der Lungen erfolgte.* (S. 75-89.)

Die Hunde, von denen hier die Rede ist, wurden erdrosselt. Alle 4 Hohlen des Herzens, besonders aber die rechten, waren von Blut strotzend. Das Herz zeigte von allen Organen am wenigsten Dauer der Reitzbarkeit. Es zog sich bey der Oeffnung der Brusthöhle auf den Zutritt der Luft nicht zusammen, was sonst in den vorigen Versuchen immer der Fall gewesen war, der galvanische Reitz erregte nur schwache Zusammenziehungen, und 18 Minuten nach dem Tode war alle Erregbarkeit durch denselben erloschen. Die dicken Gedärme verloren dieselbe 25 Minuten, die dünnen Gedärme 35 Minuten, alle willkührlichen Muskeln in weniger als zwey Stunden, der Magen zwey Stunden 10 Minuten, endlich die Speiseröhre $2\frac{1}{2}$ Stunde nach dem Tode.

Bey einem anderen Hunde, der gleichfalls erdrosselt worden war, durchstach der Verf. die Venas subclavias, aus welchen viel Blut hervorquoll, da er hingegen im vorigen Falle jede Verwundung eines größeren Blutgefäßes sorgfältig vermieden hatte. Bey diesem Hunde zeigten sich nun auch bey der Öffnung die beyden Sinus des Herzens leer vom Blute, und die beyden Herzkammern enthielten nur wenig davon. Es zeigte sich nun aber auch der auffallende Unterschied, daß die beyden Sinus des Herzens am längsten nach dem Tode noch erregbar durch den galvanischen Reitz sich zeigten, nähmlich der Lungenvenensinus 6 Stunden 7 Minuten und der Hohlvenensinus 6 Stunden 27 Minuten. Die rechte Herzkammer stand in Rücksicht auf die Dauer ihrer Erregbarkeit zwischen der Speiseröhre und den willkührlichen Muskeln, (unter denen diejenigen auch hier, wie in allen anderen Fällen, fruher ihre Reitzbarkeit verloren, die eher als die anderen entblöfst und der Berührung der Luft ausgesetzt worden waren,) und die linke Herzkammer zwischen dem Magen und den dünnen Gedärmen.

Bey einem andern Hunde, bey welchem gleichfalls die Verletzung jedes beträchtlichen Blutgefäfses sorgfältig vermieden wurde, verhielt sich alles wie in dem ersteren Falle.

Bey einem Hunde, der durch Einathmen von geschwefeltem Wasserstoffgase getödtet worden war, und bey welchem gleichfalls die Venae subclaviae geöffnet wurden, war die Erregbarkeit aller Theile des Herzens durch den galvanischen Reitz schon 58 Minuten nach dem Tode erloschen, während die Muskeln und die Speiseröhre noch nach Verlauf einer Stunde auf den Reitz der Voltaischen Säule sich zusammenzogen.

III. Versuche an Hunden, die durch das Aufhören der Verrichtung des Herzens umkamen. (S. 89-104).

Der Verf. tödtete einen Hund durch Haemorrhagie, indem er die grofsen Kopfschlagadern öffnete. Die verschiedenen Organe verloren in folgender Ordnung ihre Erregbarkeit durch den galvanischen Reitz: die dicken Gedärme eine halbe Stunde nach dem Tode, die dünnen Gedärme 42 Minuten, der Magen und die Harnblase 50 bis 60 Minuten, die Muskeln des Rumpfes, die gleich Anfangs entblöfst worden waren, 1 Stunde 33 Minuten, die Muskeln der vorderen Gliedmafsen 1 Stunde und 40 Minuten, und eine halbe Stunde nachdem sie entblöfst worden waren, die Muskeln der hinteren Gliedmafsen 2 Stunden 25 Minuten nach dem Tode, ohngeachtet sie jetzt erst entblöfst wurden, die Muskeln der linken Seite der Zunge um dieselbe Zeit, nur dafs sie schon seit einer Stunde und 10 Minuten bloſs gelegt waren, die Muskeln der rechten Seite der Zunge, die erst 2 Stunden 25 Minuten nach dem Tode bloſs gelegt wurden, ohngefähr 3 Stunden, die Speiseröhre und die rechte Herzkammer ohngefähr $3\frac{3}{4}$ Stunden, der Lungenvenensinus $5\frac{1}{2}$ Stunde, endlich der Hohlvenensinus $6\frac{1}{2}$ Stunde.

Bey einem Hunde, bey welchem die Aorta oberhalb des Ursprungs der Hüftarterien und da, wo sie die groſsen Äste nach dem Kopfe und den vordern Gliedmaſsen abgibt, unterbunden wurde, und der während der Operation starb, zeigte sich auch nicht eine Spur von Zusammenziehung der Aorta auf die Einwirkung des galvanischen Reitzes. — Bey einem durch Blutverlust getödteten Hunde nahm der Verf. das Herz aus der Brusthöhle heraus, indem er die groſsen Blutgefäſse in der Entfernung einiger Linien vom Herzen durchschnitt. Demungeachtet behielt der Hohlvenensinus 4 Stunden lang seine Erregbarkeit durch den galvanischen Reitz, nachdem schon längst alle übrigen muskulösen Organe, die mit dem Körper in Verbindung geblieben waren, ihre Reitzbarkeit gänzlich verloren hatten.

Die Versuche Ritters über die Erhöhung und Depression der Reitzbarkeit der Muskeln in geschlossenen Ketten nach der Verschiedenheit der Vertheilung der Pole der Säule an das Central- oder peripherische Ende des Nerven wollten dem Verfasser nicht gelingen.

IV. Versuche an durch Enthauptung getödteten Hunden. (S. 104-114).

Ein Versuch an einer Hündin, die enthauptet wurde, gab die nähmlichen Resultate in Rücksicht auf die Dauer der Erregbarkeit der verschiedenen Organe, wie die Versuche der dritten Rubrik. Auch hier bestätigte sich eine auch in den zuvor angeführten Versuchen beobachtete Erscheinung, daſs nähmlich die Zungenmuskeln, der Kaumuskel ihre Reitzbarkeit länger behielten, als die Muskeln der Gliedmaſsen. Bey einem jungen Hunde von einigen Monaten behielten das Zwerchfell und der Hohlvenensinus am längsten ihre Erregbarkeit durch den galvanischen Reitz, jenes 3 Stunden 40 Minuten, dieser 6 Stunden 45 Minuten.

Im 2ten Abschnitte des zweyten Theiles (S. 114-132) erzählt der Verf. seine Versuche an Vögeln. Sie wurden an Tauben angestellt, die der Verf. enthauptete. Die muskulösen Organe folgten sich in Rücksicht auf die Dauer ihrer Reitzbarkeit in nachfolgender Ordnung: die beyden Herzkammern, die Gedärme, der Lungenvenensinus, die willkührlichen Muskeln, endlich der Hohlvenensinus, der auch hier seine Reitzbarkeit am längsten, aber doch nicht länger, als 1 Stunde 35 Minuten behielt. Bey einer andern Taube übertraf der Lungenvenensinus sogar den Hohlvenensinus, und seine Reitzbarkeit war erst 4 Stunden 50 Minuten nach dem Tode erloschen.

Der Verf. endigt diesen Abschnitt mit einigen Reflexionen über die in dem vorhergehenden angeführten Thatsachen, und sucht besonders nach der Analogie mit andern Erscheinungen in der thierischen Ökonomie das schnelle Erlöschen der Reitzbarkeit in dem Herzen der strangulirten Hunde aus der starken Ausdehnung des Herzens durch das in demselben stockende Blut zu erklären. Im dritten Theile (S. 133-144) sind Versuche an roth- und kaltblütigen Thieren, und zwar zwey Versuche an Karpfen, und zwey an Fröschen erzählet. Bey dem einen Karpfen, dem das Rückenmark an seinem vordern Ende durchstochen, und der Kopf mehrmals gegen eine harte Wand geschleudert wurde, zeigten die Muskeln der Floſsen und des Schwanzes, und der Sinus des Herzens die längste Dauer der Erregbarkeit durch den galvanischen Reitz, jene 6¼ Stunden, dieser 10 Stunden 13 Minuten vom

Tode an. Bey einem enthaupteten Karpfen verhält sich die Sache ohngefähr auf dieselbe Art. Bey einem Frosche, dem das Rückenmark an seinem vordern Ende durchstochen wurde, behielt die Herzkammer ihre Erregbarkeit durch den galvanischen Reitz 7 Stunden, die willkührlichen Muskeln 7 Stunden 25 Minuten, und der Sinus des Herzens 13¾ Stunde, bey einem andern enthaupteten Frosch blieb dieser 15 Stunden 50 Minuten durch den galvanischen Reitz erregbar.

Im Vendemiaire-Stücke des Jahres XI. oder des 55sten Bandes 4tem Hefte vom Journal de Physique findet sich S. 286-296 *ein Bericht über galvanische Versuche, welche den 22sten und 26sten Thermidor des Jahres X. an dem Kopfe und Rumpfe dreyer Menschen, kurze Zeit nach ihrer Enthauptung, angestellt worden waren*, von Vassalli-Eandi, Giulio und Rossi.

Giulio, der Verf. dieses Berichtes, war bekanntlich der Erste, der gegen Galvanis und Voltas anfängliche Behauptungen schon im Jahre 1792. durch die einfache galvanische Kette Zuckungen im Herzen erregt hatte. Die hier erzählten Versuche bestätigen, was schon längst als constantes Resultat zahlreicher Versuche der Naturforscher keinem weiteren Zweifel mehr unterworfen ist. Keiner dieser Versuche wurde aber so angestellt, daſs bloſs die zum Herzen gehenden Nerven in der Kette sich befanden, sondern jedesmal wurde das Herz selbst in die Kette mit aufgenommen. In dem einen Versuche war dasselbe schon 40 Minuten nach dem Tode unerregbar durch den galvanischen Reitz, während die willkührlichen Muskeln es einige Stunden hindurch waren. (Sollten die Verf. hier nicht etwas oberflächlich beobachtet haben, und das, was sie vom ganzen Herzen sagen, nur von den Herzkammern, nicht aber von den Sinus des Herzens gelten? Übrigens stimmen Aldinis, in diesem Berichte angeführte Versuche in so weit mit denen der Verf. überein, dafs dieser mehrere Stunden hindurch Zuckungen in den willkührlichen Muskeln der roth- und warmblütigen Thiere und nahmentlich auch des Menschen erregen konnte, während das Herz ganz unerregbar durch den galvanischen Reitz, wenn gleich ziemlich erregbar durch mechanische Reitze sich zeigte). Das auffallendste in diesem Berichte erzählte Factum betrifft aber die. Pulsadern. Die Aorta und einige ihrer grofsen Abdominaläste wurden mit Wasser von der Temperatur des lebenden menschlichen Körpers eingespritzet, die Nervengeflechte, welche die Arteriam coeliacam und mesentericam umgeben, armiret, die Armatur mit dem einen Ende der Voltaischen Säule, und die Aorta mit dem andern Ende derselben in Verbindung gebracht, und so wurden sehr deutliche Zusammenziehungen erregt. (Fast möchte man an der Richtigkeit dieser Beobachtung zweifeln, um so mehr, da der Berichtserstatter selbst den Zweifel hinwirft, ob die Wirkungen des Galvanismus auf die arteriellen Zusammenziehungen auch constant seyn möchten. Die Aorta zeigt selbst im Leben keine deutliche Zusammenziehung, und ist nach allen bisherigen Versuchen ohne alle wahre Reitzbarkeit, wie sie nähmlich nur den Muskelfasern zukömmt. Nysten, der seinen Versuch so anstellte, dafs auch die leiseste Zusammenziehung ihm nicht hätte entgehen können, beobachte gleichfalls nichts dergleichen). Am Ende machen die Verf. noch eine Schilderung von dem Erstaunen, welches die energischen Bewegungen der durch die Voltaische Säule gereitzten willkührlichen Muskeln auf die Zuschauer machten, da z. B. die Reitzung des entblöfsten biceps auch noch 50 Minuten nach dem Tode eine vollkommne Beugung des Vorderarms gegen den Oberarm, und eine Erhebung eines Gewichts von einigen Pfunden durch die Hand zur Folge hatte.

Im Brumaire-Hefte des Jahres XI. oder des 55sten Bandes 5tem Hefte des Journal de Physique S. 402. 403. kündigt G. F. Circaud vorläufig den auch bereits im ersten Stücke der neuesten Entdeckungen (S. 73) angezeigten Versuch über die Zusammenziehung der Blutfaser durch den Strom der Voltaischen Säule an. In einem Briefe Circauds an Delametherie im Frimaire-Hefte oder des 55sten Bandes 6tem Hefte S. 468-470. ist das nähere Detail dieser Versuche angegeben.

1ster Versuch. Einem Ochsen wurde 1 Minute und 20 Secunden, nachdem er todtgeschlagen worden, Blut gelassen, dieses Blut hatte eine Temperatur von 34 Graden nach dem hunderttheiligen Thermometer, es wurde während einer Minute geschlagen, worauf sich die Blutfaser bildete. Zwey Minuten nach ihrer Bildung wurde sie der Einwirkung einer Voltaischen Säule von 78 Kupfer- und eben so vielen Zinkplatten, und mit Salmiakauflösung getränkten Tuchscheiben unterworfen, und sie zog sich zusammen. Die Zusammenziehung liefs sich 7 Minuten hindurch sehr deutlich wiederholen, bey 23 Graden von Temperatur gab der Blutkuchen, keine Anzeige mehr von Bewegung.

In einem zweyten Versuche, wo das Blut mit einer Glasröhre und mit der Hand abwechslungsweise 2 Minuten geschlagen worden war, um die Bildung der Blutfaser zu bewirken, zeigte diese letztere keine Spur von Zusammenziehung beym Durchströmen der Electricität der Voltaischen Säule.

In einem dritten Versuche, wo man sich langer Glasröhren zum Umrühren des Blutes bediente, um die Hand ganz aufser Spiel zu bringen, welche in dem ersten Versuche allein zum Schlagen des Blutes gebraucht worden war, war die Zusammenziehung des gebildeten

Faserstoffes bey übrigens gleichen Umständen mit denen des 2ten Versuches sehr deutlich, und dauerte 40 Minuten hindurch, bis der Faserstoff beynahe zur Temperatur der atmosphärischen Luft gesunken war. Da man die Faser von Zeit zu Zeit mit frischem Blute benetzte, so wurde die Zusammenziehung auffallender; der Mangel von Erfolg im zweyten Versuche mufste demnach in einem zufälligen Umstande seinen Grund gehabt haben. Ein 4ter Versuch war gleichfalls mit Erfolge begleitet. In einer Note bemerkt der Verf., dafs da, wo der Leiter, welcher den galvanischen Kreis schlofs, den Blutkuchen berührte, die rothbraune Farbe sich in eine hellrothe verwandelte. Diese Erhöhung der rothen Farbe findet meinen Versuchen zufolge da statt, wo das positive Ende der Säule mit dem Blutkuchen in Verbindung stehet, da hingegen der Leiter der negativen Seite die rothe Farbe in eine sehr dunkelrothe, beynahe schwarze Farbe verwandelt. Von diesen merkwürdigen chemischen Veränderungen werde ich an einem andern Orte ausführlicher handeln. Die ihres färbenden Stoffes durch Auswaschen beraubte Faser zeigte auch im Wasser von 35 Graden Temperatur keine Spur von Zusammenziehung.

Von einem Herrn Gautherot, von dem gleichfalls im ersten und dritten Stücke der Neuesten Entdeckungen die Rede gewesen ist, rührt eine besonders gedruckte Abhandlung unter dem Titel: Recherches sur le Galvanisme, Memoire lu à la seance generale de la societé Philotechnique 11. S. 4to. her, die für den teutschen Leser von keinem Interesse ist. Er zählt in derselben alle seine vermeintlichen neuen Entdeckungen in dieser Lehre auf, und thut sich viel darauf zu gute. Sie sind aber sämmtlich unbedeutend, und waren in Teutschland grofsentheils lange Zeit zuvor schon aus den Arbeiten teutscher Männer bekannt. Es geht im Galvanismus, wie in der Electrizität, es läſst sich ins Unendliche mit Versuchen darin spielen, und ein solcher Versuchspieler ist Herr Gautherot. Er freuet sich wie über eine groſse Entdeckung, die ihm die Wissenschaft allein verdanke, eine Voltaische Säule erbaut zu haben, in deren Zusammensetzung gar kein Metall eingehet, nähmlich aus Kohle, und einem schwarzen Schiefer, oder einer Art von schwarzer Kreide, deren sich die Zeichner und Zimmerleute bedienen. Eine solche Säule von 40 Lagen erzeugte einen lebhaften und stechenden Geschmack, begleitet mit dem galvanischen Blitze, und zersetzte das Wasser, wobey die Kohlenseite das Wasserstoffgas hergab.

Am Ende erzählt der Verf. noch die Versuche, welche er, als unerklärlich durch die Voltaische Theorie, für die Basis eines ganz neuen theoretischen Gebäudes ansieht, und von denen schon im vorigen Stücke die Rede gewesen ist. Zu den dort erzählten kömmt hier noch folgender Versuch, den der Verfasser in seinem selbstgefälligen Tone einen Capitalversuch nennt. Wenn man in zwey mit destillirtem Wasser gefüllte Gläser, wovon jedes von seiner Seite durch Platinadräthe mit einem Ende des Voltaischen Tassenapparates communiciret, einen Platinadrath mit seinen beyden Enden bringet, so daſs der Kreis dadurch vollendet wird, diese Enden den beyden andern Platinadräthen nähert, sie so lange im Wasser läſst, bis Luftblasen sich entwickeln, und nachdem man sie wieder herausgenommen hat, einander genähert, doch nicht mit einander in Berührung gebracht, in den Mund bringet, so erfährt man einen merklichen galvanischen Geschmack, der um so stärker ist, je beträchtlicher der Durchmesser des Drathes ist. Daſs dieser Geschmack nicht, wie Volta will, einer Säure oder einem Lungensalze, das bey der Zersetzung des Wassers sich bildet, und das sich an den Drath adhäriren möchte, zugeschrieben werden könne, glaubt der Verf. dadurch bewiesen zu haben, dafs man auch dann, wenn man die beyden Enden, nachdem man sie aus den Gläsern des Tassenapparates herausgenommen, vorher in reines Wasser taucht, diesen Geschmack verspühre, während bey einem Platinadrathe, von dessen Enden das eine in ein Glas mit Salpetersäure, das andere mit einer Laugensalzauflösung getaucht gewesen, das nachherige Eintauchen dieser Enden in Wasser hinreiche, um den Geschmack zu vernichten. (Dieser ganze Versuch ist allerdings sonderbar genug, indessen liefse sich die Voltaische Erklärung desselben gegen den hier gemachten Einwurf immer noch rechtfertigen, wozu hier aber der Raum gebricht).

Blofs der Vollständigkeit wegen führe ich hier noch den Titel einer höchst unbedeutenden Schrift über den Galvanismus an, die für uns Teutsche nichts neues enthält, und auch als blofse Compilation betrachtet, gar keinen Werth hat:

Precis succinct des principaux phenomenes du Galvanisme suivi de la traduction d'un Commentaire de J. Aldini sur un memoire de Galvani, et l'extrait d'un ouvrage de Vassalli-Eandi ayant pour titre: Experiences et observations sur le fluide de l'Electromoteur de Volta par Cassius, Larcher Daubancourt et de Saintot. Paris 1803. VIII. 52. 32. und 8. S.

Pfaff.

II. *Ueber*

II.

Ueber den hydraulischen Widder (Belier hydraulique), und über die Art seine Würkungen zu berechnen. Von Montgolfier.

Nach einer handschriftlichen Mittheilung des Verfassers.
(Man vergl. die franz. Annal. IVtes Stück S. 1).

Die Erfahrung zeigt, dafs ein Körper, der in einige Entfernung von der Oberfläche der Erde versetzt wird, und frey seiner Schwere folgt, mit einer zunehmenden Geschwindigkeit von 30 Fufs in der Secunde niederfällt; es folgt hieraus, dafs die Geschwindigkeiten der Körper wie die Zeiten wachsen, und der durchlaufene Raum wie das Quadrat der Zeit zunimmt. (Man sehe die Entwicklung dieser Grundsätze am Ende der Anmerkung). (*a*)

Ist der Körper beym Fallen nicht frey, und theilt er einen Theil seiner Bewegung andern Körpern, die sich im Zustande der Ruhe befinden (*Inertie*), mit, so vermindert sich seine Geschwindigkeit, so wie der durchlaufene Raum, im Verhältnifs der Massen, mit welchen er seine Bewegungen theilt. —

Diese zwey unstreitigen Wahrheiten, und die Überzeugung, dafs die Kraft, mit welcher ein Körper versehen ist, nicht vernichtet werden kann, haben mich die Maschine erdenken machen, die Vol. 13. Pl. II. des J. des Mines abgebildet ist, um durch einen gegebenen Wasserfall mit Leichtigkeit einen Theil dieses Wassers zu einer unbestimmten Höhe zu heben, und zwar stets die Menge desselben im Verhältnifs des Aufsteigens, durch die Höhe des Falls dividiret; einen kleinen Verlust ausgenommen, den die Reibung verursacht.

Man setze, eine Säule A 5 Fuſs hoch stelle den Fall eines Flusses vor. B habe eine Länge von 15 Fuſs. Die verticale Wassersäule A heiſse die active Säule, und die horizontale B heiſse die passive Säule. Die aufsteigende Röhre F, I, sey 100 Fuſs hoch, welches die Höhe eines obern Bassins ist, zu welchem wir das Wasser heben wollen. Die Capacität des Luftbehälters D sey 4 Litres, etwas mehr als $4\frac{1}{4}$ Pariser Pinten. Gieſsen wir nun Wasser in hinlänglicher Menge in den obern Behälter, so daſs die aufsteigende Röhre F, I, erfüllt werde, so werden wir die Luft, die sich im Behälter D befindet, so verdichten können, daſs sie nur etwas weniger als $\frac{1}{4}$ des Raumes einnimmt, der übrige Raum wird vom Wasser eingenommen seyn, welches durch die Röhre F, I, hinabgestiegen ist; da der Druck des zusammengedrückten Liters von Luft mit der Wassersäule, die sie drückt, im Gleichgewicht ist, so wird das Ganze sich im Zustande der Ruhe befinden. —

Denken wir uns nun, daſs die beyden Klappen, nähmlich die des Endes C, und die des aufsteigenden O, verschlossen seyen; so werden die beyden Säulen A und B sich ebenfalls im Zustande der Ruhe befinden. So ist die Lage der Maschine und des enthaltenen Wassers in dem Augenblicke, wenn sie nicht würkt.

Überlassen wir die Klappe C nun ihrem eigenen Gewichte, so wird sie ins Wasser hinabsteigen, bis der Stab, der durchgeht, die Röhre unterwärts berührt, wie es auch die Zeichnung darstellt. In diesem Augenblicke fängt die active Säule A an, ihrer Schwere zu gehorchen; dieses wird sie nicht frey thun können, weil sie durch die Trägheit (*Inertie*) der passiven Säule aufgehalten werden wird, die ihre Bewegung theilt; die beyden Säulen werden demnach eine gleiche Geschwindigkeit annehmen müssen; da aber die active Säule nur $\frac{1}{3}$ der passiven beträgt, so wird diese Geschwindigkeit nach einer gegebenen Zeit nur das Viertel von dem seyn, was sie erlangt haben würde, wenn sie frey ihrer Schwere gefolgt wäre — (*b*). Die passive Säule kann nach diesen Voraussetzungen dem zufolge für jede Secunde nur eine Geschwindigkeit von $7\frac{1}{2}$ Fuſs erlangen, das heiſst, 30 Fuſs durch 4 dividirt. Wenn nun die Klappe des Endes C, 30 Terzien lang offen bleibt, so werden die beyden Säulen eine Geschwindigkeit von 3 Fuſs in $\frac{3}{4}$ Secunde erreicht haben, und wenn das Gewicht der Klappe am Ende auf eine Weise berechnet ist, daſs sie dem Drucke von $3\frac{3}{4}$ Fuſs (welches derjenige ist, mit welchem das Wasser der Säule B sich von unten nach oben ausdehnt) gleich ist, so wird die Klappe C sich schlieſsen, es wird für das Flieſsen der Säule B kein freyer Ausgang mehr statt finden. Sie würde einen unbestimmten Druck in jeder Richtung gegen die Wände des Leitungskanals, welcher sie enthält, ausüben, wenn sie nicht einen andern Ausweg fände, und wenn die Materie, aus welcher die Leitungsröhre gemacht ist, nicht unelastisch wäre, woraus die Unmöglichkeit eines Anschwellens (*c*) entsteht; doch befinden wir uns in einem solchen Falle nicht. —

Die aufsteigende Klappe O, die nur mit einer Wassersäule von 100 Fuſs belastet ist, hebt sich eine hinlängliche Zeit, um die ganze Summe der Kräfte, mit welcher die beyden Säulen A und B belebt sind, zu erschöpfen, die Dauer dieser Zeit läſst sich leicht mit Genauigkeit bestimmen. Man braucht nur einerseits die Länge der beyden Säulen A und B zusammen mit der Länge der Säulen F, I, zu vergleichen, und anderseits die Zeit zu kennen, welche die beyden Säulen A und B erfordert haben würden, um die Geschwindigkeit von $3\frac{1}{4}$ Fuſs oder 45 Zoll, indem sie der Schwere folgen, zu erlangen. — Nun sieht man, daſs die Zeit $7\frac{1}{2}$ Terzien betrüge; da aber die Länge der Säule F. I, die wir zu halten haben, 5 Mal so lang ist als die der Säule A. B, die sie hebt, so kann die letztere Masse es nur in einer 5 Mal kürzeren Zeit, das heiſst nur während $1\frac{1}{2}$ Terzien thun. Um die Berechnung der Zeit noch abzukürzen, kann man die Länge der beyden Säulen A und B durch die Geschwindigkeit multipliciren, und das Product durch 30 Mal die Höhe der Säule F, I, theilen; der Quotient dieser Theilung stellt die Anzahl Secunden vor, in welcher die auf teigende Klappe O offen blieb. — Z. E. $3\frac{3}{4} \times 20 = 75$. getheilt durch 3000, welches das Product von 30 Mal 100 ist, gibt einen Quotienten von 0,025 Secunde $= \frac{1}{40}$ S. $= \frac{1}{2}$ Terzie.

Man sieht demnach, daſs dieser Druck bey weitem kein Stoſs oder Hammerschlag sey, wie einige, die durch das Lärmen der Klappen, die sich schlieſsen, oder durch die Vibrationen der Leitungsröhre B betrogen wurden, geglaubt haben. — Andere fanden sogar was Ungereimtes in der Theorie, indem sie sich auf das unläugbare Princip gründeten, daſs eine Masse 1, die auf eine Masse 5 stöſst, der letztern nur einen sehr schwachen Theil ihrer Bewegung mittheilen könne. Dieses ist allerdings wahr; diese Bewegung, wie schwach sie auch sey, ist dem Grade der Elasticität der Körper, die sich stoſsen, angemessen. Man sieht aber, daſs hier weder die Rede vom Stoſs ist, denn beyde Leitungsröhren sind stets voll; noch von einer Wassersäule, die in Ruhe ist, und der man Bewegung mittheilen müsse, denn die Säule F, I, ist unaufhörlich durch den beständigen Druck der im Behälter D enthaltenen Luft in Bewegung; der Druck der beyden Säulen A und B wird also einzig auf die leichte Luftmasse ausgeübt, die sie bey jeder Revolution von neuem comprimirt. —

Bis jetzt wurde stets vorausgesetzt, daſs die Oberfläche jeder Klappe gleich einem Durchschnitt der Säule

B wäre, so daſs das Wasser, welches herausflieſst, in seinem Laufe keine Zusammenziehung (*Etranglement*) erleide. —

Wir wollen jetzt sehen, von welcher Länge der Wassercylinder, der bey jedem Umlauf (*Revolution*) in den Luftbehälter D hineingehen muſs, seyn wird. Man erinnerte sich, daſs die Geschwindigkeit dieses Cylinders im Verhältniſs von 45 Zoll für jede Secunde in dem Augenblicke der Öffnung der in die Höhe steigenden Klappe O gewesen ist; dieser Cylinder hat mit derselben Geschwindigkeit hineingehen, aber nothwendigerweise bis zu Null abnehmen müssen. Seine mittlere Geschwindigkeit war demnach $22\frac{1}{2}$ Zoll in der Secunde, und da er nur eine halbe Terzie lang floſs, so konnte er in dem Behälter D, in dem kurzen Zeitraum, den ein Wassercylinder von $22\frac{1}{2}$ Zoll Länge = 270 Linien dividirt durch 14 = $6\frac{3}{4}$ Linien nöthig haben würde, nicht hineingehen. Setzt man nun den Durchmesser der Säule B = 4 Zoll, so können wir vermuthen, daſs bey dem Gebrauch 8 Zoll cylindrische Wassersäulen in den Behältnisse D gegangen sind, und daſs die Operation $31\frac{1}{2}$ Terzien gebraucht haben wird, welches man wegen der Reibung auf 36 Terzien setzen kann. — Wir wollen nun historisch untersuchen, was bey jeder Revolution vorgeht. — Die Summe der Kräfte A. B. vereinigt, war erschöpft durch den Widerstand der zusammengedrückten Luft. Als sie nähmlich nach und nach in den Behälter gebracht worden, schlieſst sich die Klappe O, und die Säulen kommen in den Zustand der Ruhe; ihre vorhergehende Geschwindigkeit, durch welche sie die Klappe der Ecke C verschlossen hatten, existirt nicht mehr, sie fällt demnach vermöge ihres eignen Gewichts, und bereitet durch diesen Fall eine neue Revolution. — So ist die Maschine beschaffen, die seit mehr als 6 Jahren erdacht und in meiner Papiermanufactur zu Voiron angewendet ist, um nähmlich das Flufswasser zu der Säule der holländischen Cylinder zu erheben, indem der Fall von 10 Fufs benutzt wird. — Diese Operation hat Rad, Pumpe, und andere gewöhnliche hydraulische Maschinen unnütz gemacht. — Die Entdeckung ist nicht in England entstanden, sie gehört gänzlich an Frankreich; ich erkläre, dafs ich der einzige Erfinder bin, und die Idee hierzu von Niemanden erhalten habe. Einer meiner Freunde hat mit meiner Einwilligung mehrere Zeichnungen dieser Maschine, und ein detaillirtes Memoire über die Anwendung derselben an die Herren Boulton und Watt geschickt; es sind dieselben, die getreu in dem Patente copirt sind, welches Herr Boulton den 13ten December 1797. darüber nahm. — Auch ist er weit entfernt dieses zu läugnen, so wenig als der würdige Herr Watt. Seitdem habe ich nun die Variationen dieser Maschine sehr vermehrt, das Princip ist eine fruchtbare Quelle von Anwendungen, besonders in dem Falle, wo man abwechselnde Bewegung bedarf. Eine habe ich unter andern ausgeführt, wo ich durch Hülfe eines Falles von 10 Fufs die Luft wie durch 40 Atmosphären comprimirte. Das Wasser konnte demnach $40 \times 32 = 1280$ Fufs sich erheben. Ich habe den Vorsatz, eine neue Maschine zu verfertigen, deren Würkung noch weit beträchtlicher seyn soll.

Ich werde mich stets freuen, meine Maschine allen, die es wünschen, ausgeführt und im Gange zu zeigen.

Paris den 8. Thermidor Jahr X. (27. Jul. 1802).

Unterzeichnet *Montgolfier.*

Rue des Juifs N. 18.

Anmerkungen.

(*a*) Ein Körper, der eine Secunde fällt, hat die Geschwindigkeit von 30 Fuſs in der Secunde erreicht, und da er mit zunehmender Geschwindigkeit von 0 bis 30 Fuſs fällt, so ist der durchlaufene Raum nur 15 Fuſs; das heiſst $\frac{0+30}{2}$. Eben so, wenn der durchlaufene Raum eines frey fallenden Körpers 10 Secunden erforderte, so urtheilen wir, daſs dieser Korper die Geschwindigkeit von 300 Fuſs in der Secunde erreicht hat $= 30 \times 10$, und der durchlaufene Raum ist 1500 . F. $= 15 \times 10^2$. Nennt man die angewendete Zeit T; die Geschwindigkeit V; den durchlaufenen Raum E; so gibt uns die Kenntniſs einer dieser Groſsen die der beyden andern. Z. E. $T = 1$ Secunde, $V = 30 . T = 30 \times 1 = 30$, das heiſst, die Geschwindigkeit ist 30 Fuſs in der Secunde. E ist gleich $T^2 \times 15 = 1 \times 1 \times 15 = 15$ Fuſs. —

Es sey $T = 10$ Secunden; $V = 30$; $T = 30 \times 10 = 300$; $E = T^2 \times 15 = 1500$.

Es sey $V = 300$; $T = \frac{V}{30} = \frac{300}{30} = 10$; $E = T^2 \times 15 \times 100 = 100 \times 15 = 1500$.

Es sey $E = 1500$; $T = \frac{\sqrt{E}}{10} = \frac{\sqrt{1500}}{10} = \sqrt{100} = 10$; $V = 30$; $T = 30 \times 10 = 300$. —

(*b*) Dieses gilt dennoch nur für eine sehr kurze Zeit. Z E. fur eine Terzie. Nachdem diese verstrichen ist, würden die beyden Säulen A und B eine Geschwindigkeit von 30 Fuſs getheilt durch 60, wiederum getheilt durch 4, das heiſst, eine Geschwindigkeit im Verhältnisse von $1\frac{1}{2}$ Zoll in der Secunde erreicht haben. — Der von der Säule durchlaufene Raum wäre $1\frac{1}{2}$ Zoll getheilt durch 60; und dann 2 oder $\frac{3}{4}$ Zoll getheilt durch 60; das heiſst der 80ste Theil eines Zolls. Ein solcher geringer durchlaufener Raum könnte nur eine unmerkliche Veranderung in den Verhaltnissen zwischen der passiven und activen Säule bewurkt haben; es ist aber augenscheinlich, daſs, wenn die beyden Saulen eine betrachtlichere Zeit, z. E. eine Secunde der Schwere der activen Saule ausgesetzt bleiben, so muſsten sie nach dieser Art zu rechnen eine Geschwindigkeit von 30 Fuſs in der Secunde getheilt durch 4, das heiſst eine Geschwindigkeit von $7\frac{1}{2}$ Fuſs in der Secunde, und dabey einen Raum von $3\frac{3}{4}$ Fuſs durchlaufen haben; dieses hätte die Einbringung einer neuen Wassersäule nothig gemacht, die in Ruhe und von derselben, Länge von $3\frac{3}{4}$ Fuſs sey, und in dem obern Theil der Röhre, die die active Saule enthielte, sich befände. Diese neue Säule hätte eine zunehmende Geschwindigkeit in dem Verhaltnisse von o : $3\frac{3}{4}$ Fuſs in der Secunde erlangt. Da diese Geschwindigkeit nur auf Kosten der activen Säule statt finden könnte, so folgt, daſs diese letztere ihre Geschwindigkeit mit einer groſsen unthätigen Säule getheilt hätte, und der ganzen Säule keine solche Geschwindigkeit hatte verschaffen können. Ich werde in der Folge theoretisch die Geschwindigkeit der beyden Säulen A und B nach den verschiedenen Zeitläufen, welche die active Säule der Schwere gefolgt ist, darstellen.

(*c*) Einige Physiker bemerkten, daſs sie nicht einsehen, wie die Saulen A und B, durch Unterdruckung ihres Fortströmens einen unbestimmten Druck gegen die Wände der Leitungsrohre, die sie enthält, bewürken können. Es schien ihnen, daſs die Bewegung dieser beyden Wassersäulen gänzlich von dem Augenblicke an vernichtet seyn müſste, so wie kein Ausgang zum Entweichen mehr statt findet; ich will zeigen, daſs das Factum, welches das Gegentheil beweiset, mit der gesunden Theorie ubereinstimmend ist.

Ein Körper, der sich von sich selber nicht bewegen kann, kann, indem er seiner Schwere folgt, doch in einer mehr oder minder langen Zeit mit einer mehr oder minder großsen Geschwindigkeit von der Stelle gerückt werden. Wenn der Körper sich in der Richtung von unten nach oben bewegt und gegen seine Schwere kämpft, so kehrt er in den Zustand der Ruhe in einer Zeit zurück, die der Geschwindigkeit seiner Bewegung proportionell ist. —

Aus dieser Geschwindigkeit von 30 Fuſs in der Secunde wird es sichtbar, daſs der Körper nur eine Secunde anwenden werde, um in Ruhe zu kommen, und daſs er 15 Fuſs hoch gestiegen seyn wird. Wenn man aber in demselben Augenblicke, daſs der Körper mit der Geschwindigkeit von 30 Fuſs in der Secunde versehen ist, dem Widerstande, den seine Schwere seinem in die Höhe Steigen entgegensetzt, einen neuen Widerstand hinzufügt, der seinem Gewichte gleich ist, ohne merklich materiell zu seyn, (als zusammengedrückte Luft,) so wird der Widerstand doppelt. Man sieht, daſs die Schnelligkeit der Bewegung dieses Körpers in dem Verhältnisse von 60 Fuſs oder 2 Mal 30 Fuſs in der Secunde abnehmen werde; er wird demnach in einer halben Secunde erschöpft seyn; der Körper wird sich nur zur Höhe von $7\frac{1}{2}$ F. $= \frac{30}{4}$ erhoben haben, denn der durchlaufene Raum stellt das Quadrat der angewendeten Zeit (die nähmlich von $\frac{1}{2}$ Secunde ist) $\frac{1}{4}$ Secunde vor, und demnach ist die erste Geschwindigkeit von 30 Fuſs mit 4 zu dividiren. —

Man setze nun, daſs besagter Körper eine Masse von 10 Kilogrammen sey, die hinlänglich wäre, um durch die Schwere allein die Luft, die sich in einer Röhre von 15 Fuſs Länge befindet, auf einen Punct zusammenzudrücken, und daſs nur die Hälfte des Raumes eingenommen würde, die sie, ehe sie diese Last hatte, einnahm; so wird die Luft in der Röhre um $\frac{1}{2}$ durch den

Druck des Körpers während seines Aufsteigens comprimirt seyn. Hier ist demnach ein Theil Luft auf einen Punct zusammengedruckt, daſs sie einer Wassersäule von 32 Fuſs noch das Gleichgewicht hält; wenn nun aber (statt obigem Körper die Last von 10 Kilogrammen aufzulegen, die seinem Gewichte gleich ist) der Widerstand vielmehr 10fach, das heiſst 100 Kilogramme betruge, so würde die erste Geschwindigkeit von dem Verhältnisse von 30 F. in der Secunde auf 330 F. in der Secunde gefallen seyn, und die Dauer der Bewegung würde nur $\frac{1}{11}$ Secunde, so wie die Hohe des Aufsteigens den 121sten Theil von 15 F. = 0,123 Fuſs betragen haben. Da der Druck 10 Mal gröſser würde, wenn er auf eine Luftsäule von demselben Durchmesser, als die vorhergehende ist, angewendet worden wäre, die in einer Röhre von der Länge von 0,123 + 0,0123 = 0,1353, enthalten wäre, so würde die Luft bis auf den 11ten Theil zusammen gedruckt, und befande sich mit dem Gewichte einer verticalen Wassersaule von 300 Fuſs im Gleichgewicht. — Hätte ich dem Körper von 10 Kilogrammen den Widerstand von einer Million Kilogrammen entgegengesetzt, so hätte ich die Luft in demselben Verhaltnisse comprimirt. Man sieht, daſs die Kräfte, wie groſs auch der Widerstand sey, nie vernichtet werden könnten.

Friedl.

III.

Chemische Untersuchung des Saftes der Carica papaya. Vom B. Vauquelin [1]).

Das Gewächs, welches diesen Saft liefert, ist zu Isle de France, in Peru und wahrscheinlich noch an vielen andern Orten zu Hause. Der Saft, dessen chemische Untersuchung ich hier mittheile, wurde vom Burger Charpentier de Cossigny von Isle de France mitgebracht, der ihn mit Erfolg von den Einwohnern des Landes gegen den Bandwurm anwenden gesehen hat. In denen von hiesigen Arzten bey Bandwurm-Kranken angestellten Versuchen hat er indessen den Hoffnungen, die man aus dieser Nachricht schöpfen konnte, nicht entsprochen. Cossigny hat zwey Proben dieses Saftes mitgebracht, die eine unter trockener Form, welche keine weitere Zubereitung erfahren hatte, die andere unter Gestalt eines weichen Extracts, das von dem milchigten Safte (*lait*) der Carica papaya herrührte, der mit einer gleichen Quantität von Rhum aufbewahret, und nachmals abgeraucht worden war. Die erste Art hatte eine gelblichweiſse Farbe, war halb durchsichtig, von schwach zuckerigtem Geschmacke, von keinem merklichen Geruche, von einer ziemlich festen Consistenz, und in Gestalt von kleinen unregelmäſsigen Massen. Die andere Art hatte dagegen eine braunrothe Farbe, den Geruch und Geschmack von gekochtem Rindfleische, und war halb durchsichtig.

1) Dieser Aufsatz findet sich in Nro. 129. der Annales de Chimie S. 267-275. Wegen der merkwürdigen Ähnlichkeit dieses vegetabilischen Saftes mit den Producten der höchsten Animalisation schien diese chemische Untersuchung desselben den Herausgebern einer umständlichen Einrückung werth.

Beyde decrepitiren auf einer glühenden Kohle, blähen sich auf, werden schwarz, und exhaliren einen Geruch, der vollkommen demjenigen des verbrannten Fleisches gleicht. Beym Einäschern bleibt eine geringe Menge einer weifsen Asche zuruck, die sich mit einem stark phosphorescirenden Scheine vor dem Löthrohre umgibt.

Chemische Versuche mit dem trocknen Safte.

Diese Substanz, welche trocken und brüchig ist, wenn sie an einem trocknen Orte aufbewahrt wird, erweicht sich und wird biegsam, an einem feuchten Orte aufbewahrt. Mit ihrem 36fachen Gewichte an Wasser zerrieben, zertheilte sie sich in demselben, und bildete eine milchigte Flussigkeit, welche beym Umruhren wie Seifenwasser schäumte. Nach einiger Zeit klarte sich diese Flussigkeit durch den Absatz einer weifsen Materie auf, welche sich nicht auflosen liefs. Aber bald trubte sie sich von neuem, ein schleimigtes Häutchen bildete sich an der Oberfläche, sie verbreitete einen heftigen Gestank, wie eine faulende thierische Materie, endlich klärte sie sich von neuem auf, und setzte weifse Flocken ab, ohne Zweifel eine Folge der Veränderung, welche sie erfahren hatte. Die Portion des Saftes, welche sich nicht im Wasser aufgelöset hatte, hatte ein fettigtes Ansehen, und erweichte sich an der Luft, an der sie zah, bräunlich und halbdurchsichtig wurde. Auf gluhende Kohlen gebracht schmolz diese Materie, und liefs aus ihrer Oberfläche Tropfen von Fett ausschwitzen, sie liefs ein Zischen wie schnell bratendes Fleisch hören, und es stieg ein Rauch aus ihr auf, der den Geruch des verflüchtigten Fettes hatte. Sie hinterliefs keinen merklichen Ruckstand. Die Auflösung des Saftes im Wasser mit Salpetersäure vermischt, gab einen so reichlichen weifsen Niederschlag, dafs das ganze Gemisch zu einer festen Masse wurde. Eine andere Portion der nähmlichen Flüssigkeit, dem Kochen unterworfen, gerann, und setzte viele weifse Flocken ab. Die durch Filtriren von diesem Niederschlag abgesonderte Flüssigkeit erlitt alsdann keinen weiteren Niederschlag mehr durch die Salpetersäure, der Aufgufs der Galläpfel bewirkte aber noch ein sehr reichliches Präcipitat daraus.

Eine dritte Portion der Auflösung dieses Saftes mit Alkohol gemischt, zeigte gleichfalls einen Niederschlag, wiewohl weniger reichlich als mit der Salpetersäure. Mehrere metallische Auflösungen, wie die des Bleys, Quecksilbers, Silbers, präcipitiren gleichfalls die Auflösungen dieses Saftes.

Die flussigen Laugensalze lösen einen Theil des Saftes auf, die Säuren schlagen diese Auflösung weifs nieder, und im Augenblick der Beymischung entwikkeln sie daraus einen ekelhaften Geruch, der vollkommen gleich demjenigen einer auf dieselbe Art behandelten thierischen Materie ist. Der höchst rectificirte Weingeist löset diese Substanz nicht merklich auf. Indessen wird er etwas milchigt, wenn man ihn nachmals mit Wasser vermischt.

Der Destillation unterworfen, gab der trockne Saft viel krystallinisches kohlensaures Ammoniak, ein rothes dickes und stinkendes Öl, kohlensaures Gas und gekohltes Wasserstoffgas, und eine leichte Kohle, die nach der Einäscherung eine weifse Asche hinterliefs, die als ganz reine phosphorsaure Kalkerde erkannt wurde.

Aus allem diesem ergibt sich, dafs dieser Saft alle die Eigenschaften besitzt, welche den thierischen Substanzen und insbesondre dem Eyweifsstoffe des Blutes angehören. Ja ich vermuthe sogar, dafs er dem Blute, den färbenden Stoff desselben etwa abgerechnet, sehr nahe komme, denn ich glaube in dem im Wasser unauflöslichen Rückstande dieser Materie die Karactere des thierischen Faserstoffes entdeckt zu haben, wovon ich mich blofs aus Mangel einer gehörigen Quantität, und weil er mit Fett gemischt war, nicht vollkommen überzeugen konnte.

Chemische Versuche mit dem weichen Extracte.

Das aus dem Rhum durch Eindicken erhaltene Extract hat eine röthliche Farbe, Halbdurchsichtigkeit, einen Geruch und Geschmack, der dem der eingedickten Fleischbrühe gleichet, nur etwas fader ist, und einen ekelhaften Nachgeschmack hinterläfst. Ins Wasser gebracht erweicht sich diese Substanz, und löset sich beynahe gänzlich durch Umrühren auf, das Wasser erlangt durch diese Verbindung die Eigenschaft, wie Gummiwasser zu schäumen, nach einiger Zeit setzt sich eine kleine Quantität weifser Materie ab, die unauflöslich im Wasser zu seyn scheint. Diese Auflösung wird nicht augenblicklich, wie die des eingedickten Saftes, durch die Salpetersäure niedergeschlagen, nach 24 Stunden bildet sie indessen einen weifsen ziemlich reichlichen Niederschlag. Der Alkohol trübt sie und macht sie weifs wie Milch, nachmals sondern sich viele kleine weifse Flocken daraus ab. Der wässerigte Galläpfelaufgufs bewirkt einen völlig gleichen Niederschlag, wie in einer concentrirten Auflösung von thierischem Leime. Durch Kochen wird sie nicht trübe, schäumet aber stark auf. Die Silber-, Bley- und Quecksilberauflösungen bilden darin gelbliche Niederschläge. Diese nähmliche Auflösung, sich selbst überlassen, bedeckt sich bald mit Schimmel, wird aber nicht so stinkend, wie die Auflösung des eingedickten Saftes, der keine weitere Zubereitung erlitten hat, unter denselben Umständen. In verschlossenen Gefäſsen der Destillation unterworfen, gab das weiche Extract erstlich Wasser, hierauf eine röthliche Flüssigkeit, krystallisirtes kohlensaures Ammoniak, ein rothes, dickes und stinkendes Öl, öligtes gekohltes Wasserstoffgas, endlich eine leichte schwer einzuäschernde Kohle, welche durch Einäschern ganz reine phosphorsaure Kalkerde gab.

Bey einigen Ähnlichkeiten zwischen diesen beyden Proben des Saftes findet man dennoch auch wesentliche Verschiedenheiten zwischen ihnen, das weiche Extract hat den Geschmack von gekochtem Fleische, der eingedickte Saft dagegen einen schwachen Zuckergeschmack, dieser wird durch die Hitze coaguliret, jenes nicht, so wie es auch beynahe keine Veränderung durch die Säuren erleidet, während der aufgelöste Saft wie der Eyweiſsstoff des Blutes dadurch verdickt wird. Es scheint diesem nach, wie wenn die im Rhume aufbewahrte und nachher abgerauchte Probe des Saftes in den Zustand der thierischen Gallerte oder des thierischen Leimes übergegangen sey; diese Veränderung darf nicht in Verwunderung setzen, denn der Eyweiſsstoff des Blutes erfährt etwas ganz ähnliches, wenn man ihn mit einer groſsen Quantität Wasser kochen, und dieses dann abrauchen läſst.

Bey dieser groſsen Ähnlichkeit des Saftes der Carica papaya mit thierischen Materien muſs ich in Erinnerung bringen, daſs Fourcroy schon vor langer Zeit Spuren von Eyweiſsstoff in dem Safte gewisser Pflanzen gefunden hat, daſs Scheele irgendwo gesagt hat, daſs es in den Blättern der Pflanzen eine dem Käse analoge Materie gebe, und daſs Proust noch neuerlich angekündigt hat, daſs die Mandelmilch eine Verbindung von Öl und Käse sey; ich wüſste aber nicht, daſs irgend Jemand Gelegenheit gehabt hätte, einen vegetabilischen Saft von vollkommen thierischer Natur zu untersuchen, dem gleichsam nichts als ein färbendes Princip fehlt, um dem Blute zu gleichen, weil man darin, wie man weiter oben gesehen hat, eine grofse Quantität von Eyweifsstoff, eine kleine Portion von Faserstoff, oder wenigstens von einer Substanz, die alle Karactere desselben hat, endlich phosphorsaure Kalkerde in einer merklichen Quantität findet.

IV.

Neue Versuche über die Reinigung des Nickels und seinen Magnetismus. Von Thenard.

Die Arbeiten Cronstedts und Bergmanns über den Nickel hatten zuerst den Nickel als ein eigenthümliches Metall dargestellt. Die magnetische Eigenschaft, welche derselbe zeigte, wurde von einigen Chemikern dem Eisen, von welchem man ihn nie ganz reinigen könnte, zugeschrieben, andere glaubten dagegen mit Bergmann, dafs der Nickel durch sich selbst diese Eigenschaft habe. Vauquelin theilte, auf Versuche, die ihm eigenthümlich waren, gestützt, diese letztere Meynung. Indessen kündigte der Engländer Chevenix [1]) an, dafs der wohl gereinigte Nickel gegen die Einwirkung des Magnetismus ganz unempfindlich sey. Bey dieser Verschiedenheit der Meynungen blieben Zweifel übrig, deren Hebung für die Wissenschaft nicht ohne Interesse seyn konnte. In dieser Absicht unternahm Thenard die Versuche, von denen hier Rechenschaft gegeben werden soll.

Durch

1) Man s. Gilberts Annalen der Physik Stück 7. Jahrgang 1802. oder XI. 3. S. 370.

Durch vorläufige Versuche überzeugte er sich, dafs das Nickelerz, das er zu seinen Versuchen anwendete, aus Nickel, Eisen, Kobalt, Wismuth, Kupfer, Arsenik und Schwefel zusammengesetzet sey.

Nach einem sehr starken Rösten, welches den Schwefel und einen Theil des Arseniks verjagte, wurde obige Substanz der Einwirkung der Salpetersäure unterworfen, die dieselbe vermittelst der Wärme beynahe gänzlich auflöste. Was im Grunde des Gefäfses anzurückblieb, bildete ohngefähr ein Sechstheil der angewandten Materie, und es wurde für arseniksauren Wismuth erkannt. Die Auflösung zeigte bey ihrer Untersuchung Kupfergehalt. Dieses Metall wurde durch geschwefelten Wasserstoff niedergeschlagen, seine Quantität betrug kaum ein Funfzigtheil. Die Arseniksäure, welche in dieser Auflösung zurückgeblieben seyn konnte, wurde durch Pottaschen-Wasserstoffschwefel (hydrosulfure de potasse) im Uebermafse weggenommen, und die Oxyden wurden solchergestalt im Zustande von wasserstoffhaltigen Schwefelverbindungen niedergeschlagen. Diese Schwefelverbindungen wurden hierauf von der Salpetersäure wieder aufgenommen, die Auflösung, die daraus entsprang, wurde, nachdem sie filtriret worden war, von neuem mit Pottasche behandelt, sie sonderte die übrigen Oxyden, nehmlich den Nickel, den Kobalt und das Eisen ab. Es kam nun darauf an, diese 3 Metalle genau von einander zu trennen. Thenard hatte beobachtet, dafs das schwarze Kobaltoxyd nicht merklich auflöslich in dem Ammoniak sey, und nach mehreren Versuchen gelangte er dahin, es aus dem Zustande des blauen Oxyds in den des schwarzen zu verwandeln, indem er die niedergeschlagenen Oxyden mit oxygenirt-kochsalzsaurem Kalke behandelte, welche sie sämmtlich auf den äussersten Grad der Oxygenation brachte. In diesem

Zustande, der Einwirkung des Ammoniaks unterworfen, wurde das Nickeloxyd allein aufgelöset, diese Auflösung wurde der Wärme ausgesetzet, welche das Ammoniak verflüchtigte, worauf sich das Oxyd in Flocken von einem schönen Grün absetzte. Dieses Oxyd wurde hierauf untersuchet, um seine Reinheit zu bewähren, und die gegenwirkenden Mittel kündigten darin nicht das kleinste Theilchen von Eisen noch von Kobalt an, dann wurde es reducirt; Thenard konnte aber nicht dahin gelangen, es vollkommen zu schmelzen, trotz des heftigsten Feuers und der wirksamsten Schmelzungsmittel erhielt er doch weiter nichts als Kügelchen, die zwar geschmeidig, aber äufserst klein waren. Die zur Reinigung des Nickels angewandten Mittel sind so genau, dafs der Zusatz von $\frac{1}{50}$ Eisen durch die gegenwirkenden Mittel sogleich merklich wurde. Vereiniget man mit dem reinen und durch den Magnet anziehbaren Nickel ein Fünftheil seines Gewichtes an Arsenik, so nimmt seine magnetische Kraft sogleich ab, welchen Einflufs des Arseniks auf den Magnetismus des Nickels schon Vauquelin erkannt hatte. Macht man eine Verbindung von gleichen Theilen Arsenik und Nickel, so verschwindet der Magnetismus gänzlich. So erkläret sich, wie einige Physiker haben behaupten können, dafs der Nickel nicht anziehbar ist, und wie sie selbst Nadeln besitzen konnten, die dieser Eigenschaft beraubt waren. Der Nickel, aus welchem sie bestanden, war nehmlich mit Arsenik gemischet. Hauy, dessen Scharfblick und Genauigkeit bekannt sind, besitzet einen Stab von reinem Nickel, der ihm von Vauquelin gegeben worden war, und der seit mehr als einem Jahre seine magnetische Eigenschaft ohne irgend eine merkliche Veränderung beybehält. Dieser Stab, an einem Faden aufgehänget, richtet sich in den magnetischen Meridian, wie die gewöhnlichen Magnetnadeln.

In dem Laufe dieser Versuche hat Thenard ausserdem noch mehrere wichtige Beobachtungen gemacht. Er hat die Arseniksäure zerleget, und gefunden, dafs sie in 100 Theilen 64 Theile Arsenik und 36 Theile Sauerstoff enthalte, und er hat gefunden, dafs in dem arseniksauren Bley das Verhältnifs der Arseniksäure zum Bleyoxyd wie 5 zu 9 sey. Er hat ein überoxygenirtes Nickeloxyd entdeckt, welches durch die Wirkung des oxygenirtsalzsauren Kalkes gebildet worden war, das sich in den Säuren, wie in der Schwefelsäure, Salpetersäure, Salzsäure mit Aufbrausen auflöste u. s. w.

Bulletin des Sciences N. 68.

B. Literatur.

I.

Journal des Mines par les CC. Hauy, Vauquelin, Baillet, Brochant, Tremery et Collet - Descostils etc. Bergwerks - Journal von Hauy u. s. w. herausgegeben von dem Bergwerksconseil N. 63. (S. 193-272.)

1. *Auszug des Berichts des Bergwerkinspectors* Duhamel *über die Eisenminen, Bley- und Zinkminen des ehemaligen Jülicherlandes, jetzt Roer-Departement.* Eine in aller Hinsicht vollständige Beschreibung dieser Bergwerke, und keines Auszugs fähig. Sie hatten seit der Revolution sehr verlohren, seitdem Stollberg nehmlich selbst Zinkschmelzhütten hatte; da dieses Ländchen nun an Frankreich gefallen ist, so verkauft es seine Producte an Frankreich. Es brachte dem ehemaligen Herzoge 70 bis 90,000 Franken. 2. *Ueber ein mit Sauerstoff übersättigtes Bley, welches oxydirtes Eisen und oxydirten Arsenik enthält,* vom B. Le Lievre, *Mitglied des Instituts und des Bergwerksconseil.* Eine Analyse eines unbekannten Minerals von Vauquelin, die der Verf. veranlafst hat. Es enthielt

oxydirten Arsenik	38
oxydirtes Bley	22
oxydirtes Eisen	39
	99

3. *Ueber die Eisenmasse, die man in Siberien gefunden hat, v. B.* De Luc. Dem Verf. scheinen alle bisher geäufserte Meinungen über diesen Gegenstand unstatthaft. Er hielt die Masse ehemals für eine vulcanische Masse, die (wie sonst wohl grofse Granitmassen, die an so manchen Orten, wo sie nicht hingehören, sich als Fremdlinge befinden) von ihrem Entstehungsorte entfernt hingeschleudert worden ist. Jetzt hält er sich überzeugt, dafs es ein Product alter Ausgrabungen eines in der Nähe befindlichen Eisenbergwerks ist, das man nun verlassen hat. 4. *Untersuchungen über die Bergwerke.* Ein Auszug eines Berichts des Bergwerkinspectors Baillet über Steinkohlen, die man bey Givet schon im Jahre III der Republik gefunden. Man bediente sich der Wünschelruthe (Baguette), die die Steinkohlen vermeintlich 65 Metres tief angegeben haben sollte. Sie finden sich aber am Tage. Ein zweiter Bericht vom Bergwerksingenieur Lenoir betrifft Steinkohlen in Ethion im District Charleville des Ardennes-Departement, wo eine Bearbeitung in Gallerien nöthig war, und wo man fälschlich Gruben baute. Die Herausgeber theilen diese Irrthümer zur Belehrung mit. 5. *Doppelte Pumpe des* B. Charpentier. Auszug aus den Registern der Königl. Acad. der Wissenschaften zu Paris vom 28. Novbr. 1781. Mit einer Abbildung. Sie wurde trotz ihrer Mängel von der Societät approbirt. 6. *Notiz über verschiedne Verfahrungsarten, die Fehler gewisser Eisen, Stahle u. s. w. zu verbessern, von* L. le Vavasseur, *Brigade-Chef und Director der Marineartillerie zu Alexandrien.* (S. den Auszug aus den Annales de Chimie.) 7. *Notiz über die Verkohlung des Holzes und Torfes* von B. Baillet, Bergwerksinspector. Der Verf. beschreibt das Verfahren des B. Lamothe. Dieser bedeckt oberwärts den Ofen, den er mit Holz ange-

füllt hat, mit Rasen und Erde, welche nach Maſsgabe, als das Material trocknet und sich verkohlt, herunter fällt und die Capacität des Ofens vermindert; daher scheint es dem gemauerten Gewölbe vorzuziehen zu seyn. 8. *Memoire über die Steinkohlenminen und den Handel mit Steinkohlen im Jemappe-Departement.* Vom Präfecten des Departement dem Minister des Innern zugeschickt. Die Steinkohlen gehen von Morgen nach Abend in 3 Reihen, von welchen jede einen halben Myriameter breit und gegen 2 Meter dick ist. Sie werden zu allem möglichen gebraucht, nur zum Eisenschmelzen und Brodbacken nicht. Man gräbt jährlich 16 Millionen Hectoliters in zwey Reihen, und 20,000,700 Myriagrammen in der 3ten. Die Arbeit beschäftigt 20 bis 25,000 Menschen, und mit den Gehülfen wohl an 50,000. Dennoch könnte die Arbeit sich verdoppeln, und ganz Frankreich und Holland durch diese Gruben versorgt werden. England schickt noch immer Kohlen aus Northumberland, die viel Bitumen enthalten, und zum Schmieden, so wie zu Glashütten vorzüglicher sind, allein sie haben andre groſse Nachtheile vor den einheimischeu Steinkohlen. Indessen sind sie wohlfeiler, dieses liegt im Transport, welcher von England leichter und minder kostbar ist. Der Verf. schlägt vor, Wege zu verbessern, Canäle anzulegen, und eine Auflage auf die Einfuhr fremder Kohlen zu legen u. s. w. — 9. *Ankündigungen.* 1. Tod des Dolomieu. 2. Vorlesungen in der Bergwerksschule, worunter unter andern der Unterricht in der deutschen Sprache angeführt ist. 3. Nachricht von mehrern vom Herrn Perrier erbauten Feuermaschinen, um Steinkohlen in die Höhe zu bringen. —

II.

Journal des Mines etc. Bergwerksjournal, herausgegeben vom Bergwerksconseil N. 64. *enthält* (S. 273-368.)

1. *Abhandlung über die kleinen Vulcane in den alten vulcanischen Gebirgen, besonders über den Berg Coran, im Departement Puy de Dome*, vom Bergwerksinspector Monnet. Der Bruder des Verfassers hat den Crater zu Coran entdeckt. Der Verf. nennt diese neueren Craters secondaire. Die Wände derselben sind mit Scorien und mit schwarzem vollkommen geschmolzenen Glase bedeckt. Er scheint in der vulcanischen Cruste selbst seinen Ursprung zu haben. 2. *Beschreibung eines Schmelzofens mit 3 Luftzügen, wie derselbe im chemischen Laboratorio der Bergwerksschule errichtet worden*, von Torelli Narci, der bey dem Bergwerksconseil angestellt ist. Mit Abbildungen. 3. *Ueber das Columbium*, aus dem Nicholsonschen Journal. 4. *Analyse eines von Herrn* Trommsdorf *mit dem Nahmen dichter Hyacinth belegten Minerals*, von demselben. Aus demselben Journale. 5. *Auszug einer Analyse des phosphorsauren Eisens*, welches mit Braunstein vermischt ist, vom B. Vauquelin. Es enthält Phosphorsäure 27. Eisenkalk 31. Braunsteinkalk 42. — Es könnte zum Überzug der Töpferwaaren dienen und selbst zur Farbe in der Schmelzmalerey. (S. Franz. Annalen. 1. Stück. S. 60.) 6. *Neue Methode, öconomische Capellen zur Scheidung des Bleys zu machen*, vom B. Duhamel. Im Jahre VIII dem Institute vorgelesen. 7. *Auszug der vorzüglichsten Entscheidungen des Ministers des Innern den Bergbau betreffend.* 8. *Auszug der Erfindungspatente, die seit dem Jahre VI bis zum Ende des Jahres IX ertheilt*

worden sind. Im Jahre VI den Bürgern Ami-Argand und Montgolfier über den hydraulischen Heber. Den Bürgern Bougais und Cotto über öconomische Kamine auf 5 Jahre. Den Bürgern Jamain und Poncelet über Verfertigung des Eisenblechs u. s. w. auf 5 Jahre. Dem Bürger Cazaurane über eine Bleyweifsfabrik auf 5 Jahre. Dem Bürger Brun über eine Metallverbindung zu Medaillen auf 5 Jahre. Im Jahre VII den Bürgern Amavet über eine Maschine, um schwere Lasten auf schlechten Wegen fortzubringen. Dem Bürger Rosnay über Verfertigung eiserner Brücken. Dem Bürger Girard über ein Mittel, sich des Auf- und Niedersteigens der Meereswellen als einer mechanischen Kraft zu bedienen. Dem Bürger Albert über eine Sägemaschine. Dem Bürger Lebon im Jahre VIII über eine Vorrichtung, brennbare Stoffe zu destilliren. Dem Bürger Bertin über eine Eolipyle, deren Dampf dazu dient, das Eolipyle selbst zu erhitzen. Der Verf. nennt sie docimastische Lampe. Dem Bürger Toussaint zu Raucourt über einen Cylinder, stählerne Bijouterien zu poliren. Dem Bürger Briffault über thönerne Tiegel. Dem Bürger White über Verfertigung verschiedner Lichter. Dem Bürger Mozzanino über ein öconomisches Kamin. Dem Bürger Bidot über eine hydraulische Pumpe. Dem Bürger Thilorier über den Rauchverzehrenden Ofen. Den Bürgern Smith, Cuchet etc. über eine Filtrirmaschine. Dem Bürger Fremin über sein Verfahren, die Kohlen durch Destillation zu bereiten. Im Jahre IX den Bürgern Perrier, Carcel, Carreau, Bouvier, Charpentier und Jacquard über eine Dampfmaschine. Den Bürgern Gregoire und Brune über einen neuen Ofen, Holz zu verkohlen. Dem Bürger Grassot über einen öconomischen Ofen, der nie raucht. — Dem Bürger Vachette, Ingenieur, über eine Maschine, den Gang der Fähren und Nachen zu beschleunigen. — Dem Bürger Adam über eine neue Destillirmaschine.

III.

Das 65ste Stück des Journals des Mines enthält
(S. 369-448.)

1. *Abhandlung über die Gegenstände, auf die in Corsica Rücksicht zu nehmen ist*, vom B. Barral. Über Silber-, Eisen-, Bley-, Kupferminen, so wie über Serpentin- und schwarze Porphyrbrüche. Über Wälder, Baumwolle, Zuckerrohr und Weinbau. 2. *Ueber eine methodische Vertheilung der Mineraliensammlung Frankreichs.* Vom B. Baillet. Der Verf. entwirft den Plan zur Anlegung einer topographischen Sammlung. 3. *Ueber die Anwendung des Torfs, um Dämme zu bauen, und die Art, wie man in Norwegen und Schweden hierbey verfährt.* Nebst einer Abbildung. 4. *Bericht über die specifische Schwere der Steinkohlen verschiedner Bergwerke und über die Zunahme des Gewichts und Umfangs derselben durch Anfeuchten.* Von den B. Duhamel und Blavier. Die Versuche sind tabellarisch verzeichnet. 5. *Ueber die Art, Kohlen im Walde Benon zu bereiten.* Vom B. Fleurieu Bellevue. Das Verfahren ist besonders öconomisch. 6. *Bericht des Präfecten des Aude-Departement über die Anwendung der Steinkohlen unter Farbekessel statt des Holzes.* Vom B. Mathieu, Bergwerksingenieur. 7. *Versuche über den Anatase* oder Oisanit des Delametherie, welche beweisen, daſs die Substanz ein Metall sey, vom

B. Vauquelin. Der Verf. glaubte, es sey ein neues Metall, bey genauerer Untersuchung fand er, daſs es Titan sey. Die Hauysche geometrische Untersuchung gibt zwar keine gleichen primitiven Moleculchen mit jener Substanz; allein er vermuthete doch auch, daſs eine metallische Substanz in demselben enthalten sey. Herr V. konnte seine Versuche nur mit einer sehr geringen Quantität machen. — 8. *Abhandlung des Herrn Gindebein über die Steinkohlen der 4 vereinigten Provinzen* in Bezug auf Ackerbau und Handel. In einem Auszuge vom B. Heron Villefosse.

IV.

Das 66ste Stück des Journal des Mines enthält (S. 449 - 528)

1. *Mineralogische Beschreibung des Thals Gosséyr*, vorgelesen im Nationalinstitute zu Cairo vom B. Roziere, Bergwerksingenieur. Das Thal ist aller Vegetation beraubt und besteht aus einem Sand von Quarz und Kalk. Guitta, welches 13 Stunden weit vom Eingange zu Quennéh ist, hat einen Brunnen mit unangenehmen Wasser, welcher vom Regen, der sich durch den Boden filtrirt, gebildet wird. Der Verf. beschreibt einige Reste von Monumenten. Der Weg geht nach El Haouch und ist stets mit derselben Steinart bedeckt, die den Sand bildete. Nach 6 Stunden Weges bemerkt man quarzartige Puddingsteine und Breccien. Überhaupt findet man kleinkörnige Granitgebirge, die Breccia, die in Italien unter dem Nahmen Breccia verde d'Egitto bekannt ist, und Granitfelsen. Es folgt nach der Bresche ein Schiefer u. s. w. (Die Abhandlung scheint mehr das Accessorische der Reise zu enthalten, als über die eigentliche mineralogische Beschaffenheit belehrend

zu seyn. Wir werden sie bey einer andern Gelegenheit zu erwähnen Gelegenheit haben.) — 2. *Beobachtungen über verschiedne Maschinen, das Wasser zu beliebiger Höhe zu erheben.* Herr M. Boulton in Soho hat wahrscheinlich die Entdeckung des B. Montgolfier benutzt. Der Verf. beschreibt 2 derselben. Alsdann eine 3te des B. Viallon, die im Journal de Physique April 1798 enthalten ist, dann noch 5 andre von Herrn Boulton. Nachdem der Verf. die Meinung der Commission des Instituts anführt, schliefst er, dafs alle Maschinen, die nach den Grundsätzen des Herrn Montgolfier gemacht sind, in vielen Fällen mit Vortheil anzuwenden sind. Die überaus deutlich mit Abbildungen verfertigte Abhandlung verdient von Sachverständigen im Originale nachgelesen zu werden. 3. *Brief des Herrn* Daubuisson *an den* B. Brochant über einige thermometrische Versuche im Bergwerk Beschert-Glück bey Freyberg. 4. *Ueber die doppelte Strahlenbrechung des Bergkrystalls.* Von Torelli de Narci. Der Verf. benutzt ihn zu einem Instrumente, um kleine Winkel zu messen nach der von Rochon vorgeschlagnen Art, und so Entfernungen zu bestimmen. Er zeigt noch andre Vortheile, die für astronomische Instrumente von seiner Strahlenbrechung zu ziehen sind. — 5. *Analyse der Asche des Polygonum fagopyrum des Linné* (Buchweizen) vom B. Vauquelin. Sie enthält:

Kohlensaures veget. Alkali	29 , 5
Schwefelsaures — —	3 , 8
Kohlensauren Kalk —	17 , 5
Kohlensaure Bittererde	13 , 5
Kieselerde — —	16 , 3
Alaunerde — —	10 , 5
Wasser — —	8 , 9
	100 , 0

Also könnte sie in Glashütten vortheilhaft gebraucht werden, denn andre Pflanzen enthalten nur 18 bis 20 Procent Pottasche.

V.

Das 67ste Stück des Journal des Mines enthält (S. 1 - 84)

1. *Ueber silberhaltiges Quecksilber* (Mercure argental) ehemals natürliches Quecksilberamalgam, vom B. Cordier, Bergwerksingenieur. 100 Theile des silberhaltigen Quecksilbers, das fest und gut krystallisirt ist, enthalten: festes Quecksilber 72, 5
Silber - - 27, 5
Der Verf. zeigt, daſs dieses Mineral als eine besondere Species anzusehen ist, da es das Product einer genau bestimmten chemischen Verbindung ist, die sich in gewöhnlicher Temperatur in festen Krystallen zeigt, deren Varietäten der würdige Verf. nach Hauy's Methode abgebildet hat. — Da der Verf. die specifische Schwere des Silbers = 104,743 und die des silberhaltigen Quecksilbers = 141,192 und das Verhältniſs der beyden Metalle gegen einander = $\frac{29}{11}$ kannte, so fand er die specifische Schwere des festen Quecksilbers 162,662. — 2. *Ueber eine neue Varietät des Epidote* von Champeaux und Cressac. Wurde ehemals für eine Varietät des rothen Granats gehalten. Saussure nannte sie im §. 1902. seiner Reise in die Alpen Prehnit. 3. *Ueber eine Varietät des kohlensauren Kalks bey Port Seguin.* Vom B. Cressac. Hauy nannte sie Chaux carbonatée coordonnée. 4. *Beobachtungen über Bleyminen in Dourbe, Vierfe und Treigne im Couvin-Arrondissement des Ardennen-Departements.* Vom B. Baillet. 5. *Beschreibung einer Maschine, um Mineralien aus*

einer Grube heraufzuziehen, von T. Arkwright. Nebst Abbildung. 6. *Ueber die Bereitung der Mineralien in dem Bergwerk Beschert-Glück* in Sachsen. Vom B. Daubuisson. 7. *Ueber die Farben aus Metallkalken durch Schmelzung auf verschiedene glasartige Körper getragen.* Vom B. Brognart. (S. Franz. Annalen 3tes Stück.) Verschiedne Auszüge aus fremden Journalen.

VI.

Journal de Physique, de Chimie et d'Histoire naturelle. Von De la Metherie. *Monat Messidor des Jahres X. oder des LVsten Bandes 1tes Heft, enthält folgendes.*

1. *Brief des Grafen* Morozzo *an den* B. Lacepède *über einen Ichneumon, den man aus Aegypten gebracht hat.* Er wurde im April 1802 vom Bataillons-Chef Aimet nach Rom gebracht. Es ist das persische Stinkthier, Mangouste des Buffon, und etwa von der Gröſse einer Katze. Jonston hat es gut beschrieben und Buffon gut abgebildet. Der Verf. gibt indessen eine sehr genaue Beschreibung des Individuums, welches weiblich war, mit Angabe der Mase jedes seiner Theile. Das Thier war freundlich, wie ein Hausthier, sehr beweglich, und in die Runde hüpfend, mochte gerne gesträuchelt seyn, und fürchtete selbst in dem mäſsigen Klima von Rom unbedeckt zu seyn. Als das Thier beym Annähern eines Hundes seinen Beutel eröffnete, so lief er davon, ohne daſs man doch den Geruch desselben wahrnahm. Der Verf. bemerkte, daſs das Thier auf dem innern Augapfel, wie die Nachtvögel, eine Art von Membrana nictitans hat;

die Membran unterscheidet sich von der der Nachteule blofs dadurch, dafs sie quer von der Nase zum Ohre hin geht. Das Thier jagt also wohl bey Nacht. Ferner sind die 4 Finger der Vorderfüfse durch eine braune unbehaarte Haut unter einander verbunden; man bemerkt sie nicht, wenn das Thier geht, es schwimmt aber wahrscheinlich, daher es Jonston unter die Amphibien gerechnet wissen wollte. Da diese Thiere Crocodileyer am Ufer des Nils mit grofser Begierde essen, so sind sie nach den Überschwemmungen wohl zuweilen genöthigt, durch Kanäle zu schwimmen. Das Individuum nährte sich übrigens am liebsten von Fischen. Der berühmte Thiermaler, Herr Peter in Rom, hat es von zwey Seiten trefflich gezeichnet. Das Thier kömmt nach Paris. — 2. *Brief des Herrn* Daubuisson *an Herrn* Delametherie *über das Eigenthümliche der Mittelgebirge Böhmens.* Wahrscheinlich in Deutschland bekannt. 3. *Auszug des 10ten Versuchs des zweiten Theils der politischen, öconomischen und philosophischen Versuche des Grafen* Rumford. Über eine Einrichtung Fleisch zu braten. 4. *Ueber die vegetabilische Erde und über Dünger* vom B. Sage. Der Dünger mufs der vegetabilischen Erde stets anpassend seyn. Der Verf. gibt eine Eintheilung von 12 verschiednen Erden, die zur Vegetation geschickt sind, und bestimmt die verschiednen Arten Dünger unter 6 Rubriken, nehmlich: vegetabilischer, vegetabilisch-animalischer, animalischer, mineralischer Dünger, Brache, und Dünger durch Anbau von Luzern u. s. w. hervorgebracht. 5. *Ueber das Mineral, welches unter dem Nahmen Katzenauge bekannt ist.* Vom B. Cordier, Bergwerksingenieur. Das Katzenauge ist keine besondere Species, es ist aus zwey andern gemischt. B. Hauy hat es als eine Varietät unter Quarzagathen beschrieben. Herr Cordier glaubt, dafs es leicht zu erweisen ist, dafs die beyden Substanzen, aus denen es zusammengesetzt ist, Quarzhyalin des Hauy und Asbest sind. Man hat einige Stücke aus Indien gebracht, die im Handel nicht geachtet sind, und die augenscheinlich die Beweise hiervon geben. Der Verf. hat es in der Bergart, in der es vorkommt, zu beobachten Gelegenheit gehabt, und sich davon völlig überzeugt. Die übrigen Kennzeichen, und die Analyse des Klaproth, von der man nur die Analyse, die Bergmann von dem biegsamen Asbest gegeben hat, abziehen darf, beweisen es ebenfalls. Das Mineral müfste also nach Hauy Quarz hyalin amianté chatoyant heissen, und in Werners System nach dem Bergkrystall folgen. 6. *Meteorologische Beobachtungen des* B. Bouvard *vom Monat Prairial des Jahres X.* 7. *Brief über einige Galvanische Phänomene* vom B. Courtet an B. v. Mons. Aus dem Journal des Herrn v. Mons. 8. *Auszug eines Briefes des Herrn* Herschels *an den* B. Mechain. Herr Herschel fand durch Beobachtung und Calcul, dafs der Durchmesser der Ceres nur 162 engl. Meilen betrage, so wie der des Pallas nur 70. (5 engl. Meilen machen ohngefähr eine deutsche). Er folgert hieraus, dafs sie wegen ihrer Kleinheit und auch weil sie aufserhalb dem Zodiacus gelegen sind, nicht zu den Planeten gerechnet werden können, und da sie auch keine Cometen sind, so macht er eine neue Classe aus denselben, und nennt sie Asteroiden. (Wir verweisen unsere Leser auf v. Zachs monatliche Correspondenz.) 9. *Anmerkung über einen Ornitholit von Montmartre* vom B. Delametherie. Herr Fortis zweifelte, dafs es würklich Ornitholiten auf dem Montmartre gebe. Herr Cuvier gab hierauf die Beschreibung von dem Bein-

und Schenkelknochen, die er für Knochen einer Meerschwalbe hält. Der Verf. liefert hier zwey Abbildungen von Knochen, die nordwestlich auf dem Montmartre gefunden worden sind, und die die Beweise, daſs Ornitholiten auf diesem Berge existiren, unumstöſslich machen. 10. *Brief an den Herausgeber über die Phosphorescenz des Diamanten.* Herr Werner schien zu läugnen, daſs der Diamant die Eigenschaft zu phosphoresciren habe, doch hat es Boyle schon bem^.kt. Es kann seyn, daſs einige Diamanten mehr als andre diese Eigenschaft haben. Der Verf. besitzt ein Stück Fluſsspath und einen weiſsen Topas von Sibirien, die durch die menschliche Wärme allein schon phosphorescirend werden. Den Diamanten braucht man übrigens nur an einem dunklen Orte in einer Richtung zu reiben, um die Eigenschaft zu leuchten wahrzunehmen. 11. *Ueber das Verdünsten des Wassers bey einer hohen Temperatur*, von Herrn Klaproth. Mitgetheilt von Friedländer. 12. *Geschichte des Planeten, den Herr* Olbers *entdeckt hat.* 13. *Notiz über die Arbeiten der physischen Classe des Instituts.* 14. *Brief des Herrn* Proust *übers Wachs.* Er bedeckt alle grüne Blätter und verhindert, daſs sie nicht vom Regen naſs werden, indem er sie wie ein Firniſs überzieht. Er bedeckt auch die Pflaumen und Trauben, und ist besonders häufig auf Orangen. — Der Verf. behauptet auch, daſs der Zink in der Blende sich im metallischen Zustande befinde. — 15. *Brief des* B. le Couvier an Herrn Delametherie. Der Verf. glaubt zwar, daſs das Meerwasser das kräftigste Mittel sey, die Vulcane zu entzünden, er glaubt aber auch mit Herrn Courrejolles, daſs das Regenwasser dasselbe Phänomen wieder hervorbringen könne, welches Herr De Luc gänzlich läugnet. Wenn das Regenwasser auch weniger fremde Körper enthält,

so

so kann es doch die Decomposition des Schwefelkieses veranlassen, und altes Feuer unterhalten, indem es neues anzündet. Der jetzige Zustand der Vulcane von Nonette und Usson macht dieses wahrscheinlich. — 16. *Literarische Neuigkeiten.*

VII.

Journal de Physique, de Chimie etc. von Delametherie. *Monat Thermidor. Jahr X. oder des LVsten Bandes 2tes Heft enthält:*

1. *Beobachtungen und Versuche über die oxygenirte Kochsalzsäure. Von R.* Chenewix. Aus den Philosophical Transactions gezogen.

2. *Beobachtungen und Versuche über die Blüthe der ausgebeizten Gerberlohe (fleur de la tannée) vom B.* Berger *in Geneve.* Mit einer Abbildung. Diese sonderbare Production ist unter dem Nahmen *Spongia fugax* in den Memoires de l'Ac. Royale von 1727. beschrieben. Der Verf. verfolgt die Umstände, unter welchen dieses Gewächs sich entwickelt, so wie den Verlauf des Wachsthums. Er entscheidet nicht, ob es eine Pflanze ist, er hält es vielmehr für einen mucilaginösen Saft, der durch Gährung auf Misthaufen, wo Trauben und Früchte hingeworfen worden, so wie auf der Rinde von Tannen und Buchen sich erzeugt, und zwar an sehr feuchten Stellen, wenn die Luft sehr warm ist und die Hitze der genannten Körper durch andre Umstände begünstigt wird. —

3. *Abhandlung über die Bestandtheile des Schmirgels, von Herrn* Tennant.

4. *Anmerkung über eine mineralogische Reise, die im Jahre IX. unternommen worden ist, vom B.* De-

lametherie. Der Verf. reiste mit Dolomieu und hielt sich in den Gebirgen zu Beaujolais auf, indeſs Dolomieu nach den Alpen ging. Er verzeichnet die Gebirgsarten, die er vorfand. Hierauf stellt er eine Classification derselben auf. *Species unter zusammengehäuften Steinen* nennt er *diejenigen, deren Verbindung constant ist, und die ihnen allein zukommende Eigenschaften haben.* Er theilt sie in Gebirgsarten aus homogenen Theilen zusammengesetzt, und in solche, die aus aggregirten zusammengehäuften Gebirgsarten zusammengesetzt sind. Diese haben nun wieder Unterabtheilungen. (Wir glauben uns auf diese kurze Anzeige beschränken zu müssen, um die genauere Untersuchung der Classification den Geologen zu überlassen.)

5. *Analyse des Koupholithe, vom B.* Vauquelin. B. Gillet und Lelievre haben ihn 1786. in der Gegend von Bareges entdeckt. Man hat ihn für eine Art Zeolith gehalten. B. Lelievre hielt ihn für Prehnit. Man hatte keine Krystalle, nach welchen man ihn geometrisch bestimmen konnte. B. Vauquelin fand durch chemische Untersuchung

Kieselerde	48
Alaunerde	24
Kalkerde	23
Eisenoxyd	4
	99

Vergleicht man dieses mit den Analysen der Herrn Klaproth und Hassenfratz vom Prehnit, so findet man, daſs er wirklich als eine Varietät desselben anzusehen ist. — Meteorologische Tabellen von Bouvard und literarische Neuigkeiten beschlieſsen das Heft.

VIII.

Journal de Physique etc. des B. Delametherie, *vom Monat Fructidor oder des LVsten Bandes 3tes Heft enthält:*

1. *Eine Abhandlung über das harmonische Tönen der mit Wasserstoffgas angefüllten und an einem Ende angezündeten Röhren, vom Herrn* Delarive, Expräsident der königl. Gesellschaft zu Edinburg. Vorgelesen in der Gesellschaft fur Physik und Naturgeschichte in Genf.

Die Röhren müssen aus einem elastischen Körper, als aus trocknem Holze, Metall oder Glas, bestehen. Wenn sie auf einer Seite verschlossen sind, so müssen sie weit genug seyn, um die zum Brennen des Gases nothwendige Circulation atmosphärischer Luft zu gestatten. Angezündete Dünste des Weingeistes, des Äthers, oder ein angezündetes Wachslicht u. s. w. bringen keinen Ton hervor. Herr Pictet hat gezeigt, dafs dieses Phänomen an dem Ende, wo das Brennen geschieht, durch die wellenförmige Bewegung der eintretenden Luft veranlafst wird, die alsdann an den Wänden der Röhre reflectirt, und den Ton nach Mafsgabe der Länge der Röhre, der Geschwindigkeit des Eintretens, und der Temperatur verändert. Auch kann die Reinheit der atmosphärischen Luft zum Modificiren des Tons beytragen. — Der Verf. hat die Versuche erweitert, er nahm Thermometerröhren von 1, 2 bis 3 Linien Durchmesser und 5 Zoll Länge, und liefs an einem Ende eine Kugel von 2, 4, 6 Linien Durchmesser anblasen, in welche er sehr wenig Wasser oder Quecksilber hineinthat, und über einer starken Flamme erhitzte. Die Röhren gaben einen Ton, und zwar die weitesten einen tiefern. Ohne Kugel am Ende gelang der Versuch nicht, auch nicht, wenn Äther und Weingeist in der Kugel sich befand. Die Röhre mufste ferner kalt seyn, während die Kugel erhitzt ward, und atmosphärische Luft enthalten; auch der Dampf nur einen Theil derselben beym Versuche erfüllen. — Aus diesen 4 Erfordernissen beym Versuche schliefst der Verf., dafs der Ton durch die Wirkung des Wärmestoffs auf die Dünste, und durch die Rückwirkuug dieser auf die atmosphärische Luft hervorgebracht werde. Das Volumen der Dünste wird nähmlich durch die Wärme gröfser und elastischer, allein die atmosphärische Luft und die Wände der Röhre rauben den Wärmestoff, es entsteht durchs Erkalten eine Leere, die durchs Eindringen der Luft schnell erfüllt wird, bis neuer Wärmestoff das Phänomen erneuert; diese abwechselnden Oscillationen veranlassen das Schwingen, welches den Ton hervorbringt. Der Versuch gelingt mit Äther und Weingeist nicht, weil der Unterschied der Wärme der Dämpfe und der Kälte der atmosphärischen Luft nicht grofs genug ist. — Nach denselben Grundsätzen erklärt der Verf. auch den Versuch mit dem Wasserstoffgase. —

2. *Ueber die Theorie des Schalles*, *vom B.* Biot.

3. *Stündliche Beobachtung von 6 Thermometern, am 5ten, 6ten, 7ten, 8ten und 9ten August* 1802, *an den Tagen nähmlich der stärksten Hitze. Vom B.* Cotte. Die Thermometer waren die vollkommensten, die es gibt, und unter den Augen eines Lavoisier, Dr. Beddoes, und Baumé zum Theil von Mossy verfertigt. 3 waren mit Weingeist, 3 mit Quecksilber angefüllt, und die Beobachtungen, wie gewöhnlich, mit der am Verf. gewohnten Genauigkeit in Montmorency angestellt. (Wir heben nur einige Resultate aus, um nicht die Tabellen abzuschreiben.) — Das Maximum der Thermometerhöhe war bey dem gegen Norden gehängten um 3 Uhr Nachmittags, und bey dem in die Sonne gehängten um 4 Uhr

Nachmittags. Die mittlere Höhe der mit Weingeist angefüllten Thermometer übertraf die der Quecksilberthermometer um 6 Grad, wozu die Röthe des mit Sp. Vini angefüllten Thermometers beygetragen haben mag, welche mehr Hitze als das mit weifsem Quecksilber angefüllte verschluckt. Im Schatten betrug der Unterschied nur 1, 11 Grad. Die mindeste Wolke verminderte die Temperatur, und in dem Augenblicke, wo die Sonne am brennendsten war, bemerkte man Fluctuation in den Thermometern. Der Verf. zweifelt, dafs die Hitze am heissesten Tage in Paris auf 31° gestiegen sey. Den 21sten Aug. 1801, wo es am heissesten war, zeigte sein Thermometer Abends in der Sonne nur 31. 8.

4. *Dritte Abhandlung über den schwefelkieshaltigen Torf des Aisne-Departement, und die vereinigte Wirkung der Luft und des Wassers auf denselben, so wie über seine Verbrennung und die daraus entstehenden neuen Substanzen. Vom B.* Poiret. Es erzeugen sich in diesem Torfe Krystalle von schwefelsaurem Eisen, erhitzt bildet sich Alaun, schwefelsaurer Kalk, oder schwefelsaure Bittersalzerde. Bey stärkerer Hitze wird Schwefelwasserstoffgas entwickelt. Es entstehen auch verschiedene Ocker und Schlacken u. s. w. —

5. *Anmerkung über eine Abhandlung, die den Einflufs des Mondes auf die Veränderungen der Atmosphäre überhaupt, und auf die des Barometers insbesondere betrifft. Vom B.* Cotte. Der Verf. wurde von Laplace aufgefordert, die mittlere Barometerhöhe nach einer grofsen Anzahl Mondsumläufe zu bestimmen, indem er die Beobachtungen Abends und Morgens nach jedem Mondsviertel aushebt. Er fand, dafs das Barometer vom Neumond zum Vollmond eher steigt, und vom Vollmond zum Neumond fällt.

6. *Encephalocranioscopie des Doctors Gall in Wien.* Ein Auszug aus dem Magazin Encyclopedique. Der Aufsatz ist vom Dr. Bojanus verfertigt.

7. *Meteorologische Beobachtungen*, vom Monat Thermidor auf dem Pariser Observatorio.

8. *Auszug der Abhandlung des B.* Fourmy *über Töpferwaare.*

9. *Brief des Prof.* Pfaff *an Dr.* F. *über* Ritters *Versuche.*

10. *Ueber Verbrennung des Phosphors, von* Parrot, Prof. in Riga.

11. *Ueber das in Schweden von Dr.* Eckeberg *entdeckte Metall, Tantalum genannt.*

12. *Literarische Notizen.*

IX.

Bulletin der Gesellschaft zur Beförderung der Nationalindustrie. 4tes Stück.

1. *Anmerkung über die Strumpfwirkermaschinen, die während der Complementartage des Jahres X. unter den Producten französischer Industrie ausgestellt waren.* Die Maschine des B. Aubert hat bekanntlich grofses Aufsehen erregt, und dem Erfinder eine goldene Medaille bewirkt. Durch eine blofse Kurbel bringet sie die zusammengesetztesten Bewegungen mit der gröfsten Genauigkeit hervor, und ein Kind kann sie regieren, statt dafs eine Maschine nach alter Art einen starken Menschen erfordert. Das nähere über eine andere solche Strumpfwirkermaschine findet man im vorigen Hefte des Journals.

2. *Neues Mittel, um eine Zirkelbewegung in einer gegebenen Fläche in eine hin- und hergehende zu verwandeln.* Von White (s. das vorige Heft.)

3. *Ueber Töpferarbeit überhaupt und über die Hygiocerames des B.* Fourmy.

4. *Anmerkung über die Bereitung des Eisens mit Holz und Steinkohlen, welche man im Haute-Marne-Departement versucht hat.* B. Etienne hatte diese Idee zuerst, und sie gelang in der Ausführung. Doch bemerket man, daſs nur die guten ausgesuchten Kohlen anwendbar sind, und daſs man die Steinkohlen aus Kohlenminen, die mit Schwefelkieslagern angefüllt sind, vermeiden muſs. Man nimmt ein Gemenge von Holz und Steinkohlen zu gleichen Theilen.

5. *Mittel den Wein zu reinigen.* Devins hat vorgeschlagen ihn durch Sand zu filtriren. Besser ist es Steine, die durchs Spundloch gehen, rothgluhend zu erhitzen, und sie in Wein zu werfen, den man 6 Wochen hinterher filtriret. Man wiederholt diesen Versuch erforderlichen Falls einige Mal, und man soll dann einen Ansatz an den Steinen finden, der von den gewöhnlichen Hefen verschieden ist. Ein Weinhändler soll sich durch diese Methode sehr bereichert haben. Der Wein soll dadurch alle mögliche gute Eigenschaften erhalten. Da solche Vorschläge nicht allemal durch eine lange Erfahrung bestätiget sind, so wünschet die Gesellschaft für Industrie, daſs ihr die Resultate der wiederholten Versuche mitgetheilet werden mögen.

6. *Notiz von einigen neuen englischen Verfahrungsarten.* V. B. Cadet de Vaux.

7. *Bericht der Heizungscommission, welche aus den Bürgern* Guyton, Bardel, Lasteyrie *und* Decandolle *besteht.* — Der Vorschlag der Commission geht dahin, daſs ein Ofen mit einem Farbekessel nach einer Construction errichtet werde, die die Commission für die beste hält, und daſs man alsdann die Färber von Paris zusammen berufe, und öffentlich vergleichende Versuche anstelle. Ist dieses geschehen, und hat man die Pariser Färber hinlänglich aufgeklärt, so schicke man die Beschreibung dieser Öfen und die Beschreibung der Versuche nach den Departementern. — Auf ähnliche

Weise kann sich die Gesellschaft, wenn dieser Versuch, nützliche Entdeckungen zu verbreiten, einmal gelungen ist, auch mit andern Öfen beschäftigen. —

Was die Öfen zur Heizung der Zimmer betrifft, so glaubt die Commission, dafs es am besten sey, die vom Herrn Desarnod einmal existirende Fabrike schwedischer Öfen zu befördern und zu empfehlen.

Die Gesellschaft hat zu obigem ersten Versuche vorläufig 1000 Franken ausgesetzt. —

8. *Eine neue sonderbare Beobachtung über die Bienen auf der Insel Barbados.* Aus Deutschland kommend.

9. *Brief des Doctors* de Carro, der meldet, dafs der Prof. Pessina mehreren hundert Schafen und Hammeln die Kuhpocken ohne Erfolg eingeimpft hat. Er versuchte hierauf die Clavelée-Schafpocken selbst einzuimpfen; es erfolgten sehr grofse Pusteln, die 3 Mal so grofs waren, als die Schafpocken selbst. Nur wenige Schafe waren davon krank geworden, und keines ist gestorben. Auch ist keins von den Inoculirten von natürlichen Schafpocken angesteckt worden, von welchen mehrere starben. Prof. Pessina bemerkt, dafs man schwer den Moment erhascht, wenn das Gift zu nehmen ist, da sich bald eine Kruste bildet. Die Inoculation fafste bey denen, die zum zweyten Mal inoculirt wurden, nicht mehr.

10. *Anmerkung über die Huthfabrike in Marseille.* Eine Fabrike, die für 3,180,000 Livres Hüthe jährlich verfertigte, verkauft jetzt nicht den 5ten Theil. Man wünscht das Verbot fremder Strohhüthe, und Einführung alter Verordnungen. —

X.

Bulletin der Gesellschaft für Nationalindustrie. 5tes Stück. Nivose J. XI.

1. *Anmerkung über die Erfindungspatente, und die deſshalb sich vorfindenden Gesetze.* Von Costaz dem jüngern, Chef des Bureau für Künste und Manufakturen bey dem Minister des Innern.

Diese Patente existiren seit 1791. Wer eins verlangt, muſs eine Bittschrift einreichen und anzeigen, ob er es auf 5, 10 oder 15 Jahre verlangt. Er muſs ferner eine Beschreibung, Zeichnung oder Modell seiner Erfindung einreichen, und eine doppelte Declaration über das Eingereichte ausfertigen. Für 5 Jahr zahlt man 300 Fr., für 10 Jahr 800, und für 15 Jahr 1500 Fr. Die Expeditionsgebühren betragen 50 Fr. Auf länger als 15 Jahr kann man keins erhalten. — Die Erfindung oder Verbesserung (die sich nicht bloſs auf Form und Verzierung, sondern auf etwas wesentliches in dem Verfahren erstrecken muſs) wird weiter nicht vorher untersucht. Ist sie schon vorher bekannt gewesen, so wird das Patent dadurch vernichtet. u. s. w. Der Verf. stellt die Motive auf, auf welchen diese Gesetzgebung beruht, damit niemand in der Bedeutung eines solchen Brevet d'Invention sich irre.

2. *Mechanische Künste.*

Ueber Zapfenlager mit Frictionswalzen.

Die bisherige Einrichtung dieser Art Zapfenlager war darin mangelhaft, daſs man die Walzen, zwischen welchen die ganze Last des Wellbaums rollt, in zwey breite Reifen oder Ringe einpafste, die auf dem Holzgeruste der Maschine fest gemacht waren; die geringste Verrückung im Holzwerk also brachte ein Drängen der Frictionswalzen gegen den Wellbaum, mit dem sie nicht mehr in paralleler Lage sich befanden,) und dieses eine Hemmung in dem Gang der Maschine hervor. Diesem Fehler hat man durch folgende Verbesserung abgeholfen. Man gab der Aufsenseite des Ringes, welcher die Frictionswalzen umschliefst, eine convexe Wölbung, und hingegen dem Lager oder der Pfanne, worin dieser Ring ruht, eine Hohlkehle, so dafs jetzt beyde, nach Art eines Kugelgelenkes, in einander schliefsen, und der nach aufsen abgerundete Theil des innern Ringes nachgeben kann, wenn seine in dem Holz befestigte Pfanne mit diesem sich verschiebt. Es leuchtet ein, dafs bey dieser Vorrichtung die parallele Lage der Frictionswalzen und des Wellbaums immer unverrückt bleibt.

Fig. 2. Seitenansicht eines auf seinem Lager ruhenden Cylinders mit Frictionswalzen. K. der messingne Ring, welcher die Frictionswalze umgibt, und auf seiner Aufsenseite abgerundet ist. M. feststehende Pfanne mit Hohlkehle, worein der Ring pafst. N. zwey kleinere platte Ringe von Messing, deren auf jeder Seite einer sie an die Frictionswalze schliefst, und sie mittelst eingenieteter Stifte in gleichen Entfernungen festhält. Die Ringe selbst werden durch 3 eiserne Nägel mit Schrauben P. P. P. gehalten, und drehen sich zugleich mit den Walzen.

Cylinderpressen mit papiernen Walzen.

Um durch die vereinte Wirkung des Druckes, der Reibung und der Hitze verschiedenen Arten gewebter Stoffe Glanz und Dichtigkeit zu geben, ist die Art von Cylinderpressen, wo eine ausgehöhlte heifse Walze von Eisen oder Messing zwischen 2 hölzernen Walzen läuft, fast noch allgemein im Gebrauch, obgleich die Unvollkommenheiten, welche hierbey die hölzernen Walzen an sich haben, eben so allgemein anerkannt sind. Diesen Unvollkommenheiten auszuweichen, indem man das Holz durch Papier ersetzte, ist eine eben so sinnreiche als nützliche Erfindung, und ihre Verbreitung daher für den Künstler und für den Fabrikanten gleich interessant; dem Ersteren sey nachfolgende Beschreibung der Art, wie sie verfertigt werden, dem Letzteren die kleine Bemerkung in der Note gewidmet [1])

An dem einen Ende eines 4eckigen eisernen Wellbaums mit abgedrehten Zapfen wird eine starke, nach aufsen sphäroidisch oder stumpf konisch zulaufende, nach innen vollkommen gerade abgedrehte Scheibe, von gegofsnem Eisen oder Messing, befestigt. Eine dergleichen wird dem andern Ende des Wellbaums so angepafst, dafs man sie abnehmen kann, der Wellbaum aber auf dieser Seite mit einer Schraube versehen. Das Papier, dessen man sich zu den Walzen bedienen will, mufs von gleicher Stärke und guter Qualität seyn. Es wird in runde Scheiben von etwas gröfserm Durchmesser, als die vorgenannten Metallscheiben sind, geschnitten, zwischen heifsen Platten geprefst, aus dem

1) Wo es darauf ankommt, dem zu pressenden Stoff einen lebhafteren und seidenartigen Glanz zu geben, richtet man die Presse so ein, dafs eine Papierwalze zwischen zwey Metallwalzen geht, kehrt die Seite des Stoffes, worauf die Zeichnung oder das Muster sich befindet, gegen die Papierwalze, und läfst ihn so nur durch ein paar Walzen laufen. Die Papierwalze theilt ihren Glanz der ihr zugekehrten Aufsenseite des Stoffes mit, und erhält, was sie dadurch für sich verliert, durch den rollenden Metallcylinder über ihr immer wieder ersetzt, so dafs das ein Mal durchgezogene Stück eine vollkommnere Glättung erhält, als wenn es durch zwey paar Walzen gegangen wäre.

Mittelpunct ein Viereck, das genau an den Wellbaum paſst, ausgeschlagen, und dann Blatt für Blatt an den Wellbaum gereiht. Die Güte der Walzen hängt von der starken Pressung ab, die man diesen Papierscheiben am Wellbaum gibt, und das beste Verfahren hierbey ist folgendes. Man preſst die ganze Masse nur theilweise; füllt daher den Wellbaum zuerst bis zur Höhe von ohngefähr 4 oder 5 Zoll mit Papierscheiben, und das Übrige mit etwas gröſseren, genau anpassenden, und gehörig starken [1]) Scheiben von Holz und Eisen, abwechselnd eine um die andre, an, und druckt sie nun auf dem in die Presse gespannten Wellbaum mit möglichster Kraft zusammen. Man wiederholt den Druck nach 2 Stunden, und läſst dann das Ganze eine Zeit lang unter der Presse stehen; so fährt man fort, den Wellbaum Theil für Theil mit den Papierscheiben zu erfüllen, bis man das Schraubengewinde erreicht, wo dann die vorbeschriebene andre Scheibe des Wellbaums angesteckt, und die Pressung durch Hulfe der aufgeschraubten Mutter vollendet wird. Der nunmehr massive Papiercylinder wird so weit abgedreht, daſs er um einige Linien stärker bleibt, als die beyden metallnen Schluſsscheiben, und ist nun zum Gebrauch fertig. Allein, trotz der möglichst starken Pressung geschieht es doch, daſs er nach einigen Tagen seines Gebrauchs auf der Maschine noch ein wenig schwindet, welches die kleinen Spaltungen verrathen, die sich auf seiner Oberfläche zeigen; man schraubt dann die äuſsere Scheibe noch ein Mal ab, und fügt so viel Papierscheiben hinzu, als man für nöthig erachtet, um die ganze Walze in vollkommner Dichtigkeit zu erhalten. Ein so verfertigter Cylinder hält mehrere Jahre lang die stärksten und ununterbrochensten Arbeiten aus.

1) 3 bis 4 Zoll für die Holz- und 3 bis 4 Linien für die Eisenstärke gibt hinreichende Solidität.

Note 1. Die viereckige Form des Wellbaums hat einen, obgleich kaum bemerkbaren Nachtheil. Die Ecken nähmlich, da sie weiter vom Mittelpunct abstehen, als die flachen Seiten, verursachen, ohngeachtet ihrer immer noch beträchtlichen Entfernung von der Peripherie, einen nicht auf allen Puncten vollkommen gleichen Widerstand auf derselben. Man könnte diesem abhelfen, wenn man einen runden, der Länge nach gerieften oder ausgezackten Wellbaum machte, und die Ausschnitte der Papierscheiben diesen Riefen des Wellbaums anpaſste; sie würden dann nicht minder fest an demselben stecken, und in allen Puncten ihrer Peripherie gleichen Druck und Widerstand leisten.

2. Für die Zapfenstärke des Wellbaums ist $1\frac{1}{2}$ Zoll hinreichend, wenn die Papierwalze zwischen zwey Metallwalzen zu gehen bestimmt ist. Im entgegengesetzten Falle müssen die Zapfen der Papierwalze um einige Linien stärker seyn.

Chemische Künste.

Ueber die Verwandlung des Eisens in Stahl in Tiegeln, die, ohne daſs eine Substanz, die Kohle enthält, mit ihnen in Berührung kömmt, verschlossen werden. Angekündigt von M. Muschett, *untersucht von* Collet Descotils.

B. Descotils hat die Versuche des Herrn Muschett mehrmals wiederholt, und hat sie nicht bestätigt gefunden, wohl aber fand er, daſs das Eisen leichter schmelzbar ist, als man bis jetzt gewöhnlich glaubte. —

Vergleichende Darstellung der Gerbereyen zu Marseille im Jahre 1789. und im Jahre X. (1801-.802) nach den Nachrichten des B. Raymond, *mitgetheilt vom B.* Bernadar.

Es wurden gegerbt

	im J. 1789.		im J. X.
Kalbfelle	80,000	- - -	1,500
Schaffelle	100,000	- - -	50,000
Ziegenfelle	50,000	- - -	30,000
man färbte	1,000	- - -	1,200
Corduan	50,000	- - -	
und beschäftigte	500 Arbeiter	-	100

Da man die grüne Eiche während der Revolution nicht geschont hat, so fängt es an an Rinde zu fehlen. Auch sollte eine Auflage auf das Einbringen des Fischöls aufgehoben werden, weil es sonst die Verkäufer nach Genua und Livorno mit grofserm Vortheil fuhren.

Im Jahre 1789. existirten zu Marseille 5 *Schwefelfabriken*, die 130,000 Centner aus Neapel und Sicilien erhaltenen Schwefel verarbeiteten Sie beschäftigten ohne Böttger u. s. w. 140 Menschen.

Im Jahre X. gibt es 5 solche Fabriken, die aber insgesammt nur 30000 Centner verarbeiten Man wunscht, dafs die Einfuhrung des Stangenschwefels verboten werde. u. s. w.

Oekonomische Künste.

Ueber die Rumfordsche-Suppenanstalten in Frankreich im Jahre X.

Es gibt deren jetzt 20 in Paris, die täglich 300 bis 600 Portionen vertheilen. Überhaupt sind im

Jahr X. 1,613,199 für 6 bis 7 Centimen die Portion vertheilt worden. — In Genf hat man eine Suppenanstalt unterdrückt, um nicht die Bettler aus der Nachbarschaft anzuziehen. In Lyon haben die Armen sich geweigert, sie anzunehmen; ein gleiches ist zu Nismes geschehen. 19 andre Städte haben sie mit Vortheil eingeführt.

C.

Correspondenz, literarische und technische Nachrichten und Neuigkeiten, gelehrte und andere Gesellschaften, und Unterrichtsanstalten etc. etc.

I.

Medicinishe Neuigkeiten.

1) *Grofse Menge von Steinen aus der Fossa navicularis der Harnröhre gezogen.*

Die erste Veranlassung zu dieser Ansammlung bey dem jungen Menschen von 21 Jahren, dem durch eine Operation von Dumeril geholfen wurde, war eine wahre natürliche Phimosis, die dem Kranken kaum die Einbringung des Kopfes einer Nadel erlaubte, deren sich der Kranke bediente, um die Steine, die den Urin zurückhielten, und ihm fürchterliche Schmerzen verursachten, aufzuheben. Um einen ersten Kern, der sich als Folge dieser natürlichen Verengerung der Vorhaut gebildet hatte, hatte sich nach und nach die grofse Anzahl von Steinen angesetzt, die durch ihr beträchtliches Volumen die Eichel ganz entstellt, und ihr das Ansehen einer zweyten Blase, die sich an der Extremität der männlichen Ruthe befand, gegeben hatten. Drey grofse Steine bildeten gleichsam die Wan-

Wandungen dieser Art von Geode, in deren Höhle die übrigen Steine polirt, wie in Facetten geschnitten, von verschiedener Form und Gröfse frey beweglich sich befanden. Die in eine dünne Membran verwandelte Eichel wurde oberhalb geöffnet, die Steine mit den Fingern mit grofser Leichtigkeit ausgezogen, und die Eichel gänzlich umgekehrt. Ihre innere Fläche glich einer Maulbeere. In jede der Windungen hatten sich Fragmente von Steinen gelagert, welche er mit einem Ohrlöffelchen heraus nahm. Nach 10 Tagen war die Wunde vernarbt, und der Kranke vollkommen wohl. Die Steine, die an Zahl einige dreyfsig betrugen, hatten ein Gewicht von $5\frac{1}{2}$ Unzen.

2) *Ueber* Bosquillons *sonderbare Hypothese von der Wasserscheu.*

Dafs die sonderbare Hypothese Bosquillons, von der im zweyten Hefte die Rede gewesen ist, bestritten werden würde, war vorauszusehen. In Nro. 77. des Moniteur vom Jahre XI. findet sich eine ausführliche Erzählung eines unglücklichen Falles, der sich am 27. Vendemiaire des Jahres XI. (19. Oct. 1802) in Fleury bey Verdun ereignete, wo 6 Männer, 2 junge Frauen und ein junges Mädchen von einer Wölfin von ausnehmender Magerheit durch Bisse, und zwar die meisten auch im Gesichte, schrecklich zugerichtet wurden. Sie wurden sämmtlich in ein Nationalhaus aufgenommen, und von den Ärzten und Wundärzten von Verdun gemeinschaftlich aufs sorgfältigste behandelt. Den 33sten Tag gab einer von den Männern, der nie die Sicherheit, welche man den übrigen eingeflöfst, getheilt hatte, unzweydeutige Beweise von Wasserscheu. Da den folgenden Tag sein Abscheu gegen das Wasser wieder aufhörte, faſste man einige Hoffnung; er starb aber in der Nacht vom 34sten auf den 35sten. Den 37sten Tag wurde einer von den Männern, der noch den Tag vorher im Angesichte aller Ärzte bezeugt hatte, daſs er nicht die geringste Unruhe über seinen Zustand habe, gleichfalls plötzlich von den nähmlichen Symptomen befallen. Von seinen Kameraden getrennet, trank er gleichfalls den folgenden Tag vor allen Personen, starb aber in der Nacht vom 38sten auf den 39sten an einem Delirium, dem 15 Anfälle von Wuth vorangegangen waren. Den 41sten Tag, von welchem dieser Bericht ist, befanden sich die 7 andern, die vom Tode jener beyden nicht unterrichtet waren, wohl, und man hatte alle Hoffnung, daſs sie dem schrecklichen Schicksale ihrer Kameraden entgehen würden. Übrigens waren alle vom Anfange an, so viel möglich, aufgeheitert worden, und sie waren auch meistens ganz sorglos über ihren Zustand. Der letzt gestorbene scherzte noch den Tag vor dem Anfalle mit seinen andern Kameraden, die ein wenig zu fürchten schienen, über ihre Furcht, auch war er zuletzt gebissen worden, woraus man sieht, daſs auch durch wiederholte Bisse das Wuthgift sich nicht erschöpfet.

Auch der Arzt Brieude bestreitet im Moniteur (N. 104. Jahr XI.) die sonderbare Meynung Bosquillons, als wenn die Hundswuth oder Wasserscheu bey den Menschen nicht von einem eigenthümlichen Ansteckungsgifte, sondern von einer moralischen Ursache (Schrecken, Angst, aufgereizte Einbildungskraft) herrühre, mit Thatsachen und Gründen, auf die ich bereits in der Anzeige der Schrift von Bosquillon hingewiesen habe. Er führet unter andern eine merkwürdige Beobachtung an, die er und Andry an einem ohngefähr 6 bis 7-jährigen Mädchen zu machen Gelegenheit gehabt hatten. Es war einige Tage vorher sehr leicht von dem Hunde eines Fleischers, von welchem man nicht wuſste, daſs er toll sey, gebissen worden. Drey oder 4 Tage nach dem Bisse brach die Wasserscheu bey dem Mädchen aus, und sie starb beym dritten Anfalle. Ihre Tante argwohnte nicht, daſs sie von dieser Krankheit befallen sey. Brieude entdeckte dieselbe, da er dem Mädchen gezuckertes Wasser zu trinken darbot. Hier konnte doch keine moralische Ursache zum Grunde liegen. Noch führt er die Thatsachen von Mittheilung der Wuth von tollen Wölfen, Hunden an Kühe, Ochsen, von der Nothwendigkeit zum Ausbruche der Wuth, daſs der Biſs tief genug dringe, um den Geifer ins Blut zu bringen, von der gröſseren Gefährlichkeit des Bisses im Gesichte, als anderswo u. s. w. an. Übrigens empfiehlt er Bosquillon das Experimentum crucis zu machen, sich nähmlich das Wasserscheugift zu inoculiren; ein Versuch, den er jedoch für die Anhänger der entgegengesetzten Meynung für überflüſsig hält, die durch so viele unglückliche Fälle von dem Erfolge der zufälligen Inoculationen durch den Biſs hinlänglich überzeuget sind.

Bosquillon hat dagegen in Nro. 85. vom Moniteur des Jahres XI. Gegenbemerkungen gegen den Fall, der in Fleury bey Verdun vorgefallen war, eingerückt. Die Wuth der Wölfin findet er hinlänglich in dem fürchterlichen Hunger, woran sie ohne Zweifel, nach ihrer auſserordentlichen Magerheit zu schlieſsen, litt, gegründet. Von dem einen bemerket der Bericht ausdrücklich, daſs er vom Anfange an über seinen Zustand besorgt gewesen sey, und hier gebe also im Grunde der Bericht selbst zu, daſs die angstvolle Besorgniſs die einzige Ursache der Wasserscheu und des Todes gewesen sey. Was den andern betrifft, so bemerkt Bosquillon, daſs gerade dieſs eine gewöhnliche Erscheinung bey solchen, die von der Wasserscheu befallen werden, sey, daſs sie, so lange ihnen noch ihre Urtheilskraft frey sey, sich alle Mühe geben, jede Besorgniſs zu verscheuchen, daſs sie ihre Unerschrockenheit rühmen, aber eben dadurch beweisen, wie sehr ihre Seele von der fürchterlichen Idee schon eingenommen sey, deren Uebermacht sie doch endlich unterliegen. Ja er meynt, daſs der erste Eindruck, die erste groſse Gemüthserschütterung vom Bisse der wüthenden Wölfin eigentlich den Keim des Todes mit sich getragen habe, so wie oft Menschen, die einer sehr groſsen Gefahr entrinnen, erst später an den Folgen des groſsen Schreckens sterben. Bosquillon führt noch einen Fall an, wo die bloſse Furcht, von einem tollen Hunde gebissen worden zu seyn, bey einem Frauenzimmer die fürchterlichsten convulsivischen und Erstickungszufälle nebst Wasserscheu hervorbrachte, die allein durch eine vernünftige psychologische Behandlung gehoben wurden. Endlich schlieſst er mit der Erklärung, daſs er sich schon lange mit diesem Gegenstande beschäftiget, und nicht eher seine Meynung bekannt gemacht habe, als nachdem er bereits eine groſse Menge von Personen, die von wasserscheuen Thieren gebissen worden waren, bloſs dadurch vor der Krankheit gesichert habe, daſs er ihnen Zutrauen und Sicherheit einflöſste.

Pf.

3) *Gerbestoff, die Ursache der intermittirenden Fieber, und eingedickte Gallerte, ein unfehlbares Heilmittel derselben.*

Man s. über diese von dem Chemiker Seguin angekündigte Entdeckung die unten mitgetheilten Verbalprocesse des Nationalinstitutes.

II.

Chemische Neuigkeiten aus einem Briefe Prousts *an* Delametherie.

Proust hat in den Weintrauben einen neuen Zucker gefunden, der die Basis des Weines ausmachet. Er unterscheidet sich sehr von dem Zucker, den man im Zuckerrohre findet, durch Krystallisation und andere Eigenschaften. In den Muscattrauben findet man 30 Procent desselben.

Der Stickstoff, bemerket Herr Proust ferner, findet sich stets in Begleitung der Kohlensäure bey der Weingährung. Aus dem Gluten entwickelt sich dagegen bey der Gährung Wasserstoff in Verbindung mit Kohlensäure.

Der Urinstoff (Urée) ist nach Proust eine Art von Salz, das mit Ammoniak gesättiget ist. Man braucht nur Schwefelsäure hinzuzuthun, um das Ammoniak zu entbinden, alsdann erhält man die Basis, gleichsam den reinen Urinstoff, der aber mit Harz gefärbt ist, welches Proust noch nicht hat absondern können.

III.

Leichtes Mittel, das Wasser lange vor Fäulnifs zu bewahren. Von Berthollet.

Herr Berthollet hat einen trefflichen Versuch gemacht, der wegen seiner nützlichen Anwendung die gröfste Aufmerksamkeit verdient. Vor 4 Monaten nähmlich füllte er zwey Fässer, von welchen er das eine von innen über die ganze Fläche verkohlen liefs, mit Wasser. Als er sie vor einigen Tagen eröffnete, war das Wasser des einen gewöhnlichen so faul, dafs man die Nase nicht in der Nähe halten konnte, und das des andern verkohlten Fafses so wohl erhalten, dafs es noch trinkbar, wie in dem Augenblicke, da man es hineingofs, war. — Lord Macartney hat sich, wenn man sich recht erinnert, auf seiner grofsen Reise nach China schon des Kohlenstaubs in seinem Wasservorrath bedient; allein Niemand ist bis jetzt, so viel wir wissen, auf den so einfachen Versuch gerathen, die ganze innere Fläche des Wasserfasses zu verkohlen.

Noch nützlicher können, wie Herr Berthollet ferner anmerkt, solche verkohlte Fässer zur Aufbewahrung des Weines werden, der doch immer von dem im Holze befindlichen harzigen Stoffe auflöst, und dadurch dem Verderben ausgesetzt ist. —

IV.

Ueber die grofse Wasserhebungs-Maschine zu Marly.

Die grofse Maschine zu Marly, welche das Seinewasser über einen ansehnlichen Hügel hebt, um Versailles und besonders die Wasserkünste in den Gärten des Schlosses von Versailles mit Wasser zu versehen, ist im Laufe der Zeit so sehr in Verfall gerathen, und kostet so ungeheure Summen zu ihrer Unterhaltung, dafs nunmehr der Plan gemacht ist, eine neue einfachere an ihrer Stelle zu erbauen. Bey dieser Gelegenheit hat man eine Übersicht der Kosten, welche diese höchst complicirte Maschine zu bauen und zu unterhalten verursachte, bekannt gemacht, wovon wir hier die Resultate mittheilen wollen. Ihr Bau wurde im Jahre 1681 angefangen, und im Jahre 1690 geendiget. Die Kosten stiegen auf die ungeheure Summe von 5,086,516 Livres damaligen Geldes, was 4,629,773 Franken jetzigen Geldes ausmacht. Von 1691 bis 1792, also in 102 Jahren, betrugen die Unterhaltungskosten 7,243,663 Franken, und folglich ein Jahr ins andere 71,016 Franken.

V.

Ueber den Monds-Ursprung der vom Himmel gefallenen Steine.

In N. 68. des Bulletin des Sciences trägt **Biot** die Hypothese von dem Ursprunge der vom Himmel gefallenen Steine, auf welche wir unsere Leser im

1. St. S. 80. verwiesen haben, vor. Er drückt sich folgendermaſsen aus.

„In der ersten Notiz von dieser Erscheinung haben wir behauptet, daſs dieselbe, so sonderbar sie auch erscheine, doch so wenig den Gesetzen der Natur entgegen sey, daſs man eine zwar hypothetische, aber allen Regeln einer gesunden Physik angemessene Ursache von derselben angeben könne. Wir behaupten nicht, die wahre und reelle Ursache dieses Phänomens aufzustellen, sondern wir wollen bloſs eine Vermuthung wagen, die im Stande ist, zu zeigen, daſs die Thatsache des Herabfallens dieser Steine keine Unmöglichkeit in sich schlieſse. Diese Hypothese ist nehmlich, daſs diese Steine von der Oberfläche des Mondes aus geschleudert worden seyn könnten. Vielleicht wird man diese Erklärung beym ersten Anblicke sonderbar, ja gar ungereimt finden; wenn man aber wohl Acht gibt, daſs die Erscheinung selbst anfänglich für eine Ungereimtheit gehalten wurde, ehe man sie genau prüfte, während man jetzt den vielfachen Beweisen, welche für dieselbe zeugen, sich fügen muſs, so wird man zugeben, daſs man vor der Entscheidung die Gründe, welche die Sachen wahrscheinlich machen, hören und abwägen muſs.

Man weiſs, daſs die Wirkung der Schwere sich nicht auf die Oberfläche der Erdkugel einschränket; sie ist es, die mit der Entfernung abnehmend selbst noch den Mond in seiner Bahn hält. Die Körper, welche auf der Oberfläche dieses Trabanten sich befinden, sind gleichfalls gegen seinen Mittelpunkt schwer; ein Körper, der zwischen dem Monde und der Erde sich befände, würde folglich der doppelten Action ihrer Schweren unterworfen seyn.

Man begreifet demnach, daſs auf der geraden Linie, die vom Monde nach der Erde gezogen werden kann, aber viel näher gegen den erstern, als gegen die zweyte, ein Punkt sich befinden muſs, wo diese Anziehungskräfte gleich sind; ein Körper, der sich daselbst befände, würde im Gleichgewichte seyn, und je nachdem er sich nach der einen oder andern Seite entfernte, würde er nach der Erde oder nach dem Monde zu fallen.

Stellen wir uns vor, daſs irgend eine Ursache, z. B. ein vulcanischer Ausbruch, (denn es ist bekannt, daſs Vulcane im Monde existiren) Materien über diesen Gleichgewichtspunkt hinaus schleudern, so werden sie gegen die Erde sich abwärts bewegen und sich auf dieselbe stürzen.

Diese anfängliche Impulsion wird durch die Atmosphäre des Mondes nicht verlangsamet werden, denn man weiſs aus den Bedeckungen der Sterne, daſs diese Atmosphäre, wenn sie anders existiret, eine nur unmerkliche Dichtigkeit hat, während an der Oberfläche der Erde die gröſsten Projectionskräfte bald vernichtet seyn würden.

Diese durch die Monds-Vulcane fortgeschleuderten Steine würden sich mit beschleunigter Bewegung der Erde nähern; indem sie von so groſser Ferne her fallen, würden sie mit einer beträchtlichen Geschwindigkeit in die Atmosphäre der Erde gelangen, die sich allmählig durch den Widerstand dieses Fluidums schwächen würde, und sie würden endlich auf der Oberfläche der Erde mit der gewöhnlichen Geschwindigkeit der schweren Körper anlangen, aber wahrscheinlicherweise erhitzet und vielleicht selbst entzündet durch die Reibung, welche sie von diesem ungeheuren Widerstande erfahren würden.

Wären diese Substanzen von der nehmlichen Beschaffenheit, wie diejenigen, die sich auf der Erde befinden, so würde die Erscheinung nicht bemerklich werden, und nur durch das Auffinden von ganz unbekannten Substanzen würde man zu ihrer Entdeckung gelangen.

Ohne dieser Erklärung ein zu grofses Vertrauen schenken zu wollen, glauben wir doch die Frage machen zu dürfen, ob sie nicht den Erscheinungen, mit deren Untersuchung wir uns beschäftigen, und allen Umständen, von denen sie nach allen Zeugnifsen begleitet seyn sollen, Genüge leiste. Sie ist auch vom B. La Place mit eben so viel Scharfsinn als Behutsamkeit vorgetragen worden."

Biot bringt alsdann eine ausführliche Berechnung über die Projectionsgeschwindigkeit, welche nothwendig ist, um die Monds-Steine bis zu dem Punkte zu bringen, wo die Anziehung der Erde gleich der des Mondes ist, bey, von welcher das Resultat ist, dafs ein Körper, mit einer gröfseren Geschwindigkeit als von 7771 Fufs, z. B. mit einer Geschwindigkeit von 7800 Fufs, die ohngefähr 5 mal so grofs als diejenige ist, die ein Vierundzwanzig-Pfünder mit 12 Pfunden Pulver geladen einer Kugel von seinem Kaliber mittheilet, von der Oberfläche des Mondes aus geschleudert, über den Mittelpunkt der Schwere zwischen beyden hinaus und auf der Erde anlangen würde.

VI.

Vorläufige Nachricht von einigen neuen Erfindungen.

Der schwedische Ritter, Herr von Edelkranz, Mitglied der gelehrten Gesellschaften seines Vaterlandes und vieler ausländischen, ist von der Pariser

Ackerbaugesellschaft, so wie von der Gesellschaft für Nationalindustrie zum Ehrenmitgliede aufgenommen worden. Folgendes ist die Liste seiner nützlichen Erfindungen:

1. Eine Luftpumpe, in welcher die Luft durchs Auf- und Niedersteigen des Quecksilbers verdünnt wird. Sie hat den Fehler der gewöhnlichen Luftpumpen nicht, einen kleinen Raum zu lassen, in welchem die Luft verdickt bleibt, daher sie im Luftleermachen keine Grenzen hat. (Sie hat auch Vorzüge vor dem Hindenburgischen Vorschlag, und ist wirklich mit Vortheil ausgeführt worden.)
2. Einrichtung eines Papinianischen Topfes. Der Deckel, der conisch ist, wird durch die Dämpfe selbst zur Verschliefsung der Oeffnung in die Höhe gedrückt. In dem Deckel bewegt sich eine mit Seitenöffnungen versehene Röhre in einer andern, und pafst in derselben so genau, dafs die in dieselbe eindringenden Dämpfe nur durch die Seitenöffnungen einen Ausweg finden. Die Kraft, mit der sie in die Höhe gedruckt wird, und die Zahl der Oeffnungen, durch welche die Dämpfe den Ausweg suchen, bestimmte demnach den Grad der Elasticität derselben in unveränderlichen Mafsen, und die Anwendung eines solchen Topfes ist demzufolge nicht der mindesten Gefahr ausgesetzt. Die Erhitzung erfordert eine gewöhnliche Argandsche oder Weingeistlampe.
3. Eine Geräthschaft, um chemische Versuche über die Verwandtschaften und Zersetzungen der Körper in hoher bestimmter Temperatur anzustellen. (Die Einrichtung ist bis jetzt unbekannt.)
4. Eine Maschine, um durch die Ausdehnung der Luft oder eines Gases gröfsere Kälte hervorzubringen, als durch sonst gewöhnliche Mittel möglich war. Auch läfst sich die Wirkung dieser Kälte

auf Zersetzung und Verwandtschaft verschiedner Gase untersuchen. (Die Maschine besteht aus einer besonders in dieser Absicht eingerichteten Pumpe.)

5. Eine Art, die Luft zu comprimiren, die weder Stempel noch sonst mechanische Mittel erfordert, daher von aller Reibung unabhängig ist. Sie hat keine andere Grenze, als die Stärke des Gefäſses. (Durch eine Einrichtung mit Dämpfen.)

6. Geräthschaft, um die Destillation einzuhalten oder zu beschleunigen, ohne die Gewalt des Feuers zu verändern, so wie auch die Unregelmäſsigkeit des Feuers zu verhindern.

7. Eine Eintheilungsmaschine, um Skalen auf eine leichte Weise zu verfertigen.

8. Eine sogenannte statische Lampe, die auf das Gleichgewicht des Oels und Quecksilbers und eines hinzugethanen Gewichts gegründet ist. Das Oel im unterwärts befindlichen Behälter wird zu einer willkührlichen constanten Höhe erhoben. —

9. Ein sehr genaues, empfindliches und kleines Areometer.

10. Ein Telegraph, der seit 1794 in Schweden errichtet ist. (Die Beschreibung ist gedruckt.)

11. Geräthschaft, die Flüssigkeit nach Rumfordscher Methode durch Dämpfe kochen zu machen, ohne daſs dieselben in die Flüssigkeit selbst hineingehen dürfen, welches in vielen Fällen unbequem wäre.

12. Eine Einrichtung zu directen Versuchen, ob die Electricität die Körper durchdringe oder nicht u. s. w.

Von mehrern dieser Erfindungen werden wir nächstens Nachricht zu ertheilen im Stande seyn.

VII.

Auszug aus den Verbalprocessen des Nationalinstituts. (Eine Fortsetzung der im ersten Stücke S. 94. mitgetheilten).

Sitzung vom 24ten Frimaire.

Unter den dem Institute mitgetheilten Büchern befand sich eine kurze Darstellung der vorzüglichen galvanischen Phänomene von Cassius und Larcher Daubencourt, Mitglieder der galvanischen Gesellschaft, begleitet von einer Abhandlung des Herrn Aldini. (Wir bemerken bey dieser Gelegenheit, daſs das Institut eine Commission ernannt hat, die die bis jetzt über den Galvanismus bekannt gewordenen Facta sammelt. Die galvanische Gesellschaft hat ebenfalls in ihrer Mitte 4 Sectionen gebildet, die, was den Galvanismus betrifft, zusammenstellen, berichtigen, auf die thierische Oeconomie anwenden, und dem Publico mittheilen sollen. So wird die Nothwendigkeit guter Compilationen in dem nun wissenschaftlichen Frankreich wie in Deutschland gefühlt.)

Berthollet ertheilte einen günstigen mündlichen Bericht über ein Werk des Herrn Chenewix, die chemische Nomenclatur der Franzosen betreffend. (Herr Ch. ist ein junger, sehr reicher und sehr unterrichteter Liebhaber der Chemie, der den gröſsten Theil des Winters in Paris verlebt hat. Bey seinen Mitteln läſst sich noch sehr viel von seinen künftigen Arbeiten erwarten.)

Die Classe erhielt aus Deutschland die neuern Schriften des Herrn Wünsch und des Herrn Winterl.

Desessartz gab einen günstigen Bericht über einige Tabellen der Temperatur von Chevassier d'Audeberts. (Sie bestehen in einer Zusammenstellung aller unsrer Erkenntnisse über Wärme und Temperatur in allen Naturreichen. Der Zweck schien uns nicht sehr dem Bedürfnifs angemessen, und bey der Ausführung ist so viel auf einem grofsen Bogen zusammengedrängt worden, dafs die Erleichterung der Uebersicht gänzlich verfehlt ist.)

Sitzung vom 1ten Nivose (22. Dec. 1802).

Herr Seguin zog fast die ganze Aufmerksamkeit der Gesellschaft auf sich, indem er eine Abhandlung las, die der Anfang vieler folgenden seyn sollte, und nichts minderes als die für die Medicin so wichtige Entdeckung des Fieber vertreibenden Princips der China betraf. Herr S. hatte nehmlich bey Gelegenheit einer kalten Fieber-Epidemie im Herbste, auf seinem Gute zu Juy bey Versailles, alle in Paris selten gewordne Chinaarten von verschiedenem Preise zusammengetrieben, und ihre Güte chemisch zu bestimmen gesucht. Aus vielen nicht im Detail angegebenen Versuchen ergab es sich, dafs die von den Apothekern anerkannte beste China, stets mit Wasser abgekocht, durchs Eintröpfeln einer Auflösung des Gerbestoffs (tannin) einen Niederschlag darbot. Wogegen die schlechte China zwar durch eine Auflösung des schwefelsauren Eisens gefällt wurde, durch obigen Gerbestoff aber nicht. — Ueber die Natur dieses Niederschlags wurde weiter nichts hinzugefügt, und als die mit vielem Glanz angekündigte Entdeckung zu mancherley Fragen die Veranlassung gab, die die Abhandlung nicht auflöste, so wurde man von Herrn S. auf die mitzutheilenden folgenden Abhandlungen verwiesen.

Sitzung vom 8ten Nivose (29. December 1802).

Mit Ungeduld erwartete man die Fortsetzung der Abhandlungen des Herrn Seguin. Man vermuthete nähere Auskunft und Versuche über die Natur des Niederschlags, und ein einheimisches Substitut der so selten werdenden China, das einen ähnlichen Fieber vertreibenden Stoff enthielte. Statt dessen theilte der Verf. viele Krankengeschichten der Einwohner des Dorfes, und von mehr als 22 Hausgenossen mit, die alle sehr wunderbar (nicht durch den Gebrauch der China, von der die Rede nicht mehr ist), sondern durch den einer verdickten Gelatina, die aus Fleisch gezogen, und mit Orangeblüthenwasser und Zucker in kleinen Täfelchen sehr wohlschmeckend bereitet war, plötzlich geheilt worden sind, und zwar nicht vom Tertianfieber allein, sondern auch von den hartnäckigsten 4tägigen, die dem Gebrauch aller andern Mittel widerstanden hatten. Diese Täfelchen wurden nähmlich von einer halben bis zu mehrern Unzen kurz vor dem Fieberanfall verschluckt, und hemmten ihn auf der Stelle.

Das erste, was hierbey nothwendig einfiel, war, daſs Herr S. mit einer kräftigen Fleischbrühe die Fieber heile, wogegen er hinzusetzte, daſs die verdünnte Gelatina diese Wirkung nicht hervorbringt, und eine hinlängliche Verdickung, so wie eine verhältniſsmäſsige Menge, nothwendig erforderlich sey — Das Institut ernannte nach mehrern leicht zu errathenden Discussionen eine Commission, die aus Berthollet, Fourcroy, Portal und Desessartz besteht, um die Sache ferner zu untersuchen. Die Ecole de Medecine hat dieser Commission die Herrn Hallé und Dumeril aus ihrer Mitte beygefügt, damit in den clinischen Anstalten der Schule Versuche angestellt werden mögen. Von Herrn Seguin selbst haben wir trotz einiger Bemühungen nichts weiter hierüber vernommen. Unterdessen hört man, daſs mehrere Fieberkranke, unter andern eine Schwindsüchtige, wirklich durch den Gebrauch der Gelatina plötzliche Remissionen, wenn auch nicht völlige Heilung, erfahren haben sollen. Der Güte einiger Commissarien verdanken wir auch folgende vorläufige Nachricht. Nach einer Theorie des Herrn Seguin befindet sich nähmlich die Fiebermaterie oft in den ersten Wegen, sie besteht in einer Art von Gerbestoff selbst, daher es auffallend ist, daſs man bis jetzt in diesem Gerbestoff ein Mittel gegen dieselbe suchte. Durch die Gelatina wird dieser Stoff niedergeschlagen und abgeführt. Oft geht diese Fiebermaterie in die Masse der Säfte über und bildet Flecken auf der Haut. Diese Ausschläge und Flecken enthalten einen ähnlichen Stoff. Das bloſse Einreiben der Gelatina in die Haut ist nach seinen Erfahrungen hinlänglich, sie zu vertreiben. So viel ist uns bis in diesem Augenblicke (d. 14ten Febr.) über diesen Gegenstand zu erfahren möglich gewesen; da sich die Commissarien bis dahin eigentlich mit demselben noch nicht beschäftigt hatten, so werden wir den Erfolg der Untersuchung bis zum hierüber mitzutheilenden Berichte versparen.

Herr Daubuisson las in derselben Sitzung eine Abhandlung über den Basalt, die die Wernerschen Ideen enthält. —

Sitzung vom 15ten Nivose (5. Jan. 1803).

Unter den mitgetheilten Büchern befand sich Decandolle Astragologia und Cossigny (Moyens d'Amed'Amelioration etc.) Mittel, Ackerbau und Handel wieder herzustellen und zu verbessern. Ein Werk in 3 Bänden 8vo. Auch erhielt das Institut ein Pack der Ayapana-Blätter, die den Herrn Hallé und Desessartz mitgetheilt wurden, um Versuche damit anzustellen. (So viel wir neulich von Herrn Desessartz erfahren haben, ist bis jetzt von diesen Blättern keine andre Wunderkraft, als die, gelinde Schweiſse zu erregen, bemerkt worden.)

Herr Desmarest und Duhamel ertheilten einen günstigen Bericht über einen Vorschlag des Herrn Rebout, ein im Ain-Departement vorgefundenes bituminöses Holz bergwerksmäſsig auszugraben, und als Brennmaterial zu benutzen.

Sitzung vom 22ten Nivose (12. Januar).

La Croix und Carnot gaben einen Bericht über ein Schriftchen des Herrn Samson Michel, betittelt: Memoire sur une nouvelle Notation d'Algebre descriptive. Die Approbation wurde bis zu dem vom Verf. angekündigten noch zu verfertigenden Werke verschoben. —

Desfontaines und Ventenat gaben einen Bericht über eine Abhandlung des Delile: über die Baumwolle Ägyptens betittelt. Er beweist, daſs die beyden von Herodot und Theophrast angeführten Pflanzen die Nymphaea Lotos, und N. Nelumbo sind, und erklärt die Stellen der Alten mit vielen Kenntnissen und Scharfsinn. Die Abhandlung wurde einer Stelle unter denen der fremden Gelehrten werth geachtet. (Sie befindet sich in den Annalen des Museums für N. G. Heft V. abgedruckt.)

Sitzung des 29ten Nivose.

Biot überreichte ein Werkchen von sich, betittelt: Versuch einer allgemeinen Geschichte der Wissenschaften während der Revolution.

Michaud, der Sohn, schrieb einen grofsen Brief aus Nordamerica über die Eichenarten daselbst. —

Dr. Denmann in London schickte dem Institute eine Reihe **Fragen uber die Behandlung des Krebses**, welche die in dieser Absicht errichtete medicinische Gesellschaft aufzulösen sucht, und forderte das Nationalinstitut auf, an diesem menschenfreundlichen Geschäfte Theil zu nehmen. Er ward an die Section für Medicin verwiesen.

Tessier las eine lange Abhandlung über das **Hanfrösten** (Ruissage), und critisirte ein kurzlich mitgetheiltes Memoire —

Sitzung vom 6ten Pluviose (26. Januar).

Pictet überreichte ein Exemplar seiner Reise durch England, die in einzelnen Briefen in der Bibliotheque Brittanique abgedruckt ist.

Tremmery las eine Abhandlung über Electricität. (Man sehe unsre Annalen.) —

Fourmy las eine Abhandlung über die Unzulänglichkeit der Wedgwoodschen Pyrometer. (Sobald der Bericht erscheint, theilen wir ihn den Lesern mit.)

Das Institut erhielt die Proces Verbaux **über die Dunenarbeiten im Golf de Gascogne.**

Biot las einen Bericht über eine Verfahrungsart des Herrn **Hauy** (des Bruders des berühmten

Mineralogen), Blinde in den Stand zu setzen, zu schreiben, und das Geschriebene zu lesen. Die Academie des Sciences wünschte ehemals, daſs die Chemisten eine Tinte erfinden möchten, die beym Trocknen erhaben bliebe, damit die Blinden durchs Gefühl die Buchstaben unterscheiden könnten. In Ermangelung solcher Tinte bedient sich Herr Hauy folgenden einfachen Verfahrens. Ein Blatt Papier liegt zwischen zwey hölzernen Rahmen, von welchen der obere durch Eisendräthe in die Quere in Linien getheilt ist. Unter dem Papiere befindet sich ein mit Schwärze gefärbtes, und unter diesem ein weiſses Papier. Schreibt nun ein Blinder mit einem Griffel zwischen den Linien, so wird die Schrift auf dem untern Blatte nicht nur für Sehende leserlich, sondern er kann auch die auf dem obern Papiere gemachten Eindrücke und Züge auf der entgegengesetzten Seite an den Erhabenheiten bemerken, und durchs Gefühl unterscheiden. Mehrere Zöglinge haben es im Lesen und Schreiben zu einer bewundernswürdigen Fertigkeit gebracht, und theilen sich hierdurch ihre Ideen mit. Der Erfinder wollte auch auf diese Weise Musiknoten schreiben lassen; allein das bedurfte wegen der gar zu nahen, durchs Gefühl schwer zu unterscheidenden Linien, andrer Zeichen für die Noten u. s. w. Die andern groſsen und wohlthätigen Verdienste des Herrn Hauy um die Blinden werden wir bey andrer Gelegenheit ausführlich mitzutheilen suchen. —

Sitzung vom 11ten Pluviose (31. Ianuar).

Das Institut ward auſserordentlich zusammenberufen, um das Arreté des Gouvernements wegen der veränderten Organisation desselben zu vernehmen. (Es ist den Lesern wohl schon hinlänglich aus den

Zeitungen bekannt, und hat nur einen localen, keinen auf die physischen und mathematischen Wissenschaften wesentlich wirkenden Einfluſs.) Das Institut ernannte Herrn Fourcroy, Laplace und Monge zu Commissarien, um die im Reglement vorzunehmenden Aenderungen in Vorschlag zu bringen. Herr Daunou hat bey dieser Gelegenheit eine sehr wichtige Abhandlung über das Ballotiren bekannt gemacht.

Sitzung vom 18ten Pluviose (7. Februar).

Die Classe erhält mehrere Schriften deutscher Gelehrten, als: Schaub über die Electricität. Neuenhahn über die Destillation des Branntweins u. s. w.

Vauquelin und Deyeux gaben einen Bericht über Zanetti und Larchers Beobachtungen über verschiedne thierische Flüssigkeiten, die dem Einfluſs des Galvanismus ausgesetzt worden sind.

Der Urin eines Erwachsnen ward frisch der 24stündigen Einwirkung einer volta'schen Säule ausgesetzt, es bildeten sich Blasen auf der Oberfläche, und ein Präcipitat, das braun war. Er enthielt ausser den gewöhnlichen Bestandtheilen phosphorsauren Kalk und Urinsäure. — Der Niederschlag des Urins eines Kindes war weiſs, und schien von diesen Bestandtheilen nichts zu enthalten. Die Dräthe im Urin waren mit Kochsalz-Krystallen bedeckt.

Die Dräthe, welche die galvanische Materie in die Galle leiteten, hatten einen ähnlichen Krystallüberzug und auch kohlensaure Natron-Krystalle. Der Niederschlag, der sich bildete, war grün, resinös, und enthielt nebst obigen Bestandtheilen noch etwas Eyweifsstoff. So lange die Flüssigkeiten dem Galvanismus ausgesetzt waren, bemerkte man keine faule Gährung. —

Die Verf. glauben aus diesem allen den Schlufs ziehn zu müssen, dafs man den Galvanismus mit Behutsamkeit in Lebenden anwenden müsse, weil die Niederschläge Veranlassung zu Steinen geben könnten. Die Berichtserstatter hielten ihre Folgerungen zu voreilig, und ihre Versuche nicht hinlänglich erschöpfend. —

Lacroix und Biot gaben einen günstigen Bericht über eine Abhandlung des Herrn Budan: Über das Summiren der Reihen, und über die Bildung der binomischen Potenzen. Der Verf. hat nichts Neues gesagt, aber die Methode vereinfacht.

Tessier las eine topographische Beschreibung von Corsica, auch wurde eine von Bermontier verfertigte Abhandlung über das Fixiren der Dünen zu Ende gelesen. —

Die Sitzung vom 24ten Pluviose (13. Februar) verging gänzlich mit Discussionen über das Reglement. Wie man vernimmt, ist der vorgeschlagene Tittel: Academie des Sciences, verworfen, und die Benennung: Nationalinstitut, beybehalten. Auch werden keine Associés Honoraires, wie sie ehemals die Academie hatte, und die aus Vornehmen und Reichen bestanden, die keine Gehalte zogen, aufgenommen werden.

Herr Haüy hat in sehr schmeichelhaften Ausdrücken von dem ersten Consul den Befehl erhalten, sogleich alle übrige Geschäfte niederzulegen, und an einem Elementarwerk der Physik für Schulen zu arbeiten. Herr Dumeril hat ähnliche Arbeiten für die Naturgeschichte, und Herr Biot für die Mathematik zu verfertigen.

VIII.

Denkmal fur Dolomieu *von* Faujas de St. Fond.

Faujas de St. Fond, der durch mehrere geologische Reisen und Schriften bekannt ist, hat seinem Freunde Dolomieu auf seinem Gute Oriol in Vivarai ein Ehrendenkmal errichtet.

Dolomieu hatte in einer Note zu einer Abhandlung im Journal de Physique von Faujas gesagt, daſs er sein Lehrer und derjenige sey, der ihm Geschmack am Studium der Natur beygebracht habe. Diesem Complimente antwortete Faujas durch eine einfache Inschrift auf dieses Denkmal, das aus 150 Basaltsäulen an einer Quelle von Cypressen und Trauerweiden umgeben errichtet bestehet, auf welche er einen groſsen Kalkstein mit mehreren Versteinerungen setzte, mit Feinheit auf die schmeichelhafteste Weise:

A Dolomieu, mon Eleve, mon Maitre, mon Ami.

IX.

Kurzere literarische Nachrichten und Neuigkeiten.

Herr Cuvier hat auf seiner letzten Reise in Marseille, wo er sich fleifsig mit der Anatomie der weichen Würmer beschäftigte, eine neue Art von Circulation entdeckt.

Der Dr. Joseph Frank, der berühmte Sohn des berühmten Peter Frank in Wien, hat kürzlich Paris wieder verlassen, nachdem er mit grofsem Fleifse die Hospitäler nicht nur gesehen, sondern auch die Curmethode in denselben anhaltend verfolgt hat. Auch den Gefängnissen hat er, mit besondrer Begünstigung des Ministers, seine Aufmerksamkeit geschenkt. Ueberhaupt hat er die ausgezeichnetste Aufnahme erfahren, und ist auf Corvisarts Veranlassung auch Buonaparte vorgestellt worden, zu dem sonst Niemand kömmt, der nicht in seinem eignen Lande bey Hofe eingeführt werden kann. — Jetzt befindet er sich in England. —

Die Pariser Gefängnisse haben sich seit der Revolution sehr verbessert. Gelegentlich geben wir von denselben besondre Nachricht. —

Die Verfertigung der Hand- und Elementarbücher für die Lyceen ist den Herrn Hauy, Lacroix, Dumeril, Francoeur und Biot aufgetragen. —

Entd. franz. G. 1803. 5. St.

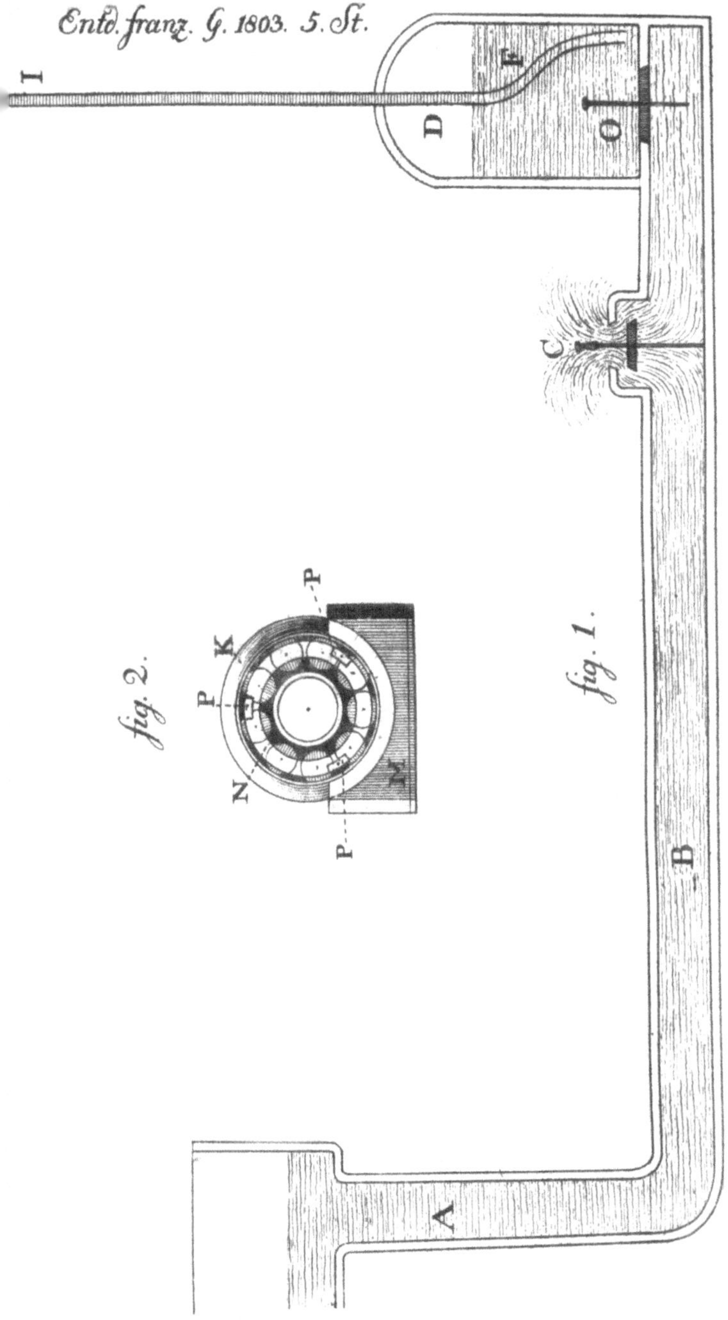

fig. 1.

fig. 2.

ENTDECKUNGEN

FRANZÖSISCHER GELEHRTEN

IN DEN

GEMEINNÜTZIGEN WISSENSCHAFTEN.

1803. VI. STÜCK.

Inhalts-Verzeichniſs des sechsten Stücks.

A. Abhandlungen.

B. Literatur.

C. Correspondenz, literarische und technische Nachrichten und Neuigkeiten, gelehrte und andere Gesellschaften und Unterrichtsanstalten etc. etc.

A. Abhandlungen.

I.

Skizze der Geschichte des öffentlichen Unterrichts seit der Revolution und des jetzigen Zustandes desselben in Frankreich.

Vorbericht.

Der Verf. dieses Aufsatzes hat der ehemaligen Aufforderung seiner verehrungswerthen Freunde, des Herrn Prof. Fischer und Dr. Schleyermachers in Berlin, und zuletzt der des Prof. Pfaffs nachgegeben, wiewohl er es fühlt, wie viel es erfordert, diesen edlen Gegenstand mit der gehörigen Kälte und Würde zu behandeln, die er verdient.

Die Quellen, aus denen geschöpft worden, sind die Schriften, Berichte und Reden des Mirabeau, Talleyrand, Condorcet, Lepelletier, J. Debry, Daunou, Roger Martin, Chaptal, Fourcroy, Garat, Chenier, Lacroix, Biot, und vieler anderer, die man herzählen könnte, wenn es darauf ankäme, das aufzubewahren, was man fleissig sammelte und verwarf, und wenn es bey diesem Gegenstande auf das Zusammenklauben allein angekommen wäre.

Der Leser mag übrigens diesen, in gewisser Hinsicht die Gränzen unsers Journals überschreitenden Aufsatz als eine Einleitung zu der Skizze der Specialschulen ansehen, die wir zu geben gedenken. —

Im Anfange des März 1803.

Fdr.

Unterricht in Frankreich.

Einleitung.

Historische Skizze des öffentlichen Unterrichts in Frankreich bis zur Revolution im Jahre 1789.

Zu den Zeiten Carls des Grofsen waren die wenigen Kenntnisse des Mittelalters in den Händen der Geistlichkeit. Der französische Adel konnte weder schreiben noch lesen, und erst im 11ten Jahrhundert, als sein Einflufs gröfser ward, weil man sich dessen bediente, verbreitete sich auch einige Kenntnifs unter denselben.

Zu jener Zeit wurde auch die berühmte Universität gestiftet, die, wie billig ist, ihre Macht selbst die Souveräne fühlen liefs *), denn sie war, wie die Corporationen überhaupt, die Bewahrerin

*) Wilhelm Rochefort, Kanzler in Frankreich, wollte einst die Rechte der Universität einschränken. Johann Cave, der damalige Rector derselben, verbot hierauf den Pro-

der Wissenschaft in einem Zeitalter der Finsterniſs. — Sie ward, wie jene, in einem Zeitalter des Lichts eine Tyrannin derselben, und blieb zuletzt stets an Erkenntnissen um ein Jahrhundert zurück. — Als man den Aristoteles zu studiren anfing, hatte sie ihn verbrannt; als Descartes lehrte, hing sie an der Schule der Peripatetiker; als endlich Newton sein Licht anzündete, hing sie an den Lehren des Descartes. —

1206 entstand die Sorbonne, die den de Thou hinrichtete und Heinrich den IVten mit seiner Parthey verbannte, und den unsterblichen Bayle ihre Verfolgungen fühlen lieſs. In den folgenden Jahrhunderten wurden alle die übrigen Collegia (Colleges) und Schulen für einzelne Wissenschaften, die über ganz Frankreich verbreitet gewesen sind, gestiftet. Sie waren im Anfange Schulen der Geistlichkeit, und suchten mönchisch den Funken, der ihnen leuchtete, in die Einsamkeit einzusperren; allein er verbreitete sich, ohne daſs sie es beabsichtigten, wie eine Flamme, weiter. — Als bey den nachmaligen Bürgerkriegen auch das Volk seine Stärke kennen lernte, ward es unmöglich, ihm ferner die Wohlthat des Unterrichts vorzuenthalten, und nach und nach blieb der Geistlichkeit nichts, als das ausschlieſsliche Recht zu lehren.

Das Jahr 1452 war ein sehr wichtiges für die Geschichte des Unterrichts. Der Cardinal d'Estouteville verfertigte gemeinschaftlich mit den Commissarien der Geistlichkeit und dem Parlamente eine Art von Magistratur, um über den Unterricht zu wachen. Zugleich wurde aber auch die Anlegung der Pen-

fessoren zu lehren, den Predigern zu predigen, und den Ärzten Kranke zu besuchen; (v. Mathurius II. Part. p. 197.) und der König muſste nachgeben. —

sionsanstalten gestattet, und öffentliche Prüfungen und Grade eingeführt, so wie verheuratheten Ärzten zuerst erlaubt, den Instituten vorzustehen.

Bald nachher entstanden auch die Collegien der Jesuiten, die in ihren Unterrichtsplänen, wie in den übrigen Einrichtungen, sich tief und fest organisirten. Den Wissenschaften und Künsten eigentlich hold, vervollkommten sie dieselben, und bildeten gleichsam über Frankreich die neuere Generation. Als ihr Ehrgeiz und ihre Herrschsucht ihnen im Jahre 1761 den Untergang zuzog, war ihr Fall für Geistesbildung von keiner Gefahr mehr. —

Ausser diesen waren auch noch die gelehrten Gesellschaften und Academien entstanden, die bis jetzt geblieben sind, und, wenn auch unter andern Nahmen, glänzen. —

Das Zeitalter Franz des 1sten ward vorzüglich für die französische Sprache so günstig. Es wurden die Documente in griechischer und lateinischer Sprache abgeschafft und die Übersetzung der Classiker veranstaltet. Es lebte auch damals der erste bessere Dichter der Nation *). Von diesem Zeitalter datirt sich eigentlich auch die individuellere Ausbildung. Wie einzelne Menschen, haben auch Nationen eine dichterische Jugend, und ein reiferes Alter. Die goldene Zeit Ludwigs des XIVten bildet eine Stufe der höchsten Blüthe. Die Dichtkunst nähmlich, die am meisten des beurtheilenden Verstandes bedarf, die dramatische und didactische, hatte ihren höchsten Grad erreicht, und ward das Classische der Nation, und was noch wichtiger ist, sie ward die Liebhaberey des höhern Standes. Der Gebrauch des Auswendiglernens, der vom Unterricht der Jesuiten herrührte, ward allgemein und erstreckte sich besonders über die Schriftsteller der Alten. Und wenn ein Fremd-

*) Clement Marot.

ling urtheilen darf, so mag die Übung der bessern Klasse selbst in der Schauspielkunst nicht wenig zu der Ausbildung der Gesinnung, des Geschmacks, der Sprache und der Sitten beygetragen haben. — Womit füllt das Alterthum, wie die höhere Tragödie, wohl sonst das Gemüth, als mit den erhabensten Momenten der Geschichte? — Bey einer Nation, bey der das Schauspiel ein so nöthiger Gegenstand der Unterhaltung geworden ist, wird es auch zugleich eine höhere Quelle des Unterrichts.

Überhaupt ist von nun an nicht das allein zu rechnen, was in den öffentlichen Schulen gelehret worden ist, wenn man die allgemeinen Fortschritte der Bildung verfolgt. Dasjenige, was oft die Schule verdammte, herrschte am meisten in der öffentlichen Meinung. Das Zeitalter der Dichtung war zum Theil vorüber, der Einfluſs erstreckte sich nur auf den Geschmack. Das Zeitalter der Beurtheilung war gekommen, und Fontenelle war der erste, der die Astronomie, in ein schönes und leichtes Gewand gekleidet, gleichsam in die gute Gesellschaft einführte. Ihm folgte Montesquieu, und Voltaire, und Rousseau, und Buffon. Nahmen, die der Leser zu gut kennt, um weiter eines Lobes und zierlichen Beyworts zu bedürfen, und an die sich eine Reihe von Ideen anknüpft, deren Ausführung weit über die Gränzen unsrer Absicht reicht. Hierauf faſsten d'Alembert, Condorcet und Diderot den groſsen Plan, den andern Wissenschaften und Künsten einen gleichen Rang, eine gleiche Verbreitung unter den bessern Menschen zu verschaffen, und es entstand die berühmte Encyclopaedie. Sie konnte ihrer Natur nach nichts Ganzes und Vollständiges werden; als Bild der allgemeinern Aufklärung des Jahrhunderts bleibt sie aber ein daurendes Denkmal. Mehr als 20,000 Exemplare kamen in kurzer Zeit von diesem merkwürdigen Schatze in Umlauf, und vielen wurden Kenntnisse zu Theil, die sie vorher nicht einmal den Nahmen nach kannten. So entstand der glänzende Zeitpunct, in welchem der höhere Stand zugleich auch der unterrichtetere war, und die Gebildetesten einmal zur ersten Classe gehörten. — Dennoch wurde bis in dem letzten Augenblicke alles in den alten Colleges erzogen, die das Wesentlichste ihrer Einrichtung fast 600 Jahre vorher erhalten hatten. Und wenn sich nach und nach bessere Lehrer nach dem Geiste der Zeit bildeten, so waren sie doch unter dem Drucke und im Widerspruche mit dem, was zur Institution gehörte. — Doch hatten jene Pflanzschulen alter Irrthümer den Vortheil, die Liebe zur Arbeit einzuflöſsen, und, wie in einer Familie, die ersten Elemente dem Grade des Alters angemessen beyzubringen. Je mehr sie übrigens das ausschlossen, was die Philosophie des Jahrhunderts geschaffen hatte, je lüsterner machten sie nach der Kenntniſs derselben. Von den klösterlichen Fesseln entbunden, schwelgte das Gemüth in Freyheit der Gedanken, und es entstand einerseits die Ausgelassenheit, und andrerseits bey der widersprechendsten Nachbildung das bessere Geschlecht. Jener groſse Künstler zeigte den Bewunderern seines Kunstwerks die vielen Krumen auf dem Boden, die es kostete, um die Fehler auszumerzen; so kann es auch der veredelte Mensch. —

I. *Öffentlicher Unterricht in Frankreich vom Anfange der Revolution* 1789. *bis zum* 18*ten Brumaire des Jahres VIII.* (October 1799.)

Im Anfange der Revolution gab es in Frankreich 280 Colleges und 18 bis 20 Universitäten für einzelne Facultätsstudien. Paris hatte allein mehr als 6000 Studirende. Die Stiftungen verwendeten, wenn auch gröſstentheils zum Prunk, mehr als 12,000,000 für die höhern Wissenschaften, wozu der königliche Schatz den 3ten Theil beytrug. —

So fehlerhaft auch alles gewesen ist, so war es doch einmal eingerichtet und im Gange. Kein Unterricht, meinte einst ein Mann von Geist, müsse doch mehr geschaffen gewesen seyn, die Liebe zu einer Republik einzuflöſsen, als der, der so allgemein den leichten Sturz der damaligen Monarchie veranlaſste. Indessen fiel sie wohl mehr noch durch ihre eigne Schwäche, als durch die Stärke Andrer. — Statt nun so nach und nach das Bessere dem Menschen anzupassen, riſs man, wie Kinder im Triumphe, nur stets das Alte nieder, und wähnte, es sey ein leichtes, das Gute aufzubauen, und selbst die Menschen umzuschaffen. Allein das Neue, mit Mühe aufgebaut, stürzte nieder, ehe es noch vollendet war. — Das ist der Inhalt unsres Paragraphs. —

Schon unter Mirabeau's Papieren fand man nach seinem Tode, wenn man es so nennen will, einen Erziehungsplan. Es waren einzelne Ideen von Freunden mitgetheilt, die er in Verbindung zu bringen sich vorgenommen hatte. So wie sie sind, läſst sichs nicht sagen, was sie, verarbeitet von diesem ausserordentlichen Kopfe, noch hätten werden mögen.

Im Jahre 1791 im September überreichte Talleyrand, damaliger Bischof zu Autun, der konstituirenden Versammlung seinen Vorschlag zur Organisirung des öffentlichen Unterrichts. Die Einleitung desselben enthält die tiefste und auch die klarste Ansicht ihres Gegenstands. Sie hat, als schönes Muster der Behandlung, den Ruhm des Mannes, der sie machte, zu Anfang der Revolution begründet. Ein Staat, hieſs es, sey eine Werkstätte zur Vervollkommnung der Gesellschaft, in dem die Kräfte zweckmäſsig zu vertheilen sind. Einen Unterricht gibts, der allen Gliedern gehört, durch den das Kind gleichsam in die Gesellschaft eingeführt wird. Ein andrer kommt Vielen zu, und dient, den Knaben für die Gesellschaft vorzubereiten. Ein dritter endlich gehört nur Wenigen, und dient, den Jüngling für den Staat zu vollenden. — Den ersten für das ABC setzte er in jeden Canton und meinte, es sey die Pflicht des gesellschaftlichen Vereins, ihn den Unmündigen unentgeltlich zu verleihen. Den zweyten für Humanität setzte er in jeden District, und meinte, er müsse von Fähigern zur Hälfte bezahlt werden. Der 3te endlich für Facultätsstudien gehörte den Fähigsten, die die Mittel besäſsen, sich ihn für Bezahlung zu verschaffen. Er vertheilte ihn einzeln in die Departementer.

Nächstdem gab er zuerst die Idee eines Nationalinstituts, das die höhern Fortschritte des menschlichen Verstandes sammle, bewahre und verbreite. Eine Einrichtung, die schöne Früchte getragen hat bis auf den heutigen Tag.

So trefflich diese Anlage war, so wenig glückte doch die Ausführung, sowohl der administrative Theil des Plans, als auch der Studienplan. Es war die Geistlichkeit noch damals im Besitz der Güter; vieles schloſs sich demnach an das Alte an. Überall bemerkte man die Ämter ohne Dienst, und die ministeriellen Bureaux ohne Bedürfniſs. Auch die Tabellen der Wissenschaften zeigen von keinen so tief in den Seelenfähigkeiten und Bedürfnissen gelegnen Eintheilungsgründen, als man in Deutschland sie bereits besitzt. *)

Nach einem leichten Überschlag würde die Ausführung dieses Vorschlags jährlich mehr als 30,000,000 Livres dem Staate gekostet haben, von denen die Hälfte für den ersten Unterricht aufging; was wäre indessen damals nicht alles möglich gewesen, da man noch die volle Kraft besaſs! Allein das Schicksal wollte es anders. Man schützte vor, man habe die Zeit nicht mehr, einen so wichtigen Gegenstand reiflich zu überlegen. Der eigentliche Grund des Verschiebens war der, daſs der Fall der herrschenden Macht damals schon beschlossen war. Es ziemte nicht, ihr noch die Errichtung eines solchen wichtigen Werks zu überlassen, und so gingen die unermeſslichsten Mittel verlohren, die je für Menschenbildung zu Gebote gewesen sind.

Dieser constituirenden Versammlung folgte die ohnmächtige gesetzgebende, die weder den Zepter zu erhalten, noch selber die Zügel zu führen verstand, und in dem nachmaligen allgemeinen Sturz der Staatsverhältnisse fielen auch zugleich die Corporationen und die Universität, ohne daſs man ihren Sturz bemerkte; denn auch das Wichtigste verlor sich im Getümmel. — Wenige Monate darauf (im April 1792) überreichte Condorcet im Nahmen einer Comité einen neuen Plan, der nicht

*) Er scheint gröſstentheils nach dem Plan der Encyclopaedisten abgefaſst.

minderes Aufsehen als der erste erweckte, und nichts minderes zu erregen verdient. Nicht für den Staat, meinte er, sey der Einzelne zu bilden, vielmehr sollte der Staat durch die vollkommenere Ausbildung der Einzelnen gemodelt werden. In die allgemeinste Verbreitung der Erkenntnisse insgesammt setzte er demnach das Mittel zur Vervollkommnung, und in der Ungleichheit der Belehrung lag ihm die Quelle aller Tyranney. Die Mittel, sich aufzuklären, gehörten als unveräusserliches Recht dem gesammten Volke, und dem Talent die souveräne Macht. So schuf er, wie einst die Geistlichkeit, nur mit andern Zwecken, eine Hierarchie des gelehrten Standes, die jeder andern Macht die Wage hielt. Ein Nationalinstitut, von dem die Hälfte stets als Missionäre in den Departementern sich befanden, verwaltete das Geschäft der Bildung, und machte den Rückfall in die dunkle Zeit unmöglich. Ihm war die Wissenschaft und Aufklärung eine Religion, die Lehrer ihre Priester, und in die gleichmäfsige Verbreitung der gesammten Erkenntnisse setzte er das Himmelreich. Man machte ihm den Vorwurf, dafs er bey der Ausführung mehr für die Priester als für das Volk gesorget hätte.

Nichts übertrifft die Anlage dieses Plans an Gröfse und weitumfassendem Geist. Statt 4 hatte er 5 Stufen des Unterrichts geschaffen. 31,000 Primärschulen unterrichteten den 10ten Theil der angenommenen Bevölkerung, also etwa 2,070,000 Kinder in den ersten Elementen; 35,000 Kinder sollten von 2,100 in Humanitätsstudien in Secondärschulen unterrichtet werden, um, wo möglich, eine Gleichheit der Belehrung unter Stadt und Land wieder herzustellen; 110 Institute wurden vorgeschlagen, um öffentliche Beamte zu bilden, und 10 Lyceen gehörten, nach Art unserer Universitäten, den Wissenschaften überhaupt, die Talleyrand's Plan trennte und zerstreute. Nächstdem hatte, wie bemerkt, ein Nationalinstitut die Direction des Ganzen. — Die Kosten dieses Unterrichts betrugen ohngefähr 24,000,000, und dieses, meinte der Verf., sey eine Kleinigkeit, wenn man bedenke, dafs die Erhaltung eines Hofes noch einige Millionen mehr bedurfte. — Wirklich war ein Plan, wie dieser, auch noch damals ausführbar gewesen, wenn er keiner andern als der Geldmittel bedurft hätte. Allein die Zeit des Schreckens war im Anzuge. Die Fischweiber riefen oft die revoltirende Jugend aus den Schulen, und, wie auf jede Macht, sah man selbst auf die der Wissenschaft wie auf eine Aristocratie. Es folgten der 10te August und die berüchtigten Tage des Septembers. Die gesetzgebende Versammlung überreichte dem Nationalconvent, einem Gemische von elenden Bösewichtern und edlen schwachen Menschen, die Zügel der Regierung, und das Haupt des Königs fiel! — Man erinnert sich, wie nach und nach die Wüthenden den Sieg über die Bessern errangen, und wie der schöne Rausch der Nation in die verächtlichste Trunkenheit überging. Die Proscription (vom Juny 1793) vernichtete nächst der Girondeparthey auch den edlen Condorcet, der, indem er den Giftbecher trank, hinscheidend noch von glücklichen Träumen für sein Vaterland begeistert war! *) Condorcet hegte zu hohe Begriffe von der Aufklärung seines Jahrhunderts.

Wenn die Gemüther im vergangenen Zeitraum in Idealen schwärmten, so haschten sie jetzt nach

*) Jedermann kennt seine letzte Schrift: Esquisses des Progrès de l'esprit humain.

dem Ungeheuern. Bald nach der Hinrichtung der Gironde liefs Robespierre (den 28sten Julius) das Testament des Le Pelletier eröffnen, unter dessen Papieren ebenfalls ein Vorschlag sich befand. Alle Kinder, hiefs es nach demselben, gehören unumschränkt dem Staate. Alles, was das 7te Jahr erreicht hat, müsse demnach dem Schoofse der Eltern entzogen, in öffentlichen Anstalten von Jugend auf zum Republikaner gebildet werden. Die Mutter, die sich widersetzen würde, sollte mit dem Gefängnifs oder Tod bedrohet werden, weil die Privaterziehung dem System der Gleichheit zuwider ist und eine Republik unmöglich macht. — So glaubte man die Aristocratie und den Unterschied der Stände in der Wurzel zu vernichten, und beabsichtigte statt gleicher Veredlung allgemeine Degradation. Glücklicherweise war dieser Vorschlag so unsinnig in politischer Hinsicht, als er in moralischer unmenschlich war. In solchen neuen Findelhäusern, in welche man die Kinder, wie in Hospitäler, einzusperren gedachte, wäre der gröfsere Theil erkrankt und umgekommen, und nach einer Berechnung hätte die erste Erziehung allein dem Staate über 300,000,000 gekostet. Nach vielen Discussionen wurde der Plan endlich verworfen, und, was bemerkungswerth ist, zugleich die Freyheit des Unterrichts nebst dem Vorsatze decretirt, einen allgemeinen der Nation zu schaffen.

Stets bemüht, den Rest des Alten umzustürzen, und neues unerhörtes aufzubauen, wurde auch die Academie der Wissenschaften unterdrückt, weil sie es gewagt hatte, sich für Lavoisier zu verwenden, und nur die Commission gelassen, der die Arbeit über Maafs und Gewicht übertragen war. Diese Neuerungssucht benutzte der Rest der edlen

Männer *) oft mit Gefahr des Lebens, um der Zerstöhrung zu entreifsen, was zu entreifsen war, und die Erziehungsanstalten zu errichten, die man jener Zeit verdankt. Was aber am eigentlichsten die Wissenschaften zu retten vermochte, war der Umstand, dafs sie die Kriegeskünste zu begünstigen verstanden haben.

Der Feind bedrohte Frankreichs Gränzen allenthalben, und 900,000 Menschen sollten bewaffnet werden, um das Vaterland zu befreyen. Allein die Militärschulen existirten nicht mehr. Die Zöglinge derselben waren nächst den Lehrern zum Theil schon aufgeopfert. Auch fehlte es an Salpeter, um Pulver zu bereiten, das man ehemals aus dem Ausland zog, so wie an Waffenfabriken und Kanonengiefsereyen. Um alles dieses machten die Gelehrten sich verdient. **) Sie lehrten Salpeter in den Kellern zu erzeugen, und ihn viel schneller für den Gebrauch zu reinigen; sie lehrten ferner die Glocken zu Kanonen zu schmelzen, und Aërostaten zu verfertigen, um die Bewegungen des Feindes zu beobachten, so wie durch Telegraphen schneller Nachricht mitzutheilen. Was ihnen besonders Achtung noch erwarb, war die Errichtung einer Schule, aus der nach 3 Monden schon die fähigen Ingenieurs nach den Armeen geschickt werden konnten.

Im Ventose des 2ten Jahres der Republik (März von 1794) war der grofse Gedanke einer Normalschule gefafst worden, um Lehrer zu bilden. Im Ni-

*) Der Leser wird der Nahmen dieser Edlen sich erinnern wollen. Es waren: Cambaceres, Carnot, Daunou, Fourcroy, Gregoire, Guyton, Monge, Sieyes, Thibaudault u. s. w. —

**) Man sehe die Note *) —

vose des Jahres III (Januar 1795) war er schon ausgeführt. Alles, was man damals schuf, trägt das Gepräge der Kraft und Energie des Zeitpuncts an sich. Die ersten Köpfe der Nation *) ertheilten einer unter 30 Millionen ausgesuchten Anzahl von 400 Schülern, die selbst schon Lehrer waren, ihren Unterricht. Der freye Vortrag, der Umstand, daſs er debattirt wurde, und daſs ganz Frankreich und ganz Europa durch Schnellschreiber jedes aufgefangene Wort erhält, erhielt diese ersten Köpfe, in jener ohnehin exaltirten Zeit, in einer begeisternden Spannung, von der die Früchte in den gedruckten Sitzungen der Ecole normale aufbewahrt sind. Diese Schule glänzt nicht nur in der Epoche, in der sie existirte, sondern in der Geschichte des Unterrichts überhaupt. In kurzer Zeit wurde die Anzahl der Schüler auf 1200 vermehrt, die alle schnell in den Armeen brauchbar geworden sind. — Auch eine Militärschule ward in damaliger Zeit errichtet.

Der blutige Thron des Robespierre war bereits gestürzt, allein die fatale Impulsion war einmal gegeben. Der eigentliche Endzweck der Revolution war verlohren. Nicht mehr nach Vervollkommnung der menschlichen Anlagen strebte man, und nach der republicanischen Verfassung, die sie begünstigt, weil sie die Kräfte jedes Einzelnen am meisten in Bewegung setzt. Das Edelste war auf die Zerstöhrung verschwendet, und was noch übrig blieb, richtete man auf den äussern Feind. Seitdem man nähmlich, statt das Gesetz, das Mittel sich dasselbe zu geben, die Freyheit suchte, ent-

*) Lagrange, Laplace, Hauy, Monge, Daubenton, Berthollet, Thouin, Buache, Mentelle, Volney, Bernard de St. Pierre, Sicard, Garat, Laharpe.

wickelte sich bey diesem halberleuchteten Volke zuerst barbarische Anarchie, dann der kriegerische Geist, der auch die höchste Stufe der Vervollkommnung nach und nach erlangte.

Doch sprach man stets noch, um den Muth im Innern anzufachen und die Gemüther zu versöhnen, von Nationalerziehung, und organisirte sie nach vielen Discussionen *) wirklich, so wie sie bis am Ende des Zeitraums geblieben ist. „Die Nachwelt,“ sagt ein berühmter Schriftsteller, „wird mit Ver„wunderung sehen, daſs man der Versammlung, die „Zerstöhrung gleichsam zum System machte, fast „alle Unterrichtsanstalten verdankt, die jetzt vor„handen sind.“

Man hatte einsehen gelernt, wie ungereimt es sey, die Menschen nach einem einzigen Princip modeln zu wollen, und wie es selbst der mannigfaltigen Entwickelung schadet. Man fühlte auch die Unmöglichkeit, den Eltern die Sorge der Erziehung zu nehmen, und den Unterricht zu bewa-

*) Unnütz und nur den Gegenstand verwirrend würde es seyn, wenn wir die Leser mit allen den übrigen Vorschlägen, Meinungen und Ausschweifungen unterhalten wollten, mit deren Durchblätterung wir viel Zeit verlohren haben. Um einen kleinen Begriff dieser Ausschweifungen zu geben, wollen wir nur der Schule des Leonard Bourdon noch erwähnen, der Bürger nach dem Sinne der Alten zu bilden vermeinte. In dieser Schule versammelten sich die Kinder Morgens in einem Saale, um die Angelegenheiten ihrer Mitschüler nach bestimmten Gesetzen zu richten. Von da begaben sie sich in verschiedene Werkstätte, um in mechanischen Künsten unterrichtet zu werden. Von da nach einer Classe, wo man sie in schönen Künsten und Wissenschaften übte, und von da nach einem freyen Platz, um in militärischen Übungen gebildet zu werden. So vereinigten sie alle Pflichten und Bedürfnisse des Staats. Dieses Kinderspiel erhielt den Beyfall der Commission des Convents.

chen. Man suchte demnach aus den alten und neuen Mustern nur noch so viel zusammen zu klauben, als die veränderte Zeit und Lage es erlaubten. Die Berichte, die Daunou in dieser Absicht im Nahmen seiner Comité abfaſste, gehören unstreitig zu den schönsten, die seit jener ersten Periode gegeben worden sind, und sie veranlaſsten endlich das bekannte Decret vom 3ten Brumaire des Jahres IV. (25 October 1795). Nach diesem theilt der Unterricht sich in 4 Classen.

1. In Primärschulen für die Anfangsgründe.

2. In Centralschulen für die Humanitätswissenschaften im weitesten Sinne des Worts.

3. In Specialschulen für Facultätswissenschaften und Kunstschulen.

4. In Schulen für den öffentlichen Dienst zu den besondern Staatsbedürfnissen.

Die Primärschulen wurden nach Umständen von der Administration jedes Departements placirt. Die Lehrer bekamen, ausser freyer Wohnung, auch Gehalt von den Zöglingen, und muſsten den 4ten Theil an armen Kindern unentgeldlich aufnehmen. Man lehrte in ihnen lesen, schreiben, rechnen, und die ersten Elemente der Moral. —

Centralschulen gab es eine oder mehrere nach Verhältniſs der Volksmenge in jedem Departement; sie wurden auf Kosten des Staats unterhalten und jeder Schüler zahlte jährlich 24 Fr. Der Unterricht war in 3 Abschnitte vertheilt.

In der ersten gab es einen Zeichenmeister, einen Lehrer der Naturgeschichte und einen der lateinischen Sprache.

In

In der zweyten einen Lehrer der Elemente der Mathematik und einen der Physik- und Experimentalchemie.

In der 3ten Section endlich einen Professor der allgemeinen Grammatik, einen der schönen Wissenschaften, einen der Geschichte, und einen der Gesetzgebung.

Zur ersten Section wurde man im 12ten Jahre hinzugelassen, zur zweyten im 14ten, und zur 3ten nicht vor dem 16ten Jahre. Im übrigen hatte jede Centralschule eine öffentliche Bibliothek, einen Garten, und ein Naturaliencabinet, so wie auch ein Cabinet für physische und chemische Instrumente. Ein Jury d'Instruction, aus 3 Mitgliedern bestehend, wählte die Professoren der Schule. Jedes Departement besitzt einen solchen Jury. —

Der weibliche Unterricht wurde gänzlich der häuslichen Erziehung der Eltern überlassen.

Mit der Untersuchung der Specialschulen beschäftigte sich eine Commission, welche aus 7 Mitgliedern der Commission für öffentlichen Unterricht und 6 Mitgliedern des Instituts bestand. Die meisten waren bereits eingerichtet. Durch Erfahrung belehrt, verwarf man den Plan des Condorcet, den man in der Theorie billigte, um nur das zu erhalten, was schon existirte, daher sind die Schulen für einzelne Wissenschaften abgesondert beybehalten worden. Nach denselben Grundsätzen wurde auch mit denen für den öffentlichen Dienst verfahren. *)

*) Da sie auch in dem nächsten Plan nicht verändert, wenn auch vermehrt, worden sind, so findet sie der Leser dort verzeichnet, und das Datum, wenn sie gestiftet sind, angegeben.

Auch das Nationalinstitut behielt seine Einrichtung. Nur drang man in dem Berichte noch besonders auf Nationalfeste. Sie sollten dazu dienen, das Volk seine Constitution kennen zu lehren und sie ihm werth zu machen. Man hielt sie vorzüglich dem Geiste des französischen Volks angemessen, und jede der folgenden Partheyen bediente sich derselben, um seine ephemerischen Einrichtungen zu verewigen. —

Roger Martin, der sich späterhin durch einen schönen Bericht im Jahre VII verdient machte, zeigte, dafs von einer Million, die gebohren worden, 565,838 etwa das 7te Jahr erreichen. Da in Frankreich jährlich der 28ste gebohren wird, so kamen auf 1200 Personen etwa 42 Geburten, und für 42 wurde ein Schulmeister in den Primärschulen nöthig erachtet.

Dem zu Folge bedurfte Frankreich, das damals eine Population von 30 Millionen besafs, 25000 Primärschulen, die den Gemeinden etwa 7,800,000 jährlich kosten sollten.

Die Kosten der Centralschulen waren 2 826,000 Franken.

Die Ausgabe für den ganzen öffentlichen Unterricht überhaupt wurde auf 13,000,000 angesetzt.

Allein der öffentliche Unterricht war kaum organisirt, als man, zumal in seinen Elementen, die wirklichen, und von den Zeitumständen herrührenden Mängel schon kennen lernte. — Die Primärschulen waren verwaist.

Man vermifste einen Zwischenunterricht, der den Schüler des ABC zu den höhern Humanitätsstudien vorbereitete, und die Schüler kamen unvorbereitet zu denselben.

Die Centralschulen waren mehr Schulen der Vervollkommnung (Ecoles de Perfectionement). Dennoch fehlte ihnen der Unterricht in der griechischen Sprache, und andererseits gab es, wie es schien, der Professoren und Fächer zu viel, ohne daſs sie hinlänglich beschäftigt wurden. Man beneidete gewissermaſsen ihren guten Stand in Verhältniſs mit dem, was sie sonst gewesen sind, und in den Departementern fehlte es an guten Lehrern.

Die Schüler kamen ohne Examen in die Schule. In der Schule selbst fehlte es an Graden in dem Unterricht, an Aufsicht der Schüler, an hinlänglichen schriftlichen Übungen bey dem freyen Unterricht und an hinlänglichem Bewachen in den Zwischenstunden.

Man fand es ungereimt, die Fähigkeiten bey der Zulassung nach den Jahren abzumessen, man fand die Schulen auch in Rücksicht der Bevölkerung ungleich vertheilt.

Endlich vermiſste man auch die Religion, und sehnte sich aus alter Anhänglichkeit zuletzt sogar nach den alten Colleges zurück.

Vergebens suchten die Vertheidiger begreiflich zu machen, wie leicht den wesentlichen Mängeln abzuhelfen sey; daſs Schulen keine Pensionsanstalten sind, und daſs man solche noch hinzufügen könne, wie auch die Grade im Unterricht, und die fehlenden Professoren. Der Fall der Schulen war einmal beschlossen. Es war genug, daſs sie die Convention errichtet und das gesetzgebende Corps ins Werk gesetzt hatte, um sie um alle Achtung zu bringen, und ihre Aufnahme zu hindern. Auch hatten sie bis jetzt die Zeit nicht, um sich in der Meynung des Publicums zu befestigen. Der Krieg und die Emigration hatte die Jugend ins Feld gerufen, und die Familien zerstreut. — Es bedurfte des F r i e d e n s und der G e d u l d, um alte Ordnung wieder einzuführen, und da es an diesen mangelte, so fehlte es nach der so lange gewünschten, so lange discutirten, und mit so vielem Zeitaufwand und Kampf mit Schwierigkeiten endlich errungenen Organisation des öffentlichen Unterrichts an dem Wesentlichsten, an Schülern. —

Auch hat Frankreich durch diesen unglücklichen Stillstand in den Elementen des öffentlichen Unterrichts nicht ein Geringes verlohren, denn seine Jünglinge vom 14ten bis zum 22sten Jahre stehen tief unter den gewöhnlichen Kenntnissen ihres Alters, und wer weiſs, ob dieser Stillstand je ganz in der Zukunft nachzuhohlen und zu ersetzen seyn wird, und ob ihn nicht noch die Nachwelt fühlt. *)

II. *Unterricht in Frankreich seit der neuesten Revolution vom 18ten Brumaire des Jahres VIII.* (9ten November 1799).

Wenn man den Blick zurückwirft auf die vergangene Zeit, so sieht man Anfangs den Geist des Alterthums, mit dem man mechanisch gleichsam unsre Jugend fullte, im Widerspruch mit dem, was neuere Geschichte geschaffen hat; dann den Geist, der den Sinn der Sache faſst und ihn anzuwenden sucht, zu Anfang der Revolution. Die Begebenheiten und Discussionen jener Zeit waren eine kurz dauern-

*) Wir endigen hier die Epoche, die so hoffnungsvoll anfängt, und so traurig endigt, und werden, wie gesagt, die Leser von den Specialschulen und ihren Epochen besonders zu unterhalten suchen. —

de Volksschule für **politische Aufklärung.** — Als man endlich im Labyrinthe der Umstände das Phantom der **Freyheit**, statt das **Gesetz**, zu suchen anfing, entwickelte sich der kriegerische Geist, und die Bildung, die die Nation erhielt, war die **militärische** allein.

Die Frage, ob Menschen für den Staat, oder ein Staat für aufgeklärte Menschen zu bilden sey, hat die Erfahrung auf Kosten der Vernunft entschieden. Die militärische Ausbildung hatte der politischen den Rang abgelaufen, und ihre Kraft durfte sich nur nach Innen statt nach Aussen wenden, um unbeschränkt zu regieren.

Der ewigen Veränderung müde, war es dem Volke gleichgültig geworden, was in den Thuillerien vorging, geduldig beugte es sich jedem Joch, und bey dem fast völligen Stillstand der Staatsmaschine scheint in dem Augenblicke, da der jetzige Held erschien, nichts leichter zu erringen gewesen zu seyn, als der Zepter.

In diesem Zustand ohne Widerstand gab es drey Wege die Menschen zu erziehn. Der eine: nach lautern Grundsätzen Gesetze zu verbessern, die vollkommenern Menschen gehören. Der zweyte: den alten Eindrücken und Empfindungen des Volkes nachzugeben, und auf die Schwäche seinen Thron zu bauen. Den dritten endlich: unvorbereitet, der Prinzipien unbewufst, ein Flickwerk alter Vorurtheile und neuer Einsicht zu schaffen, schwankend nach den Umständen und dem Augenblick.

Der Zeitraum ist im Werden, und der Leser entscheide selber, welchem Wege man folgt. —

Chaptal war der erste, der in dieser Periode (im Jahre 1800) einen neuen Plan versuchte und das Gebäude angriff, das man eben aufgebauet hat. Die Vortheile der alten Colleges bemerkend, entlehnte er von ihnen den Unterricht nach Graden, und die innere strengere Einrichtung in Rücksicht der Schüler, und bildete statt Centralschulen ungefähr 250 Communalschulen, die minder reich an Professoren und an Unterricht, nur den Erkenntnissen gewidmet sind, die zu den nothwendigsten gehören. Die Primärschulen und Specialschulen, so wie die für den öffentlichen Dienst, vermehrte er noch mit einigen mehr. Er liefs die ersten auf Kosten der Gemeinden. In den Communalschulen sollte der Staat 800 Pensionaire halten, und die Specialschulen blieben zum Theil auf öffentliche Kosten. Die ganze Ausgabe für den öffentlichen Unterricht sollte jährlich sich auf 10,000,000 belaufen. — Der Plan blieb unbemerkt, und ward weiter nicht im Staatsrathe debattirt. Doch scheinen viele Dinge in dem neuesten aus ihm benutzt zu seyn; und wenn er auch keine unbekannte Ansicht aufstellt, so enthielt er doch manch schönes im Detail.

Nach Chaptal arbeitete Fourcroy an einem grofsen Plan, so viel wir wissen, mit einer Liberalität, die ihm gewöhnlich die Wissenschaften einflöfsen. Wir hörten damals, dafs er die Centralschulen mit Einschränkungen beybehielt, und Secondärschulen zum Zwischenunterricht errichtete. Auch gab er den Naturwissenschaften einen ausgebreitetern Einflufs.

Der Plan schien der Regierung, wie wir vernommen haben, zu grofs, und so ist von demselben auch weiter nichts ins Publicum gekommen. —

Wenn bey allen diesen verschiedenen Erörterungen die öffentlichen Schulen nicht in Aufnahme kommen konnten, und ihre Mängel täglich mehr aufgedeckt wurden, so schuf das Bedürfnifs in dem

Zeitpunct, der den Frieden brachte, ein Heer von Pensionsanstalten in der Hauptstadt und in den Departementern, die zum Theil ihre Schüler in Centralschulen schickten, zum Theil für reichere einen eigenen Unterricht bildeten, der den Kenntnissen der Zeit angemessen ist, und diese Schulen sind für Frankreich eine nicht geringe Wohlthat schon geworden.

Im Germinal des Jahres X (April 1802) überreichte endlich das Gouvernement dem gesetzgebenden Corps einen neuen Vorschlag zum Unterricht, den Fourcroy, Roederer und Regnaud (de St. Jean d'Angely) überbrachten. In diesem ist ebenfalls die erste Eintheilung der 3 Grade des Unterrichts beybehalten.

Die Primärschulen für die Gemeinden werden nach Bedürfniſs von den Unterpräfecten organisirt; die vom Maire und den Municipalconseils gewählten Lehrer erhalten freye Wohnung von der Gemeinde, und einen nach Umständen bestimmten Beytrag von jedem Kinde. Ein 5tel der Schüler müssen von den Armen gewählt umsonst Unterricht erhalten. —

Als Secondärschulen werden alle Privatschulen angesehen, in welchen Latein und Französisch, Geschichte und Geographie gelehrt wird. Sie werden vom Gouvernement durch freye Wohnung begünstigt. Ihre Schüler, die sich auszeichnen, werden in die vom Staate unterhaltenen Lyceen umsonst aufgenommen, und diejenigen 50 Lehrer, die die meisten Schüler liefern, bekommen eine Gratification vom Gouvernement. Sie stehen alle unter der Aufsicht des Präfecten.

Lyceen gibt es übrigens so viele, als Appellationstribunale, d. i. 28—30 an der Zahl, wovon jedes 8 Professoren hat. Jedes Lycée hat überdem einen Provisor, Oberaufseher, und einen Censor, Aufseher der Studien, so wie einen Procureur oder Öconomen, die unter ihm stehen. Sie bilden eine Administration, die vom Consul gewählt wird. — Ein Bureau, welches aus einem Präfecten, Präsidenten des Appellationstribunals und des Criminaltribunals besteht, sieht 4mal jährlich die Rechnungen nach, und klagt, wenns Noth thut, Lehrer und Schüler bey dem Minister des Innern an. Drey Inspectoren, die der Consul ernennt, bereisen nächstdem jährlich alle Lyceen, um dem Gouvernement Rechenschaft über dieselben zu ertheilen.

Der Provisor, Censor und Öconom des Lycée müssen verheirathet seyn. Kein Frauenzimmer darf aber im Lycée wohnen.

Die ersten Lehrer werden von den 3 Generalinspectoren und 3 Mitgliedern des Instituts gewählt, die der erste Consul in dieser Absicht reisen läfst. *) Das Gouvernement ernennt sie. Künftighin schlagen bey jeder Vacanz, das Bureau, und die vereinigten Professoren, jedes ein Subject vor und der erste Consul wählt eins von Beyden.

Die Schüler bestehen aus solchen, die das Gouvernement in den Lyceen placirt; aus andern, die aus den Secondärschulen nach dem Concurse zugelassen werden; aus Zöglingen, die die Eltern in den Lyceen in Pension geben, und aus solchen, die hingeschickt werden, ohne in denselben zu wohnen.

*) Man weifs, dafs Cuvier, Delambre und Coulomb diese Mission hatten. Wegen der Ernennung zu Secretären des Instituts werden die erstern beyden so eben von Lefevre Gineau und Chenier ersetzt.

Die Republik unterhält in den Lyceen und in den andern Anstalten 6400 Schüler, 2400 wählt sie unter den Kindern der Militärs und Civilbeamten, die sich ums Vaterland verdient gemacht haben. Sie müssen 9 Jahre alt seyn, und schreiben und lesen können.

4000 nimmt sie aus den Secondärschulen, unter denen, die den Preis davon getragen haben. Jedes Departement liefert deren nach Maſsgabe seiner Population. Sie werden 6 Jahre lang auf Kosten der Nation unterhalten, und der 5te Theil derselben wird, nachdem er vorzügliche Anlagen hat, 2 oder 4 Jahre lang in einer Specialschule ferner unterhalten.

Für jede Pension zahlt das Gouvernement 700 Fr. im Durchschnitt, und die Privatleute nach Umständen und Verhältniſs. Das Bureau bestimmt auch den Preis für diejenigen, die ausserhalb der Schule wohnen. Von diesen Einkünften werden die Professoren unterhalten, und eine Pension für Lehrer, die 20 Jahre gedient haben oder krank werden, errichtet. Die Schulgebäude unterhalten die Städte.

In den Lyceen wird besonders Latein und Mathematik in 6 Classen gelehrt, die man gewöhnlich in 3 Jahren durchgeht, wenn man bey jedem halbjährigen Examen avancirt. — Es gibt 3 Professoren der lateinischen Sprache. Jeder Professor hat zwey Classen.

In der 6ten lehrt der Prof. der Latinität auch zählen.

In der 5ten lehrt er auch die 4 Species.

In der 4ten auch Geographie.

In der 3ten auch alte Geschichte.

In der 2ten auch Geschichte des Mittelalters und die Glaubenslehren und Mythologien verschiedener Völker.

In der 1ten auch französische Geschichte.

Ein Professor der schönen Wissenschaften lehrt in 2 Lectionen täglich die alten Sprachen, und beendet den Cursus in 2 Jahren. Die Schüler müssen Stellen aus lateinischen Dichtern und die französischen Übersetzungen derselben auswendig lernen.

Für die mathematischen Wissenschaften gibts ebenfalls 3 Professoren, die jeder 2 Classen besorgen. Die Schüler kommen in die mathematischen Classen, wenn sie Quinta der Latinität passirt haben.

In der 6ten Classe lehrt der Prof. der Mathematik auch Naturgeschichte.
In der 5ten Classe auch Kenntnifs der Sphäre.
In der 4ten Classe auch Physik.
In der 3ten Classe auch Astronomie.
In der 2ten Classe auch Chymie.
In der 1ten Classe auch angewandte Mineralogie.

Ein Prof. der Transcendental-Mathematik lehrt ein Jahr lang die Differential- und Integralrechnung auf krumme Linien, auf Mechanik und Flüssigkeiten angewandt. Ein anderes Jahr die Kunst Charten zu zeichnen, und Electricitätslehre und optische Wissenschaften.

Nächstdem gibts bey jedem Lycée noch Schreib-, Tanz-, Zeichenmeister, und einen Meister in Waffenübungen, so wie einen Aumonier. Der Musikunterricht mufs besonders bezahlt werden. *)

Jeder Prof. mufs nach den vorgeschriebenen Elementarbüchern unterrichten (!). Jedes Lycée hat eine Bibliothek von 1500 Bänden, die bestimmt sind, sie darf nicht mehr und nicht andere besitzen (!!). Ein Eleve ist Bibliothekar der-

*) Lebendige Sprachen werden nicht gelehrt. —

selben, und die Bücher werden den Schülern geliehen.

Wenn eine Schule mehr als 200 Schüler hat, so werden für jede 50, die mehr sind, 2 Professoren dazu gewählt; hat sie 400 Schüler, so wird sie in zwey Theile getheilt. —

Was die Schulordnung betrifft, so sind die Eleven in Compagnien von 25 Schülern getheilt. Von den ausgezeichnetsten werden 2 Sergeanten und 4 Corporale gewählt. Der ausgezeichnetste ist Sergeant-Major, und ersetzt den Meister in den Waffenübungen, wenn er abwesend ist. Die Schüler essen, schlafen und spazieren stets compagnienweise, und bilden im Ganzen 2 Divisionen von verschiedenem Range, die den Censeur, Quartiermeister und den Meister in Waffenübungen an ihrer Spitze haben. Ihre Strafen bestehen in Gefängnifs, Penitenz, Entbehrung des Tisches und Arrest, der, wenn er auch die Nacht dauren soll, vom Minister des Innern anbefohlen seyn mufs, die übrigen Strafen ertheilen die übrigen Behörden.

Die Lyceen müssen alle bis zum Jahre XIII (1805) eingerichtet seyn, und nach Mafsgabe, als sie organisirt sind, werden die Centralschulen unterdrückt. —

Für die letzten Grade des Unterrichts sind die Specialschulen und die Schulen für den öffentlichen Dienst bestimmt, die bereits existiren. Sie sind aber noch mit einigen vermehrt worden, und stehen unmittelbar unter dem Minister des Innern. Die Inspectoren des Unterrichts und das Institut wählen bey jeder Vacanz jeder einen Candidaten, von welchen der erste Consul einen ernennt.

Folgendes ist die Zahl dieser Schulen:

Eine Militärschule in einem der befestigten Plätze der Republik. Wird neu errichtet und soll 500 Zöglinge haben. 10 Professoren lehren in derselben theoretische, practische und administrative Kriegswissenschaften. Die Schüler werden 2 Jahre lang auf Kosten der Republik erhalten, und die Schule steht unter besonderer Aufsicht des Kriegsministers. Die Professoren ernennt der erste Consul unmittelbar selbst. —

4 Schulen fürs Zeichnen. Zu Paris, Dijon, Toulouse . . . .

1 Schule für Malerey und Sculptur zu Paris.

1 Schule für Architectur.

1 Schule für Musik, errichtet im Thermidor des Jahres III.

1 Schule für Geographie, Geschichte, politische Oconomie (Statistik) soll neu hinzugefügt werden.

1 Schule für lebendige orientalische Sprachen, errichtet im Germinal des Jahres III.

4 Schulen ausser dem Jardin des Plantes für die Naturgeschichte sollen neu hinzukommen; erweitert im Juny 1793.

2 Schulen für transcendentale Mathematik sollen neu hinzukommen.

2 Schulen für mechanische und chemische Künste sollen neu hinzukommen.

10 Schulen der Rechte sollen neu hinzukommen.

5 Veterinairschulen.

1 Schule für Pharmacie (?).

6 Schulen der Medicin. 3 sollen hinzukommen, errichtet im Frimaire des Jahres III.

1 Schule für Taubstumme.

1 Schule für Blinde.

Das College de France, in welchem, wie auf einer Art von Universität, alles gelehrt wird.

Nächstdem gibt es eine Vorlesung der docimastischen Chemie im Cabinet der Münze, und eine Vorlesung der Archaeologie bey der Bibliothek.

Zu den Schulen für den öffentlichen Dienst gehören:

Die Ecole Polytechnique.
3 Prytaneen.
2 practische Schulen für Bergwerkskunde.
1 Schule für Strafsen- und Brückenbau.
1 Schule fürs Geniewesen.
10 Artillerieschulen.
14 grofse Schulen und 29 secondäre für Schiffbau u. s. w. nebst mehreren andern.

Die Kosten des ganzen öffentlichen Unterrichts belaufen sich auf die geringe Summe von 6 bis 7 Millionen. — Man hatte gewünscht, dafs die Primärschulen, dem ersten Plan zufolge, aus der Staatskasse unterhalten würden; allein man hatte bemerkt, dafs es deren fast 40,000 bedürfe, und dafs, wenn für jede auch nur der Aufwand von 500 Fr. gerechnet würde, dieses allein einen jährlichen Aufwand von 20,000,000 erfordere.

Man wünschte ferner, dafs die gröfsern Städte wenigstens eine Secondärschule umsonst haben mögen. Die Antwort war: das Gouvernement bedaure es sehr, für jetzt die Mittel hierzu nicht zu besitzen!! —

Endlich wünschte man, dafs mehr als 28 bis 30 Lyceen errichtet würden, und dafs es nöthig sey, die Zahl derselben wenigstens auf die der Centralschulen (auf etwa 100) zu vermehren. Die Antwort war: dafs es wohl nur 28 Centralschulen gegeben habe, die eigentlichen Nutzen stifteten! —

Da die Unterhaltung der 6400 Pensionaire (à 700 Fr.) dem Staate fast fünfthalb Millionen kostet, so bleibt für den Gehalt der armen Lehrer freylich nur ein sehr geringer Rest. Er ist, wie ihre Zahl, um ein beträchtliches verringert, indem doch ihre Obliegenheiten und Beschränkungen um ein beträchtliches vermehrt worden sind. Der Mifsmuth, den dieses unter diesem edlen und kostbaren Stand erregen mufs, wie auch die beträchtliche Abnahme desselben *), ist in seinen unglücklichen Folgen unberechenbar. **) —

Schwer ist das Princip zu finden, wie hoch der Preis der Dinge anzugeben sey. Das Bedürfnifs bestimmt sie.

In der Gesellschaft, in die die Menschheit künstlich sich vereint, um an Kultur das Werk zu

*) Nach den Berechnungen Condorcet's und Chaptal's sollte die Zahl derer, die sich von 30,000,000 den höhern Wissenschaften widmen, noch einen respectablen Körper von dritthalb mal 100,000 bilden! —

**) Da der ehemalige Aufwand für den Unterricht vor der Revolution mit dem für andre Gegenstände sehr verwebt gewesen ist, so lafst sichs nicht genau sagen, wie viel er betrug. Gewifs hat aber die Nationalerziehung an Einkünften verlohren. Eben so wenig lafst sich's bestimmen, ob der Einflufs des Gouvernements vor der Revolution gröfser war als jetzt. Die Macht beyder ist unumschränkt, und nur die Zukunft könnte hierüber belehren. Doch ist er unmittelbarer als sonst; denn als die Inspectoren und 3 Commissarien des Instituts ihrem Auftrage zufolge einen andern Studienplan für die Lyceen eingerichtet hatten, wurde er undiscutirt und willkührlich verworfen. —

legen, erhält alles seinen Marktpreis. Der wissenschaftliche Stand war gestiegen. Nun scheinet er im Sinken wieder, nicht weil es der Lehrer zu viele gibt, da es vielmehr an denselben mangelt, sondern weil andere Regierungsgrundsätze andere Bedürfnisse eingeführt haben. Doch hat man, um den Condorcetschen Fehler zu vermeiden, mehr für die Schüler als für die Lehrer zu sorgen gesucht, und die Vermächtnisse sehr begünstigt. Indem der Staat in dieser Hinsicht dem Eifer für die Wissenschaft den Schutz gewährt, könnte es dahin kommen, daſs der anerkannte Werth der Sache selbst, nicht der Cours, des höhern Orts gegeben wird, den Preis bestimme. —

Frägt man, welche wissenschaftliche Zweige gewonnen oder verlohren, und zu gewinnen oder zu verlieren haben möchten, so ist die Antwort folgende:

Das Studium der lateinischen Sprache, welches während der Revolution so sehr in Verfall gekommen ist, nimmt die alte Stelle wieder ein. Die Latinität wird vollständiger gelehrt, und des groſsen Beyspiels der Alten noch bedürfend, wird das Studium der Klassiker den Einfluſs auf Geschmack und Denkungsart ausüben, wie in dunkeln Jahrhunderten, und das jugendliche Gemüth erhöhen, bis es in Gegenwart das Beyspiel findet.

Der Wissenschaft, die dem Urtheile Disciplin gibt, der Mathematik, ist der zweyte höchste Rang eingeräumt. In ihrer vollsten Kraft nun herrschend kann sie ferner, wie die Normalschule, von trefflicher Wirkung auf den methodischen Geist der Nation werden. —

Was noch im neuen Plane hervorstechend ist, ist die Verbreitung militärischer Disciplin im bürgerlichen Leben. *)

Denkt man demnach an den leichten fähigen Geist der französischen Nation, und bildete man seine Einbildungskraft durch das Lesen der Classiker, sein Urtheil durch mathematische Disciplin, und seine physischen Kräfte und Gewohnheiten durch militärische, so wäre es freylich möglich, dafs dieses allein ihn hinlänglich eignete und vorbereitete, die übrigen Zweige des menschlichen Wissens zu umfassen.

Allein das Studium der Naturgeschichte, das so sehr dem Alter, in welchem das Gedächtnifs zu üben ist, angemessen ist, und durch die Centralschulen und den Zusammenflufs der vorzüglichen Köpfe im Jardin des Plantes gediehen war, ist einmal im Gange, und wirkt auf Ackerbau und Künste.

Das Studium der chemischen und physischen Wissenschaften, das ebenfalls eine grofse Rolle in den Schulen spielte, und für welches ein Heer

*) Manchen hat dieser Umstand viel Furcht eingeflöfst, allein kaum scheint die Absicht der sklavischen Unterjochung hierbey denkbar, die die Bildung der innern Natur von selbst vereitelt. Wenn vielmehr die Wissenschaften den Kriegeskünsten ehemals ihren Schutz verliehen haben, so könnten diese nun dafür den Wissenschaften ihre Macht verleihen. Oft wäre ein Staat zu retten gewesen, wenn der Mann von Geist auch Rosse zu bezähmen, und Waffen zu führen im Stande gewesen wäre, wie im Alterthum! In einem Staate, wo alles Militär wäre, hörte der Militärstand ja von selbst auf. —

Heer von jungen Leuten sich bildete, ward von grofsem Einflusse in den Werkstätten *).

Die Legislation und Geschichte hatten, zumal durch die Begebenheiten der Zeit unterstützt, ihren Einflufs auf die fähigere ruhigere Denkungsart. — War es rathsam, diese schönen Fächer nun, da sie eben Wurzel fassen, von neuem als Nebensache in dem allgemeinen Unterrichte zu verdammen? —

Kaum hätte der ruhigste, willkührlichste Staat wohl es gewagt, 100 einmal eingerichtete Schulen, die 4 Jahre zu decretiren und andre 4 Jahre einzurichten gekostet haben, um einige Jahre zu bestehen, in einem Nu umzustürzen, und volle siebenzig derselben völlig zu vernichten!! — Mit tiefer Trauer denkt man an jene Schreckenszeit zurück; allein wenn es etwas gab, was damals noch das Herz versöhnte, so war es die Gröfse und Energie der Schulen, die (fehlerhaft zwar im Innern) doch weitumfassend ein Feld für künftige Verbesserung eröffneten, und die Bewunderung der Welt errungen haben. Durch so viel Unglück und Erfahrung nun belehrt, hätte keine Hand sich mehr an die geweihten heiligen Tempel wagen sollen, als sie von neuem schöner auszuschmücken. — Wer weifs, wie lange das Werk besteht, das unter so ungünstigen Ahndungen in der öffentlichen Meinung aufwächst. Wer weifs auch, welche Mängel das neue Gebäude entdecken läfst, wenn es wirklich aufkömmt und errichtet ist.

*) Der künftige Mangel dieses Unterrichts kann im Anfange noch unmerklich seyn, weil die Professoren und Jünglinge, die sich bereits gebildet haben, nun zu diesen Werkstätten ihre Zuflucht nehmen werden.

Glücklicheres Vaterland! das du mit ruhigerem Geiste nur besserst, und Neues zu dem Alten bauest, um deine wohlgerathenen Kinder zu erziehen. Wenn einst die Herrschsucht menschlicher Veredlung Gränzen setzt, so liegt der Durst nach Wissen noch in dir, und thronend spendest du aus deiner reichsten Quelle! —

Doch scheint ein Zufall nur die Welt zu führen, und ein geheimer Trieb leitet sie dahin, wohin das Reich der Zwecke führt. Tief liegen oft die Kräfte der Natur in Mitteln, die der Mensch sie zu zerstöhren braucht! Die Geistlichkeit, die einst die Wissenschaft verbergen wollte, verwahrte sie für eine bessere Zeit Der Adel, der einst den Bürgerstand benutzte, dachte nicht, daſs er sich seinen Nebenbuhler schuf; so kann auch einst die Tugend mit Talent, die man benutzt, und die viel höhern Adels ist, die groſse weite Welt allein regieren.

Jene Regenten, die, mit ihrem Zeitalter aufgewachsen, das Talent zu ihren Eroberungen siegreich, nicht zufällig mehr gebrauchten, stifteten nachher (wie auch nach Frankreichs Muster Friederich) die Pflanzschulen desselben im Innern ihres Reichs. Da wuchs es auf, und zu Anfang der Revolution zu einer groſsen Höhe gestiegen, empörte es sich, und setzte sich, der Regierungskunst noch unerfahren, zu plötzlich auf den Thron. So wild und ungestüm es auch sich leiten lieſs, so hat es dennoch einen Theil errungen, und siegend bekleidet es die ersten Posten mehr als je. Fragt man, was Frankreichs Gröſse macht? so ist es dieſs Talent, das so der Geist der Zeit der Spitze nahe brachte. Auf diesem weilt das Auge mit Hoffnung, und wartet auf den bessern Einfluſs. —

So lange es Staatsmaxime bleiben mufs, die bessern Menschen zu befördern, bedarf es übrigens für die Bildung der grofsen Unterstützung höhern Orts nicht mehr. Ein jeder Vater schaft ja seiner Kinder Wohl sich selber, und mündiger lerne man den Werth der Dinge schätzen nach dem, was sie zu erringen gekostet haben, und brauche sie zum Bollwerk gegen Mifsbrauch der Gewalt. —

So löst sich alles in Gedanken ins schönste Gleichgewicht auf. Allein was das Gemüth mit banger Hoffnung füllt, ist die Ferne dieses bessern Reichs. Der Unbestand der Dinge dauert fort. Ein Sturm hat den alten morschen Stamm zerschmettert, und gibt den jungen Reisern keine Zeit, die Wurzel zu befestigen. Der Ölbaum, der sie jetzt beschützt, hat ihre Wunden noch nicht ganz geheilt. Und indem mit arger Kargheit Frankreichs Macht den Wissenschaften abzusparen sucht, und wenige Millionen der Bildung seiner Bürger opfert, spendet es fast 400 jährlich auf Künste der Zerstöhrung. *) —

*) Das nähere Detail hierüber findet der Leser im 4ten Stücke der Annalen.

II.

Darstellung der Fortschritte der Wolleveredlung in Frankreich durch Einführung der spanischen Schafe, und Beschreibung der Nationalschäferey in Rambouillet, von dem Herrn Landrath von Vinke. *)

Schon im Jahre 1766 beschäftigte sich Daubenton auf officielle Veranlassung des damaligen Intendanten der Finanzen Trudaine mit Versuchen über die Veredlung der französischen Schafraçen durch spanische Schafe; er erwiefs die Möglichkeit, diese in Frankreich zu acclimatisiren und mittelst derselben die Wolle der einheimischen Schafe ausserordentlich zu verbessern. Allein die Sache erregte in Frankreich kein grofses Interesse. Die Regierung bekümmerte sich nicht weiter darum, und die Veredlung blieb auf seine eigne Heerde zu Montbard **) in Bourgogne fast einzig beschränkt. Als aber Ludwig der XVI. das Schlofs und den Park zu Rambouillet im Jahre 1783 vom Herzoge von Penthievre erkaufte und dieses ganz zu öconomischen Versuchen bestimmte, befahl er auch das Etablissement einer spanischen Schäferey daselbst. Es

*) Herr von Vinke befindet sich bekanntlich jetzt in Spanien, um daselbst 1000 spanische Schafe zu kaufen, die die preufsische Regierung auszuführen die Erlaubnifs erhalten hat.

**) Nach Daubenton's Tode ist dieselbe von C. Thevenin erkauft und nach Tanlay bey Tonnere, Departement de l'Yonne, transportirt. Im Jahre 1801 wurde die Wolle derselben das Pfund zu 3 Livres 15 Sous verkauft. —

wurden ihm am Ende 323 Schafe und 55 Böcke im May 1786 in Spanien aus den besten Heerden angekauft, und durch einen spanischen Majorat und 3 Schäferknechte nach Rambouillet (7 Lieues von Versailles) geführt, wo sie den 13ten October desselben Jahres glücklich anlangten. Wenige Wochen nach ihrer Ankunft brachen unter denselben die Pocken aus, und würden bey der ungeschickten Behandlung der spanischen Schäfer ohne die zeitige Dazwischenkunft des B. Tessier, welcher die Oberaufsicht über Rambouillet hat, vielleicht die ganze Heerde aufgerieben haben, welche dadurch 35 Schafe und 60 Lämmer verlor *). Nachher blieb die Heerde von Pocken und allen andern Krankheiten, die Drehkrankheit ausgenommen, verschont. Die sich anfangs häufig äussernde Raude (Galle) wurde durch Anwendung der in Deutschland gewöhnlichen Mit-

*) Auch die im Jahre 1800 nach Perpignan geführte Heerde spanischer Schafe erlitt bald nach ihrer Ankunft durch die Schafpocken (Claveau, Clavelleau) einen betrachtlichen Verlust. Über $\frac{2}{3}$ wurden von denselben befallen, und 84 nebst einer grofsen Anzahl Lämmer ihr Raub. Überhaupt scheint diese Krankheit in Frankreich haufiger und gefährlicher als in Deutschland. Nach einer Ordonnanz des Polizey-Präfecten von Paris vom 16ten Vendem. des Jahres X. sollen die Eigenthümer gleich anzeigen, wenn die Krankheit ausbricht, die Polizeybeamten oft mit Sachverständigen alle Heerden untersuchen, diejenigen, unter welchen Pockenkrankheiten angetroffen werden, abgesondert, im Freyen aufgestellet, bey 300 Fr. keines der erkrankten Schafe zu Markte gebracht, alle dahin gebrachte untersucht, die Ställe, in welchen sich dergleichen befinden, desinfectirt (— gereinigt, gelüftet, die Wände 3 Fufs hoch abgescheuert, der Boden 2 Zoll abgeflächt, mit 8 Loth Küchensalz und 6 Loth Vitriolol in einer erwärmten Schüssel durchräuchert —) die davon gestorbnen endlich 4 Fufs tief mit Haut und Haar eingescharrt werden.

tel (*) und bald entfernt. **) Die Heerde hatte sich nachher ganz durch sich selbst erhalten und fortgepflanzt, ohne je wieder durch frisches spanisches Blut erneuert worden zu seyn. Sie befindet sich in dem trefflichsten Zustande, sie ist nicht ausgeartet, hat sich vielmehr unläugbar verbessert. — Wer nicht bereits durch Lasteyries treffliche Abhandlung zum voraus überzeugt worden, der kann hier durch die That alle Zweifel gegen die Möglichkeit der Schafveredlung durch spanische Raçen gelöst finden. Dabey wird die Schäferey durch die Localität keineswegs begünstigt. Der kalkgrundige nasse Boden gewährt keine vorzügliche Weide, und stellt die Schafe mancher Gefahr bloſs; die Hutungen sind beschränkt, es sind hier anhaltende dichte Nebel sehr gewöhnlich, und die Schafe der Feuchtigkeit, ihrem furchtbarsten Feinde, häufig ausgesetzt. Die Schäferey befindet sich in einem ursprünglich zur Fasanerie bestimmten kreisförmigen Gebäude, in dessen Mitte sich ein kleiner Hof befindet. Es ist hinläng-

*) Die Raude (Galle) ist nach der Aussage des Regisseur stets nur die Folge nachlässiger Pflege oder mangelhafter Fütterung, daher in der Anstalt nie befindlich.

**) Gegen das Drehen (le Tourni) der Schafe hat man noch hier kein Mittel ausfindig machen können, die vorzüglichsten Veterinärärzte erklären es für eine unheilbare Krankheit. Die von einem Mitgliede der Societé d'Agriculture de la Seine mitgetheilte Erfahrung, daſs er seine Dreher durch Abschneiden der Ohren völlig geheilt habe, fand gar keinen Glauben, weil dieses die gewöhnliche Entstehungsursache der Krankheit nicht wegzuräumen vermag. Man will indessen bemerkt haben, daſs die mit Körnern gefütterten Lämmer dem Übel häufiger ausgesetzt sind. (Man behauptet auch, daſs die selten geschornen diese Krankheit weniger bekommen.)

lich geräumig, hoch und luftig; als Musterschäferey würde es indessen noch angemessener seyn, einen eigens dazu bestimmten Schafstall nach zweckmäfsigem Plane zu erbauen, welcher zugleich das Beyspiel eines vollkommenen Stalles aufstellte. Die längs den Seitenwänden angebrachten Raufen haben, wie in unsern guten Schäfereyen, ein 4 Zoll hervorstehendes Bret zur Unterlage, können indessen nicht auf- und niedergelassen werden. Die Krippen sind in der Mitte des Stalles aufgestellt, die verschiedenen Geschlechter und Alter sind gehörig von einander abgesondert. —

Zur Winterfütterung wird den Mutterschafen und Böcken täglich 2½ Pf. Luzern- und Kleeheu, auf 5 Portionen vertheilt, so lange gereicht, bis sie ausserhalb hinlänglich Nahrung finden. — Die Jährlinge und Zeitschafe erhalten etwas weniger, daneben wird ihnen des Morgens langes Weitzenstroh (Hecksel kennt man überall in Frankreich gar nicht) in die Raufen gegeben, und nachdem sie dieses ausgestübert, untergestreut. Daneben erhalten die Mutterschafe und Jährlinge 3 bis 4 Monate lang ein gemengtes Futter aus 4 Theilen Überkehr (Balle de bled), 3 Theilen Hafer und 1 Theil Erbsen, jedes täglich ½ Pfund. Getränkt wurden sie im Stalle täglich 2 Mal. Über den Flächeninhalt der Stammweide konnte man keine bestimmte Angabe erhalten; neben den vielen breiten, durch den Park führenden begrasten Wegen, überläfst man ihnen das Schneiden nicht verlohnende Klee- und Luzern-Acker. Die Schafe wurden im Sommer bey trocknem Wetter oft geheerdet; des Sommers nicht eher, als bis die Sonne den Thau abgetrocknet, hinausgeführt, bey starkem Regen gar nicht ausgetrieben. Salz wird in der Regel gar nicht, und nur dann gegeben, wenn man Mangel an Efslust bemerkt. —

Man hat auch in Rambouillet ehemals die Begattung von der Blutverwandtschaft vermieden, sich aber aus Erfahrung überzeugt, dafs solches nicht nothwendig ist; jetzt wird darauf gar keine Rücksicht genommen, sondern im August die ganze Anzahl von Schafen — 160 — mit den Böcken, im Verhältnifs von 20 — 25 zu eins, zusammengelassen, doch so, dafs davon nur 2 zugleich bey den Schafen sich befinden, und täglich durch zwey andere abgelöst werden. Die Schafe werden nie eher, als bis sie 2½ Jahr alt sind, die Böcke auch der Regel nach nicht früher, selten mit 1½ Jahren zugelassen. Es läfst sich nicht angeben, wie lange sie zur Fortpflanzung dienen, weil dazu jährlich immer die besten Schafe und Böcke ausgesucht, alle übrige verkauft werden; man versichert indessen, die Böcke wären bis ins 12te, die Schafe bis ins 10te Jahr brauchbar, welches wahrscheinlich übertrieben ist. Von 160 Mutterschafen sind in diesem Jahre 4 güste geblieben, von 14 sind die Lämmer gleich nach der Geburt gestorben, dagegen haben 18 Zwillinge gehabt, durch welche man die Mütter der ersteren gleich wieder versorgen können. Da das Luzernheu vorzüglich viel Milch gibt, so wird es auch dem Muttervieh ausschliefsend gegeben. Den Lämmern beiderley Geschlechts werden in der 2ten oder 3ten Woche die Schwänze gestutzt. Sie begleiten schon im 3ten Monate die Mutter auf die Weide, im 5ten werden sie abgespähnt. Den Böcken läfst man ihre Hörner unverkürzt. Zur Wollenschur wird Ende May geschritten, ohne jedoch die Schafe vorher auf dem Leibe zu waschen, da alle Wolle ungewaschen (en suint) verkauft wird. Die Wolle vom Bauche, den

Beinen, dem Schwanze, welche vom Stück etwa 24 Loth wiegt, wird von der übrigen abgesondert, übrigens aber nicht weiter sortirt.

Die vorzügliche reichliche Fütterung und die Zwillingsgeburten lassen schon erwarten, dafs sich die Heerde in einem vorzüglich guten Zustande befindet. Es ist auch unläugbar, dafs sich dadurch, verbunden mit der sorgfältigen Auswahl der Zuchtthiere, die ursprüngliche Natur hier sehr verbessert und vergröfsert hat; und dieses sowohl, als die grössere Länge der Wolle, das Gewicht der Fliefse sehr vermehrt hat. Die hiesige spanische Nachkommenschaft übertrifft darin die ächtspanischen, die stolpischen, selbst die magnisschen Schafe. Die Anwesenheit von 90 auserlesenen ächtspanischen Schafen des Gilbertschen Transports (welche man neuerlich hierher gezogen, um sie bey der nächsten öffentlichen Verkaufung mit den hiesigen zusammenzustellen, aber von diesen ganz abgesondert hält) erleichtert die Vergleichung und gab den überzeugendsten Beweis davon. Man hat einzelne Thiere gleichen Alters von der letzten und der hiesigen Schäferey gemessen und gewogen *), und daraus folgende Durchschnittsverhältnisse erhalten **).

		Pf.	Unz.
3 Böcke von Sp. haben jeder im Durchschnitt gewogen	—	107	7
— — von Ramb. haben jeder im Durchschnitt gewogen	—	116	10

*) Die bemerkten Messungen sind genommen: in der Länge von dem Scheitel bis zum 1sten Schwanzwirbel; in der Höhe von der Erde bis aufs Kreuz; in der Dicke um die Brust. —

**) S. bedeutet hier Spanische. R. Rambouilletsche.

		Pf.	Unz.
3 Schafe von Sp. haben jedes im Durchschnitt gewogen	—	84	10
— — von Ramb. haben jedes im Durchschnitt gewogen	—	96	10

	Fuſs.	Zoll.	Lin.
— Böcke von Sp. haben in der Länge	3	2	10
— — - R. - . - -	3	6	10
— Schafe - Sp. - - - -	3	2	8
— — - R. - - - -	3	7	4
— Böcke - Sp. messen in der Höhe	2	2	—
— — - R. - - - -	2	3	—
— Schafe - Sp. - - - -	1	10	11
— — - R. - - - -	2	1	5
— Böcke - Sp. messen in der Dicke	3	6	11
— — - R. - - - -	3	11	5
— Schafe - Sp. - - - -	3	2	8
— — - R. - - - -	3	11	3

Indessen sind nicht alle Rambouilletschen Schafe von ganz gleicher Natur. Die groſse Verschiedenheit der Formen, welche bey ihren aus sehr viel verschiednen Heerden zusammengekauften spanischen Stammvätern sehr auffallend war, ist selbst jetzt noch nicht ganz ausgeglichen und in Eine Form zusammengeschmolzen.

Noch vortheilhafter kömmt die Vergleichung in Rücksicht der Menge der Wolle zu stehen. Es gibt wohl nirgends Schafe der kurzwolligten-Art, welche einen dem hiesigen ähnlichen Ertrag liefern, und dieser überwiegt gewiſs bey weitem die Unkosten der reichlichen Fütterung derselben. Nach den von den Aufsehern dem Nationalinstitute jährlich vorgelegten Bericuten ist einschlüſslich der Bauchwolle im Durchschnitt

	Liv.	Sous.	D.
Im Jahre VI. 1798. geschoren vom Stück 8 Pfund Wolle, verkauft das Pfund zu	1	12	—
Im Jahre VII. 1799. geschoren vom Stück 7 Pfund 2 Unzen, verkauft das Pf. zu	1	11	—
Im Jahre VIII. 1800. geschoren vom Stück 8 Pfund 1 Unze, verkauft das Pf. zu	2	1	6
Im Jahre IX. 1801. geschoren vom Stück 8 Pfund 3 Unzen, verkauft das Pf. zu	2	17	9

Die Bauchwolle wurde zum selben Preise verkauft; die Käufer mufsten noch 5 pC. Auctionskosten zahlen, daher sich der Werth eines Fliefses von 1801 im Durchschnitt auf 14 L. 6 Sous berechnen läfst. Die halbveredelten Schafe (Metis) gaben in demselben Jahre 6 Pfund; welche zu 1 Liv. 18½ Sous einen Ertrag von 11 Livres 5 Sous 9 D. lieferten; die Landschafe um Rambouillet (de la Raçe Beauceronne) gaben 4 Pfund zu 1 L., überhaupt 4 L. Ertrag; in den vorhergehenden Jahren wird der Preis der Wolle von letztern nur zu 10—12 Sous angegeben.

Mit den obenerwähnten ächtspanischen Schafen liefs sich, in Rücksicht der Länge und Menge der Wolle, noch keine Vergleichung anstellen. Sie hatten durch die Reise und die gleich nach ihrer Ankunft heftig eingerissenen Schafpocken sehr gelitten und sich noch nicht ganz erholt. In Rücksicht der Feinheit und Sanftheit der Wolle schien aber doch wirklich der Vorzug auf ihrer Seite, so wenig auch der Regisseur zu Rambouillet dieses zugeben wollte. In wiefern dieser Hauptmangel der vielleicht allzureichlichen Fütterung beyzumessen ist, läſst sich bey der überhaupt noch obwaltenden Ungewiſsheit über den Einfluſs der Fütterung auf die Quantität der Wolle schwerlich bestimmen. — Gewiſs ist es aber, und man hat auch hier die Bemerkung gemacht, daſs die Feinheit der Wolle mit dem körperlichen Zustande des Thieres in einem sehr engen Verhältnisse steht, und daſs ein recht gut genährtes wohlhabendes Schaf etwas gröbere, obgleich kernhaftere Wolle als ein mageres, abgezehrtes, krankhaftes Thier trägt. Auch verdient es einige Rücksicht, daſs diese 90 spanischen Schafe die Auswahl derjenigen 1200 sind, welche selbst von Gilbert unter vielen tausenden in den besten spanischen Heerden auserlesen wurden, und wenn die hiesigen weniger feine Wolle liefern, so ist sie dafür ganz von Hundehaar (jars) rein, welches lediglich Folge der Auswahl der Zuchtschafe ist. —

Die Heerde von Rambouillet bestand den 1sten Brum. X (23sten October 1801) aus

159	trächtigen Mutterschafen	
80	Zibbenjährlingen (Anthénoires)	
49	Bockjährlingen	
89	Zibbenlämmern	
70	Bocklämmern	
60	Schafen	ursprünglichen Spaniern, durch Gilbert gekauft.
82	Böcken	
589	Stücke.	

Kurz vor der Schur wurden aus der ganzen Heerde die vorzüglichsten Häupter auserlesen, welche zur Zucht beybehalten; alle übrigen aber, welche das gehörige Alter erreicht, das heiſst, 4jährig geworden und keine wesentliche Mängel haben, an einem dazu bestimmten Tage einzeln meistbietend in der Wolle verkauft wurden. So lange man den jährlichen Überschuſs verschenkte und unentgeldlich vertheilte, blieb der Erfolg immer unbedeutend, kaum hin und wieder bemerkbar; man achtete der geschenkten Schafe nicht, betrachtete ihre Erhaltung als ein Opfer, welches man der Höflichkeit bringen, aber doch sich möglichst erleichtern müsse. — Nicht viel besser erging es den nachher für einen bestimmten mittlern Preis auf Anweisung des Ministers weggegebenen Schafen. — Daher man endlich genöthigt wurde, den einzig besten sichern Weg des öffentlichen meistbietenden Verkaufs zu versuchen, und die Bestimmung des Preises der Concurrenz zu überlassen. Anfänglich fanden sich wenige Liebhaber ein, allmählig aber wurde die Sache bekannter, die Nachfrage nahm zu. Beym letzten Verkauf fanden sich über 100 Landwirthe, und die Preise erreichten eine Höhe, welche die sicherste Bürgschaft der guten Pflege und zweckmäſsigen Benutzung der erkauften Schafe gewährt. — Es wurden verkauft:

1797 133 Stück im Durchschnitt zu 863 Liv. in Assignaten.

1798 87 Böcke im Durchschnitt zu 64 Liv. 57 Schafe zu 80 Liv.

1799 40 Böcke im Durchschnitt zu 60 Liv. 130 Schafe zu 78 Liv.

1800 das Stück, die Böcke zu 68, die Schafe zu 80 Liv.

1801 75 Böcke zu 335 Liv. — 86 Schafe zu 212½ Liv.

Daneben müssen die Käufer, wie bey der Wolle, 5 pC. Auctionskosten bezahlen. Einzelne Schafe wurden im vorigen Jahre zu 316, Böcke zu 516 L. bezahlt, welches beweiset, dafs auch die französischen Landwirthe der Enthusiasmus für Schafveredlung ergriffen hat, und das alle Fortschritte hindernde Vorurtheil, dafs die Landesraçe keiner lohnenden Verbesserung fähig sey, glücklich überwunden ist.

Zugleich mit den Schafen wird auch die Wolle der unverkauften Schafe meistbietend verkauft, und mit gleich glücklichem Erfolge. Schon Gilbert klagt in seinem Berichte vom Jahre 1798, und diese Anklage findet sich in allen nachstehenden Berichten wiederholt, dafs die Fabrikanten alles aufgeboten, die Wolle in niedrigem Preise zu erhalten, und viele kleine von ihnen abhängige Fabrikanten sich nur mit einer gewissen Scheu eingefunden *). Diese Vereinigung des Wolle- und Schafverkaufs ist gewifs sehr zweckmäfsig; sie lehrt den Landwirth den Werth der Schafe und einer guten Pflege derselben kennen; sie bringen gewöhnlich ihren Schäfer mit; es kann gewifs nichts nachdrücklicher auf deren Überzeugung wirken, als wenn sie selbst die Schafe scheeren, das Fliefs wiegen und verkaufen sehen; dabey erhalten sie Gelegenheit, sich mit ihrer Wartung und Fütterung bekannt zu machen. Man ist jetzt im Begriff, in Rambouillet einen allgemeinen Wollenmarkt, unmittelbar nach dem Schafverkauf, einzurichten.

*) Die verwerfliche Behandlung mehrerer Fabrikanten vermochte einige patriotische Landwirthe, die Wolle für ihre eigne Rechnung verweben zu lassen, sie erhielten dadurch Tücher von der ersten Qualität zu einem um $\frac{1}{5}$ niedrigern Preise als gewöhnlich.

In den letzten Jahren hat man nicht nur durch Versuche erwiesen, daſs die spanische Raçe eben so volles schmackhaftes Fleisch als die Landraçe gebe, sondern auch interessante Versuche über die Nothwendigkeit der Wollschur angefangen, und Gilberts Zweifel gegen die Meinung der Naturforscher, daſs die Natur selbst die Epoche der Schur alle Jahre durch das Abwerfen der alten Wolle beym Hervorsprossen der neuen Wolle bezeichne, bestätigt gefunden. Acht Schafe, welche mit Überspringung von 1800 im vorigen Jahre geschoren wurden, gaben 16 bis 20 Pfund, also den doppelten jährigen Ertrag. Ein Schaf, welches zwey Jahre die Wolle behalten hatte, gab 24 Pfund. — Der Wollertrag vermindert sich dabey nicht, die Wolle erreicht eine doppelte Länge, ohne an Feinheit einzubüſsen. Die Wolle der erst im 18ten Monate geschornen Lämmer hat sich, statt auszufallen, vielmehr verbessert, weil die Lammwolle bekanntlich sehr viel geringer geachtet wird. Diese Erfahrung, wenn sie sich durch mehrere Versuche bestätigt, ist von groſsem practischen Werth, sie zeigt den Weg zur Erlangung einer vorzüglich feinen Kammwolle, und zur wesentlichen Verbesserung der Lämmerwolle. Doch leiden die Schafe etwas durch das groſse Gewicht des Flieſses, und den Mutterschafen ist es beym Saugen hinderlich. —

Ausser dem Etablissement in Rambouillet bestehen jetzt noch zwey andre ähnliche auf gleichem Fuſse eingerichtete Institute. Im Jahre 1792 wurde das eine derselben mit 6 Böcken und 70 Schafen von Rambouillet in Pompadour (Departement de la Coreze) für den mittlern Theil Frankreichs gestiftet, welches gleich auf 300 Stück angewachsen ist, und im künftigen Jahre anfangen wird zu verkaufen.

Das andre für das südliche Frankreich bestimmte befindet sich auf den Meiereien Coll bey Castell Rousaillon und de la Tour bey St. Laurent de la Salanque, im Departement der Ostpyreneen, (Pyrenées orientales) und besteht aus den Überresten der von Gilbert angekauften Heerden, nachdem ein Theil derselben nach Rambouillet gebracht, und ein noch viel größerer an Privatpersonen, welche zu diesem Transporte auf den Werth von 50 Liv das Stück unterzeichnet hatten, überlassen worden. Das Directorium erlangte im Baseler Frieden mit Spanien die Erlaubniſs zur freyen Ausfuhr von 5000 Schafen und 500 Böcken innerhalb der nächsten 5 Jahre. Lange blieb dieses unbenutzt, bis endlich im Jahre 1799 das Conseil d'Agriculture das Gouvernement vermochte, den durch mehrere Schriften bekannten Gilbert nach Spanien zu senden, mit dem Auftrage, 1000 Stück einzukaufen. Er konnte bey seiner verspäteten Hinkunft nur 700 Stück zusammenbringen, und lieſs diese im Herbste mit in die südlichen Gegenden wandern. Hier starb über die Hälfte durch eine durch häufige Regenschauer erzeugte Fäulniſs, die andre muſste wegen besorglicher Ansteckung ebenfalls verkauft werden. Im folgenden Frühjahr kaufte Gilbert von neuem; allein das Ungluck der ersten Heerde, das Ausbleiben aller Unterstützung von Frankreich, wo man seiner ganz vergessen hatte, und mancherley Schwierigkeiten, welche ihm jeden Schritt erschwerten, zogen ihm eine Krankheit zu, an welcher er im Septbr. 1800 starb, nachdem die von ihm erkauften 186 Böcke und 922 Schafe kurz vorher die Reise nach Perpignan angetreten, und bis dahin einen Verlust von 22 Stück erlitten hatten. Von diesen sind jetzt noch 400 übrig. Man wird auch dort im künftigen Jahre den Verkauf anfangen. Zum Ankauf

kauf und Ausführung der noch übrigen 4400 Schafe aus Spanien hat die Regierung neuerlich, nach vielen vergeblichen Bemühungen, einer Gesellschaft Akzionärs unter Leitung der Societé d'Agriculture des Departements de la Seine die Erlaubnifs ertheilt, welche das Kapital zusammenschiessen, und die Schafe demnächst in Frankreich zum öffentlichen meistbietenden Verkauf bringen müssen. —

Nächst diesen drey Nationalheerden befinden sich die vorzüglichsten von ganz verwandelter Art in Croisay bey St. Germain en Laye, in Raincy bey Paris, in Epluche bey Pontoise, La Ferte Alais (Dep. du Gard) und in Genf (des Professors Pictet). Man rechnet jetzt überhaupt 11 bis 12000 ganz veredelte, gegen 2,000,000 in verschiednen Graden verfeinerte Schafe in Frankreich, welches im Jahre 1796 nach Rougier la Bergeries, jedoch als zu niedrig angefochtene Angabe 25 Millionen Schafe überhaupt zählen soll. Über die Verwandlung der verschiednen Raçen Frankreichs durch spanisches Blut hat man vergleichende äusserst interessante Versuche angestellt, mit einer Heerde, welche, nachdem sie von einem demnächst verkauften und verschenkten Nationalgute zum andern gewandert, sich gegenwärtig in Alfort befindet, wo sie mit der Thierarzeneyschule vereinigt und zugleich eine Unterrichtsanstalt für 12 Schäfer eingerichtet worden ist *). Die Untersuchung und die Vergleichung der

*) Die 12 Schäfer erhalten während ihres einjährigen Aufenthalts monatlich 36 Franken (davon 20 Franken für die Kost, das übrige für Kleidung) aus der Kasse des Departements, welches sie dahin sendet. Der Unterricht ist frey. Neulich ist verfügt, dafs sie auch noch 6 Monate in Rambouillet bleiben sollen. Die Zöglinge der Vieharzneyschule werden auch mit Behandlung der Schafkrankheiten bekannt gemacht.

ursprünglichen Landes- und der veredelten Schafe gewährt das Resultat:

1. Daſs die Raçen von gröſserm Körperbau und langer Wolle allmählig in beyder Hinsicht abnehmen, so wie ersterer sich der spanischen Form mehr nähert, und die letztere feiner, dichter und krauser wird.

2. Daſs die kleinern kürzern dagegen ihre Natur und Wolle gleichmäſsig verbessern, und weit schneller zur Vollkommenheit gelangen.

3. Daſs auch die Schafe, deren Körper mehr Ziegenhaar als Wolle bringt, allmählig, doch oft erst in der 4ten und 5ten Generation eine sich der spanischen nähernde Qualität annehmen.

Die Schäferey zu Rambouillet wird vom Bürger Bourgeois, welcher dieses Geschäft vollkommen versteht, und ein sehr gefälliger Mann ist, als Regisseur verwaltet. Alle in dieser Anstalt sind der obern Leitung des Conseil d'Agriculture des Ministers des Innern untergeordnet, in welchem sich Tessier, Huzard, Parmentier und Vilmorin befinden. Diese haben sich um die Erhaltung dieser kostbaren Heerden in den unruhigen Zeiten der Revolution, wo dieselben oft schon der Schlachtbank nahe waren, unendliche Verdienste erworben.

III.

Notiz von dem Park zu Rambouillet.

Der Park zu Rambouillet enthält noch einiges Hornvieh. Folgende Notiz, die aus dem 146sten Stücke der Bibliotheque brittanique genommen ist, kann vielleicht hier nicht unschicklich zum Nachtrag des vorhergehenden so vollständigen Aufsatzes dienen.

Der Park, worin das Nationalpachtgut liegt, hat ungefähr 1500 Acker im Umfange. Das große Gebäude, welches in der Mitte liegt, besteht aus 4 Corps de Logis, die einen Hof einschliessen; diese enthalten, ausser der Wohnung des Oeconomen, Pferde- und Kuhställe, Scheune, Schauer und Taubenschlag. In dem Stalle werden 40 Pferde und Füllen gehalten, nächstdem 20 Büffel und eben so viel ungehörntes Vieh, nächstdem 25 Kühe aus Romanien, der Schweiz und der Normandie.

Der Beschäler ist schön geformt und stark. Einige sehr schöne Pferde kommen aus Brabant, aber die Jungen, die man von ihnen gezogen hat, sind nicht so gut.

Die Büffel vermehren sich ohne anscheinende Entartung. Das Thier ist schwarz, schmutzig und häſslich, oberwärts fast gänzlich ohne Haare. Es verbreitet einen unangenehmen Geruch, und hat ein dumpfes eintöniges Geschrey, welches weder dem des Stiers, noch dem der Kuh ähnlich ist. Das Paaren des Stiers mit dem weiblichen Büffel hat noch nichts hervorgebracht. Die Thiere sind übrigens sanft. Zwey männliche werden gewöhnlich mit zwey einheimischen Ochsen vor den Pflug gespannt, sie verrichten aber nicht $\frac{3}{4}$ so viel Arbeit als 3 gute Pferde, die eben so viel Heu und Haber verzehren. Die Versuche sind hierüber mit Genauigkeit vom Herrn Bourgeois angestellt worden.

Die Milch der weiblichen Büffel hat einen eignen Geschmack, der einigen nicht unangenehm ist; sie liefert eine beträchtlichere Menge Butter, als die Kuhmilch. Die Butter ist sehr weifs, statt gelblich zu seyn. Doch liefert diese Art weniger Milch, als die gewöhnlichen Kühe. Herr Pictet bemerkte, dafs die Jungen der Büffel eine von den Kühen verschiedne Stellung beym Saugen haben. Sie stellen sich hinter der Mutter zwischen die von einander gestreckten Beine, und bewegen beym Saugen regelmäfsig den Kopf auf und ab, ohne, wie die Kühe, die Eiter zu stofsen.

Die ungehörnten Kühe sind weifs und gelb getiegert, sie kommen von der Landkuh, die mit ungehörnten Stieren gepaart ist. Herr Bourgeois kannte den Ursprung derselben nicht. Obgleich das Thier 15 Jahr alt ist, so ist es doch sanft, und fährt fort, die Kühe zu bespringen. Die Kühe, die von gehörnten gebohren, und ungehörnten männlichen erzeugt sind, sind selbst ohne Hörner, und haben nur eine knöcherne Erhöhung. Ihre Eiter sind im allgemeinen nicht ansehnlich, doch geben sie gute Milch. Im übrigen ist ihre Gestalt nicht merkwürdig.

Die römischen Kühe sind schwärzlich grau, auf dem Rücken wie weifs gepudert. Die langen Hörner steigen senkrecht in die Höhe und sind spitzig. In Ansehung der Milch scheinen sie viele Vortheile zu versprechen, doch sind sie schwerer zu bändigen, als die Büffel, und scheinen grofse Stärke zu besitzen.

Die Schweizer Kühe zu Rambouillet sind nicht von den schönsten. Nur eine derselben ist wegen ihrer colossalischen Gröfse merkwürdig, sie gibt schon lange keine Junge mehr, und ist nur da zur Seltenheit.

Die Normannschen Kühe gedeihen in Rambouillet am besten und geben die meiste Milch.

Die Schauer sind mit Stroh bedeckt, und schlecht, so dafs sie keine gute Winterwohnung für Thiere von wärmern Climaten abgeben. Man ist im Begriff Wagenschauer zu bauen, die 1 o Fufs lang und 60 breit seyn werden.

Frdl.

IV.

Bericht einer von der Classe der physischen und mathematischen Wissenschaften niedergesetzten Commission zur Untersuchung der Methode, durch die Kuhpocken für die wirklichen Pocken zu schützen. — Auf einen Beschlufs des Instituts zur Vertheilung unter seine Mitglieder zum Druck befördert.

Der Eingang enthält die bekannte Geschichte der Jennerschen Entdeckung so kurz als möglich. Sie wurde in Frankreich durch die Bibliotheque brittanique bekannt. Bürger Liancourt hatte bereits im Germinal des Jahres VIII (April 1800) eine Subscription eröffnet, um eine Comité de la Vaccine zu veranstalten, und die Kuhpocken zu verbreiten. Durch den unermüdeten Eifer eines Thouret, die Thätigkeit des Husson (des Secretairs der Comité) ist dieser Zweck auch vollkommen erfüllt. Im Thermidor des Jahres VIII (August 1800) kam

Woodwille nach Paris und überbrachte die Materie zuerst. Hierauf wurde sie auch den Kühen eingeimpft und dadurch vervielfältigt. Neuerlich will ein Arzt zu Nancy, Herr Valentin, endlich die Mauke der Pferde (Grease. Eaux aux Jambes) inoculirt, und die Kuhpocken hervorgebracht haben, welches dieſs treffliche Verwahrungsmittel noch mehr verewigen würde. —

Der erste Beweis des glücklichen Erfolgs dieses Bewahrungsmittels wurde an 25, dann an 200 Kindern erprobt, und in den Journalen des Jahres VIII, so wie des 20sten Brumaire des Jahres IX (11 Nov. 1800) bekannt gemacht. Mehrere Mitglieder der Comité, von der Wichtigkeit überzeugt, lieſsen ihre Kinder und Frauen vacciniren. Aber die Berichtserstatter des Instituts gehören nicht zur Comité. (Sie bestehen aus Herrn Portal, Fourcroy, Huzard und Hallé. Letzter hat den Bericht abgefaſst). *) Sie waren ruhige, äussere Beobachter derselben, und unpartheyische Zeugen. Der Comité bleibt das Verdienst, die ungeheure Menge überzeugender Erfahrungen gesammelt und entwickelt zu haben, so wie ihr auch die vollkommenere Darstellung des Gegenstandes überlassen ist. Hier folgen nur summarisch die Hauptresultate der Untersuchung.

Beschreibung der Kuhpocken und Unterschied der wahren von den falschen Kuhpocken.

Das Gift aus der Euter einer Kuh oder aus der Pustel eines Inoculirten genommen, und einem, der

*) Herr Hallé hat den Bericht eigentlich redigirt.

Disposition hat, eingeimpft, bleibt drey Tage lang im Körper, ohne daſs sich irgend ein Symptom seines Daseyns äussert. Alsdann, oder auch noch etwas später, hebt sich die Stelle, die eingeimpft ist, und wird roth; es bildet sich ein rothes Stippchen, dessen Mitte fest ansitzend und tief ist, und dessen Umfang sich wie ein Bläschen (phlyctène) erhebt. Allein es gleicht nicht den gewöhnlichen Stippen, denn in diesen ist die Oberhaut gänzlich von dem Hautgewebe abgelöst, und enthält in seiner Höhlung eine seröse Feuchtigkeit, die lymphatisch und trübe ist, und nur einige von besondern Umständen abhängende Verschiedenheiten hat. Bey den Kuhpocken hingegen ist das zirkelrunde Bläschen zelligt; und nahe gesehen bemerkt man äusserlich leichte Unebenheiten, die eben von diesen zelligten Abtheilungen bewirkt werden. Die Flüssigkeit, die es füllt, ist stets ungefärbt und vollkommen durchsichtig, von mehr oder minder gummigter Consistenz, und nach Umständen des Individuums mehr oder minder flüssig, stets klebrig, und stets wie ein sehr reines Gummi auch trocknend. Macht man einen Einschnitt im Bläschen, so bildet sich ein Tropfen an der Öffnung nur sehr langsam, und nur aus der Stelle, wo der Einschnitt gemacht ist; es läuft nicht ganz aus, wie das mit andern Bläschen der Fall zu seyn pflegt.

Wenn sich das Bläschen, die Kuhpocke nehmlich, bildet, so bemerkt man gewöhnlich eine kleine Fieberbewegung, wenigstens mehr Lebhaftigkeit, besonders bey Kindern — Unter der Achsel wird es schmerzhaft. Ist die Pocke einmal gebildet, so findet sich die Ruhe wieder, und dauert bis zum Augenblicke, da sich ein rother Rand um dieselbe zeigt; dieses erfolgt den 8ten Tag der Einimpfung, wofern nehmlich die Pocke sich den 4ten eingestellt hat.

Zuweilen empfindet man dann einen Fieberanfall, der 24 Stunden dauert; ein rother Rand umgibt die Pustel, verbreitet sich ziemlich weit, und hat zuweilen noch einen deutlichen Ring ausserhalb. Das nennt man (areole) den Hof. Unter demselben ist die Haut angeschwollen und hart (renitente). Bald nachher wird die in der Pustel enthaltene Feuchtigkeit minder durchsichtig, die Anschwellung verliert sich. Die Pocke trocknet vom Mittelpuncte nach aussen hin ab, und diese Abtrocknung verbreitet sich endlich über die ganze Feuchtigkeit, so dafs sie mit der Oberhaut, die sie bedeckte, nur eine Masse, die stets härter wird, bildet. Die Cruste wird braun und glänzend, sitzt an der Haut fest, und löst sich vor dem 14ten oder 18ten Tage nicht ab. Alsdann bleibt eine Narbe, die mit der Haut gleich ist, und sich nicht leicht oder doch sehr spät verliert. —

Zwey Umstände scheinen die Veranlassung zu seyn, warum die Kuhpocken zuweilen gar nicht entstehen, oder warum sich die falschen bilden. Der erste ist der: wenn die geimpfte Person entweder die Kuhpocken oder die wirklichen Pocken schon gehabt hat, oder aus sonst einer Ursache sie zu empfangen nicht Disposition hat. Der zweite: wenn die einzuimpfende Materie unter ungünstigen Umständen aufgenommen, und in ihrer Natur und wesentlichen Eigenschaften verändert worden ist. Zuweilen erfolgen die Kuhpocken alsdann ganz und gar nicht, zuweilen bringt dagegen die Impfung eine Wirkung hervor, die nicht die erwünschte ist, und die bald den Nahmen falscher Kuhpocken nicht verdient, bald trügerische Phänomene der wirklichen darstellt. Im ersten Falle erfolgt den Tag nach der Impfung Röthe, Jucken und selbst etwas Schmerz unter der Achsel. Die Röthe nimmt bis zum 4ten Tage zu. Der Ort, wo der Stich angebracht ist, wird spitzig hervorragend, und bildet kaum ein kleines Stippchen. Die Röthe sinkt aber bald nachher, und alle Symptome schwinden. Es wäre schwer, eine Flüssigkeit von der Spitze herauszubringen, und man kann kaum glauben, daſs man sich deren zum Inoculiren je bedient hat. Daher wir auch behaupten, daſs man dieses nicht einmal falsche Kuhpocken nennen kann, weil es in keiner Art zur Täuschung Veranlassung gibt. — Die eigentlichen falschen Kuhpocken haben wirklich eine Pocke, aber sie unterscheidet sich von den ächten darin, daſs schon den 2ten Tag nach der Impfung auf der Impfstelle Inflammation entsteht, worauf eine Pustel erfolgt, die unregelmäſsig, nicht recht rund, und in der Mitte so hervorragend als im Umfange ist, so wie auch nicht im Innern in Zellen getheilt, oder wie ein zirkelrundes Scharnier geformt erscheint. Auch enthält sie eine trübe lymphatische Feuchtigkeit, die eine jauchartige Natur annimmt, und nicht, wie die gummigte Flüssigkeit der wahren Kuhpocken, trocknet. Kurz es ist ein wirkliches kleines Geschwür. — Die inoculirte Feuchtigkeit, die die falschen Kuhpocken hervorbringt, kann sie von neuem erregen, und kann in ihren ähnlichen Resultaten stets von neuem diejenigen hintergehen, die die wahren nicht zu unterscheiden wissen. Man hat mehrere Varietäten der falschen Kuhpocken beobachtet, die die Comité de la Vaccine bekannt machen wird. —

Beweis, dafs die oben characterisirten ächten Kuhpocken wirklich die Eigenschaft haben, für die wirklichen zu bewahren.

Die Berichtserstatter führen hier nur einige Fälle an, die sie selbst genau zu bewähren Gelegenheit gehabt haben.

Foucault, ein Winzer, schickte 3 seiner 6 Kinder nach Paris, um ihnen die Kuhpocken einimpfen zu lassen; dieses geschah mit Erfolg. Als sie zurückkamen, waren grade die wirklichen Pocken in ihrer Stadt, und die 3 zurückgelassenen wurden von ihnen ergriffen, die mit Kuhpocken eingeimpften hingegen waren mit ihren Brüdern in beständiger Berührung. Einer derselben schlief bey einem Bruder, der am stärksten die wirklichen Pocken hatte, und bekam Kopfweh, Ekel, Fieber und alle Zufälle, die eine Ansteckung der wirklichen Pocken befürchten liefsen und vorangehen, allein sie erfolgten nicht, eben so wenig, als bey den beyden andern mit Kuhpocken Eingeimpften. — Bürger Huzard hat bey seinen Kindern einen ähnlichen Fall wahrgenommen, und Herr Jadelot, Arzt des Findelhauses zu Paris, hat in diesem Hause gleiche Beobachtungen zu machen Gelegenheit gehabt.

Eine zweite Art, die bewahrende Kraft der Kuhpocken zu bestätigen, war die künstliche Probe. Ausser den 27 Kindern, denen die Comité de la Vaccine gleich zu Anfange die wirklichen Pocken ohne Erfolg einimpfen liefs, nachdem sie die Kuhpocken gehabt hatten, wurde ein ähnlicher Versuch unter den Augen der Berichtserstatter in der Ecole de Medecine an 102 Kindern angestellt, von denen mehrere 18 Monate vorher vaccinirt worden waren. Keins bekam die natürlichen Pocken, ob man gleich bey der Einimpfung derselben alle die Vorsicht brauchte, die man sonst nimmt, um ihr einen guten Erfolg zu sichern. 18 bekamen an der inoculirten Stelle eine Localentzündung. Bey einigen erfolgte eine Eiterung, wie man diese oft wahrnimmt wenn man Personen inoculirt, die schon die Pocken gehabt haben, oder sonst zum zweiten Mal inoculirt werden, (es ist die Wirkung des Einbringens eines reizenden Körpers ins Zellgewebe). Oft ist sogar das aus der Mitte der entstandnen Pustel genommene Gift im Stande, einem andern die Pocken beyzubringen.

Einen dritten Beweis der schützenden Kraft der Kuhpocken geben die in Pockenepidemien angestellten Beobachtungen. Indem nehmlich Jedermann mit der Ansteckungsmaterie umgeben war, sind alle mit Kuhpocken Geimpfte der Ansteckung entgangen; dieses war unter andern im letzten Sommer und Herbste in Paris der Fall, wo eine Pockenepidemie viele Kinder und Erwachsene, die nicht vaccinirt waren hinraffte, und wo die Hospitäler de la Patrie, de la Pitié, des Orphelins, des Enfants trouvés u. s. w. durch Vaccination verschont blieben.

Über die Facta, die zu dem Bezweifeln der schützenden Kraft der Kuhpocken Veranlassung gegeben haben.

Das erste, was zum Bezweifeln der schützenden Kraft der Kuhpocken Veranlassung gab, war der Umstand, dafs die Impfung keinen wirklichen Erfolg hatte. Sie fafste oft nicht, und man mufst sie an einigen, ohne eigentlich die Ursache des Nichtgelingens angeben zu können, oft wiederholen. Bey andern verhinderten Ausschläge oft das Gelingen der Einimpfung, ohne daſs diese Ausschläge doch für die wirklichen Pocken schützten. Ein Kind, das unmittelbar, nachdem es die Windpocken gehabt hatte, mit Kuhpockenmaterie inoculirt wurde, wurde von denselben nicht ergriffen, und auch 14 Tage nach der ersten Inoculation zum zweyten Mal nicht, aber dieses Kind bekam auch bey der Epidemie die wirklichen Pocken nicht, ob es gleich in einem Quartier wohnte, wo sie herrschten. — Ein andrer Fall, der zuweilen statt findet, ist der, wo eine Person der Ansteckung der wirklichen Pocken ausgesetzt war, ohne sie zu bekommen, und nachher weder die natürlichen noch Kuhpocken durch Impfung zu fassen im Stande war. Ein junger Mann und seine Schwester sind der Ansteckung der wirklichen Pocken ausgesetzt gewesen, letztere bekam sie wirklich; der junge Mann hingegen hatte alle Vorläufer der Krankheit mit allen wesentlichen Kennzeichen, allein es endigte sich bey ihm mit Schweiſsen, die sehr stinkend waren, und zwey Tage lang dauerten. Es war eine wahre febris variolosa sine variolarum eruptione des Sydenham. Ein ähnlicher Fall schien bey einem vaccinirten Kinde statt zu finden, und es ist zu vermuthen, daſs auch Personen, die wirklich schon die Pocken gehabt haben, von solchen Pockenfiebern ohne Ausschlag befallen werden können. Muſs man nun einen Vaccinirten, den ein solches Fieber befällt, als für die wirklichen Pocken gesichert ansehen? — Ferner darf man Jemand, dem die Kuhpocken eingeimpft sind, und der alle Symptome, die sie characterisiren, (als das Anschwellen der Achseldrüsen und etwas locale Inflammation) gehabt hat, ohne jedoch eine wirkliche Pustel zu bekommen, für unfähig halten, ein zweytes Mal die Kuhpocken zu erhalten, und auch für die wirklichen Pocken gesichert ansehen? — Sollten ferner diejenigen, die von Natur für die wirklichen Pocken unempfänglich sind, auch nicht fähig seyn, die Kuhpocken zu bekommen? — Wie man auch diese Fragen beantworten mag, so muſs man in der Praxis die Kuhpockenimpfung, als wenn sie keinen Erfolg gehabt hätte, ansehen, wenn sie nichts als leichte Entzündung und nicht auch die übrigen wesentlichen Zeichen darbot. — In allen Fällen, wo selbst berühmte Männer an der präservirenden Eigenschaft der Kuhpocken gezweifelt haben, fand sich bey genauerer Untersuchung, daſs eins der wesentlichen Zeichen der wirklichen Kuhpocken gefehlt hatte, welches dann zu falschen Schlüssen die Veranlassung gab.

Eine zweyte Quelle von Irrthümern bey der Beurtheilung der Kuhpocken entstand durch die Krankheiten, die auf die Kuhpockenimpfung folgten, und die man fälschlich mit den wirklichen Pocken verwechselte. — Dieſs sind vorzüglich die Windpocken, und dann eine Art von Furunkel, die klein und häufig vorkommen, und bey nicht gehöriger Aufmerksamkeit mit den wirklichen Pocken verwechselt werden. Die Windpocken schützen bekanntlich nicht für die wirklichen, also sind sie wesentlich verschieden. Bey den Windpocken hat das Fieber oft nicht 24 Stunden gedauert und es erfolgen schon Pusteln an verschiedenen Theilen des Körpers; die wirklichen Pocken hingegen brechen erst nach dem dritten Tage aus, und zwar, wenn ihr Gang regelmäſsig ist, zuerst im Gesichte, dann auf der Brust und endlich an den Extremitäten. — Die Windpocken erscheinen nach und nach und unbestimmt, 5, 6 Tage lang, und eine jede macht ihre Periode für sich, so dafs die ersten bereits abtrocknen, wenn die letztern erst erscheinen, und beyde befinden sich oft neben einander, viele werden gar nicht reif, viele enthalten nur eine Serosität, die zu nichts als Abschuppen die Veranlassung gibt, andere verwandeln sich schnell in Schorf, andere eitern und wenige lassen eigentliche Narben. (Der Verf. erwähnt des ödematösen Anschwellens nicht, welches in den wirklichen Pocken fast stets den 8ten Tag erfolgt, denn dieses begleitete die Krankheiten der letzten Epidemie fast insgesammt, und auch die Windpocken.) Man sage nicht, dafs obige Zeichen auch zuweilen bey den unregelmäfsigen wirklichen Pocken statt finden, denn wenn dieses der Fall ist, so sind sie stets sehr gefährlich, und haben einen üblen Ausgang, bey den Windpocken sind jenes hingegen Symptome ohne alle Gefahr. Selbst Männer, die man für unterrichtet halten sollte, haben dieses oft verkannt.

Was die Furunkeln betrifft, so beschreiben die Berichtserstatter folgenden Fall. Ein mit Erfolg vaccinirtes Kind war blafs und kränklich geblieben, und ward nach einiger Zeit von Fieber, Erbrechen, Mattigkeit und einem Furunkel über der linken Hüfte befallen; dieser eiterte nicht, senkte sich und verging. Am 3ten Fiebertag entstanden aber um denselben kleine rothe harte spitze Pusteln, deren Spitze sich in ein kleines eiterndes Bläschen und endlich in eine Kruste verwandelte. Der Ausschlag verbreitete sich über die Seiten und Schulter, so wie auch über Schenkel und Beine, und den 8ten Tag war die Eiterung vorüber und alles im Zustande des Abtrocknens. Man rief einen unterrichteten Arzt, der beym ersten Anblick es für Pocken erklärte. Er sah das Kind nur dieses eine Mal. Nach der Beschreibung der Mutter, so wie nach dem, was die Berichtserstattet später gesehen haben, ergab sichs, dafs der Ausschlag sich nicht auf dem Gesichte gezeigt habe; den 21sten Tag zeigten sich noch Blasen, die denen des vergangenen Ausschlags ähnlich waren, sie waren roth, hart, und wie kleine Furunkel, die unvollständig geeitert hatten. Diejenigen, die den übrigen Ausschlag bildeten, waren erhaben, hart, und in der Mitte, die Eiterung zeigte, wie ein purulentes Bläschen auf einer rothen glänzenden Basis, welche letztere sich nicht in das Bläschen auflöste, und an der Eiterung weiter keinen Theil nahm. Nun weifs man, dafs sich in den Pocken das Ganze der entzündeten Pustel in ein purulentes Bläschen auflöst, ohne eine harte Basis zurückzulassen; die Röthe, die sie gewöhnlich bey der vollkommenen Entzündung umgibt, ist nur oberflächlich und gleichsam rosenartig. Die Narben waren ebenfalls denen der Pocken nicht ähnlich, sondern nur wie kleine Puncte, wie sie die Furunkeln zurücklassen. Das Kind war ferner angeschwollen; allein aufserdem dafs Geschwulst im allgemeinen die diesjährige Herbstepidemie begleitete, so verbreitete sich diese auch an Stellen, wo der Ausschlag nicht befindlich war, als im Gesichte und auf den Händen. Die Mutter sagte zwar, dafs diese Theile auch roth gewesen seyen, und dafs der Ausschlag durch die Kälte zurückgehalten worden sey; allein man weifs, dafs die freye Luft eher den Ausbruch begünstigt, und dafs das Gesicht, welches stets blofs ist, gewöhnlich am meisten mit Pocken bedeckt erscheint. — Dieses schwache cacochymische Kind erholte sich endlich nach dem Ausschlage, welcher kritisch zu seyn schien, und die Folge oder Ursache einer lang vorhergehenden Krankheit gewesen ist; die Pocken hingegen, wie man weifs, überfallen gewöhnlich den Gesunden, und scheinen durch keine vorhergehende Krankheit vorbereitet zu seyn. Also war dieser Ausschlag nicht die Pocken. —

Eine 3te Quelle von Irrthümern, die zur falschen Beurtheilung der Kuhpocken Veranlassung gibt, entsteht durch den Fall, wenn die Pocken mit den Kuhpocken zu gleicher Zeit angreifen. Die Comité hat hierüber viel gesammelt, welches bekannt zu machen man ihr nicht vorgreifen mag, wir sagen nur, dafs die Entwickelung der Kuhpocken sich in Perioden theilen läfst. Die erste von der Einimpfung bis zur Entwickelung der Pocke. Diese dauert 4 Tage und nach Umständen noch länger, in dieser Zwischenzeit können die wirklichen Pocken anstecken, und die Kuhpocken sichern nicht. — Eine zweyte Periode dauert von der ersten Entwickelung der Pocke bis zur Bildung des Hofs, der sie umgibt, etwa 4 bis 5 Tage, und man empfindet in derselben die Schmerzen unter der Achsel. Eine fieberhafte Bewegung begleitet alsdann zum zweyten Mal die Bildung des Hofes, der wie eine Art von Crise anzusehen ist. Die 3te Periode dauert von der Bildung des Hofes bis zur Umwandlung der Pustel in Schorf, ungefähr 4 — 5 Tage. 8 oder 10 Tage nachher fällt endlich der Schorf ab. — Nun scheinen die wirklichen Pocken zwar noch während der zweyten Periode anstecken zu können, die Bildung des Hofes aber scheint die Gränze zu seyn. Hierüber hat die Comité genauere Versuche angestellt. 7 Tage lang nach der Einimpfung der Kuhpocken wird man

also

also noch immer die Pockenansteckung zu befürchten haben. Andere Versuche lehren, daſs Pocken- und Kuhpockenmaterie, die zu gleicher Zeit eingeimpft, und selbst unter einander gemischt wurden, sich selbst bey einer Insertion besonders entwickelten, ohne sich zu verbinden oder zu modificiren. Die Berichtserstatter haben dieses nicht selbst gesehen, aber sie haben es von mehrern Mitgliedern der Comité vernommen. Das Resultat von allem dem ist, daſs es eine Zeit gibt, wo die inoculirten Kuhpocken für die wirklichen noch nicht zu schützen vermögen.

Von den Varietäten bey der Entwickelung der Kuhpocken.

Unter den Verschiedenheiten bey der Entwickelung gehört besonders die, wo der Ausbruch, ohne daſs man die Ursache angeben kann, verspätet wird. Ein Kind *) ward unmittelbar nach der Einimpfung von sehr starker Zahnarbeit ergriffen. Die Einimpfung blieb ohne Erfolg, obgleich die Mutter, mit derselben Materie und zu gleicher Zeit eingeimpft, die Wirkungen derselben verspührte. Man hielt die Impfung für miſsglückt, aber nach 13 Tagen, da die Zahnarbeit aufhörte, entwickelte sich die Pocke in zweymal 24 Stunden. — Das Kind ward von neuen Zahnschmerzen überfallen, und litt von allen Zufällen, denen delicate Kinder unterworfen sind; Durchfall, Ohnmacht und Krämpfe lieſsen fürs Leben fürchten, allein die einmal entwickelte

*) Das Kind des Herrn Sabatier.

Kuhpocke machte alle Perioden durch, bildete das Bläschen, umgab sich mit dem Hofe, ohne alle Unregelmäfsigkeit, und hatte nur die Verschiedenheit, dafs Pustel und Hof etwas blässer waren; allein die darauf folgende Blase nahm die gewöhnliche Gestalt an, und trocknete wie bey andern Kindern. Man hat auch Impfungen, die mit ein und derselben Materie an einem oder verschiedenen Armen gemacht worden sind, sich in verschiednen Perioden entwickeln, und doch die unterscheidenden Merkmale der Kuhpocken darbieten gesehen. — Eben so sehr abwechselnd sind der Umfang und Gröfse, sowohl der Pocke, als des Hofes, und der Grad der Flüfsigkeit der Materie. Man hat sehr dünne Materie, doch aber stets dem Gummiwasser ähnlich, und andererseits sehr dicke Materie gesehen, die, sobald sie aus der Pocke kam, gleich concret wurde, wiewohl durchsichtig blieb, wie das Gummi an Baumrinden. Beyde pflanzten die Kuhpocken fort. Andere Impfpocken entstanden endlich an Stellen, die die Lancette nicht berührt hat. Man vermuthet, dafs sie durch unwillkührliches Ritzen, ohne dafs man es bemerkte, oder durchs Kratzen der Kinder entstanden sind. Es ist übrigens auch versichert worden, dafs ein Kind, bey welchem der Ausbruch erst den 18ten Tag nach der Impfung erfolgte, heftiges Fieber und Pocken auch ausser der Impftselle bekam *).

*) Der Verf. dieses Auszugs hat dieses öfter, und wie er sich erinnert, mit Herrn Strohmeyer in Hannover zu sehen Gelegenheit gehabt. Wäre das überhaupt so selten? —

Die Berichtserstatter übergehen die übrigen zufälligen Symptome, die doch an den wesentlichen characteristischen Zeichen der Kuhpocken weiter nichts ändern. —

Von dem Einflusse andrer Krankheiten auf die Kuhpocken und von dem der Kuhpocken auf Krankheiten.

Andere Ausschläge und Zahnkrankheiten haben, wie man gesehen hat, auf den Ausbruch der Kuhpocken Einfluſs gehabt. Doch blieb die Materie selbst, bey Vermischung mit andern Ausschlagsmaterien, stets unverändert, und man kann mit derselben von neuem einimpfen und eigentliche Kuhpocken hervorbringen, indem sich die beygemischte andre Materie anderwärts entwickelt. Die Versuche, die dieses sonderbare Phänomen betreffen, werden von der Comité bekannt gemacht werden. Andre Krankheiten üben bey ihrer Complication nicht den mindesten Einfluſs auf die Natur und Eigenschaften der einmal ausgebrochenen Kuhpocken aus, wenn sie sie auch bey der Entwickelung afficiren. —

Einige Personen glauben, daſs das Zahnen durch das Einimpfen der Kuhpocken beschleunigt würde. Man will gesehen haben, daſs der Milchschorf (gourmes) der Kinder schneller herauskam und oft gänzlich verging. Man will auch gesehen haben, daſs habituelle Krankheiten durch die Kuhpocken vertrieben, andre (wie der Fall der Furunkel zeigt) durch dieselbe entwickelt worden sind. Alles dieses scheint von den Kuhpocken völlig unabhängig zu geschehen. Im ersten Jahre, als die Kuhpocken in Paris eingeführt wurden, herrschten viele Ausschlagskrankheiten, und man sah um jene Zeit auch den ziemlich seltenen Pemphigus, den viele vaccinirte Kinder hatten, allein auch andre hatten ihn, kann man ihn also mit Recht den Kuhpocken zuschreiben? — Wenn übrigens der Einfluſs der Kuhpocken aufs Zahnen und Hautkrankheiten sich bestätigte, kann man daraus wohl einen andern Schluſs ziehen, als daſs die organische Thätigkeit vermehrt sey, und dadurch, wie man es in der Medizin zu nennen pflegt, eine Reinigung (depuration) erfolge? — Die Zufälle sind indessen äusserst selten, und sind den Kuhpocken nicht eigentlich zuzuschreiben, sie gehören zu den gewöhnlichen, zur allgemeinen Sterblichkeit beytragenden Complicationen. — Die Kuhpocken werden stets den Vortheil gewähren, die Gefahr der wirklichen abzuhalten, die nach allem Abzug unter Kindern $\frac{1}{7}$ der Sterblichkeit bewirken.

Die Unschädlichkeit der Kuhpocken ist demnach eben so sehr erwiesen, als die schützende Eigenschaft, und gründet sich nicht nur darauf, daſs sie nur durch Impfung ansteckend sind, sondern auch, daſs sie nie unangenehme und gefährliche Folgen haben. Man sieht demnach, wie glücklich die Entdeckung der Kuhpocken sey, wie viel Hoffnung sie uns gibt, daſs sie das groſse Unglück, das die wirklichen Pocken anstiften, ausrotten werde, und wie wichtig ihre Verbreitung wird. Es ist nothwendig, daſs das Gouvernement die Vorurtheile verschwinden zu machen suche, die sich der Verbreitung entgegen stellen, und durch eine besondere Einrichtung diefs Mittel zur Ausrottung der verheerenden Menschen - Pocken benutze. —

Ein anderes Gefühl, das sich der Seele bey der Betrachtung der grofsen Vortheile der Kuhpocken aufdrängt, ist das der Dankbarkeit für den Mann, der die Menschheit mit einer solchen Wohlthat beschenkt hat. Wenn es ein Land gibt, das sich besonders dieser Entdeckung zu rühmen hat, so sind doch die Vortheile, die die übrigen Länder davon ziehen, im Verhältnifs der Bevölkerung, und ziemt es demnach nicht besonders der französischen Nation, dem Entdecker die glänzendsten Zeugnisse der Erkenntlichkeit und Achtung zu geben? Verdient nicht Herr Woodwille, der während der Wuth des Krieges diesen schönen Keim brachte, und Liancourt, dieser eifrige Staatsbürger, der die Einführung veranstaltet und befördert hat, nicht ebenfalls diesen Nationaldank? Verdienen ihn nicht endlich auch die Mitglieder der Comité de la Vaccine, die mit einem Eifer, mit einer Einsicht, mit einer Thätigkeit und Uneigennützigkeit, die über alles Lob erhaben ist, sie in solchen Umlauf zu bringen suchten? —

Die Berichtserstatter schlagen dem Nationalinstitute vor, diese Betrachtungen dem Gouvernement vorzulegen, dessen Weisheit die Mittel bestimmen mag, die Menschheit durch schickliche Einrichtungen von der zerstöhrenden Pockenplage zu befreyen, und dessen Gerechtigkeitsliebe das Zeugnifs der

Dankbarkeit, der Wichtigkeit des geleisteten Dienstes sowohl, als der Nationalwürde, deren Organ es ist, angemessen, zu bestimmen wissen wird.

Frdl.

B. Literatur.

I.

Annales du Museum National d'Histoire naturelle etc. (Annalen des National-museums für Naturgeschichte, 5tes Heft.) — enthält

1. *Ueber die chemische Natur der Ameisen, und uber das gleichzeitige Daseyn zweyer vegetabilischen Säuren in diesen Insecten*, von Fourcroy. S. oben.

2. *Abhandlung uber die Topase von Brasilien*, von Hauy. S. oben.

3. *Abhandlung uber einen fossilen Fisch, der in einem der Steinbruche zu Nanterre bey Paris gefunden worden ist*, von Faujas St. Fond. Er befand sich 17 Fuſs tief. Lacepede meint, daſs er zum Geschlecht Coryphoena, und zur Species hypurus, oder aurata, oder chrysurus gehört. Der Verf. hält ihn für den letztern, den bekanntlich Commerson im Südmeere entdeckt hat. Doch ist er dessen nicht gewiſs. Der Fisch ist 10 Zoll lang, 3 Zoll 2 Linien in der Mitte des Körpers breit. — Er ist hier abgebildet.

4. *Anmerkungen über die Befruchtung des Jambusenbaums in den Treibhäusern des Jardin des Plantes*, von André Thouin. Die Rede ist von der Jambosa silvestris alba des Rumpf. Das Individuum ist 11 Fuſs hoch, und der Stamm hat unterwärts $2\frac{1}{2}$ Zoll im Durchmesser. Er wird sehr genau beschrieben. — Er kam 1765 nach Versailles, wo er beständig im Treibhause aufbewahrt, zwar blühte, doch erst 1786 Früchte trug. Als der Baum 6 Fuſs hoch war, wurde er der freyen Luft ausgesetzt, doch nur in den 2 heissesten Monaten des Sommers. Seit dem Jahre III der Republik ist er im Jardin des Plantes nach und nach an die Luft gewöhnt worden, wobey er kränkelte, aber sich im heissen Sommer stets wieder erholte. Um ihn endlich Früchte tragen zu machen, setzte man ihn im Neutralisationstreibhause an eine weisse Wand, so daſs die stets zurückprallenden Strahlen der Sonne ihn sehr erwärmten. Man suchte ihm die Sonne von oben her, und auch einen starken Luftzug zu verschaffen, und befeuchtete ihn stark. Im Messidor ward er mit Blüthen bedeckt, und nun befanden sich mehr als 40 Früchte auf ihm. Einige derselben hat man im Museo aufbewahrt, und von andern, die abgefallen waren, hat man die Saamen wenige Tage nachher gepflanzt. Um sie recht reifen zu machen, trug man sie einige Tage in einer nahe dem Körper befindlichen Tasche. Die thierische Ausdünstung befördert nehmlich, wie die Erfahrung gelehrt hat, das Keimen der unreifen Saamen, vielleicht weil diese das im Schweiſse befindliche kohlensaure Gas verschlucken. Die Saamen wurden 6 Linien tief eingepflanzt und recht verwahrt. Man suchte warme Feuchtigkeit und Licht zu entfernen, damit sie erst im Frühling zu keimen anfangen möchten. — Da die Augen oder Sprossen dieses Gewächses nicht mit

Schuppen versehen sind, so scheint die Natur dieser Pflanze der heissen Zone dem Acclimatisiren bey uns entgegen zu stehen. Denn nur mit Schuppen versehene, wie die Verbena triphylla, Juglans olivaeformis, Cupressus disticha, Morus papyrifera können sich am Ende bey uns gewöhnen. Indessen kann die Pflanze mit der Zeit in den Orangerien fortkommen, und vielleicht auch einst im Var-Departement, oder in dem der See-Alpen, oder auf der Insel Corsica unter Citronenbäumen in freyer Luft. —

5 *Beschreibung der Nymphaea caerulea*, von J. C. Savigny, Mitglied des Instituts in Ägypten. Der Verf. unterscheidet eine blaue Species des Lotus von der sehr bekannten weifsen, die Linné Nymphaea lotus nannte. Die Araber nennen die erste Neoufar, die letztere Bachenin. Er characterisirt die Nymphaea lotus: foliis dentatis, antheris apice simplicibus; und die Nymphaea caerulea: foliis repandis, antheris apice subulato-petaloïdeis. Auch sind noch andere Unterschiede angegeben. Eine schöne Abbildung ist beygefüget.

6. *Beobachtungen über die Lotusarten in Ägypten*, von A. Raffeneau-Delile, Mitglied des Instituts in Ägypten. Eine gelehrte Abhandlung über den Lotus in den alten Schriftstellern. Herodot und Theophrast haben die Nymphaea lotus und N. nelumbo beschrieben, die erstere scheint diejenige zu seyn, die man auf den Monumenten abgebildet findet, wiewohl es auch die caerulea seyn könnte, die in neuern Zeiten von den Ägyptern höher gehalten wird. — Sie nennen alle Lotus Arais-el-Nil, das heifst: Getraute des Nils, auf dem sie bey der Anschwellung desselben mit ihren breiten Blättern schwimmen. Die Nymphaea caerulea mag mit dem Reis aus Indien nach Ägypten gekommen seyn, denn sie wächst unter demselben, und wird auch in

Indien verehrt. Doch findet man sie auf den ältesten ägyptischen Monumenten auch mit Farben abgemalt. —

7. *Fortsetzung der Abhandlung über die Fossilien der Gegend von Paris*, von Lamark.

4tes Geschlecht, *Emarginula*. Ch. Gen. Testa univalvis, scutellato-conica, subtus cava; vertice inclinato; margine posteriore fisso vel emarginato. — Das Geschlecht ist bis jetzt mit den Patellen verwechselt worden, wahrscheinlich ist der Ausschnitt der Sitz des Anus. —

E. costata: oblique conica, costata; costis carinatis; vertice adunco. n. —

E. clypeata: elliptica depressa, striis decussatis cancellata; dorso canaliculato; vertice submarginali. n. 25 Millimeter lang. Die gröfste, die man kennt, befindet sich im Cabinet des B. Defrance.

E. radiola: elliptica, depressa, costulis crebris radiantibus; fissura postica minima. n. —

(NB. Bis jetzt hat man keine crepidula in der Gegend von Paris gefunden.)

5tes Geschlecht, *Calyptraea*. Testa univalvis, conoïdea; vertice erecto, integro subacuto; cavitate labio adnato convoluto, vel septo spirali instructa. — Hat mit dem Geschl. Trochus viel Ähnliches.

C. trochiformis: orbiculata, convexo-gibbosa, subconica, echinata, vertice spirato subcentrali. Zu Grignon.

C. crepidularis, subovata, convexo-gibbosa, obsolete chinata, spira submarginali. n. —

6tes Geschlecht, *Conus*. Testa univalvis, turbinata s. inverse conica, convoluta; apertura longitudinalis, angustata, edentula, basi effusa. —

C. antediluvianus: testa conico-oblonga, coronata, transversim substriata, spira elevata acuta, tertiam testae partem aequante, basi sulcata. Brug. Dict. Encycl. N. 37. Tom. 347. fig. 6. selten.

C. deperditus: testa conica transversim striata; spira acuta, canaliculata, decussatim striata, basi sulcata. Brug. Dict. Encycl. n. 80.

C. turritus: testa subfusiformis, inferne et versus apicem sulcato-punctata; spira conico-acuta; anfractibus obliquis. n. —

C. stromboïdeus: testa subfusiformis, transversim striata; spira acuta, obsolete nodosa; anfractibus obtusis. n. —

7tes Geschlecht, *Cypraea*. Testa univalvis, ovata, convexa marginibus involutis. Spira minima, obtecta, apectura longitudinalis, angustata, utrinque dentata. —

C. pediculus: subglobosa, transversim striata. n. —

C. inflata: ovata, tumido-gibbosa, laevis, obscure marginata. n. —

C. sulcosa: ovato-oblonga, transversim sulcata; sulcis alternis minoribus; striis longitudinalibus sublateralibus minimis. n. —

(Bis jetzt hat man noch keine Ovula gefunden).

8tes Geschlecht, *Terebellum*. Testa univalvis convoluta, apice acuta. Apertura longitudinalis superne angustata, basi emarginata, edentula. Columella truncata. (Ehemals Bulla.)

T. convolutum: testa tenuis, subcylindrica, obtusiuscula; spira nulla; apertura longitudine testae. n. —

T. fusiforme: testa fusiformi-cylindracea; spira exquisita obtusiuscula; apertura testa breviore. —

9tes Geschlecht, *Oliva.* Testa univalvis, subcylindrica, basi emarginata; spirae anfractibus canali separatis. Columella oblique striata. —

O. canalifera: testa subfusiformis; spira conico-acuta; callo columellae canalifero. n. —

O. mitreola: testa fusiformi subulata, laevigata: spira elongata acuta; columella basi striato-plicata. —

O. Laumontiana: testa ovato-subulata, nitidula, subviolacea; columella basi biplicata. n. —

8. *Abhandlung über die vergleichende Anatomie der electrischen Organe der Raja torpedo, des Gymnotus electricus und des Silurus electricus,* von E. Geoffroy. Aus der Untersuchung der 3 electrischen Organe dieser so verschiednen Geschlechter ergibt es sich, daſs der Ort, wo diese electrische Batterie ihren Sitz hat, gleichgultig ist. Den Silurus electricus umgibt sie ganz; beym Gymnotus electricus sitzt sie im Schwanz, und bey der Raja torpedo zur Seite des Kopfes. 2tens: kein besondrer Nervenzweig ist für dieses Organ bestimmt, denn es verbreiten sich sehr verschiedne Nerven in dieselben. 3tens: auch die Gestalt der Zellen ist wenig wesentlich, denn sie ist in den Speciebus sehr verschieden, doch läſst sie sich auf eine Art von Organisationssystem zurückbringen. Nur die electrischen Fische haben nehmlich solche ausgedehnte, so vielfältige Aponevrosen auf ihrer Oberfläche, und eine solche Anhäufung von Gelatina und Albumen (wie der Verf. chemisch gefunden hat) in den von diesen Aponevrosen gebildeten Zellen; so wie auch solche dicke und

verlängerte Nervenzweige. — Diese Zusammensetzung von electrischen Leitern (wie die Nerven und die aus Gelatina und Eyweifsstoff zusammengesetzte Pulpa ist), und aus Nichtleitern (wie die Aponevrose ist) bildet die electrische Batterie. Wenn in den verwandten Fischen ähnliches Gewebe statt findet, so gibt es in letztern Öffnungen ausserhalb, aus denen ein grofser Theil der serösen eyweifsstoffartigen Gelatina auslauft, und zur Hervorbringung der Electricität nicht dient, weil es an aponevrotischen Zellen fehlt, um sie zu isoliren. — Da die electrische Eigenschaft der Fische kein besonderes wesentliches Organ voraussetzt, so erklärt sich, warum sie in so verschieden gebildeten Geschlechtern anzutreffen ist. —

Merkwürdig ist auch noch der Umstand, dafs die Araber, die sonst Geschlecht und Species genau, wie in den Schriftstellern, unterscheiden und benennen, den Zitterwels sowohl als den Zitterrochen Raad oder Raasch nennen, welches Donner bedeutet. Sollten sie schon daran gedacht haben, die Erscheinungen der thierischen Elektrizität auf die Elektrizität des Himmels zurückzuführen? Die Abhandlung ist mit einigen Abbildungen begleitet.

9. *Auszug aus einer Abhandlung des B. Decandolle uber das Geschlecht Strophanthus*, von Desfontaines. Mit Abbildungen. Das Geschlecht gehört zur Familie Apocinea, und stehet zwischen dem Geschlecht Nerium und Echites. Strophanthus nennt es der Verf. wegen der riemenförmigen Streifen der Blume. Er beschreibt 4 Species.

S. sarmentosus glaber, sarmentosus; floribus glomeratis terminalibus et lateralibus, simul cum foliis nascentibus; corollis subcampanulatis; antheris in filum productis. — Von Sierra Leona.

S. laurifolius glaber; foliis interdum ternis; floribus glomeratis terminalibus, post folia nascentibus; antheris in filum productis. — Aus Africa von Sparrmann gebracht. —

S. dichotomus glaber; ramis dichotomis; foliis mucronato-acuminatis; corollis infundibuliformibus; antheris in filum productis. — Echites caudata Burm. Ind. p. 68. f. 126. — Echites caudata Lin. Mant. 52. — Aus Indien.

S. hispidus corollis infundibuliformibus; laciniis longissimis; antheris acutis, muticis. — Aus Sierra Leona von Smithman gebracht. —

Der Verf. hat nie die Frucht zu beobachten Gelegenheit gehabt. Sie gleicht wahrscheinlich der des Nerium und Echites.

II.

Journal de Medecine. Par Corvisart, Leroux et Boyer. Ventose an XI. T. V.

Das Heft enthält:

1. *Kurze Beschreibung des gelben Fiebers, welches* 1800. *in Cadix und dessen Gegenden geherrscht hat, aus einem Manuscripte des Dr. Arejula, Professors der Chemie, gezogen*, vom B. Renaud. Da während des Kriegs stets englische Schiffe vor dem Hafen von Cadix kreuzten, so befreyete der König von Spanien, um den Handel zu begünstigen, die englisch-americanischen Schiffe von der Quarantaine.

Indessen gingen alle spanische Schiffe aus America vor ihrer Reise nach Europa erst nach den vereinigten Staaten, um sich americanische Flagge zu hohlen, und höchst wahrscheinlich hat eins dieser Schiffe das gelbe Fieber nach Cadix gebracht. — Aber auch ausser dieser Freyheit, die dieses Mal gegeben ward, würde die Art, wie die americanischen Schiffe bey ihrer Ankunft behandelt werden, zur Verbreitung jeder Ansteckungskrankheit hinlängliche Veranlassung geben. Die Krankheit fing im July an, und war wirklich ansteckend; denn alles, was auf das Land geflüchtet war, wurde gerettet. Sie nahm im Quartier St. Maria in engen Strafsen nahe dem Hafen ihren Anfang. Die vielen Processionen, die dem drohenden Volke bey dem Überhandnehmen der Krankheit gestattet wurden, begünstigten ihre Verbreitung. Die Ärzte erkannten sie anfangs nicht. Ein Geistlicher, J. d'Acosta, zeigte erst bey der dritten Conferenz der Ärzte ihre Gefahr, und erst den 29ten August, also einen Monat nachher, sprach man das Wort aus, dafs sie ansteckend sey. — Eine Modification der Krankheit, die gutartig gewesen ist, hatte ganz die Symptome eines starken Gallenfiebers, dauerte 3 bis 7 Tage, und hinterliefs eine Schwäche, die die Genesung verzögerte. Doch konnte diese leichtere Krankheit die tödtliche durch Ansteckung hervorbringen. Ein junger Mann, der bey einer solchen leicht Kranken schlief, um sich die Krankheit einzuimpfen, weil sie der ganzen Familie unschädlich gewesen ist, starb den 6ten Tag. Die gefährliche Modification hatte das eigne, dafs ihr Gang unordentlich war, mit starker Kälte anfing, und nicht so starkes Fieber, als convulsivische Zufälle, trockne Zunge, und so weiter, ohne regelmäfsige Remissionen und Paroxysmen zur Folge hatte. Der Kranke fühlte gewöhnlich einen

Schmerz in der Gegend der Herzgrube, den er mit dem eines brennenden Nagels verglich, hatte Neigung zum Brechen, fühlte eine Schwere in der Gegend der Leber, brach oft unaufhörlich, ohne dafs man es stillen konnte, anfangs eine gelbe, dann schwarze Materie. Dazu kamen Hitze, Kopfschmerzen, geschwollene Augenlider, niedergeschlagener Blick ohne Ausdruck, Beängstigung, alle Arten von Deliria, selten coma vigil. Ferner braune schwarze Flecken an den Stellen, wo der Kranke auflag, Nasen-, Augenbluten, selbst schwarzes Blut aus den Ohren und aus dem After; Singultus, Gelbsucht, Ohnmacht, waren die mannigfaltigen begleitenden Symptome der Krankheit, die gewöhnlich den 3ten, seltner den 5ten und 6ten Tag mit dem Tode endigte. Zuweilen starben die Kranken schnell, ohne dafs sich die Krankheit mit solchen gefährlichen Vorgängern angekündigt hätte. Zuweilen war auch der Urin unterdrückt, und Entzündung der Urethra zugegen. Zuweilen entstanden Carbunkeln und Anthraces, die tödtlich waren. Diejenigen, bey denen Entzündungen der Halsdrüsen und Friesel hinzukamen, starben selten. Die Gelbsucht war fast bey allen Kranken und zwar in allen Perioden der Krankheit bemerkbar. —

Säuerliche und tonische Mittel wurden mit dem gröfsten Erfolg angewendet, daher Wein und China, Oxymel und Tamarinden. Die Klystiere von Seewasser schienen gut zu thun, und Senfpflaster benahmen oft die Deliria und die Hinfälligkeit der Kräfte. Dagegen waren Brech- und Purgiermittel, die man in mäfsigen Dosen in der ersten Species der Krankheit mit Nutzen anwendete, in dieser zweyten bösartigen tödtlich. Alle Speisen blieben unverdaut, und 18 Tage nachher gab ein Kranker einige

Trau-

Traubenhäute von sich, die er damals gegessen hatte. Oft war Wassersucht die Folge der Krankheit, in seltenen Fällen eine Geistesschwäche, die an Dummheit gränzte. — Die stärkste Jugend war am meisten angegriffen, zumal die Bewohner nördlicher Gegenden. Franzosen litten viel, und nur 3 Hamburger überlebten die Krankheit. Americaner litten weniger. Die Luft schien so verpestet, dafs diejenigen, die, nachdem sie bereits aufgehört hatte, ankamen, von derselben ergriffen wurden, daher man Fremden den Eingang verbot. — Es starben weit mehr Männer als Frauen, und letztere hatten alle ihre Reinigung, doch starben mehr 10jährige Mädchen als 10jährige Knaben. Schwächliche, delicate, hypochondrische und paralytische Kranke entkamen oft der Krankheit. Jungverheurathete, Venerische und Feige mufsten bey der Genesung besonders auf ihrer Hut seyn. Köche starben alle, und die Beyspiele, dafs Jemand zweymal von der Krankheit angegriffen worden wäre, sind äusserst selten. — In Hospitälern war die Sterblichkeit gröfser, als in der Stadt. Das Verhältnifs war wie 5 : 1. —

Die Section der Leichen zeigte brandige Flecken im Magen und Gedärmen, und Excoriationen der tunica villosa. Die Gröfse der Leber war oft natürlich, selten vermehrt, oft verkleinert und dunkelgelb. Die Lungen hatten oft schwarze Flecken auf der Oberfläche, und das Gehirn falbe. — Doch waren die beyden letzten Symptome nur bey denen bemerkbar, die die Krankheit im höchsten Grade besafsen. Dagegen waren schwarze Flecken der Haut sehr allgemein, und die Körper faulten schnell. —

57,499 waren ohngefähr von den 71,499 gewöhnlichen Einwohnern der Stadt der Krankheit ausgesetzt. 48,520 waren von denselben krank, und 7,387 starben. Mit denen, die in den Hospitälern umgekommen sind, kann man 9,977 Todte rechnen. Also ist die Sterblichkeit in Verhältnifs der Einwohner wie 1 : 7$\frac{7}{9}$. Das Verhältnifs der Kranken zu den Todten wie 1 : 6$\frac{5}{9}$, und das Verhältnifs derer, die der Krankheit entgangen sind, gegen die Summe der Einwohner der Stadt wie 1 : 6$\frac{3}{8}$. —

In Sevilla waren 80,568 Einwohner, 76,488 Kranke, 61,788 Genesene, 14,615 Todte, 4,080, die unangegriffen blieben. Der Verf. scheint übrigens der Meinung zu seyn, dafs die Krankheit der Pest ähnlich ist, und zwar einer Art, die man die gastrische nennt. Der Verf., Herr d'Arejula, hat sich in den Hospitälern sowohl der oxygenirten Salzsäure des Guyton, als auch der Salpetersäure in Dämpfen bedient, um die Luft zu reinigen. Er zieht aber die Salpetersäure zum gewöhnlichen Gebrauche vor, weil sie weniger Vorbereitung bedarf, und eben so wirksam ist. Dagegen glaubt er, dafs in sehr grofsen Sälen die oxygenirte Salzsäure vorzuziehen seyn möchte, weil sie durchdringender wirkt. — Als die Krankheit vorüber war, wählte man 4 der berühmtesten Ärzte, zu denen Herr d'Arejula gehörte, um eine allgemeine Fumigation vorzunehmen. Alle Ärzte, Chirurgen, Apotheker, und eine Menge Militär mufste an dieser Operation Theil nehmen. Die Kirchen und öffentlichen Plätze wurden, so wie die Orte, wo viele gestorben waren, mit dephlogistisirter Salzsäure geräuchert, bey den meisten andern schien die gewöhnliche Salzsäure hinzureichen, und in den Häusern, wo nur wenige gestorben waren, bediente man sich blofs des Schwefels, den man langsam verbrannte. In den Zimmern endlich, worin noch Kranke oder Wöchnerinnen wohnten, brauchte man die Salpetersäure. —

Cadix, das auf einer kleinen Insel nahe dem festen Lande liegt, hat besonders sehr trockne Ost- und Nordostwinde, dagegen sind die West- und Nordwestwinde sehr feucht, und bringen Regen. Die täglichen Winde sind heftig, und wehen Morgens von Osten, Mittags von Nordosten, und hierauf von Norden her, Abends sind sie westlich. — Aus den beygefügten meteorologischen Tabellen ergibt sich, daſs das Wetter stets sehr trocken war. Die Ost- und Nordostwinde hatten während der Krankheit am meisten gewehet, und das Fahrenheitische Thermometer stieg im July bis auf 85 Grad. Auch Thiere waren von der Krankheit angegriffen. Doch ist ein Hund, dem der Verf. ausgebrochene Materie zu essen gab, nicht gestorben. Herr d'Arejula verdient in seinem Berichte um so mehr Vertrauen, da er dieselbe Krankheit nachher in Medina Sidonia, wohin er gerufen ward, noch einmal zu beobachten, und durch weise Maaſsregeln zu verhüten vermochte. Schade ist es indessen, daſs diesem Aufsatze nicht besondere Krankengeschichten beygefügt sind. (Doch ist uns dieser Aufsatz so vorzüglich abgefaſst vorgekommen, daſs wir ihn den Lesern mit aller Ausführlichkeit geben zu müssen glaubten. Herr Luzuriaga arbeitet jetzt an einem besonderen Werke über das gelbe Fieber.)

2. *Anmerkung über die Krankheiten, die seit dem Monat Nivose in Paris herrschen*, von G. L. Bayle, anatomischem Gehülfen bey der medicinischen Schule. Vorgelesen den 28sten Pluviose des Jahres XI.

Der Verf. hat die Beobachtungen über 300 Kranke in den untern Sälen der Charité, so wie über 100 Leichenöffnungen, die unter den Augen des Prof. Leroux und des Herrn Dupuytren gemacht worden sind, gesammelt. Fast alle Krankheiten der Charité waren im Anfange des Monats Nivose galligt und gastrisch, doch bemerkte man bey den Leichenöffnungen kein allgemeines Phänomen. Am Ende des Monats änderte sich die Temperatur schnell von kalter trockner Witterung in warme feuchte, und bewirkte unter andern eine epidemische Krankheit, die bald in einer Entzündung der Schleimhaut der Respirationswege, und bald in rheumatischen Schmerzen in den Muskeln bestand. Oft war sie complicirt und die Complicationen verursachten gegen das Ende des Monats eine dreyfach verdoppelte Sterblichkeit.

An einfachen Catarrhen, deren wenige nach dem Hospital kamen, sind jedoch zwey gestorben. Einer am Schnupfen, (oder vielmehr an Nervenzufällen, die unmittelbar nach einer Kränkung über einen verlohrnen Prozefs gekommen waren,) die Schleimhaut der fossae nasales und des sinus waren etwas verdickt und hatte hin und wieder rothe Streifen, aber die Membran der Stirnhöhlen war sehr dick und einförmig roth, mit aschgrauem Schleim bedeckt, der dem Eiter ähnlich war, ohne dafs man Ulceration entdecken konnte. — Beym zweyten, der ebenfalls für Gram starb, und Husten hatte, war die Membran der Nase gesund und nur in den Bronchien nahe der Luftröhre bemerkte man einige rothe Streifen, und weiter nach unten einige rothe Flecken. Je mehr man in den Vertheilungen der Luftröhrenäste suchte, je mehr fand man auch die Röthe und Verdickung, und eine weifse schleimigte Materie. (Wir befanden uns bey der Leichenöffnung eines dieser Subjecte zugegen. Die übrigen Viscera wurden sorgfältig untersucht, ohne dafs etwas anderes zu entdecken gewesen wäre.)

Hitzige einfache Rheumatismen kamen häufiger ins Spital. Niemand starb an denselben. Rheumatismus und Catarrh vereinigt wurde nur sehr selten beobachtet. Am häufigsten sah man Husten mit gastrischen Beschwerden, ein Brechmittel heilte sie gewöhnlich, und verwandelte sie in einfachen Husten. Der Urin war abwechselnd vom 1sten bis zum 11ten Tag trübe. — Husten mit gastrischen Fiebern waren Alten gefährlich. Die Exacerbationen kamen täglich mit Zittern und Schmerz in der Stirn. Der Husten blieb einige Zeit, nachdem die Complication bereits gehoben war. Diejenigen, die gestorben sind, hatten zu Anfang einen etwas harten Puls, und starben, wenn die Expectoration ausblieb, zuweilen unerwartet zwischen dem 5ten und 11ten Tag. — Die Luftröhre war alsdann von Schleim voll, der weifs und gelb und eiterartig war. Die Schleimhaut auf dem Larynx war gesund und zeigte nur einige rothe Streifen und Flecken oberwärts. In den Bronchien war sie dick und roth, am stärksten in den Zweigen derselben. Man sah kleine rothe Haargefäfse, die im Gewebe zu kriechen schienen, doch ohne weitere Ulceration zu bemerken. Die Substanz der Lungen war übrigens gesund. — In den 4 Herzhöhlen befand sich eine fibröse albuminöse zitternde weifsgelbe Materie; in der rechten Herzkammer auch schwarzes coagulirtes Blut. — Die Zunge war mit einem gelben Überzug belegt, das Gehirn und die andern Eingeweide gesund, und überhaupt kein anderes Zeichen einer Verletzung bemerkbar. Der Kranke hatte sogar zuweilen ein völliges Äussere, und vor der Epidemie sah man niemals Jemand an dieser Complication sterben. —

Oft war der Catarrh mit Peripneumonie verbunden. Drey Fünftel der Gestorbenen waren an dieser Complication verschieden. Im Cadaver waren auch die Luftröhre und die Bronchien roth, welches man in gewöhnlichen Peripneumonien nicht bemerkt. Der Theil der Lunge, der von der Peripneumonie gelitten hatte, war (carnifié) fleischig, hart und schwer, wie das Parenchyma der Leber, von Farbe grauweiſs oder röthlich. Alle Kranke spien von Anfang Blut, und man erkannte die Krankheit zu Anfang schwer.

Der Catarrh in Verbindung mit dem adynamischen und ataxischen Fieber (faulen und bösartigen Fieber) zugleich war sehr selten. Alle, die an demselben krank wurden, spien Anfangs Blut. Die Brust klang hohl, statt daſs sie beym Anschlagen in den vorigen Krankheiten gar nicht klang. (Ein Sypmtom, auf das in der Diagnosis viel gebaut zu werden scheint, wiewohl es, wie der Verf. des Auszugs glaubt, theils bey dem verschiedenen Bau der Brust, und theils durch verschiedene Nebenumstände unendlich viel Unbestimmtes geben muſs.) Der Husten hörte vor dem 7ten Tag gewöhnlich auf, und die Krankheit dauerte fort. Die Schleimhaut der Luftröhre war bey denen, die gestorben sind, besonders dick und dunkelroth, zumal in den weitern Ramificationen der Bronchien. Die Lungen waren, zumal innerhalb, dunkelroth, mit schwärzlichem Blute angefüllt, aber sonst weich.

Die catarrhalische Peripneumonie mit adynamischem Fieber allein war nicht sehr selten. Die Expectoration war blutig, die Zunge rissig, die Gesichtszüge hängend, die Brust klang nicht, der rothbraune Auswurf ward schleimig, und der Husten dauerte auch nach dem Fieber. — Diejenigen, die gestorben sind, gaben die Phänomene der vorher beschriebenen einzelnen Krankheiten.

Die catarrhalische ataxische (bösartige) Peripneumonie war seltener. Das Innere des Gehirns enthielt in den Gestorbenen keine seröse Feuchtigkeit.

Ohrenschmerzen, theils äusserlich, theils von Entzündungen der Eustachischen Röhre, waren häufig. So auch die Entzündung der Halsdrüsen. Von den herrschenden Ophthalmien, Diarrhöen und Ruhren sind die Fälle noch nicht gesammelt.

Der Rheumatismus mit gastrischem Fieber verbunden, zeigte verschiedene merkwürdige Veränderungen in Rücksicht der Abwechselung des Sitzes der Schmerzen, hatte aber weiter keine gefährlichen Folgen. —

3. *Brief über die Häute, die gewisse Viscera einhüllen und Scheiden der Gefäſse bilden, an Herrn Dupuytren gerichtet,* von Laennec. Das Peritonaeum bekleidet nicht unmittelbar die Leber, eine ziemlich feste dünne Membran trennt es vom Gewebe dieses Eingeweides. Da, wo es sich umbeugt, um die Ligamenta suspensoria und lateralia zu bilden, verläſst sie die Oberfläche der Leber nicht, das Peritonaeum schlägt sich allein um, um das Band zu machen. Diese Membran bildet eine Scheide um alle innere Gefäſse der Leber, und bildet auch die sogenannte Capsul des Glisson. Der Verf. verfolgt sie sehr genau, und hat eine solche Membran später auch in der Milz und in den Nieren entdeckt. Auch die Lungen haben etwas ähnliches. Die Membran ist in letztern besonders an den Stellen bemerkbar, wo nach einer Peripneumonie eine Art von Carnification der Lungen erfolgt ist. (Die Abhandlung ist in diesem Stücke noch nicht geendigt, und ent-

hält zu viel Detail und Conjecturen, als dafs wir die Anatomen, die sie interessirt, nicht auf dieselbe unmittelbar verweisen müfsten.)

Der Rest dieses Hefts enthält meteorologische Beobachtungen von Cotte, und Anzeigen neuer Bücher. —

III.

Journal de Medecine, Chirurgie, Pharmacie etc. Par les Citoyens Corvisart, Leroux et Boyer. Pluviose an XI. Tom. V.

Das Pluviose- oder Februarheft enthält:

1. *Beobachtung einer Lungenschwindsucht, die sich bis zu ihrem Ende unter dem Schein eines convulsivischen Krampfs des Magens und idiopathischen Erbrechens versteckte.* Vom B. Gastellier, Arzt zu Montargis. (Herrn Pinels Consultationen befinden sich bey der Krankengeschichte.)

2. *Über eine besondre Metastasis*, von Ebendemselben. (Ein in Eiterung übergegangnes rosenartiges Geschwür verschwindet plötzlich, und der Kranke bricht das Eiter durch die ersten Wege aus.)

3. *Beobachtung des plötzlichen Ausfallens der Haare über dem ganzen Körper*, vom B. Neyronis, Arzt zu St. Gobain. (Der Kranke war 73 Jahr alt, und hatte Flechten, die verschiedentlich von neuem ausbrachen. — Die Haare sind an keinem Theile des Körpers, auch nicht am Bart und an den Augenlidern wieder gewachsen.)

4. *Beobachtung eines falschen Anevrysma, welches wiederhohlentlich wiederkam, und durch die Operation geheilt wurde,* von Clément dem Sohn. (Es war von sehr gefährlichen Folgen begleitet.)

5. *Anmerkung über eine Synovialcapsul zwischen der Apophyse des Acromion und der Schulter.* Von Laennec, Zögling der Pariser medicinischen Schule. (Sabatier, Boyer, Sömmerring, Monro, Dupuytren scheinen diese Capsul schon gekannt zu haben. Sie ist eyförmig, etwas nach vorne, und wie ein Thaler groſs, vorne vom obern und mittlern Theil des Deltoideus bedeckt.)

6. *Über die Anwendung des Rhums in gewissen Catarrhalkrankheiten,* vom B. le Foulon zu Nantes. — (Viele Krankengeschichten bestätigen die gute Wirkung. Er ist dem Brandwein vorzuziehen, weil er den Succum gastricum nicht coaguliren macht. Ein Stück Fleisch von der Gröſse eines Eyes, welches 48 Stunden lang in gleich starkem Brandwein und Rhum aufbewahrt ward, ward im erstern schwarz und hart, und behielt im letztern Weichheit und Farbe.)

7. *Meteorologische Beobachtungen* von Cotte. Monat Frimaire.

8. *Meteorologisch - medicinische Constitution zu Lille,* von Durlen. (Im convulsivischen Asthma wurde Simmons Mittel, zwey Caffelöffel Naphtha Vitrioli zum Einathmen unter die Nase gehalten, mit Erfolg angewendet.)

9. *Bücheranzeigen. Vitet Medecine Expectante.* (Der Verf. hat eigentlich unter diesem Titel blos seine Praxis in einem systematischen Handbuch beschrieben. Merkwürdig ist es, daſs Herr Vitet unter den Tollheiten auch den Fat, den Unverschämten, den Petit-Maitre, den Parvenu, den

Heuchler, Schmarotzer und so weiter aufzählt. Recens. bemerkt, dafs seine Kurmethode in Rücksicht dieser allerdings zu den abwartenden gehören möchte.)

Untersuchungen über die Tinea, und ein neulich angewendetes Heilmittel. (Recherches sur la Teigne.) Von Gallot. Murray hat sie zuerst gut beschrieben, es gibt vier Species derselben, favosa, rugosa, furfuracea, mucosa seu lactea. Herr G. glaubt, dafs sie eher eine locale als allgemeine Krankheit seyn möchte. Er analysirt hierauf die vielen vorgeschlagenen Mittel. —

Auszug aus mehrern Dissertationen, die in der medizinischen Schule zu Strafsburg vertheidigt wurden.

Über die medicinische Anwendung des Brechweinsteins, von Roumette, Arzt zu Dole.

Über die Theorie der Ansteckung, und Anwendung derselben auf die wirklichen Pocken und die Kuhpocken, von J. Bussy, Arzt zu Paris.

Bibliographie.

IV.

Journal general de Medecine de la Societé de Medecine à Paris, redigé par Sedillot jeune, Secretaire de la Societé. VII. Année. N. LXXVIII. — Tom. XVI. Ventose an XI. 1803. —

1. *Bericht, der der medicinischen Gesellschaft in ihrer Sitzung vom 15ten Pluviose über die jetzt*

herrschende catarrhalische Krankheit abgestattet worden ist. —

Lafisse, Bouvier, Sedillot der jüngere, Leveillé und Gilibert waren die Berichtserstatter.

Die determinirenden Ursachen der Krankheit waren der Nord- und Nordostwind, die des Nachts, und der Süd- und Südwestwind, die zwey Monate hindurch bey Tage weheten. In wenigen Stunden stand oft das Thermometer 5 bis 6 Grade über, und 5 bis 6 Grade unter 0. — Der vorige Herbst war überdem sehr feucht, und die 3monatliche Trockenheit, die darauf folgte, disponirte den Körper zu einer großen Reizbarkeit.

Die allgemeinen Symptome der Krankheit sind: Übelbefinden, einige Tage lang Mangel an Appetit, mehr oder minderes Frösteln, selbst im Bette, abwechselnde lebhafte Hitze, Kopfschmerzen in der Stirne, unter den Augenbraunen, Schläfrigkeit, Schwäche, Steifigkeit und Gliederschwere, partielle Schweiße, weiße gelbliche Zunge, Verdoppelung des Fiebers beym Eintritt der Nacht, zuweilen nach Mitternacht, Remission der Symptome des Morgens; der Puls schnell, gespannt, oft unterdrückt, und beym Fortgang der Krankheit sich entwicklend, nach Maaßgabe als die Krankheit sich schlecht oder glücklich endet. Das Fieber dauert 3, 5, 7, 12, 15 und mehrere Tage, aber dann ist der Character verändert. Es endigt mit trübem Urin, der ziegelfarben ist, und starken Niederschlag gibt, oder auch durch allgemeine starke Schweiße, oder durch eiterartigen Auswurf, und endlich durch schleimigten galligten Auswurf. Oft sind mehrere dieser Excretionen vereint, um die Crisis zu bewerkstelligen.

Der Catarrh war in Rücksicht des Sitzes verschieden.

Zuweilen war es ein starker Schnupfen mit angeschwollnen Halsdrüsen, Ohrenschmerz, rothem, rosenartig aufgedunsenem Gesicht, entzündeten Augen und scharfen Thränen, die beym Herabfliefsen die Wange beitzten. Oder eine Halsentzündung mit Röthe des Schlundes, der Mandeln, des Gaumens und Zäpfchens, so wie auch mit Heiserkeit u. s. w.

Eine 3te Varietät war eine catarrhalische Peripneumonie, die mit fliegenden, unmittelbar unter der Haut stechenden Schmerzen, Blutspeyen, Nasenbluten, Haemorrhoiden begleitet war. Letzteres, welches oft critisch war, benahm fast stets die Kopfschmerzen. — Gemeiniglich endigte sich die Krankheit durch Auswurf und Schweifs. —

Eine 4te Varietät war der Gottlob sehr seltne Catarrhus suffocativus, der alte und schwache Leute befiel, und mit Schwere, Beängstigung auf der Brust und Pfeifen der Bronchien begleitet war. Die Schwäche, die Congestionen nach den Lungen und der Tod erfolgten oft schnell.—

Eine 5te Varietät war der Catarrhus intestinalis. Es kam nehmlich (zuweilen plötzlich) eine weifse Ruhr, die den Kranken sehr erschöpfte. —

Im Allgemeinen ist es zu bemerken, dafs alle diese Zufälle nicht immer isolirt, sondern oft einen und denselben Kranken zugleich befielen. (Der Verf. dieses Auszugs hat bey einer mäfsigen Zahl von Kranken, die er selbst behandelte, zum öftern alle diese Varietäten zu beobachten Gelegenheit gehabt. 3mal war ihm die zuletzt angezeigte Colik unter dem Gebrauch des Doverschen Pulvers vorgekommen, aber nie hat er sie anhaltend und hartnäckig gesehen, sie war nicht critisch.) Oft hatte die Krankheit einen inflammatorischen Character, oft war sie mit gastrischen, fauligten und Nervenfiebern begleitet. Letztere Complicationen befanden sich mehr unter Armen und in Hospitälern. —

Die Prognosis hing von Localumständen ab. Der einfache Catarrh dauerte 4 bis 7 Tage, bey Schwachen länger, und die Recidive waren nicht selten. Trüber ziegelfarbigter Urin verkündete das Ende der Krankheit, und die Schweifse und Expectoration beendigten sie. Die Krankheit war eigentlich nicht bösartig, aber bey den minder Wohlhabenden, die sich vernachlässigten, und den Ursachen derselben stets ausgesetzt blieben, wurde der Reitz stärker, und das Fieber oft gefährlich. Andere haben von der ungeschickten Behandlung schlechter Ärzte und Charlatane gelitten, bald von den zu erhitzenden Arzeneyen, bald von Aderlässen und Purganzen. — (Wir bemerken, dafs in der vorgeschlagenen, durch den hauptsächlich catarrhalischen Character leicht zu bestimmenden Curmethode, unter andern, Kalbsbrühe, Zwiebeln und Rüben angegeben werden; (?) im übrigen hat uns in der aufgestellten Behandlung nichts von dem verschieden geschienen, was man auch in Deutschland anempfehlen würde, daher wir den Rest übergehen.)

(In demselben Hefte dieses Journals de la Societé de Medecine befindet sich noch ein anderer Aufsatz von Herrn Double über dieselbe Krankheit, und eine kurze Vergleichung mit der ähnlichen, die in den Jahren 1731 und 1776 geherrscht hat. Es ergibt sich, dafs sie fast blos die Schleimhäute des Körpers anzugreifen scheint, und eigentlich nur Schwindsüchtigen, Asthmatischen, Wassersüchtigen u. s. w.

gefährlich war. Wir setzen hinzu, Anfangs auch Kindern, die von den vorangegangenen Ausschlagskrankheiten, als Pocken, Masern u. s. w. gelitten hatten. —

Gegen das Ende hat nun dieselbe Epidemie besonders die Augen angegriffen. Die Entzündungen der Conjunctiva sind jetzt, in der Mitte des März, so allgemein, dafs man häufig 3 — 4 und mehrere Kranke in Einem Hause antrift. Sie kommen in wenigen Stunden, mit aufgedunsenem Gesichte und besondern levcophlegmatischen Säcken, die sich rund um die Augen bilden, so wie mit starker Anschwellung der Thränensäcke und Thränenabsonderung begleitet. Dabey ist das eigentliche Auge nach Verhältnifs gewöhnlich sehr wenig empfindlich, und die Entzündung verschwindet zum Theil oft schon nach wenigen Stunden, gewöhnlich nach wenigen Tagen, und selten dauert sie länger als 8 Tage. Da die Krankheit noch nicht ganz zu Ende ist, so werden wir die allgemeinern Resultate in der Zukunft nachhohlen. Gelinde spirituöse Mittel mit etwas Campher scheinen vorzüglich zu bekommen. Die Personen, die öfters an Zahnschmerzen und geschwollnen Backen leiden, sind besonders ausgesetzt. —)

2. *Medicinische Geschichte der französischen Armee in St. Domingo im Jahre X, oder Abhandlung über das gelbe Fieber,* von N. P. Gilbert. (Ein Auszug von Desessartz.)

3. *Beobachtungen über eine Krankheit der Blase, in welcher die Kranken ohne Ulceration dieses Eingeweides eine eiterartige Materie im Urin lassen,* von D. P. Filleau, Chirurgien en Chef im Civil-Hospital d'Etampes. Die Section zweyer Leichname überzeugte den Verf., dafs eiterartige Absonderung durch blofse Entzündung ohne Geschwüre

statt finden könne, welches schon **Lecat** behauptete.

4. *Beobachtung über einen doppelten Foetus*, von **Fauchien**, Arzt zu Lorgues.

5. *Meteorologische Beobachtungen.*

6. *Eine Nachricht.* Daſs die Verf. durch einen regelmäſsigen Correspondenten die Arbeiten der Universität zu Montpellier erhalten werden, und Anzeige einiger Schriften (von denen wir unsre Leser noch besonders zu unterhalten suchen werden.)

Zuletzt andere Bücheranzeigen und Recensionen.

V.

Journal general de Medecine, ou Recueil periodique de la Societé de Medecine à Paris, redigé par Sedillot jeune. Pluviose an XI. —

Das Februarstück dieses Journals enthält:

1. *Ueber den Medicinalgebrauch des Phosphors.* Im Jahre VI. gab die Gesellschaft die Preisaufgabe: man solle durch Versuche und Beobachtungen bestimmen, welches die medicinische Wirkung des Phosphors, der Phosphorsäure, und der phosphorigten Säure sey, und in welchen Krankheiten man sie mit Erfolg anwenden könne. Da keine genügende Auflösung der Frage einlief, so hat man dieselbe auf unbestimmte Zeit verschoben. Unterdessen ist der Bericht der Londner medicinischen Gesellschaft, und die Lentinsche Abhandlung in der Gesellschaft der

Wissenschaften zu Göttingen, so wie ein Aufsatz des Herrn Pelletier, erschienen. Auch hat zumal die Commission der medicinischen Gesellschaft, die unentgeltlich Consultationen ertheilt, viele Versuche angestellt, die die alexeterische Kraft dieses Mittels, so wie dessen gute Wirkung im gichtischen Tophus, im Beinfraſs und in andern chronischen Übeln bestätigen. Sie wird demnach ebenfalls den ausführlichen Bericht hierüber mittheilen. In diesem Aufsatze des Herrn Gaultier-Claubry wird die gute Wirkung des phosphorischen Äthers in der Lähmung, in der Atonie der Muskelfiber und in leichten Wassergeschwülsten durch mehrere Krankengeschichten erwiesen. Unter andern wurde er auch äusserlich eingerieben. —

2. *Beobachtungen über die Krankheiten, die in der Holländischen Armee geherrscht haben.* Von Laubri, Medecin en Chef der Armee, im Auszuge von Desessartz. — Die Armee bestand am Ende des Vendem. an VIII etwa aus 28—30000 Mann, und schickte in den nächsten 3 Monaten etwa 12,390 Kranke ins Hospital, von welchen 6,187 geheilt wurden, und 441 starben; man zählte unter letztern 385 Verwundete. — Fast alle Krankheiten hatten den Character intermittirender Fieber, die Ursache davon war in der vorangegangnen Jahreszeit zu suchen. Von 3,330 Fieberkranken waren 2,178 vollkommen intermittirende. Nur der 59ste starb. — Die Gesellschaft hat den Verf. eingeladen, seine Schrift drucken zu lassen.

3. *Letzter Bericht über die in der Gemeinde zu St. Denis herrschenden Fieber*, von Desessartz, Bouvier, Descemet und Morelot. —

4. *Beobachtungen über den innerlichen Gebrauch der Mercurialsalbe in Pillen bey venerischen Krankheiten*, von J. P. Tarras, Chirurgus in

in Genf. — Nebst Bemerkungen hierüber von Sedillot dem Ältern. (Letzterer empfiehlt den Zusatz von Seife in den Pillen aus Mercurialsalbe.)

5. *Ueber die Anwendung des Sauerstoffs in der Medicin, von* Vimont, *Chirurgus zu Chateau-Salins, aus einem Berichte des Herrn* Leveillé. (Die Abhandlung scheint durchaus keine überzeugende Folgerungen für den nützlichen Gebrauch des Oxygens zu geben. Der Verfasser spricht unter andern von einem äufserlich angewendeten sauerstoffhaltigen Unguent, ohne seine Mischung anzugeben.)

6. *Beobachtung einer pneumato-lymphatischen Windgeschwulst, die vorne am Halse ihren Sitz hatte, von Herrn* Fardeau. Sie erstreckte sich vom Schlüsselbein bis zur Apophyse des processus mastoidei, und drückte die arteria aspera so zusammen, dafs das Sprechen undeutlich wurde. Ein Stich mit dem Trocar machte 4 Pf. Lymphe herauslaufen, die ohne Geruch war. Er schnitt sogar ein Halb Pf. Haut weg, und entdeckte Löcher in der arteria trachealis, die die Luft durchliefsen. Es erfolgten gefährliche Entzündungen, die verschwanden, und dem Operateur den Trost gewährten, seine Dreistigkeit nicht bereuen zu dürfen.

7. *Ueber den Einflufs des Galvanismus auf das Blut.* (Beweifst, dafs das Phänomen durch Fowler, Humboldt, Pfaff längst bekannt war, der Aufsatz ist von Double.)

8. *Meteorologische Beobachtungen, von* Bouvard. Monat Nivose.

9. *Bücherrecensionen.* Medecine expectante de Mr. Vitet. 6 Vol. 8vo Lyon. (Die schöne Recension ist von Prunelle, Exmedecin de l'Armée d'Orient. Das Werk wird mit Recht getadelt.) — Cours de Medecine Legale judiciaire theorique et pratique par Boulloc; (gelobt.) — Essay sur les tumeurs scrophuleuses par Hebreard. — Sur l'Utilité de l'Histoire naturelle dans la

Medecine par Drapernaud. (Worin unter andern die Beschreibung aller im menschlichen Körper gefundenen Würmer vorkömmt.) u. s. w. —

VI.

Journal de Physique, de Chimie etc. Vendemiaire. Jahr XI. oder des LV Bdes 4tes Heft. S. 245-321.

1. *Geologische Beobachtungen über die Kalkerde, und über die fossilen Menschenknochen, nebst einigen Bemerkungen über die Krystallisation. Von* G. A. Deluc. Der Verf. führt zuerst mehrere bereits bekannte Thatsachen zur Widerlegung der Hypothese einiger älteren Geologen, besonders Buffons, vom animalischen Ursprunge der Kalkerde an. Diese Thatsachen beziehen sich vorzüglich auf das Vorkommen der Kalkerde, unter mannigfaltigen Umständen, in uranfänglichen Gebirgen. Er stellet dann den Satz auf, daſs die in dem alten Meere, das die Erde ehemals bedeckte, gebildeten Schichten keine fossile Menschenknochen enthalten, und bringet diesen Satz auf seine bekannte Manier mit der Schöpfungsgeschichte von Moses in Verbindung. Überall, wo man dergleichen Knochen zu finden geglaubt habe, habe man sich geirret. Nahmentlich führet er die fossilen Knochen vom Felsen von Gibraltar an, von denen genauere Beobachter gezeigt haben, daſs sie Quadrupeden angehören, indem nahmentlich Imrie den Kopf eines Schaafs mit allen seinen Zähnen, deren Schmelz noch vollkommen erhalten war, daselbst fand. Überdieſs sind die kalkerdigten Concretionen in den Spalten und Höhlen, in denen man dergleichen fossile Knochen im Felsen von Gibraltar findet, offenbar von ganz neuer Bildung, Nieder-

schläge aus dem Regenwasser, und es erklärt sich somit leicht, wie dergleichen Knochen, auch Erdschnekken, deren Schaalen vollkommen erhalten sind, dahin gelangen konnten. Auf ähnliche Weise hätten auch, meint der Verfasser, Knochen von Menschen dahin kommen können, ohne etwas gegen jene obige grofse geologische Thatsache zu beweisen. Spallanzanis Beobachtung von Menschenknochen in der obersten Schicht eines Berges der Insel Cerigo, die in ihrer ganzen Dicke gröfstentheils aus versteinerten Knochen zusammengesetzt sey, sey so unvollständig und mangelhaft, dafs sie nichts beweise, so wie überhaupt Spallanzanis Zeugnifs in dergleichen Sachen verdächtig, da er ein Ignorant in der Geologie sey, und wunderbares aufzustellen strebe, was Deluc durch eine Beleuchtung der Stelle, welche die Insel Cerigo betrifft, beweiset. (Spallanzani als Geolog ist in Deutschland längst gehörig gewürdiget.) Fossile Menschenknochen finde man nur im Kalk- oder Gypstuff, der sich erst, seitdem unser Continent aufs Trockene gekommen, gebildet habe. Solcher Tuff enthalte auch daselbst einheimische Vegetabilien und Landconchylien. In der Tiefe des Meers, im Boden der alten Continente, welche durch ihr Einsinken zur Zeit der Sündfluth der Grund des jetzigen Meeres wurden, würde man Reste von menschlichen Körpern in Menge finden. Man dürfe hoffen, dafs nie eine künftige Generation dieselben sehen werde, denn um die Schichten, die sie enthalten, ans Tageslicht zu bringen, bedürfe es einer eben so schrecklichen Catastrophe, wie zur Zeit der Sündfluth, und ein solches Strafgericht werde von unsern Häuptern eine immer bleibende beträchtliche Anzahl von wahren Gottesverehrern abwenden. Zuletzt einiges über Buffons sonderbare Geogonie und zur Widerlegung derselben, wobey es der Verfasser an moralischen Nutzanwendungen nicht fehlen läfst. 2. *Beschreibung eines neuen Verfahrens des Feinmachens (affinage). Von* Darcet, *dem* Neffen. Der Verfasser beschreibet hier ein verbessertes Verfahren, das sich ihm im Grofsen bewähret hat, vollkommen reines Gold aus den Stangen, die man aus alten Silber- und Goldarbeiten etc. zusammengeschmolzen hat, abzuscheiden. Es weichet von dem alten Verfahren darin ab, dafs er das Gold, nachdem es von der Salpetersäure abgeschieden und gehörig gewaschen ist, nicht sogleich schmelzt, sondern erst hinlänglich viel Schwefelsäure von 66 Graden Stärke hinzubringet, um die Oberfläche desselben zu bedecken, im Sandbade die Säure bis zum Sieden bringet, ohngefähr eine Stunde in diesem Zustande erhält, das Ganze dann abkühlen läfst, die Säure abgiefst, und das Gold wäscht, bis das Aussüfsewasser mit der Salzsäure und den Laugensalzen keinen Niederschlag mehr gibt. Diefs Gold wird dann getrocknet, und in Stangen geschmolzen, die constant 24 Karate halten, oder vollkommen reines Gold sind. 3. *Fortsetzung des Auszuges aus Fourmys Memoire über die Arbeiten aus gebrannter Erde.* 4. *Aufklärungen über die Eigenschaften der Yttriaerde, verglichen mit denen der Süfserde, und über eine neue metallische Substanz, das Tantalum, von* Ekeberg. 5. *Bericht über galvanische Versuche von* Vassali-Eandi, Giulio *und* Rossi. S. das vorige Heft. 6. *Auszug aus einem Briefe des Prof.* Proust *an* J. C. Delametherie *über ein neues Metall Silène.* Pr. fand es in einem Bleyerze aus Ungarn. Bis jetzt hat er es noch nicht reduciret, es hält den Sauerstoff mit grofser Stärke zurück, seine Auflösungen und sein Oxyd vom Maximum der Oxydation sind gelb, diejenigen vom Minimum der Oxydation grün, es gibt seinen Sauerstoff nicht an den geschwefelten Wasserstoff ab u. s. w. (Im folgenden Hefte wird das vermeintlich neue Metall wieder zurückgenommen.) 7. *Meteorologische Beob-*

achtungen, von Bouvard. Im Fructidor und den Complementartagen vom Jahre X. Die gröſste Erhebung des Barometers war 28. 4,25, die geringste 27. 8,60, die mittlere 28. 0,42. Die gröſste Wärme + 28,5, die kleinste + 6,3, die mittlere + 17,4. 8. *Von der Crystallotechnie, oder Versuch über die Erscheinungen der Krystallisation. Von* N. Leblanc. Im Auszuge (s. das Januarstück der N. Entd.) 9. *Zerlegung eines Uranerzes von einer braunschwärzlichen Farbe von Eibenstock in Sachsen. Von B.* G. Sage. Dieses Erz, von dem keine andern oryktognostischen Karaktere angegeben werden, als daſs es nicht glänzend schwarz, wie die Pechblende, sondern bräunlich sey, ein schwarzes Pulver gebe, derb und hart sey, enthält in hundert Theilen 78 Theile Uranium, 20 Theile Eisen und 2 Theile Schwefel. Der Verfasser schlägt den Nahmen Herschel zur Bezeichnung dieses Halbmetalles vor. 10. *Ueber einige mit* Lavoisier's *Theorie im Widerspruche stehende Beobachtungen, die mit der Voltaischen Säule gemacht worden sind. Von* Carradori. Es sind die Einwendungen, die auch in Deutschland von Ritter u. a. noch gründlicher, als vom Verfasser, gegen Lavoisiers Behauptung von der Zusammensetzung des Wassers aus zwey ponderablen Grundstoffen gemacht worden sind. Das Wasser, meint er, könne die gewichtige Basis sowohl des Wasserstoffgases wie des Sauerstoffgases seyn, und der Unterschied bloſs von der Beymischung ſeinerer Principien abhängen. Einigen Versuchen zufolge schien der Strohm des Voltaischen Tassenapparates das Keimen zu beschleunigen. 11. *Brief von* Albert Fortis *an* J. C. Delametherie. Fortis bestimmt näher seine Behauptung, daſs es keine Ornitholithen gebe. Er behauptet nehmlich, daſs es keine Ornitholithen in den Kalkschichten von alter Meerformation, und nahmentlich keine in den Schichten des dichten Kalksteines gebe, welcher die Alpen und die Apenninen begränzt. Die in dem Gypse von Montmartre gefundenen Ornitholithen beweisen folglich dagegen nichts. Giovena von Molfetta in Apulien meldet ihm, daſs, da die auſserordentliche Trockenheit der Jahreszeit die Einwohner der dortigen Gegend genöthiget habe, Wasser aus einigen salzigten Quellen zu trinken, von denen man keinen Gebrauch macht, so lange Wasser in den Cisternen ist, er vorläufig eine Untersuchung davon angestellet, und vollkommen gebildeten Salpeter darin gefunden habe.

12. *Literarische Neuigkeiten.*

VII.

Journal de Physique, de Chimie etc. Brumaire, Jahr XI., oder des LVsten Bandes 5tes Heft. S. 325-408.

1. *Abhandlung über das Spieſsglas, von* Proust. Die allgemeinen Resultate dieses ausführlichen und wichtigen Aufsatzes sind folgende. Es gibt zwey Spieſsglasoxyde, das eine von 23 Theilen Sauerstoff in 100 Theilen, das andere von 30. Das erstere ist sehr schmelzbar, undurchsichtig, krystallinisch. Es ist die Basis der gewöhnlichen salzigten Verbindungen dieses Metalls, wie des Brechweinsteines, der salzsauern Spieſsglassalze mit Maximum oder Minimum der Säure. Das zweyte geht nicht so leicht dergleichen Verbindungen ein. Die Verkalkung erhebet das Spieſsglas nicht auf sein Maximum, man erhält aber diesen Grad durch das Verbrennen in der Luft, in der Salpetersäure, das Verpuffen mit dem Salpeter etc. Das Spieſsglasoxyd auf dem Minimum kann sich nicht über diesen Grad erheben, ohne zum Maximum

zu gelangen, und nicht unter dasselbe sinken, ohne reduciret zu werden. Die Natur zeiget uns bisweilen das Antimonium vom höchsten Grade der Oxydation. Es findet sich nehmlich als ein weifses erdigtes Erz zu Tornavara in Galizien. Es ist durch die Zersetzung des Spiefsglanzes entstanden, und enthält denselben oft noch unverändert in seiner Mitte, da die Zersetzung von aufsen anfängt. Keines von beyden Oxyden ist einer Verbindung mit dem Schwefel empfänglich, aber wohl kann das Oxyd vom Minimum der Oxydation Spiefsglanz (geschwefeltes Spiefsglas) auflösen, und so die Eigenschaften erhalten, die wir bis jetzt von einer Verbindung des Oxyds mit dem Schwefel abgeleitet haben. In dem Rothgüldenerz ist der Schwefel nicht mit Oxyden, sondern mit Metallen verbunden. Das Oxyd vom Minimum der Oxydation kann sich mit dem geschwefelten Wasserstoffe verbinden, und uns zwey Zusammensetzungen, den Kermes minerale und das Sulphur auratum antimonii, geben, wovon wir den ersteren ziemlich, aber den Unterschied des letzteren von ihm noch nicht kennen. Das Oxyd vom Maximum der Oxydation ist unfähig der Verbindung mit dem geschwefelten Wasserstoffe. 2. *Brief* Prousts *an* Delametherie *über das Einathmen des Stickstoffoxyds.* Proust erfuhr nicht die von Beddoes u. a. gepriesenen Wirkungen. Das Flimmern vor den Augen, eine zunehmende Betäubung, Angst, Doppeltsehen, endlich Ohnmacht, waren die Folgen des Versuchs, der mit gleichem üblen Erfolge wiederholt wurde. Die ersten Portionen von Gas, welche er sich aus dem salpetersauren Ammoniak durch Destillation bereitete, liefs er sorgfältig weggehen, weil sie bey einem Probeversuche einen äufserst unangenehmen, beynahe erstikkenden Eindruck in der Nase, Schlund und Lungen hinterliefsen, der mit einem sehr starken Senf viele

Ähnlichkeit hatte. Diese Gasart verdiente wohl eine nähere Untersuchung. 3. *Brief von* Traullé, *Mitgliede der Nacheiferungsgesellschaft von Abbeville, an* Delametherie. Einige Localnachrichten von plötzlich entstandenen Quellen, die ohne Bedeutung sind. 4. *Resultate der meteorologischen Beobachtungen, die zu Paris und Montmorenci während der nördlichen und südlichen Mondsconstitutionen des Jahres X. angestellt worden sind. Von* L. Cotte. 5. *Fortsetzung der zu Montmorenci angestellten Beobachtungen über die Wärme des Augustmonats von* 1802. *Von* L. Cotte. Die mittlere Wärme dieses Monats in gewöhnlichen Fällen zu Montmorenci ist + 15°, in diesem Jahre war sie 18,2°, die mittlere Quantität des gefallenen Regens im August ist gewöhnlich 2 Zoll 7,7 Linien, dieses Jahr betrug sie nur 6,7 Linien, alles in den Feldern und Gärten war aber auch verbrannt. Die gröſste Wärme dieses Monats in der Sonne war am 18ten um 3 Uhr, und stieg beym Quecksilberthermometer auf 35,5°, beym Weingeistthermometer auf 45,5°. Diese fürchterliche Hitze dauerte nur einen Augenblick, das gegen Norden aufgehängte Quecksilberthermometer zeigte in derselben Zeit nur 24,8°. In den heiſsesten Tagen war die Sonne ganz ohne Flecken. Im Schatten gegen Norden war die gröſste Hitze von 30,1° am 8ten August. 6. *Versuche und Beobachtungen über die vom Himmel gefallenen Steine, von* Howard. *Aus den Philos. Trans. gezogen.* 7. *Betrachtungen über die Massen von Steinen und metallischen Materien, von welchen man glaubet, daſs sie vom Himmel gefallen seyen. Von* Patrin. Herr Patrin gibt sich viele Mühe zu zeigen, daſs alle die mit so vielem Aufsehen angekündigten vom Himmel gefallenen Steine nichts anders, als gemeine, bey uns einheimische Steine, Kiese, welche vom Blitze getroffen worden, seyen. Seine

Erklärung möchte, so sehr sie die Sache auf die Erde herabziehet, und alles aufserordentliche ihr nimmt, doch die unwahrscheinlichste von allen seyn. 8. *Meteorologische Beobachtungen vom Monate Vendemiaire. Von* Bouvard. Der höchste Barometerstand war 28. 4,33, der niedrigste 27. 9,00, der mittlere 28. 0,67. Der höchste Thermometerstand + 19,6, der niedrigste + 1,0, der mittlere + 10,3. 9. *Brief von* Th. v. Saussure *an* Delametherie *über die Zersetzung des kohligtsauren Gases (Kohlenstoffoxyds) durch das Wasserstoffgas.* Saussure bemerket, dafs der schwarze Überzug, den man in einer rothglühenden Glasröhre erhält, in welcher man ein Gemisch von kohligtsaurem Gase und Wasserstoffgase circuliren läfst, kein Beweis von Abscheidung von Kohlenstoffe aus jenem Gase sey, weil auch das reine Wasserstoffgas unter denselben Umständen diesen Überzug gebe, der vielmehr von der Wiederherstellung des im Glase enthaltenen Bleyoxyds abzuhängen scheine. 10. *Zusatz zu der Abhandlung über eine versteinerte Schraubenschnecke des Berges Saleve, und über das Ansehen der Schichten dieses Berges, geologisch betrachtet. Von* G. A. Deluc. Der steile Abhang des Berges Saleve, der zugleich treppenförmig ist, gibt dem Verf. Veranlassung, die Folgerung, welche ein gewisser Dupuget aus einer ähnlichen Beschaffenheit der Kalkberge von St. Domingo auf einen ehemaligen allmähligen Rücktritt des Meers von dem jetzigen Continente, wodurch derselbe aufs Trockene gekommen sey, gemacht, zu bestreiten, und es ist wohl keinem Zweifel unterworfen, dafs eine solche Hypothese Blöfsen genug gibt, um von einem Geologen, wie Deluc, mit Erfolge bestritten werden zu können. Er findet nur in der Hypothese des Einsinkens anderer Schichten die Erklärung der jetzigen Beschaffenheit der Gebirge, und ihrer Erhöhung über die Oberfläche. Der Umstand, dafs alle Seekörper in der Ebene ihrer Oberfläche in den Schichten abgesetzt sind, nehmlich die Ammonshörner, die Pectiniten, die Chamiten platt, die Turbiniten ihrer Länge nach, und dafs, wenn solche Schichten umgestürzt sind, man die Seekörper in derselben Direction, wie die Schichten, finde, geneigt, wenn sie geneigt, vertical, wenn sie vertical sind, müsse von selbst auf die richtige Erklärung führen. Abgebildet sind die innere Säule *(fût)* einer Schraubenschnecke, oder eines Strombiten, die für sich allein, ohne die Spirale um sie her, versteinert vorkömmt, und die Spirale selbst. Leicht könnte man jene für eine ganz eigenthumliche Versteinerung halten. 11. *Note über den Einflufs des Galvanismus auf die Blutfaser.* (S. das vorige Stück d. n. Entd.) 12. *Note uber die Kinnlade eines der Fledermaus ähnlichen fleischfressenden Thieres, die in den Gypsgruben von Montmartre gefunden wurde. Von* J. C. Delametherie. Die kleine fossile Kinnlade hat nur die 4 Backenzähne, die sehr gut erhalten und denen des Vesp. serotinus vollkommen ähnlich sind. An diesem Orte ist die Kinnlade zerbrochen, und der ganze vordere Theil fehlt, der ganze hintere Theil, der Gelenkknopf, der Processus coronoideus sind aber vollkommen erhalten. Diese Kinnlade fand sich nahe bey dem Orte, wo man die Fufs- und Flügelknochen eines Vogels gefunden hatte. 13. *Literarische Neuigkeiten.*

VIII.

Journal de Physique, de Chimie etc. Frimaire, Jahr XI., oder des LVsten Bandes 6tes Stück. S. 409-480.

1. *Zerlegung des Demantspathes und einiger Substanzen, die ihn begleiten, nebst Bemerkungen über die Verwandtschaften der Erden zu einander,* von Rich. Chenevix. *Aus den Philos. Trans., übersetzt von* F. N. Vandier. Diese äuſserst wichtige Abhandlung, da sie von einem Engländer herrühret, gehört eigentlich nicht in den Plan unserer Blätter. Ich schränke mich daher bloſs auf eine Anzeige der Resultate derselben ein. Um die härtesten Steinarten, wie besonders die Edelsteine, zu zerlegen, die selbst durch mehrmaliges Schmelzen mit Pottasche nicht genug für die Einwirkung der Säuren aufgeschlossen werden, wandte der Verfasser mit dem besten Erfolge den calcinirten Borax an, womit er das Pulver der harten Steinart schmelzt, das damit ein Glas gibt, das in der Salzsäure vollkommen auflöslich ist. Er erhielt so aus dem orientalischen Sapphir (vollkommener blauer Demantspath (*Corundum*) des Verfassers) 5,25 Kieselerde, 92 Alaunerde, 1 Eisen, 1,75 Verlust, aus dem orientalischen Rubine (vollkommener rother Demantspath des Verfassers) 7 Kieselerde, 90 Alaunerde, 1,2 Eisen, 1,8 Verlust, aus dem Demantspathe (unvollkommener Demantspath des Verfassers, und so auch bey allen folgenden) von Carnatik 5 Kieselerde, 91 Alaunerde, 1,5 Eisen, 2,5 Verlust, aus dem Demantspathe von Malabar 7 Kieselerde, 86,5 Alaunerde, 4 Eisen, 2,5 Verlust, aus dem Demantspathe von China 5,25 Kieselerde, 86,50 Alaunerde, 6,50 Eisen, 1,75 Verlust, aus dem Demantspathe von Ava 6,50 Kieselerde, 87,00 Alaunerde, 4,50 Eisen, 2,00 Verlust. Der

Thallit in Krystallen mit einer rauhen Oberfläche gab dem Verfasser 45 Kieselerde, 28 Alaunerde, 15 Kalk, 11 Eisen, 1 Verlust, der Thallit in Prismen, wie der Turmalin, 40 Kieselerde, 25 Alaunerde, 21,5 Kalk, 11,5 Eisen, 2 Verlust, der Thallit in Fragmenten von einem schönen durchsichtigen Gelb 42 Kieselerde, 25,5 Alaunerde, 16 Kalk, 14 Eisen, 2,5 Verlust. Er fand bestätiget, was schon Vauquelin gefunden hatte, daſs Pottasche, die lange in einem Platinatiegel geschmolzen erhalten wird, diesen Tiegel angreife, und etwas Platina, die durch ihre Einwirkung sich vorher oxydire, auflöse, und gibt daher den Silbertiegeln bey der Analyse der Steine den Vorzug. Soda wirket dagegen nicht auf die Platina. Die nach Berthollets Methode bereitete Pottasche kann man vollkommen verflüchtigen, wenn man sie lange bey einer sehr groſsen Hitze geschmolzen hält. Die Soda ist nicht so flüchtig, jedoch gleichfalls nicht feuerbeständig. Darracqs Versuche über die von Guyton behauptete Verwandtschaft der Erden gegen einander, welche den Ungrund dieser Behauptung darthun (s. franz. Annalen 2tes St. S. 193), fand er bey der Wiederholung vollkommen bestätiget. 2. *Abhandlung, welche eine Reihe von Versuchen enthält, um die Wirkungen des in den Magen der Hunde gebrachten Alcohols auszumitteln, und die Folgerungen, welche man aus den Versuchen, die an den nehmlichen Thieren mit Alcoholtincturen gemacht worden sind, gezogen hat, nach ihrem wahren Werthe zu würdigen. Von* G. Fr. H. Collet-Meygret. Das Resultat der vom Verfasser an mehreren Hunden angestellten Versuche ist, daſs der concentrirte Alcohol, in einer gewissen Dosis gegeben, constant ein Gift für die Hunde ist. Eine Dosis von 2 Unzen eines Alcohols von 24 Graden reichte schon hin. Alcohol von 18 Graden schien zu schwach zu seyn. Am schnellsten wirkte der Alcohol, wenn die Thiere einige Tage vorher gehungert hatten.

Der Alcohol, meynt der Verfasser, habe so sehr, oder noch mehr als Reitzmittel, denn als narcotisches Mittel gewirket. Die von ihm angeführten Erscheinungen, Unbeweglichkeit, Stupor, starkes Coma, beweisen, daſs der Alcohol auch hier durch seine gewöhnlichen berauschenden und betäubenden Kräfte gewirket habe. Im Magen fanden sich stets Spuren von Entzündung, die selbst schon in Brand übergegangen war. In den verschiedenen Alcoholtinkturen, mit welchen Versuche angestellet werden, ist daher immer die Wirkung des Alcohols selbst mehr, als der aufgelösten Substanz, so giftig sie auch seyn mag, in Anschlag zu bringen. 3. *Brief des Bürgers* Dizé, *Exaffineur national der Münzen, an* Delametherie. Enthält eine Reclamation gegen einen Aufsatz Darcets im Vendemiaire-hefte, durch welche sich Dizé die Erfindung der Vervollkommnung des Verfahrens, das Gold zu scheiden, zueignet. 4. *Ueber die Proben des Scheidungsgoldes (or de depart), das mit kochender, auf 66 Grade concentrirter Schwefelsäure behandelt worden ist. Von* Dizé. Die Schwefelsäure dienet in dem verbesserten Scheidungsprocesse zur Abtrennung des letzten Antheils von Silber im Golde. 5. *Kurze Nachricht von den galvanischen Versuchen* Aldinis, *von* Delametherie. Es ist schon mehrmals von denselben in den n. Entd., nahmentlich im 1ten St. S. 73 und 94 die Rede gewesen. 6. *Werners Ideen über einige Punkte der Geognosie. Aus den Unterhaltungen mit demselben gezogen. Von* Delametherie. Sind in Deutschland hinlänglich bekannt. 7. *Brief von* J. Lalande *an* Delametherie *über die Donnersteine*, S. unten. 8. *Meteorologische Beobachtungen vom Monat Brumaire des Jahres XI. Von* Bouvard. Der höchste Barometerstand war 28. 1,67, der niedrigste 27. 3,50, der mittlere 27. 8,58. Der höchste Thermometerstand + 15,8, der niedrigste + 0,0, der mittlere + 7,9.

9. *Bemerkungen über* Coulombs *Meynung vom allgemeinen Magnetismus. Von* Carradori. Der Verfasser führt eine Stelle aus Gulielmi Gilberti de magnete, magneticisque corporibus, et de magno magnete tellure, Londini 1600 an, aus welcher erhellen soll, daſs Gilbert schon eine allgemeine magnetische Polarität aller irdischen Körper, nur von verschiedenem Grade, angenommen habe. Es ist aber ein groſser Unterschied zwischen einer bloſsen, ohne weitere Beweise aufgestellten Idee, und einer durch die feinsten Versuche bewiesenen Thatsache. 10. *Auszug aus einem Briefe* Prousts *über die metallische Substanz, die er für neu gehalten hatte, und die nichts als Uran ist.* Auſser dieser Berichtigung enthält dieser Brief noch eine kurze Nachricht von geologischen Beobachtungen eines Garcia Fernandes über die Gegenden von Burgos, die völlig vulcanisirt seyn sollen, und wo sich im Mittelpuncte eines unermeſslichen Craters die berühmten Steinsalzgruben von Poza befinden. Derselbe fand auch dort ein Stück gediegenes Eisen von ohngefähr 20 Pf. 11. *Abhandlung über einen in der Niere eines Hundes gefundenen Wurm. Von* G. F. H. Collet-Meygret. Der Verfasser macht ein eigenes Geschlecht daraus, das er Dioctophyme nennt, weil dieser Wurm am Kopfe und am Schwanze 8 Tubercula hat, und das mit dem Geschlechte Ascaris groſse Verwandtschaft hat. Der Ch. genericus ist: Corpus elongatum, cylindricum, articulatum, extremitatibus obtusis, quavis 8 tuberculis obsessa, ore anoque terminalibus. Animal hermaphroditum. Dieser Wurm war übrigens über einen Fuſs lang, hatte ohngefähr einen Zoll im Umfange, und war von einem schönen Scharlachroth, das an der Luft dunkel wurde. 12. *Auszug aus* Nystens *Schrift über galvanische Versuche.* (S. das vorige Stück der N. Entd.) 13. *Brief von*

Gab. Fr. Circaud *an* Delametherie. (S. das vorige St. der N. Entd.) *Literarische Neuigkeiten.*

IX.

Journal de Physique, de Chimie etc. par J. C. Delametherie. *Nivose, Jahr XI., oder des LVIsten Bandes erstes Stück. S. 1-96.*

Dieses Stück, womit ein neuer Jahrgang, der Jahrgang von 1803, seinen Anfang nimmt, enthält, wie gewöhnlich, einen Discours preliminaire, in welchem der Herausgeber eine gedrängte Übersicht der Fortschritte und Entdeckungen, welche in dem verflossenen Jahre in den Wissenschaften, denen dieses Journal gewidmet ist, Statt fanden, entwirft, und gleichsam ein Realregister über den Inhalt der 12 Stücke des ganzen Jahrganges aufstellet. Diese Übersicht ist nach den Hauptfächern unter 11 Rubriken gebracht, und kann zum Theil auch als ein Realregister zu den zwey letzten Stücken des Jahrganges 1802 der Franz. Annalen, und der 5 ersten Stücke des Jahrganges 1803 ihrer Fortsetzung oder der N. Entd. gelten. Wir wollen nur einiges zum Behufe unserer Leser auszeichnen. *Astronomie.* Vorzüglich von Herschels Untersuchungen und Vermuthungen über die Natur der Sonne. *Physik.* Über den Schall, von Biot, wovon wir unsern Lesern noch eine kurze Nachricht zu geben gedenken. Herschels Untersuchungen über den Wärmestoff und die strahlende Wärme. *Meteorologie.* Von den vom Himmel gefallenen Steinen. Tremerys Untersuchungen über die Electrizität. Über den Magnetismus. Coulombs wichtige Versuche, auch Ritters und von

Arnims Untersuchungen. Über den Galvanismus. Aldinis Versuche, zu wichtig dargestellt. Es sind im Grunde nichts als uralte Versuche Galvanis und Voltas. *Zoologie.* Vom Menschen. Delametherie hat eine Schrift „Über den Menschen aus dem moralischen Gesichtspunkte, seine Sitten, und diejenigen der Thiere" herausgegeben, in welcher er den Menschen für einen Halbbruder des Orang - Outangs erkläret. Galls Encephalocranioscopie ist kurz erwähnet. Von der animalischen Physiologie. Hier sind Chaussiers Versuche mit dem geschwefelten Wasserstoffgase umständlicher angegeben. *Botanik.* Meistens nur literarische Nachrichten. Von der Pflanzenphysiologie. Hier sind Mirbels Untersuchungen kurz angeführt. *Krystallographie.* Leblancs wichtige Entdeckungen über die Art der Bildung der Krystalle, wovon in dem 1ten Stück der N. Entd. S. 4. und fg. die Rede gewesen ist. *Mineralogie.* Unter diesem Artikel findet sich eine kurze Recapitulation der Arbeiten Hatchetts über das Columbium, Eckebergs über das Tantalum, Bournons und Chenevix über das arseniksaure Kupfer und arseniksaure Eisen, Tennants über den Schmirgel, Chevenix über den Demantspath, und einige neue Mineralsubstanzen, so wie der Analysen und Untersuchungen mehrerer französischer und fremder Naturforscher, insbesondere unseres Landsmanns Klaproth, in Betreff mehrerer anderer Mineralien. Bey dieser Gelegenheit hat der Verfasser die Analysen aller derjenigen Erd - und Steinarten, in denen man bis jetzt Pottasche oder Soda gefunden hat, zusammengestellt. Ihre Zahl beläuft sich bereits auf 17. Am Ende erwähnt er seine eigenen, in das Journal de physique eingerückten Abhandlungen, deren wesentlichen Inhalt wir bereits oben angegeben haben. Ein eigener Artikel ist den Vulkanen gewidmet, wo von unsers Landsmanns v. Buch geologischen Bemerkungen

kungen, über die Vulcane in Auvergne die Rede ist. Unter dem Artikel *Fossiles* wird von den Petrefacten gehandelt. Im Artikel *Geologie* gibt Delametherie eine Übersicht der Wernerischen Ideen, und setzt einigen derselben Einwendungen und Zweifel entgegen. Der Artikel *Chemie der Mineralien* handelt von den chemischen Produkten aus dem Mineralreiche. Prousts Arbeiten über einige geschwefelte Metalle und über das Antimonium, Fourcroys uber das Quecksilber, Chenevix über die Salzsäure, so wie die Arbeiten mehrerer Chemiker über das gasförmige Kohlenstoffoxyd, und über das gasförmige Stickstoffoxyd machen den Hauptinhalt davon aus. Im Artikel *Chemie der Vegetabilien* ist von Prousts, Chenevix, Vauquelins, Cadets Arbeiten die Rede. Am wenigsten ist die *Chemie der Thiere* bereichert worden. Den Beschlufs macht der Artikel von den *Kunsten* und von der *Agricultur*.

Auf diese Übersicht folget ein einziger Artikel: *Meteorologische Beobachtungen, angestellet auf dem Nationalobservatorium zu Paris im Frimaire des Jahres XI. Von* Bouvard.

Der höchste Barometerstand war 28′ 3,17″, der niedrigste 27′ 2,40″. Der gröfste Wärmegrad war + 10,2, der geringste — 3,0, die mittlere Wärme + 3,6.

X.

Jardin de la Malmaison avec figures coloriées par Ventenat *de l'Institut national de France, l'un des Conservateurs de la Bibliotheque du Pantheon. Les figures sont peintes par Redouté qui surveille l'Execution des figures de cet Ouvrage.*

Si canimus sylvas, sylvae sint Consule dignae.

Garten zu Malmaison mit colorirten Kupfern von Ventenat. Die Abbildungen von Redouté, der auch den Stich und die Illuminirung besorgt hat. (Kostet 36 fr. das Heft.) Das Werk ist der Madame Buonaparte zugeeignet.

Das erste Heft enthält:

Gordonia pubescens. Foliis obovatis, laxe serratis, subtus pubescentibus; pedunculis brevissimis; fructibus globosis. Wild. Spec. pl. 3 p. 840.

Xanthemum bracteatum. Foliis lanceolatis, repandis, scabriusculis; floribus solitariis terminalibus bracteatis. Aus Neuholland.

Eupatorium Aya-pana. Foliis lanceolatis integerrimis, subtrinerviis; inferioribus oppositis, superioribus alternis; calicibus inaequalibus multifloris.

Melaleuca gnidiaefolia. Foliis oppositis lanceolatis trinerviis; ramulis floriferis lateralibus, paucifloris; filamentis antice ramosis.

Metrosideros anomala. Metrosideros foliis oppositis, subsessilibus, cordatoovatis; impunctatis ramulis, pedunculis, calicibus hispidis; floribus solitariis, terminalibus.

Nymphaea coerulea. Foliis cordato-subrotundis, repandis, laciniis calicinis, petalis lanceolatis, antheris appendiculatis.

Die mit der bekannten Genauigkeit des Herrn Ventenat verfertigten speciellen Beschreibungen sind in französischer Sprache; und die Pflanzen sind mit einer Schönheit gezeichnet und illuminirt, dafs sie wohl schwerlich von irgend etwas, das bis jetzt in dieser Art verfertigt worden ist, übertroffen werden möchten. Wir zweifeln fast, dafs die wahren Liebhaber dieser Werke den Preis von etwa 9 Rthlr. unsers Geldes zu hoch finden werden.

XI.

Lettre sur le Robinier connu sous le nom impropre de Faux Acacia avec plusieurs pièces relatives à la culture et aux usages de cet arbre par N. François (de Neufchateau) *membre du Senat conservateur et de l'Institut national. A Paris chez Meurand. Un Vol. in 12, de 314 pages. An XI. (1803.)*

François de Neufchateau, der mehr als Jeder andere im Stande ist, die Bedürfnisse der Cultur in Frankreich, und die Mittel zu ihrer Verminderung zu kennen, wendet durch diese Schrift die öffentliche Aufmerksamkeit auf die Robinia, jenen wie einheimisch gewordenen Baum, den man so leicht auf so mancherley Art vervielfältigen, in allen Climaten, und in allen, selbst den uncultivirtesten Erdreichen erziehen kann.

Sein Urtheil in dieser Hinsicht, das allein schon von sehr grofsem Gewichte wäre, wird durch dasjenige von **Bohadsch, Hall, Saint-Jean-de-Creve-**

Coeur, de Filassier, de Dettmar-Basse, de Miller, de Challan, de Muller etc. bestätiget, deren Abhandlungen er gesammelt, und mit den lehrreichsten Noten und Bemerkungen bereichert hat.

François de Neufchateau hat sich nicht bloſs darauf eingeschränkt, mit dem Vortheile bekannt zu machen, den man von diesem Holze als Brennholz ziehen kann, sondern er hat sich auch mit seinem Nutzen in den verschiedenen Künsten beschäftiget. Man wendet ihn nehmlich mit groſsem Vortheil sowohl zù den Arbeiten der Drehbank, wie zu den Mobilien an. Man macht daraus undurchdringliche Hecken, Pfähle, Reife, man kann Farben daraus ziehen u. s. w.

François hat es sich auch besonders angelegen seyn lassen, das Andenken des Wohlthäters, dem wir diesen Baum verdanken, wieder zu erneuern. Am Ende des 16ten und im Anfange des 17ten Jahrhunderts, während der Stürme einer Revolution, von welcher der Ehrgeiz die Triebfeder, und der religiöse Fanatismus der Vorwand war, sah man zwey allen Partheien fremde Menschen, die nur begierig nach Kenntnissen, und von dem Bedürfniſs nützlich zu seyn verzehrt waren, selbst mitten im Tumulte der Waffen über die Mittel nachdenken, die Menschheit und ihr Vaterland für die mit inneren Zerrüttungen, welche Bürger gegen Bürger, Brüder gegen Brüder, Kinder gegen ihre Väter bewaffneten, unzertrennlichen Übel zu trösten. Der eine von ihnen war Olivier de Serres, Herr von Pradel, der sein Schloſs und seine Meyerhöfe verbrennen sah, der andere Johann Robin, der Jussieu seines Jahrhunderts. Beynahe alle Lexicographen haben in ihren Sammlungen diese beyden ehrwürdigen Nahmen vergessen, aber die Tradition der Erkenntlichkeit hat in die Herzen das Andenken des unsterblichen Verfassers des Theatre d'Agriculture, und des berühmten Botanikers gegraben, der gleichsam zuerst die Bahn eröffnet hat, die er mit Riesenschritten durchlaufen hat, und die er gleichsam noch über sein Grab hinaus ausdehnte, da er den Plan zum Pflanzengarten, dem schönsten und prächtigsten von Europa, entwarf.

Robin hatte das Verdienst, zum erstenmal im Jahre 1600 die Robinia, deren Saamen ihm von Canada zugeschickt worden waren, einzuführen und zu naturalisiren. Linné verewigte sein Andenken durch den Nahmen Robinia, den er diesem Baume gab. In Frankreich kam dieser nützliche Baum wieder in Vergessenheit, bis Duhamel im Jahre 1755 wieder anfing ihm volle Gerechtigkeit zu verschaffen. Während seines zu kurzen Ministeriums hörte François de Neufchateau, durchdrungen von dem Vortheile, die Robinia zu vervielfältigen, nicht auf, in seinen Circularbriefen die Administratoren und das Publicum über diesen wichtigen Gegenstand aufzuklären. Mehr als eine Million dieser Bäume verdankte ihre Existenz auf dem Boden der Republik dem unermüdeten Eifer dieses Ministers. Seitdem haben sich die Pflanzschulen und Anpflanzungen der Robinia auf allen Seiten vervielfältiget, und François de Neufchateau geniefst die ganze Belohnung für die Impulsion, die er ertheilte, die für den Menschenfreund einen Werth hat.

Decade philosoph. N. 13. Jahr XI.

XII.

Histoire naturelle de la femme suivie d'un traité d'Hygiène appliquée à son regime physique et moral aux differentes epoques de la vie. (Natürliche Geschichte des Weibes, nebst einer Abhandlung über die Hygiene, angewandt auf das physische und moralische Verhalten des Weibes in den verschiedenen Lebensaltern.) Par Jacq. L. Moreau *(de la Sarthe). Tome premier. Ie Section S.* 1-358. 1. *Vol. II. Section S.* 359-742. *II. Vol. Tome second. S.* 1-459. *III. Vol. Avec XI Planches en taille douce. A Paris chez* L. Duprat. 1793.

Diese Schrift empfiehlt sich eben so sehr durch ihr gefälliges Äufsere, wie durch ihren Vortrag und Inhalt. Sie ist für gebildete Leser aus allen Klassen, und insbesondere auch für gebildete Leserinnen geschrieben, enthält aber auch manche nützliche Winke für Ärzte und interessante Untersuchungen für Naturforscher. Um seinem Vortrage mehr Lebhaftigkeit und Abwechslung zu verschaffen, hat der Verfasser sehr oft ganze Stellen wörtlich aus den vorzüglichsten Schriftstellern, welche von den Gegenständen seines Werks gehandelt haben, entlehnt, und selbst Dichter zu Hülfe genommen. Buffon, Rousseau, Roussel, Diderot, Montaigne, Delille u. s. w. sind besonders häufig von ihm benutzt worden. Aufser Roussels Werke: Systeme physique et moral de la femme, existirte kein französisches Werk, das diesen Gegenstand nach dem ausführlichen und umfassenden Plane abgehandelt hätte, den der Verfasser befolgt hat. In Deutschland haben wir an der Gynaeologie eine Compilation, die zwar im Ganzen einen gleichen Zweck hat, aber dem Werke des Verfassers in Rücksicht auf Ausführung trotz der viel gröfseren Ausführlichkeit weit nachstehen mufs. Brandes, Pockels u. a. bekannte Werke betreffen mehr die moralische Seite des Weibes. Originalität, neue Ansichten, ausgezeichnete Ideen, darf man übrigens in dieser Schrift nicht suchen, sondern sie kann keine höheren Ansprüche, als die auf das Verdienst einer geschmack- und einsichtsvollen Compilation machen. Der erste gröfsere Theil, welcher in zwey Abschnitte, wovon jeder einen Band ausmacht, zerfällt, handelt von der eigentlichen Naturgeschichte des Weibes, von seiner physischen und moralischen Seite. Voran geht ein Discours preliminaire und zwey synoptische Tafeln, welche den Inhalt des ganzen Werkes darstellen. Im ersten Kapitel ist von den Karakteren die Rede, welche das Weib von dem Weibchen der übrigen Säugthiere unterscheiden, und zwar von denen beyden Geschlechtern der Menschengattung gemeinschaftlichen, und denen dem Weibe eigenthümlich zukommenden Karakteren. Der Verf. erklärt sich bestimmt für die Existenz des Hymens, und führt einige Fälle von betagten Nonnen an, an deren Leichnamen er dasselbe noch unverletzt gefunden habe. Bey foetus habe er es constant angetroffen. Das IIte Kapitel stellt eine Parallele und vergleichende Physiologie des Mannes und der Frau auf. Der erste Artikel dieses Kapitels enthält allgemeine Betrachtungen, der zweyte Artikel einige Fragmente aus Buffon, Voltaire, Saint Lambert etc. über die Parallele des Mannes und der Frau. Der dritte Artikel handelt von den äufsern Formen und von den Verrichtungen des thierischen Lebens (*Fonctions de relation*, wie der Verfasser sie nennt) in beyden Geschlechtern, und zwar im §. I. von den äufseren Formen und Verhältnissen, im §. II. vom Skelett. Hier ist Sömmerrings Tabula sceleti foeminini juncta descriptione zum Grunde gelegt, und die Tafel im Kleinen nachgestochen, aber freylich durch diese Verkleinerung weniger karakteristisch geworden. Dupuytren, Chef der anatomischen Arbeiten bey der Arzneyschule zu Paris, hat aus sehr vielen Zergliederungen das Resultat erhalten, daſs das weibliche Bekken erst nach der Epoche der Mannbarkeit die groſsen Veränderungen erleidet, die es karakterisiren, sich erst alsdann abrundet, und sein Queerdurchmesser dann erst gröſser als beym Manne wird. Im §. III. ist von den Muskeln und ihrer Verrichtung, im §. IV. von der Sensibilität die Rede. Von der Verschiedenheit der Sinne in Rücksicht auf Feinheit bey beyden Geschlechtern. Feinheit des Geruchs beym weiblichen Geschlechte. Beyspiele davon. Heftige Nervenreaction bey den Frauen. Der IVte Artikel ist den Verrichtungen des Ernährungslebens gewidmet. §. I. Verdauung. Die Beyspiele von langer Enthaltsamkeit seyen bey den Frauen viel häufiger als bey den Männern. Zwey sehr merkwürdige Fälle aus der Bibliotheque britannique, wo in dem einen Falle die Enthaltsamkeit 4 volle Jahre dauerte, und die sichtlichen Ausleerungen durch Urin, Stuhlgang und Schweiſs stille standen. §. II. Einsaugung. §. III. Action des Blutgefäſssystems. Circulation, Respiration und Stimme. §. IV. Transpiration und Urinabsonderung. Im Vten Artikel ist ausführlich von der Zeugung die Rede. §. I. Anatomische Analyse der Zeugungsorgane. §. II. Sphäre der Wirksamkeit der Zeugungsorgane. Ein Zusatz zum zweyten Kapitel handelt vom Hermaphroditismus und seinen äuſsern Karakteren. Hier gibt der Verfasser auch eine Abbildung von den äuſsern und innern Geschlechtstheilen eines Mannes, der sehr täuschend den Hermaphroditismus darstellte, während seines Lebens für eine Frau gehalten wurde, sich als solche mit einem Manne freywillig verband, der bey ihr lange Zeit die Verrichtungen eines Ehemanns erfüllte, und erst durch die Leichenöffnung nach ihrem wahren Geschlechte erkannt wurde. Bey der Unvollkommenheit der männlichen Geschlechtstheile und bey dem Mangel eigentlich weiblicher, da nur äufserlich eine Art von Vulva vorhanden war, die sich in einen blinden Sack endigte, konnte diefs Subject eher für ein Neutrum denn für einen Hermaphroditen gelten. Das IIIte Kapitel von der Schönheit, in welchem sich auch eine Metaphysik des Schönen nach französischer Manier findet, und das in ein ausführliches Detail geht, beschliefst den ersten Band, Der zweyte Band beginnt mit dem IVten Kapitel von den 4 Epochen des Lebens des weiblichen Geschlechts, und den Temperamenten. Dann folget das Vte Kapitel, Geschichte der Varietäten des Weibes, das beynahe den ganzen 2ten Band von S. 354-679 einnimmt. Der Verfasser betrachtet nicht blofs die Varietäten des Weibes bey verschiedenen Völkerschaften, sondern in den verschiedenen Hauptepochen der Civilisirung von der physischen sowohl als moralischen Seite. Er hat das Wissenswürdigste und Interessanteste in dieser Hinsicht aus den mancherley Reise- und Völkerbeschreibungen gesammelt. Er betrachtet die Varietäten des Weibes in den nördlichen Polargegenden, bey den Mongolen, in China und Japan, in Ostindien, bey den Völkern von Malaiischer Raçe und besonders bey den Otaheitern, in America, bey den Negern, Hottentotten, endlich bey den Nationen, die zur schönen Raçe gehören, vorzüglich in Persien, in der Türkey, in Ägypten, bey den Arabern, den Neugriechen, und in den verschiedenen Theilen von Europa. Bey Gelegenheit der Betrachtung der Weiber in den verschiedenen Epochen der Civilisirung verweilt der Verfasser besonders bey den Griechen, Römern, den Germaniern, Galliern und Franken, und theilet mancherley Nachrichten über die Sitten und Gebräuche dieser Völker in Rücksicht auf Ehe, Genuſs der Weiber u. s. w., so wie über den moralischen Zustand des weiblichen Geschlechtes mit. In diesem Kapitel finden sich manche Digressionen, die man hier nicht suchen würde, z. B. eine Unterredung zwischen dem Almosenier von Bougainville und dem Otaheiter Orou, eine Fiction aus Diderot entlehnt. Zwey Kupfertafeln, die zu diesem Kapitel gehören, stellen eine otaheitische Tänzerin und eine Hottentottin mit den verlängerten labiis vulvae, nach Levaillant, nebst einem chinesischen Fuſse vor. Das VIte Kapitel, von der Natur des Weibes, schlieſst diesen Band. Der IIIte Band handelt in der ersten Hälfte ausführlicher von der eigentlichen Physiologie des Weibes, oder von den Verrichtungen, die demselben eigenthümlich zukommen, so wie in der zweyten Hälfte von der Hygiene, angewandt auf das Verhalten des Weibes in den verschiedenen Zuständen, und in Betreff der verschiedenen Verrichtungen, die ihm eigenthümlich zukommen. Der Raum erlaubt uns nicht, die nähere Auseinandersetzung des Plans des Verfassers hier zu geben. Nur bemerken wir, daſs gerade dieser Band der interessanteste und reichhaltigste ist, und, abgesondert von den beyden ersteren, die weniger wichtig sind, wohl eine Übersetzung verdiente. Er ist mit 5 Kupfertafeln versehen, wovon die erste die beyden Extreme des weiblichen Zeugungsapparats, nehmlich das bloſse Pistill und die Geschlechtstheile des Weibes, die zweyte einen Uterus duplex, welchen Dupuytren beobachtet hat, die dritte einen Foetus von 5 Monaten, durch das Amnios gesehen, nach Sömmerring, die 4te ein Leibchen, das eingerichtet ist, zwey Brüste, die zu voluminös sind, von einander entfernt zu halten, endlich die 5te ein vollständiges atheniensisches Frauenzimmer-Costume darstellet.

Pf.

XIII.

Literarischer Anzeiger [1]).

Allgemeine Naturgeschichte.

1) Nouveau Dictionaire d'histoire naturelle, 2eme Livraison. Vol. IV. V. VI. à Paris chez Deterville. 19 Francs 50 Cent. pour les souscripteurs. (Bis zum Buchstaben *D*).

Mineralogie.

2) Histoire naturelle de la Montagne de Saint-Pierre de Maestricht par Faujas-Saint-Fond. Sixième, septième, huitième, neuvième et dernière livraison. Grand in 4. à Paris chez Deterville. 1803.

3) Apperçu general des mines de houille exploitées en France, de leurs produits et des moyens de circulation de ces produits. Par le Cit. Le Febure membre du Conseil des mines etc. avec une Carte. à Paris chez la veuve Vilier.

4) Cours de Minéralogie rapporté au Tableau méthodique des mineraux par Daubenton; par N. Joly clerc Prof. d'histoire naturelle. à Paris chez la veuve Panckoucke. 1 Vol. 8. de 450 Pages. 7 et 8 Francs 50 Cent.

1) Unter diesem Artikel werden wir in Zukunft die ausführlichen Titel der Bücher, welche in den Wissenschaften erscheinen, denen unser Journal gewidmet ist, und deren Inhalt wir nicht ausführlicher angeben können, aufführen. Eine solche Übersicht der physischen, chemischen, naturhistorischen, medicinischen, technologischen und öconomischen französischen Bibliographie wird, wie wir uns schmeicheln, mehr als einem Leser willkommen seyn.

Botanik.

5) Les Liliacées par P. J. Redouté, peintre du museum national d'histoire naturelle. 1e, 2e et 3e livraisons. 1802.

6) Traité des arbres et arbustes que l'on cultive en pleine terre, par Duhamel. Nouvelle Edition. 7e, 8e, 9e, 10e et 11e livraisons. Prix 9 fr. 18 fr. et 30 fr. chaque livraison. Michel.

7) Flore du Nord de la France par E. Rouvel, Officier de santé à Alost. 2 Vol. in 8. Veuve Richard. 10 fr. et 13 fr. fr. de port.

8) August. Pyr. Decandolle Astra galogia, nempe Astragali, Bisserulae et Oxytropidis, nec non Phacae, Coluteae et Lessertiae historia iconibus illustrata. Paris Jahr XI. Typis Didot, sumptibus J. B. Garnery, in fol. 269 P. tabul. 50.

Zoologie.

9) Oiseaux dorés ou à reflets metalliques, contenant l'histoire naturelle et générale des Colibris, Oiseaux-Mouches, Sacannars, Promeropes, Grimpereaux et des oiseaux de Paradis, par J. B. Audebert et L. Vieillot. 2 Vol. grand in folio papier Jésus satiné, les lettres en or au bas des figures. Prix 1160 Fr. Le même ouvrage 2 vol. grand in 4. pap. Jésus velin fig. imprimées en couleur, la lettre en noir. Prix 672 fr.

10) Histoire naturelle des Rainettes, des Grenouilles et des Crapauds par F. M. Daudin. Ouvrage orné de 38 planches représentant 54 espèces peintes d'après nature. 1 Vol. in 4. Prix in 4. papier d'Angoulème, gravures en noir 18 fr. in 4. papier velin, gravures en couleur, 50 fr. In fol. papier d'Angoulème, gravures en noir, 25 fr. in folio, papier velin, gravures en couleur, 75 fr.

11) Histoire naturelle des Oiseaux de Paradis, des Rolliers et des Promerops, suivie de celle des Barbus, par F. Le Vaillant. 6e livraison, grand in fol. sur papier velin satiné, fig. coloriées, 48 fr. sur grand papier velin, forme atlantique, avec les fig. coloriées, 96 fr. Denné et Perlet.

Physiologie.

12) Systeme physique et moral de la femme ou tableau philosophique de la constitution, de l'etat organique, du temperament, des moeurs et des fonctions propres au sexe, par P. Roussel, docteur en medecine de l'université de Montpellier. Nouvelle edition augmentée de l'eloge historique de l'auteur par G. L. Alibert. à Paris chez Crapart. 1803. 4 et 5 fr.

13) Le sang est-il identique dans tous les vaisseaux qu'il parcourt? Dissertation dans laquelle on etablit 1. que le sang arteriel est le même partout, et qu'il conserve dans toutes les distributions du systeme aortique et jusqu'aux extremités capillaires de ce systeme le caractère qu'il a reçu dans les poumons; 2. que le sang veineux est different dans les differentes veines. Par C. Le Gallois. à Paris chez Croullebois 1802.

14) Exposé des temperatures dans lequel on traite par aphorismes des divers etats de l'atmosphère et des influences de l'air et des pays sur l'homme, les animaux et les plantes, par M. Chavassieu d'Audebèrt, Medecin à Versailles. Prix broché 5 fr. chez Desenne et autres libraires.

Chemie.

15) Lettres elementaires sur la Chimie par Octave Segur, elève de l'ecole polytechnique, d'après les cours dirigés par les professeurs de cette école Berthollet, Fourcroy, Chaptal, Guyton, avec planches,

par Sellier. 2 Vol. in 12. Migneret. 6 fr. et 7 fr. fr. de port.

16) Nouveaux Elemens theoriques et pratiques de Chimie, ouvrage par demandes et reponses à l'usage des elèves de pharmacie et de medecine par Adolphe Fabulet. 1 gros Vol. in 8. avec notes et tableaux. Brochart père. 6 fr. et 7 fr. 50 cent.

17) De la Cristallotechnie ou Essai sur les phenomènes de la Cristallisation et sur les moyens de conduire cette operation, pour en obtenir des cristaux complets, et les modifications, dont chacune des formes est susceptible par Nicolas Leblanc en 8. avec trois planches. 1802. 2 fr. 10 cent. et 3 fr.

Technologie.

18) Instructions sur l'art de faire la bierre par M. le Pileur d'Appligny. Nouvelle edition considerablement augmentée. 1 Vol. in 12. par Servière.

19) Preservatif contre la fumée ou moyens de construire les nouv. cheminées, et de reparer les anciennes, de manière à ce que des unes et des autres il ne puisse revenir de fumée dans les appartemens. br. in 8. Goeury. 50 et 60 cent.

C.

Correspondenz, literarische und technische Nachrichten und Neuigkeiten, gelehrte und andere Gesellschaften und Unterrichtsanstalten etc. etc.

I.

Aehnlichkeit des Saamenstaubs der Pflanzen mit dem thierischen Saamen in seiner Mischung.

Fourcroy hat gemeinschaftlich mit Vauquelin eine chemische Zerlegung des Pollens des Dattelbaums (*Phoenix dactylifera*) unternommen, von welcher das merkwürdige Resultat war, daſs dieser Saamenstaub eine ziemlich groſse Menge vollkommen gebildeter Apfelsäure, phosphorsaure Kalkerde und Talkerde, eine thierische Materie, die sich als eine Art von Gallerte ankündiget, und endlich eine pulverigte Materie, welche einer glutinösen Materie, oder einem trockenen Eyweiſsstoffe analog ist, enthält. Die groſse Analogie, welche in dem Geruche zwischen dem menschlichen Saamen und dem befruchtenden Staube mehrerer Gewächse, wie z. B. des Kastanienbaumes, Sauerrachs, der Pappel, statt findet, erstreckt sich demnach auch auf die chemische Mischung. Wir werden auf diese interessante Abhandlung, die sich im VIten Hefte der Annales du Museum findet, zurückkommen.

II.

Serum des Blutes, ein guter Excipient der Farben und Surrogat des Oels.

In N. 135 der Annales de Chimie S. 246-252 findet sich eine Nachricht von dieser nützlichen Erfindung von dem Erfinder, dem spanischen Chemiker Carbonel, in einem Briefe an Deyeux in Paris. Die Reise der spanischen Majestäten nach Barcellona gab Gelegenheit dazu. Diejenigen, die die Vorbereitungen zum Empfange derselben zu machen hatten, verlangten eine Mahlerey von Steinfarbe, die dem Wasser und der Sonne widerstehen, auf Holz aufgetragen werden könnte, und schnell trocknete, ohne einen unangenehmen Geruch zu hinterlassen, welche letztere Eigenschaft der Ölmahlerey gänzlich fehlt. Carbonel kam auf den Gedanken, daſs der Eyweiſsstoff als Excipient des Pigments diesen Forderungen entsprechen würde, seine vorläufigen Versuche bestätigten diese Vermuthung, und da es nur darauf ankam, Eyweiſsstoff sich in groſser Menge zu verschaffen, so verfiel er auf das Blutserum, das man von den Schlächtern in groſser Menge erhalten kann. Folgendes Verfahren fand er nach einer groſsen Reihe von Versuchen am besten. Man nimmt eine Portion pulverisirten Kalkes, rührt ihn mit Blutserum zusammen, bis sich eine etwas dicke Flüssigkeit, die zum Mahlen tauglich ist, bildet, und nun trägt man sie mit einem Pinsel auf die Oberflächen, die man bemahlen will. Die Farbe, welche dieses Compositum annimmt, ist mehr oder weniger weiſslich, je nach dem Grade der Reinheit des Serums und der Weiſse des Kalks. Dieser kann mit ein wenig Wasser gelöscht angewandt werden, vorausgesetzt, daſs dasselbe sparsam, und nur gerade

in

in der Menge, um die Adhäsion der integrirenden Theile des Kalks zu vermindern, angewandt worden sey. Der zerfallene Kalk muſs durch ein Haarsieb, das nicht zu grob ist, gesiebt werden, und wenn man ihn einige Tage vor seinem Gebrauche aufheben müſste, muſs er in Töpfen vor dem Zugange der Luft wohl verwahrt werden. Da das Serum, besonders im Sommer, leicht in Verderbniſs übergeht, so muſs man dasselbe sogleich nach seiner Abscheidung vom Blutkuchen, oder wenigstens innerhalb des ersten Tages, und gleichfalls die daraus bereitete Kalkfarbe alsbald anwenden. Eben so muſs man täglich die Gefäſse und Instrumente waschen, die zur Aufnahme, zur Bereitung und Application des Pigments gedienet haben. Eine zweyte Anmerkung beziehet sich auf die dicke Consistenz, welche das Gemische von Serum und Kalk in dem Maase, als diese beyden Substanzen auf einander wirken, annimmt. Diese Consistenz, die im ersten Augenblicke nur mäſsig war, nimmt bisweilen so schnell zu, daſs man sich nicht weiter mehr des Pinsels bedienen könnte, wenn man sie nicht dadurch verminderte, daſs man allmählig eine Quantität von Serum, die hinreichend ist, dem Gemische eine angemessene Flüssigkeit zu ertheilen, zusetzet. Man muſs daher zur Seite des Gefäſses, in welchem sich die Farbe befindet, stets ein anderes Gefäſs mit frischem Serum haben, um nach Bedürfniſs die nöthige Quantität hinzusetzen zu können, auch niemals viele Farbe auf einmal bereiten. Um diesem Pigmente verschiedene andere Farben zu ertheilen, kann man mit gutem Erfolge verschiedene Mahlererden, rothe, grüne, schwarze und gelbe, die sämmtlich, wie bekannt, von thon- und kalkartiger Natur sind, beymischen. Metalloxyde taugen nicht dazu. Man darf die Mahlerey nicht auf Wände, die vorher mit Öl gemahlt waren, auftragen, weil sie sonst in Schuppen oder Staub herunterfällt.

Um den gemahlten Oberflächen, besonders dem Holze, Glanz zu verschaffen, bedient man sich mit besonderm Vortheil des Wallraths auf Leinwand, womit man dieselben reibt. Diese Serummahlerey ist mit dem vollkommensten Erfolge im Grofsen in Barcellona angewandt worden. Nahmentlich hat man damit die berühmte Brücke des Palais-Royal, alle Thüren und Fenster eben dieses Pallasts, die Balcone des grofsen Handlungshauses in Barcellona u. s. w. bemahlt. *Pf.*

III.

Neues Princip in der Senna entdeckt.

Die Analyse verschiedener Arten von Sennesblättern, welche Nectoux, einer von den Gelehrten der ägyptischen Expedition, aus Ägypten mitgebracht hatte, durch Vauquelin und Bouillon-la-Grange hat diese Chemiker mit einem neuen näheren Bestandtheile bekannt gemacht, den man bis jetzt für harzigt hielt, der aber von einer andern Beschaffenheit und der vorzüglichste Sitz der purgirenden Kräfte dieser Pflanze ist. In dem nächsten Stücke werden wir einen Auszug aus dem interessanten Berichte Ventenats über Nectoux in Ägypten angestellte Nachforschungen über die Senna, in welchem diese vorläufige Ankündigung enthalten ist, geben, und hoffen dann auch unsern Lesern Etwas näheres von diesem Bestandtheile der Senna mittheilen zu können.

IV.

Gesellschaft zur Aufmunterung der National-Industrie.

Auszug aus den Programmen der Preise, welche in der allgemeinen Versammlung der Gesellschaft zur Aufmunterung der Nationalindustrie im Nivose des Jahres XI. aufgestellt wurden [1]).

I. Preis für die Verfertigung der Holzschrauben.

Der Preis ist von 1500 Franken für denjenigen, der Verfahrungsarten und Maschinen, um manufacturmäſsig eben so gute und wohlfeile Holzschrauben, als die besten, die man im Handel findet, zu verfertigen, bekannt machen wird. Folgende Eigenschaften gehören zu einer guten Holzschraube. 1) Die Spindel der Schraube muſs nur wenig kegelförmig zugehen, und wohl abgerundet seyn. 2) Die Schraubengänge müssen wohl vorspringend, dünne, glatt seyn, und gleich weit von einander abstehen. 3) Der Kopf der Schraube muſs genau centriret seyn, d. h. die nehmliche Axe wie die Schraubenspindel haben. 4) Der Kopf der Schraube muſs wohl im Mittelpunkte und gehörig vierkantig gespalten seyn, damit der Schraubendreher gut fassen könne.

II. Preis für die Reinigung des kalt- und warmbrüchigen Eisens.

Bekanntlich sind es vorzüglich der Phosphor und Schwefel, die durch ihre Beymischung, jener das Eisen

1) Ausführliche Nachrichten von dieser gemeinnützigen Gesellschaft und von der ersten Aufstellung von Preisfragen finden sich im IIIten Hefte der Franz. Annalen S. 227 fg.

kaltbrüchig, dieser warmbrüchig machen. Man begreift, wie wichtig es seyn würde, das Eisen während der verschiedenen Operationen, denen man dasselbe unterwirft, um ihm alle die Eigenschaften, die ihm eigenthümlich sind, zu ertheilen, von diesen Substanzen zu reinigen. Die Sache ist nicht unmöglich, weil mehrere Substanzen eine gröfsere Verwandtschaft zum Schwefel und Phosphor als das Eisen selbst haben, und ihm folglich dasselbe während der doppelten Schmelzung, die das Eisen in seiner Verarbeitung erfährt, entziehen könnten.

Es scheinet, dafs man dieses Verfahren in verschiedenen Eisenfabriken Deutschlands und Frankreichs, in denen man heutzutage sehr gutes Eisen aus den nehmlichen Erzen ziehet, die ehemals nur sehr schlechtes gaben, gefunden habe. Man vermuthet, dafs dieses Verfahren in dem Zusatze einer sehr grofsen Menge von Kalksteinen zu dem Erze, welches man reinigen will, während seiner Schmelzung bestehe. Man behauptet sogar, dafs man in gewissen Fabriken, wo das Eisen durch die erste Schmelzung nicht gehörig gereiniget wird, demselben, wenn es in dem Schmiedetiegel bearbeitet wird, ein Gemisch von lebendigem Kalke, Asche und Holzkohlenstaub hinzusetze, wodurch es vom Schwefel und Phosphor, den es noch zurückhielt, vollends gereiniget werde. In den Schmieden von Marche bey Namur bedient man sich eines ähnlichen Verfahrens. Endlich ist es bekannt, dafs Rinmann ein herrliches Eisen erhielt, indem er Gufseisen, das sonst nur kaltbrüchiges Eisen gab, mit Schlacken behandelte, die vorher mit gleichen Theilen Kalk geschmolzen worden waren.

Diese Verfahrungsarten sind indessen nicht ganz genau bekannt, und nicht allgemein in den französischen Eisenschmieden angewandt, und die Gesellschaft hält es daher für nützlich, einen Preis von 3000 Francs für denjenigen auszusetzen, der ein vortheilhaftes Verfahren, entweder das kaltbrüchige oder warmbrüchige Eisen im Grofsen zu reinigen, bekannt machen wird. Eine Antwort auf den ersten oder zweyten Theil der Aufgabe reicht hin, um den Preis zu erhalten, und er ist doppelt, wenn man beyde Probleme befriedigend auflöset.

III. Preis für die Fabrication des Alauns.

Ohngeachtet des grofsen Lichts, das die Chemie über die Zusammensetzung und Bereitung des Alauns verbreitet hat, ist man doch noch nicht, weder in England, noch in Schweden, noch in Frankreich dahin gelanget, Alaun zu bereiten, der mit dem römischen Alaun von Tolfa die Concurrenz aushalten könnte. Im Handel steht er immer doppelt so hoch im Preise, wie der gewöhnliche Alaun, und nach der Aussage der Färber taugt er allein zu gewissen Farbebrüben. Auch scheint weniger davon erforderlich zu seyn, um die nehmlichen Resultate zu erhalten.

Es würde für die Vervollkommnung der französischen Industrie sehr nützlich seyn, den Grund dieser Verschiedenheit der übrigen Alaune vom römischen Alaun zu erfahren, und vorzüglich die Mittel zu finden, die Alaune, die in Frankreich fabricirt werden, von gleicher Güte zu erhalten.

Die Gesellschaft gibt demnach einen Preis von 1200 Francs für denjenigen auf, der auf eine genaue Art bestimmen wird, woher die Überlegenheit des römischen Alauns über alle übrigen Alaunsorten, die in Handel kommen, rühret, und der zugleich ein gutes, im Grofsen ausführbares Verfahren, den französischen Alaunsorten diese Überlegenheit gleichfalls zu verschaffen, angeben wird, oder auch für denjenigen, der in Frankreich entweder directe aus Schwefelsäure, Alaunerde und einem Laugensalze, oder aus Alaunschiefern fabricirte Alaune vorweisen wird, die in der Färbekunst die nehmlichen Vortheile wie der römische Alaun gewähren.

IV. Man soll durch vergleichende Versuche die Menge der Wärme bestimmen, die unter den nehmlichen Umständen durch das Verbrennen verschiedener Arten von Holz, und einer und derselben in verschiedenen Zuständen angewandten Art hervorgebracht wird.

Diese ganze Arbeit umfaſst mehrere Reihen von vergleichenden Versuchen, die zur Absicht haben:

1. In dem nehmlichen Apparate die Menge von Wärme zu vergleichen, welche durch das Verbrennen einer gegebenen Quantität von jeder der in Frankreich gemeinsten Arten von Holz entwikkelt wird.

2. Gleichfalls das Holz eines jungen Baumes mit dem Holze eines erwachsenen Baumes von der nehmlichen Gattung zu vergleichen.

3. Zu bestimmen, ob das Holz eines Baums, der ein Jahr vor dem Abhauen abgerindet worden ist, mehr Wärme entwickelt, als das Holz eines Baumes, der nicht abgerindet worden ist.

4. Die Menge von Wärme, die Flöſsholz entwickelt, mit der Menge von Wärme, die dieselbe Gattung von Holz, die nicht geflöſst worden ist, entwikkelt, zu vergleichen.

5. Die Menge von Wärme, die an der freyen Luft aufbewahrtes Holz gibt, mit derjenigen zu vergleichen, die in Scheunen aufbewahrtes Holz entwickelt.

6. Die Menge, welche ganz trockenes Holz, mit derjenigen, welche feuchtes Holz gibt, zu vergleichen.

7. Dasselbe Holz mit sich selbst, bey verschiedenen Graden von specifischer Schwere, zu vergleichen.

8. Den Einfluſs zu bestimmen, welchen die Theilung des Holzes in gröſsere oder kleinere Stücke auf die Menge der entwickelten Wärme äuſsert.

9. Das nehmliche Holz, das auf verschiedenem Boden gewachsen ist, mit sich selbst zu vergleichen.

10. Endlich ladet die Gesellschaft die Concurrenten ein, die Quantität von Kohlenstoff zu bestimmen, welche von den verschiedenen Arten von Holz unter den oben gemeldeten Umständen geliefert wird.

Die Gesellschaft schränkt ihre Frage bloſs auf die Holzarten ein, die zum Heitzen der Stubenöfen, Kamine und Kessel angewandt werden. Sie ladet die Concurrenten ein, ihre Abhandlungen einzuschicken, wenn sie auch bis zum anberaumten Termine nur eine gewisse Anzahl der aufgegebenen Fragen beantwortet hätten. Beantwortet niemand die Totalität der Fragen, so wird der Preis demjenigen zuerkannt werden, der dem vorgesetzten Zwecke am nächsten gekommen ist.

Der Preis wird in einer Medaille und in einer Summe von 1500 Francs bestehen.

V. Durch Erfahrung die Mittel aufzusuchen, den Saamenkörnern der Pflanzen das Vermögen zu keimen die möglichlängste Zeit zu erhalten.

Der Preis wird in einer Medaille und einer Summe von 500 Francs bestehen.

VI. Verbesserung der Wollen.

Die Gesellschaft nimmt sich vor, dieses Jahr Medaillen den Eigenthümern der 8 schönsten Heerden von Schaafen, die durch Kreuzung der französischen Raçe mit der spanischen erzielt sind, zu ertheilen. Jede der Medaillen wird 100 Francs betragen.

Die Genauigkeit der in den zum Concurse eingeschickten Abhandlungen enthaltenen Thatsachen muſs durch die Localadministrationen, oder durch Proben, deren Autenthicität die Gesellschaft bewahrheiten kann, certificiret werden. Die Abhandlungen werden bis zum ersten Brumaire des Jahres XII. (23. October 1802) angenommen, und postfrey, nebst allen Beylagen, an den Secretär der Societé d'encouragement pour l'industrie nationale, rue Saint-Dominique, hôtel Conti, geschickt. Fremde können gleichfalls concurriren.

Endlich stellt die Gesellschaft noch einen Preis von 600 Francs für denjenigen auf, welcher die schwedische Rübe *(ruta baga)* mit Erfolge auf dem gröſsten Umfange von Terrain, das nicht weniger als zwey Hectaren (ohngefähr 6 Morgen) betragen darf, gebaut haben wird.

Angenommen in der allgemeinen Sitzung den 9. Nivose des Jahres XI. (30. Dec. 1802).

L. Costaz, Vicepräsident.
Mat. Montmorency, C. A. Costaz,
adjungirte Secretärs.

Moniteur. N. 131. Jahr XI.

Die im vorigen Jahre aufgegebenen Preisfragen über die Verfertigung der Fischernetze, über die Fabrication des Berlinerblaus, Bleyweiſses, und über die Verfertigung von Metallgefäſsen, welche mit einer öconomischen Glasur überzogen sind, sind aus Mangel an einer befriedigenden Beantwortung derselben wiederholt worden.

Das Programm in Betreff der Fabrication des Bleyweiſses enthält einige Bemerkungen, die wir hier noch ausheben wollen.

Das Bleyweiſs muſs von einer schönen mattweiſsen Farbe, und so dicht seyn, daſs eine dünne Schicht, die über einer gefärbten Fläche ausgebreitet wird, hinreichet, um dieselbe völlig zu verbergen. Dasjenige, das mit Öle verbunden, welches ihm gewöhnlich eine mehr oder weniger gelbliche Farbe mittheilet, am meisten seine weiſse Farbe beybehält, ist in dieser Hinsicht das vollkommenste. Man hat bemerket, daſs es, je schneller es trocknet, desto weniger vom Öle verändert wird. Die Eigenschaft, schleunig zu trocknen, ist folglich gleichfalls eine Eigenschaft, welche das Bedürfniſs der Kunst erheischet. Man trifft gewöhnlich im Handel zwey Arten von Bleyweiſs an, das eine das Schuppenbleyweiſs *(blanc en ecailles)*, und das andere das Silberweiſs oder Kremnitzerweiſs. Ersteres ist grauer, doch trifft man auch Stücke von der schönsten weiſsen Farbe an, so daſs man wohl vermuthen kann, daſs man bey gröſserer Sorgfalt in seiner Fabrication es leicht so schön weiſs, wie das Kremnitzer, erhalten könnte.

Auf die Wahl des Essigs kömmt in dieser Fabrication vorzüglich viel an. Nach der Meynung ausgezeichneter Chemiker sollen die stärksten Sorten Essig nicht gerade die besten seyn. Die Anwendung der Wärme des Mists in der Fabrication des Bleyweiſses ist vielleicht seiner Vollkommenheit schädlich, weil das Bleyweiſs durch die Dünste faulender Materien schnell schwarz gefärbt wird. Man hat sogar Grund zu glauben, daſs sie nicht die ökonomischste ist, und daſs das nöthige Brennmaterial, um eine wohleingerichtete Wärmstube zu heitzen, weniger kosten würde.

Der Concurs für diese Preisfrage, so wie für die im Betreff einer unschädlichen und dauerhaften Glasur von Metallgefäſsen, bleibt bis zum ersten Brumaire des Jahres XII. offen.

Moniteur. N. 132.

ENTDECKUNGEN

FRANZÖSISCHER GELEHRTEN

IN DEN

GEMEINNÜTZIGEN WISSENSCHAFTEN.

1803. VII. u. VIII. STÜCK.

Inhalts-Verzeichnifs des siebenten und achten Stücks.

A. Abhandlungen.

B. Literatur.

C. Correspondenz, literarische und technische Nachrichten und Neuigkeiten, gelehrte und andere Gesellschaften und Unterrichtsanstalten etc. etc.

A. Abhandlungen.

I.

Rapport du Comité Central de Vaccine etabli à Paris par la Societé des souscripteurs pour l'examen de cette Decouverte. Paris an XI. 1803. Chez la veuve Richard. Pag. 460. Prix 6 Fr.

Bericht der Central-Comité für die Kuhpocken, die in Paris durch Subscription zur Untersuchung dieser Entdeckung errichtet worden ist. *)

Nach einer 3jährigen Arbeit übergibt die Comité ihren Bericht mit dem Gefühle der Dankbarkeit der Gesell-

*) Wir haben unsern Lesern bereits den schönen Bericht des Instituts über die Kuhpocken (S. das VIte Stück der N. Entd.) und den Bericht der Societé de Medecine im Auszuge (S. das III. und IV St d. N. Entd. S. 111) mitgetheilt. Mit diesem vollkommenen Actenstücke erhalten sie vollends alles, was Wichtiges in Frankreich zur Untersuchung der Kuhpo-

schaft, die sie ernannte, und mit dem glücklichen Selbstgefühl, ihre Bemühungen mit Erfolg gekrönt zu sehen. Sie hält den Beyfall, den die ausgezeichnetsten Ärzte Frankreichs, der Minister des Innern, und neulich das Institut der Entdeckung der Kuhpocken und auch ihr geschenkt haben, von nicht geringem Gewichte, um der öffentlichen Meinung über diesen Gegenstand den Ausschlag zu geben. —

Die Liste der Subscribenten, die dem Berichte voran geht, enthält die ausgezeichnetsten Nahmen von Paris. Ihre Zahl beläuft sich auf 110. Sie vereinigten sich zuerst in dieser wohlthätigen Absicht im Prairial des Jahres VIII (Junius 1800). Es folgt alsdann der sehr schmeichelhafte Brief des Ministers des Innern, der der Comité alle Unterstützung in ihrem Vorhaben verspricht, eine neue Subscription zur Ausrottung der wirklichen Pocken durch die Kuhpocken zu eröffnen, und aus eigner Tasche 2000 Fr. dazu anbietet, nächstdem 500 Exempl. des Berichts erbittet, um ihn in den Departementern zu vertheilen.

Hierauf folgt der Bericht selbst, der sich in 3 Hauptabschnitte theilt: zuerst in einen historischen, der die Geschichte der Verbreitung enthält; dann in den Theil, der die Wirkung der Kuhpocken genau beschreibt, und endlich in den, der die Einwendungen untersucht, die man gegen dieselben gemacht hat.

ckenimpfung geschehen ist. Wenn für Deutschland wenig eigentlich Neues darinn enthalten seyn sollte, so wird der treffliche methodische Gang dieser musterhaften Arbeit doch der Aufmerksamkeit würdig geachtet werden müssen. Wir haben uns deswegen verpflichtet geglaubt, dieselbe in dem vollständigsten Auszuge zu liefern.

M. Friedl.

1. *Historische Darstellung der Entdeckung und Verbreitung der Kuhpocken.*

Im Juny 1798 machte der unsterbliche Jenner seine Entdeckung bekannt. Schon den 29sten Nivose des Jahres VIII (19ten Januar 1800) wurde die medicinische Schule von Paris durch die Journale auf dieselbe aufmerksam. Sie ernannte Commissarien, die sich zur Untersuchung mit der Commission des Nationalinstituts vereinigten; und da Herr Colladon, Arzt aus Genf, die Kuhpockenmaterie aus England gebracht hatte, so machte Herr Prof. Pinel den 24sten Germinal des Jahres VIII (14 April 1800) zuerst Versuche mit dieser, so wie auch mit dem Schorfe einiger Pocken, die man an Kühen in Paris bemerkt hatte. Dr. Aubert reiste hierauf nach England, und die vereinigte Commission gab ihm mehrere Fragen mit, auf deren Beantwortung die Entscheidung wesentlich ankam. Damals kam grade der wohlthätige Larochefoucault Liancourt aus London, und veranstaltete die Subscription. — Den 21sten Floreal des Jahres VIII (11ten Mai 1800) ernannte die Gesellschaft die Comité. — Lucien Buonaparte, der damals Minister des Innern war, gab ihnen in den Hospitälern freye Hand, und forderte Sabatier und die Ärzte der Kinderhospitäler auf, die Versuche der Comité über die neue Entdeckung zu unterstützen. Den 7ten Prairial des Jahres VIII (27sten Mai 1800) erhielt die Comité die Materie aus London und richtete ein Local ein, beschloſs, daſs die Versuche öffentlich und gemeinschaftlich angestellt werden sollten, und dachte nur an Versuche, die die Erfahrung umstoſsen können, um den entgegengesetzten Erfolg uneingenommen als ausgemachte Wahrheit aufstellen zu können. — Den 13ten Prairial (2ten Junius) vaccinirte sie zuerst 30 Kinder zu Vaugirard, allein dieser erste Versuch mifslang, es entstanden falsche Kuhpocken. Unterdessen kam Aubert von London zurück, und erbat von dem Minister der auswärtigen Angelegenheiten einen Pafs für den Herrn Woodwille, der den 7ten Thermidor des Jahres VIII (26. Julius 1800) in Paris eintraf, und endlich mit Glück vaccinirte. — Die Materie, die er mitgebracht hatte, wirkte nicht, allein er hatte in Boulogne sur mer die Kinder des Dr. Nowel, der mit ihm gekommen war, eingeimpft, woher man in 24 Stunden frische Materie kommen liefs, mit welcher Herr Dr. Woodwille mit dem besten Erfolg einimpfte; so dafs die Anzahl der Vaccinirten sich bald auf 150—200 belief. — Dieses bewirkte, dafs auch sogleich viele Privatleute den Versuch an ihren Kindern machten, und dafs sich viele Ärzte zu ihren Absichten vereinigten. Zur gröfsern Bequemlichkeit der Beobachter wurde den 19ten Pluviose des Jahres IX (8. Februar 1801) durch die Begünstigung des Präfecten Frochot ein Local im St. Esprit nahe dem Rathhause errichtet, wohin nicht nur eine Menge Fremde ihre Kinder brachten, sondern auch sogar Wärterinnen aus dem Hospice de la Maternité hingesetzt wurden, um die Dortbleibenden zu verpflegen. 2 Ärzte der Comité besuchten täglich die Anstalt, und wöchentlich hielt die ganze Comité daselbst ihre Versammlung. Huzard, Jussieu, Hallé, Sabatier liefsen daselbst ihre Kinder vacciniren. Pinel in der Salpetriere, Mongenot am Waisenhause, Jadelot am Krankenhause für Kinder, Marin am Prytanée vaccinirten die ihrer Fürsorge anvertrauten Zöglinge, und alles dieses trug nicht wenig bey, das Zutrauen zu dieser Operation zu erwecken. Die Comité hielt Register über die Vaccinirten und über die Materie, die sie ausgetheilt hat, und bekam dadurch Mittel, alle fehlgeschlagene Fälle genau verzeichnet zu haben. — Den 15ten Germinal des Jahres IX (5. April 1801) wurden auch auf Veranlassung der Comité in den 12 Arrondissements von Paris unentgeltliche Impfungen veranstaltet. Andy und Auvity vaccinirten in der Maternité, Bichat, Mallet und Borie im Hotel Dieu, Delaporte und Laverne im Hospital St. Louis, Leblanc, Bertin und Cullerier im Hospital der Venerischen, B. Bonnet im Gefängniſs de la Force, Itard im Taubstummeninstitute, Chaussier in der Ecole polytechnique, Dupuytren in der Anstalt für Colonien, Dupuis und Godine in der Ecole veterinaire an Kühen, und endlich alle Vorsteher der Comité de la Bienfaisance in ihren respectiven Arrondissements.

Durch so viele Versuche wurde die Comité von der Unschädlichkeit der Kuhpocken hinlänglich überzeugt. Es kam nun darauf an, die Vortheile aus einander zu setzen. Man untersuchte demnach, was über die nicht ansteckende Eigenschaft, über die Abwesenheit eines andern Ausschlags ausser der Impfstelle, und von der präservirenden Kraft gesagt worden ist. Man versuchte die Kuhpocken unter den Kühen im Lande zu entdecken, und da sie sich nicht fanden, so wurden sie Schafen, Büffeln, Ziegen u. s. w. eingeimpft. Von allen diesen Arbeiten hat sie stets Nachricht ertheilt, und indem sie einerseits die Widersacher zuweilen widerlegte, so entfernte sie sich auch andrerseits von dem unwissenden Eifer derjenigen, die mitunter oft nur das Privatinteresse unter diesem Enthusiasmus versteckten.

Eine neue Quelle des Unterrichts waren die in verschiedenen Departementern gebildeten Comités und Bemühungen der Privatärzte, die zum Theil nach Paris kamen, zum Theil mit der Comité in Correspondenz traten. Im Anfang war Herr Odier in Genf und Herr Nowel in Boulogne sur mer, die von Herrn Woodwille die Kuhpocken inoculiren lernten. Eine Comité bildete sich zu Rheims im Jahre IX und hat die Priorität in manchen wichtigen Entdeckungen; eine andere zu Bourdeaux. Andere entstanden zu Issoudun, Nantes, Chartres, Abbeville, Marseille, Montpellier, Amiens, Caen, Evreux, Bruxelles, Rouen, Metz, Moulins, Strafsburg, Tours, Rennes, Toulouse, Toulon, Lyon, Verdun, Gand, Troyes, Grenoble, (wo z. E. 9000 Personen des Isere - Departements inoculirt worden waren,) Nancy, Versailles, Liancourt u. s. w. Der Bericht nennt noch eine Menge Ärzte der Pariser Schule sowohl, als andre, die mit dem lobenswerthesten Eifer zur Verbreitung der Kuhpocken beygetragen haben, so dafs fast keine Stadt existirt, wohin sie nicht Materie zu schicken hatte, und dafs dieser allgemeine Eifer mehr als 2000 Berichte veranlafste.

Viele Präfecte unterstützten die Unternehmungen der Ärzte, und einige wollten sogar Ärzte zum Vacciniren aufs Land schicken, die meisten vertheilten die Berichte, und der Präfect des Tarn-Departements verfertigte selbst einen dergleichen. Andre liefsen Hebammen im Vacciniren unterrichten, und theilten Beobachtungen mit. Ähnliche Bereitwilligkeit zeigten die Conseils generaux, die Municipalitäten, und selbst einige militärische Autoritäten, so dafs man sagen kann, ganz Frankreich sey über diesen Gegenstand rege geworden. Die Post schickte die Packete mit Kuhpockenmaterie umsonst in die Departementer. B. Anson machte sich in dieser Rücksicht besonders verdient, der Präfect des Seine-Departements sammelte die Fälle zur Verfertigung der Statistik des Seine-Departements, und der Minister des Innern theilte der Comité aus seiner Correspondenz mit den Präfecten alle Fragen und Artikel, die die Kuhpocken betrafen, mit, so dafs es ihr an keinem Hülfsmittel zur Kenntnifs der Fortschritte der Kuhpocken im Inland fehlen konnte.

Allein auch übers Ausland erstreckte sie ihre Nachforschungen und ihren Einflufs. Der Marineminister liefs ihre gedruckte Instruction in beyden Indien verbreiten. Die Berichtserstatter nennen hier mehrere ausländische Ärzte, die ihren Versuchen folgten, als Dr. David aus Amsterdam, Massa aus Genua, Tilke Liljevalih aus Schweden, Wiedenmann aus Braunschweig, Pfaff aus Kiel, Molitor aus dem Östreichschen, Bruere aus Ragusa, Buniva aus Turin, Savignon aus den canarischen Inseln, und Friedländer aus Berlin, der der Comité allerley Details über die Fortschritte der Kuhpocken in Deutschland und Preussen mittheilte. Die Comité schickte Materie nach Genua, Holland, Petersburg, Madrid, ja nach Africa, America, den Philippinen und China. —

Hier verfolgt der Bericht den Gang der Kuhpocken von England nach Hannover, von wo sie durch die Bemühungen des Herrn Strohmeyer weiter in Deutschland verbreitet wurden. Die Verf. berühren die Verdienste der Ärzte um die Kuhpocken in Wien, Leipzig, Jena, Rastadt, München, Berlin, (wo wir mit Verwunderung die Nahmen der Herrn Dr. Bremer, Zenker, Heim, Meyer u. s. w. vermissen, die sich zuerst durch ihren Eifer, den Gegenstand zu untersuchen, so sehr auszeichneten, und von deren Bemühungen die Comité allerdings benachrichtigt war.) Ferner die Verdienste der Ärzte in Schweden, Dänemark, Rufsland, Italien, Constantinopel, in den griechischen Inseln, Ostindien, America, Spanien, Holland, und England selbst, wo man nicht lange Zweifel hegte, die wirklichen Pocken in kurzer Zeit gänzlich ausrotten zu können.

2ter *Abschnitt. Untersuchung der Wirkung der Kuhpocken.*

Die ersten Tage folgen die eingeimpften Kuhpocken gewissermafsen dem Gang der wirklichen, die Impfstelle vernarbt sich, und erst am Ende des 3ten oder am 4ten Tage bemerkt man etwas Härte im Zellgewebe und helle Röthe mit kaum merklicher Erhöhung, die zunimmt. Eine mehr oder minder starke Inflammation verbreitet sich an der Basis, und folgt derselben in ihrem Verlauf. Die Thätigkeit im Innern wird vollkommen, aber von nun an ist der Verlauf der beyden Pockenbildungen verschieden. Die Impfstelle der wirklichen Pocken gibt eine eiterartige Flüssigkeit; man bemerkt allgemeine Stöhrung der Functionen und ein Fieber, das zu einem allgemeinen Pockenausbruch die Veranlassung gibt. Diese Stöhrung bemerkt man nur wenig beym Entwickeln der Kuhpocke, das Fieber, wenn es welches gibt, dauert höchstens ein, zwey Tage, und ist von keinem Zustande begleitet, der eine allgemeine innere Ansteckung ankündigte. — Vom zweyten Tage an sieht man ferner die Kuhpockenpustel schon durch den Eindruck in der Mitte und durch die zirkelrunde Anschwellung im Umkreise characterisirt, welche bis zum Abtrocknen dauert. Der runde angeschwollne Rand, die Wulst (Bourrelet) wird nach Maafsgabe heller, als sie bis zum 7ten Tage wächst, und erscheint alsdann silberglänzend, und in der Gestalt einer regelmäfsigen gemeinen Linse. Am 8ten und 9ten Tag sieht man einen rothen, einen oder zwey Zoll langen Hof um die Pocke, und Anschwellung und Härte im Zellgewebe. Hat man mehrere Impfstiche gemacht, so verbinden sich diese Höfe, wie die Geschwulst um alle Pocken, die Anschwellung wird allgemein, und man nennt sie alsdann die Kuhpockengeschwulst oder Kuhpockenplatte. (Plaque ou tumeur vaccinale). —

Die Feuchtigkeit der Kuhpocke ist klar, mehr oder weniger klebrig, und scheint in den Zellen des Hautgewebes wie in kleinen Kammern auf eben die Art vertheilt, wie der Saft in der Weintraube, oder wie die wässerigte Feuchtigkeit im Augapfel. Auch erscheint beym Einschnitt nur ein Tropfen, der sich, wenn er ausgedrückt wird, nur nach einigen Secunden wieder füllt. Den 10ten, 11ten Tag hat die Pustel gewöhnlich 4—5 Linien Ausdehnung, ist reif, trocknet, der Hof schwindet, die Kuhpockengeschwulst vertheilt sich und vergeht, der Schorf bildet sich vom Mittelpuncte nach dem Umfang hin, die Anfangs gelbe Farbe wird nach und nach braun, scheint sich über die Haut zu erheben, und je mehr die Geschwulst sinkt, desto glatter, glänzender, schwärzlicher wird die Cruste, behält aber stets mehr, oder weniger den Eindruck an der Spitze.

Zuweilen erfolgt die Entwickelung später, als den 4ten Tag, selbst noch den 8ten, 10ten, 12ten, 14ten, 17ten, ja 20sten Tag. Der letzte Fall ist von Parfait und Marin zu zwey verschiedenen Malen beobachtet, und auch für alle übrige finden sich die Gewährsmänner verzeichnet. Unter den vielen unter der Correspondenz der Comité verzeichneten Fällen findet man, dafs sich die Entwicklung sogar erst den 25ten, 27ten, ja (zu Versailles) erst den 32sten Tag geäussert habe. —

Macht man mehrere Impfstiche, so entwickelt sich eine Pocke zuweilen um einige Tage früher, als die andern, eine z. E. den 5ten Tag, die andre, nachdem der Stich verschwunden ist, am 9ten, ja 11ten Tag. —

Zuweilen bleiben alle Impfstiche unentwickelt, und entwickeln sich, indem man neue Stiche macht, plötzlich, mit diesen neuen zugleich, oder auch ohne daſs diese neuen fassen, oder endlich indem diese neuen schon zur höchsten Periode der Ausbildung gelangt sind. —

Zuweilen scheint die Kuhpocke auch in den folgenden Perioden schnell, langsam, oder abwechselnd schnell und langsam fortzugehen, wie das auch die Mitglieder der Comité gesehen haben.

Auch die Bildung des Hofes ist Unregelmäſsigkeiten unterworfen. Die Comité sah ihn den 10ten Tag erscheinen, da die Pocke schon abtrocknete.

Mehrere Male entstand eine Art von Pemphigus am Tage der Einimpfung selbst. Die Bläschen platzten den folgenden Tag, und sie enthielten eine Flüssigkeit, wie aus einer spanischen Fliege, welche eingeimpft keine Kuhpocken hervorbrachte. Der Zufall war nie mit unangenehmen Folgen begleitet, und die Subjecte blieben nachher für die Kuhpocken empfänglich. Alle diese Verschiedenheiten hängen wahrscheinlich von der Constitution und dem Temperamente des eingeimpften Subjects ab. So zeigen z. E. Schwarze solche Verschiedenheiten, aber stets sind der Eindruck an der Spitze, der Hof, die unter der Haut befindliche Geschwulst, die durchsichtige Flüssigkeit, die zelligte Construction, das silberfarbne Ansehen der Pustel, und die Regelmäſsigkeit, sichere characteristische Kennzeichen der Kuhpocken. — Diese allein schützen für die wirklichen. Allein dieses Schützen würde ihnen noch keinen Vorzug vor den inoculirten wirklichen Pocken geben, wenn man läugnen könnte, daſs letztere nicht zuweilen mit starkem Fieber begleitet wären, welches starken Pockenausbruch, und alle Folgen desselben, Blindheit, Lähmung, Abzehrung und Tod bewirken kann. Auch sind sie ansteckend. Die Kuhpocken hingegen ganz und gar nicht, sie greifen gröſstentheils den Körper nicht im Allgemeinen an, und nie durften die Kinder das Bette hüten, nie hörten sie auch auf zu spielen. — Wird mitunter das allgemeine System angegriffen, so erfolgt den 7ten Tag Müdigkeit, Kopfschmerz, Unruhe, Jucken, Ekel, welches aber nicht über 24 Stunden anhält. Indessen bemerkte Herr Chaussier, daſs sich nach dem Abtrocknen noch zuweilen eine Reinigungscrise einfindet, welche, wenn sie unterbrochen wird, kleine Zufälle erregt, als: unregelmäſsige anomale Ausschläge, Stechen an der Impfstelle, Vergröſserung des Hofes, mehr Entzündung des Zellgewebes, selbst bis zum Ellenbogen hin, Anschwellung der Achseldrüsen, Eiterung unter dem Schorfe, und wenn er sich los macht, ein Geschwür. — Bey Erwachsenen und Alten hat Herr Guillotin mehrmals solche Fälle beobachtet. Eine 51jährige Person war krank, doch nicht so sehr, um nicht ihre Geschäfte zu verrichten, und Nahrung zu nehmen. —

Herr Thouret beobachtete eine starke rothlaufartige Anschwellung des Arms mit Jucken und Ausschlag, welcher gekratzt einen dicken Schorf bildete. Allein es bedurfte geringer Hülfe, etwas Althäen- und Gouldardswasser, um die Zufälle zu stillen. 400 Beobachter haben übrigens 3 Jahre lang unter 1000 Fällen die Leichtigkeit der Kuhpockenkrankheit bestätigt.

Doch hat Herr Lorin einen ziemlich starken Speichelfluſs beobachtet, der den 14ten Tag erfolgte; Valentin ein secondäres Fieber. Die Comité von Metz will stets vermehrtes Fieber den 7ten Tag bemerkt haben.. Chaussier sah local einen starken Schorf. Guigoux zu Bourdeaux beobachtete ein Depot unter der Achsel, und endlich sah die Lyoner Gesellschaft einige Geschwüre mit lymphatischem Schorf auf die Vaccine folgen; allein alles dieſs verliert sich in dem Heere glücklicher Fälle.

Bemerkungswerth ist es, daſs die Comité in vielen 1000 Vaccinirten nur 8 oder 10 gesehen hat, wo noch ein andrer Ausschlag, als an der Impfstelle, sichtbar war. Die um die Impfstelle entstandnen Pocken waren wohl nur zufällig durch das beschmierte Hemde, welches einen kleinen Ritz in der Haut gefunden hat, entstanden, oder auch durch unvorsichtiges Berühren mit der zur Inoculation gebrauchten Lanzette. Die Ausschläge an andern Theilen des Körpers entstehen zuweilen durchs Kratzen. So sah Herr Pinel bey einem Kinde zwey Pocken mit ziemlicher Geschwulst an der Nase, weil es sich an dem Theile gekratzt hatte, bey andern sah man sie am After. Ein Kind, dem am Arme, Vorderarme u. s. w. die Haut aufgesprungen war, bekam fast an allen diesen Stellen Ausbruch. Ein andres, dem man, weil es sich kratzte, die Hände band, rieb sich den geimpften Theil mit dem Kinne und bekam daselbst Pocken. Endlich bekam ein Kind die Impfpocke zwey Zoll von der Impfstelle entfernt, und die Materie diente, andere einzuimpfen. Die Erfahrungen, die die Gesellschaft hierüber unter ihrer Correspondenz gesammelt hat, stimmen ganz mit denen der Comité überein. Die Comité zu Lyon will dieses unter andern bey Kindern, die mit chronischen Krankheiten behaftet waren, bemerkt haben, und hat den am 10ten Tage erfolgten Kuhpockenausschlag andern Kindern mit Erfolg eingeimpft. B. Defos schlägt sogar in dieser Hinsicht vor, daſs man die Einimpfung so hoch am Arm mache, daſs des Kindes Hand sie zu kratzen nicht reichen könne. — Aus ähnlichen Ursachen entstanden auch Kuhpocken auf flechtenartigen dartrösen Ausschlägen. An einigen fehlte nur der braune Punkt im Mittelpuncte der Pocke; wenn man indessen mit der Materie inoculirte, so erfolgten ohne weiteres die Kuhpocken in einem sehr regelmäſsigen Gange. — An einem Kinde, das nach 2 Impfstellen mehrere Pocken bekam, ward die Inflammation stark und ein Ausschlag verschwand. Die Comité zu Paris impfte auf Flechten selbst, und sah Kuhpocken entstehen; eben so brachte sie sie auf der Membrana pituitaria hervor. Ein anderes Mal rieb sie eine durch ein Vesicatorium etwas an der Oberfläche entblöſste Haut mit der Kuhpockenmaterie. Es war in den ersten 2 Tagen nur etwas Feuchtigkeit an der Oberfläche der Haut zu bemerken, den 3ten Tag war die Secretion stärker und die Stelle röther, den 4ten war sie hart, mit einer dicken serösen Materie bedeckt, und an den Rändern erhaben, dieses nahm bis zum 6ten, wo die Inflammation den ganzen Arm einnahm, zu, der Mittelpunct der Wunde wurde alsdann grau, und im Umfange des ununterbrochnen runden Randes entstanden 30 vollkommen regelmäſsige Pocken von gleicher Gestalt und Umfang, als die gewöhnlichen Kuhblattern bilden, sie waren in der Mitte eingedrückt und weiſs. Den 7ten, 8ten und 9ten Tag war die Inflammation sehr lebhaft, und die Wunde mit viel Serosität angefüllt. Die Materie aus den Pocken im Umfange wurde ohne Erfolg andern eingeimpft. Die Drüsen unter den Achseln schwollen an, das Fieber dauerte einige Tage in stetem Zunehmen, die Haut bekam eine violette Farbe, es bildete sich ein wirklich gangränöser Schorf in der Wunde, und die Heilung erfolgte erst 2 Monate nach der Impfung. — Man sieht aus diesem Falle, dafs der Zufall ähnliche unwillkührliche Ansteckung veranlassen könne, welches denn die unangenehmen Folgen erklärt. —

Durch Luft und einfache Berührung sind die Kuhpocken nicht ansteckend, und dieses ist unstreitig ein grofser Vorzug vor der Einimpfung der wirklichen Pocken. Immer wurde in den Hospitälern nur ein Theil der Kinder vaccinirt, niemals wurden die andern Kinder, die sich unter ihnen befanden, angesteckt, auch nicht, wenn sie um die Zeit, da die Pustel am meisten entwickelt war, mit ihnen in Einem Bette schliefen. Guillotin vaccinirte ein 3monatliches Kind in den Armen einer Mutter, die die Pocken nicht gehabt hatte. Die Mutter wurde nicht angegriffen. Herr Husson versuchte endlich die Einimpfung der Kuhpocken durch Friction, und niemals hatte sie Erfolg. Die Correspondenz der Comité stimmt mit ihrer eignen Erfahrung vollkommen überein. —

Endlich machte die Comité noch Gegenversuche, um die für wirkliche Pocken bewahrende Kraft der Kuhpocken zu bewähren. Die ersten Versuche machte sie den 8ten Fructidor des Jahres VIII. (den 26 Aug. 1800) im Hospital der M. Necker, wo 2 pockenkranke Kinder sich befanden. Sie führte 3 Vaccinirte dahin. B. Götz, einer der erfahrensten Inoculateurs, impfte ihnen mit frischer Materie die wirklichen Pocken ein, allein den 12ten Fructidor (30 August) waren die Impfstellen schon gänzlich verschwunden, nur ein Kind hat ein Localgeschwür behalten, von welchem in der Folge die Rede seyn soll.

Den 20ten Fructidor (7 September) inoculirte die Comité dem ersten Kinde, das sie vaccinirt hatte, die wirklichen Pocken ohne Erfolg.

Den 30ten Fruct. (17 Septbr.) inoculirte sie 7 andere vaccinirte Kinder, sie hatte die wirkliche Pockenmaterie den 9ten Tag nach dem Ausbruche genommen. Den 8ten Tag nach der Impfung bemerkte man, daſs keins der vaccinirten Kinder ergriffen war. —

Ein andrer Gegenversuch an einigen Kindern, wo man 4 Impfstiche machte, wurde den 11ten Vendemiaire des Jahres IX. (3. October 1800) gemacht.

Ein 5ter an 4 Kindern durch Herrn Pinel, ohne Erfolg. — Seit dem Anfange des Brumaire des Jahres IX. (October 1800) bis zum Ende des Messidor (Julius 1801) waren 148 in der Salpetriere vaccinirt, 19 derselben 6 Wochen bis 3 Monate nachher mit wirklichen Pocken eingeimpft, es erfolgte nur etwas Localreiz ohne Ausbruch.

B. Andry machte ähnliche Gegenversuche im Waisenhause der Vorstadt St. Antoine an 7 Kindern. Man hatte die Lanzette, so viel als möglich, mit wirklicher Pockenmaterie angefüllt, es erfolgte keine Ansteckung, auch nicht die mindeste Beschwerde. —

Ähnliche Versuche machte Herr Jadelot im Hospice des Eleves de la Patrie an 14 Kindern; Auvity im Hospice de la Maternité einen Monat nach der Vaccination; Brunet im Maison de Force (mit Herrn Husson im Parfait) an 15 Frauen, die von 70 die wirklichen Kuhpocken gehabt hatten. Die

Comités de la Bienfaisance inoculirten andre; so wie auch einzeln einige Mitglieder der Comité. Man liefs unter andern 2 vaccinirten Kindern nebst einem, das starke Narben von den wirklichen Pocken an sich trug, die wirklichen Pocken einimpfen; das letztere hatte stärkere Localinflammation, keins von den dreyen bekam aber die Pocken. — Den 27ten Frim. (18. Dec. 1800) machte man 7 andere Gegenversuche, im Messidor 2 andere, und in allen diesen hatte man mehr oder minder von der Vaccination entfernte Epochen gesucht. Nun wünschte die Comité den Versuch zu machen, die wirklichen Pocken Kindern einzuimpfen, die ein ganzes Jahr zuvor vaccinirt worden waren. Dieses geschah im Vendem. des Jahres X. (Oct. 1801) in 4 nach einander folgenden Sitzungen. —

In der ersten wurden 37, in der 2ten 20, in der 3ten 25, in der 4ten 20 Vaccinirte mit natürlichen Pocken eingeimpft. Die meisten waren Kinder. Viele Mitglieder des Instituts, viele angesehene Ärzte, zumal Hospitalärzte und andre, wurden eingeladen, um den Versuchen beyzuwohnen. Stets war ein Kind mit wohl characterisirten natürlichen Pocken zugegen, und die Materie wurde in 3 Impfstichen frisch inoculirt, einigen an den Beinen, damit man nicht einwende, dafs die Kuhpocken etwa blos eine Stelle des Körpers präservirten. Auch wählte man diejenigen, die am wenigsten für die neue Impfung eingenommen waren, zu Inoculateurs; nächstdem wurde ein sehr genauer Verbalprocefs über das Ganze geführt. 84 dieser 102 Inoculirten verspürten von dieser Inoculation keine Art von Folge. 18 hatten locale Inflammation an der Impfstelle aber ohne Fieber und ohne Unbehaglichkeit. Nur bey einem einzigen entwickelten sich bey der Impfstelle des rechten Arms 2 anscheinende wirkliche Pocken, wie sie zuweilen bey Personen erfolgen, die zuvor die

Pocken

Pocken gehabt haben, oder wie sie Ärzte, Krankenwärter und Ammen der Pockenkinder zuweilen bekommen. Die allgemeine Meinung über diese Erfahrung war, daſs man den Schluſs machen könne, daſs die 102 Kinder durch die Kuhpocken für die wirklichen geschützt worden seyen.

Einem dieser Kinder hat man 2 andere Mal mit nicht besserm Erfolg die wirklichen Pocken zu inoculiren versucht.

Ein zweiter Gegenversuch, die präservirende Kraft der Kuhpocken zu beweisen, bestand darin, daſs man vaccinirte Kinder in der Atmosphäre solcher zusammen lieſs, die gerade die wirklichen Pocken hatten. 3 Kinder, die von Herrn Auvity vaccinirt und mit natürlichen Pocken inoculirt worden waren, wurden mehrere Monate in den Sälen des Kinderhospitals, worin Pocken waren, beständig gelassen, ohne angesteckt zu werden. Ein Kind lieſs man bey seinem pockenkranken Bruder, ohne daſs es angesteckt wurde; ähnliche Beobachtungen machte man in der Salpetriere, wo alle vaccinirte befreyet blieben, dagegen zwey, die nicht vaccinirt waren, angesteckt wurden. Endlich vaccinirte Dr. Guillotin eine Mutter und ein Kind, dessen Bruder die Pocken bekommen hatte. Nach dem 10ten Tag waren die Individuen bey einander, ohne daſs die mit Erfolg vaccinirten von den wirklichen Pocken ergriffen wurden. — 25 Kinder, die ein Jahr lang vaccinirt gewesen sind, und ohne Erfolg inoculirt worden waren, wurden 14 Tage in dem Saale von Pockenkranken gelassen, spielten, aſsen, ja schliefen mit ihnen, und trugen die Hemden der Pockenkranken. Dr. Jadelot dirigirte den Versuch unter Beyseyn einer von der Comité festgesetzten Commission. Keines von allen diesen Kindern wurde krank oder sonst von den Pocken ergriffen. —

Ein 3ter Beweis der präservirenden Kraft der Kuhpocken wurde bey einer Pockenepidemie, die im Thermidor des Jahres X in Paris wüthete, gefunden *). 10,000 waren, wie man rechnen konnte, mit Kuhpockenmaterie eingeimpft. Die Epidemie hatte sich bereits in allen Quartieren von Paris verbreitet, und die Comité versäumte bey dieser Gelegenheit nichts, um den Beweis entscheidend zu haben. Genau von den 12 Arrondissements aufgenommene Mortalitätslisten gaben der Comité die Überzeugung, dafs in den 4 Monaten, wo die Epidemie heftig wüthete, von den Todten in einigen Quartieren der 4te, in andern der 3te, in andern mehr als die Hälfte, zumal in den engen Strafsen der Armen Ununterrichteten, an den wirklichen Pocken gestorben waren.

Kein einziges Individuum, dem die Kuhpocken inoculirt worden waren, wurde von der Epidemie ergriffen, und die Arrondissements von Paris, wo am meisten vaccinirt worden war, hatten auch die wenigsten Todten, wie das z. E. mit dem 10ten Arrond. der Fall war, wo Duquesnoy in einer Wohlthätigkeitsanstalt umsonst vacciniren liefs.

Nach solchen Beweisen hätte die Comité sich berechtigt glauben können, die präservirende Kraft der Kuhpocken öffentlich zu verkünden; allein sie liefs zu mehrerer Gewifsheit alle Kinder, die sich in der

*) Man vergleiche hiermit die von dieser Pockenepidemie und der durch sie bewährten Schutzkraft der Kuhpocken mitgetheilte Nachricht im IIten St. der N. Entd. S. 75.

Maison de la Pitié und in dem Waisenhause der Vorstadt St. Antoine befinden, (und deren Anzahl sich auf mehr als 1000 beläuft) die die wirklichen oder Kuhpocken noch nicht gehabt hatten, die Kuhpocken einimpfen, und beyde Hospitäler blieben bey der Epidemie verschont. Man sieht hieraus die Möglichkeit, die Ausrottung der Menschenpocken wirklich zu bewirken.

In den Departementern hat man sich nicht minder mit Gegenversuchen beschäftigt. Schon im Thermidor des Jahres VIII machte Odier solche Versuche. Im Monat Fructidor machte sie Herr Nowel, und im Anfange des Jahres IX wurden sie in vielen Departementern angestellt. (Die Berichtserstatter führen hier die von einzelnen Ärzten an mehrern Hunderten an mehr als 18 verschiednen Orten angestellten Versuche mit großer Genauigkeit aus ihren Verbalprocessen an. Hierauf werden noch die zahlreichern Gegenversuche der Comités zu Reims, Lyon, Tours, Bruxelles, Bordeaux, Troyes und Rouen aufgeführt). Mehrere versuchten die Einimpfung aus bereits angeführten Gründen an den Beinen. Es werden deren 5 genannt. Man suchte auch so viel Pockenmaterie, als möglich, einzuimpfen, sie einzureiben, mit Lanzette oder auch mit Faden einzubringen, 4 und mehrere Einschnitte zu machen, ja Herr Carrilet zog Haarseile durch die Haut, die mit Pockengift geschwängert waren, und Fayolle zu Gueret entblößte mehrere Linien Epidermis, machte Einreibung an der Stelle mit Pockenmaterie, und ließ den Inoculirten bey einem Pockenkranken schlafen, und trotz dem allen wurde kein Vaccinirter ergriffen. —

Die Comité hat nächstdem die Inoculation an mehrern von den inoculirten Kindern nach 18 Monaten wiederholen lassen, sie faßte wiederum nichts

In den Departementern sind ähnliche Versuche angestellt worden, die hier ausführlich aufgezeichnet sind. Mehrere Ärzte wiederholten auch die Inoculation an ihren eignen Kindern, und mehrere alte Inoculateurs überzeugten sich von der Unwirksamkeit der Pockeninoculation bey Vaccinirten. Ein Widersacher bediente sich der Vesicatorien, die er mit Pockenmaterie bestrich, zum Einimpfen der Vaccinirten, und ebenfalls ohne Erfolg. Die Zahl der angestellten und hier angeführten Gegenversuche beläuft sich ausser denen, die die Comité anstellte, auf mehr als 500. —

Auch den Versuch des Zusammenwohnenlassens der Vaccinirten mit Pockenkranken hat man vielfältig in den Departementern wiederholt. In Rouen wohnten 102 Kinder stets unter wirklichen Pockenkranken. Bauern, die in der Gegend von Bordeaux ihre Pockenkranken mit Vaccinirten und Unvaccinirten zusammenschlafen liefsen, bemerkten, dafs die ersten frey blieben, die letzten angesteckt wurden. — Ein seit einem Monat vaccinirtes Kind, das zu Dax mit einem pockenkranken Kinde an dem Busen einer Mutter, die von derselben Krankheit befallen war, und zwar nur an einer Seite saugte, blieb von der Ansteckung frey, obgleich das andere an den Pocken starb. Ebendaselbst starb ein Kind, bey dem die Kuhpocken nicht gefafst hatten, an den wirklichen, statt dafs die 6 Geschwister, bey denen sie mit Erfolg applicirt wurden, von Pocken befreyet blieben. In Fougeres stillte eine pockenkranke Amme zwey vaccinirte Kinder an ihrer, mit eiternden Pocken bedeckten Brust, ohne dafs sie angesteckt wurden. Mehrere angeführte Fälle bestätigen das nehmliche.

Die Beweise endlich, dafs die Pockenepidemien die Vaccinirten in den Departementern schonten, sind eben so vielfältig. 347 Vaccinirte blieben zu Meaux in einer starken Pockenepidemie befreyt. In einem Dorfe, Boutigny, wo alle Kinder die Pocken bekamen, und von 300 Kindern 60 starben, blieben die 18 Vaccinirten allein frey. (Ähnliche Bemerkungen und Fälle des Zusammenschlafens vaccinirter und pockenkranker Kinder und des Entgehens den Pockenepidemien durch Vaccination werden von so vielen Seiten her durch so 1000fältige auffallende Beyspiele citirt, daſs nur die Furcht, den Leser zu ermüden, uns bewegt, das Detail zu unterdrücken.) Einige Maires lieſsen sogar die Vaccinirten ihrer Stadt in Epidemien durch Commissarien förmlich beobachten und untersuchen, um sich von der präservirenden Kraft zu überzeugen. —

In Dörfern ohnweit Liancourt, wo sich Pockenepidemien äusserten, schickte man schnell Vaccinateurs hin, und wo diese früh genug ankamen, wurde der Epidemie Einhalt gethan. In Metz, wo von 30,000 Seelen 1000 vaccinirt waren, bemerkte man eben so günstige Wirkung in einem Augenblick, wo in einem benachbarten volkreichen Dorfe die Pocken stark wütheten. In einem Hause zu Belloy St. Leonard bey Amiens, wo die Pocken waren, lieſs man die Nachbarschaft rund umher vacciniren, und beschränkte dadurch die Krankheit auf dieſs einzige Haus. (Auch hier folgen wiederum eine Anzahl, man möchte fast sagen, überflüssiger Beweise über die präservirende Kraft der Kuhpocken, aus den Verbalprocessen der Comités gezogen, wenn es nicht wichtig wäre, die Erfahrung mit allen Mitteln zu bekräftigen, da es noch Orte gibt, die Opfer des Vorurtheils und Aberglaubens in dieser Hinsicht geworden sind.)

3ter Abschnitt. Untersuchung der Einwendungen, die man gegen die Kuhpocken gemacht hat.

Zu den Einwendungen, die man gegen die Kuhpocken machte, gehören zuvörderst diejenigen, welche ihnen die zugeschriebnen Vortheile streitig machen, und zwar zuerst denjenigen, daſs die Kuhpocken nie mit einem allgemeinen Ausschlag ausser der Impfstelle begleitet sind.

Die Veranlassung hierzu war zum öftern 1. das Zusammentreffen der Kuhpocken mit den wirklichen Pocken. Herr Woodwille, der zuerst in einem Pockenspitale, wo die meisten Kinder bereits angesteckt waren, vaccinirte, gab zu diesem Irrthum selbst Anlaſs, da er die Zahl der Pocken bey einigen auf 1000 angab. Ferner das Zusammentreffen andrer Ausschläge mit den Kuhpocken, die man bey der Unbekanntschaft mit dem Gegenstande für Folge derselben halten mochte. Jenner beobachtete schon Nesselfieber in deren Verbindung. Alyon bemerkte es ebenfalls, allein diese Pusteln dienten nicht andre zu vacciniren. Andre hielten den Pemphigus, der in Paris grade nicht selten war, für Kuhpocken, obgleich Herr Andry ihn auch ohne die Kuhpocken bemerkte. Eben so verwechselte man die Windpocken, die sich ebenfalls nicht weiter inoculiren lieſsen, mit vermeintlichen Kuhpocken. (Man sehe die classische Beschreibung der Windpocken in dem Auszuge, den wir vom Halleschen Berichte im Institut gegeben haben. N. Entd. VI. Stück.) Die Comité zweifelt nicht, daſs mehrere Beobachtungen eines Kuhpockenausschlags, die ihnen zugekommen sind, und wie ihn auch Herr Pearson beobachtet haben will, aus solchen Irrthümern entstanden sind, und die hier aufgeführten Fälle bestätigen diese Vermuthung allerdings. Der Ausschlag wird wie nadelkopfgroſse Pusteln beschrieben, oder wie kleine Bläschen mit einem Hof, die eine Art von Serosität enthalten. Sie waren zum Theil mit Fieberbewegungen begleitet. Nach andern war eine Disposition zu Ausschlägen schon in den Individuen, die sie befielen, und nach dem Berichte der Comité zu Lyon befielen sie Kinder, die an chronischen Krankheiten litten. — Diese Verschiedenheiten geben keinen allgemeinen Character des Ausschlags, und wenn einige wenige Fälle wirklich Pocken gaben, die sich wieder inoculiren lieſsen, so frägt sichs: waren diese inoculirten Pocken auch wirkliche Kuhpocken? — Man glaubt gewöhnlich, daſs der Eindruck, den die inoculirte Kuhpocke in ihrem Mittelpuncte hat, von der Narbe des Stichs herrührt, welche die eröffnete Epidermis an die Haut befestigt, indem das umgebende Zellgewebe durch Anschwellung den hervorstehenden Rand bildet. In diesem Falle müſste die Narbe in dem übrigen Ausschlage nicht existiren, die Pocken müſsten gewölbt seyn, und wie halbe Kugeln, so wie das auch die wirklichen Pocken sind. Doch sprechen die Beobachter von keiner veränderten Form, und Alle bestehen auf dem Character des obern Eindrucks. Man sieht demnach, daſs hierüber einige Dunkelheit herrscht. — Die Comité hat nie einen Ausschlag zu beobachten Gelegenheit gehabt; allein sie hielt stets auf das Daseyn des regelmäſsigen Ganges, und setzte auf diesen volles Vertrauen. Es scheint, daſs man oft andere Krankheiten mit der Vaccine verwechselt habe. Allein, wenn man selbst zugäbe, daſs es einen Kuhpockenausschlag gebe, so wäre es auch nichts Wichtiges, da die Fälle so äusserst selten eintreten, und der Comité unter einer ungeheuern Menge von Fällen nur 4, welche Aufmerksamkeit verdienen, angeführt worden sind, und selbst diese Ausschläge gaben, wenn mit ihrer Materie wiederum inoculirt wurde, keinen andern Ausschlag, als die Impfpocke. —

Ein zweyter Vortheil, den man den Kuhpocken streitig machte, war die Eigenschaft, für die Ansteckung der wirklichen Pocken zu schützen. Allein man citirte den Fall eines Kindes im Hospital der M. Necker, das nach der vollkommensten Überzeugung der Comité die Kuhpocken nicht gehabt hat. In einem andern Falle, wo das Stadtgericht ein ähnliches aussagte, war bey genauerer Nachfrage nicht einmal der Versuch der Vaccination gemacht worden. In einem dritten hatte die Kuhpockenmaterie nicht gefafst. Eben so in einem 4ten, wo Herr Sedillot 2 Mal fruchtlos vaccinirte, und in einem 5ten, wo das Kind nach der Vaccination die Krätze und nicht die Kuhpocken bekam. Herr Daignan zeigte dieses förmlich an. Von 5 Kindern, die zu Vincennes vaccinirt wurden, hatte es auf zwey keine Wirkung, und diese allein bekamen, nach dem Zeugnisse des Herrn Sue, die wirklichen Pocken. Ähnliche falsche Gerüchte von der nicht präservirenden Kraft wurden in den Departementern verbreitet, und stets fand es sich, dafs die Materie nicht gefafst hatte, wie dieses aus den hier mitgetheilten umständlichen Berichten sehr deutlich erfolgt. — In andern Fällen hatte die Materie gefafst, aber die falschen Kuhpocken hervorgebracht. Die am 15ten Tage zu Sceaux genommene Impfmaterie war z. E. trübe und milchweifs, die Pocke hat den 6ten Tag die Gestalt einer Blase angenommen, die denselben Tag platzte, eiterte, und einen Schorf bildete, der den 21sten Tag abfiel u. s. w. — In andern war die Ansteckung der wirklichen Pocken vorangegangen. — In einem 3ten hatte sich der Hof schon den 3ten Tag nach der Impfung gezeigt, und die Pocke gleich seröse Feuchtigkeit durchgesippert u. s. w. Alles dieses waren die ächten Kuhpocken nicht; man muſs sich nicht wundern, daſs im Anfange solche Miſsgriffe gemacht wurden, sie waren in Paris nach Verhältniſs nur wenig. In den Departementern, in Genf z. E., waren die ersten fast alle mit falscher Kuhpockenmaterie eingeimpft. In Peronne hat man die Materie zum Einimpfen den 15ten, 20sten Tag von einer eiternden Pocke genommen; es entstanden Furunkeln, die man für Kuhpocken hielt, bis eine Pockenepidemie unglücklicherweise aufklärte. Le Merchier hat in dem benachbarten Dorfe wirkliche Kuhpocken 7 Kindern inoculirt, und diese blieben frey, und eins derselben schlief ohne Schaden mit einem Pockenkranken. — Wenn man mit Faden oder spanischem Fliegenpflaster inoculirte, so erfolgten die falschen Kuhpocken eher; dieses war der Fall zu Lille, wo diese Methode verlängerte Eiterung und Narben zuwege gebracht hatte. —

Zuweilen nahm man endlich auch die Windpocken für wirkliche Pocken. 46 Tage nach einer von der Comité veranstalteten Vaccination gaben solche Windpocken zu einem falschen Gerüchte Veranlassung, allein die Materie dieser Pocken brachte, wenn sie inoculirt wurde, nicht wieder Pocken hervor. In einem andern Falle waren die vermeintlichen Pocken von den wirklichen gänzlich verschieden, und ebenfalls genau bezeichnete Windpocken, die grade damals in Paris grassirten. 5 Fälle derselben Art wurden der Comité damals in denselben 14 Tagen bekannt, und diese Pocken befielen auch Personen, die die wirklichen gehabt hatten. Die Gegner der

Kuhpocken, die von diesem Umstande Gebrauch machten, hüteten sich gar wohl, eine genaue Beschreibung der Krankheit zu geben, die den 6ten Tag schon vergangen war. Auch hatte man die Materie (wie das die Comité stets that) nicht weiter inoculirt. 8 Fälle wurden von ähnlichen Mifsgriffen angeführt, und da die Windpocken auch im Jahre 10 und 11 grassirten, so hatte man neue Beyspiele derselben, die hier umständlich angeführt werden.

Was von der Verwechselung der Windpocken gilt, gilt auch von der Verwechselung andrer Ausschläge. Ein Stadtgerücht verbreitete einst, dafs der Sohn des Unterpräfecten Dubois zu St. Denis die wirklichen Pocken nach der Vaccine bekommen habe. Es war eine Rose. — Bey andern Kindern gaben die Rötheln zu solchem Gerüchte Anlafs. Die Windpocken hatten übrigens auch in den Departementern solche falsche Gerüchte verbreiten machen. Herr Odier in Genf, die Comité von Rouen, Reims und fast ganz Frankreich geben Beyspiele davon. —

Eine andre Quelle von Einwendungen war der Umstand, dafs diese falschen Kuhpocken zuweilen bey der Einimpfung wirkliche Localentzündung hervorbrachten. Allein nie folgte bey genauer Untersuchung diese Localentzündung denselben Gang. Ein Kind, das die Pocken gehabt hatte, und ein anderes, das die Kuhpocken gehabt hatte, wurden jedes auf gleiche Weise geimpft, und die Localentzündung war in beyden in den Symptomen gleich, und keine igentliche Ansteckung, so wenig als die einzelnen Pocken, die die Krankenwärter zuweilen erhaschen. (Lorry sah selten einen Pockenkranken, ohne auf dem Daumen oder Finger einige Pusteln zu erhaschen, und Salmade und Guillotin haben das Ähnliche an sich bemerkt, und so auch andre.) Es beweist für die Kuhpocken, dafs sie zu bewirken vermögen, dafs das inoculirte wirkliche Pockengift zwar local wirkt, ohne jedoch die allgemeine Masse anzugreifen. Viele aus den Departementern citirten Fälle beweisen ebenfalls, dafs bey solchen Einimpfungen nie der eigentliche Ausschlag bemerkbar war, wenn auch leichte Fiebersymptome sich einfanden, (so wie in dem im Berichte des Instituts von Herrn Hallé angeführten Falle einer febris variolosa sine variolarum eruptione). Dieses bestätigt gewissermafsen die von Boerhave bereits gefühlte Möglichkeit, die Pocken in ein einfaches Fieber zu verwandeln. Wenn diese angeführten Fälle übrigens im Anfange einige Bedenklichkeit rege machen mufsten, so ist sie jetzt doch durch die vielen Erfahrungen zerstört. —

Eine andre Quelle der Einwendungen gegen die Kuhpocken entstand durch den Umstand, wo die wirklichen Pocken sich während der Vaccination entwickelten, und beyde zugleich anwesend waren. Allein die Ansteckung der wirklichen Pocken war offenbar den Kuhpocken vorangegangen. Es war wesentlich die Epoche zu bestimmen, wenn in solchem Falle, wo die Pockenansteckung bereits erfolgt ist, wohl die Kuhpocken noch im Stande sind, sie abzuhalten. — Das Resultat der von der Comité hierüber angestellten Beobachtungen ist: dafs die Pocken vorzüglich in den beyden ersten Epochen der Entwickelung der Kuhpocken, bis zu dem Augenblicke, wo die Impfpocke ihre vollkommenste Reife besitzt und der Hof und die Fieberbewegung sich eingefunden haben, noch hinzustofsen können. Alle Beyspiele solcher Ansteckung waren vom 1sten bis zum 10ten

Tage der Kuhpockenimpfung, also um die Periode erfolgt, wo die Impfpocke abzutrocknen anfängt. — Unter den vielen hier angeführten Fällen findet sich, wie gesagt, die Ansteckung meistens bis zum 10ten Tage. Wenn sie jedoch noch später erfolgte, so muſs man bedenken, daſs zuweilen der Ausbruch der Kuhpocke sich um mehrere Tage verspätet. Denn unter den der Comité mitgetheilten Fällen ist auch einer, wo die wirklichen Pocken den 17ten Tag nach der Vaccination eingetreten sind. Allein Herr Odier spricht in seinem Berichte sogar von 8 Fällen, wo die Ansteckung der wirklichen Pocken nach Erscheinung des Hofs erfolgt ist. Man muſs sich in diesem Falle vorstellen, daſs die wirkliche Pockenimpfung, die 7—8 Tage im Körper befindlich ist, ohne sich zu äussern, noch länger bey der gewöhnlichen Ansteckung verborgen bleibt. Das ist auch mit den Kuhpocken der Fall. Wann fällt nun wohl die Epoche, wo diese fortschreitende geheime Wirkung der wirklichen Pocken von der fortschreitenden unsichtbaren der Kuhpocken aufgewogen wird. Dieses zu bestimmen wäre in der That sehr wichtig. Allein wenn die wirklichen Pocken, nachdem sie 3 Tage im Körper verborgen gewesen wären, nicht mehr zu fesseln sind, so sieht man, daſs sie selbst nach Erscheinung des Hofes noch ausbrechen können. Nach der Erscheinung dieses Hofes kann aber keine Ansteckung mehr statt finden. In dem Falle, wo der Ausbruch der wirklichen Pocken den 17ten Tag nach der Vaccination erfolgt ist, wäre die Ansteckung den 6ten oder 7ten Tag nach derselben erfolgt. — Allein die Comité hat, um sich über diesen Punct zu vergewissern, an verschiedenen Tagen nach der Einimpfung der Kuhpocken die wirklichen Pocken inoculirt. Dr. Marin inoculirte nehmlich ein zweyjähriges Kind mit einer Mischung der wirklichen und Kuhpockenmaterie. Es erfolgte ein allgemeiner gutartiger Pockenausbruch mit starker Inflammation an der Impfstelle. Dr. Salmade wiederholte den Versuch und sah die wirklichen Pocken und Kuhpocken zugleich, man konnte mit der Materie der erstern die wirklichen Pocken inoculiren. Endlich vaccinirte man noch 6 Kinder im Hospital de la Maternité, einem derselben wurden die wirklichen Pocken am Beine inoculirt, und jeden folgenden Tag inoculirte man einem andern der 6 Kinder die wirklichen Pocken auf dieselbe Art. — 5 bekamen die Kuhpocken nicht, und 3 wurden von den wirklichen Pocken ergriffen. Eins der Kinder war den folgenden Tag nach der Vaccination, das 2te den Tag darauf, das 3te den 6ten Tag inoculirt worden. Von den 3 andern bekamen 2 weder die Kuhpocken, noch die wirklichen, und das letzte, welches den 5ten Tag nach der Vaccination inoculirt worden war, und die Kuhpocken hatte, bekam 4 Pocken, welche den 6ten Tag nach ihrem Ausbruch wie die wirklichen aussahen, aber hart, hornartig, und fast ohne Materie gewesen sind, so wie auch nicht zum weitern Anstecken dienten. Die Comité versuchte mehrere Male, und fand, daſs stets, je später nach der Vaccination inoculirt wurde, auch weniger Pocken erfolgten. Den 9ten Tag nach der Vaccination hatte die Inoculation der wirklichen Pocken an 13 Kindern keine Wirkung mehr. — Die in den Departementern bemerkten Fälle geben ähnliche Resultate.

Die Comité lieſs endlich mehrere Vaccinirte zum zweyten Male vacciniren, und bemerkte ebenfalls, daſs eine zweyte Kuhpockenimpfung nicht mehr haftet, wenn einmal der Hof erschienen ist. Sie hat aber bis zum 6ten Tage der Kuhpockenimpfung eine zweyte Kuhpockenimpfung bewirken können, aber nicht mit dem Gifte, welches in der Kuhpocke des Inoculirten genommen war.

Herr Odier und mehrere andere in den Departementern, die ähnliche Versuche angestellt haben, sind der Meinung, dafs, wenn die Kuhpockenimpfung bey vorangegangener Ansteckung der wirklichen Pocken dieselben auch nicht verhindert, so war sie doch oft im Stande, sie weniger gefährlich zu machen. Die Comité glaubt nicht hinlängliche Erfahrung über diesen Umstand zu besitzen.

Ein dritter Umstand, der zum Nachtheil der Kuhpocken angeführt wurde, war, dafs man ihre Unschädlichkeit bezweifelte. Man allegirte zu dem Ende mehrere Folgen, die, wenn sie wirklich statt gefunden hätten, sich in der Masse der glücklichen Folgen verlohren hätten. Allein viele waren nach genauerer Nachfrage falsch. In andern Fällen waren die falschen Kuhpocken eingeimpft worden, in andern waren die folgenden Zufälle ganz unabhängig von den Kuhpocken. Es war ein Kind am Zahnen gestorben, ein andres an Schwäche u. s. w., andre waren von remittirendem Fieber, Angina, Krätze befallen. (Es folgen im Berichte eine ganze Reihe, zum Theil absurder Gerüchte, die umständlich widerlegt werden.) Folgende bemerkungswerthe Fälle sind indessen bey der Gelegenheit beobachtet worden: als Scharlachfieber, welches den 13ten Tag nach der Kuhpockenimpfung überfiel, Rötheln und Zahnkrankheiten. Das Resultat vieler angeführten Fälle ist, dafs diese Complicationen keinen wechselseitigen Einflufs auf einander haben. Aber die Kuhpocken hatten auch keinen schädlichen Einflufs, in vielen Fällen sogar einen nützlichen, wenn man nach den vielen bey der Comité eingelaufnen Berichten urtheilen wollte, allein die Comité glaubt, daſs die Kuhpocken in einzelnen Fällen gleichgültig, in andern seltenen Fällen durch Erregung eines geringen Reitzes nützlich seyn können. Im Ganzen brauchten die Kuhpocken selten die Hülfe eines Arztes. In den Departementern stimmen die Meinungen mit dem Gesagten gut zusammen, wo in mehrern Fällen zumal allerley Ausschläge bey Kindern nach der Vaccine vergangen zu seyn scheinen. Le Roux machte durchs Vacciniren eine scrophulöse Geschwulst verschwinden. Die Comité lieſs im Hospital St. Louis mehrere mit Schorfkrankheiten, Flechten (Dartres) u. s. w. Befallne vacciniren, immer heilten die Ausschläge an der Stelle, wo vaccinirt wurde, und indem man scrophulöse Geschwülste des Vorderarms und der Stirne vaccinirte, verschwanden sie zwar nicht, wohl aber verminderten sie sich.

Zuweilen war der Gang des Kuhpockenausbruchs durch andre Krankheiten unterbrochen. Sollte hier dasselbe statt finden, was bey der Complication mit wirklichen Pocken statt findet? — Man hat überhaupt das Phänomen der animalischen Öconomie, wodurch gewisse Krankheiten von andern beherrscht werden, noch nicht genug untersucht, man kennt die eigentlichen Verhältnisse verschiedner Krankheitsstoffe noch nicht, auch nicht, welche von ihnen die gröſste Energie haben. So räumen gewisse Krankheiten den Pocken den Platz ein, die ihn keiner andern einzuräumen scheinen. —

Scharlachfieber, Rötheln u. s. w. haben den Gang der Kuhpocken aufgehalten, sind aber auch zuweilen in der Ansteckung der Vaccine vorangegangen. —

Man hat nächst obigen noch andre Inconvenienzen den Kuhpocken vorgeworfen. Man sagte, sie seyen so unregelmäfsig in ihrer Wirkung, dafs man sich nicht verlassen könne, ob man sie wirklich gehabt habe oder nicht. — Die Comité selbst bekam Anfangs ächte Kuhpockenmaterie, aber nach einigen Vaccinationen schien sie ihren Character verändert zu haben und auszuarten. Mehrere einzelne Glieder der Comité hatten darüber Erfahrungen angestellt, und gefunden, dafs solche falsche Kuhpocken bey denen entstehen, die vorher die wirklichen Pocken gehabt hatten. Die Comité liefs nachher den Versuch an 79 Kindern, die die Pocken gehabt hatten, im Hospice des Orphelins anstellen. Zuerst an 39, von denen 19 eine von den wirklichen Kuhpocken verschiedne Krankheit bekamen, die andern wurden gar nicht ergriffen. Der Ausbruch kam schnell bey 11 schon den folgenden Tag. 9 hatten keinen Eindruck auf der Impfpocke, und waren in andrer Rücksicht noch unregelmässig. Wenn 4 dem Äussern nach dem ungeübten Auge wie Kuhpocken erschienen, so waren doch die übrigen Symptome sehr verschieden. Bey den zweyten Versuchen an 25, und dann an 20 Kindern, waren 19 angesteckt worden. Die Pocken waren spitzig, gelb, vor dem 6ten Tag gebildet u. s. w. Bey andern waren sie hart, warzigt. Auch alle andre Charactere waren falsch, der den andern Tag schon gebildete Hof gelblich, der Schorf fiel vor der Zeit ab u. s. w. Bey den andern 20 Kindern waren nicht minder Unregelmässigkeiten sichtbar. Im Ganzen ging Alles zu schnell, und die fast stets spitzigen Pocken waren gelb.

Einzelne Mitglieder der Comité machten Versuche an sich und bemerkten dasselbe. Herr Odier in in Genf ebenfalls, und so auch viele andre in den Departementern. Die Comité zu Reims bemerkte, dafs $\frac{1}{3}$ der Versuche, die sie anstellte, falsche Kuhpocken gab, und dafs die andern $\frac{2}{3}$ gar nicht ergriffen wurden. —

Ein andrer Fall, der zum Entstehen falscher Kuhpocken Veranlassung gibt, ist der, wenn man die Materie in dem Augenblicke aus der Pocke nimmt, wenn sie anfängt dick und eiterartig zu werden, welches nach dem 11ten Tag zu geschehen pflegt. Die Comité hat das früh bemerkt, dafür gewarnt, und daher nicht viele Fälle dieser Art aufzuweisen. Aber die Departementer bieten viele Beyspiele hiervon dar. Andre Ursachen der falschen Kuhpocken sind: das Inoculiren mit spanischen Fliegen, Faden, und die besondre Constitution des Individuums. Husson hat die wahren und falschen Kuhpocken an einem und demselben Individuum bemerkt. Ähnliche vielfältige Fälle werden hier einzeln citirt. — Zuweilen entdeckt man die geheime Ursache dieses Phänomens, zuweilen schwebt sie in Dunkelheit. Einige, wie z. E. Mongenot und Salmade in der Comité, glauben, dafs das Alter des Inoculirten zur Ausartung der Kuhpocken Veranlassung geben kann, und dafs Kinder sie allemal am regelmäfsigsten bekommen. Mehrere, und unter andern die Comité zu Reims, wollten ein Ähnliches bemerkt haben, und meinen, dafs auch trockne Constitutionen sie schwerer, so wie hingegen Mädchen sie leichter als Knaben bekommen. — Fremder Reitz kann ebenfalls die Kuhpockenmaterie verändern, ja schon die Materie einer gereitzten und zerrissenen Pocke, wie das Herr Odier bemerkt hat. Dr. Schweighäuser bemerkte, dafs ein Kind, welches zweymal vaccinirt worden war und 2mal sich die Pocke aufgekratzt hatte, von der wirklichen Pockenepidemie ergriffen wurde, obgleich 1000 andre in Strafsburg vaccinirte ihr widerstanden. — Mehrere Fragen über solche durch Localumstände entartete Kuhpocken sind an die Comité gelangt. Die Comité meint, dafs, wenn die andern Zeichen einer wahren Kuhpockenarbeit sich nur zeigten, als Anschwellung, Hof u. s. w., so könne man die präservirende Eigenschaft, selbst bey aufgekratzter Pocke, als erreicht ansehen. Herr Parfait und Herr Guillotin haben hierüber sehr merkwürdige Beyspiele. Eine junge Dame nehmlich, die das Tanzen nicht lassen konnte, verursachte ein solches Reiben an der eingeimpften Stelle, dafs alle Entzündung sich nur unter der Haut zeigte, und keine Pocke gebildet war, dennoch waren die übrigen Symptome von Fieber u. s. w. erfolgt, und die wiederholte Vaccination gelang nicht mehr. — Es kann demnach die Pustel nicht das gewöhnliche Ansehen haben, und die Kuhpockenimpfung doch regelmäfsig seyn. —

B. Lison, bey der Charité an der Loire, hatte zweymal eine Mischung von Kuhpockenmaterie zweyen Individuen eingeimpft. Er schlug nachher eine Mischung von Menschenpocken und Kuhpocken vor, und will unter andern mit Materie vom 14ten Tage eingeimpft haben, die eiterige und milchartige Flüssigkeit enthielt. Die Comité hat eine Mischung von wahren und falschen Kuhpocken eingeimpft und regelmäfsige Kuhpocken erhalten. Einige Zellen können nehmlich gute Materie enthalten, indem andre Theile der Pocke verändert sind. — Man hatte mehrere Beyspiele von Fällen anführen wollen, wo mit wirklichen Pocken inoculirte dennoch Kuhpocken erhalten hätten; sie wurden bey der eingezognen Erkundigung unzuverlässig befunden. Wenn solche Pocke zu entstehen schien, so war die Materie derselben nach vielen Versuchen doch nicht fähig, andre damit zu vacciniren. Wäre indessen dieses auch möglich, so bewiefs es doch nur für eine Localansteckung. Herr Defos, Arzt zu Albi, will z. E. gefunden haben, dafs die Personen, die wirkliche Pocken gehabt haben, ohne Narben zu behalten, leichter falsche Kuhpocken erhaschen als Pockennarbige. Doch hüte man sich nur, alle diese Fälle, die so äusserst selten und so wenig genau untersucht sind, für zu zuverlässig zu halten. Die Comité hält dafür, dafs die Materie, die von einem, der die wirklichen Pocken gehabt hat, genommen ist, falsche Pocken hervorbringe, und dafs der regelmäfsige Gang am eigentlichsten die wahren Kuhpocken bestimme. Es ist fast unmöglich, wahre Kuhpocken von falschen nicht zu unterscheiden. Läge indessen auch hierin eine Schwierigkeit, so ist das Wiederholen des Versuches eine solche Kleinigkeit, dafs Niemand sich weigern kann, sich ihm zu unterwerfen, um sich zu vergewissern.

Eine andre Inconvenienz, die man den Kuhpocken zuschrieb, war, dafs man sie mehrere Male haben kann. Unzählige Erfahrungen widerstreiten dieser Behauptung, allein wäre sie auch gegründet, so wäre sie wegen der Leichtigkeit der Krankheit der Mühe des Widerlegens nicht werth. — Man sagt ferner, dafs die Vaccination zum öftern nicht gelinge; die Fälle sind selten, oder hängen von vorhergegangenen wirklichen oder Kuhpocken ab. — Indessen gibt es freylich auch Fälle, wo die Impfung aus unbekannten Ursachen nicht gelingt, oder erst das 2te, 3te, 4te, ja 6te Mal haftet. Zuweilen hängt dieses von der Frischheit der

Materie ab, am besten ist es immer, sie von Arm zu Arm zu bringen. Zuweilen kömmt die Materie nicht recht in die Wunde, und zu dem Ende bedient sich Herr Lafon mit einer Rinne versehener Lanzetten. — Wenn das Kind zurückzieht, wenn die Wunde stark blutet, wenn man sie abwischt, so kann das auch zum Mifslingen Veranlassung geben. Die Comité von Reims wollte zu dem Ende, dafs man nur etwas die Haut abnehme, ohne sie blutig zu machen. — Sie glaubte ferner, dafs die Materie zwischen dem 8ten und 10ten Tag am wirksamsten sey. Die Comité zu Paris fand, dafs man sie schon den 5ten, 6ten Tag nehmen könne; andre empfehlen die Periode, wo der Hof gebildet ist u. s. w. Zu tiefe, oder zu wenig tiefe Einschnitte verursachen ebenfalls Mifslingen, besonders die ersten. — Einreibungen, wie man sich erinnert, bringen die Kuhpocken nicht hervor. Hitze schwächt die Wirkung der Materie, warmes Wasser und Dämpfe schwächen sie ebenfalls. — Neugebohrne Kinder empfangen sie schwerer (die Haut ist noch nicht genug an Einsaugung gewöhnt). Chaussier pflegt trockene Körper vor dem Vacciniren baden zu lassen oder Frictionen anzuwenden. Es ist auch nicht rathsam, unmittelbar nach Krankheiten zu vacciniren, weil dann oft die Kuhpocken nicht fassen. In andern Fällen gab wiederum grade eine Krankheit dem Körper die Disposition dazu. Zuweilen gelingt indessen nach aller Vorsicht die Einimpfung ohne alle anscheinende Ursache nicht, und solcher Mangel an Disposition ereignet sich sogar zum öftern in Familien, die auch zu den wirklichen Pocken keine Anlage haben. In andern Fällen bekamen Kinder falsche Kuhpocken, so oft sie vaccinirt wurden, und wurden alsdann von wirklichen Pocken angesteckt. — Doch sind alle diese Fälle des Mifsglückens seltener geworden, seitdem man das Verfahren besser kennt. Die einfachste Methode zu impfen ist die beste. In einer Pension vaccinirte ein Knabe alle seine Mitschüler. Zu Saumur vaccinirten Mütter ihre Kinder mit Nähnadeln, und viele sind auf diese Weise eingeimpft worden. Die Schwierigkeit des Gelingens ist demnach gering.

Man hat unter andern den Kuhpocken noch entgegen gesetzt, dafs die Krankheit zu leicht wäre, um Wirkung hervorzubringen. Dieses ist ein gemeines Vorurtheil, dem die Erfahrung von einem Jahrhundert in Rücksicht der Inoculation der wirklichen Pocken widersprochen hat. Wollte man übrigens mehr Fieberbewegung bey den Kuhpocken hervorbringen, so dürfte man nur mehr Einschnitte an von der Oberhaut entblöfsten Theilen machen. Die Comité hat deren 10 an einem Arme gemacht. — Erfahrung, vor der alle Muthmafsung weichen mufs, beweiset indessen, dafs eine einzige Pocke oft schon hinlänglich ist, für die Ansteckung zu schützen. Schweighäuser liefs sein mit einer Kuhpocke versehenes Kind ein andres, das denselben Tag an den Pocken starb, ohne Gefahr berühren, und eine zweyte Impfung haftete nicht mehr. —

Ein Nutzen der Kuhpocken ist es, dafs man dadurch leicht erfahren kann, ob Jemand die wirklichen Pocken gehabt hat, oder nicht. Mehrere Kinder sind z. E. bey der diesjährigen Epidemie angesteckt worden, die man für inoculirt hielt. Dieses veranlafste mehrere Versuche, die über diese Frage sicher stellten. —

Eine Inconvenienz ist es andererseits, dafs sich die Kuhpocken verlieren können. So oft die Comité etwas von in der Gegend von Paris an den Eutern der Kühe existirenden Pocken hörte, so oft stellte sie auch Nachsuchungen an, ohne was aufgefunden zu haben. Auch in den Departementern waren Nachsuchungen ohne Erfolg. — Doch scheint man in Bourges etwas den Kuhpocken ähnliches entdeckt zu haben. Auch scheinen die Kuhpocken vor Jenner in Frankreich bekannt gewesen zu seyn. Man will bey Brüssel, wie Herr De Levi behauptet, etwas unterm Volke von der präservirenden Kraft derselben gewufst haben. Guyton Morveau hat auch was ähnliches gehört. Chaussier bemerkte schon lange als ein auffallendes Phänomen in Bourgogne, dafs es daselbst einen Ausschlag gebe, der sich vom Vieh den Menschen mittheilte. Der Senator Garat hat in der Gegend von Bourdeaux gehört, dafs die Melkerinnen daselbst nicht die Pocken bekämen, und dafs in einem Theil der Pyrenäen, wo die Einwohner nur von Milchspeisen leben *), die Pocken unbekannt sind. — Uytterhowen will die Kuhpocken im Dyle-Departement entdeckt haben u. s. w. Vielleicht erlangt man in der Zukunft mehr Gewifsheit. (Hier werden mehrere Fälle von der Existenz derselben in andern Ländern angeführt, die in Deutschland nicht unbekannt sind.)

Sollte sich die Entstehung durch die Mauke bestätigen, so wäre nun vollends die Verbreitung einfach. Allein wie leicht inoculiren sich die Pocken nicht Kühen? Der Comité von Reims gebührt die Ehre, sie zuerst denselben eingeimpft zu haben. Im Ventôse gelang es auch der Comité zu Paris. Sie liefs sie durch Herrn Lemonier zeichnen. Allein

*) Sollte daher die Meinung rühren, die man hatte, dafs man Kindern kein Fleisch geben dürfe, bis sie die Pocken gehabt haben?

Anmerk. d. Verf. d. Auszugs.

einige andre Male gelang es nicht. — Nachher ist der Versuch von Herrn Mongenot und andern in den Departementern mit Glück wiederholt worden. Die Fälle werden hier einzeln verzeichnet. Endlich impfte man auch die Kuhpocken den Schafen ein, zuerst in Genf (im Brumaire J. IX), um sie für Schafpocken (Clavelée) zu sichern; sie wurden in mehrern Departementern und später auch von der Comité an 8 Schafen wiederholt. Die Impfstiche wurden unter der Achsel und an der innern Seite des Schenkels gemacht. Den 4ten Tag bemerkt man an einigen Localentzündung, den 7ten Pocken mit klarem Serum, in andern war Eiter. Die Abtrocknung erfolgte schnell. — 6 Kinder, die mit der Materie der Schafe geimpft worden, bekamen die Kuhpocken nicht. Man schickte die Schafe nachher nach Meaux, um sie daselbst mit Schafpocken impfen zu lassen; sie lebten zugleich unter einer angesteckten Heerde, und bekamen sie nicht. — Ähnliche Versuche wurden zu gleicher Zeit an mehrern Orten angestellt. —

Auch andre Thiere sind mit Kuhpockenmaterie inoculirt worden. Huzard dachte, daſs mehrere Ausschläge, die das Geflügel befallen, von derselben Natur seyn könnten. Hunde, Esel, Ziegen, Büffel sind ebenfalls vaccinirt worden, man wollte auch Affen einimpfen. Alle diese bisher angestellten Versuche geben keine Resultate. In allen war auch der Gang der Impfung nicht recht regelmäſsig. — Indessen kann man durch Kühe, und noch leichter durch das Vacciniren der Menschen das Gift verewigen. So hat es die Comité 3 Jahre lang erhalten, und sie hat unzählige Beweise, daſs es sich durch Vervielfältigen nicht schwächt, und die nehmliche Kraft hat, welche die unmittelbar von der Kuh genommene Materie besitzt. Auch darüber sind hier die Beyspiele gesammelt.

Man hat bekanntlich die Materie in Gas (z. E. Stickgas) aufzubewahren gesucht u. s. w. Allein das Einfachste besteht im Aufbewahren auf Fäden, zwischen 2 polirten Gläsern, die mit Siegellack aneinander geheftet sind. Die Comité hat die Materie 63 Tage aufbewahrt, ja auch 7 Monate. Sie blieb wirksam. In den Departementern, nahmentlich in Nancy, hat man sie 140 Tage aufbewahrt, und mit Erfolg gebraucht. Daher sie weit transportirt werden kann.

Die Furcht, dafs das Gift andre Krankheiten in den Körper bringe, ist durch Erfahrung nun widerlegt. Mit Scropheln, Krätze etc. verband es sich nicht. Auch konnte man das Kuhpockengift der Krätzigen ohne Schaden inoculiren. Eben so wenig entwickeln die Kuhpocken andre Krankheiten. 3jährige so allgemeine Anwendung in Frankreich, 5jährige in England, und 50jährige gesammelte Erfahrung des Dr. Jenner können über alles das hinlänglich beruhigen. —

Zuletzt hat man noch behauptet, dafs die Kuhpocken wohl nur Menschenpocken sind, die in Thieren milder geworden wären. Dieses wäre kein Unglück, allein der ganze Gang, Character u. s. w. ist verschieden. Man hat auch nie mit Erfolg die wirklichen Pocken den Kühen einzuimpfen vermocht, und wir haben gesehen, dafs Pocken und Kuhpocken abgesondert im Körper statt finden können. Die Comité hat die Kuh- und menschliche Pocke so nahe zusammen gesehen, dafs sie eins waren, und dafs man mit der von der einen Hälfte genommenen Materie wirkliche Pocken, und mit der andern Kuhpocken einimpfen konnte. — Im übrigen ist es der Comité nicht gelungen, die Mauke einzuimpfen. Auch hat man die Schafpocken ohne Erfolg Menschen und Thieren einzuimpfen versucht. Im Jahre III d. R. hatte man das Eiter einer Pocke, die noch nach 20 Jahren an einer ausgegrabnen menschlichen Leiche gefunden war, mehrern Thieren einzuimpfen versucht, man bediente sich zu vergleichenden Versuchen frischer Pockenmaterie und auch der Schafpocken, allein die Schafe wurden bey der Gelegenheit nur von Schafpocken ergriffen. — Mehrere hier angeführte Versuche bezeugen, dafs andre die wirklichen Pocken den Thieren einzuimpfen nicht mit mehrerem Glücke unternommen haben. Wie dem aber auch sey, so bleibt nach allem dem Gesagten die neue Impfungsmethode mit der von Kuheutern genommenen Pockenmaterie eine der gröfsten Entdeckungen für die Menschheit. Sie realisirt die längst gehegte Hoffnung, die Folgen der wirklichen Pockenansteckung völlig zu zerstöhren. —

Dieses ist die treue Darstellung der Arbeiten, die die Comité den Subscribenten und der Welt mittheilt. Sie hat die Wirklichkeit der den Kuhpocken zugeschriebenen Vortheile einsehen gelernt. — Die wirklichen Pocken rauben den 6ten, 7ten Menschen, in Epidemien den 3ten, der damit behaftet ist. Die inoculirten wirklichen Pocken rauben zwar nur 4 von 1000, verbreiten aber noch stets die Ansteckung. Die allgemeine Einimpfung der Kuhpocken rottet aber auch alle Ansteckung aus, und hat bereits in England zur Errichtung einer Gesellschaft zur Ausrottung der Pocken Veranlassung gegeben.

Frankreich wird, wie die Comité nicht zweifelt, diesem Beyspiele folgen. Es wird die Comitéen zur

Verbreitung vervielfältigen. Diese werden unentgeltliche Impfungen auf dem Lande und in den Städten veranstalten. Das Gouvernement kann die Autoritäten auffordern, alles das zu begünstigen, und bey den Municipalitäten, in den Prytaneen, Militärschulen, Hospitälern u. s. w., so wie bey denen, die Hebammen unterrichten, die gehörigen Maſsregeln treffen, damit die Kuhpockenimpfung allgemein eingeführt, und dadurch die Pocken ausgerottet werden. — Der Eifer der Ärzte hat hierzu schon guten Grund gelegt, und wenn den Gesundheitsbeamten Preise für die gröſste Menge der Vaccinirten gegeben werden sollten, so ist kein Zweifel, daſs der Zweck, die Wohlthat der Entdeckung über Frankreich zu verbreiten, schnell erreicht werden würde. Die Comité hofft dadurch, daſs sie vereinigt bleibt, hierzu mit allen Kräften beyzutragen. —

Der Bericht schlieſst mit einer ehrfurchtsvollen Danksagung an Jenner, den Wohlthäter der Menschheit, und an Dr. Woodwille.

Unterzeichnet: Thouret, Pinel, Le Roux, Guillotin, Jadelot, Parfait, de la Roche, Mongenot, Salmade, Doussin, Dubreuil, Marin, Husson. —

Dem Berichte ist angehängt:

1. Eine Sterblichkeitsliste durch Pocken bey der letzten Epidemie des Jahres X (1801 — 1802). Von 5463 Verstorbnen starben in 4 Monaten 1417 an den wirklichen Pocken.

Dieser folgt 2tens ein alphabetisches Verzeichniſs der Correspondenten der Gesellschaft. Die Zahl beläuft sich auf mehr als 700, und die Zahl der Comitéen auf 18. Nächstdem war die Comité zu Paris noch mit 8 medicinischen Gesellschaften in Verbindung.

Den Beschlufs macht 3tens die von der Administration der Comité den Subscribenten überreichte Rechnung.

Einnahme — —		2544 L
Unterhaltungskosten der Kinder zu Vaugirard, bis nachher durch den Präfecten Frochot ein unentgeltliches Local bey St. Esprit neben dem Rathhause eingerichtet und frey errichtet wurde —	1686	— 2276 —
Andre Ausgaben —	590	
		Rest 268 L.

Unterzeichnet: Larochefoucault - Liancourt, Delessert, Lasteyrie, Clavereau, Thouret.

Fdr.

II.

Beyträge zur animalischen Chemie.

A. *Auszug aus den chemischen und medicinischen Untersuchungen und Erfahrungen des B. Nicolas, Professors der Chemie zu Caen, und v. Gueudeville, Arztes zu Caen, über die Harnruhr (phthisurie sucrée).*

Die beyden in der Überschrift genannten Verfasser haben eine ausführliche Abhandlung über die Harnruhr (phthisurie), die sie bey einigen Kranken zu beobachten Gelegenheit gehabt hatten, in der Sitzung des Nationalinstitutes vom 14ten Fructidor des Jahres X (1. Septbr. 1802) vorgelesen. Wir theilen unsern Lesern aus dem Auszuge derselben, der in N. 130 der Annales de Chimie S. 45—74 eingerückt ist, das Interessanteste mit, nehmlich die chemische Analyse des Urins und Blutes der Harnruhrkranken.

Vergleichende Analyse des Urins eines gesunden und eines harnruhrkranken Subjects.

Natürliches Ansehen.

Urin des Harnruhrkranken.	Urin des Gesunden.
1. Dieser Urin war trübe und weifslich.	1. Dieser Urin war klar und ambrafarben.
2. Er hatte fast keinen Geruch.	2. Er hatte den natürlichen Geruch.
3. Sein Geschmack war süfs zuckrigt, sehr wenig gesalzen.	3. Sein Geschmack war scharfsalzigt und bitter.

Verhalten mit den gegenwirkenden Mitteln.

Urin des Harnruhrkranken.	Urin des Gesunden.
4. Die Lakmustinctur, zu diesem Urine gegossen, nahm eine violettrothe Tinte an.	4. Die Lakmustinctur erhielt eine dunkelrothe Weinfarbe.
5. Das salpetersaure Silber bildet darin einen wie geronnen aussehenden Niederschlag, seine Farbe ist anfänglich weifs, sie wird aber kurze Zeit darauf	5. Der Niederschlag durch das salpetersaure Silber ist reichlicher, seine violette Farbe ist auch etwas dunkler, und die überstehende Flüssigkeit behält eine gelb-

Urin des Harnruhrkranken.	Urin des Gesunden.
violett, und die überstehende Flüssigkeit wird klar, hat eine schwachgelbe Farbe, und ist völlig geruchlos.	lichrothe Farbe, und einen ziemlich starken Uringeruch.
6. Dieser Niederschlag ist ein Gemisch von salpetersaurem und phosphorsaurem Silber.	6. Dieser Niederschlag ist von derselben Beschaffenheit wie in dem Urine des Harnruhrkranken.
7. Das Kalkwasser macht augenblicklich diesen Urin weifs und trübe, und erregt einen schwachen Ammoniakgeruch. Einige Zeit nachher erfolgt ein gleichsam schneeartiger Niederschlag von weifser Farbe, wovon ein Theil sich an der Oberfläche der Flüssigkeit hält, die eben so hell wie Wasser wird; dieser Niederschlag ist phosphorsaurer Kalk. —	7. Das Kalkwasser trübet gleichfalls den gesunden Urin. Der weifse Niederschlag, welcher sich bildet, ist von einer solchen Leichtigkeit, dafs er nach 24 Stunden nicht tiefer als bis zur Hälfte des Gefäfses sich gesenkt hatte. Die Flüssigkeit behält eine schöne zitronengelbe Farbe bey. Dieser Niederschlag ist um die Hälfte beträchtlicher als im Urine des Harnruhrkranken, übrigens gleichfalls phosphorsaurer Kalk.
8. Die concentrirte Schwefelsäure ertheilet ihm eine schöne rosenrothe Farbe, ohne dafs er seine Durchsichtigkeit verliehret. Man bemerket anfänglich ein schwaches Aufbrausen, die Flüssigkeit bedeckt sich mit einem leichten weifsen	8. Mit der Schwefelsäure entsteht ein kaum merkliches Aufbrausen, und es erhebt sich sehr weniger Schaum, die Flüssigkeit nimmt eine gelbrothe Farbe an, und behält ihren Uringeruch. Auf dem Grunde des Gefäfses findet man

Urin des Harnruhrkranken.	Urin des Gesunden.
Schaume, der ziemlich lange anhält, und man erhält nur einen ganz unbedeutenden Niederschlag, die Flüssigkeit bleibet geruchlos.	eine kleine Portion eines Niederschlags von einer schwärzlichrothen Farbe.
9. Die salzsaure Schwererde trübt etwas diesen Urin. Einige Zeit hernach findet man ein schmutzig weifses Praecipitat auf dem Grunde, welches schwefelsaure Schwererde ist.	9. Die salzsaure Schwererde verhält sich auf dieselbe Weise im gesunden Urine, nur ist der Niederschlag etwas reichlicher, und von einer röthlichbraunen Farbe.
10. Die Kleesäure bewirkt einen leichten flockigten Niederschlag von Rosenfarbe; ein grofser Theil bleibt in der Flüssigkeit schweben.	10. Der durch die Kleesäure bewirkte Niederschlag ist weniger leicht, seine Farbe hervorstechender, es ist kleesaurer Kalk.
11. Das schwefelsaure Quecksilber trübt diesen Urin, und gibt ihm ein schmutzig weifses Ansehen, nach und nach erfolgt ein leichter Niederschlag von einer röthlichen Nuance. Die Hälfte dieses Niederschlags bleibt in der Flüssigkeit schweben.	11. Der gesunde Urin erhält durch den Zusatz des schwefelsauren Quecksilbers eine röthlichgelbe Farbe. Der Niederschlag ist von einer schmutzigen Lilafarbe, und das Ganze setzt sich auf den Grund des Gefäfses. Dieser Absatz ist phosphorsaures Quecksilber.
12. Die reine Pottasche trübt etwas diesen Urin, und entbindet daraus etwas Ammoniak, es erfolgt als-	12. Der im gesunden Urine durch die Pottasche bewirkte Niederschlag ist reichlich, und die Entbin-

Urin des Harnruhrkranken.	Urin des Gesunden.
dann ein sparsamer Niederschlag von weiſslicher Farbe.	dung des Ammoniaks ziemlich beträchtlich.
13. Das salzsaure Bley theilet diesem Urine eine milchigte Farbe mit, und der Niederschlag, den man erhält, ist von einem schmutzigen etwas röthlichen Weiſs. Die Flüssigkeit bleibt farbenlos. Jener Niederschlag ist phosphorsaures Bley.	13. Das salzsaure Bley theilet dem gesunden Urine eine violette Farbe mit, und verursacht einen röthlichen Niederschlag. Die Flüssigkeit bleibt gelbroth gefärbet.
14. Der Urin des Harnruhrkranken schlägt das salpetersaure Quecksilber mit rosenrother Farbe nieder, und die Flüssigkeit wird klar wie Wasser.	14. Der Niederschlag des salpetersauren Quecksilbers mit dem gesunden Urine ist gleichfalls rosenroth, aber viel reichlicher, und die Flüssigkeit bleibt gelb gefärbt.

Analyse durch die Abrauchung.

Urin des Harnruhrkranken.	Urin des Gesunden.
1. Der freyen Luft ohngefähr 6 Wochen hindurch bey einer Temperatur von 10—12 Graden ausgesetzet, trübte sich dieser Urin in den ersten 6 Tagen, und lieſs nach und nach eine weiſse flockigte Materie niederfallen, welche für Eyweiſsstoff	1. Der gesunde Urin 6 Wochen hindurch der freyen Luft ausgesetzt, verlohr seinen natürlichen Geruch, und an dessen Stelle trat ein starker Geruch nach Ammoniak. Seine gelbe Farbe wurde braun, er ging zuletzt in Fäulniſs über,

Urin des Harnruhrkranken.	Urin des Gesunden.
erkannt wurde. Nachmals wurde die Flüssigkeit klar; sie hatte alsdann einen säuerlichen Geruch, und einen sauren Geschmack, der vollkommen dem aus Milch bereiteten Essig gleich war.	und exhalirte einen widerlichen Geruch; der Niederschlag war pulverigt und bestand aus phosphorsaurem Kalke, phosphorsaurer Soda, und salzsaurer Soda.
2. In diesem Zustande der Säurnifs röthete er die blauen Pflanzentincturen sehr stark.	2. Dieser Urin, auf diese Art in Fäulnifs übergegangen, färbte die blauen Pflanzentincturen grün.
3. Der saure Urin verband sich vollkommen mit der Auflösung der kohlensauren Pottasche ohne ein auffallendes Aufbrausen. Die Flüssigkeit, filtriret und abgeraucht, lieferte essigsaure Pottasche, die mit einer sehr kleinen Quantität von phosphorsaurer Pottasche vermischt war. Der durch die Pottasche bewirkte Niederschlag war nur sparsam, von weifser Farbe, und bestand aus Kalkerde und ein wenig Talkerde.	
4. Vier Pfunde des kranken Urins gaben durch ein sehr sorgfältiges Abrauchen 4 und ein halb Pfund Extract von Honigconsistenz, und von einer braunen Far-	4. Vier Pfunde gesunder Urin gaben durch Abrauchen drey Unzen 6 Quentchen Extract von Honigconsistenz von einer sehr braunen Farbe, welche den

Urin des Harnruhrkranken.	Urin des Gesunden.
be, die der Farbe des Zuckersyrups glich, und den Geruch von Caramel hatte.	Uringeruch beybehalten hatte.
Kaum war das Präcipitat, das sich während des Abrauchens bildete, zu bemerken, und da gegen das Ende die Kapsel an einen kühlen Ort hingestellt wurde, so gerann das Ganze zu einer körnigten Materie, wie Cassonade-Zucker.	Während des Abrauchens bildete sich erstlich ein wenig geronnener Eyweifsstoff, dann ein röthliches Pulver, das aus phosphorsaurem Kalk, Urinsäure, aus salzsaurer Soda, und aus phosphorsaurer Soda und phosphorsaurem Ammoniak bestand.
5. Zehen Theile dieses Extracts wurden mit 4 Theilen salzsauren Bleys und einem Theile Kohlenpulvers gemengt. Die getrocknete Masse, der trocknen Destillation in einer Retorte unterworfen, gab beynahe kein Ammoniak, aber gekohltes Wasserstoffgas und schwarzes stinkendes Öl. Der Rückstand, dem heftigsten Feuer unterworfen, gab wenigstens keine merkliche Spur von Phosphor.	5. Das Extract des gesunden Urins, auf dieselbe Weise behandelt, lieferte Ammoniak, stinkendes Öl, und der Rückstand enthielt Salmiak. Auf glühende Kohlen geworfen, liefs sich der Phosphorgeruch deutlich bemerken.
6. Eine Unze, zwey Quentchen, oder 720 Grane dieses Extracts wurden mit 4 Unzen Alcohol von 35 Graden verdünnt; sie gaben eine gelbe Flüssig-	6. Eine gleiche Quantität Extract des gesunden Urins, mit Alcohol behandelt, lieferte einen ziemlich reichlichen Niederschlag, der aus der phosphorsauren

Urin des Harnruhrkranken.	Urin des Gesunden.
keit gleich spanischem Weine. Die Auflösung war beynahe vollkommen, und die Flüssigkeit war kaum merklich trübe; innerhalb 24 Stunden liefs sie eine leichte flockigte Materie von grauer Farbe niederfallen, die gewaschen und getrocknet nur 20 Grane wog. Ihr Geschmack war salzigt und ein wenig zuckerigt. Das Kalkwasser, auf einen Theil dieses Rückstandes gegossen, entwickelte einen schwachen Ammoniakgeruch. Die Schwefelsäure, auf einen andern Theil dieses Rückstandes gegossen, verwandelte seine Farbe in die schwarze, und exhalirte schwefeligtsaures Gas, welches die Gegenwart einer thierischen Materie in diesem Rückstande, nehmlich des Eyweifsstoffes, anzeigt.	Talkerde, Kalkerde, Soda, und dem phosphorsauren Ammoniak, aus Urinsäure, Benzoësäure und Eyweifsstoff bestand. Die Flüssigkeit hielt den Urinstoff, den Salmiak und das Kochsalz *) aufgelöst. Um diese Materie abgesondert zu erhalten, wurde die Flüssigkeit abgeraucht, und nachdem man den Rückstand mit destillirtem Wasser verdünnt hatte, gofs man Salpetersäure hinzu, welche einen reichlichen Niederschlag bewirkte, der das Produkt der Verbindung des Urinstoffes mit der Salpetersäure war. Um diese Substanz rein zu erhalten, löste man diesen salpetersauren Niederschlag in destillirtem Wasser auf, und setzte eine hinlängliche Quantität Pottasche hinzu. Man liefs bis zur Honigconsistenz abrauchen, behandelte dann die Materie von neuem mit Alcohol, und nachdem man die Flüssigkeit abgegossen

*) Das Kochsalz konnte doch wohl in der Alcoholauflösung nicht mit enthalten seyn.

Urin des Harnruhrkranken.	Urin des Gesunden.
	hatte, liefs man sie von neuem abrauchen. So blieb dann im Abrauchgefäfse der Urinstoff zurück, der im Harne des Harnruhrkranken vollkommen fehlet.
7. Dieses Extract, der Destillation mit der Salpetersäure unterworfen, gibt viel Salpetergas, und der Rückstand, in destillirtem Wasser verdünnt und abgeraucht, lieferte Kleesäure und ein wenig phosphorigte Säure.	
8. Vier und eine halbe Unze Extract von Honigconsistenz wurden in einem Pfunde destillirten Wassers verdünnt. Man rührte in die Flüssigkeit eine halbe Unze trockener Bierhefe, und setzte das Ganze einer Temperatur von 15 Graden aus. Vier und zwanzig Stunden hernach ging die Flüssigkeit in volle Gährung über, und liefs eine grofse Quantität kohlensauren Gases entweichen. Nachdem die Gährung aufgehört hatte, unterwarf man das Ganze der Destillation, und zog so aus demselben 10 Unzen	

Urin des Harnruhrkranken.	Urin des Gesunden.
einer schwachen spirituösen Flüssigkeit von einem nur wenig angenehmen Geruch über. Durch Rectification erhielt man daraus 4 Unzen 2 Quentchen Alcohol von 32 Graden, der jedoch seinen üblen Geruch beybehalten hatte.	

Um den Zucker aus dem Urine der Harnruhrkranken auszuziehen, wurden 4 Unzen Extract desselben mit einem Pfunde destillirten Wassers verdünnet, und nachdem man eine Unze Blut zugesetzt, einmal zum Aufwallen gebracht. Was sich hierauf, da die Flüssigkeit wieder in Ruhe gebracht wurde, absetzte, wurde abgesondert, und die Flüssigkeit dann durch Eyweifs geklärt. Nachdem sie hierauf zur Consistenz eines Syrups eingedickt worden war, wurde sie der freyen Luft überlassen. Acht Tage nachher untersucht, zeigte sie kleine braungelbe Krystalle, die weder die regelmäfsige Form, noch die Consistenz des Candiszuckers hatten. Die abgegossene Flüssigkeit lieferte weiter keine Krystalle mehr, sondern verhärtete innerhalb 15 Tagen unter der Form und Farbe von halbfeiner Cassonnade.

Mit lebendigem Kalke behandelt, verlohr die zuckerartige Materie des Urins der Harnruhrkranken ihren süfsen Geschmack und wurde sehr scharf, durch Niederschlagung des Kalks konnte der zuckerartige Geschmack nicht wieder hergestellt werden. Der gewöhnliche Zucker, eben so behandelt, verlohr gleichfalls seinen süfsen Geschmack, und erhielt einen sehr scharfen, die Kohlensäure schlug aber allen Kalk nieder, und stellte den süfsen Geschmack wieder her. Der Zucker wird also nicht durch den Kalk zersetzt, dagegen erfährt die aus dem Urine des Harnruhrkranken gezogene schleimigtzuckerartige Materie eine vollkommene Zersetzung.

Vom Blute der Harnruhrkranken.

1. Das Blut des Harnruhrkranken, so wie es aus der Vene floſs, war ziemlich hellroth, (d'un rouge assez vermeil), sein Geschmack fad und wenig salzigt.

2. An der freyen Luft nahm es an seiner Oberfläche eine Purpurfarbe an, und diese Farbe war unterhalb noch dunkler.

3. Durch die Ruhe trennte sich dieses Blut, wie das gesunde Blut, in zwey Theile, von denen der Blutkuchen, der die Mitte einnahm, weniger voluminös, als beym gesunden Menschen war.

4. Der andere Theil, nehmlich das Serum, war dagegen reichlicher, als im gesunden Menschen.

5. Der aus dem Blutkuchen ausgewaschene Faserstoff war schön weiſs, doch sparsamer als beym gesunden Menschen.

6. Ein Theil des Blutkuchens gab durch trockene Destillation eine braune, stinkende, mit kohlensaurem und essigsaurem Ammoniak beladene Flüssigkeit. Ferner ein schwarzes mit Ammoniak verbundenes Öl, eine andere Portion weniger gefärbtes, von Ammoniak freyes Öl, und gegen das Ende ein schwarzes sehr stinkendes Öl. Das übergegangene Gas war ein Gemenge von geschwefeltem und gekohltem Wasserstoffgase. Die zurückgebliebene Kohle glich gekohltem Eisen. Durch das Auslaugen gab dieser Rückstand phosphorsaure und salzsaure Soda,

phosphorsauren Kalk und phosphorsaures Eisen, Kohlen und Eisenoxyd.

7. Eine andere Portion dieses Blutes, mit Pottasche in einem Tiegel einem starken Feuer unterworfen, gab blausaure Pottasche.

8. Das frische Serum, in eine Tinctur von Malvablättern gegossen, ertheilte ihr eine schwachgrüne Farbe.

9. Die Farbe dieses Serums war blafsgelb, und hatte das Ansehen einer durchsichtigen Gummiauflösung.

10. Einer mäfsigen Hitze unterworfen, trennte es sich in zwey Schichten, die eine war gallertartig, und die andere eyweifsstoffartig.

11. Die Gallerte zersetzte sich, sie wurde trübe und bedeckte sich mit einem Häutchen, das schnell ins Schimmeln unter Verbreitung von Gestank überging; der Eyweifsstoff wurde concret, weifs, pulverigt.

12. Das ganze Serum, einer Wärme von 65° ausgesetzet, gerann zu einer gelben Masse.

13. Diese feste Masse wurde der Destillation unterworfen, man erhielt daraus sehr stinkendes gekohltes und geschwefeltes Wasserstoffgas, so wie blausaures Ammoniak, und man fand in der Kohle kohlensaure Soda und kohlensauren Kalk, salzsaure Soda, phosphorsaure Soda und phosphorsauren Kalk, doch in sehr kleiner Quantität u. s. w.

Das Resultat dieser Untersuchungen ist demnach:

1. Dafs der Urin der Harnruhrkranken weder Urinstoff, noch Urinsäure, noch Benzoësäure enthält, dafs das Ammoniak und die phosphorsauren Salze sich nur in sehr geringer Menge darin finden, dafs

er in die saure und spirituöse Gährung übergehet, und Schleimzuckerstoff enthält.

2. Dafs das Blut der Harnruhrkranken nicht, wie Rollo behauptete, gleichfalls Schleimzuckerstoff enthalte, dafs der Faserstoff darin selten, und das Serum reichlicher, als im gesunden Zustande sey.

Es ergibt sich aus diesen Untersuchungen, dafs der Stickstoff in der Harnruhr vorzüglich mangle, und somit führt die chemische Untersuchung auf die Heilanzeige der animalischen Diät, wodurch Stickstoff und die phosphorsauren Salze in reichlicher Menge in den Körper gebracht werden, welche schon vor Rollo von ältern Ärzten, Aretaeus, Paulus Aegineta, Morton, Mead, Riverius empfohlen worden war. Aufserdem fanden die Verfasser phosphorsaure Salze in Molken verdünnt, und die phosphorigte Säure zu 8 bis 10 Tropfen auf ein Glas Wasser zum Getränke sehr zuträglich. Das Ammoniak innerlich gegeben, und äufserlich, mit Mandelöl zur Salbe gemacht, eingerieben, trug sehr wirksam zum Erfolge der Behandlung bey. Die Verfasser stellen am Ende folgende Resultate über die Krankheit und ihre Behandlung auf:

1. Die Harnruhr ist eine Abzehrung, welche durch eine beständige krampfhafte Abweichung der nicht gehörig animalisirten Ernährungssäfte nach dem Harnorgane unterhalten wird.

2. Diese Affection scheinet den musculösen Temperamenten besonders eigenthümlich zu seyn.

3. Ihr Sitz ist in dem Verdauungsapparate.

4. Die übrigen Theile sind nur auf eine secondäre Weise afficiret.

5. Der gastrische, der pancreatische Saft, die Galle werden durch die Gegenwart der nicht animalisirten Ernährungssäfte abgeändert.

6. Da alle übrige Absonderungen unterbrochen sind, so ersetzt das Urinorgan dieselben durch das Übermafs seiner Ausleerungen.

7. Die Gegenwart des Zuckers, die Seltenheit der Auswurfssalze, und die Abwesenheit des Urinstoffes im Urine, dessen Rückkehr nur erst nach dem Verschwinden des zuckerartigen Geschmackes statt findet, beweisen, dafs dieser von der nicht gehörigen Animalisation der Ernährungssäfte aus Mangel an Stickstoff abhänget.

8. Es ergeben sich aus allem diesem zwey Heilanzeigen für den Arzt: 1. dem krampfhaften Zustande abzuhelfen; 2. dem Kranken die Principien der Animalisation wieder zu erstatten.

9. Um diesen letzten Zweck zu erreichen, müssen die Nahrungsmittel und Arzneymittel vorzüglich unter den Substanzen ausgesucht werden, welche Stickstoff und phosphorsaure Salze enthalten.

10. Der zuckerartige Geschmack des Urins verschwindet nur erst nach der Heilung der übrigen Symptome.

11. Die Rückkehr des Urinstoffes und der Urinsalze ist der Beweis einer vollständigen Heilung.

12. Da der Harnruhrkranke Rückfällen sehr unterworfen ist, so mufs der Gebrauch der Arzneymittel und des angezeigten Verhaltens lange Zeit nach der Heilung des Kranken fortgesetzt werden.

B. *Abhandlung über die gasförmige Hauttranspiration.* Von Trousset, Doctor der Medicin u. s. w. (Im Auszuge.) *)

Der Verf. zählt erst ziemlich unvollständig die Untersuchungen der Physiker über die gasförmige Hautausdünstung auf. Cruikshanks und besonders Abernethys sorgfältige Untersuchungen, welche über die Verrichtung der Haut als Aushauchungs- und Einsaugungs - Organ von luftförmigen Stoffen erst das rechte Licht aufgesteckt haben, scheinen ihm ganz unbekannt geblieben zu seyn. Nach dem Ausspruche Fourcroys in seinem Systeme des Connoissances chimiques, daſs es falsch sey, daſs, wie einige Neuere gewollt haben, gasförmige Stoffe und nahmentlich kohlensaures Gas aus der Haut ausdünsten, welchen der Verf. für das letzte geltende Wort in dieser Sache ansieht, muſste er freylich seine an einem seiner Kranken im Bade zufällig gemachte Beobachtung, daſs derselbe allenthalben mit Luftbläschen überdeckt war, welche sich besonders an den Haaren des Körpers von der Wurzel bis zur Spitze zeigten, für wichtiger halten, als sie an sich ist. Er sammelte von diesem Kranken zu verschiedenen Zeiten einen Vorrath von dieser Luft, und fand, daſs sie sich wie vollkommen reines Stickgas verhielt. Auch bey andern Individuen sammelte er gleichfalls im Bade ein Gas, das sich wie Stickgas verhielt. Bey mehreren andern Individuen konnte er aber nichts dergleichen erhalten; er vermuthet, daſs der Druck des Wassers auf die Ausdünstungsgefäſse der Haut, die bey verschiedenen Individuen eine verschiedene Energie be-

*) Annales de Chimie N. 153. S. 73 — 82.

säſsen, in solchen Fällen die Gasausdünstung verhindert habe. Abernethy fand bekanntlich die gasförmige Ausdünstung der Haut aus $\frac{2}{3}$ kohlensaurem Gase und $\frac{1}{3}$ Stickgas zusammengesetzt. Daſs Trousset in seinen Versuchen kein kohlensaures Gas erhielt, erklärt sich aus der Art, wie er das Gas auffing. —

Pf.

C. *Chemische Beobachtungen über die Veränderungen verschiedener thierischer Flüssigkeiten durch die Einwirkung des Galvanismus.* Angestellt von Larcher, Daubancourt und Zanetti dem Ältern *). (Im Auszuge).

Die Flüssigkeiten, welche die Verfasser der Einwirkung des galvanischen Agens unterwarfen, waren: Nro. I. Frisch gelassener Urin eines Erwachsenen. II. Frisch gelassener Urin eines Kindes. III. Seit 24 Stunden gelassener Urin eines Kindes. IV. Galle von einem Hammel. V. Galle von einem Kalbe. VI. Galle von einem Ochsen. VII. Milch von einer Kuh. VIII. Blut von einem Ochsen. Die Verf. bedienten sich des Voltaischen Tassen-Apparates von Zink- und Kupferplatten. Es entwickelten sich aus allen Flüssigkeiten Luftblasen. In den Gläsern, welche den Urin enthielten, bildete sich zuerst ein Niederschlag, hierauf auch in denen, welche die Galle enthielten, in der Milch erhob sich der butterartige Theil auf die Oberfläche, und es

*) Annales de Chimie N. 134. S. 193 — 205.

entstand ein nur unbedeutendes Coagulum, im Blute, das schon geronnen war, da der Apparat in Gang gesetzt wurde, ereignete sich keine merkliche Veränderung. Nur schien das Blut durch seine Gerinnung ein schlechterer Leiter des galvanischen Fluidums geworden zu seyn. Während 2mal 24 Stunden bey einer mittlern Temperatur zwischen 12 und 15 Graden nach Reaumur, wurde die galvanische Einwirkung fortgesetzt, und da alsdann keine Zunahme des Niederschlags und keine weitere Entbindung von Luftblasen statt fand, der Versuch unterbrochen. Beym Auseinandernehmen des galvanischen Apparats fanden sich die Metallplatten nur wenig oxydirt, auf einer von denen, welche im Urin untergetaucht gewesen waren, fanden sich kleine weiſse Krystalle von Kochsalz, und auf einer von denen, die in die Galle eingetaucht gewesen waren, ein Gemenge von Krystallen von Kochsalz und kohlensaurer Soda. Es wurden nunmehr durch ein Filtrum die Niederschläge, welche sich gebildet hatten, abgesondert. Am reichlichsten waren diejenigen aus der Galle, und an ihrer grünen Farbe sehr leicht erkennbar. Der Niederschlag von Nro. I. war röthlich und aus kleinen hart anzufühlenden Körnern gebildet, man nahm kleine Krystalle darin wahr, seine specifische Schwere war beträchtlich genug, um ihn schleunig auf den Boden des Gefäſses, das ihn enthielt, niederfallen zu machen, er war auch voluminöser, als der Niederschlag aus Nro. II. und III. Der Niederschlag von Nro. II. war weiſs und pulverigt, nicht hart anzufühlen; aufmerksam untersucht zeigte er eine auſserordentliche Menge von Krystallpünktchen, er war so leicht, daſs er sich nur mit Mühe zu Boden setzte. Nro. III. gab nur wenig Niederschlag, der weiſs war, gleichfalls Krystallpunkte enthielt, sanft anzufühlen war, und lange in dem Urine schwebend blieb, in welchem er sich gebildet hatte. Bey der nähern chemischen Untersuchung dieser Niederschläge fand es sich, daſs der Niederschlag von Nro. I. Urinsäure, phosphorsauren Kalk, und so wie der Niederschlag von Nro. II. und III. im Wasser auflösliche salzsaure und schwefelsaure Salze enthielt. Spuren von Benzoësäure konnten die Verf. im Niederschlage von Nro. II. und III. nicht entdecken.

Die Niederschläge aus den Flüssigkeiten Nro. IV. V. und VI. waren einander vollkommen ähnlich, von grüner Farbe, pulverigt, sanft anzufühlen, enthielten krystallinische Punkte, und fielen in den Gefäſsen schnell zu Boden. Alcohol von 39—40 Graden löste, durch eine mäſsige Wärme unterstützet, den harzigten Theil auf, und wurde grün gefärbt. Zugesetztes Wasser bildete einen etwas reichlicheren Niederschlag in der Auflösung von Nro. VI. Nach der Ausziehung durch Alcohol wurden diese Niederschläge mit Wasser behandelt, welches ein salzsaures Salz und freyes Alkali aufnahm. Was unaufgelöst zurückblieb, verhielt sich als Eyweiſsstoff mit etwas kohlensaurem Kalke.

Die Flüssigkeiten selbst, aus welchen das galvanische Agens diese Niederschläge abgeschieden hatte, zeigten keine Spur von fauligter Zersetzung. Der Urin Nro. I. hatte keine Veränderung in seinem Geschmack erfahren, nur einen sehr schwachen Geruch angenommen, und war vollkommen durchsichtig. Der Urin Nro. II. und III. hatte gar keine Veränderung im Geruch und in der Durchsichtigkeit erlitten. Aber nunmehr, da die galvanische Action aufgehört hatte, fing er bald an, seine Farbe zu verändern, trübe zu werden, und einen Ammoniakgeruch zu verbreiten.

Auch die Galle zeigte keine Spur von Fäulnifs, ihre Farbe war schön grün, sie war vollkommen durchsichtig, schäumte nach Art der Seifenwasser, und war fettig anzufühlen.

Die Verf. stellen noch die Schlufsfolgerungen auf:

1. Dafs der Urin keine eigentliche Zersetzung erleide, sondern dafs nur eine partielle Abtrennung seiner Salze statt finde, dafs man sich daher hüten müsse, den Galvanismus auf dieses Organ vor seiner Ausleerung einwirken zu lassen, weil sich leicht gewisse Salze daraus absetzen, und zur Bildung von Blasensteinen Veranlassung geben könnten.

2. Dafs die Niederschlagung der Galle durch den galvanischen Strohm von einer partiellen Zersetzung dieses Fluidums herrühre, weil eine kleine Portion Harz und Laugensalz dadurch isolirt werden, dafs diese Niederschläge aufserdem noch Eyweifsstoff enthalten, und dafs von der Niederschlagung dieser thierischen Materie die Abhaltung der Fäulnifs von der Galle beruhe.

III.

Beyträge zur pharmaceutischen Chemie.

A. *Notiz von der Zusammensetzung und dem Gebrauche der Schokolate.* Von Parmentier. *)

Unter die Substanzen, mit denen die Eroberung der neuen Welt die alte bereichert hat, gehört die Ka-

*) Annales de Chimie N. 134. S. 139—148.

kao. Mit diesem Samenkerne bereiteten die Mexicaner seit undenklichen Zeiten ihr Lieblingsgetränke, die Schokolate. Sie bestand in gerösteter und gestofsener Kakao, welche sie mit Wasser verdünnten, und wozu sie Maismehl, um ihr die gehörige Consistenz zu verschaffen, und Gewürze des Wohlgeschmacks wegen hinzusetzten. Die Existenz des Zuckers war ihnen unbekannt, weil das in Ostindien einheimische Zuckerrohr nach St. Domingo erst im Jahre 1506 durch Desticaca gebracht worden war, und Balastro zuerst in America dieses Gewächs auf die Mühle gebracht hatte.

Die Spanier theilten den Enthusiasmus der Mexicaner in Betreff der wunderbaren Eigenschaften, welche sie der Schokolate zuschrieben; ihre Zubereitung wurde bald in ihren Händen ein Gegenstand der Speculation, sie machten ein Geheimnifs daraus, und verkauften und verkaufen noch heut zu Tag einen blofsen Teig aus gerösteter, gestofsener und in die Gestalt von cylindrischen Stangen gebrachter Kakao für Schokolate an die andern Nationen. Durch die Verpflanzung des Zuckerrohrs nach Westindien wurde der Gebrauch des Zuckers in Europa bald allgemeiner, und er das allgemeine Gewürz. Die Spanier setzten ihn daher gleichfalls der Schokolate zu, um das Unangenehme derselben für diejenigen, die nicht an dieses Getränke gewöhnt waren, zu verbessern; aber nur erst lange hernach machten die andern Nationen die Entdeckung, dafs die Kakao die Grundlage, der Zucker das Verbesserungsmittel, der Zimmt und die Vanille die Würze derselben seyen. Diese Entdeckung wurde das Patrimonium von einer Menge von Individuen, die nun gleichfalls ein Geheimnifs daraus machten; daher kamen jene Schokolaten von Italien, von Portugall, von Spanien, die indessen mit denen, welche man zu Paris und in andern Städten von Frankreich bereitet, keine Superiorität über dieselbe haben.

Man hat die Lobeserhebungen der Schokolate sehr weit getrieben. So viel ist gewiſs, daſs die wohl zubereitete Schokolate ein angenehmes, leichtes und leicht verdauliches Nahrungsmittel ist, weſswegen man sie dann vorzüglich Wiedergenesenden, schwächlichen Personen und Greisen verordnet. Damit sie constant ihre guten Wirkungen hervorbringe, müssen die Ingredienzien, aus denen sie zusammengesetzt ist, vollkommen ausgewählt, wohl zubereitet und innigst gemischt seyn, um einen feinen und gleichförmigen Teig zu bilden.

Denkt man über die Natur der Substanzen, aus welchen die Schokolate bestehet, und die Art, ihre Verbindung zu bewirken, nach, so kann man nicht umhin, den ganzen Karakter einer wahrhaft pharmacevtischen Zubereitung darin zu erkennen, und zu gestehen, daſs sie ein Zusammentreffen von Sorgfalt und Nachdenken erfordert, das man von gemeinen Arbeitern ohne Anleitung und Aufsicht nicht erwarten darf.

Die Auswahl der Kakao reicht nicht zu, man muſs diese Frucht durch ein weitlöcheriges Sieb reinigen, sie dann bey einer gelinden Wärme rösten, um sie von ihrer Feuchtigkeit zu befreyen, und den Geruch und Geschmack, welche ihr zukommen, zu entwicklen; man muſs sie Bohne für Bohne von der Rinde und dem Kerne reinigen. Die so gereinigte Kakao muſs dann lange Zeit mit einer gewissen Quantität von Zucker auf einem im Sandbade stufenweise erwärmten Steine gerieben, der übrige Zucker erst beym zweyten Reiben hinzugethan, und erst gegen das Ende der Operation das mit Zucker pulverisirte Gewürz hinzugesetzt werden. Hierauf theilt man die gleichförmige Masse in Portionen von einem bestimmten Gewichte, bringt sie in Formen, aus denen man sie nach dem Erkalten herausnimmt, um sie zu umwickeln, und an einem kühlen und trockenen Orte aufzubewahren. Der Winter ist die günstigste Jahreszeit für diese Zubereitung.

Da die verschiedenen Arten von Kakao, welche im Handel vorkommen, jede für sich allein keine gute Sorte von Schokolate geben würden, so mischt man sie zusammen in Verhältnissen, die durch den Preis, den man darauf setzen will, und durch den Geschmack oder die Phantasie der Verzehrer bestimmt wird. Wenn Zimmt das einzige Gewürz ist, was in ihre Zusammensetzung eingeht, so nennt man sie Gesundheitsschokolate *), sie heifst Schokolate von einer halben, von einer, zwey und drey Vanillen, wenn in einem Pfunde eine halbe, eine, zwey oder drey Vanillenschoten sich befinden.

Die so zusammengesetzte Schokolate ist bey weitem jenem rohen Teige von Kakao vorzuziehen, den man noch auf den Antillen bereitet, und welchen uns die Spanier immer noch zuschicken unter dem Vorwande, dafs sie in diesem Zustande mehr Bequemlichkeit zum Genusse darbiete, weil man im Augenblicke seines Frühstückes den Zucker und eine beliebige Art von Gewürz in einem Verhältnisse nach seiner eigenen Wahl hinzusetzen könne. Das Getränke,

*) Was man bey uns Gesundheitsschokolate nennt, enthält eigentlich selbst nicht einmal Zimmt.

Getränke, das daraus resultiret, hat aber nie eine vollkommene Homogeneität. Immer sieht man die Kakaobutter auf der Oberfläche schwimmen, während beym Zusammenmengen des Zuckers mit der Kakao auf dem Reibsteine eine innigere Vereinigung aller Principien in dem Gemenge zu Stande kömmt. Kurz, man erhält eine besser geschmolzene Schokolate, die mit dem Wasser leichter mischbar, und daher verdaulicher ist. Ausserdem ist bey der Zerreibung der Kakao ohne Zusatz von Zucker zu fürchten, daſs das Öl oder die sogenannte Butter, welche sie enthält, durch die Einwirkung der Wärme etwas von ihrem milden Karakter verliehre, und scharf und erhitzend werde.

Von den Miſsbräuchen in der Bereitung der Schokolate.

Baumé in seinen Elemens de Pharmacie und Demachy in seiner Art du distillateur - liquoriste haben einen Theil der Miſsbräuche enthüllt, welche in der Fabrication der Schokolate begangen werden. Ich würde mich glücklich schätzen, wenn ich durch Hinzufügung einiger neuen Bemerkungen zu denen, welche diese Chemiker bereits bekannt gemacht haben, dahin gelangen könnte, der Schokolate die gerechte Reputation zu erhalten, welche sie verdient, und welche sie in der Meinung mehrerer Personen nur durch die Fehler ihrer Zubereitung, oder durch den Zusatz von fremdartigen Materien verlohren hat.

Unter den Personen, welche ich Klagen gegen die Schokolate habe erheben sehen, will ich nur eine Frau von einer ziemlich guten Constitution citiren, welcher man den Gebrauch davon als Arzneymittel vorgeschrieben hatte. Die üblen Wirkungen, welche sie davon verspührte, liefsen mich Verdacht über die ächte und gute Beschaffenheit ihrer Schokolate schöpfen, ich untersuchte dieselbe, und fand darin eine mehligte Substanz in ziemlich reichlicher Menge. Gerade diese Nahrungsmaterie war ihr von ihrem Arzte verboten. Ich vermochte sie, den Gebrauch der Schokolate nicht auszusetzen, sondern sich anders woher dergleichen zu verschaffen, bald verschwanden nun die Übelkeit, der Druck, die Säure, woran sie litt, und der Magen wurde unmèrklich wieder hergestellt. So hätte also das Mittel, dem sie ihre Heilung verdankte, die Ursache ihres Abzehrens durch unerlaubte Verfälschung werden können.

Ich glaubte, diese Gelegenheit ergreifen zu müssen, um verschiedene Sorten von Schokolate, welche bey verschiedenen Fabrikanten genommen würden, zu verificiren, ich fand unter ihnen Sorten von der gröfsten Vollkommenheit, ich fand aber auch darunter solche, welche Waizenmehl, andere, welche Linsen-, Bohnen-, Erbsenmehl, andere endlich, welche Kartoffeln-Satzmehl enthielten. Man wird vielleicht sagen, dafs diese Substanzen in der thierischen Ökonomie unschädlich sind. Ich will das immerhin zugeben, aber gerade unter den Umständen, in denen die Schokolate einen Theil der Diät ausmacht, und als arzneyliches Nahrungsmittel verordnet wird, können sie nicht anders, als sehr nachtheilig für die Gesundheit werden. Auch gehören sie überhaupt nicht zur Zusammensetzung der Schokolate. Diese Bemerkungen sind auf alle jene Zusätze anwendbar, welche in Anzeigen, die von Charlatans ausgetheilt werden, so sehr gerühmt werden. Gesetzt aber auch, es sey nothwendig, was aber doch nie der Fall ist, die Schokolate dicker und substantieller zu machen, so müssen doch jene Zumischungen nicht eher, als im Augenblicke ihrer Zubereitung zum Trinken, und gleichsam unter den Augen dessen, der sie geniefst, geschehen. Auch mufs ich noch bemerken, dafs man die mehligten Substanzen, deren Zusatz man für nothwendig hält, allezeit im Zustand von Satz- oder Stärkemehl anwenden müsse, weil sie alsdann von den glutinösen und Extractivsubstanzen befreyt sind, und nur noch das den Vorzug vor allen andern verdienende Nahrungsprincip enthalten.

Die Zusammensetzung der Schokolate mufs wohl von ihrer Zubereitung unterschieden werden, diese fällt demjenigen zu, der sie verzehrt, und er kann nach Belieben Eyergelb hinzusetzen, um dem Getränke einen mehr seifenartigen Karakter zu geben, und sich der Milch statt des Wassers bedienen, um ihre Nahrsamkeit zu vermehren. Man hat sogar bemerkt, dafs viele Personen, die keine Milch vertrugen, und stets von Säure darnach geplagt waren, durch den Zusatz von etwas Schokolate dahin gelangen, sie zu verdauen.

Es gibt noch einige andere Betrügereyen in der Zusammensetzung der Schokolate, die deren Wirkungen noch nachtheiliger sind, und auf welche ich in meiner Untersuchung derselben gestofsen bin. Einige Fabricanten verschaffen sich nehmlich zu niedrigen Preisen die Rückbleibsel des Teigs von Kakao, aus welchem die Butter ausgezogen worden ist, und ersetzen dieselbe durch Öle oder durch animalisches Fett; andere setzen geröstete Mandeln, Traganthschleim, arabisches Gummi hinzu; endlich gibt es Fabricanten, welche sich mit scharfen, bittern, und frisch eingesammelten Kakaobohnen versehen, weil diese Sorten, die man immer zu wohlfeilem Preise hat, im Stande sind, eine gröfsere Quantität Zucker zu vertragen, wodurch der Preis der Schokolate um so viel vermindert wird.

Ich bemerke noch, dafs selbst bey der gröfsten Treue die Schokolate, ohne etwas fremdartiges zu enthalten, doch mangelhaft seyn kann, entweder dadurch, dafs die Materialien ihrer Zusammensetzung schlecht ausgewählt worden sind, oder dafs man in der ersten Operation selbst einige Fehler begangen hat. Die ganze Kunst besteht darin, Kakaobohnen von guter Qualität auszuwählen, und besonders die beyden Extreme in Rücksicht auf das Rösten zu vermeiden. Ist die Kakao nicht hinlänglich geröstet, so behält sie einen unangenehmen Geschmack bey, röstet man sie bis zum Verbrennen, so ist ausser der Bitterkeit, welche die Kakao davon erhält, das Getränke, das man daraus bereitet, schwärzlich, und es mangelt ihm jenes Unctuöse, das man so gern daran findet. Wird endlich der Keim nicht von den beyden Fruchtlappen abgesondert, so findet er sich, da er vermöge seines harten und hornartigen Zustandes der Wirkung des Reibens und des Kochens widerstehet, auf dem Boden der Tasse Schokolate in seiner ganzen Integrität. Seine Gegenwart zeigt dann hinlänglich, dafs die erste Arbeit, die Kakao Kern für Kern zu reinigen, versäumt worden ist, und dafs die nachfolgenden Operationen gleichfalls nicht mit aller Sorgfalt gemacht worden sind.

Noch mufs bemerkt werden, dafs die meisten Arbeiter, welchen man die Fabrication der Schokolate anvertraut, eine besondere Aufsicht von Seiten des Herrn erfordern, sie können Untreuen begehen, wenn sie im Accorde arbeiten, sie reiben dann den Teig schlecht, und um ihre Arme zu schonen und Zeit zu gewinnen, geben sie einen zu starken Feuersgrad, welcher der Qualität der Schokolate sehr nachtheilig ist.

Mittel, die Betrügereyen zu erkennen.

Mit geübten Organen kann man leicht von der Güte der Schokolate urtheilen. Im Bruche darf sie nichts körnigtes zeigen. Sie muſs im Munde schmelzen, und beym Schmelzen eine Art von Kühle darin zurücklassen, endlich muſs sie, wenn man sie mit Wasser oder Milch in Getränk verwandelt, nur eine mäſsige Consistenz annehmen.

So oft die Schokolate im Munde einen teigigen (pâteux) Geschmack verbreitet, bey ihrer Zubereitung die Flüssigkeit beym ersten Aufwallen einen Geruch nach Leim von sich gibt, und sie sich nach ihrer gänzlichen Erkaltung in eine Art von Gallerte verwandelt, so darf man überzeugt seyn, daſs die Schokolate eine mehligte Materie und zwar in desto gröſserer Menge enthält, je auffallender jene Erscheinungen sind. Setzen sich auf dem Grunde der Tasse kleine feste Körper, ein erdigtes oder körnigtes Sediment ab, so ist dieſs ein Beweis, daſs man die Kakao schlecht gereiniget, und statt des Zuckers mehr oder weniger gemeine Cassonnade angewandt hat. Der Geruch nach Käse verräth die Gegenwart von animalischem Fette, und die Ranzigkeit die von Pflanzensaamen, aus denen man sonst Mandelmilch macht, endlich der bittere, schimmligte und Seegeschmack (mariné) beweiſst, daſs die angewandte Kakao zu grün, oder zu stark geröstet war, oder Haverey gelitten hat.

Aus dem Bisherigen ergibt sich, daſs die Schokolate heut zu Tage nicht mehr das ist, was sie zur Zeit, da die Spanier die Eroberung von Mexico machten, war, daſs keine besondere Methode ihrer Zubereitung, die ein Geheimniſs wäre, existiret, daſs, wenn die Elemente, aus denen sie zusammengesetzt ist, in ihren Verhältnissen variiren können, doch das Verfahren, um sich dieselben einander anzueignen und zu einem vollkommenen Ganzen zu vereinigen, constant und unveränderlich seyn muſs, daſs ihre Qualität von der Wahl der Ingredienzien, und von der Sorgfalt bey ihrer Mischung abhänget, daſs die Sorglosigkeit, die Gewinnsucht und Charlatanerie sie in einem Grade entstellen, daſs daraus ein schweres, unverdauliches und erhitzendes Getränke entstehet, daſs man sie, um sie sich mit allen Eigenschaften zu verschaffen, welche eine gute Schokolate karakterisiren, bey Personen nehmen muſs, die Zutrauen verdienen, und gern bezahlen muſs, was sie wirklich werth ist, daſs endlich Jedermann, welcher sich erlaubt, in die Zusammensetzung der Schokolate Materien aufzunehmen, die keinen Bestandtheil davon ausmachen sollen, wenn anders nicht der Abnehmer es ausdrücklich verlanget, der Gesundheit unmittelbar schadet. Der Verfälscher erfahre hiermit, und präge es tief seinem Gedächtnisse ein, daſs, wie sehr er auch in den Schleyer des Geheimnisses sich einhüllet, und in dunkle Werkstätte sich verbirgt, um Materien von niedrigem Preise der Schokolate beyzumischen und sie zu maskiren, er doch der chemischen Analyse nicht entgehen kann, die seine Betrügereyen auf der Stelle entlarvt, und seine verderbliche Kunst und seinen Nahmen der öffentlichen Verwerfung preiſs gibt.

Zu den in dieser Notiz enthaltenen Bemerkungen will ich noch am Ende einige Bemerkungen, welche mir L. C. Cadet so eben über die chemische Analyse einiger Nahrungsmittel mitgetheilet hat, mit den eigenen Worten desselben hinzufügen.

„Der Polizeypräfect hat mich kürzlich beauftragt, Schokolate zu untersuchen, in welcher man einige schädliche Substanzen vermuthete. Ich will hier nicht in das Detail der zahlreichen Versuche eingehen, welche diese Untersuchung nothwendig machte, sondern mich nur auf eine einzige Bemerkung, welche auf dem folgenden Factum beruhet, einschränken.“

„Um zu erfahren, ob die Schokolate einige metallische Substanz enthalte, äscherte ich sie ein, und laugte die Asche mit sehr reiner Salpetersäure aus, welche alles, was auflöslich in derselben war, aufnahm. Durchgeseiht war diese Lauge ganz klar; kaum hatte ich aber eine Auflösung von Wasserstoffschwefel darauf gegossen, so erhielt ich einen sehr reichlichen schwarzen metallischen Niederschlag. Dieses Resultat beunruhigte mich sehr, weil mir die Natur des Metalls noch unbekannt war. Ich untersuchte daher die Lauge durch blausaure Pottasche. Sogleich bildete sich ein herrliches Berlinerblau, wodurch ich wieder beruhigt ward. Ich probierte noch die Lauge mit verschiedenen andern gegenwirkenden Mitteln, und die Zuckersäure zeigte mir die Gegenwart des Kalks. Es war interessant, zu erfahren, ob das Eisen und der Kalk, den ich antraf, gleichfalls in allen übrigen Schokolaten zu finden seyen. Ich stellte daher eine Analyse der Caraguakakao und der besten französischen Kakao an, ich fand darin weder Kalk noch Eisen. Ich liefs hierauf mit Sorgfalt Schokolate aus der nehmlichen Kakao und aus sehr weifsem krystallisirten Zucker bereiten, und die Zerlegung zeigte mir abermals Eisen und Kalk in einer ziemlich grofsen Proportion. Diese beyden Substanzen werden demnach durch die Fabrication in die Schokolate gebracht, und zwar in desto gröfserer Menge, je mehr Sorgfalt man auf ihre Verfertigung verwandt hat. Die Kakao wird nehmlich in einer hohlen Walze von Eisenblech, wie diejenigen, deren man sich zum Brennen des Kaffees bedient, geröstet. Dann stöfst man sie in einem Mörser von Eisen, endlich reibt man sie mit einem stählernen Rollcylinder auf einem Kalksteine, dessen Oberfläche sich durch das Reiben abnutzt, und den Kalk liefert."

„Würde man die Kakao in einem Gefäfse von einem Metalle rösten, das sich weniger leicht oxydiret, oder in einem wohl gebrannten irdenen Geschirre, würde man ferner den Teig auf einem Granit oder Porphyr mit einem Rollcylinder von der nehmlichen Materie reiben, so würde die Schokolate weder Kalk noch Eisen enthalten. In den Manipulationen im Grofsen bringt man auf diese Art öfters metallische Substanzen in die Produkte der Fabrication. So enthalten das Tamarindenextract und der Lakritzensaft eine so grofse Quantität von Kupfer, dafs dieses Metall auf den ersten Anblick erscheint, und die Apotheker sind daher auch genöthiget, sie zu reinigen, um den gefährlichen Zufällen zu begegnen, die davon entstehen könnten."

„Ich war neugierig, zu erfahren, wie grofs das Verhältnifs des Metalls und der Erde sey, welche durch die Fabrication in die Schokolate gebracht würden. Ich wiederholte die Versuche mit Sorgfalt an genau abgewogenen Quantitäten, und überzeugte mich, dafs 5 Hectogrammen (ohngefähr ein Pfund) 24 Decigrammen (48 Grane) Kalk, und 20 Decigrammen (36 Grane) Eisen enthielten, und zwar ist dieses Verhältnifs das Minimum. Ein Mensch, der alle Tage eine Tasse Schokolate nimmt, hat folglich am Ende des Jahres 864 Decigrammen (3 Unzen) Kalk, und 740 Decigrammen (2 Unzen 2 Quentchen) Eisen verzehrt."

„Da das Eisen ein heilsames Metall, und das Verhältnifs der Kalkerde in der Schokolate nicht sehr beträchtlich ist, so darf man über den Genufs derselben keine weitere Unruhe haben. Indessen werden die Ärzte, wie ich nicht zweifle, den Nutzen einsehen, die Analysen verschiedener Substanzen, welche zur Ernährung des Menschen dienen, zu sammlen. Bis zu unserm vollkommenen Wachsthum haben wir zur Entwicklung und Erhärtung unserer Knochen nöthig, mit den Nahrungsmitteln eine gewisse Quantität Kalk aufzunehmen, und man wird sich in dieser Hinsicht mit Interesse der Arbeiten Vauquelins und Alexandre Brongniarts erinnern, welche Kalk im Mehle gefunden, und berechnet haben, dafs ein Mensch, der täglich nur ein Pfund Brodt verzehren würde, beynahe 2 Pfunde Kalk am Ende des Jahres verzehrt haben würde."

„Wenn der Mensch sein volles Wachsthum erreicht hat, so hat er nicht mehr die nehmliche Quantität Kalk vonnöthen, man trifft denselben alsdann auch im Überflusse in seinem Urine und in seinen Ausleerungen; da aber diese Erde in den verschiedenen Verdauungswegen verschiedene Säuren findet, die sich mit ihr verbinden, und Salze bilden, von denen die meisten, wie die phosphorsaure und kleesaure Kalkerde, wenig auflöslich sind, so bringet sie sehr oft Unordnung in die wichtigsten Lebensorgane, man weifs, dafs sie die Grundlage der meisten Urinsteine und Gichtknoten ist. Es ist demnach für die Fortschritte der Arzneywissenschaft sehr wichtig, die Nahrungsmittel zu untersuchen, welche diese Erde in einer merklichen Quantität enthalten. Vauquelin und Brongniart haben sie reichlich im Brodt, ich in der Schokolate gefunden."

„Delaville sagt in einer Abhandlung in Nro. 122. der Annales de Chimie, indem er vom Safte des Kohles spricht: dieser Saft, eingedickt, liefert eine beträchtliche Menge von schwefelsaurem Kalke, der Rübensaft gibt ohngefähr gleiche Resultate."

„Diefs sind folglich 4 Nahrungsmittel, die oft zugleich genossen werden, und welche eine beträchtliche Menge von Kalk in die Verdauungswege bringen. Man könnte noch andere citiren, wie z. B. gewisse Cyderarten, welche von den Kaufleuten mit Kreide versüfst werden, u. s. f. Die Zusammenstellung von dergleichen Beobachtungen, wie klein sie an sich auch scheinen mögen, dient oft am meisten zur Erklärung der Erscheinungen, welche in das Gebiet der Physiologie gehören, und keine Erscheinung darf in der animalischen Chemie vernachlässigt werden, da sie zu den nützlichsten Anwendungen für die Erhaltung der Gesundheit und Zerstöhrung von Krankheiten führen kann.

Pf.

B. *Pharmaceutisch - chemische Abhandlung über verschiedene Veränderungen, welche die salzsauren Quecksilbersalze durch die Einwirkung verschiedener Körper erfahren.* Von Boullay, Apotheker zu Paris. Im Auszuge aus den Annales de Chimie. Nro. 131. S. 176-205.

Diese für den Chemiker, so wie für den Arzt gleich interessante Abhandlung hat das Verhalten des ätzenden, so wie des versüfsten Quecksilbersublimats bey der Einwirkung sehr verschiedener Agentien zum Gegenstande.

Das Licht zersetzte den ätzenden Sublimat sowohl in seiner trockenen Gestalt, als unter dem Wasser, aus welchem sich der in der Siedhitze aufgelöste Sublimat zum Theil krystallisirt hatte, es entband sich Sauerstoffgas, es bildete sich freye Säure, und ein Theil des Sublimats ward in versüfstes Quecksilber verwandelt.

Die Kohle zersetzte bey niedriger Temperatur nur in sehr geringem Grade den Sublimat, und verwandelte einen Theil desselben in versüfstes Quecksilber, bey einer hohen Temperatur war hingegen die Zersetzung vollkommen, und der Verf. fand durch diesen Versuch 100 Theile des ätzenden Quecksilbersublimats zusammengesetzt aus ohngefähr 78 Theilen metallischem Quecksilber, 18 Theilen Salzsäure, und 3 bis 4 Theilen Sauerstoff.

Phosphor zersetzte die Auflösung des ätzenden Quecksilbersublimats durch Hülfe der Wärme des Sandbads beynahe vollkommen, und bildete eine Quecksilber-Phosphure.

Salpetersäure löste in der Wärme den ätzenden Sublimat auf, und setzte ihn beym Erkalten unverändert wieder ab. Eine Unze versüfster Quecksilbersublimat mit 2 Unzen Salpetersäure von 36 Graden Stärke und einer halben Unze Wasser mit steigender Wärme in einer Retorte im Reverberirofen behandelt, und der Rückstand in der Retorte nachmals einer neuen Sublimation in einem Medicinalglase im Sandbade unterworfen, gab 4 Quentchen 14 Grane sehr reinen ätzenden Quecksilbersublimat, und 4 Quentchen 18 Grane salpetersaures Quecksilber im trockenen Zustande. Dieses salpetersaure Quecksilber gab ein schönes rothes Quecksilberoxyd bey der zweyten Behandlung im Sandbade.

Die destillirten Pflanzenwasser desoxydiren das Quecksilber des ätzenden Quecksilbersublimats mehr oder weniger, und diese Veränderung ist um so auffallender, je mehr sie flüchtiges Öl aufgelöst enthalten. Pfeffermünzwasser verwandelte innerhalb einiger Tage beynahe allen Quecksilbersublimat in versüfstes Quecksilber.

Alcohol verwandelte ätzenden Sublimat, der bis zur Sättigung darin aufgelöst war, innerhalb zweyer Monate zur Hälfte in versüfstes Quecksilber, durch langsames Abrauchen einer solchen gesättigten Auflösung wurde nur der 8te Theil vom ätzenden Sublimat in versüfstes Quecksilber verwandelt, durchs Verbrennen einer solchen Auflösung erhielt man im Rückstande blofs versüfstes Quecksilber.

Die frische Wurzel von Lapathum sylvestre, so wie die frischen Stengel von Solanum scandens, in eine Auflösung des ätzenden Sublimats getaucht, verwandelten gleichfalls innerhalb einiger Tage einen Theil desselben in versüfstes Quecksilber.

Eine Auflösung von Gummi arabicum äufserte bey niedriger Temperatur keine merkliche Wirkung auf die Auflösung des ätzenden Sublimats. Eben so verhielt sich der Zucker.

Das Extract vom Solanum scandens bewirkte bey einer atmosphärischen Temperatur von 15 — 20 Graden nach dem hunderttheiligen Thermometer innerhalb 2 Monaten, und im Wasserbade bey einer Temperatur, die nicht bis zur Siedhitze des Wassers stieg, innerhalb 2 Stunden eine beynahe vollkommene Verwandlung des ätzenden Sublimats in versüfstes Quecksilber. Bey der trocknen Destillation beyder Körper mit einander wurde der Sublimat in seine elementarischen Bestandtheile zersetzt.

Auch fixe Öle verwandeln den ätzenden Sublimat zum Theil in versüfstes Quecksilber, Auflösungen von flüchtigen Ölen und Campher im Alcohol bewirken diese Verwandlungen noch schneller, als der blofse Alcohol und die destillirten Wasser. Eine Verbindung der Tinctura Quajaci mit einer Alcoholauflösung des ätzenden Sublimats gab innerhalb 24 Stunden einen Niederschlag von Mercurius dulcis mit einer harzigten Materie vermischt.

Aus allen diesen Versuchen erhellet, dafs der Mercurius sublimatus corrosivus ein sehr zersetzbares Salz ist, und dafs die besten Vehikel für denselben, wenn er als Arzneymittel verordnet werden soll, das destillirte Wasser, das Gummi und der Zucker sind, indem diese die wenigste Einwirkung auf den ätzenden Sublimat haben, diese letztern wahrscheinlich darum, weil sie vom kohligten Zustande sehr weit entfernt sind. Gelegentlich erhält Fourcroys grofses Werk: Systeme des connoissances chimiques, durch Boullays Versuche in einigen Stellen schätzbare Ergänzungen und Berichtigungen.

Pf.

IV.

Abhandlung über die chemische Natur der Ameisen, und über das gleichzeitige Daseyn zweyer Pflanzensäuren in diesen Insekten. Von A. F. Fourcroy. (Im Auszuge.) *)

Seit Samuel Fischer, der 1670 zuerst diese Säure beschrieb, und der dieselbe durch Destillation erhalten lehrte, bis auf Deyeux, der durch genaue Versuche die Identität dieser Säure mit der Essigsäure bestätigte, eine Identität, die zuerst im Jahre 1749 von Marggraf angekündiget **), und dann im Jahre 1777 von Arvidson und Oëhrn ***), und hierauf von Bergmann behauptet worden war, reducirt sich alles, was die Chemiker seither über diesen Gegenstand gethan haben, darauf, daſs einige diese angegebene Analogie unterstützten, andere sie nur als scheinbar erklarten, und die Ameisensäure für eine eigenthümliche Säure hielten †). Ich hielt es bey die-

*) Annales du Museum national d'histoire naturelle. V. Cahier. S. 333.

**) Marggraf über die Ameisensäure. In dessen chem. Schriften 1. B. S. 320. fg. Pf.

***) I. Afzelius Arvidson de acido formicarum. Upsal. 1777. übers. in Bald. neuem Mag. f. Ärzte. Bd. II. St. 2. Pf.

†) Hermbstädt und Lowitz haben unter uns Deutschen am meisten über diesen Gegenstand gearbeitet. S. des ersteren physicalisch-chemische Versuche und Beobachtungen 2. Band. 1787. S. 19. fg. und Lowitz in v. Crells chem. Annalen 1793. 1. B. S. 221. Ersterer hält die eigenthümliche Natur der Ameisensäure nicht für ganz ausgemacht. S. dessen systematischen Grundriſs der Allg. Experimentalchemie. IIten B. S. 373.

sem Widerspruche für nützlich, die Analyse der Ameisen wieder vorzunehmen, und bey dieser gemeinschaftlichen Arbeit lernten wir, Vauquelin und ich, Thatsachen kennen, die unsern Vorgängern entgangen waren.

1. Nach Reinigung der grofsen rothbraunen Ameisen, (Formica rufa L.) zerdrückte man sie in einem Mörser von Marmor, während dieser Operation entwickelte sich ein sehr stechender Dunst, der den Augen wehe that, und mit dem Dunste des radicalen Essigs die gröfste Ähnlichkeit hatte. 2. Die so zerdrückten Ameisen wurden mehrere Tage bey einer Temperatur von 16—18 Graden im Alcohol digeriret, das davon gelb gefärbt wurde. 3. Dieser Alcoholaufgufs, der Destillation unterworfen, lieferte eine brennbare Flüssigkeit von einem schwach säuerlichen Geschmack. Es bildete sich während der Destillation ein bräunlicher Niederschlag in der Flüssigkeit, den man auf dem Filtrum sammelte. 4. Die rückbleibende saure Flüssigkeit wurde filtriret und mit Kalk gesättiget. 5. Diese Verbindung der Ameisensäure mit der Kalkerde verhielt sich gegen verschiedene gegenwirkende Mittel folgendermafsen. a. Die concentrirte Schwefelsäure entwickelte einen Essiggeruch. b. Das salpetersaure Bley bildete ein reichliches weifses Präcipitat. c. Das salpetersaure Silber ein gelbliches. d. Die salzsaure Schwererde brachte keine merkliche Veränderung hervor. e. Eben so wenig das Ammoniak. f. Das Alcohol bildete einen fadenziehenden Niederschlag. 6. Ein Theil der eingedickten Flüssigkeit wurde mit einem halben Theile concentrirter Schwefelsäure und 2½ Theilen Wasser vermischet, augenblicklich bildete sich ein sehr dicker Brey. Der Destillation unterworfen, gab derselbe eine klare Flüssigkeit von empyrevmatischem

Geruch und ziemlich scharfem Geschmack. Der Rückstand dieser Destillation hatte eine sehr dunkelbraune Farbe und einen unangenehmen verbrannten Geruch angenommen, ohngeachtet die Destillation nicht bis zur Trocknifs getrieben worden war. Das Übergegangene, mit dem essigsauren Bley untersucht, zeigte keine Spur von Schwefelsäure. Mit Pottasche gesättiget gab diese destillirte Säure ein Salz, das sich völlig wie essigsaure Pottasche verhielt. Der gröfste Theil der Ameisensäure ist demnach nichts anders, als Essigsäure. 7. Die Verbindung der durch den Alcoholaufgufs erhaltenen Ameisensäure und der Kalkerde zeigte uns noch eine merkwürdige Erscheinung, sie bildete in der essigsauren Bleyauflösung einen reichlichen Niederschlag, der durch Essigsäure sowohl, als durch die in dem Versuche Nro. 6. durch Destillation erhaltenen Säure wieder aufgelöst wurde. Diefs bewies, dafs die durch Alcohol erhaltene Säure noch etwas anders, als blofse Essigsäure, enthielt, und dafs diese andere Substanz nicht flüchtig war, weil das Produkt der Destillation mit Schwefelsäure (Nro. 6.) diese Erscheinung nicht zeigte. 8. Um dieser Materie, die wir in dem Rückstande der Destillation von Nro. 6 vergeblich, wegen der grofsen Quantität Schwefelsäure, suchten, auf die Spur zu kommen, vermischten wir einen Theil der kalkerdigten Verbindung der Ameisensäure mit einer Auflösung von salpetersaurem Bley, und augenblicklich bildete sich ein sehr reichlicher Niederschlag von einer gelblichen Farbe, der vorher wohl gewaschen und getrocknet, auf einer glühenden Kohle schnell schwarz wurde, und einen thierischen, ammoniacalischen Geruch exhalirte, während das Bley sich reducirte. Auf dieses in ein feines Pulver verwandelte Präcipitat wurde mit 6 Mal so viel Wasser verdünnte Schwefelsäure

felsäure gegossen, im Augenblicke der Mischung blieb das Pulver auf der Oberfläche, wie wenn es eine fette Substanz wäre, und vermischte sich nur erst nach langem Schütteln damit, nun wurde das Volumen des Präcipitats geringer, es wurde schwerer und weifser, die Flüssigkeit hatte alsdann einen schwach sauersüfslichen Geschmack, der durch Zusatz von Schwefelsäure verschwand, und an dessen Stelle bald hernach ein widerlicher Geschmack trat; sie präcipitirte nur sehr wenig die salzsaure Schwererde, eben so nur ganz schwach das Kalkwasser, aber nach einigen Stunden bildeten sich viele Krystalle an der Oberfläche der Flüssigkeit, und auf den Wandungen des Glases, welches das Gemisch enthielt. Sie schlug das salpetersaure Quecksilber, Silber und Bley sehr stark nieder. Mit der Schwererde verbunden gab sie eine röthliche Auflösung von einem stechend salzigten Geschmack, die sich abgeraucht nicht krystallisirte. Die reine Pottasche schlug diese Auflösung nicht nieder. Die Kleesäure erzeugte einen ziemlich reichlichen Niederschlag, die Weinsteinsäure und Zitronensäure brachten aber keine Veränderung darin hervor. 9. Die angeführten Thatsachen bewiesen uns, dafs die ausser der Essigsäure mit dem Kalke verbundene Säure Apfelsäure sey, und vergleichende Versuche, die wir über das Verhalten der Apfelsäure unter ähnlichen Umständen anstellten, überzeugten uns vollends davon. Die Verschiedenheiten, welche die Chemiker zwischen der Essigsäure und der Ameisensäure entdeckten, rührten demnach von dieser beygemischten Apfelsäure her *). 10. Die durch das Alcohol gehö-

*) Der eigenthümliche Geruch und Geschmack der Ameisensäure, der auch der durch Destillation erhaltenen zukömmt, woran also das Daseyn der Apfelsäure keinen Antheil

rig ausgezogenen Ameisen gaben bey der Destillation ein helles und schwach alkalinisches Wasser, ein rothbraunes, dickes und ziemlich stinkendes Öl. Die erstere Flüssigkeit, die mit Wasser verdünnt und filtriret, um das Öl abzuscheiden, mit den Säuren schwach aufbrauste, verbreitete neben ihrem Gestanke noch einen deutlich zu erkennenden Essiggeruch; man destillirte daher eine gewisse Quantität davon mit Schwefelsäure gemischt, und erhielt so ein saures farbenloses Produkt von einem empyrevmatischen Geruch, das eine kleine Quantität von Essigsäure enthielt. 11. Man erinnert sich, daſs der Alcoholaufguſs bey der Destillation eine braune Substanz sich absetzen lieſs, die man auf dem Filtrum sammelte (3). Diese Substanz bestand aus einer harzigt-fettigen und aus einer ganz deutlich albuminösen Materie, welche letztere von etwas Kohle bräunlich gefärbt war. Durch die Säure der Ameisen und etwas Feuchtigkeit hatte sie sich ohne Zweifel anfänglich im Alcohol aufgelöst. Beym nachmaligen Digeriren jener Substanz mit neuem Alcohol blieb sie unaufgelöst zurück, und nur die harzigt-fettige Materie löste sich auf. 12. Das, was von den Ameisen nach der Behandlung mit Alcohol und der trockenen Destillation zurückblieb, war eine Kohle, die, wie alle Kohlen thierischer Substanzen, sich nur mit Mühe einäschern lieſs, und beym Einäschern reine phosphorsaure Kalkerde zurücklieſs. 13. Das Resultat dieser Analyse ist, daſs die Ameisen aus einer groſsen Quantität von Kohle, die mit einer kleinen Quantität von Wasserstoff, und wahrscheinlich

hat, unterhielt vorzüglich die Meynung, daſs die Ameisensäure eine eigenthümliche seyn möchte. Dieser Geruch und Geschmack rühren aber ohne Zweifel von beygemischten empyrevmatischen Theilen her.

Pf.

auch mit wenigem Sauerstoffe verbunden ist, bestehen, und dafs diese Zusammensetzung mit phosphorsaurem Kalke gemischt ist, welches alles zusammen das Skelett der Ameisen constituiret. Ausser diesem enthalten sie eine grofse Menge eines im Alcohol auflöslichen Harzes, das vollkommen in ihnen gebildet zu seyn scheinet, ferner etwas weniges Eyweifsstoff und thierische Gallerte, und endlich Apfelsäure und Essigsäure, die in einem sehr concentrirten Zustande in diesen Insekten enthalten zu seyn scheinen, wie ein obiger Versuch (1) beweiset. Wahrscheinlich ist es diese concentrirte Essigsäure, die durch ihr Eindringen in den Bifs der Ameisen diesen so brennend, und die verletzten Theile anschwellen macht. Man mufs sich beym ersten Anblicke über die grofse Menge von Säure, welche diese Thierchen beständig erzeugen, und besonders darüber verwundern, dafs sie mitten in einer so scharfen Flüssigkeit leben können; es ist aber sehr wahrscheinlich, dafs diese Säure durch eigenthümliche Gefäfse, die mit den Lebensorganen nicht communiciren, und die sich nur nach aussen öffnen, abgesondert und ausgeschieden wird. Der Anatomie kömmt es zu, uns diesen wunderbaren Absonderungsapparat zu enthüllen.

Was noch die Apfelsäure betrifft, so ist sie eine der am meisten in der organischen Natur verbreiteten Säuren. Man findet sie in allen Steinfrüchten (Drupae), Kernfrüchten (Poma) und einer grofsen Anzahl von Beeren. In sehr vielen Pflanzen, wie in den Sempervivis, Sedis u. s. w., selbst in den Aloëarten, findet sie sich verbunden mit Kalkerde. Sie findet sich in dem ausgeschwitzten Safte der Kichererbsen, wo sie mit etwas Kleesäure und einigen Atomen von Essigsäure verbunden ist. Die vegetabilischen Substanzen, wie der Zucker, die Gummiarten etc., so wie auch die thierischen Substanzen, wie das Blut, der Urinstoff, die Urinsäure, die Gallerte, geben durch die Einwirkung der Salpetersäure und oxygenirten Kochsalzsäure erst Apfelsäure, ehe sie sich in Kleesäure verwandeln. Es scheinet, daſs die Apfelsäure gleichsam der erste Versuch der Säurung in den Processen der Natur und Kunst ist, und besonders geht ihre Bildung derjenigen der Kleesäure und Essigsäure voran. Es ist höchst wahrscheinlich, daſs, wenn man die Pflanzen in ihrem zarten Alter untersuchte, wo sie beynahe ganz sauer sind, man beynahe allezeit die Gegenwart von Apfelsäure in denselben erkennen würde; durch ihre allmähligen Veränderungen entstehen nach und nach die übrigen Säuren, wie die Weinsteinsäure, Zitronensäure, Kleesäure und Essigsäure, die man gewiſs bey fortgesetzten Analysen eben so in den Thieren finden wird, wie man sie in den Pflanzen entdeckt hat.

Pf.

V.

Versuche, welche die Gegenwart von vollkommen gebildeter Blausäure in einigen vegetabilischen Substanzen beweisen. Von Vauquelin. *).

Seit Scheele uns mit den Mitteln bekannt machte, reine Berlinerblausäure zu erhalten, haben alle Chemiker die auffallende Analogie des Geruchs dieser Säure mit demjenigen einiger vegetabilischen Substanzen, wie z. B. der Pfirsichblüthen und Blätter, der bittern Mandeln, der Pfirsich-, Abrikosen-,

*) Annales de Chimie Nro. 134. S. 206 — 212.

Pflaumen -, Kirschenkerne u. s. w. erkannt. Oft unterhielten Fourcroy und ich uns mit einander über diese auffallende Ähnlichkeit, wir nahmen uns vor, zu untersuchen, ob diese vegetabilischen Substanzen nicht Blausäure enthielten, wir hatten bereits eine groſse Menge Abrikosenkerne verflossenen Sommer sammeln lassen, waren aber durch andere Beschäftigungen wieder davon abgebracht worden. Da ich nun kürzlich von Herrn Friedländer erfuhr, daſs der Apotheker Schrader zu Berlin das Daseyn der Blausäure in den bitteren Mandeln, den Pfirsichblättern etc. erkannt habe, so stellte ich folgende Versuche zur Verificirung dieser Nachricht an.

1. Versuch. Sechzig Grammen (1 Unze 7 Quentchen und 49 Grane) gestoſsene und mit eben so viel Wasser vermengte Abrikosenkerne wurden aus einer Retorte im Sandbade bey sehr gelindem Feuer destilliret, bis der gröſste Theil des Wassers übergegangen war.

2. Die so erhaltene Flüssigkeit war hell und ohne Farbe, der Geruch, wie der von bittern Mandeln, sehr stark, und der Geschmack ausnehmend bitter. Die Lakmustinktur wurde nur schwach davon geröthet. Um mich von dem Daseyn der Blausäure darin zu vergewissern, mischte ich einige Tropfen Eisenauflösung hinzu, schlug das Eisen durch Ammoniak nieder, und nachdem ich das Gemische einige Augenblicke umgerührt hatte, setzte ich verdünnte Schwefelsäure hinzu, die einen Theil des Eisenoxyds auflöste, und eine Materie von einer blaulichgrünen Farbe zurücklieſs, welche ein Übermaſs dieser Säure nicht auflösen konnte. Dieser Niederschlag blieb mehrere Tage hindurch grün, erhielt aber in der Siedhitze eine blauliche Tinte. Die Laugensalze entfärbten ihn, und verwandelten ihn

in eine gelbe Materie, was deutlich beweiset, daſs derselbe blausaures Eisen war.

3. Da die Abrikosenkerne in dem ersten Versuch etwas verbrannt waren, so fürchtete ich, die Blausäure möchte erst durch die Reaction der Grundstoffe der vegetabilischen Materie sich gebildet haben. Ich destillirte daher 5 Hectogrammen bitterer Mandeln, zerrieben und mit Wasser vermischet, aus dem Marienbade, und nachdem die Hälfte von diesem übergegangen war, brachte ich es auf die Seite, und fuhr dann in der Destillation bis zur Trockniſs fort. Die erste Portion der übergegangenen Flüssigkeit röthete die Lakmustinktur ein wenig, mit einer Auflösung von Eisenvitriol und Ammoniak gemischet bildete sie einen Niederschlag, den die Schwefelsäure nicht vollkommen auflöste, und der durch das Aufkochen blau wurde. Die zweyte Portion röthete gleichfalls die Lakmustinktur, gab aber weniger Niederschlag mit dem Eisen unter den nehmlichen Umständen, wie die erste Portion. Aus diesen Versuchen erhellet deutlich, daſs die Blausäure in den bittern Mandeln und Abrikosenkernen schon ganz gebildet ist, denn es ist nicht wahrscheinlich, daſs eine niedrigere Temperatur, als die des kochenden Wassers, im Stande sey, sie durch die Reaction der Grundstoffe der Mandeln erst zu entwickeln und zu bilden. Des Herrn Schraders Entdeckung erhält also durch meine Versuche ihre Bestätigung. Indessen glaube ich nicht, daſs die Blausäure in den oben angeführten Substanzen sich in dem nehmlichen Zustande befinde, in welchem sie in der Blutlauge enthalten ist, weil sie, statt wie diese einen blauen Niederschlag mit dem Eisen zu liefern, einen grünen gibt, welches anzudeuten scheinet, daſs sie darin oxygeniret ist. Sie gleichet in

ihren Wirkungen sehr viel derjenigen Blausäure, welche man aus den thierischen und einigen vegetabilischen Substanzen durch die Einwirkung der Salpetersäure erhält. Ich zweifle gleichfalls, daſs der äusserst bittere Geruch und Geschmack des über die bittern Mandeln, über die Abrikosenkerne u. dgl. abgezogenen Wassers bloſs von der Gegenwart der Blausäure herrühre, theils weil die so kleine Quantität Blausäure nicht hinreichend zu seyn scheinet, eine so groſse Bitterkeit hervorzubringen, theils weil nach der Niederschlagung dieser Säure mit dem Eisen die Flüssigkeit noch einen Theil ihres Geruchs und bittern Geschmacks beybehält.

4. Bey der trockenen Destillation geben die bittern Mandeln keine Blausäure, der Geruch des Produkts dieser Destillation hatte viel Analogie mit dem Geruch der thierischen Substanzen, und dieses Produkt enthielt auch viel Ammoniak.

5. Abrikosenkerne mit Alcohol destilliret, ertheilten zwar diesem einen bittern Geschmack, wie der des Nuſsliqueurs, nur noch stärker, ich konnte aber nicht eine Spur von Blausäure darin entdecken. Dieſs scheinet zu beweisen, daſs der Geruch und Geschmack der bittern Mandeln, und verschiedener Substanzen, welchen sie beyde mittheilen, nicht bloſs von der Blausäure, wenigstens nicht in dem Zustande, wo sie Berlinerblau mit dem Eisen bildet, hervorgebracht werden.

Das Resultat dieser Versuche ist: 1. daſs in den bittern Mandeln, den Abrikosen-, und wahrscheinlich auch den Pfirsich-, Pfaumen- und Kirschenkernen eine kleine Quantität vollkommen entwickelter Blausäure enthalten ist, die fähig ist, mit dem Eisen einen grünen Niederschlag zu bilden, woraus sich schliefsen läfst, dafs sie oxygenirt ist. 2. Dafs man nunmehr die ähnlichen Wirkungen erklären kann, welche das destillirte Wasser der bittern Mandeln, des Kirschlorbeers, und die Blausäure auf die Vögel und selbst auf die Menschen hervorbringen. 3. Dafs die Blausäure von nun an unter die unmittelbaren nächsten Principien der Vegetabilien gezählt werden mufs.

Pf.

VI.

Notiz von verschiedenen Arten von Kitten zum Gebrauch der Bildhauer, Steinschneider, Stahlarbeiter, optischen Instrumentenmacher, Juwelirer etc. *)

Der Kitt, den man in England zur Wiedervereinigung verschiedener Stücke von Flufsspath aus Derbyshire, aus welchem man Gefäfse und andere Zierrathen gemacht hat, anwendet, bestehet aus 7 bis 8 Theilen Colophonium und einem Theile gelben Wachs zusammengeschmolzen, wozu man etwas pulverisirten Gyps mischet. Alle diese Ingredienzien werden wohl zusammengemischet, und wenn das Gemische anfängt zu erkalten, knetet man alles wohl

*) Annales des Arts et Manufactures etc. N. 34. Nivose an XI. S. 41 – 60. Viele dieser Kitte sind zwar längst bekannt, indessen wird man hier gern eine Zusammenstellung derselben wieder finden, da die Kenntnifs dieser verschiedenen Kitte von so mannichfaltiger Anwendung im gemeinen Leben ist.

unter einander. Man bringet etwas von diesem Kitte auf eines der Stücke, die man wieder vereinigen will, und man erwärmt sie, bis der Kitt anfängt zu schmelzen.

Manche Arbeiter haben öfters einen Kitt nöthig, der den Gegenstand ihrer Arbeit während der nöthigen Manipulationen festhält, und von welchem sie ihre Arbeiten nachmals mit Leichtigkeit wegnehmen können, wenn sie diese Befestigung nicht mehr nöthig haben, z. B. wenn man nöthig hat, Stücke Glas auf Klötze zu befestigen, um Objektive daraus zu verfertigen etc. Ein guter Kitt zu diesem Behufe ist folgender. Man nimmt 4 Unzen Colophonium und eine Viertel-Unze gelbes Wachs, man läfst sie zusammenschmelzen, und setzt noch 4 Unzen Kreidenweifs hinzu, das man vorher rothglühend gemacht hat. Die Kreide mufs man noch, so lange sie heifs ist, zumischen, damit sie nicht die Feuchtigkeit der Atmosphäre anziehen kann. Dieser Kitt ist vortrefflich zum Halten der optischen Gläser, während man sie schleifet.

Die Goldschmiede bedienen sich eines Gemisches von trockenem Schiffstheer, Colophonium und einer sehr kleinen Quantität Unschlitt, die zusammengeschmolzen, und durch Zusatz von etwas feinem Ziegelmehle dick gemacht werden. Man hält damit die Stücke, während man getriebene Arbeit (ciselure) daraus macht. Dieser Kitt taugt auch vortrefflich zur Befestigung kleiner Arbeiten von Stahl während ihres Polirens. Im Winter ist etwas mehr Unschlitt als im Sommer erforderlich.

Der Lack ist ein herrlicher Kitt zum Festhalten der Metalle, Gläser oder Edelsteine, während man sie schneidet. Diese Materien müssen vorher erwärmt werden, wenn sie fest kleben sollen.

Zum Zusammenkitten zerbrochener Stücke von Glas oder Porzellän taugt am besten eine Mischung von Kalk und Eyweifs; der beste Kalk sind calcinirte Austerschaalen, die man durch ein feines Haarsieb durchschlägt, und die man bis zur Anwendung mit dem Eyweifs sorgfältig aufbewahrt. Damit reparirte Tassen widerstehen selbst dem kochenden Wasser. Eben so dienet zur Wiedervereinigung zerbrochener Stücke von Glas oder Porzellän eine Auflösung von arabischem Gummi mit einem kleinen Zusatze von Weingeist, um sie für dem Schimmeln zu bewahren, wozu man ein wenig Ammoniakgummi setzet.

Die Engländer machen unläugbar den besten Leim in Europa. Der klare Leim, den man in einigen Papierfabriken zu den feineren Arbeiten gebraucht, wird aus den Abschnittseln von Velin und Pergament gemacht, die man so lange im Wasser kochen läfst, bis sie gänzlich aufgelöst sind. Man macht auch einen sehr guten Leim mit den Abschnittseln von den Handschuhmachern, vorausgesetzt, dafs die Felle nicht gefärbt gewesen seyen. Einen sehr guten Kitt macht man aus der Hausenblase, die vermittelst der Wärme im Alcohol oder im Wasser aufgelöst worden ist, wozu man dann eine gleiche Quantität Alcohol hinzumischet. Dieser Kitt wird noch besser, wenn man zur Hausenblase vor ihrer Auflösung im Weingeiste ohngefähr den dritten Theil ihres Gewichts an Ammoniak hinzusetzet. Man setzet hierauf das Gemische der Hitze des kochenden Wassers aus, bis die Hausenblase und das Ammoniakgummi aufgelöset sind, und man siehet, dafs ein Tropfen des Gemisches, den man auf ein Stück Glas fallen läfst, beym Erkalten eine feste Consistenz annimmt. Sonderbar ist es, dafs dieses Gemische nachmals bey einer Temperatur, die nur wenig geringer, als die des menschlichen Körpers ist, schmilzt. Die Eigenschaft, die dieser Kitt beym Erkalten hat, macht ihn sehr geschickt, die zarten Theile von Insekten, wie Flügel, Füſse u. s. w. wieder anzuleimen. Man kann ihn auch zum Zusammenkitten des zerbrochenen Glases oder Porzelläns gebrauchen, und seine leichte Schmelzbarkeit ist kein Hinderniſs, da er diese Eigenschaft dem Alcohol verdanket, das bald nach seinem Gebrauche verdünstet.

Ein sehr guter Kleister ist Reismehl mit kaltem Wasser gemischet und dann gekocht, er ist sehr weiſs und beynahe durchsichtig. Er verdienet den Vorzug vor dem gewöhnlichen Kleister bey allen Papparbeiten. Wendet man nur eine kleine Quantität Wasser zur Verfertigung dieses Kleisters an, so daſs er die Consistenz von Brodteig oder von einer Erde, mit der man etwas modellirt, erhält, so kann man Modelle von Büsten, Bildsäulen, Bas-reliefs u. s. w. daraus machen, und diese Arbeiten sehr gut poliren, wenn sie trocken sind. Sie sind sogar sehr dauerhaft.

Die Juwelirer haben beym Fassen der Edelsteine oft das Unglück, einige Stücke zu zerbrechen; durch ein wenig Mastix, den man zwischen die Bruchstücke bringt, helfen sie sich bis zur Täuschung, selbst des geübtesten Auges. Man erwärmet die Stücke bis zum Schmelzen des Mastix, und indem man sie an einander drückt, entledigt man sie des Überflüssigen. Durch diesen Kitt werden öfters Köpfe von Cameen, die aus einem Teige gemacht sind, auf einen Grund von Sardonyx, oder von einem schwarzen Steine geleimt, die man dann mit dem schönsten Onyx verwechseln kann. Auf dieselbe Weise kittet man durchsichtige Steine von verschiedenen Farbennuançen an einander, und bringet neue Lichteffekte hervor, die ein Produkt beyder Farben sind.

Ein trefflicher Kitt, dessen sich die Juwelirer in der Türkey, die meistens Armenier sind, bedienen, um in Gold oder Silber gefafste Diamanten und andere Edelsteine auf Uhren etc. zu befestigen, ist folgender. Man löset 5 bis 6 Stücke von Mastix, von der Gröfse kleiner Erbsen, in so viel Weingeist auf, als gerade nöthig ist, um den Mastix flüssig zu machen; in einem andern Gefäfse löst man so viel Hausenblase in Weingeist auf, als nöthig ist, um zwey Unzenmafse eines sehr starken Leims zu erhalten; um die Auflösung zu erleichtern, läfst man die Hausenblase vorher einweichen, bis sie aufgeschwollen und weich geworden ist; man setzt noch zwey Stücke Ammoniakgummi hinzu, und wenn alles aufgelöst ist, vereinigt man beyde Gemische, indem man sie zusammen erwärmet. Man bewahrt diesen Kitt in einem wohl verschlossenen Glase, und man taucht dieses in heifses Wasser, wenn man sich des Kitts bedienen will. Man kann auch unmittelbar die Hausenblase mit dem Ammoniakgummi durch Sieden im Weingeiste auflösen, und dann mit der Mastixauflösung vermischen. Dieser Kitt widersteht vollkommen der Feuchtigkeit. Ein guter, der Feuchtigkeit widerstehender Kitt, dessen sich die unterrichteten Tischler bey Arbeiten bedienen, die dem Ungemach der Witterung ausgesetzet sind, bestehet aus gewöhnlichem Tischlerleim, den man sieden läfst, und zu welchem man den 8ten Theil gekochtes Leinöl hinzusetzt, das man nach und nach unter stetem Umrühren hinzumischet.

Ein Gemische aus Bleyweifs, das mit Leinöl so lange zerrieben wird, bis die Masse eine klebrigte

Consistenz annimmt, gibt einen sehr guten, der Feuchtigkeit widerstehenden Kitt, womit man Glas und Porzellän zusammenleimen kann. Man muſs die Stücke stark an einander drücken, um die möglich dünnste Schicht davon zwischen ihnen zu lassen, sie wenigstens 2 oder 3 Monate ruhig stehen lassen, und dann mit einem Messer das Ausgedrückte, was auſsen an den Fugen sich befindet, wegnehmen.

Mit Käse kann man einen im Wasser unauflöslichen Kitt bereiten. Man nimmt weichen Käse, schneidet die Rinde weg, und läſst ihn in Scheiben zerschnitten unter beständigem Umrühren im Wasser kochen, bis er in den Zustand von einem Kleister verwandelt ist, ohne sich aber mit dem Wasser vereiniget zu haben; man gieſst das warme Wasser weg, gieſst kaltes Wasser auf diese klebrigte Substanz, und knetet sie dann in warmem Wasser. Dieſs wiederholt man mehrere Male. Endlich bringt man diesen Kleister auf einen Stein, und knetet ihn mit lebendigem Kalke zusammen. Will man sich dieses Kitts bedienen, so muſs man ihn erwärmen, weil er dann besser hält. Sobald er trocken ist, was in 48 Stunden der Fall ist, ist er unauflöslich im Wasser. Man kann Stücke Marmor, Fayence etc. damit zusammenleimen.

Ein sehr guter Kitt, der dem Wasser, und selbst dem kochenden Wasser, so wie den Wasserdämpfen, vollkommen widerstehet, und der daher bey Dampfmaschinen zur Verbindung der Ränder der eisernen Cylinder und anderer Stücke von Eisen, auch bey Wasserbehältern dienet, ist eine Mischung von gekochtem Leinöle mit Silberglätte, Mennige, oder Bleyweiſs, bis zur gehörigen Consistenz. Der gebräuchlichste Kitt für Dampfmaschinen wird folgendermaſsen bereitet. Man nimmt zwey Theile Salmiak, einen Theil Schwefelblumen, und 16 Theile Eisenfeile, die der Abfall vom Eisenbohren sind, man reibt alles in einem Mörser zusammen, und bewahrt dieses Pulver trocken. Will man diesen Kitt nun anwenden, so nimmt man einen Theil obigen Pulvers, und 20 Theile reiner Eisenfeile, die man in einem Mörser wohl zusammenmischet, indem man sie mit Wasser zusammenreibet, und trägt dieses Gemische mit einer Spatel auf die Fugen auf. Man begreifet leicht, daſs dieses Gemische auf die Oberflächen des Guſseisens durch chemische Verwandtschaft wirken, und aus den Rändern, die man mit einander vereiniget hat, eine Art von Schwefelkies bilden muſs, woher sich die starke Cohäsion erklärt. Ein Gemische von zwey Theilen Schwefelblumen und einem Theil Salmiak, die mit Wasser befeuchtet, und bis zur Consistenz eines Teigs zusammengerieben werden, den man dann, wenn man Gebrauch davon machen will, im Urine auflöset, und eine Quantität von Eisenfeile und durch ein Haarsieb durchgeschlagenem Sand, hinzumischet, dienet gleichfalls vortrefflich zur Verbindung der Fugen der Röhren von gegossenem Eisen etc. und wird bald so hart, wie ein Stein.

Bey der Verfertigung der groſsen Kessel bedienen sich die Kupferschmiede eines Gemisches von lebendigem Kalke und Ochsenblute, um die Vernietungen und Fugen der Kupferbleche zu bedecken und ihr Auseinanderweichen zu verhindern. Man muſs aber diesen Kitt im Augenblicke seiner Zubereitung anwenden, weil er zu schnell verhärtet. Übrigens ist dieser Kitt sehr hart und dauerhaft. —

VII.

Über die elektrische Polarität der Brasilianischen Topase, von Hauy. *)

Hauy hatte aus Mangel an Brasilianischen Topasen, die an beyden Enden vollkommen und unverstümmelt wären, in seiner Abhandlung über die Mineralogie nichts über das Verhältniſs der beyden elektrischen Pole gegen die Beschaffenheit dieser Extremitäten bestimmen können. Er hatte bloſs gemuthmaſst, daſs diese Enden, wenn sie sich wirklich unverstümmelt finden würden, eine Verschiedenheit in ihrer Configuration darbieten würden, und zwar gründete er seine Vermuthung darauf, daſs, da die Topase die Eigenschaft besitzen, durch Wärme elektrisch zu werden, es mit ihren Krystallen dieselbe Bewandtniſs haben würde, wie mit denen des Turmalins und Boracits, welche die nehmliche Eigenschaft mit den Topasen theilen, und deren Formen eine Ausnahme von den Regeln der Symmetrie machen, indem man nehmlich auf der einen Seite Facetten wahrnimmt, die durch Abnahmegesetze hervorgebracht sind, die auf die entgegengesetzte Seite unwirksam waren.

In einer interessanten Suite von Krystallen aus der Insel Ceylon und aus Brasilien, die er durch einen Neveu des berühmten Langsdorff, dessen Kenntnisse der edle Hauy ebén so sehr als seine Freygebigkeit, die den ächten Wissenschafts-Mann

*) Ein Auszug aus dem Memoire sur des Topazes du Brésil in dem Vten Stücke der Annales du Museum national d'histoire naturelle S. 346. fg.

karakterisiret, rühmet, zu sehen bekam, fanden sich auch zwey Topase, die mit ihrer doppelten Spitze versehen waren, und die den unermüdeten Hauy endlich in Stand setzten, seine Vermuthung über jenen Gegenstand, der gleich innig mit der Physik, wie mit der Geometrie der Mineralien zusammenhängt, zu verificiren.

Der Krystall, den Hauy in dieser Absicht untersuchte, gehörte zu der Varietät, die er octo-sexdecimale nennt. Er war nehmlich ein 8seitiges Prisma, an dem einen Ende mit 10, an dem andern mit 6 Flächen zugespitzt. Die Versuche, die Hauy anstellte, um die Elektrizität dieses Krystalls zu bestimmen, belehrten ihn, daſs sein resinöser oder negativer Pol sich an dem obern Ende, das mit 10 Flächen zugespitzt war, und der Glas- oder positive Pol sich an dem mit 6 Flächen zugespitzten Ende befand. Da die elektrische Polarität des Topases viel weniger Energie als die der Turmaline hat, und da sie besonders in diesem Krystalle sehr schwach war, so hatte er Anfangs umsonst versucht, auf die gewöhnliche, in seiner Abhandlung über die Mineralogie (1. Theil S. 239.) angegebene Weise die Pole zu erkennen, indem er nehmlich eine durch Reiben elektrisirte Gummilackstange unter die kleine, auf einem Stifte frey bewegliche Kupfernadel brachte. Die Schwierigkeit kam nehmlich daher, daſs die Nähe des Gummilacks der kleinen Kupfernadel zu viel Glaselektrizität (durch Vertheilung nehmlich) mittheilte, dergestalt, daſs, wenn man gegen diese Nadel die positive Seite des Topases brachte, sie dergestalt auf dieselbe einwirkte, daſs sie die entgegengesetzte oder resinöse Elektrizität darin hervorbrachte, wovon bald Anziehung statt der Zurückstoſsung, die statt finden sollte, bald aber eine Art von Gleichgewicht, welches den Versuch zwey-

deutig

deutig machte, die Folge war. Indem Hauy über die Mittel nachdachte, diesem Umstande abzuhelfen, kam er auf die Idee, den nehmlichen Apparat auf eine abgeänderte Weise anzuwenden, was ihm auch vollkommen gelang.

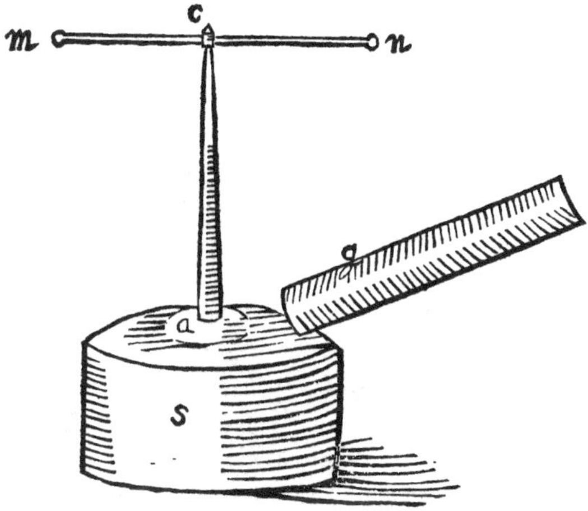

Nachdem er den Stiel *ac*, auf welchem die Nadel *mn* ruhete, auf eine cylindrische Unterlage *s* von Harz, um ihn zu isoliren, aufgesetzt hatte, brachte er einen Finger der linken Hand auf die runde Platte *a*, welche den Stiel unterwärts endiget, und indem er mit der rechten Hand die Stange *g* von Gummilack, die er nur schwach gerieben hatte, hielt, näherte er sie während einer oder zwey Sekunden in der Entfernung von einigen Centimetern (etwa einem Zolle) dem Stiele *ac*, dann entfernte er erstlich den Finger, und nachmals die Gummilackstange. Die kleine Nadel fand sich alsdann von einer zu schwachen Glaselektrizität sollicitiret, um die Elektrizität derjenigen Seite des Topases zu zerstöhren, die selbst positiv war, so daſs diese, einer der Kugeln der Nadel genähert, sie sehr merklich zurücktrieb, und die entgegengesetzte Seite des Topases um so stärker die Nadel anzog, je weniger in diesem Falle die beyden Elektrizitäten, die durch entgegengesetzte Fluida hervorgebracht waren, sich einander wechselseitig schaden konnten. Diefs Verfahren ist dem von Hauy zuerst vorgeschlagenen im Grunde in allen Fällen vorzuziehen, da es von einem abhänget, der Nadel nach Willkühr auch eine stärkere Elektrizität mitzutheilen, indem man die Gummilackstange stärker reibet, und sie noch mehr nähert.

Unter den andern Topasen, welche Herr Langsdorff dem Herrn Hauy schenkte, und welche nur auf der einen Seite eine natürliche Endigung hatten, bot ihm einer derselben eine merkwürdige Erscheinung dar, da er seine elektrischen Pole bestimmen wollte. Er bemerkte nehmlich, dafs seine beyden Extremitäten im negativen Zustande waren, während seine mittlere Portion Zeichen von positiver Elektrizität gab. Diese Erscheinung hat viele Ähnlichkeit mit derjenigen bey Magneten, indem nehmlich bisweilen im Eisen eine Folgereihe von ungleichnahmigen Polen sich zeiget, während man dasselbe magnetisiret. Sie kömmt nehmlich davon her, dafs, wenn eine der beyden magnetischen Flüssigkeiten sich an irgend einer Stelle des Eisens condensiret und anhäufet. (wenn die Kraft, die das Fluidum zurückzutreiben strebet, so beschaffen ist, dafs die hemmende (isolirende) Kraft nicht schnell genug ihrer Wirkung nachgibt), dieses so condensirte Fluidum durch seine Wirkung in der angränzenden Stelle den entgegengesetzten Magnetismus hervorbringet, und wenn dann in diesem letzteren Raume eine neue Anhäufung des Fluidums statt findet, so wird sie in dem angränzenden Punkte abermals den entgegengesetzten Magnetismus hervorbringen.

Solche auf einander folgende Pole (Points consequens, wie die Franzosen sie nennen) hat man bis jetzt noch nicht in den elektrischen Körpern wahrgenommen *), und diefs ist also eine Ähnlichkeit mehr zwischen den durch den Magnetismus hervorgebrachten Erscheinungen, und denjenigen, welche insbesondere die durch Wärme elektrisirten Körper zeigen, bey welchen das Gesetz der elektrischen Dichtigkeiten eine so vollkommene Analogie mit demjenigen hat, welches die magnetischen Dichtigkeiten in einem magnetisirten Stabe befolgen.

Pf.

VIII.

Über eine neue Quelle von Petroleum. **)

Diese Quelle ist seit einigen Monaten zu Amiana, einem Dorfe von Parma, bey Josnovo und Varese, auf den Gränzen von Ligurien, zum Vorschein gekommen. Der Reichthum dieser Quelle ist so grofs, dafs, ohngeachtet man seit ihrer Entdeckung beständig daraus geschöpft hat, sie doch immerfort denselben Stand behält.

Nach einem Berichte, den der Bürger Mojon, Professor der Chemie auf der Universität zu Genua, der an Ort und Stelle Untersuchungen angestellt hatte, dem Ligurischen Nationalinstitute den 4ten Julius 1802 abgestattet, ist dieses Bergöl sehr klar, von einer wein-

*) Bey der Elektrisirung durch Vertheilung zeigen idioelectrische Körper, z. B. Glasstangen, gleichfalls solche Points consequens oder abwechselnde Schichten von positiver und negativer Elektrizität. Pf.

**) Annales de Chimie N. 134. S. 171 — 176.

gelben Farbe, sein Geruch ist stark, durchdringend und weniger empyrevmatisch, als der vom gemeinen bräunlichen Bergöle, seine specifische Schwere verhält sich zu der des Wassers = 83 : 100, und zu der des Olivenöls = 91 : 100. Ein Tropfen auf weifses Papier gegossen, verflüchtiget sich beym Feuer gänzlich, und hinterläfst keinen Flecken. Bey einer mäfsigen Wärme aus einer gläsernen Retorte destilliret, geht es vollkommen über, ohne einen Rückstand zu hinterlassen. Mit concentrirter Schwefelsäure gemischt, brennt es, verdichtet sich, und wird dunkelbraun. Es löset vollkommen den Bernstein, die Harze auf, und gibt mit dem Copal einen Firnifs, der an der Sonne trocken wird, und seinen Geruch verliert. Mit dem Weingeiste geht es keine Verbindung ein, sondern schwimmt auf demselben, mit den fixen und flüchtigen Ölen verbindet es sich durch Umschütteln. Es ist so flüchtig, dafs es schon bey der Annäherung eines brennenden Körpers sich entzündet, und es brennt mit einer weifsen und lebhaften Flamme, wie Terpentinöl, aber mit vielem Rauche. Beym Brennen in einer gewöhnlichen Glaslampe mit einem 4 Linien breiten Dachte, so dafs die Flamme ohngefähr einen Zoll über die Flüfsigkeit erhoben war, gab das Bergöl eine eben so lebhafte und starke Flamme, wie das Olivenöl, nur brannte eine gleiche Quantität von diesem ein paar Minuten länger, und das Bergöl gab etwas Rauch. In einer Argandischen Lampe brannte das Bergöl mit einer sehr lebhaften und weifsen Flamme, ohne den mindesten Rauch oder bösen Geruch von sich zu geben. Das Verbrennen zog das Bergöl so stark an sich, dafs die Flamme davon flaggerte. Bey einer Vermischung mit gleichen Theilen Olivenöl war das Verbrennen weniger schnell, und die Flamme ruhig und gleichförmig. Gegenwärtig geschieht die Strafsenbeleuchtung in Genua mit diesem Bergöle, um den 4ten Theil des vorhergehenden Preises, da sie mit Olivenöl geschah.

Pf.

IX.

Nachtrag zu der Abhandlung: Resultate des Feldzuges der Franzosen in Ägypten für die Arzneywissenschaft. (S. IItes Stück der N. Entd. S. 41. fg.)

In einer Instruction, in welcher Desgenettes der Armee, die sich vor Acre befand, und von der einige zum Artilleriepark gehörige Personen bereits die Verwüstungen der Pest erfuhren, die Mittel bekannt macht, der Krankheit zuvor zu kommen, und sie zu behandeln, deren wahren Nahmen er ihr sorgfältig verbirgt, empfiehlt er zum Anfange ein Brechmittel, dann den Gebrauch einer starken Abkochung von Kaffee und China mit etwas Citronensaft, um die Kräfte zu unterstützen. Er will, daſs man die Bubonen mit erweichenden Cataplasmen bedecke, ohne sie resolviren zu wollen, denn diese Bubonen hält er für die Crise der Krankheit. Hat sich die Entzündung durch Eiterung geendiget, so soll man sie mit dem Bistouri öffnen. Die Carbunkeln, die schnell brandigt werden, behandelt man am besten gleich im ersten Augenblicke ihrer Erscheinung durchs Brennen, um zu verhindern, daſs der Brand seine Verwüstungen nicht zu sehr verbreite.

Die nehmliche Krankheit (die Pest) herrschte zu Gaza, sie wüthete aber mehr unter den Einwohnern dieser Stadt, als daſs sie der Garnison, die man daselbst gelassen hatte, verderblich gewesen wäre. Die Kinder waren besonders die Opfer davon, und es ist sehr merkwürdig, daſs bey ihnen die Bubonen an den Parotiden erschienen, ein Beweis, daſs der Einfluſs des Alters sich selbst auf das gegen unsere Mittel hartnäckigste Übel erstreckte, und daſs die metastatischen Bewegungen der Pest der im Organismus liegenden Tendenz der Säfte im kindlichen Alter nach dem Kopfe folgte.

Die Pest verbreitete indessen ihre Verwüstungen immer mehr in der Armee. Wiedergenesende, die aus Mangel an Krankenwärtern zum Dienste der Kranken gebraucht wurden, wurden zum zweyten Male von der Krankheit befallen. In dieser schrecklichen Lage zeigte Desgenettes einen seltenen Heroismus, den die eigenen Worte des Verf. am besten darstellen:

„Um den erschütterten Muth der Armee wieder zu beleben, und die betroffene Einbildungskraft wieder aufzurichten, tauchte ich mitten im Hospitale Lanzetten in den Eiter einer Pestbeule eines Wiedergenesenden, und machte mir damit einen leichten Stich in der Leistengegend und in der Nachbarschaft der Achselhöhle, ohne eine andere Vorsicht zu gebrauchen, als mich mit Wasser und Seife, die mir angeboten wurden, zu waschen. Ich hatte während mehr als 3 Monaten zwey kleine Entzündungspunkte, die den zwey Stichen entsprachen, und sie waren noch sehr merklich, als ich mich bey der Rückkehr von Acre in Gegenwart eines Theils der Armee in der Bucht von Cesarea badete.“

„Diese unvollständige Erfahrung, über welche ich, weil sie viel Lärmen gemacht hat, hier einige nähere Details geben muſste, beweiset wenig für die Kunst; sie entkräftet keineswegs die Wahrheit der

Übertragung des Ansteckungsgiftes, die durch tausend Beyspiele erwiesen ist, sie zeiget blofs, dafs die Bedingungen, die nothwendig sind, damit sie statt finde, noch nicht gehörig bestimmt sind. Ich glaube mich einer gröfseren Gefahr zu einem weniger nützlichen Zwecke ausgesetzet zu haben, da ich auf die Einladung eines Quartiermeisters der 75sten Halbbrigade eine Stunde vor seinem Tode, aus seinem Glase etwas von seinem Getränke zu trinken, keinen Anstand nahm, ihm diese Aufmunterung zu ertheilen." *)

„Übrigens geschah es in den Mauern derselben Stadt Acre in den Zeiten der Kreuzzüge, dafs die Gemahlin eines englischen Prinzen die Wunden ihres Gemahls, die man für vergiftet hielt, auszusaugen wagte, und der Welt dieses schöne Beyspiel ehelicher Zärtlichkeit gab. — Mitten unter den unschätzbaren Zeugnissen von Anhänglichkeit, mit denen ich täglich von der Armee überhäuft wurde, hörte ich oft fragen: durch welche Mittel ich unempfindlich für die Ansteckung sey?"

Ausser der trefflichen Arbeit Desgenettes findet man noch in diesem wichtigen Werke mehrere Abhandlungen verschiedener Ärzte der Armee von Ägypten, nahmentlich eine Notiz über die herrschende Ophthalmie, so wie auch Bemerkungen über die Krankheiten, und besonders über die Ruhren, die im Fructidor des Jahres VI. unter der Armee des Orients geherrschet haben, ferner medicinische Topographien von Meisouf, dem alten Cairo, Damiette, Salehyeh, Belbeys, Rosette und Alexandrien, von den Bürgern Carrié, Renati, Savaresi,

*) In diesem Falle wurde Desgenettes selbst mehr erschüttert, da er sich der Meynung Berthollets erinnerte, dafs das vorzüglichste Vehikel der Mittheilung des Pestgiftes der Speichel sey.

Vautier, Frank und Salze, wozu Desgenettes selbst durch einen hier abgedruckten Circularbrief über die Redaction einer physisohen und medicinischen Topographie von Ägypten eine treffliche Vorschrift aufgestellt hatte. Ausserdem finden sich noch Beobachtungen von Céré sole, Barbès und Savaresi, von diesem letztern eine Monographie der Augenentzündung von Ägypten, meteorologische Beobachtungen von Coutelle und Nouet, und necrologische Tafeln von Cairo, während der Jahre VII, VIII und IX, von Desgenettes selbst.

B. Literatur.

I.

Annales de Chimie Nro. 130, oder des 44sten Bandes 1stes Stück. Vendemiaire Jahr XI. S. 1-112.

1. *Versuch über die Vergiftung durch die Salpetersäure vor der Arzneyschule zu Paris vertheidiget von dem Bürger* Tartra. *Im Auszuge von* Deyeux. Der Verfasser hat sowohl Versuche an Leichnamen als an lebenden Thieren angestellt. Erstere konnten keine auffallende Resultate geben. Letztere, zu denen Hunde genommen wurden, gaben als Resultat, daſs die Salpetersäure, in geringer Menge in den Speisekanal gebracht, sich plötzlich und gänzlich mit dem Gewebe desselben verbindet, daſs bey der Einbringung einer gröſseren Menge ein groſser Theil im Magen frey bleibe, und nach und nach an Stärke abnehme, daſs ihre Wirkung stärker im lebenden Thiere als im Leichname zu seyn scheine, endlich, daſs man die Säure, die noch nicht die Zeit gehabt hat, ihre volle Wirkung auszuüben, auf eine, für die Erhaltung des Lebens des Thieres vortheilhafte Weise, durch schnelles Darreichen einer Auflösung von Laugensalz, oder einer Seifenauflösung, und selbst einer Auflösung von reiner Bittererde im Wasser neutralisiren könne. Er gibt die Zeichen der Vergiftung durch Salpetersäure bey Menschen sorgfältig an, stellt vier verschiedene Grade der Vergif-

tung nach Verschiedenheit der Symptome und Folgen auf, wovon der erstere innerhalb 6, 12 Stunden, auch wohl erst innerhalb 2 Tagen nach verschlucktem Gifte den Tod zur Folge hat, der zweyte zwar keinen so plötzlichen Tod zur Folge hat, aber sich doch zuletzt nach einigen Monaten von Leiden, wo unter andern die innere Membran des Darmkanals portionenweise, unter Strömen von stinkendem Speichel, ausgebrochen wird, in denselben endiget, der dritte nur eine große Empfindlichkeit und Schwäche in der Magengegend zurückläßt, und der vierte, der seltenste, gar keine weiteren üblen Folgen hinterläßt. Zuletzt untersucht der Verf. noch die Vergiftung durch die Salpetersäure aus den Gesichtspunkten, welche die gerichtliche Arzneywissenschaft hierüber aufstellen kann. 2. *Auszug aus* Nicholsons *Journale, von* Guyton. 3. *Auszug aus dem 2ten Hefte von* Crells *Annalen von* 1801. *Von* Facquez. 4. *Auszug aus der Bibliotheque britannique. N.* 160. *Von* Berthollet. 5. *Chemische und medicinische Untersuchungen und Erfahrungen über die Harnruhr. Von* Nicolas *und* Gueudeville. (S. oben.) 6. *Auszug aus einer Abhandlung über den Thau, vorgelesen von* Benedict Prévost *der Gesellschaft der Wissenschaften und Künste zu Montauban im Departement du Lot.* Das merkwürdigste Resultat dieser Abhandlung ist, daſs das Glas seine Anziehung gegen die Feuchtigkeit, welche sich aus der Luft abzusetzen bestrebt, durch die Metalle hindurch, und folglich auf merkliche Entfernungen hin ausübet. Übrigens dienen diese mit der von Prévost bekannten, ins kleinste Detail gehenden Sorgfalt und Genauigkeit angestellten Versuche zur Erklärung einiger schon länger bekannter Erscheinungen in Betreff der Absetzung des Thaus auf Flächen von Glas und Metall, indem sie folgende 4 Sätze als Resultate geben: 1. Je weniger die Temperatur des

Glases erhöhet ist, um so stärker ziehet dasselbe die Feuchtigkeit aus der Luft an. 2. Die Metalle ziehen dieselbe nur sehr wenig an. 3. Das Glas übet seine Wirkung auf die Feuchtigkeit der Luft selbst auf Entfernungen hin, und trotz dem Zwischenbefinden verschiedener Körper, wie Metallplatten u. s. w. merklich aus. 4. Die Metalle ertheilen dem Glase, mit welchem sie in unmittelbarer Berührung, oder in Nähe sich befinden, die Eigenschaft, der warmen Luft den Wärmestoff schneller zu entziehen, und ihn dagegen der kalten Luft schneller abzutreten. 7. *Note in Beziehung auf eine der Bemerkungen* Prousts *über* Fourcroys *System der chemischen Kenntnisse. Von* Planche, *Apotheker zu Paris.* Gegen Proust wird vom Bürger Planche behauptet, daſs neuer Zusatz von Alcohol zum Rückstande der Destillation des Äthers eine neue Quantität recht guten Äthers gebe, wenn dieser Rückstand nicht zu sehr concentrirt worden sey, was in Prousts miſslungenem Versuche der Fall war. *Anzeigen.*

II.

Annales de Chimie Nro. 131, oder des 44sten Bandes 2tes Stück. Brumaire. Jahr XI. S. 113-224.

1. *Auszug aus dem dritten Bande von* Klaproths *Beyträgen.* Unsern Lesern ist das Original schon längst bekannt. Übrigens ist es gleich ehrenvoll für Vauquelin und Klaproth, wenn jener diesen den genauesten und arbeitsamsten von allen Chemikern nennt. 2. *Abhandlung über den Wachsbaum von Louisiana und Pensylvanien. Von* Charles-Louis Cadet. Der Wachsbaum von Louisiana, und den

südlichern Provinzen der Nordamericánischen Freystaaten, Pensylvanien mit eingeschlossen, ist schon längst bekannt. In der Histoire de l'Academie des Sciences vom Jahre 1722 und 1725 kömmt bereits eine nähere Nachricht von dem Wachsbaume in Louisiana von einem Chirurgus Alexandre, Correspondenten des berühmten Mairan, vor, welcher des Wachses, das man durch Kochen aus den Beeren erhält, so wie eines Extractes erwähnet, das nach dem Abdampfen der Flüssigkeit, womit die Beeren gekocht worden sind, und aus welcher das Wachs bereits gezogen worden ist, zurückbleibet, und das den hartnäckigsten Ruhren Einhalt thun soll. Später erhielt man von Reisebeschreibern nähere Nachricht von diesem Wachsbaume und der Art, das Wachs daraus zu ziehen. Linné nahm dieses Staudengewächs, das einen kleinen Baum vorstellet, in das System unter dem Nahmen *Myrica cerifera* auf. Ayton unterscheidet 2 Varietäten: 1) eine *M. cerifera angustifolia*, die in Louisiana wächst und kleinere Beeren wie die Var. 2) *M. c. latifolia* hat, welche in Pensylvanien, Carolina und Virginien wächst, und etwas höher als die erste wird. Der Verf. erhielt ein Pfund Pflanzenwachs aus Louisiana, und eine Quantität Beeren von der *Myrica pensylvanica*, die im Park zu Rambouillet gebaut wird. Diese Beeren haben die Gröſse von einem Pfefferkorne, reif und frisch haben sie eine weiſse Oberfläche, die mit kleinen schwarzen Erhabenheiten übersät ist. In den Händen gerieben machen sie dieselben fett und schmierig. Durch starkes Drücken sondert man von dem innern harten Kerne ein Pulver von stärkeartigem Ansehen, das mit kleinen braunen und runden Körnern gemengt ist. Der Alcohol löst bey einer gelinden Wärme den weiſsen Theil allein auf, und das schwarze Pulver bleibt auf dem Boden unaufgelöst. Jene weiſse Substanz wurde durch Zusatz von Wasser aus ihrer

Auflösung abgesondert, und schwamm oben auf der Flüssigkeit. Durch Schmelzung erhielt der Verf. ein ähnliches gelbliches Wachs daraus, wie dasjenige, das von Louisiana gekommen war, zum Beweise, daſs das Wachs der Myrica nichts anders als die weiſse und grünliche Substanz ist, welche den Kern einschlieſst. Der Verf. stellte nun folgende Versuche über das chemische Verhalten dieses Pflanzenwachses an. Es hat eine grünlichgelbe Farbe, mehr Consistenz als das Wachs der Bienen, ist trocken und zerreiblich, Kerzen daraus gemacht brennen mit einer weiſsen Flamme und schönem Lichte, geben keinen Rauch, flieſsen nicht, und verbreiten, wenn das Wachs noch frisch ist, einen balsamischen Geruch, welchen die Einwohner von Louisiana für sehr gesund für die Kranken halten. Bey der trockenen Destillation verhält sich dieſs Pflanzenwachs wie das gewöhnliche Wachs. Vom Äther wird dieſs Pflanzenwachs noch besser als vom Weingeiste aufgelöst. Schwefelsäure selbst damit gekocht, hat keine merkliche Wirkung darauf. Oxygenirte Salzsäure bleicht dieſs Pflanzenwachs wie das Bienenwachs, doch mit etwas mehr Schwierigkeit. Das Pflanzenwachs löst sich im Ammoniak auf, die Auflösung nimmt eine braune Farbe an, ein Theil des Wachses wird zur Seife. Mit einer kochenden Ätzlauge geschüttelt wird dieſs Pflanzenwachs weiſs, und eine wahre Seife. Der Verf. vermuthet, daſs das Wachs in diesem Processe, so wie bey jeder Seifenbildung das Öl, einen Theil vom atmosphärischen Sauerstoff verschlucke, und erklärt daraus die Erscheinung, daſs bey einer Zersetzung der Seife durch Schwefelsäure das Öl sich allezeit concreter und sauerstoffreicher niederschlage. Er empfiehlt zur Aufklärung dieses Punktes Versuche über Seifenbildung in mephitischen Gasarten. Silberglätte löst sich in dem geschmolzenen Pflanzenwachs von Louisiana sehr gut auf, und bildet damit eine harte Pflastermasse.

Der Verf. glaubt, daſs die Cultur der *Myrica cerifera* sehr vortheilhaft werden könnte, da eine Staude in vollem Ertrag sechs bis sieben Pfund Beeren liefert, woraus man den 4ten Theil an Wachs ziehen kann, das Vorzüge vor dem Wachse der Bienen hat.

In Rambouillet ist die *Myrica cerifera* (und zwar die *latifolia* Ayton.) wie in ihrer Heimat, sie wächst in einem sandigten und schwärzlichen Torfboden, ihre Höhe ist von 4—6 Fuſs. Eine männliche *Myrica* hat 7 Fuſs. Der Verf. glaubt, daſs sie sich sehr leicht in Frankreich, besonders in den südlichen Departementern, acclimatisiren lassen würde. Kam sie ja, wie hier aus einer von Thiébault, Mitgliede der Academie in Berlin, mitgetheilten Nachricht angemerket ist, sehr gut in des berühmten Sulzers Garten auf einem schlechten sandigten Boden an der Spree fort. Die französische Regierung hat diesen Zweig der Industrie durch Anbefehlung von Pflanzungen bereits aufgemuntert. Es existiren zu Orleans und Rambouillet zwey Pflanzschulen von Wachsbäumen, welche mehr als 400 junge Bäume enthalten. 3. *Auszug aus* Hatchetts *Abhandlung über das Columbium. Von* Vauquelin. (Unsern Lesern aus Scherers allgem. Journale der Chemie IX. Band S. 363 bereits bekannt.) 4. *Abhandlung über verschiedene Veränderungen, welche die salzsauren Quecksilbersalze durch die Einwirkung verschiedener Substanzen erfahren. Von* Boullay, *Apotheker in Paris.* (S. oben.) 5. Davys *Versuche über die Wärmeerzeugung und Veränderungen verschiedener Flüssigkeiten durch die galvanische Elektrizität. Im Auszuge von* Adet. Unsern Lesern bereits aus Gilberts Annalen der Physik, Jahrgang 1802. Stück XI. S. 353, bekannt. 6. *Auszug aus Nro.* 162 *der Bibliothèque britannique. Von* Berthollet. 7. *Auszug aus einem Briefe von* Chenevix *an den Bürger* Vauquelin. Eine Bestätigung der Versuche Thenards, die unsern Lesern im Vten Stücke mitgetheilt worden sind, daſs nehmlich der ganz reine Nickel allerdings durch den Magnet anziehbar sey, und daſs bloſs Verunreinigung durch Arsenik diese Eigenschaft verstecke. 8. *Auszug aus einem Briefe* Vignons, *Apothekers der zweyten Classe zu Toulon, über die beste Art Filtrirtrichter zu construiren.* Der vorgeschlagene Filtrirtrichter hat abwechselnd Vertiefungen und vorspringende Winkel.

III.

Annales de Chimie. Nro. 132 oder des 44sten Bandes 3tes Stück. Frimaire. Jahr XI. S. 225-332.

1. *Fortsetzung des Auszuges aus* Klaproths *IIItem Bande.* 2. *Abhandlung über die Arbeiten aus gebrannter Erde und insbesondere über die Töpferwaaren. Von* Fourmy. *Auszug von* Deyeux. (Unsern Lesern längst aus dem I. und IIten St. der N. Entd. bekannt.) 3. *Beytrag zur Geschichte der Lehre von der galvanischen Elektrizität. In der philomathischen Gesellschaft den 12ten Frimaire des Jahres XI. vorgelesen. Von* Desormes *und* Hachette. Die Verf. machen ihre Leser mit Versuchen mit dem Duplicator, welche Bennet schon im Jahre 1789 im Drucke mitgetheilt hatte, und in welchen bereits der erste Keim der wichtigen Entdeckung des Galvanismus liegt, bekannt. Das wichtige Factum, was aus diesen Versuchen erhellet, und welches als das Fundamentalfactum der ganzen Lehre von der galvanischen Elektrizität betrachtet werden kann, ist die Thatsache, daſs die Körper durch ihre bloſse wechselseitige Berührung, ihren elektrischen Zustand ändern können. Merkwür-

dig sind in Hinsicht auf die Lehre des Galvanismus vorzüglich die Bennetischen Versuche über die Elektrizität, welche durch die Berührung verschiedenartiger Metalle mit einander hervorgebracht wird. 4. *Auszug aus dem Cours de physique celeste des* Hassenfratz. *Von* Bouillon-Lagrange. 5. *Prüfung der vom Doctor* Mitchill *in dem Plane und der Nomenclatur der französischen Chemiker vorgeschlagenen Veränderungen. Von* Guyton. Guyton verwirft, und wie uns deucht mit Recht, die metaphysischen Speculationen Mitchills über die Grundwesenheit der Materie, so wie die Änderungen in der, von den französischen Chemikern aufgestellten Nomenclatur, da er das mit Recht obsolet gewordene Wort Phlogiston *(phlogistique)* an die Stelle von Wasserstoff *(hydrogène)*, Anticrouon *(Repulsor* oder Zurücktreiber) an die Stelle von Wärmestoff *(calorique)*, und Septon *(Faulstoff)* an die Stelle von Azote *(Stickstoff)* eingeführt wissen will. 6. *Auszug aus Nro.* 164 *der Bibliothèque britannique. Von* Berthollet. 7. *Bericht über ein Werk des* Richard Chevenix *betitelt: Upon chemical nomenclature according to the principles of the french neologists etc. Von* Berthollet. So sehr B. gegen grundlose und verwirrende Neuerungen, welche Brugnatelli, van Mons kürzlich in die chemische Nomenclatur einführen wollten, eifert, so sehr läſst er der lichtvollen Kritik, welcher Chevenix einige Unrichtigkeiten und Unvollkommenheiten der französischen Nomenclatur unterwirft, Gerechtigkeit wiederfahren. Unter andern tadelt Ch. die Benennungen *Hydrogène carboné*, *phosphoré*, und will nach der Analogie mit den Benennungen der Verbindungen zweyer noch nicht verbrannten Stoffe *(Sulfures, Carbures* etc.*)* an ihrer Statt die Benennungen *Hydrogène carburé*, *phosphuré*. Eben so findet er die Benennung der Verbindungen des Ammoniaks mit den Metalloxyden durch *Ammoniure*, gegen die Analogie der französischen Nomenclatur, weil einer von den beyden Stoffen der Verbindung bereits ein verbrannter ist. Mit Recht stellt Berth. den Grundsatz auf, daſs die Wahl einer Endigung, welche die Elemente einer Verbindung, und zu gleicher Zeit den chemischen Karakter der Verbindung anzeigt, der nützlichste Gegenstand einer chemischen Nomenclatur sey, und nach diesem Grundsatze sind alle Rügen und Verbesserungsvorschläge des englischen Chemikers eingerichtet. Chevenix erhebt sich auch gegen die Unterscheidung der vegetabilischen Säuren von einander durch die Verschiedenheit der Endigung, da keine Analogie mit der Verschiedenheit, welche bey den Mineralsäuren der Verschiedenheit der Endigung zum Grunde liegt, statt finde, und jede eigenthümliche vegetabilische Säure als eine Säure von eigenthümlicher Basis betrachtet werden müsse. Da das *Acide aceteux* und *acetique* nun in eine Gattung vereinigt sind, so wäre nur noch die Benennung *tartareux* in *tartarique* zu verändern. 8. *Bericht über ein, von dem Bürger* Robert, *Apotheker in Rouen, an die Societé libre des pharmaciens zu Paris eingeschicktes Memoire über die Entzündung der mit der oxygenirtsalzsauren Pottasche vermengten verbrennlichen Körper durch die Berührung der Schwefelsäure. Von* Cadet *und* Boullay. Statt die Gemenge der verbrennlichen Körper mit der oxygenirtsalzsauren Pottasche in die Schwefelsäure zu werfen, berührte Robert sie bloſs mit dem Ende einer Glasröhre, die in diese Säure getaucht war. Die Berichterstatter fügen noch die Beschreibung einiger eigenen Versuche hinzu. Das Wasserstoffgas, das aus einer Blase durch eine Messingröhre, deren Ende mit Schwefelsäure befeuchtet war, gepreſst wurde, entzündete sich im Augenblicke, da man dieses Ende mit oxygenirtsalzsaurer Pottasche berührte. Vorzüglich gelangen die Versuche mit Gemengen von geschwefelten Metallen, besonders dem *Aethiops mineralis* und dem Musivgold und der oxygenirtsalzsauren Pottasche, bey der Berührung mit der Schwefelsäure. Der Bernstein entzündete sich unter denselben Umständen nicht, aber wohl der Copal, die flüchtigen Öle, der Terpenthin, das arabische Gummi, der Bärlappsaamen, die Seife, der Kampher, die Baumwolle, das Sägmehl. Auch viele andere vegetabilische Substanzen, nahmentlich der Honig, mehrere vegetabilische Säuren, Benzoesäure, Weinsteinsäure, die Essigsäure und mehrere ihrer Salze entzündeten sich unter denselben Umständen. Von animalischen Substanzen brannten das Gelbe vom Ey, das Wachs, die Butter, das Unschlitt und das Fett, wie das vegetabilische Öl, jedoch mit mehr Gezische. Sonderbar war es, daſs das Knallpulver auf diese Weise nicht entzündet werden konnte, ohngeachtet Zersetzung und eine reichliche Entbindung von Gas und Wärme statt fand. 9. *Brief des* J. B. de Roover *an die Redactoren der Annales de Chimie.* Roover vindicirt sich das von Cavezzali in Nro. 127 der Annales de Chimie (s. N. Entd. IItes St. S. 54. 55.) angegebene Verfahren, Eisenmohr zu bereiten, als sein Eigenthum, da er dasselbe bereits vor 7 Jahren in dem ersten Bande der Actes de la societé de medecine von Brüssel bekannt gemacht habe, und beschuldigt Cavezzali eines Plagiats. *Ankündigungen.*

IV.

Annales de Chimie N. 133, oder des 45sten Bandes 1stes Stück. Nivose. Jahr XI. S. 1-112.

1. *Fortsetzung des Auszuges aus dem dritten Bande von* Klaproths *Beyträgen.* 2. *Analyse einiger Varietäten des arseniksauren Kupfers, von* Richard Chevenix. *Aus den Philos. Transact. ausgezogen von* F. N. Vandier, *Doctor der Medicin.* Zu verwundern ist es, daſs Scherer in seinem allgemeinen Journale der Chemie diese wichtige Abhandlung von Chevenix noch nicht mitgetheilet hat. 3. *Vermuthungen über die aus der Atmosphäre gefallenen Steine. Von* Eusebius Salverte. Der Verf. sucht es durch nicht ganz zu verwerfende Gründe wahrscheinlich zu machen, daſs die aus der Atmosphäre zu verschiedenen Zeiten herabgefallenen Steine sich in den höhern Regionen der Atmosphäre gebildet haben, wohin die constituirenden Theilchen derselben, wie besonders die metallischen, das Eisen, der Nickel etc. im Wasserstoffgas aufgelöst, gebracht worden seyen, und beym Verbrennen des Wasserstoffgases (woher dann die mit diesen Steinregen verbundenen Lichtmeteore, Feuerkugeln etc. herrühren,) aus ihrem Auflösungsmittel niedergeschlagen, sich wechselseitig zur Bildung gröſserer Massen anziehen. Diese Art der Bildung erkläre auch am besten die regulinische Form der Metalle. Gegen Laplaces und Biots Hypothese vom Ursprunge dieser Steine aus dem Monde wendet der Verf. ein, daſs bey der äuſserst dünnen Atmosphäre des Mondes sich kaum heftige vulcanische Explosionen denken lassen, da einerseits die hinlängliche Menge von Sauerstoff (!) zur Unterhaltung eines lebhaften Verbrennens zu fehlen scheine, andererseits

die Ejectionskraft der Vulcane auf der Erde das Product der Expansibilität der Gasarten, und des Zusammendrückens derselben durch das Gewicht der Atmosphäre sey, auf dem Monde hingegen sich diese Gasarten ohne Hindernifs und ohne Explosion in einer so ungemein dünnen Atmosphäre müfsten entwickeln können. Überdiefs sey die Existenz dieser Gasarten zweifelhaft, weil ihre Erzeugung sehr bald eine dichtere und ausgedehntere Atmosphäre um den Mond gebildet haben würde, welchem die Beobachtung widerspreche. 4. *Abhandlung über die luftförmige Hauttransspiration. In der öffentlichen Sitzung der Gesundheitsschule von Grenoble den 4ten Frimaire des Jahres XI. vorgelesen. Von* Trousset, *Doctor der Medicin.* (S. unten.) 5. *Beobachtungen über die Zersetzung des essigsauren Bleys (Bleyzuckers) durch den Zink im metallischen Zustande. Der Gesellschaft der Pharmacie vorgelesen von* L. Antoine Planche, *Apotheker zu Paris.* Diese Beobachtungen über einige Erscheinungen, welche die Bildung des sogenannten Bleybaums begleiten, enthalten im Wesentlichen nichts neues. Die Auflösung des Bleyzuckers im Brunnenwasser ist der Bildung eines schönen Bleybaums günstiger als die Auflösung im destillirten Wasser, weil die Niederschlagung in diesem schneller als in jenem geschiehet, und die Theilchen sich daher nicht mit ruhiger Ordnung an einander anreihen. 6. *Auszug aus der Bibliothèque britannique. Vom Bürger* Berthollet. In diesem Auszuge aus N. 166 der B. brit. sind die sehr merkwürdigen Versuche Davys über das Athmen mitgetheilet. 7. *Beobachtungen und Versuche über die Wärme- und Kälteerzeugung durch die mechanische Verdichtung und Verdünnung der Luft, von* J. Dalton. *Im Auszuge von* Adet. 8. *Literarische Anzeigen.*

V.

Annales de Chimie. N. 134 oder des 45sten Bandes 2tes Stück. Pluviose. Jahr XI. S. 113-212.

1. *Abhandlung über den Gebrauch des Löthrohrs und die Mittel, es mit Luft zu unterhalten, der chemischen Societät von Philadelphia vorgelegt von* Robert Harn Jun., *einem ihrer Mitglieder. Im Auszuge von* P. A. Adet. 2. *Notiz über die Zusammensetzung und den Gebrauch der Chocolate. Von* Parmentier. (S. oben.) 3. *Abhandlung über die Mittel, die Methode* Tourneforts *zu vervollkommnen. Von* Guiart *dem Sohne, Professor der Botanik am Collège de Pharmacie.* Dieses abgeänderte Tournefortische System bestehet aus XVI. Cl. statt XXII. Die 15 ersten begreifen alle Pflanzen mit deutlichen Geschlechtswerkzeugen *(phanérogames)*, die 16te die Cryptogamisten unter sich. Der erste große Haufen wird wieder in drey Haupthaufen abgetheilt. I. Hauptabtheilung. Vollständige Blumen, welche mit Calyx und Corolla versehen sind. Darunter sind VIII. Classen begriffen. 1. Cl. Corollae monopetalae regulares. Die Corollen sind theils glockenförmig, theils trichterförmig, tassenförmig oder radförmig. Nach Verschiedenheit der Insertion der Corolla zerfällt diese Cl. in 3 Ordnungen: I. Ord. Corolla inserta sub pistillo. II. Ord. Cor. inserta supra calycem. III. Ord. Cor. inserta supra pistillum. 2 Cl. Personatae. Cor. monopetala irregularis. Ovarium non divisum. 3. Cl. Labiatae. Cor. monopetala irregularis. Ovarium quadripartitum. Die 2te und 3te Cl. haben große Ähnlichkeit mit einander in Rücksicht auf die Stamina didynamia, Form der Corolle etc. unterscheiden sich vorzüglich nur durch ihre Saamencapsel. (Diese bey-

den Cl. entsprechen den beyden Ordnungen Gymnosperma und Angiosperma der Cl. Didynamia.) 4. Cl. Cruciatae. Cor. polypetala, regularis, petalis 4 in crucem dispositis composita. Stamina tetradynamia. 5. Cl. Rosaceae. Cor. polypetala, regularis, petalis in rosam dispositis. Stamina plerumque plurima. 1. Ord. Rosaceae sub pistillo insertae. 2. Ord. Rosaceae supra pistillum insertae. 6. Cl. Umbelliferae. 7. Cl. Caryophyllatae. Cor. polypetala, regularis, unguiculata. Semina inserta in axi communi e capsula ascendente. Caules herbacei, nodosi et articulati. 8. Cl. Leguminosae. Cor. plerumque papilionacea. Fructus leguminosi. II. Hauptabtheilung. Flores compositi antheris connatis. Darunter sind 3 Classen begriffen. 9. Cl. Corolla semiflosculosa s. ligulata. 10. Cl. Cor. flosculosa s. tubulosa. 11. Cl. Cor. radiata. III. Hauptabtheilung. Flores incompleti, oder solche, die nur eine einzige Umhüllung haben. 12. Cl. Apetali flores sine corolla, solo calyce instructi. 13. Cl. Amentacei. 14. Cl. Liliacei. 15. Cl. Gramina. 16. Cl. Cryptogamia. 4. *Vermuthungen über die Bildung des Eises in der Höhle de la Grace-Dieu. Von* C. L. Cadet. Im Sommer bildet sich in dieser im Kalksteine befindlichen Höhle, die 7 Lieues von Besançon und eine halbe Lieue von der Abbaye de la Grace-Dieu gelegen ist, Eis in großer Menge, das bey der Annäherung des Winters wieder verschwindet. Der Verf. erklärt diese Erscheinung ziemlich befriedigend aus der Localität dieser Höhle, vermöge welcher eine sehr reichliche Ausdünstung im Sommer, in und vorzüglich um die Höhle herum, durch die Bäume, die sie überschatten und umschatten, statt finde, wodurch eine Kälte erzeugt werde, die im Stande ist Eis hervorzubringen. 5. *Auszug aus der Bibliothèque britannique. Von* Berthollet. 6. *Ueber eine neue Quelle von Petroleum.* (S. das VI. St. der

N. Entd.) 7. *Versuche und Beobachtungen über die Flüssigkeiten als Leiter betrachtet. Von* John Dalton. *Aus dem Englischen übersetzt. Von* Hachette. 8. *Auszug aus einer Abhandlung des Professor* Simon *in Berlin, betitelt: Galvanische Versuche, zur Bestimmung der Mengen von Sauerstoff und Wasserstoff, die sich bey der Zersetzung des Wassers entbinden.* (Unsern Lesern bereits aus Gilberts Annalen der Physik bekannt.) 9. *Chemische Beobachtungen über das Verhalten verschiedener thierischer Flüssigkeiten, welche der galvanischen Einwirkung unterworfen werden, angestellt von* Larcher Daubancourt *und* Zanetti *dem Aeltern. Dem Nationalinstitute vorgelesen.* (S. oben.) 10. *Versuche, welche die Gegenwart von vollkommen gebildeter Blausäure in einigen vegetabilischen Substanzen beweisen. Von* Vauquelin. (S. das VIte St. der N. Entd.)

Pfaff.

VI.

Journal du Galvanisme, de Vaccine etc. par une Societé de Physiciens, de Chimistes et de Medecins, redigé par J. Nauche, *President de la societé galvanique etc. etc.* 1er *Cahier. Floreal an XI.* (21. *April* 1803). *(Kostet* 12 *Fr. im Jahr.) Journal des Galvanismus und der Kuhpocken von einer Gesellschaft Physiker, Chemiker und Aerzte, redigirt von* Nauche.

Die Einleitung ist von Herrn Tourlet unterschrieben. Sie enthält die Resultate des ersten Aufsatzes dieses

Hefts, welcher *Untersuchungen über die Ursachen, die die Elektrizität im galvanischen Apparat entwikkeln*, betitelt ist, und Herrn Gautherot zum Verfasser hat. Herr G. sucht nehmlich durch directe Versuche zu beweisen, „dafs die Quantität der entwickelten „Elektrizität, die durch Berührung heterogener Metalle „hervorgebracht wird, gerade in Verhältnifs ihrer Ober„fläche ist, statt dafs im voltaischen Apparat ein ein„ziger Berührungspunct auf der Oberfläche jeder Scheibe „hinreicht, der ganzen Säule dieselbe Energie zu geben, „die sie haben würde, wenn alle Puncte dieser Ober„fläche in Berührung wären.“ Dieses scheint Herrn G. ein grofser Schritt in der Theorie, denn er beweist hiedurch, dafs die einfache Elektrizität, die von der Berührung der Metalle herrührt, auf eine bis jetzt unbekannte Art entwickelt wird, die von der des Apparats ganz verschieden ist. — Erstere läfst sich dem Calcul unterwerfen, letztere aber nicht.

Ferner beobachtet man, dafs die natürliche Elektrizität jedes über einander gelegten Körpers sich mit einer relativen Langsamkeit entwickelt, so dafs eine verlängerte Berührung weit mehr Energie äufsert, als eine unter gleichen Umständen existirende kurze. Daher die Langsamkeit, mit welcher sich die Elektrizität im galvanischen Apparat fortbewegt. So werden wir einst vielleicht die Zeit nach den mefsbaren Elementen einer gegebenen Quantität Elektrizität messen, wenn wir die Quellen der Entwicklung mehr analysirt haben werden. Diese Data sind zu denen des Äpinus und Coulomb hinzuzufügen. —

Über die Theorie des Herrn Gautherot, die er ferner auszuführen und zu bestätigen gedenkt, findet man mehreres im Moniteur vom 18ten Brumaire des J. XI. (m. s. d. N. E.) Der Verf. der Einleitung schliefst hieraus, so wie aus einem Aufsatze des Herrn Legallois (der für das nächste Stück bestimmt ist), dafs die

voltaische

Voltaische Theorie unsern jetzigen Kenntnissen über diesen Gegenstand nicht mehr anpassend ist. In der Abhandlung selbst beweist Herr Gautherot auch noch, dafs die Galvanischen Phänomene weniger der Physik als der Chemie zugehören, weil sie den Zersetzungen untergeordnet sind und von den Verbindungen abhängen, die die chemischen Agentia hervorbringen können, daher man auch dem Gedanken, eine Säule aus nichts als trocknen Körpern hervorzubringen, völlig entsagen mufs. —

Dem Aufsatze des Herrn G., der die Beschreibung von 12 zur Bestätigung seiner Theorie abzweckenden Versuchen enthält, folgen *Versuche über die Kuhpocken der Schafe, als Mittel den Schafpokken (Claveau) vorzubeugen, die während der Jahre X. und XI. vom Professor* Godine *dem Jüngern zu Alfort angestellt worden sind.* Diese Versuche sind auf Veranlassung des Ministers des Innern in Gegenwart der übrigen Professoren und Schüler angestellt worden. Die Kuhpockenpustel ist in Schafen etwas von der menschlichen verschieden. Sie ist den 5ten, 6ten und 7ten Tag in völliger Eiterung, die Entzündung ist schwächer und den 12ten oder 14ten Tag die Vernarbung geschehen. Die Modificationen der Kuhpocken bey den Schafen schreibt der Verf. ihrer besondern lymphatischen Constitution zu. Der Verf. hat bey 150 vaccinirten Schafen nur 15 Mal falsche Kuhpocken zu beobachten Gelegenheit gehabt. Er inoculirte die Kuhpocken in der Backe, im Sterno oder in der innern Seite des Schenkels. Die Backe schien ihm die beste Stelle. Er legte bald Fäden ein, und bald vaccinirte er mit der Lanzette. Letzteres schien ihm die bessere Methode. — Aus allen Versuchen ergibt es sich:

Dafs die Schafpocken (Claveau) die gröfste Aehnlichkeit mit den menschlichen Pocken haben, denn wenn man die wirklichen Menschenpocken den Schafen einimpfte, so entstanden die Schafpocken. — Ferner *daſs die erste Idee des Herrn* Jenner *über den Ursprung der Kuhpocken aus der Mauke (grease, eaux aux jambes) gegründet scheint*, und endlich *daſs die Vaccine die Schafe für die Schafpocken auf eben die Weise als die Menschen für wirkliche Pocken schützt.* Sie kann auch, trotz den in Deutschland und England angestellten Versuchen, die das Gegentheil beweisen sollen, *vom Menschen auf Schafe verpflanzt werden*; wenn es einigen nicht geglückt ist, so liegt es an der Art, das Gift einzubringen, und an der zu diesem Endzweck gewählten Stelle. Ist die Operation ordentlich angestellt, so verfehlt man fast nie seinen Erfolg. —

Fdrl.

VII.

Journal géneral de Medecine par la Soc. de Med. de Paris redigé par Sedillot, *jeune. Germinal an XI. May* 1803. *Année VII. N. LXXIX. Tom. XVI.*

Das Maystück dieser periodischen Sammlung enthält:

1. *Aufruf an die Aerzte über die Anwendung der Kohle in medicinischer und diätetischer Absicht (hygiététique).*

Chaptal sagt, daſs die Kohle die Substanz ist, die mit am schwersten zu decomponiren ist. Diogenes Laertius und Plinius erzählen, daſs Theodor aus Samos eine Lage Kohle im Tempel zu Ephesus auf den Boden zu legen anempfahl, um die Feuchtigkeit desselben unschädlich zu machen. Der heilige Augustin erzählt unter andern, daſs man der Kohle zur Bezeichnung der Gränzen sich bediente, weil sie sich länger als Holz und Stein erhält. Neuerlich hat man auch die Eigenschaft an ihr entdeckt, andere Körper für Fäulnifs zu schützen. Den Körper eines getödteten Juden, den man einen Fufs tief unter Kohlenstaub gefunden hatte, war nach 12 Tagen frisch und unverwest, als wäre er eben gestorben. Man kennt die von Lowitz entdeckte Wirkung der Kohle aufs Wasser; man weifs auch, dafs die Köche sie zuweilen in Töpfe werfen, um den Geschmack der Fäulnifs unbemerkt zu machen. Aus allen diesen angeführten Erfahrungen ergibt sich der Nutzen der Kohle in diätetischer Hinsicht, allein auch in medicinischer sollte er nicht vernachlässigt werden. Hippocrates, Galen, Zacutus Lusitanus, Paulus Aegineta und Andre erwähnen schwangrer Frauen, die Kohlen afsen, und Mädchen, die bey unterdrückter Reinigung sich deren bedienten. Ruland und Manget schlugen die Kohle des Fliederbaums zu Ende des 17ten Jahrhunderts in der Lienterie, Epilepsie, Apoplexie u. s. w. vor, Chomel im Urinbrennen, Simmons benahm bekanntlich den faulen Wunden dadurch ihren üblen Geruch und die Schärfe. Aus allem diesem folgert der Verf., dafs die Kohle bey weitem nicht genug versucht ist. —

Als Nachtrag befindet sich hier noch ein Aufsatz von Herrn Gay, der die Wirkung der Kohle, selbst schon in Fäulnifs übergegangenem Fleisch seinen Geschmack zu benehmen, bestätigt, und der Verf. glaubt die Kohle, zu 6 Quenten täglich gegeben, selbst im Faulfieber nützlich gefunden zu haben, allein seine Erfahrungen sind nicht vollständig.

2. *Sympathische und periodische Epilepsie, die durchs Cauterisiren des Saphennerven beyder Beine geheilt wurde. Von* Pontier, *Arzt in Isle- de - Rhé.* Dem Kranken war schlecht zur Ader gelassen worden. Der Verf. hatte durchs Comprimiren der Beine mit einem

Tourniquet den epileptischen Anfall bald verringert, bald gänzlich unterdrückt. Dieses leitete ihn, die kleine Aderlafsgeschwulst zu zerstören, und den Saphennerven zu trennen, er that es durch Cauterisation, weil der Kranke das Bistouri zu sehr fürchtete. —

Herr Double meint in einem Nachtrag, dafs die Krankheit und deren Heilung vielleicht nicht allein dem Durchschneiden des Nerven zuzuschreiben seyn möchte.

3. *Beobachtung über ein Blutbrechen mit Fieber, welches schnell tödlich ward. Von* Rogery, *Arzt zu St. Geniez.* Die Section nach dem Tode zeigte, dafs die Milz sich so vergröfsert hatte, dafs die Vasa brevia zusammengedrückt wurden, und das Blut sich durch die Arterien in den Magen ergofs. Er hält diesen Fall für die Krankheit, die Portal unter dem Nahmen Melina beschrieben hat. Da der Knabe, der jenes Blutbrechen hatte, vorher die Tinea gehabt hat, so gibt das die Veranlassung, in diesem Gifte die Krankheitsursache zu suchen, und sie für eine allgemeine Krankheit zu halten. Eine Meinung, welcher Herr Sedillot mit mehreren andern Ärzten in einem Nachtrage widerspricht, indem die Erfahrung lehrt, dafs kein inneres Mittel die Krankheit heilt, wohl aber die locale Anwendung solcher, die eine Suppuration der Haarwurzel bewirken.

4. *Meteorologische Beobachtungen, von* Bouvard.

5. *Fortsetzung der allgemeinen Betrachtung der herrschenden Krankheiten von* Double. — Sie herrschte mit etwas veränderter Gestalt immerfort, und griff noch immer die Schleimhaut an. Sie befiel zuletzt die Conjunctiva des Auges, die Urinwege, und Generationswerkzeuge. Daher Ophthalmien, Strangurien, Dysurien und Blennorrhagien nicht selten gewesen sind, wiewohl fast nie gefährlich. Doch ist das Abortiren häufig, und unter andern auch unter den Kühen in der Nachbarschaft von Paris häufig gewesen.

Medicin zu Montpellier.

Abhandlung über die Structur des Kniegelenks bey den Möwen und über das Fortschreiten dieses Vogels, von Lordat *dem Aeltern, Arzt zu Montpellier.* Die Möwen stampfen stark den Boden, indem sie gehen. Eine hier sehr genau beschriebene Anatomie zeigt, daſs das Knie sich nicht langsam durch Muskeln ausdehnt, sondern durch eine Art von Springfeder. Der Gang ist daher auch den ganzen Rumpf des Thieres erschütternd. Gewöhnlich liegt der Vogel auf dem Bauche, und Bein und Schenkel bilden zusammengefaltet einen sehr kleinen Winkel: grade stehend ist er wie ein Pfahl; dieses erklärt der Verf. durch den Schwerpunct des Körpers, so wie er andrerseits auch deutlich macht, warum er leichter schwimmt als geht. Wir verweisen den Leser, den es interessirt, auf das Original selbst.

Beobachtungen über einen Darmbruch ohne Sack (Hernie enterocele akistique) von Sernin *dem Sohn, Chef der innern Clinik bey der Schule zu Montpellier.* Der Verf. fand nehmlich einen solchen Inguinalbruch in einem Cadaver. Er glaubt, daſs der Fall selten existire, aber er sey doch möglich. Das Coecum war nehmlich vor dem Bruche ohne Mesenterium und nur an der Krümmung an der äuſsern Seite des Peritonaeums (das hier keinen Sack um dasselbe bildete) befestigt, so daſs es zwischen den Muskeln und dem Peritonaeum bis zum Inguinalring herabgeglitscht ist. Auch der geübteste Chirurgus hätte hier in Gefahr kommen können, in den Darm hineinzuschneiden. —

Ueber die Eigenschaft, die das Kalkwasser hat, das salpetersaure Quecksilber in ein braunes Oxyd niederzuschlagen, und über die Vortheile, die diese Eigenschaft gewährt, a priori den Grad der Wirkung zu bestimmen, den man von der Anwendung des rothen Präcipitats als Aetzmittel zu erwarten hat. Von Duportal, *Chef des Laboratoriums der medicinischen Schule zu Montpellier u. s. w.* Da der Calcinationsgrad des rothen Präcipitats sehr abwechselnd ist, so ist auch die Wirkung unbestimmt. Um nun den Grad dieser Oxydation zu bestimmen, giefst er nur ein wenig Kalkwasser auf etwas rothen Präcipitat; je brauner dieses Präcipitat in der Flüssigkeit wird, desto ätzender wird es seyn.

Fdrl.

VIII.

Das allgemeine Journal für Medicin, Chirurgie und Pharmacie, von Sedillot *redigirt, vom Floreal oder Juny* 1803. *Nro. LXXX. T. XVI. enthält:*

1. *Bericht über eine Abhandlung im Manuscript von* Coffinieres, *die den Titel führt: Von der Odontalgie, als critische Krankheit betrachtet, den 24sten Ventose der med. Gesellsch. vorgelesen von* Duval. Herr Coffinieres litt einst an einer Brustkrankheit, und hierauf an Zahnschmerzen. Seine Brustkrankheit verging, und er schliefst hieraus, wie aus ein paar anderen ähnlichen Fällen, die er genau beobachtet zu haben glaubt, dafs die Zahnschmerzen, so wie die Zahnkrankheiten überhaupt, etwas kritisches und in so fern etwas heilsames sind. (Wir glauben die übrigen Ideen des Verf. übergehen zu müssen.)

2. *Bericht über die Beobachtung eines Anevrysma der Art. Poplit., das durch Compression geheilt worden ist, von* Eschards, *Chirurgus zu Paris, mitgetheilt von Herrn* Deschamps *und vorgelesen in*

der öffentlichen Sitzung der med. Gesellsch. den 15ten Germinal an XI. Der Berichtserstatter erkennt keine andre Ursache des Anevrysms als die organische Schwäche eines oder mehrerer Puncte des arteriellen Systems, welche durch einen Druck, Stoſs u. s. w. veranlaſst ist. — Die gröſste Ruhe im Bette, ein beständiger Druck auf das untere Drittheil der Femoralarterie und zum Unterstützungspuncte auf die gerade entgegengesetzte Seite, mäſsiges, nicht strenges Verhalten, selten eine Aderlaſs, der topische Gebrauch der terra sigillata, des Drachenbluts und kalten Essigs, 20 Mal des Tages, und fortgesetzter Gebrauch dieser Mittel während eines ganzen Jahres krönten die Kur mit Erfolg. — Mit Recht wird bemerkt, daſs die lange Dauer dieser Methode der Ligatur Vorzüge gebe, denn durch den anhaltenden Druck wird die Arterie geschwächt. Wenigstens wird vorgeschlagen, die Ligatur oberhalb der comprimirten Stelle anzubringen, wofern die Compression miſslungen seyn sollte, und da die einfache Huntersche Methode anzuwenden, so daſs die ersten Tage noch etwas Blut in die Geschwulst dringen kann, ehe es gänzlich aufgehalten wird. Auf den äuſserlichen Gebrauch der Medicamente ist freylich nicht viel zu halten. Man hat in der Charité zu Paris 3 Monate lang Eis auf einem Anevrysma am Vorderarme angebracht, ohne irgend eine gute Wirkung davon zu verspüren; eben so unwirksam ist es auch an andern Orten auſser zu Bourdeaux gefunden worden. Die Idee, die Compression nur auf zwey Puncte wirken zu lassen, kommt von Herrn Sabatier. Doch hat Herr Eschards sehr viel Überlegung bey dem ganzen Verlauf der Krankheit gezeigt.

3. *Preis, der von der Societé de Medecine den 15ten Germinal des Jahres XI. vorgeschlagen und vertheilt worden ist.* —

Die Gesellschaft fragte:

Welches sind die Vortheile und Nachtheile der verschiedenen Methoden das Anevrysma zu behandeln? — Wenn ist die Operation unumgänglich nöthig, wenn genügt medicinische Behandlung? Wenn ist bey der Operation die Compression nöthig? Muſs man, wenn die Ligatur nöthig wird, deren zwey machen, ober- und unterwärts der Spalte, oder ist die erste allein hinlänglich? Ist es vortheilhafter, den Sack des Anevrysmas zu eröffnen, ihn wegzunehmen, oder ihn der Natur zu überlassen?

Zwey Abhandlungen sind über den Gegenstand eingelaufen, die ihren Beyfall und den Preis erhalten haben. Eine von J. L. Deschamps; die andre von Claude Elie Horeau. Indessen haben, wie es scheint, beyde die Materie nicht ganz erschöpft. Für die anderen Aufgaben sind keine befriedigenden Abhandlungen mitgetheilt worden. Die Gesellschaft erwähnte ehrenvoll der Herrn Eschards, Rampon, Morlanne und Carron, die ihr wichtige Beobachtungen haben zukommen lassen. —

Für den Monat Germinal des Jahres XII. sind folgende Preise ausgesetzt.

1. Man soll die Ursachen und die Behandlung des Brandes darstellen, besonders desjenigen, der die weichen Theile ergreift. — Der Preis ist eine Medaille 300 Fr. an Werth.
2. Man soll eine physische und medicinische Topographie der Stadt Paris liefern, und zwar einen Zirkel von 2 Myriameter wenigstens im Durchmesser. — Der Preis besteht in 1200 Fr. und wird in 2 Jahren ertheilt.

4. *Meteorologische Beobachtungen von* Bouvard. *Germinal an XI.*

5. *Medicinische Uebersicht der letzten 6 Monate des Jahres XI.* —

Die Sterblichkeit ist im Sommer gewöhnlich halb so stark in Paris als im Winter und Herbst. Der Verf. prophezeiht gastrische Krankheiten. — Seine Gründe hierzu wird er künftig besonders entwickeln.

6. *Medicin zu Montpellier.*

Tabelle der Krankheiten, die in der clinischen Schule zu Montpellier seit dem Anfange des Jahres X. sind behandelt worden. Dumas und Broussonet sind die Professoren dieser Anstalt. Der Aufsatz ist ein Auszug aus dem von den Schülern gehaltenen Tagebuche, welchen in einem andern Auszuge zu liefern fast unmöglich ist. Wir werden ihn aber, wie er wegen seiner Zweckmäſsigkeit wohl verdient, wenn es der Platz gestattet, in einer Übersetzung liefern. Die Fälle selbst scheinen nichts auffallend interessantes darzubieten.

7. *Beobachtungen über die guten Wirkungen des Senfs als ableitendes Mittel in Blutflüſsen, in der medicin. Gesellsch. zu Montpellier vorgelesen von* Chretien. Der Verf. stillte öfters das Blutspeyen durch Sinapismen auf den Füſsen, oder auch durch Fuſsbäder mit Senf. Sonderbar war bey einem 31jährigen, der im 2ten Grad der Phthisis sich befand, der Umstand, daſs Brühe von Hammelfleisch stets das Blutspeyen wieder erregte. Kalbsbrühe that dieses nicht. Herr R. Chamseru bemerkt indessen, daſs die ableitenden Mittel auch zuweilen als reizende Mittel schädlich seyn können.

8. *Beobachtung einer Verwachsung der Augenlieder unter sich und mit dem Augapfel, nebst Operation, und neuentstandenen Adhäsion, von* Petit, *Chirurgien en Chef des Hotel Dieu zu Lyon.* Es war die Folge der bey dem Zerspringen eines Ballons in die Augen gespritzten Salpetersäure, und der darauf erfolgten In-

flammation. Man hatte Mittel vernachlässigt, die Verwachsung zu verhindern. Das Übel war in diesem Fall unheilbar und kam stets wieder. Die Operation schmerzhaft.

Bücheranzeigen.

Fdrl.

IX.

Memoire sur les causes de la faim et de la soif, lu à la societé medicale de Montpellier par C. L. Dumas, *de l'Institut national, Professeur d'Anatomie et de Physiologie. Abhandlung über die Ursachen des Hungers und Durstes, von* Dumas.

Der Hunger greift, nach des Verf. Behauptung, besonders das Nervensystem und die lymphatischen Gefäſse an und wirkt asthenisch; der Durst mehr das Blutsystem und wirkt sthenisch. Mehrern Hunden, die der Verf. bis 8 Tage hungern lieſs, warf er Opium und Campher vor; ihr Hunger wurde gestillt. Öl und Emollientia, so wie laues Wasser, bewirkten dieses nicht; wohl aber Spirituosa, kaltes Wasser, Aromata, tonische Mittel u. s. w. Wenn man das oxygenirte salzsaure Quecksilber aufgelöst in kleinen Dosen reichte, so verlohr sich der Appetit. — Der Verf. lieſs 4 gleich alte und gleich groſse Hunde hungern, öffnete 3 nach verschiedenen Perioden, und lieſs den 4ten für Hunger sterben. Der erste hatte den Magen zusammengezogen, und die Eingeweide verrückt. Etwas Wasser, das man ihm vor dem Tode gegeben hatte, war ganz absorbirt. Im zweyten fanden sich, nebst obigen Symptomen, die serösen und mucösen Feuchtigkeiten nicht mehr in gehöriger Menge. Bey dem 3ten war der ganze gastrische und pancreatische Saft des Magens und der Gedärme, so wie alle albuminöse Feuchtigkeit des Mesenteriums, völlig absorbirt, und die Viscera trocken. Im 4ten endlich war die Substanz der Verdauungswerkzeuge selsbt angegriffen und die absorbirenden Gefäſse schienen auf sie selbst gewirkt zu haben und waren entblöſst. Ja sie wirkten sogar noch einige Zeit nach dem Tode fort!! —

Was nun den Durst betrifft, so vermehrt ihn das Opium, so wie auch der Wein und spirituöse Getränke im Übermaſs getrunken, und das oxygenirte salzsaure Quecksilber. — Künstlich erregtes Fieber, selbst locale Inflammation erregten den Durst ebenfalls. Einem Hunde, dem man viel zu fressen und nichts zu trinken gab, wurde zuletzt etwas Wasser mit Nitrum gegeben, und ein weniges stillte den Durst, statt daſs es reinen Wassers ein halbes Pfund bedurfte, um ihn zu beruhigen. (Das Nitrum, wie man weiſs, schwächt das Gefäſssystem.) — Kleine Aderlässe scheinen ebenfalls den Durst zu verringern. Einem sehr durstigen Hunde wurde derselbe durch eine starke Aderlaſs gestillt; das Blut war mit einer inflammatorischen Cruste bedeckt. In einem andern von Durst gemarterten Hunde, den man öffnete, fand man die Eingeweide entzündet, an einigen Stellen des Magens und Gekröses wirklichen Übergang in Brand, und das Blut in der Nähe des Herzens coagulirt.

Der Verf. behauptet demzufolge, daſs alles, was das Nervensystem und die absorbirenden lymphatischen Gefäſse reitzt, Hunger hervorbringt, und daſs der Durst durch die Reitzung des Blutgefäſssystems hervorgebracht wird. Im ersten Falle saugen die absorbirenden Gefäſse gewissermaſsen vergebens am Ende an der Substanz der Organe selbst, und bringen durch diese vergebliche Anstrengung Nervenschwäche hervor. Im zweyten Falle fehlt es den mit Wärmestoff und Blut angefüllten Gefäſsen an flüssiger Nahrung, die die Inflammation verhinderte.

(Ohne diesen trefflichen Versuchen des Herrn Dumas mit einigen wenigen Erfahrungen etwas entgegensetzen zu wollen, muſs der Verf. dieses Auszugs doch bemerken, daſs er, gerade als er den Aufsatz las, einigen Kranken, kurz vor Tische, groſse Dosen Opium zu reichen genöthigt war, deren Hunger nach dem Gebrauche desselben nur um so stärker rege geworden zu seyn schien.) [1]) *Fdrl.*

1) Daſs Opium in groſser Asthenie den fehlenden Appetit wieder herstellen könne, ist bekannt. Im gewöhnlichen Zustande der Gesundheit stillt es aber, allen Erfahrungen zufolge, den Hunger, und nimmt den Appetit. *Pf.*

X.

Paris bey Dufart: *Histoire naturelle génerale et particulière par* Le Clerc de Buffon. *Nouvelle Edition, accompagnée de notes, et dans la quelle les supplémens sont inserés dans le premier texte à la place qui leur convient. L'on y a ajouté l'histoire naturelle des quadrupèdes et des oiseaux, découverts depuis la mort de Buffon, celle des reptiles, des poissons, des insectes et des vers, enfin l'histoire des plantes, dont ce grand naturaliste n'a pas eu le tems de s'occuper. Ouvrage formant un cours complet de l'histoire naturelle, redigé par* C. S. Sonnini, *Membre de plusieurs societés savantes. An VII. VIII. IX. X.* (1799 - 1802.)

Dieses ist der Titel einer neuen Ausgabe des Buffonschen Werkes, mit Erläuterungen, Zusätzen und Bearbeitungen derjenigen Theile der Naturgeschichte, die Buffon selbst nicht abgehandelt hat. Eine groſse und kostbare Unternehmung, die uns leider nur nicht in die besten Hände gerathen zu seyn scheinet, da Sonnini eigentlich ein bloſser Vielschreiber ist, und Buffons Ergänzer billig wenigstens Etwas von dem Geist und dem groſsen Blicke dieses unerreichten Schriftstellers haben sollte. Ein Cuvier und Lacepede hätten sich, um dieses groſse Originalwerk würdig auszustatten, vereinigen, und ihre meisterhaften Aufsätze, welche sie in der Description de la Menagerie du Museum d'histoire naturelle liefern, lieber in ihm niederlegen sollen. Zuvörderst enthält Tom. I. die allgemeine Naturgeschichte; Tom. II. die Theorie der Erde, artic. 1-8. Tom. III. die drey letzten Artikel der Theorie der Erde, und von den Epochen der Natur, Tom. IV. Beschlufs der Epochen der Natur, nebst den Anmerkungen darüber. Tom. V-VII. Einleitung in die Geschichte der Mineralien, die in Tom. VII. schon selbst angefangen und bis Tom. XVI. fortgesetzt ist. Tom. XVII-XXI. Geschichte des Menschen. Tom. XXII-XXXVI. Geschichte der vierfüfsigen Thiere. Tom. XXXVII-LXIV. die Geschichte der Vögel mit vielen Zusätzen und eigenthümlichen Beschreibungen von den Herrn Sonnini und Virey bereichert. Als ein Nebenwerk, das doch aber dient den Cursus der Naturgeschichte zu vervollständigen, ist von eben dem Hrn. Virey folgendes Werk erschienen:

Paris bey Dufart: *Histoire naturelle du genre humain, ou recherches sur ses principaux fondemens physiques et moraux. On y a joint une dissertation sur le sauvage de l'Aveyron. Avec figures. Par* J. J. Virey. *Tom. I.* 435 *S. Tom. II.* 392 *S. An IX.* (1801.).

Von der Geschichte der Insekten und Schalthiere sind zwey Theile erschienen:

Paris bey Dufart: *Histoire naturelle génerale et particulière des Crustacés et des Insectes. Ouvrage faisant suite aux oeuvres de* le Clerc de Buffon *et partie du Cours complet d'histoire naturelle redigé par* C. S. Sonnini — *par* P. A. Latreille. *Principes élementaires. Tom. I.* 394 *S. T. II.* 380 *S. An X.* (1802) *gr.* 8. Enthält das Allgemeine von den Insekten mit der bekannten Sorgfalt und Genauigkeit Latreille's.

Auch mit der Geschichte der Reptilien ist durch folgendes Werk der Anfang gemacht:

Paris bey Dufart: *Histoire génerale et particulière des Reptiles. Ouvrage faisant suite etc. par* F.

M. Daudin. *Tom. I.* 384 S. *T. II.* 432 S. *An X.* (1802) 8. Im ersten Bande wird das Allgemeine von den Reptilien abgehandelt, im zweyten kommen die Schildkröten und die Crocodile vor.

Endlich sind auch von der Naturgeschichte der Pflanzen die ersten Theile erschienen:

Paris bey Dufart: *Histoire naturelle génerale et particulière des plantes. Ouvrage faisant suite etc. — Traité d'Anatomie et de Physiologie végétale, servant d'introduction à l'histoire des plantes. Par* C. F. Brisseau-Mirbel, *Aide-naturaliste au Museum d'histoire naturelle etc. Tom. I.* 378 S. *Tom. II.* 425 S. *An X.* (1802). 8.

Die 64 Bände des Buffonschen Werkes kosten mit schwarzen Kupfern 320 Franken oder 80 Rthlr. mit ausgemalten Kupfern 640 Fr. und auf Velinpapier mit ausgemalten Kupfern 1280 Fr. Von der Pflanzengeschichte, die auf 12 Bände angeschlagen ist, kostet jeder Band mit schwarzen Kupfern 6 Fr. (1½ Rthlr.); die Geschichte der Fische und Cetaceen von Lacepede und Sonnini wird 12 Bände betragen; die der Insekten und Schalthiere 10 Bände; die der Conchylien und Würmer von Denis Montfort 8 Bände; die der Reptilien 6 Bände. Der Preis ist eben der, wie bey der Pflanzengeschichte. Die Subscribenten bezahlen für jeden Band mit schwarzen Kupfern nur 5 Fr. und mit colorirten Kupfern 10 Fr. Druck, Papier und die ganze äufsere Einrichtung machen dem Verleger Ehre.

C.

Correspondenz, literarische und technische Nachrichten und Neuigkeiten, gelehrte und andere Gesellschaften und Unterrichtsanstalten etc. etc.

I.

Auszug aus einem Briefe des Dr. Friedländer *an Dr.* Pfaff, *vom 22ten May.*

Guyton hat ein neues Pyrometer ersonnen, bey welchem die Platina die pyrometrische Substanz ist. Sie erhalten hierbey vorläufig eine Zeichnung. (Sie folgt im nächsten Hefte.) Guyton hat mir eine nähere Notiz versprochen.

Von dem neuen Metall *Palladium* haben Sie wohl schon aus Van Mons Journale und aus England gehört. Folgendes ist die Charakteristik desselben:

1. Es ist sehr geschmeidig, hat den Glanz der Platina. 2. Das specifische Gewicht des geschmiedeten ist 11,3, des gehämmerten 11,6. 3. Im Feuer wird es matt, bekömmt eine ins Blaue schimmernde Farbe, in starker Hitze bekömmt es aber, wie die edeln Metalle, seinen Glanz wieder. 4. Starke Glühehitze macht es nicht schmelzen, setzt man aber Schwefel hinzu, so schmilzt es sehr leicht. 5. In Salpetersäure aufgelöst, färbt

färbt es die Auflösung dunkelroth. 6. Dampft man die salpetersaure Auflösung ab, so erhält man das rothe Oxyd des Palladiums, welches in Salzsäure und andern Säuren auflöslich ist. 7. Aus seinen Auflösungen wird es durch Quecksilber, so wie alle übrige Metalle, die drey edlen Metalle ausgenommen, niedergeschlagen.

Herr Chenevix in London hat den ganzen Rest dieses Palladiums, welcher in 332 Granen bestand, von dem Mineralienhändler Forster für 16 Guineen gekauft, und die Versuche richtig gefunden. Er hat ein Plättchen, 4 Linien lang und eine Linie breit, an Vauquelin geschickt, der, so viel sich aus so wenigem ersehen läſst, die Angaben Chenevix richtig gefunden hat. Man weiſs nicht, woher das Metall kömmt, und ob es nicht vielleicht eine Metallversetzung ist. Forster verheimlicht die Gangart.

Thenards Arbeit über die Weingährung (s. N. Entd. III. und IV. St. S. 133.) hat sich im Wesentlichen fast gänzlich in einem Aufsatze des Fabroni gefunden, den dieser der Societé philomatique überreicht hat. Doch sind sie gewiſs beyde unabhängig von einander auf eine Idee gekommen, denn Thenard ist keines Plagiats fähig, Seguin will Thenards Versuche nicht ganz bestätiget gefunden haben.

II.

Zoologische Neuigkeiten.

A. Bestätigung der Behauptungen der Alten über die Art der Articulation der Kinnladen des Krokodils.

Herodot, Plinius und einige neuere Reisende behaupteten, daſs das Krokodil das einzige bekannte Thier sey, dessen obere Kinnlade über der untern beweglich sey, während letztere selbst fix bleibe. Perrault und Duverney setzten dieser Behauptung entgegen, daſs beym Krokodile die obere Kinnlade vom Cranium nicht abgesondert sey, sondern mit ihm ein und dasselbe Knochenstück bilde. Nur eine genauere Untersuchung des Krokodilkopfes, welche Geoffroy während seines Aufenthalts in Ägypten, von wo er auch ein Skelett dieses Thieres mitgebracht hat, angestellt hat, konnte diesen scheinbaren Widerspruch heben. Der Kopf des Krokodils besteht nehmlich gleichsam nur aus seinen beyden langen Kinnladen. Das Cranium ist so klein, daſs es sich der ersten Untersuchung ganz entziehet, es ist gänzlich zwischen den Ästen der oberen Kinnlade enthalten. Das Schlafbein ist in einen wahren Condylus verwandelt, und wird ganz zu demselben in Ansehung seiner Function, weil seine Extremität in eine Höhle der untern Kinnlade eingreift. Zu diesem Zwecke ist diese Kinnlade um $\frac{1}{8}$ länger als die obere, ihre Höhle, indem sie sich durch einen Ginglymus mit den Hörnern der Schlafbeine articulirt, hat eine doppelte Facette, der Condylus des Hinterhaupts befindet sich auf der nehmlichen Ebene, so daſs also der Kopf in der That gegen seine Articulationspunkte zurückgehalten wird, und in einer Art von Scharnier, wie der Deckel einer Tabaksdose, auf- und abspielt, ohne sich weder rechts noch links drehen zu können. Die Beobachter lebender Krokodile haben vielleicht dadurch in Irrthum und auf die Meynung gebracht werden können, als wenn der Kopf sich nicht gegen die Winkel der Kinnladen zu endigte, daſs die Bewegmuskeln der Kinnladen zwischen den Muskeln des Halses gelagert sind, daſs sie denselben nach vorne zu anschwellen machen, und diesem Theile wie eine Art von Stirne bilden. Die untere Kinnlade bleibt beynahe ganz fest, während die Bewegung der Kinnladen vor sich gehet, und zwar aus dem Grunde, weil ihre hintere Extremität, indem sie sich beträchtlich über den Ort der Articulation mit der obern Kinnlade hinaus verlängert, und sich gegen die Haut erhebt, an diesem Punkte eine sehr dicke Schuppe antrifft, die verhindert, daſs diese Extremität sich nicht erheben, und folglich der vordere Theil sich nicht niedersenken kann. Die Behauptung der Alten ist folglich beynahe in aller Strenge wahr, und sie ist es vollkommen, wenn man sie nur so verändert: das Krokodil ist das einzige bekannte Thier, dessen obere Kinnlade, zwischen deren Ästen das Cranium enthalten ist, über der untern beweglich ist, die selbst nur eine kaum merkliche Bewegung hat.

Herodot und die Alten wurden gleichfalls über die Behauptung getadelt, daſs das Krokodil keine Zunge habe. Gewiſs ist es, daſs, wenn das Thier beym Leben ist, und seinen ungeheuern Rachen öffnet, keine Spur davon erscheinet, was eine Folge der Einrichtung ist, daſs sie gänzlich an der Haut adhäriret, welche die beyden Äste der untern Kinnlade vereiniget. Man muſs die gemeinschaftlichen Hautdecken wegnehmen, welche sie dem Auge entziehen, um sie unterhalb Muskelfasern und die nehmliche Organisation wie in der Zunge der andern Thiere zu finden.

Auszug aus einer gröfsern Abhandlung: Anatomische Bemerkungen über das Nilkrokodil im VII. Cahier der Annales du Museum d'histoire naturelle S. 37 fg. in N. 52 des Bulletin des Sciences.

B. Neue Krokodilspecies aus St. Domingo.

Der General Le Clerc schickte wenige Zeit vor seinem Tode zwey Krokodile aus St. Domingo an das Museum der Naturgeschichte zu Paris. Diese Thiere, sehr verschieden vom Cayman, hatten eine lange Schnauze, einen Ausschnitt auf der Seite der obern Kinnlade, um den vierten Zahn der untern Kinnlade durchgehen zu lassen, die Füfse durchaus mit einer Schwimmhaut versehen, kurz alle die Karaktere, welche von Cuvier dem Krokodile der alten Welt zugeschrieben werden. Diesem nach sollte man glauben, dafs das wahre Krokodil sich gleichmäfsig in dem heifsen Erdstrich der alten und neuen Welt finde. Buffon hatte aber, wie bekannt, behauptet, dafs keine Gattung von vierfüfsigen Thieren in diesem Falle sey (nehmlich beyden Continenten zumal anzugehören), und man kannte bis jetzt keine gegründete Ausnahme von dieser Art von Gesetz, welches dieser grofse Mann aufgestellt hatte.

Das Verlangen, aufs Reine zu bringen, ob diese Regel auch auf das Krokodil von St. Domingo sich anwenden lasse, bestimmte den berühmten Geoffroy-es sorgfältig mit einem Nilkrokodile zu vergleichen, das er selbst aus Ägypten mitgebracht hatte. Folgendes war das Resultat dieser Vergleichung: Das Krokodil von St. Domingo hat die Kinnladen etwas länger, sein Schwanz ist aus einigen Streifen von Schuppen mehr zusammengesetzt, es sind nehmlich 20 an dem einen und 17 an dem andern, seine Vorderzähne an der untern Kinnlade sind so lang, daſs sie die obere Kinnlade ganz durchbohren, während sie viel kürzer in dem Nilkrokodile sich bloſs zwey kleine Vertiefungen in derselben aushöhlen, in welche sie sich verbergen. Die Platten, welche den Rücken bedecken, sind weniger zahlreich, und unordentlicher zerstreut, sie sind mit Schärfen besetzt (*carinatae*), welche nur in der äuſsern Reihe sehr hervorstehend sind, die vom Mittelpunkte sind beynahe ganz verwischt. Beym Nilkrokodile haben dagegen alle Rückenplatten die nehmliche Form, die nehmliche hervorspringende Schärfe, und die nehmliche respective Anordnung. Endlich findet selbst noch in den Schuppen, welche die Extremitäten bedecken, eine Verschiedenheit statt, indem sie beym Krokodile von St. Domingo viereckigt, bey demjenigen von Ägypten rund und sechseckigt sind.

Die beyden Krokodile, welche das Museum der Naturgeschichte dem aufgeklärten Eifer des Generals Le Clerc verdankte, waren beyde einander in der Form vollkommen gleich, wenn gleich im Alter und Wachsthum sehr verschieden. Das erwachsene Individuum war kaum gröſser als das Nilkrokodil, das Geoffroy von Ägypten mitgebracht hatte, woraus sich schlieſsen läſst, daſs die angezeigten Verschiedenheiten nicht wohl den Veränderungen zugeschrieben werden können, welche das Alter gewöhnlich hervorbringet, sondern vielmehr als eben so viele Gründe zu der Meynung angesehen werden können, daſs das Krokodil von St. Domingo eine eigene neue Gattung ist, so daſs das Buffonische Gesetz durch dieses Krokodil von St. Domingo mit verlängerten Kinnladen nicht erschüttert wäre.

Eine ausführlichere Notiz nebst Abbildung von E. Geoffroy findet sich im VII. Cahier der Annales du Museum. S. 53.

C. Tubicinella, ein neues Geschlecht nach Lamarck.

Die Tubicinella constituirt ein neues Geschlecht von Schaalthieren des Meers, das dem Geschlechte Balanus sehr nahe verwandt ist, und das Lamarck mit den Geschlechtern Balanus und Anatifa zu seiner Ordnung der Crustacea conchylifera rechnet.

Der Ch. gen. ist: Testa univalvis, regularis, non spiralis, tubulosa, versus basin attenuata, utrinque truncata, apertura orbiculata terminali, operculo quadrivalvi.

Bis jetzt hat Lamarck nur 2 Species zu Gesicht bekommen: 1) (major) striata, costis transversis aequalibus distantibus; 2) (minor) striata, costis transversis crebris: inferne minoribus interstinctis.

Die Tubicinellen leben, so wie der balanus diadema, balanus balaenarius und balanus testudinarius, auf dem Körper der Wallfische selbst; ihre Röhren senken sich nicht bloſs in die Haut des Wallfisches ein, in dem Maaſse als sie wachsen, und sich verlängern, sondern sie dringen selbst zu einem groſsen Theil in die Dicke des Fetts des Wallfisches, so daſs nur ein kleiner Theil auſsen hervorragt. Du Fresne, ein französischer Naturforscher, sah während seines Aufenthalts in London in Hunters Museum ein Stück Haut eines Wallfisches, auf welchem 8 bis 9 dergleichen Tubicinellen bis zum vorletzten Ringe des vordern Theiles der Schaale versenkt und bis tief ins Fett eingedrungen safsen.

Annales du Museum d'histoire naturelle.
Cahier VI. an XI. S. 461 fg.

III.

Ueber die Kriegsfabriken der französischen Republik in der Zeit des Schreckens.

Die erstaunlichen Kriegsbedürfnisse sind alle während der Zeit des Schreckens durch die ungeheure Kraft, die die damalige Exaltation der Gemüther hervorbrachte, herbeygeschafft worden. Folgende Resultate dieser grofsen Bewegung zu Anfange des Jahres III. der Republik sind aus dem trefflichen Versuche der allgemeinen Geschichte der Wissenschaften während der Revolution gezogen, die Herr Biot zur Einleitung der neuen Ausgabe der *Leçons des Ecoles normales* verfertigt hat.

Innerhalb 9 Monaten sind 12 Millionen Salpeter aus dem französischen Boden gezogen worden. Kaum zog man ehemals eine Million aus dieser Quelle. —

15 Giefsereyen verfertigten aus Bronze 13000 Kanonen jährlich, ehemals existirten nur 2 ähnliche Giefsereyen, die 900 Kanonen lieferten. — In demselben Verhältnisse waren auch die andern Bedürfnisse des Artilleriewesens vermehrt worden. —

20 neue Säbelfabriken verfertigten die Stahlarbeiten nach einer neuen Methode, ehemals existirte nur eine solche Fabrike. —

Eine ungeheuere Gewehrfabrik wurde sogleich in Paris selbst errichtet, sie gab 140,000 Gewehre jährlich. Das heifst mehr als alle alte Fabriken zusammen, und solche Anlagen wurden in mehrern Departementern unternommen.

188 Werkstätte dienten zur Reparatur der Waffen. Vor der Revolution gab es deren nicht 6. —

Eine Manufactur der Carabiner, die man bis dahin in Frankreich ebenfalls nicht kannte, wurde neu errichtet. —

Die Kunst, das Zündloch der Kanonen zu erneuen, ist so vervollkommt worden, dafs die Wiederherstellung in der Mitte eines Lagers geschehen kann.

Man lernte auch Mittel kennen, um Theer aus den Tannen zum Gebrauch der Marine zu ziehen, und alle Verfahrungsarten der Kriegskunst wurden überhaupt sehr vereinfacht, und die Anwendung der abstractesten Theorien vervollkommt.

Das geheime Etablissement in Meudon diente zu Versuchen, das oxygenirt- salzsaure Kali zu Pulver zu gebrauchen, und Zündkugeln *(Boulets incendiaires)*, hohle Kugeln *(B. creux)* und ringförmige Kugeln *(B. à Bague)* zu verfertigen.

Viele Untersuchungen wurden angestellt, um alles, was zur Construction und Equipirung der Schiffe dient, aus Frankreichs Boden zu ziehen, und die Bedürfnisse, die der Krieg zerstörte, zu ersetzen, Salinen zu vermehren, so wie auch das Kali, welches die Pulverfabriken den andern Manufacturen entzogen, zu ersetzen.

Eine einfache lichtvolle Instruction lehrte sich leicht Seife zu verfertigen. Auch erfand man die Masse Bleystifte zu machen, die man ehemals aus England zog.

Nächstdem wurde noch die aufserordentliche Kunst, in wenigen Tagen zu gerben, entdeckt, da sonst das Leder eine Zubereitung von mehrern Jahren bedarf.

IV.

Gelehrte Gesellschaften, Unterrichtsanstalten etc.

A. Nationalinstitut.

1. Bericht über eine Abhandlung des B. d'Aubuisson, den Basalt betreffend, welcher der Classe der physicalischen und mathematischen Wissenschaften von Herrn Hauy und Herrn Ramond abgestattet worden ist. — (d. 28. Germinal des Jahres XI.) 16. April 1803.

Plinius und Ptolemaeus geben dem Lapis Aethiopicus des Herodot und Strabon den Nahmen Basalt, und beschreiben ihn ziemlich deutlich. — Dolomieu, der in den alten Basalten Schörl, Hornblende, Trapp, Petrosilex u. s. w. fand, erklärte, dafs die Basalte nicht vulcanischen Ursprungs seyen. Desmarets hat 20 Jahre vor ihm ähnliche Untersuchungen angestellt, und dieselben Folgerungen in Rücksicht einer Steinart gezogen, die man Gabbro nennt, und die die hornblendeartige Steinart ist, die Dolomieu Hornblende und Schörl en Masse nannte.

Die Idee des vulcanischen Ursprungs des Basalts, sagt Dolomieu, der hier besonders zu Rath gezogen ist, kommt von der physischen Beschaffenheit des italienischen Bodens; zur Zeit des Adrians ahmte man ägyptische Bildsäulen in einer compacten Lava nach, die wie Basalt hart war, und hiedurch entstand die Verwechselung aus einer unbestimmten Analogie. Dolomieu suchte zuerst dem Worte eine bestimmtere Bedeutung zu geben, allein, indem er zugab, daſs der schwarze prismatische Trapp aus Sachsen und Schottland Producte wären, die auf nassem Wege entstanden sind, so behauptete er dennoch, daſs die aus Vivarais und Sicilien kommenden Basalte durch Feuer gebildet seyn möchten.

Dieses war Dolomieus Meinung im Jahre 1790 in Frankreich. (S. das Journal de Physique des Jahres.) Wenn er zu sehr der Meinung, daſs sie durch Feuer gebildet worden seyen, nachhing, so war es, weil er dieselben am meisten unter Vulcanen gesehen hatte. Andre, in eine andere Lage versetzt, schlossen, durch Analogie geleitet, wiederum mehr für die Entstehung durch Wasser, und jede Parthey suchte ihre Ansicht so viel als möglich zu verallgemeinern.

Bergmann hatte indessen den Basalt von Staffa, und einen Trapp aus Henneberg untersucht, und in beyden dieselben Principien gefunden; dieses machte besonders Herrn Werner aufmerksam. Man hatte längst bemerkt, daſs der Basalt auf einer Masse unveränderter Steinkohlen auflag, und auch 2tens zuweilen in Wacke, wie auch im Grünstein überging, daher man auf den Ursprung durch Wasser schloſs. Dasselbe hatte auch ehemals den Dolomieu bewogen, den Basalt von Äthiopien für durch Wasser erzeugt anzusehen. — Den Vulcanisten zufolge ist die Wacke von einer schlammigten vulcanischen Eruption (*Eruption boueuse.*) entstanden, statt daſs die zelligten Basalte wirkliche Laven sind. Herr Vogt suchte übrigens zu zeigen, dafs die Steinkohlen wirklich Veränderungen durch die Hitze erlitten hätten, und Herr Faujas St. Fond will ebenfalls den Meifsner für vulcanischen Ursprungs halten, indessen haben die Neptunisten wirklich viele Vulcanisten, als Herrn Klaproth und Herrn Kirwan, auf ihre Seite bekommen. Herr d'Aubuisson, ein ausgezeichneter Schüler des Herrn Werner, sucht nun diese in England und Deutschland einmal angenommene Meinung auch in Frankreich zu verbreiten, und mit eigenen Beobachtungen zu bekräftigen. Seine Abhandlung theilt sich in 5 Kapitel. —

In dem ersten sucht er genau zu bestimmen, was er unter dem Wort Basalt versteht, und was ein vulcanisches Product heifse. In dem zweyten beschreibt er die Kette basaltischer Berge in Sachsen, mit einer Methode, die man in allen geologischen Schriften wünschen möchte. Er verweilt besonders bey dem Pohlberg, Bärenstein, Heidelberg, Scheibenberg, Stolpen, Lichtwald, Steinkopf, Landberg, Ascherhübel, Geifsenberg, Luchauerberg, Heulenberg, und wirft alsdann einen Blick auf das Luckauer Gebirge. — Im dritten Kapitel kömmt er auf die Beweise, die aus den Beobachtungen für den Ursprung des Basalts durch Wasser sich ergeben, und im 4ten Kapitel endlich auf die Beweise, dafs sie nicht vulcanischen Ursprungs seyn können. (Da alle diese hier mitgetheilten Ideen aus der Wernerschen Schule kommen, so glauben wir unsern Lesern nicht das Detail aus Frankreich mittheilen zu müssen.) Die Berichtserstatter glauben alle Beweise auf folgende 3 reduciren zu müssen. Sie beruhen nehmlich auf der Lagerstätte, auf den Verbindungen, und endlich der Structur und Zusammensetzung des Basalts. — In Rücksicht der Lager nimmt der Basalt niemals an dem Boden Theil worauf er ruht, er ist also von einer distincten Formation, und oft von einer sehr neuen, da er auf aufgeschwemmtem Boden aufruht. Wäre er durch Vulcane entstanden, so müfste man die Spuren der Vulcane an solchen Örtern finden, wo der Basalt gefunden wird, oder wäre er aus einem Vulcane entsprungen und weiter geflossen, so müfste man ihn in den Thälern vorfinden, oder unter der Erde, und die Stellen, die er berührt, müfsten Spuren des Brandes zeigen. Der Meifsner, der auf Steinkohlen ruht, andere Basalte, die mit denselben sogar zuweilen wechseln, wie in Böhmen, den Ferroerinseln u. s. w., tragen keine Spur von Feuerveränderung an sich. — So viele Schwierigkeiten dem zufolge diese Erklärungsart über die Entstehung des Basalts durch Feuer darbietet, so leicht erklärt sichs, wenn man die Entstehung durch Wasser annimmt, und sich vorstellt, dafs alles aus diesem Elemente wie ein Sediment sich setzte, worin es, so zu sagen, schwebend sich befand. — Man findet ferner, dafs der Basalt zuweilen sogar mit versteinerten Conchylien *(pierres coquillières)* wechselt, besonders ist die Wacke und der Grünstein in beständiger Begleitung des Basalts, und auf dem Meifsner bemerkt man besonders schön die Übergänge. Dieselben Übergänge haben Herr Desmarets und Dolomieu in den Basalten bemerkt, die sie aus dem Wasser entstehen lassen. Herr Reufs hat dasselbe in Böhmen gesehen. Die Wacke wechselt aber mit Thon u. s. w., und niemand zweifelt, dafs der Grünstein ein Product der Wassererzeugung ist; wie natürlich ist es nicht demnach, die Entstehung des Basalts eben so zu erklären!

Die Berichtserstatter finden indessen eine Schwierigkeit darin, dafs man eine neue Wirkung des Meeres, die von der ersten, da das Meer den ganzen Erdball bedeckte, verschieden ist, annehmen müsse, und dafs die Wirkung so verschieden von der ist, die das Wasser noch jetzt hervorbringt, wenn es die Erde bedeckt. — Warum hat das Wasser jetzt die Eigenschaft verloren, von neuem die primitiven, secondären u. s. w. Berge zu bedecken, und Niederschläge erst von groben, dann von feinen und crystallinischen Theilen hervorzubringen? Auch sieht man eben keine grofsen andren Spuren solcher ehemaligen Überschwemmung. Herr Daubuisson meint, dafs alle Basalte der verschiedensten Gegenden sich einander ähnlich seyen, wogegen die vulcanischen Producte an verschiedenen Weltgegenden sehr verschieden erscheinen, allein in der Hypothese des Dolomieu wäre diese Einwendung von wenigem Gewicht, denn es beruht auf der Verschiedenheit der Lager, die der Vulcan vorgefunden hatte. Allein Herr Daubuisson läugnet, dafs die Basalte geflossen haben, weil sie Crystalle enthalten, und in Carlsbad viel Kalk und fossile Turbiniten, so wie auch Conchylien in den härtesten Basalten des Riesendamms von Herrn Blagden gefunden worden sind, und Gryphiten in Basalten bey Constanz. Endlich hat man selbst versteinerte Bäume in Wacke gefunden. — Allein ist es nothwendig, dafs das, was in einigen Basalten gefunden worden ist, in allen befindlich sey? — Was die Schmelzbarkeit des Basalts und der in ihm befindlichen Crystalle betrifft, so meinen die Vulcanisten, dafs ein vulcanisches Feuer sich anders verhalte als das des Laboratoriums. Die Neptunisten haben indessen gefunden, dafs alle Basalte Wasser und 15 bis 20 Procent Eisen enthalten; so ist es auch in der Wacke und im Grünstein, welche nach Kennedy vom Basalt nicht chemisch verschieden sind. Laven enthalten nie Wasser, doch kann das Wasser ja in die Basalte durch Infiltration gekommen seyn. — Das Vorfinden des Eisens ist wichtiger; alle Laven führen, genau untersucht, auf bekannte Felsen, woraus sie entstanden sind; woher kömmt gerade die Menge Eisen in Basalten? — Allein mit eben dem Rechte kann man fragen, woher kömmt es, daſs die Laven des Ätna 15 bis 20 Procent Eisen enthalten? — Also gehören die prismatischen Basalte, die man unter vulcanischen Producten antrifft, den Bergen und nicht den Vulcanen, oder die Laven, die wie Basalt aussehen, sind basaltische Laven und nicht Basalte, und die Sache beruht am Ende auf bloſsem Wortstreit. —

Herr Daubuisson untersucht sächsische Basalte und verbreitet sich im 5ten und 6ten Kapitel seiner Abhandlung über Basalte überhaupt. Was das erstere betrifft, so hat er seinen Zweck vollkommen erreicht, und der Meinung der Deutschen gröſsere Wahrscheinlichkeit gegeben; was die andern Basalte betrifft, so ist er durch die Beobachtungen anderer und durchs Raisonnement zum Verallgemeinern seiner Ideen geleitet worden. — In einer Sache, wo zwey Partheyen sich jeden Schritt streitig machen, müſste nichts gewagt, und alles durch Selbstbeobachten und Thatsachen begründet seyn. Herr Daubuisson hat weder brennende Vulcane noch verloschne gesehen, es wäre zu wünschen, daſs er sich in diese Region, wo das Feuer gewüthet hat, besonders nach Auvergne versetzen könnte, wo Herr von Buch den vulcanischen Ursprung einiger Basalte nicht zu läugnen wagte. Herr Daubuisson versteht, wie man aus seinen Werken sieht, zu beobachten. Man kann ihm das Interesse, das seine Beobachtungen darboten, wohl nicht nützlicher für die Wissenschaft bezeugen, als wenn man ihn aufmuntert sie fortzusetzen.

Fdrl.

2. Brief des Herrn von Humboldt an Delambre, beständigen Secretär des Instituts. — Datirt Lima den 25ten November 1802.

Mein würdiger Freund!

Ich komme von dem Innern des Landes, wo ich in einer großen Ebene Versuche über die stündlichen Abweichungen der Magnetnadel gemacht habe, und höre mit Bedauern, daſs die Fregatte Astigarraga, die erst in 14 Tagen abgehen sollte, ihre Abreise beschleunigt und diese Nacht unter Segel geht. Seit 5 Monaten ist es die erste Gelegenheit, die wir in dem einsamen Südmeere nach Europa haben. Mangel an Zeit macht mirs unmöglich, meiner Pflicht gemäſs dem National-Institute, welches mir die rührendsten Beweise des Interesses und der Güte, womit es mich beehrt, gegeben hat, zu schreiben. — Nur wenige Tage vor meiner Abreise von Quito nach Jaën und dem Amazonenfluſs erhielt ich den Brief vom 2ten Pluviose des Jahres IX., den mir diese berühmte Gesellschaft durch Sie hat schreiben lassen. Der Brief bedurfte 2 Jahre, um mich in den Cordilleren von Andu zu finden. Ich erhielt ihn einen Tag nach der Rückkunft von einer 2ten Expedition nach dem Krater des Vulcans von Pichincha, die ich machte, um ein Voltaisches Electrometer dahin zu bringen, und um den Durchmesser des Kraters zu messen. Ich fand ihn 752 Toisen, statt daſs der des Vesuvs nur 312 hat. Dieses erinnert mich, daſs La Condamine und Bouguer ihren ersten Brief von der ehemaligen Academie der Wissenschaften auf der Spitze des Guaguapichincha, auf der ich oft gewesen bin, und die ich wie classischen Boden verehre, erhalten haben, und ich bilde mir ein, Pichincha (si magna licet componere parvis) bringe den Physikern Glück. Wie soll ich Ihnen die Freude schildern, mit welcher ich diesen Brief des Instituts, und die wiederholten Versicherungen Ihres Andenkens las? Wie süfs ist es nicht, zu wissen, dafs man im Andenken derer lebt, deren Arbeiten unaufhörlich die Fortschritte des menschlichen Verstandes erweitern! — In den Wüsten der Ebenen von Apure, in den dicken Wäldern von Casiguiare, und am Oronocco, allenthalben waren mir Ihre Nahmen gegenwärtig. Indem ich die verschiedenen Epochen meines wandernden Lebens durchlief, verweilte ich mit Entzükken bey den Jahren VI. und VII., wo ich mitten unter Ihnen lebte, wo in den Ebenen von Lieursaint die Laplace, Fourcroy, Vauquelin, Guyton, Chaptal, Jussieu, Desfontaines, Hallé, Lalande, Prony, und Sie besonders, gütige und grofsmüthige Seele, mich mit Wohlthaten überhäuften. Empfangen Sie insgesamt das Zeugnifs meiner zärtlichsten Anhänglichkeit, und meiner ununterbrochensten Erkenntlichkeit.

Lange ehe ich Ihren Brief als Secretär des Instituts erhielt, richtete ich nach und nach 3 Briefe an die physische und mathematische Classe desselben; 2 von Santa-fe-di-Bogota, die mit einer Arbeit über das Geschlecht Cinchona begleitet waren (nehmlich mit Echantillons der Rinde von 7 Species, mit colorirten Zeichnungen, die diese Vegetabilien darstellen, mit der Anatomie der Blüthe, die durch die Länge der Staubfäden so sehr verschieden ist, und endlich mit wohlgetrockneten Skeletten.) Dr. Mutis hat mir mehr als 100 prächtige Zeichnungen, in grofs folio, von neuen Geschlechtern und Speciebus seiner Flora von Bogota geschenkt. Ich glaubte, dafs solche, sowohl für die Botanik interessante, als wegen der schönen Malerey merkwürdige Sammlung in keinen

bessern

bessern Händen seyn könnte als in denen eines Jussieu, Lamark und Desfontaines. Ich habe sie dem Institute als ein schwaches Zeugniſs meiner Ergebenheit verehrt. Diese Sammlung und die Cinchona sind nach Carthagena im Monat Juny dieses Jahres abgegangen, Mutis selbst hat die Besorgung nach Paris übernommen. — Ein 3ter Brief ist von Quito fürs Institut mit einer geologischen Sammlung der Producte vom Pichincha, Cotopaxi und Chimborazo abgegangen. Aber wie betrübt ist es nicht, daſs man über die Ankunft dieser Gegenstände in Ungewiſsheit schweben muſs, so wie auch über die Sammlungen seltener Saamen, die wir seit 3 Jahren dem Pariser botanischen Garten übersandt haben. — Die wenige Muſse, die mir heute bleibt, erlaubt mir nur, Ihnen die Tabelle meiner Reisen und Beschäftigungen seit unserer Rückkunft von Rio Negro kurz zu schildern. Sie wissen, daſs es in der Havanna war, wo wir zuerst die falsche Nachricht von der Abreise des Capitain Baudin nach Buenos Ayres erhielten. Dem Versprechen getreu, das ich ihm gegeben hatte, ihn, wo ich konnte, aufzusuchen, und überzeugt, den Wissenschaften nützlicher zu werden, wenn ich meine Arbeiten mit denen der Naturalisten vereinige, die dem Capitain Baudin folgen, stand ich keinen Augenblick an, meinen kleinen Ruhm, die eigne Expedition zu endigen, aufzuopfern. — Ich miethete sogleich ein kleines Schiff, um mich nach Carthagena zu begeben. Der Sturm hat die kurze Überfahrt über einen Monat verlängert, die Winde hatten im Südmeere, wo ich den Capitain Baudin zu suchen dachte, aufgehört; ich entschloſs mich zu der lästigen Reiseroute von Honda Ibagué, dem Übergang des Berges Quindin, Popayen, Pastos nach Quito. Meine Gesundheit hat fortdauernd wunderbar den Veränderungen der Temperatur widerstanden, denen man auf diesem Wege ausgesetzt ist, indem man jeden Tag von Schneebergen 2,460 Toisen hoch in heiſse Thäler, wo das Thermometer nicht tiefer als 26° — 24° Reaumur fällt, hinabsteigt. Mein Reisegefährte, dessen Einsichten, Muth und unendliche Thätigkeit mir von groſser Hülfe in den botanischen Untersuchungen sowohl, als in denen, die vergleichende Anatomie betreffen, gewesen sind, B. Bompland nehmlich, hat 2 Monate lang vom 3tägigen Fieber gelitten. Die starke Regenzeit hat uns auf dem critischen Wege auf der Höhe von Pastos überfallen; und nach 8 Monaten kamen wir erst nach Quito, um zu erfahren, daſs Capitain Baudin die Straſse von Westen nach Osten um das Cap der guten Hoffnung genommen hat. — An Ungemach gewöhnt, haben wir uns mit dem Gedanken getröstet, groſse Opfer aus guten Absichten gebracht zu haben; und indem wir den Blick auf unsere Pflanzensammlung, auf unsere barometrische Höhenmessungen und Erdmessungen, auf unsere Zeichnungen, und auf unsere Luftversuche auf den Cordilleren warfen, so bereueten wir nicht, ein Land durchlaufen zu haben, welches gröſstentheils von Naturforschern noch nie besucht worden ist. Wir fühlten, daſs der Mensch auf nichts rechnen darf, als auf das, was er durch eigene Thatkraft bewirkt. Die Provinz Quito, das höchste Plateau der Welt, welches durch die groſse Catastrophe vom 4ten Februar 1797 zerrissen ward, gab uns ein weites Feld zu physischen Untersuchungen. Ungeheure Vulcane, deren Flammen sich zuweilen 500 Toisen hoch erheben, haben nie einen Tropfen flieſsender Lave hervorbringen können; sie speyen Wasser, geschwefeltes Wasserstoffgas, Staub und kohlensaure Thonerde. Seit 1797 ist dieser ganze Theil in Bewegung: alle Augenblicke erfahren wir die fürchterlichsten Stöſse, und das unterirdische Toben in der Ebene Rio Bamba gleicht dem eines Berges, der unter unsern Füſsen einstürzte. Die atmosphärische Luft, und der nasse Boden (alle Vulcane finden sich nehmlich in einem zersetzten Porphyr) scheinen groſse Mittel zur Begünstigung dieser Brände und unterirdischen Gährungen zu seyn. —

Bis jetzt glaubte man zu Quito, daſs 2,470 Toisen die gröſste Höhe sey, auf welcher Menschen der verdünnten Luft widerstehen könnten. — Im Monat März 1802 verbrachten wir einige Tage in den groſsen Ebenen, die den Vulcan Antisana 2,107 Toisen hoch umgeben, und wo die Ochsen, wenn man sie dahin jagt, zuweilen Blut brechen. Den 16ten März fanden wir einen Weg auf dem Schnee von leisem Abhange, und stiegen 2,773 Toisen hoch. Die Luft enthielt daselbst 0,008 Kohlensäure, 0,218 Oxygen, 0,774 Azote. Das Thermometer von Reaumur war nur 15°, und es war gar nicht kalt; aber das Blut lief uns aus Lippen und Augen. Das Local erlaubte den Versuch mit der Bordaschen Boussole nur in einer Grotte 2,467 Toisen tiefer zu machen. Die Intensität der magnetischen Kräfte war auf dieser Höhe in dem Verhältniſs von 230 : 218 gröſser als in Quito. Man muſs jedoch nicht vergessen, daſs die Zahl der Oscillationen bey verminderter Inclination oft zunimmt, und daſs diese Intensität auch durch die Masse der Porphyrberge, die den Magneten afficiren, sich vermehrt. — Bey der Expedition, die ich den 23ten Juny 1802 nach den Chimborazo unternahm, bewiesen wir, daſs man mit Geduld noch gröſsere Luftverdünnung ertragen könne. Wir kamen 500 Toisen höher als La Condamine (auf den Carazon), und brachten die Instrumente auf dem Chimborazo bis 3,031 Toisen, wobey wir das Barometer bis 13 Zoll 11,2 Linien fallen sahen. Das Thermometer war 1°,3 unter 0. Auch hier bluteten wir aus den Lippen. Unsere Indianer verlieſsen uns wie gewöhnlich. Bompland und Herr Montufar, Sohn des Marquis de Selvalègre aus Quito, waren die Einzigen, die widerstanden. Wir fühlten alle eine Unbehaglichkeit, eine Schwäche, einen Hang zum Brechen, welcher gewöhnlich eben so sehr vom Mangel des Oxygens als von der verdünnten Luft herrührt. — Eine entsetzliche Kluft verhinderte uns auf die Spitze des Chimborazo selbst zu kommen, von welcher wir nur 236 Toisen entfernt waren. Sie wissen, daſs noch groſse Ungewiſsheit über die Höhe dieses Colosses herrscht, den La Condamine nur von weitem maſs, und ihm 3,220 Toisen gab, statt daſs Don George Juan ihm 3,380 gibt, ohne daſs der Unterschied von der verschiedenen Höhe, die diese Astronomen für das Signal Carabura annehmen, herrührte. Ich habe in der Ebene von Tapia eine Basis von 1,702 Meter gemessen. (Verzeihen Sie, daſs ich bald von Toisen und bald von Meter spreche. Es versteht sich, daſs ich bey der Herausgabe meines Werks alles auf Meter und Thermometer centigrade reduciren werde.) Zwey Messungsoperationen gaben mir für den Chimborazo die Höhe von 3,267 Toisen über das Meer. Aber die Berechnung muſs nach den Entfernungen des Sextanten vom künstlichen Horizonte und andern Umständen berichtigt werden. — Der Vulcan Tunguragua hat seit den Zeiten des Condamine sehr abgenommen: statt 2,630 Toisen fand ich nur 2,531, und ich schmeichle mir, daſs dieser Unterschied nicht von einem Irrthume bey der Operation herrührt, denn meine Messungen von Cayambe, Antisana, Cotopaxi, Iliniza weichen von denen des Condamine und Bouguer nicht um 10-15 Toisen ab. Auch sagen die Einwohner dieser unglücklichen Gegenden, daſs der Tunguragua augenscheinlich abgenommen habe. Den Cotopaxi, der so unendliche Explosionen gehabt hat, finde ich im Gegentheil noch immer 1,744 oder vielmehr noch etwas höher, welches von einem Irrthume meinerseits herrühren mag. Aber die steinigte Spitze des Cotopaxi zeigt es auch, daſs es ein Heerd sey, der widersteht und seine Gestalt erhält. — Die Operationen, die wir vom Januar bis July in den Anden von Quito gemacht haben, haben den Einwohnern die traurige Neuigkeit gebracht, daſs der Krater von Pichincha, den Condamine mit Schnee bedeckt sah, von neuem brennt, und daſs Chimborazo, den man für so still und unschuldig hielt, ein Vulcan gewesen ist, und es vielleicht einst wiederum seyn werde. Wir haben gebrannte Felsenmassen und Bimssteine 3,031 Toisen hoch gefunden. — Unglückliches Menschengeschlecht, wenn das vulcanische Feuer (man kann sagen, daſs das ganze Plateau von Quito ein einziger Vulcan mit mehreren Spitzen ist,) wenn dieses, sage ich, sich einst quer durch den Chimborazo den Weg bahnt! Man hat oft drucken lassen, daſs dieser Berg von Granit ist, aber man findet kein Atom von demselben; hin und wieder ist es ein Porphyr in Säulen gestaltet, und verglasten Feldspath, Hornblende und Olivin enthaltend. Dieses Porphyrlager hat 1,900 Toisen Dicke. Ich kann Ihnen bey dieser Gelegenheit von einem polarisirenden Porphyr, den wir zu Viasco, nahe bey Pasto, gefunden haben, sprechen, der dem Serpentin gleicht, den ich im Journal de Physique beschrieben habe. — Ich könnte Ihnen auch noch andre Thatsachen, die das groſse Gesetz des Parallelismus der Lager und ihrer besondern Dicke beym Äquator betreffen, erwähnen, aber alles das ist für einen Brief zu viel, der vielleicht verloren geht. Ich komme ein anderes Mal hierauf zurück. Ich füge nur hinzu, daſs wir auſser den Elephantenzähnen, die wir dem Herrn Cuvier bereits vom Plateau Santa - Fe 1,350 Toisen hoch geschickt haben, noch andere schönere, nebst einem Zahn von einem fleischfressenden, und einem andern von einem, von der africanischen Elephantengattung etwas verschiednen, aus dem Thale Timana, aus der Stadt Ibarra, und aus Chili, für ihn aufbewahrt haben. Die Existenz dieses fleischfressenden Ungeheuers vom Obio oder 50° nördl. Breite bis zum 35° südlicher ist demnach erwiesen. Ich habe eine sehr angenehme Zeit zu Quito verbracht. Der Präsident der Audienza, der Baron Corondelet, hat uns mit Güte überhäuft, und seit 3 Jahren habe ich mich nicht einen einzigen Tag über die Agenten des spanischen Gouvernements zu beklagen gehabt, die mich allenthalben mit einer Delicatesse und einer Auszeichnung behandelten, die mich zu einer ewigen Erkenntlichkeit verpflichtet. Wie sind Zeiten und Sitten doch verändert! — Ich beschäftigte mich viel mit den Pyramiden und ihrem Fundament (welches ich, was die Mahlsteine (*pierres molaires*) betrifft, gar nicht verändert finde). Ein grofsmüthiger Particulier, ein Freund der Wissenschaft und derer, die sie verherrlichen, wie eines Condamine und Bouguer, der Marquis Selvalègre zu Quito nehmlich, denkt sie wieder aufzubauen; aber das führt mich zu weit.

Nachdem ich Assonay und Cuença (wo man uns Stiergefechtfeste gegeben hat) passirt bin, nahmen wir den Weg von Oxa, um unsere Arbeiten über die Cinchona vollständig zu machen. Nachher verbrachten wir einen Monat in der Provinz Jaën de Bracamorros, und in den Pongos des Amazonenflusses, dessen Ufer mit Andiva und Bugainvillaea des Jussieu verziert sind. Es schien mir wichtig, die Länge von Tomependa und Chuchungat, wo die Condaminische Karte sich endigt, und die Puncte an den Küsten zu bestimmen. La Condamine hat nur die Länge der Mündung de Napa bestimmen können; die Zeitmesser existirten nicht mehr; so dafs die Längen dieser Gegenden verändert zu werden verdienten. Mein Chronometer von Louis Berthoud thut Wunder, wie ich das sehe, wenn ich mich von Zeit zu Zeit durch den 1ten Satelliten orientire, und Punct für Punct meine Differenzen des Meridians, und die, die die Expedition des Herrn Fidalgo, der auf königl. Befehl trigonometrische Operationen von Cumana bis Carthagena gemacht hat, gab, vergleiche.

Vom Amazonenflufs passirten wir die Anden, durch die Minen von Hualgayoc, die eine Million Piaster jährlich einbringen, und wo das Bergwerk des grauen silberhaltigen Kupfers in einer Entfernung von 2,065 Toisen sich befindet. Wir stiegen Cascamasca hinab (wo ich im Pallast Atahualpa die Bogen peruvianischer Gewölbe zeichnete,) nach Truxilla, und folgten durch die Wüsten, die Küste des Südmeers nach Lima, wo der Himmel die Hälfte des Jahres mit dicken Dämpfen bedeckt ist. — Ich eilte nach Lima, um den Durchgang des Mercurs am 9ten November 1802 daselbst zu beobachten. . . .

Unsere Sammlungen von Pflanzen und Zeichnungen, die ich über die Anatomie der Geschlechter (nach den Ideen, die Herr Jussieu mir in der Gesellschaft für Naturgeschichte mittheilte) gemacht habe, haben durch die Reichthümer, die wir in der Provinz Quito, Loxa, am Amazonenflufs und in den peruanischen Cordilleren gemacht haben, sehr zugenommen. Wir haben viele Pflanzen wieder gefunden, die Joseph de Jussieu gesehen hat, als Lloque affinis, Quillaja und andre. — Wir haben eine neue Species Jussiaea, die trefflich ist, Colletia passiflora, und den Loranthus in Baumgestalt von 60 Fufs hoch. Besonders reich sind wir an Palmen und Gramineae, über welche Herr Bompland eine sehr weitläufige Arbeit unternommen hat. Wir haben jetzt 3,784 vollkommene Beschreibungen im Lateinischen, und noch ein Drittel so viel Pflanzen im Herbario, die wir aus Mangel an Zeit nicht haben beschreiben können. Es gibt kein Vegetabile, von dem wir den Fels, auf dem es sich befindet, und die Höhe in Toisen nicht angeben könnten, so dafs die Pflanzen-Geographie in unserm Manuscripte sehr genaue Materialien finden wird. Um noch besser zu machen, haben wir, Herr Bompland nehmlich und ich, jede Pflanze besonders beschrieben, aber $\frac{2}{3}$ der Beschreibungen gehören Herrn Bompland allein, dessen Eifer und Hingebung zum Fortbringen der Wissenschaft man nicht genug bewundern kann. Die Jussieu, Desfontaines und Lamark haben in ihm einen Schüler gebildet, der weit gehen wird. Wir haben unsre Pflanzensammlung mit denen des Herrn Mutis verglichen, und viele Werke consultirt, die sich in der trefflichen Sammlung dieses grofsen Mannes finden. Wir sind überzeugt, dafs wir viele neue Geschlechter und Arten haben; es erfordert aber viel Zeit und Arbeit, um zu sagen, was wirklich neu ist. Wir bringen auch eine Kieselsubstanz, die dem Tabaschir von Ostindien ähnlich ist, die Herr Maçée analysirt hat. Sie befindet sich in den Knoten eines riesenhaften Grasgeschlechts, welches man mit dem Bambou verwechselt, dessen Blüthen aber von denen der Bambusa des Schreber verschieden sind. Ich weifs nicht, ob Herr Fourcroy die Milch der vegetabilischen Kühe (wie sie die Indianer nennen) erhalten hat; es ist eine Milch, die, mit Salpetersäure behandelt, mir Caoutchouc mit balsamischem Geruch gab, aber weit entfernt, caustisch und schädlich zu seyn, wie sonst vegetabilische Milch, nahrhaft und angenehm zum Trinken ist. Wir haben sie auf dem Wege nach dem Oronocco entdeckt, in einer Plantation, wo sie die Neger viel trinken. Ich habe Herrn Fourcroy auch über Guadeloupe, so wie Sir J. Banks über Trinité, unser

Dapiché oder den weiſsen Caoutchouc, der oxygenirt ist, geschickt, den ein Baum in den Wäldern von Pimichin, in dem entferntesten Winkel der Welt, gegen die Quelle des Rio Negro zu, aus seinen Wurzeln durchschwitzt. —

Ich gehe nicht nach den Philippinen; ich gehe von Acapulca nach Mexico, nach der Havanna und Europa. Ich umarme Sie, wie ich hoffe, im Septbr. oder Octbr. 1803 in Paris.

Gruſs und Hochachtung.

Humboldt.

Ich werde February in Mexico seyn.

Im Juny in der Havanna.

Ich denke an nichts als meine Manuscripte zu bewahren, und zu publiciren.

Wie gerne wäre ich nicht schon in Paris!!!

Fdrl.

B. Arzneyschule von Montpellier.

Den 17ten Brumaire des Jahres XI. hielt auch die Schule von Montpellier ihre öffentliche Sitzung, in welcher Herr Fouquet präsidirte. (Herr Fouquet ist es nehmlich, der mit Herrn Pethiot die medicinische Schule eingerichtet hat). Seine Rede betraf die clinische Schule, in welche Studirende aufgenommen werden, die bereits zwey Jahre in den Elementen der Wissenschaft unterrichtet sind. Jeder Zögling muſs in Gegenwart des Professors Morgens und Abends den Kranken examiniren, die Perioden bestimmen und die Prognosis angeben. Der Krankheitsfall wird aufgezeichnet, verbessert, und in den Archiven der Krankenanstalt aufbewahrt. Herr Fouquet verbreitete sich in seiner Rede über die Pflichten der Zöglinge und der Lehrer bey diesem Geschäft. —

Der Professor Lafabrie endigte die Sitzung mit Herzählung der Arbeiten der Schule im Jahre X. Das physiologische Werk des Prof. Dumas wurde besonders ausgezeichnet. Die Physiologie, meinte er, sey nun kein Roman mehr, und hierzu hat Montpellier von jeher nicht wenig beygetragen. Man lese den Artikel *Sensibilité* in der ersten Encyclopädie. Die Dissertation des Fouquet de corpore cribroso. Die neuen Elemente der Wissenschaft vom Menschen, die Reden de principio vitali hominis, de nova doctrina functionum, de morte. Die neue Mechanik der Bewegungen des Menschen und der Thiere. Das Werk vom Zellgewebe, die Untersuchung über die Glanduln, die Analyse des Bluts. Die beyden merkwürdigen Abhandlungen über die Ernährung, die eine berühmte Academie nicht genug schätzen konnte, um sich von der Wahrheit dieser Behauptung zu überzeugen. — Hierzu zählt der Verf. noch die im Manuscript vorhandnen Vorlesungen über Physiologie des verstorbenen Grimaud, ein Werk, welches nicht nur in Montpellier verbreitet ist, sondern auch allen Physiologien, die man neulich in Paris bekannt gemacht hat, zur Basis diente. —

Herr Virenque, Prof. der Chemie, hat in dem Saamen des Ricinus den Eyweifsstoff, und das Gluten in der Frucht des Brustbeerbaums entdeckt, so wie auch die Vortheile, die aus der Arachis Hypogea zu ziehn sind, aus einander gesetzt. 2 Pfund Saamen, kalt und ohne Wasser in Brey zerquetscht, gaben fast ein Pfund Öl, das vortrefflich zum Essen und Brennen war.

Mit ununterbrochner Thätigkeit verfolgt derselbe auch seine Arbeiten über die Mineralwasser. Er hat die von Adanbre, Yeuset, Cransac, Miers, Wals, Sylvanes, Bonnes, Bagnères, Luchon, Barèges und Cauterets in diesem Jahre untersucht.

Prof. Berthe wird nächstens das Resultat seiner Reise in Spanien, um dem gelben Fieber Einhalt zu thun, bekannt machen; und Prof. Baumes beschäftigt sich mit der Herausgabe eines Werkes über Pathologie und Nosologie. Herr Draparnaud ist zum Professor der Naturgeschichte in ihrer Anwendung auf Medicin und Künste ernannt worden. —

Der Prof. René, Director der Schule, hat bey Gelegenheit des ersten Steins, der zur Erbauung eines anatomischen Theaters gelegt wurde, eine sehr schöne Rede gehalten, aus der wir nur Folgendes ausheben. Im Anfange des 14ten Jahrhunderts hatte man in Italien zuerst den Muth, drey menschliche Körper zu anatomiren, und erst 50 Jahre nachher wagte man es auch in Frankreich, und zwar zu allererst auf der medicinischen Schule zu Montpellier. Guy de Chauliac that dieses zuerst, und eine Menge großer Anatomen sind ihm gefolgt. Die Schule zählt unter ihren Professoren einen Sylvius, Rondelet, Cabrol, Delaurens, Pequet, Drelincourt, Vieussens, Deydier, Ferrein, Lapeyronie, Delamark, Bordeu, u. s. w.

Fdrl.

Erklärung der Kupfertafel.

(Man s. die neuesten Entd. franz. Gel. Stück I. S. 26. fgg.)

Fig. 1. Eupatorium Aya-Pana in der Blüthe in natürlicher Größe.

2. Vergrößerte Blume, um die Ungleichheit der Blättchen des Kelchs zu zeigen.

3. Vergrößertes Blümchen (*flosculus*).

4. Vergrößerter und durchschnittener Kelch, um die Gestalt des Receptaculums zu zeigen.

Anmerk. Man hat mehrere von den im größern Originale befindlichen Blüthen und Blättern weggelassen, um die Platte nicht zu sehr anzufüllen.

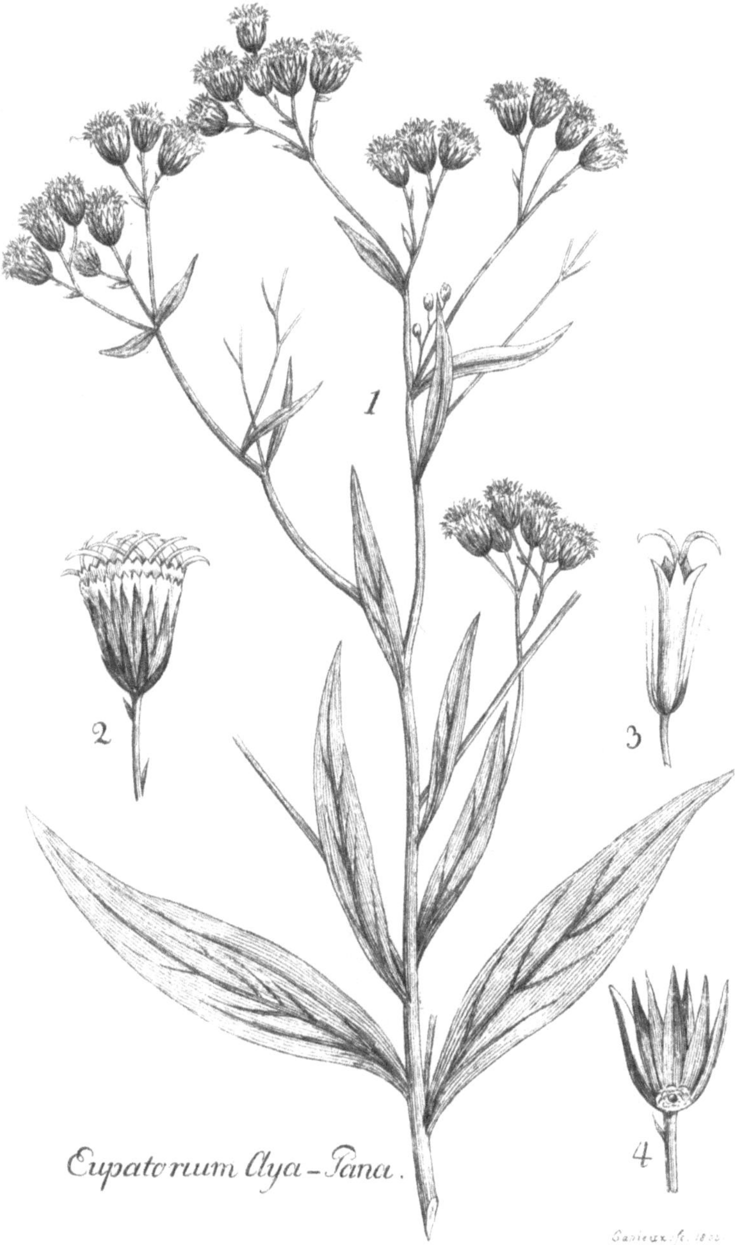

Eupatorium Aya-Pana.

FSC
www.fsc.org
MIX
Papier | Fördert
gute Waldnutzung
FSC® C083411

Kolibri 360 GmbH
Ferdinand-Jühlke-Straße 7
99095 Erfurt, Deutschland
produktsicherheit@kolibri360.de